Massimo Bergamini
Graziella Barozzi
Anna Trifone

4A Manuale blu 2.0 di matematica

Seconda edizione

Matematica e arte

Ellsworth Kelly di Emanuela Pulvirenti

Che cos'è quella strana macchia blu in copertina? Difficile crederlo, ma è un quadro: un'opera di Ellsworth Kelly dal titolo *Blue Panel*. Certo, ha una forma anomala, dimensioni esagerate, non presenta immagini né disegni astratti, non si capisce quale sia il significato... eppure è un dipinto a tutti gli effetti. E come tutti i dipinti, anche quelli più essenziali, nasce dall'esigenza di rappresentare un aspetto della realtà. Nel caso di Kelly, artista americano morto a dicembre del 2015 all'età di 92 anni, quell'aspetto è la forma che hanno le cose, soprattutto quelle della natura e delle piante a lungo disegnate negli anni della formazione.

"Non sono interessato alla struttura di una roccia ma alla sua ombra", amava dire Kelly.

I contorni delle cose, dunque, sono per Kelly più importanti di quello che ci sta dentro; la sagoma del quadro è più interessante del colore con cui è riempito. Si tratta quindi di un'esplorazione precisa e paziente delle infinite geometrie del quadro. Un'operazione di reinvenzione del mondo attraverso un linguaggio "pulito" e astratto. Talmente rigoroso e oggettivo che l'opera deve quasi sembrare essersi fatta da sé, senza l'intervento della volontà dell'artista.

La sua produzione è vicina al movimento del *Hard Edge Painting*, la pittura realizzata con campiture uniformi accostate in modo netto, ed è affine al *Minimalismo*, la corrente artistica che si esprime con elementi geometrici semplici e basilari. Eppure la sua opera sfugge a queste definizioni, perché riduce la tavolozza a pochi colori base, per di più usati separatamente, e poi perché le sue tele, con quelle forme originali e non classificabili, possiedono un dinamismo estraneo all'arte minimalista.

Le sue sagome colorate parlano lo stesso linguaggio essenziale ed esatto della matematica, sono formule visive che raccontano, proprio come fa questo libro, un universo misterioso tutto da scoprire.

Per saperne di più vai **su.zanichelli.it/copertine-bergamini**

Ellsworth Kelly, *Blue Panel*, 2002
olio su tela
217,2 × 198,1 cm

Copyright © 2017 Zanichelli editore S.p.A., Bologna [72121der]
www.zanichelli.it

I diritti di elaborazione in qualsiasi forma o opera, di memorizzazione anche digitale su supporti di qualsiasi tipo (inclusi magnetici e ottici), di riproduzione e di adattamento totale o parziale con qualsiasi mezzo (compresi i microfilm e le copie fotostatiche), i diritti di noleggio, di prestito e di traduzione sono riservati per tutti i paesi. L'acquisto della presente copia dell'opera non implica il trasferimento dei suddetti diritti né il loro esaurirsi.

Le fotocopie per uso personale (cioè privato e individuale, con esclusione quindi di strumenti di uso collettivo) possono essere effettuate, nei limiti del 15% di ciascun volume, dietro pagamento alla S.I.A.E. del compenso previsto dall'art. 68, commi 4 e 5, della legge 22 aprile 1941 n. 633. Tali fotocopie possono essere effettuate negli esercizi commerciali convenzionati S.I.A.E. o con altre modalità indicate da S.I.A.E.

Per le riproduzioni ad uso non personale (ad esempio: professionale, economico, commerciale, strumenti di studio collettivi, come dispense e simili) l'editore potrà concedere a pagamento l'autorizzazione a riprodurre un numero di pagine non superiore al 15% delle pagine del presente volume. Le richieste vanno inoltrate a

CLEAREdi Centro Licenze e Autorizzazioni per le Riproduzioni Editoriali
Corso di Porta Romana, n. 108
20122 Milano
e-mail autorizzazioni@clearedi.org e sito web www.clearedi.org

L'editore, per quanto di propria spettanza, considera rare le opere fuori del proprio catalogo editoriale. La loro fotocopia per i soli esemplari esistenti nelle biblioteche è consentita, oltre il limite del 15%, non essendo concorrenziale all'opera. Non possono considerarsi rare le opere di cui esiste, nel catalogo dell'editore, una successiva edizione, né le opere presenti in cataloghi di altri editori o le opere antologiche. Nei contratti di cessione è esclusa, per biblioteche, istituti di istruzione, musei e archivi, la facoltà di cui all'art. 71 - ter legge diritto d'autore. Per permessi di riproduzione, anche digitali, diversi dalle fotocopie rivolgersi a ufficiocontratti@zanichelli.it

Realizzazione editoriale:
- Coordinamento editoriale: Giulia Laffi
- Redazione: Silvia Gerola, Marinella Lombardi
- Collaborazione redazionale: Massimo Armenzoni, Parma
- Segreteria di redazione: Deborah Lorenzini, Rossella Frezzato
- Progetto grafico: Byblos, Faenza
- Composizione e impaginazione: Litoincisa, Bologna
- Disegni: Livia Marin; Luca Pacchiani; Francesca Ponti; Dario Zannier; Graffito, Cusano Milanino
- Ricerca iconografica: Silvia Basso; Anna Boscolo; Byblos, Faenza; Silvia Gerola; Marinella Lombardi; Ilaria Lovato; Damiano Maragno

Contributi:
- Revisione dei testi e degli esercizi: Silvia Basso, Anna Boscolo, Annalisa Castellucci, Ilaria Lovato, Damiano Maragno, Federico Munini
- Coordinamento degli esercizi Realtà e modelli: Luca Malagoli
- Stesura delle schede di approfondimento: Daniela Cipolloni, Adriano Demattè, Daniele Gouthier, Chiara Manzini, Elisa Menozzi, Ilaria Pellati, Antonio Rotteglia
- Rilettura dei testi: Marco Giusiano, Luca Malagoli, Lorenzo Meneghini, Francesca Anna Riccio
- Stesura degli esercizi: Chiara Ballarotti, Anna Maria Bartolucci, Davide Bergamini, Andrea Betti, Cristina Bignardi, Francesco Biondi, Daniela Boni, Silvia Bruno, Silvana Calabria, Lisa Cecconi, Roberto Ceriani, Daniele Cialdella, Chiara Cinti, Adriano Demattè, Paolo Maurizio Dieghi, Daniela Favaretto, Francesca Ferlin, Rita Fortuzzi, Ilaria Fragni, Lorenzo Ghezzi, Chiara Lucchi, Mario Luciani, Chiara Lugli, Francesca Lugli, Armando Magnavacca, Luca Malagoli, Lorenzo Meneghini, Elisa Menozzi, Luisa Morini, Monica Prandini, Tiziana Raparelli, Laura Recine, Daniele Ritelli, Antonio Rotteglia, Giuseppe Sturiale, Renata Tolino, Maria Angela Vitali, Alessandro Zagnoli, Alessandro Zago, Lorenzo Zordan
- Stesura degli esercizi Realtà e Modelli: Riccardo Avigo, Arcangela Bennardo, Andrea Betti, Daniela Boni, Silvia Bruno, Roberto Ceriani, Paolo Maurizio Dieghi, Maria Falivene, Marco Ferrigo, Lorenzo Ghezzi, Giovanna Guidone, Nicola Marigonda, Marcello Marro, Lorenzo Meneghini, Nadia Moretti, Marta Novati, Francesco Parigi, Marta Parroni, Marco Petrella, Pasquale Ronca, Marco Sgrignoli, Giulia Signorini, Enrico Sintoni, Claudia Zampolini
- Stesura dei Listen to it: Silvia Basso, Fabio Bettani, Anna Boscolo, Beatrice Franzolini, Ilaria Lovato
- Stesura degli esercizi in lingua inglese: Anna Baccaglini-Frank, Andrea Betti
- Revisione dei Listen to it e degli esercizi in lingua inglese: Jessica Halpern, Luisa Doplicher
- Coordinamento della correzione degli esercizi: Francesca Anna Riccio
- Correzione degli esercizi: Silvano Baggio, Francesco Benvenuti, Davide Bergamini, Angela Capucci, Elisa Capucci, Lisa Cecconi, Barbara Di Fabio, Elisa Garagnani, Daniela Giorgi, Erika Giorgi, Cristina Imperato, Francesca Incensi, Chiara Lugli, Francesca Lugli, Elisa Menozzi, Elena Meucci, Monica Prandini, Francesca Anna Riccio, Daniele Ritelli, Renata Schivardi, Elisa Targa, Ambra Tinti

Realizzazione dell'eBook multimediale:

Booktab Z:
- Progettazione esecutiva e sviluppo software: duDAT srl, Bologna
- Revisione: CHIARA comunicazione, Parma

Video:
- Coordinamento redazionale: Fabio Bettani, Elena Zaninoni
- Redazione e realizzazione: Christian Biasco
- Revisione: Agnese Barbensi, Annalisa Castellucci, Sara Di Ruzza, Beatrice Franzolini, Damiano Maragno

Animazioni interattive:
- Coordinamento redazionale: Fabio Bettani, Giulia Tosetti, Elena Zaninoni
- Stesura e realizzazione: Davide Bergamini
- Revisione: Beatrice Franzolini, Francesca Elisa Leonelli, Paolo Scarpat

Audio *Listen to it*:
- Voce: Anna Baccaglini-Frank
- Realizzazione: formicablu srl, Bologna; Immagina srl, Castel Maggiore

Copertina:
- Progetto grafico: Miguel Sal & C., Bologna
- Realizzazione: Roberto Marchetti e Francesca Ponti
- Immagine di copertina: Ellsworth Kelly, **Blue Panel**, 2002. Olio su tela. Collezione privata © Ellsworth Kelly

Prima edizione: 2012
Seconda edizione: marzo 2017

Ristampa:

5   4   2020   2021

Zanichelli garantisce che le risorse digitali di questo volume sotto il suo controllo saranno accessibili, a partire dall'acquisto dell'esemplare nuovo, per tutta la durata della normale utilizzazione didattica dell'opera. Passato questo periodo, alcune o tutte le risorse potrebbero non essere più accessibili o disponibili: per maggiori informazioni, leggi my.zanichelli.it/fuoricatalogo

File per sintesi vocale
L'editore mette a disposizione degli studenti non vedenti, ipovedenti, disabili motori o con disturbi specifici di apprendimento i file pdf in cui sono memorizzate le pagine di questo libro. Il formato del file permette l'ingrandimento dei caratteri del testo e la lettura mediante software screen reader. Le informazioni su come ottenere i file sono sul sito www.zanichelli.it/scuola/bisogni-educativi-speciali

Grazie a chi ci segnala gli errori
Segnalate gli errori e le proposte di correzione su www.zanichelli.it/correzioni. Controlleremo e inseriremo le eventuali correzioni nelle ristampe del libro. Nello stesso sito troverete anche l'errata corrige, con l'elenco degli errori e delle correzioni.

Zanichelli editore S.p.A. opera con sistema qualità
certificato CertiCarGraf n. 477
secondo la norma UNI EN ISO 9001:2015

Questo libro è stampato su carta che rispetta le foreste.
www.zanichelli.it/chi-siamo/sostenibilita

Stampa: Grafica Ragno
Via Lombardia 25, 40064 Tolara di Sotto, Ozzano Emilia (Bologna)
per conto di Zanichelli editore S.p.A.
Via Irnerio 34, 40126 Bologna

Massimo Bergamini
Graziella Barozzi
Anna Trifone

4A Manuale blu 2.0 di matematica

Seconda edizione

ZANICHELLI

SOMMARIO

	T	E
VERSO L'INVALSI		I2

CAPITOLO 10 — ESPONENZIALI

	T	E
1 Potenze con esponente reale	574	583
2 Funzione esponenziale	577	584
3 Equazioni esponenziali	580	590
4 Disequazioni esponenziali	581	594
■ IN SINTESI	582	
■ VERIFICA DELLE COMPETENZE		
• Allenamento		600
• Verso l'esame		602
• Prove		605

Nell'eBook

1 video (• Invenzione degli scacchi)
e inoltre 3 animazioni

TUTOR matematica **45 esercizi interattivi in più**
risorsa riservata a chi ha acquistato l'edizione con tutor

CAPITOLO 11 — LOGARITMI

	T	E
1 Definizione di logaritmo	606	619
2 Proprietà dei logaritmi	607	622
3 Funzione logaritmica	610	626
4 Equazioni logaritmiche	612	632
Riepilogo: Equazioni logaritmiche		635
5 Disequazioni logaritmiche	613	638
Riepilogo: Disequazioni logaritmiche		641
6 Logaritmi ed equazioni e disequazioni esponenziali	614	644
Dominio e segno di funzioni con esponenziali e logaritmi		648
Equazioni e disequazioni logaritmiche risolvibili solo graficamente		651
7 Coordinate logaritmiche e semilogaritmiche	615	652
■ IN SINTESI	618	
■ VERIFICA DELLE COMPETENZE		
• Allenamento		654
• Verso l'esame		659
• Prove		662

Nell'eBook

2 video (• Calcolo approssimato dei logaritmi • Logaritmi e decibel)
e inoltre 9 animazioni

TUTOR matematica **60 esercizi interattivi in più**
risorsa riservata a chi ha acquistato l'edizione con tutor

CAPITOLO 17 — VETTORI, MATRICI, DETERMINANTI

	T	E
1 Vettori nel piano	994	1016
2 Vettori nel piano cartesiano	998	1021
3 Matrici	1001	1025

Sommario

4	Operazioni con le matrici	1003	1026
	Riepilogo: Operazioni con le matrici		1029
5	Determinanti	1007	1032
6	Matrice inversa	1010	1036
7	Matrici e geometria analitica	1011	1038
■	**IN SINTESI**	1014	
■	**VERIFICA DELLE COMPETENZE**		
	• Allenamento		1040
	• Verso l'esame		1042
	• Prove		1045

Nell'eBook

2 video (• Vettori in fisica
• Matrici e coniche)

e inoltre 7 animazioni

TUT☑R matematica **45 esercizi interattivi in più**
risorsa riservata a chi ha acquistato l'edizione con tutor

CAPITOLO 18 — TRASFORMAZIONI GEOMETRICHE

1	Trasformazioni geometriche	1046	1078
2	Traslazione	1050	1080
3	Rotazione	1052	1085
4	Simmetria centrale	1054	1091
5	Simmetria assiale	1056	1095
6	Isometrie	1060	1103
7	Omotetia	1064	1110
8	Similitudine	1067	1114
9	Affinità	1069	1117
	Riepilogo: Affinità		1121
10	Trasformazioni geometriche e matrici	1072	1123
■	**IN SINTESI**	1075	
■	**VERIFICA DELLE COMPETENZE**		
	• Allenamento		1128
	• Verso l'esame		1131
	• Prove		1136

Nell'eBook

2 video (• Caccia all'isometria
• Trasformazioni geometriche)

e inoltre 6 animazioni

TUT☑R matematica **45 esercizi interattivi in più**
risorsa riservata a chi ha acquistato l'edizione con tutor

CAPITOLO 19 — GEOMETRIA EUCLIDEA NELLO SPAZIO

1	Punti, rette, piani nello spazio	1138	1180
2	Perpendicolarità e parallelismo	1140	1181
3	Distanze e angoli nello spazio	1144	1184
4	Trasformazioni geometriche	1147	1186
5	Poliedri	1151	1187
6	Solidi di rotazione	1158	1192
7	Aree dei solidi	1160	1193
8	Estensione ed equivalenza dei solidi	1165	1200
9	Volumi dei solidi	1172	1201
	Riepilogo: Aree e volumi dei solidi		1210
■	**IN SINTESI**	1178	
■	**VERIFICA DELLE COMPETENZE**		
	• Allenamento		1215
	• Verso l'esame		1217
	• Prove		1224

Nell'eBook

2 video (• Poliedri di Keplero-Poinsot • Il volume della sfera secondo Archimede)

e inoltre 5 animazioni

TUT☑R matematica **45 esercizi interattivi in più**
risorsa riservata a chi ha acquistato l'edizione con tutor

Sommario

CAPITOLO α1

Nell'eBook

2 video (• Gioco della zara
• Disposizioni, permutazioni,
combinazioni)

e inoltre 9 animazioni

TUTOR matematica **45 esercizi
interattivi in più**
risorsa riservata a chi ha acquistato
l'edizione con tutor

CALCOLO COMBINATORIO

1	Che cos'è il calcolo combinatorio	α2	α19
2	Disposizioni	α3	α20
3	Permutazioni	α7	α24
4	Combinazioni	α11	α28
	Riepilogo: Calcolo combinatorio		α34
5	Binomio di Newton	α14	α41

■ **IN SINTESI**	α17	

■ **VERIFICA DELLE COMPETENZE**
- Allenamento — α42
- Verso l'esame — α45
- Prove — α50

CAPITOLO α2

Nell'eBook

2 video (• Roulette e probabilità
• Teorema di Bayes)

e inoltre 12 animazioni

TUTOR matematica **45 esercizi
interattivi in più**
risorsa riservata a chi ha acquistato
l'edizione con tutor

PROBABILITÀ

1	Eventi	α52	α77
2	Concezione classica della probabilità	α53	α77
3	Somma logica di eventi	α56	α83
4	Probabilità condizionata	α58	α86
5	Prodotto logico di eventi	α61	α89
	Riepilogo: Problemi con somma e prodotto logico		α91
6	Teorema di Bayes	α65	α96
7	Concezione statistica della probabilità	α70	α99
8	Concezione soggettiva della probabilità	α72	α100
9	Impostazione assiomatica della probabilità	α73	α101
	Riepilogo: Probabilità		α103

■ **IN SINTESI**	α75	

■ **VERIFICA DELLE COMPETENZE**
- Allenamento — α108
- Verso l'esame — α110
- Prove — α116

Fonti delle immagini

Cap 10 Esponenziali

577: Lars Christensen/Shutterstock,
Ljupco Smokowski/Shutterstock
578: Digital Storm/Shutterstock
581: violetkaipa/Shutterstock
588 (a): Yuliyan Velchev/Shutterstock
588 (b): Dennis W. Donohue/Shutterstock
589: Arthimedes/Shutterstock
591: Mopic/Shutterstock
598: Marcel Jancovic/Shutterstock
602: 5/Shutterstock
603 (a): Rido/Shutterstock
603 (b): Gena96/Shutterstock
604: maradon 333/Shutterstock
605: Satirus/Shutterstock

Cap 11 Logaritmi

609: eldar nurkovic/Shutterstock
611: oceanfishing/Shutterstock
616: ollirg/Shutterstock
617: Olivier Le Moal/Shutterstock
633: Maxim Blinkov/Shutterstock
638: FabrikaSimf/Shutterstock
646 (a): Alberto Zornetta/Shutterstock
646 (b): RMIKKA/Shutterstock
646 (c): Iurii N/Shutterstock
648: ravl/Shutterstock
659: Juan Gaertner/Shutterstock
660 (a): albund/Shutterstock
660 (b): Kyok
663: www.camlab.co.uk

Capitolo 17 Vettori, matrici, determinanti

1018 (a): Andrey Armyagov/Shutterstock
1018 (b): gpointstudio/Shutterstock
1020 (a): topimages/Shutterstock
1020 (b): Kitch Bain/Shutterstock
1022 (a): Naatali/Shutterstock
1022 (b): corund/Shutterstock
1022 (c): Sebastian Kaulitzki/Shutterstock
1023: davilina2014/Shutterstock
1024: Tatiana Frank/Shutterstock
1030: gorbelabda/Shutterstock
1042: Nicescene/Shutterstock
1043 (a): Dragon_fang/Shutterstock
1043 (b): Hannamariah/Shutterstock
1044: Issarawat Tattong/Shutterstock
1045: Maridav/Shutterstock

Capitolo 18 Trasformazioni geometriche

1069: Feng Yu/Shutterstock
1074: Eva Madrazo/Shutterstock

1085: Fat Jackey/Shutterstock
1090 (a): natrot/Shutterstock
1090 (b): Roel Driever/Shutterstock
1099: Timolina/Shutterstock
1105 (a): Alfonso de Tomas/Shutterstock
1105 (b): Kiching/Shutterstock
1106 (a): Bart_J/Shutterstock
1106 (b): s74/Shutterstock
1106 (c): Igor Petruschenko/Shutterstock
1116: Georgejmclittle/Shutterstock
1133: M.Stasy/Shutterstock
1137: zentilia/Shutterstock

Capitolo 19 Geometria euclidea nello spazio

1158: styleuneeed.de/Shutterstock
1191: Anton_Ivanov/Shutterstock
1195 (a): imrankadir/Shutterstock
1195 (b): alessandro guerriero/Shutterstock
1197: tungtopgun/Shutterstock
1198: tristan3D/Shutterstock
1204: pecold/Shutterstock
1205: Genotar/Shutterstock
1207 (a) yavuzunlu/Shutterstock
1207 (b): flashgun/Shutterstock
1207 c): Nethruz/Shutterstock
1211 (a): Waldemarus
1211 (b): gresei/Shutterstock
1213: Ardenvis/Shutterstock
1219: M. Unal Ozmen/Shutterstock
1220: Nata-Lia/Shutterstock
1225: Jiang Hongyan/Shutterstock

Capitolo α1 Calcolo combinatorio

α10: ronstik/Shutterstock
α13: Jerry Bauer
α16: Bill Lawson/Shutterstock
α21 (a): PlusONE/Shutterstock
α21 (b): Andrey_Popov/Shutterstock
α22 (a): Thumb/Shutterstock
α22 (b): Perrush/Shutterstock
α23 (a): Dragon Images/Shutterstock
α23 (b): Rob Pittman/Shutterstock
α24 (a): Harper 3D/Shutterstock
α24 (b): Freer/Shutterstock
α28: Vixit/Shutterstock
α32: FabrikaSimf/Shutterstock
α33: Izg/Shutterstock
α36 (a): Ozaiachin/Shutterstock
α36 (b): Sergey Le/Shutterstock
α39 (a): Poznyakov/Shutterstock
α39 (b): Photology1971/Shutterstock
α47: Nicole Gordine/Shutterstock

α48 (a): David Acosta Allely/Shutterstock
α48 (b): Nitr/Shutterstock
α51: Sara Sangalli/Shutterstock

Capitolo α2 Probabilità

α63: Webphoto
α69: Alexey Stiop/Shutterstock
α78: Steve Cukrov/Shutterstock
α80: Billion Photos/Shutterstock
α81: Corepics VOF/Shutterstock
α82: Syda Productions/Shutterstock
α83: Natan86/Shutterstock
α84 (a): muzsy/Shutterstock
α84 (b): Planner/Shutterstock
α85: Yermolov/Shutterstock
α87 (a): Route55/Shutterstock
α87 (b): Venus Angel/Shutterstock
α90: Tiplyashina Evgeniya/Shutterstock
α93 (a): Africa Studio/Shutterstock
α93 (b): Picsfive/Shutterstock
α93 (c): Picsfive/Shutterstock
α95: antoniodiaz/Shutterstock
α97: Weblogiq /Shutterstock
α98: Robert Kneschke/Shutterstock
α100: bouzou/Shutterstock
α101 (a): Cheryl Ann Quigley/Shutterstock
α101 (b): cristiano barni/Shutterstock
α102: koya979/Shutterstock
α104 (a): wavebreakmedia/Shutterstock
α104 (b): EggHeadPhoto/Shutterstock
α104 (c): Lek Changply/Shutterstock
α104 (d): AGCuesta/Shutterstock
α104 (e): mekcar/Shutterstock
α107: Kiselev Andrey Valerevich/Shutterstock
α109 (a): Tiger Images/Shutterstock
α109 (b): Africa Studio/Shutterstock
α109 (c): Cyrick/Shutterstock
α109 (d): pirke/Shutterstock
α110: Madiz/Shutterstock
α112 (a): Samo Trebizan/Shutterstock
α112 (b): Grycaj/Shutterstock
α113: pathdoc/Shutterstock
α114 (a): PhotoStock10/Shutterstock
α114 (b): Zentilia/Shutterstock
α114 (c): hin255/Shutterstock
α117 (a): elenovski/Shutterstock
α117 (b): Evgen Prozhyrko/Shutterstock

Verso l'INVALSI

I6: Anuwat/Shutterstock

Verso l'INVALSI

VERSO L'INVALSI

⏱ 120 minuti

▶ Su http://online.scuola.zanichelli.it/invalsi trovi tante simulazioni interattive in più per fare pratica in vista della prova INVALSI.

1 Quanto vale $\sqrt[3]{99^{99}}$?

A 33^{99}
B 99^{96}
C 99^{33}
D 33^{33}

2 In un rettangolo di perimetro 30 la differenza tra base e altezza è 5.
Qual è l'area del rettangolo?

---

3 Nel grafico seguente sono riportati i dati (in milioni di unità) sulla popolazione e sul numero di autovetture in Italia nel periodo 1951-2011.

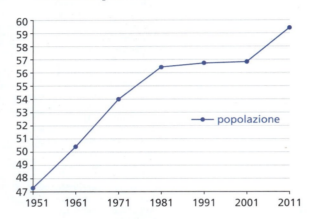
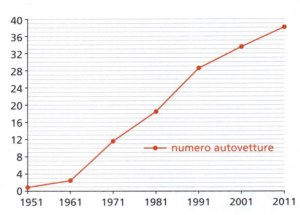

a. Tra il 1951 e il 1981 la popolazione è aumentata in media di circa 3 milioni di persone ogni 10 anni.   V F

b. Il numero di autovetture è aumentato del 50% circa tra il 1981 e il 1991.   V F

c. L'aumento relativo di autovetture tra il 2001 e il 2011 è stato minore dell'aumento relativo della popolazione nello stesso periodo.   V F

d. Il numero di autovetture pro capite è diminuito tra il 2001 e il 2011.   V F

4 Le misure, espresse in gradi, degli angoli di un pentagono sono 5 numeri interi consecutivi. Qual è la misura dell'angolo maggiore?

5 Indica quante soluzioni ha l'equazione

$2x^3 + 5x^2 + 4x = 0$.

A 0   B 1   C 2   D 3

6 Il triangolo in figura è inscritto nella circonferenza di centro O e raggio 1.
Se $\overline{BC} = 1$, quanto misura il lato AC?

A 2
B $\sqrt{3}$
C $\sqrt{2}$
D $\sqrt{5}$

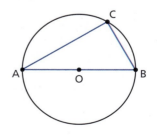

I2

Verso l'INVALSI

7 Del quadrilatero ABCD sai che l'angolo in B misura 80°, l'angolo in C 105°, l'angolo in D 100° e che i lati AB e BC sono congruenti. Quanto misura l'angolo $\widehat{CAB}$?

8 Quante soluzioni ha l'equazione
$$\sin x + 1 - x^2 = 0?$$
- A 1
- B 2
- C 3
- D Infinite.

9 Un'aiuola circolare è recintata con una rete lunga 6 m. Qual è l'area, in m², dell'aiuola? Approssima il risultato al decimo.

10 Alcuni amici prendono il treno per una gita in montagna. Uno di loro nota che il prezzo del biglietto è uguale al triplo del numero dei partecipanti alla gita. La spesa complessiva è di € 432. Quanti sono i partecipanti?

11 Qual è la soluzione della disequazione
$$x^3 + 3x^2 + 4x + 12 > 0?$$
- A $x < -3$
- B $x > -3$
- C $-3 < x < -2 \vee x > 2$
- D $x < -3 \vee -2 < x < 2$

---

12 In figura è rappresentato il grafico di una funzione $f(x)$.

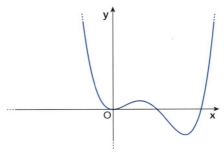

Quale dei seguenti è il grafico di $f(|x|)$?

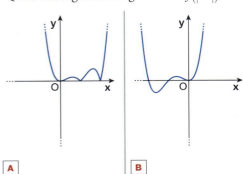 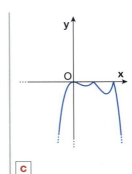 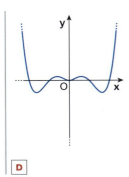

A B C D

---

13 Se $f(x) = x^3 + 3$, quanto vale $f^{-1}(128)$?

14 Considera la figura.

a. La retta r ha equazione $y = \frac{1}{2}x + 1$.   V F

b. Il punto A dista $\frac{5}{2}$ da r.   V F

c. La perpendicolare a r passante per A interseca l'asse y in (0; 1).   V F

d. Il simmetrico del punto A rispetto a r è il punto $(-1; -1)$.   V F

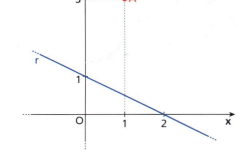

Verso l'INVALSI

15 Considera i punti $A(-1;-1)$ e $B(5;1)$ nel piano cartesiano.
Se il triangolo ABC è rettangolo in A, quali fra le seguenti coordinate possono essere quelle del punto C?

- **A** $(2;-3)$
- **B** $(-1;5)$
- **C** $(0;-4)$
- **D** $(1;-5)$

16
17 Considera la parabola di equazione
$$y = (x-1)^2.$$

- **a.** La parabola passa per il punto $(1;0)$.   V F
- **b.** Il vertice della parabola è $V(0;1)$.   V F
- **c.** L'asse della parabola ha equazione $x = 1$.   V F
- **d.** La parabola interseca l'asse x in due punti distinti.   V F

■ Determina l'intersezione, nel primo quadrante, tra la parabola e la retta di equazione $x + y = 3$.

18 Qual è l'equazione della parabola in figura?

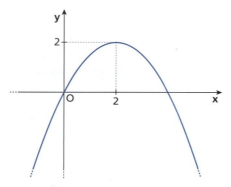

- **A** $y = x^2 - 4x + 6$
- **B** $y = x^2 - 4x$
- **C** $y = -x^2 + 3x$
- **D** $y = -\frac{1}{2}x^2 + 2x$

19 Quante sono le soluzioni dell'equazione
$$\sin x^2 = 0$$
nell'intervallo $[-\pi; \pi]$?

- **A** 0
- **B** 1
- **C** 3
- **D** 7

20 Quante soluzioni ha l'equazione $3x^2 + x + 1 = 0$?

- **A** 0
- **B** 1
- **C** 2
- **D** 3

21 Qual è l'equazione della retta che forma con l'asse delle ascisse un angolo di 70° e passa per il punto $(0;-1)$?

- **A** $y = 70x - 1$
- **B** $y = \sin 70° x - 1$
- **C** $y = -x + \tan 70°$
- **D** $y = \tan 70° x - 1$

22
23 Piazza Primo Maggio a Udine (detta anche *Giardin Grande*) è a forma di ellisse, con gli assi lunghi 190 m e 146 m.

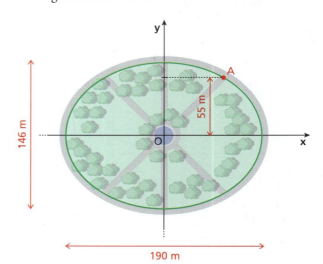

■ Usando il sistema di riferimento in figura, trova l'equazione del bordo della piazza.

- **A** $\dfrac{x^2}{146^2} - \dfrac{y^2}{190^2} = 1$
- **B** $\dfrac{x^2}{95^2} - \dfrac{y^2}{73^2} = 1$
- **C** $\dfrac{x^2}{95^2} + \dfrac{y^2}{73^2} = 1$
- **D** $\dfrac{x^2}{190^2} + \dfrac{y^2}{146^2} = 1$

■ Flavio si trova nel punto A della figura, sul bordo della piazza, a 55 metri di distanza dall'asse maggiore. Quanto dista Flavio dal centro della piazza? Esprimi il risultato in metri, approssimando all'unità.

24 In un triangolo ABC, rettangolo in A, $AB = 4$ cm e $BC = \sqrt{41}$ cm. Calcola l'area di ABC, esprimendo il risultato in cm^2.

25 Associa a ciascuna equazione la lunghezza del raggio della circonferenza che essa rappresenta.

a. $x^2 + y^2 = 2$ b. $(x-2)^2 + (y-2)^2 - 1 = 0$ c. $x^2 + y^2 + 4x = 0$

1. $r = 2$ 2. $r = \sqrt{2}$ 3. $r = 1$

26 Se $\cos\alpha = -\dfrac{2\sqrt{2}}{3}$, quanto vale $\tan^2(\pi - \alpha)$?

27
28 In una rampa inclinata di 18° si vogliono realizzare dei gradini come quello in figura.

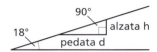

- Se la pedata d del gradino è lunga 40 cm, quanto è lunga, approssimativamente, l'alzata h?

  A 38 cm   B 123 cm   C 12 cm   D 13 cm

- Il dislivello verticale della rampa è 5,8 m. Volendo scavare 40 scalini di uguali dimensioni, qual è la misura, in centimetri, della pedata di ogni gradino?
  Approssima il risultato al millimetro.

---

29 Nel piano cartesiano, l'equazione

$$y^2 = 16 - (x+2)^2$$

rappresenta:

A un'iperbole.

B una circonferenza.

C una parabola.

D l'insieme vuoto.

30 La disequazione $\sin x + 1 > 0$:

A ha come soluzione $x \neq -\dfrac{\pi}{2} + 2k\pi, k \in \mathbb{Z}$.

B ha come soluzione $-\pi + 2k\pi < x < 2k\pi$, $k \in \mathbb{Z}$.

C è verificata $\forall x \in \mathbb{R}$.

D non è verificata per alcun $x \in \mathbb{R}$.

31 Quanto vale la somma dei primi 20 termini della progressione aritmetica di primo termine 4 e ragione 7?

32 Il ramo di un albero è lungo 1,2 m e forma con il tronco un angolo di 38°. Qual è la distanza, in metri, fra il tronco e l'estremità del ramo? Approssima il risultato alla seconda cifra decimale.

33 Considera $\sqrt{|-x^2|} \geq 0$.

La disequazione:

A non è verificata per alcun $x \in \mathbb{R}$.

B è verificata $\forall x \in \mathbb{R}$.

C è verificata solo per $x \geq 0$.

D è verificata solo per $x \leq 0$.

34 Il triangolo ABC ha il lato AB di misura 6, e gli angoli in A e B rispettivamente di 20° e 40°. Quanto vale l'area del triangolo? Approssima il risultato al centesimo.

35 Qual è il coefficiente angolare della retta tangente all'iperbole di equazione $xy = 4$ nel punto $(1; 4)$?

36 Nel piano cartesiano, quanto misura il raggio della circonferenza di equazione $9x^2 + 9y^2 - 10 = 0$?

37 Aumentando del 16% il lato di un quadrato, l'area aumenta del:

A 256%.

B 32%.

C 34,56%.

D 16%.

38 La parabola di equazione $y = ax^2$ passa p~ to $(2; 12)$. Quanto vale a?

COME ORIENTARSI NEL LIBRO

Tanti tipi di esercizi

AL VOLO — Esercizi veloci
Per esempio: esercizi dal 272 al 274, pagina 632.

CACCIA ALL'ERRORE — Evita i tranelli
Per esempio: esercizio 265, pagina 594.

COMPLETA — Inserisci la risposta giusta
Per esempio: esercizio 472, pagina 641.

EUREKA! — Una sfida per metterti alla prova
Per esempio: esercizio 933, pagina 1493.

FAI UN ESEMPIO — Se lo sai fare, hai capito
Per esempio: esercizio 2, pagina 1375.

LEGGI IL GRAFICO — Ricava informazioni dall'analisi di un grafico
Per esempio: esercizio 4, pagina 1302.

REALTÀ E MODELLI — La matematica di tutti i giorni
Per esempio: esercizio 467, pagina 1465.

RIFLETTI SULLA TEORIA — Spiega, giustifica, argomenta
Per esempio: esercizio 141, pagina 1540.

YOU & MATHS — La matematica in inglese
Per esempio: esercizio 353, pagina 1320.

VERO O FALSO? TEST ASSOCIA — Vedi subito se hai capito
Per esempio: esercizi dal 412 al 415, pagina 1400.

I rimandi alle risorse digitali

Video — 1 ora e 30 minuti di video
Per esempio: *Dominio di una funzione*, pagina 1290.

Animazione — 100 animazioni interattive
Per esempio: esercizi a pagina 1514.

Listen to it — La lettura di 70 definizioni ed enunciati in inglese
Per esempio: *Jump discontinuity*, pagina 1437.

TUTOR matematica
risorsa riservata a chi ha acquistato l'edizione con tutor
Oltre 550 esercizi interattivi in più
con suggerimenti teorici, video e animazioni per guidarti nel ripasso.

---

933 **EUREKA!** $y = \ln(e^{3x} + 1)$ $[y = 3x]$

4 **LEGGI IL GRAFICO** Dal grafico deduci:
a. il dominio e l'immagine della funzione;
b. $f(-4), f(0), f(3), f(\frac{1}{2})$;
c. l'espressione analitica di $f(x)$.

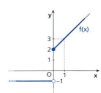

467 **REALTÀ E MODELLI** **Anno dopo anno** Arianna decide di investire i suoi risparmi e concorda con la banca di versare € 1000 alla fine di ogni anno, a un tasso di interesse annuo composto uguale a i. Dopo n anni, la somma a sua disposizione è data da
$$S = 1000 \frac{(1+i)^n - 1}{i}.$$
a. Calcola la somma disponibile alla fine del terzo anno se $i = 0,06$. Qual è il guadagno totale in tre anni?
b. Calcola il valore a cui tende S alla fine del terzo anno se il tasso i tende a 0 e interpreta il risultato ottenuto.

[a) € 3183,60; € 183,60; b) € 3000]

CAPITOLO
10 ESPONENZIALI

1 Potenze con esponente reale

■ Potenze con esponente intero o razionale |► Esercizi a p. 583

Riassumiamo nelle tabelle seguenti quando sono definite le potenze di un numero reale con esponente intero o razionale, fornendo qualche esempio.

Le potenze con esponente intero		
a^x se...	...è definita per...	Esempio
$x > 0$	$\forall\, a$	$(-\sqrt{2})^3 = -2\sqrt{2};\ 0^3 = 0.$
$x = 0$	$a \neq 0$	$a^0 = 1;\ 0^0$ non si definisce.
$x < 0$	$a \neq 0$	$\left(-\dfrac{2}{3}\right)^{-2} = \left(-\dfrac{3}{2}\right)^2 = \dfrac{9}{4}.$

Le potenze con esponente razionale		
a^x se...	...è definita per...	Esempio
$x > 0$	$a \geq 0$	$5^{\frac{3}{4}} = \sqrt[4]{5^3};\ 0^{\frac{1}{2}} = 0.$
$x = 0$	$a \neq 0$	$a^0 = 1;\ 0^0$ non si definisce.
$x < 0$	$a > 0$	$(\sqrt{3})^{-\frac{1}{2}} = \dfrac{1}{(\sqrt{3})^{\frac{1}{2}}} = \dfrac{1}{\sqrt[4]{3}}.$

Osserviamo che l'introduzione degli esponenti razionali richiede che **la base delle potenze non possa essere negativa**. In caso contrario si avrebbero situazioni non accettabili come quella del seguente esempio.

> **ESEMPIO**
>
> Supponiamo che la base di una potenza con esponente razionale possa essere negativa. Allora possiamo scrivere:
>
> $$-125 = (-5)^3 = \{[(-5)^3]^{\frac{1}{2}}\}^2 = \{[(-5)^3]^2\}^{\frac{1}{2}} = \sqrt{(-5)^6} = \sqrt{5^6} = 125.$$
>
> Ma -125 non è uguale a 125!

Paragrafo 1. Potenze con esponente reale

■ Potenze con esponente reale

▶ Esercizi a p. 583

È possibile definire una potenza con esponente reale ma non razionale?
Una scrittura come $3^{\sqrt{2}}$ ha significato?
Sappiamo che $\sqrt{2}$ è un numero irrazionale, cioè un numero decimale illimitato non periodico. Può essere approssimato per eccesso o per difetto da due successioni di numeri decimali finiti:

$\quad$ 1,4 $\quad$ 1,41 $\quad$ 1,414 $\quad$ 1,4142 $\quad$ … $\quad\quad$ per difetto;

$\quad$ 1,5 $\quad$ 1,42 $\quad$ 1,415 $\quad$ 1,4143 $\quad$ … $\quad\quad$ per eccesso.

Consideriamo ora le due seguenti successioni di potenze che hanno come base 3 e come esponenti razionali i termini delle due precedenti successioni:

$\quad 3^{1,4} \quad 3^{1,41} \quad 3^{1,414} \quad 3^{1,4142} \quad …$

$\quad 3^{1,5} \quad 3^{1,42} \quad 3^{1,415} \quad 3^{1,4143} \quad …$

Si può dimostrare che esiste un unico numero reale più grande di tutti gli elementi della prima successione e, contemporaneamente, più piccolo di tutti quelli della seconda.
Indichiamo con $3^{\sqrt{2}}$ questo numero:

$$3^{1,4} < 3^{1,41} < 3^{1,414} < 3^{1,4142} < … < \mathbf{3^{\sqrt{2}}} < … < 3^{1,4143} < 3^{1,415} < 3^{1,42} < 3^{1,5}.$$

Se rappresentiamo le successioni approssimanti sulla retta reale, vediamo che i punti relativi alla prima successione si avvicinano sempre di più a un punto da sinistra senza mai oltrepassarlo, quelli relativi alla seconda si avvicinano allo stesso punto da destra senza mai oltrepassarlo. Associamo a tale punto il numero $3^{\sqrt{2}}$.

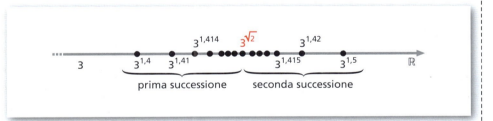

In generale, si definisce la **potenza a^x di un numero reale $a > 1$**, che abbia **esponente reale $x > 0$**, come quell'*unico* numero reale:
- maggiore di tutte le potenze di a con esponenti razionali che approssimano x per difetto;
- minore di tutte le potenze di a con esponenti razionali che approssimano x per eccesso.

In modo analogo si ragiona quando $0 < a < 1$, ma tenendo conto che in questo caso al crescere degli esponenti che approssimano x le potenze decrescono, mentre al decrescere degli esponenti le potenze crescono. Per esempio:

$$\left(\frac{1}{2}\right)^3 < \left(\frac{1}{2}\right)^2.$$

▶ Considera le successioni che approssimano $(0,2)^{\sqrt{2}}$. Che differenza noti tra queste e quelle che approssimano $3^{\sqrt{2}}$?

Capitolo 10. Esponenziali

Quindi si definisce la **potenza a^x di un numero reale a, con $0 < a < 1$**, che abbia **esponente reale $x > 0$**, come quell'*unico* numero reale:

- maggiore di tutte le potenze di a con esponenti razionali che approssimano x per eccesso;
- minore di tutte le potenze di a con esponenti razionali che approssimano x per difetto.

Si definiscono poi:

- $1^x = 1$ per qualunque numero reale x;
- $0^x = 0$ per qualunque numero reale x positivo;
- $a^0 = 1$ per qualunque numero reale a positivo;
- $a^{-r} = \left(\dfrac{1}{a}\right)^r = \dfrac{1}{a^r}$ per qualunque coppia di numeri reali positivi a e r.

Non si definiscono invece:

- le potenze con base zero ed esponente nullo o negativo;
- le potenze con base un numero reale negativo.

Se ci limitiamo a studiare le potenze a^x con base reale $a > 0$, che sono le sole a essere definite con esponente x reale qualsiasi, essendo la base a positiva, il valore della potenza a^x è sempre positivo:

$$a > 0 \quad \rightarrow \quad a^x > 0, \quad \forall\, x \in \mathbb{R}.$$

■ Proprietà delle potenze con esponente reale

▶ Esercizi a p. 584

Si può dimostrare che anche per le potenze con esponente reale valgono le cinque proprietà delle potenze con esponente razionale; le riassumiamo nella tabella.

Le proprietà delle potenze		
Definizione $\quad a, b \in \mathbb{R}^+, \quad x, y \in \mathbb{R}$		**Esempio**
I.	Prodotto di potenze di uguale base: $a^x \cdot a^y = a^{x+y}$	$10^{4\sqrt{3}} \cdot 10^{-\sqrt{27}} = 10^{\sqrt{3}}$
II.	Quoziente di potenze di uguale base: $a^x : a^y = a^{x-y}$	$\left(\dfrac{1}{3}\right)^4 : \left(\dfrac{1}{3}\right)^{-5} = \left(\dfrac{1}{3}\right)^9$
III.	Potenza di potenza: $(a^x)^y = a^{x \cdot y}$	$(6^{-\sqrt{2}})^{\sqrt{2}} = 6^{-\sqrt{2}\cdot\sqrt{2}} = 6^{-2} = \dfrac{1}{36}$
IV.	Prodotto di potenze di uguale esponente: $a^x \cdot b^x = (a \cdot b)^x$	$\left(\dfrac{2}{3}\right)^\pi \cdot \left(\dfrac{3}{4}\right)^\pi = \left(\dfrac{1}{2}\right)^\pi$
V.	Quoziente di potenze di uguale esponente: $a^x : b^x = (a : b)^x$	$\left(\dfrac{81}{5}\right)^{\frac{1}{3}} : \left(\dfrac{3}{5}\right)^{\frac{1}{3}} = 27^{\frac{1}{3}} = 3$

Paragrafo 2. Funzione esponenziale

TEOREMA
All'aumentare dell'esponente reale x, la potenza a^x:
- aumenta se $a > 1$: $a > 1 \to x_1 < x_2 \leftrightarrow a^{x_1} < a^{x_2}$;
- diminuisce se $0 < a < 1$: $0 < a < 1 \to x_1 < x_2 \leftrightarrow a^{x_1} > a^{x_2}$.

ESEMPIO
Consideriamo i due esponenti 5 e $\sqrt{3}$, poiché $5 > \sqrt{3}$ risulta:
- $2^5 > 2^{\sqrt{3}}$, perché la base 2 è maggiore di 1;
- $\left(\dfrac{1}{2}\right)^5 < \left(\dfrac{1}{2}\right)^{\sqrt{3}}$, perché la base $\dfrac{1}{2}$ è minore di 1.

MATEMATICA INTORNO A NOI
La rete di Sant'Antonio Una catena di Sant'Antonio funziona così: devi inviare una somma di denaro a chi ti ha introdotto nello schema; da quel momento in poi, potrai reclutare nuovi amici, chiedendo loro di versarti la medesima somma per partecipare. Così facendo il tuo gruzzolo si moltiplicherà?

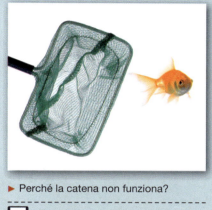

▶ Perché la catena non funziona?

☐ La risposta

2 Funzione esponenziale

▶ Esercizi a p. 584

DEFINIZIONE
Si chiama **funzione esponenziale** ogni funzione del tipo:
$$y = a^x, \text{ con } a \in \mathbb{R}^+.$$

Abbiamo una diversa funzione esponenziale per ogni valore $a > 0$ che scegliamo.

Se $a = 1$, la funzione è la funzione costante $y = 1$, perché $1^x = 1$ per qualunque valore di x. Il suo grafico è quindi una retta parallela all'asse x, passante per $(0; 1)$.

Se $a \neq 1$, distinguiamo i due casi $a > 1$ e $0 < a < 1$.

Nella figura ci sono i grafici di $y = a^x$ nei due casi.

🇬🇧 **Listen to it**

An **exponential function** is a function that can be written as $y = a^x$, with $a \in \mathbb{R}^+$.

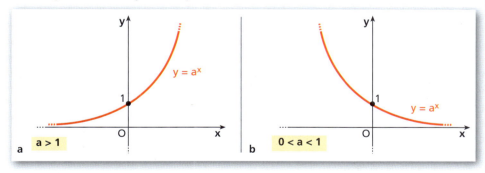

a $a > 1$ b $0 < a < 1$

Dai grafici notiamo **proprietà comuni nei due casi**:
- il dominio è $\mathbb{R}$;
- il grafico non interseca l'asse x e si trova interamente nei quadranti con ordinata positiva, cioè il codominio è $\mathbb{R}^+$;
- il grafico interseca l'asse y in $(0; 1)$;
- la funzione è biunivoca.

Se $a > 1$:
- la funzione è crescente;
- per esponenti negativi decrescenti, le potenze si avvicinano sempre più a 0.

Se $0 < a < 1$:
- la funzione è decrescente;
- per esponenti positivi crescenti, le potenze si avvicinano sempre più a 0.

▶ Disegna per punti le funzioni:
- $y = 3^x$;
- $y = \left(\dfrac{1}{3}\right)^x$.

Controlla nei grafici le proprietà elencate qui a fianco.

Capitolo 10. Esponenziali

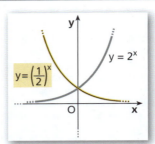

Notiamo che, per ogni base $a \neq 1$, il grafico di $y = a^x$ è il simmetrico rispetto all'asse y del grafico di $y = \left(\dfrac{1}{a}\right)^x$. Infatti una simmetria rispetto all'asse y trasforma $y = a^x$ in $y = a^{-x} = \dfrac{1}{a^x} = \left(\dfrac{1}{a}\right)^x$. Nella figura a fianco vediamo il caso $a = 2$.

Funzione esponenziale con base e

In matematica è spesso utilizzata, per le sue particolari proprietà che studieremo in seguito, la funzione esponenziale

$$y = e^x,$$

dove e è un particolare numero irrazionale, il numero di Nepero:

$$e = 2,71828182845\ldots$$

Nelle calcolatrici scientifiche trovi spesso un tasto che fornisce il valore di e o anche un tasto che, dato x, fornisce il valore di e^x.

Crescita esponenziale

Confrontiamo l'andamento delle funzioni $y = x$, $y = x^2$, $y = x^3$, $y = x^4$ con quello di $y = 2^x$ mediante una tabella. Si può notare che, all'aumentare di x, 2^x supera velocemente i valori delle potenze e si potrebbe dimostrare che ciò è vero qualunque esponente n abbia la potenza x^n.

x	x^2	x^3	x^4	2^x
0	0	0	0	1
1	1	1	1	2
10	100	1000	10^4	1024
20	400	$8 \cdot 10^3$	$1,6 \cdot 10^5$	$\simeq 1,05 \cdot 10^6$
100	10^4	10^6	10^8	$\simeq 1,3 \cdot 10^{30}$
200	$4 \cdot 10^4$	$8 \cdot 10^6$	$1,6 \cdot 10^9$	$\simeq 1,6 \cdot 10^{60}$

Ci sono fenomeni il cui andamento è descrivibile con una funzione esponenziale e il cui aumento molto rapido viene quindi detto *crescita esponenziale*. Per esempio negli ultimi secoli la popolazione mondiale ha avuto una crescita di questo tipo.

MATEMATICA INTORNO A NOI

Crescita di una popolazione I modelli matematici hanno fatto capire che una popolazione, in presenza di risorse abbondanti, cresce secondo una curva esponenziale.

▶ Approfondisci l'argomento.

Cerca nel Web: crescita esponenziale, popolazione umana, batteri

Funzioni del tipo $y = [f(x)]^{g(x)}$

La definizione di potenza a esponente reale permette di estendere il concetto di funzione a forme del tipo $y = [f(x)]^{g(x)}$. Studiamone il dominio considerando per primi i casi con base o con esponente costante a.

1. $y = a^{f(x)}$ esiste in tutto il dominio di $f(x)$, se e solo se $a > 0$.

> **ESEMPIO**
>
> $y = 3^{\sqrt{x-1}}$ ha per dominio $x \geq 1$.

2. $y = [f(x)]^a$ esiste per $f(x) \geq 0$ se $a \in \mathbb{R}^+$, per $f(x) > 0$ se $a \in \mathbb{R}^-$.

> **ESEMPIO**
>
> $y = (x^2 - 1)^{\sqrt{2}}$ ha per dominio $x \leq -1 \vee x \geq 1$.
> Per la funzione $y = (x^2 - 1)^{-\sqrt{2}} = \dfrac{1}{(x^2 - 1)^{\sqrt{2}}}$ dobbiamo invece escludere i valori che annullano $x^2 - 1$ (e quindi il denominatore), pertanto il suo dominio è $x < -1 \vee x > 1$.

578

3. $y = [f(x)]^{g(x)}$ esiste nel dominio di $g(x)$ se e solo se $f(x) > 0$.

ESEMPIO

Consideriamo $y = (4x^2 - 1)^{\sqrt{x}}$.

Deve essere $4x^2 - 1 > 0 \rightarrow x < -\frac{1}{2} \lor x > \frac{1}{2}$.

L'esponente $\sqrt{x}$ esiste per $x \geq 0$.

Ponendo a sistema le due condizioni, otteniamo $x > \frac{1}{2}$.

Grafico di funzioni del tipo $y = e^{f(x)}$

Per disegnare l'andamento del grafico della funzione

$$y = e^{f(x)},$$

noto quello di $y = f(x)$, teniamo conto delle proprietà di $y = e^x$ e in particolare:

se $x \to -\infty$, $e^x \to 0$;

se $x \to +\infty$, $e^x \to +\infty$;

se $x = 0$, $e^x = 1$.

Per esempio, disegniamo il grafico di $y = e^{\frac{x-2}{x-1}}$.

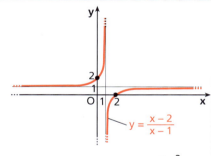 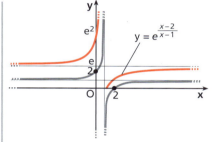

a. Tracciamo il grafico di $y = \frac{x-2}{x-1}$.

b. Tenendo conto delle proprietà della funzione esponenziale tracciamo il grafico di $y = e^{\frac{x-2}{x-1}}$.

Nel disegnare il grafico abbiamo tenuto conto che:

per $x \to -\infty$ o $x \to +\infty$, $\frac{x-2}{x-1} \to 1$, $e^{\frac{x-2}{x-1}} \to e^1 = e$;

per $x \to 1^+$, $\frac{x-2}{x-1} \to -\infty$, $e^{\frac{x-2}{x-1}} \to 0$;

per $x \to 1^-$, $\frac{x-2}{x-1} \to +\infty$, $e^{\frac{x-2}{x-1}} \to +\infty$;

(con $x \to 1^+$ indichiamo che x tende a 1 assumendo valori maggiori di 1, con $x \to 1^-$ assumendo valori minori di 1).

Notiamo inoltre che, essendo sempre $e^x > x$, si ha anche $e^{\frac{x-2}{x-1}} > \frac{x-2}{x-1}$, ossia il grafico di $y = e^{\frac{x-2}{x-1}}$ «sta sempre sopra» a quello di $y = \frac{x-2}{x-1}$.

Video

Invenzione degli scacchi
Secondo un'antica leggenda, un bramino insegnò il gioco degli scacchi a un re indiano. Il re ne fu entusiasta e promise in cambio la realizzazione di qualsiasi desiderio. Il bramino chiese dei chicchi di riso: uno per la prima casella della scacchiera, due per la seconda, quattro per la terza e così via.
▶ Quanto riso dovrà dare il re al bramino?
▶ Riuscirà a mantenere la promessa?

Capitolo 10. Esponenziali

3 Equazioni esponenziali

▶ Esercizi a p. 590

DEFINIZIONE
Un'**equazione esponenziale** contiene almeno una potenza con l'incognita nell'esponente.

Per esempio, $2^x = 5$ è un'equazione esponenziale, mentre $x^{\sqrt{5}} = 2$ non lo è.

Consideriamo l'equazione esponenziale: $\boxed{a^x = b, \text{ con } a > 0}$.

Escludendo il caso particolare in cui $a = 1$, per risolvere $a^x = b$, distinguiamo due casi.

- **Se $b \leq 0$**, l'equazione $a^x = b$ è *impossibile*, perché a^x non è mai negativo o nullo.
  Per esempio, l'equazione $2^x = -4$ non è verificata per alcun valore di x.

- **Se $b > 0$**, l'equazione $a^x = b$ ha sempre *una e una sola soluzione*.
  Infatti, se interpretiamo graficamente l'equazione, considerando il grafico di $y = a^x$ e quello di $y = b$, la soluzione $\bar{x}$ è l'ascissa del punto di intersezione dei due grafici, che è una e una sola, perché la funzione $y = a^x$ è biunivoca.

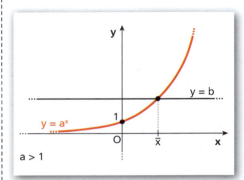

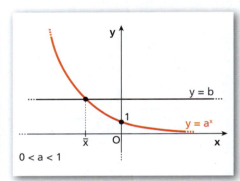

Non esiste un metodo generale per la risoluzione delle equazioni esponenziali. Negli esercizi, noi considereremo solo alcuni casi.

È possibile risolvere l'equazione **in modo immediato**, se si riescono a scrivere a e b come potenze aventi la stessa base.

ESEMPIO

Risolviamo $25^x = 125$.

Scriviamo l'equazione utilizzando potenze di 5:

$$25^x = 125 \rightarrow (5^2)^x = 5^3 \rightarrow 5^{2x} = 5^3.$$

Due potenze con la stessa base sono uguali se e solo se sono uguali anche gli esponenti, quindi:

$$5^{2x} = 5^3 \rightarrow 2x = 3 \rightarrow x = \frac{3}{2}.$$

▶ Risolvi le seguenti equazioni.
a. $3^x = -125$;
b. $1^{2x} = 1^{x-2}$;
c. $6 = 1^{6x}$;
d. $64\sqrt{2} = 4^{2x}$;
e. $-8 = \left(\frac{1}{2}\right)^x$.

Con l'animazione verifica i tuoi risultati.

▶ Animazione

Paragrafo 4. Disequazioni esponenziali

4 Disequazioni esponenziali

▶ Esercizi a p. 594

DEFINIZIONE
Una **disequazione esponenziale** contiene almeno una potenza con l'incognita nell'esponente.

Per le disequazioni esponenziali valgono osservazioni analoghe a quelle fatte sulle equazioni esponenziali, purché ricordiamo che:

Se $a > 1$:
$$a^t > a^z \leftrightarrow t > z.$$

Se $0 < a < 1$:
$$a^t > a^z \leftrightarrow t < z.$$

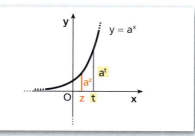
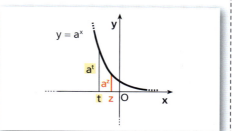

ESEMPIO Animazione

1. Risolviamo la disequazione $32^x > 128$.
   Scriviamo la disequazione utilizzando potenze di 2:
   $$32^x > 128 \rightarrow (2^5)^x > 2^7 \rightarrow 2^{5x} > 2^7.$$
   Poiché le potenze hanno **base maggiore di 1**, dalla disuguaglianza precedente otteniamo una disuguaglianza fra gli esponenti **di ugual verso**:
   $$2^{5x} > 2^7 \rightarrow 5x > 7 \rightarrow x > \frac{7}{5}.$$

2. Risolviamo la disequazione $\left(\frac{1}{8}\right)^x > \frac{1}{4}$.
   Scriviamo la disequazione utilizzando potenze di $\frac{1}{2}$:
   $$\left(\frac{1}{8}\right)^x > \frac{1}{4} \rightarrow \left(\frac{1}{2}\right)^{3x} > \left(\frac{1}{2}\right)^2.$$
   Poiché le potenze hanno **base minore di 1**, dalla disuguaglianza precedente otteniamo una disuguaglianza fra gli esponenti **di verso contrario**:
   $$\left(\frac{1}{2}\right)^{3x} > \left(\frac{1}{2}\right)^2 \rightarrow 3x < 2 \rightarrow x < \frac{2}{3}.$$

▶ Risolvi
$$4 \cdot 2^x - \frac{2}{2^x} + 2 > 0,$$
utilizzando come incognita ausiliaria $t = 2^x$, come proponiamo nell'animazione.

Animazione

MATEMATICA INTORNO A NOI

Computer ed esponenziali Nel 1965, Gordon Moore notò che la potenza di calcolo dei computer raddoppiava ogni due anni.

▶ Aveva ragione?

Cerca nel Web: legge di Moore, exponential growth of computing

Capitolo 10. Esponenziali

IN SINTESI
Esponenziali

■ Potenze con esponente reale

- **Potenza** a^x, con a e x numeri reali positivi:
  se $a > 1$, è il numero reale
  - *maggiore* di tutte le potenze di a con esponenti razionali che approssimano x per *difetto*;
  - *minore* di tutte le potenze di a con esponenti razionali che approssimano x per *eccesso*;

  se $0 < a < 1$, è il numero reale
  - *maggiore* di tutte le potenze di a con esponenti razionali che approssimano x per *eccesso*;
  - *minore* di tutte le potenze di a con esponenti razionali che approssimano x per *difetto*.

- Definiamo: $1^x = 1,$ $\forall x \in \mathbb{R}$; $a^0 = 1,$ $\forall a \in \mathbb{R}^+$;
  $0^x = 0,$ $\forall x \in \mathbb{R}^+$; $a^{-r} = \left(\frac{1}{a}\right)^r = \frac{1}{a^r},$ $\forall a, r \in \mathbb{R}^+$.

  Non si definiscono le potenze con base 0 ed esponente negativo o nullo e quelle con base negativa.

- **Proprietà**
  - Anche per le potenze con esponente reale valgono le cinque proprietà delle potenze.
  - All'aumentare di x, la potenza a^x aumenta se $a > 1$, diminuisce se $0 < a < 1$.

■ Funzione esponenziale

Ogni funzione da $\mathbb{R}$ a $\mathbb{R}^+$ del tipo

$$y = a^x, \quad \text{con } a \in \mathbb{R}^+,$$

è una **funzione esponenziale**.

La funzione esponenziale è o **sempre crescente** se $a > 1$ o **sempre decrescente** se $0 < a < 1$.

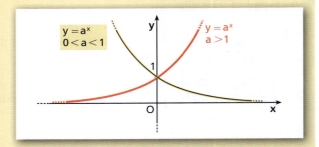

■ Equazioni esponenziali

Equazione esponenziale: contiene almeno una potenza in cui compare l'incognita nell'esponente.
L'equazione esponenziale più semplice è del tipo: $a^x = b$, con $a > 0$.

Quando l'equazione è determinata, può essere **risolta in modo immediato** se si riescono a scrivere a e b come potenze con la stessa base.

ESEMPIO: $27^x = 81 \rightarrow 3^{3x} = 3^4 \rightarrow 3x = 4 \rightarrow x = \frac{4}{3}$.

■ Disequazioni esponenziali

Disequazione esponenziale: contiene almeno una potenza con l'incognita nell'esponente.
Per risolvere le disequazioni esponenziali si tiene presente che:

- se $a > 1$ e $a^x > a^y$, allora $x > y$;
- se $0 < a < 1$ e $a^x > a^y$, allora $x < y$.

ESEMPIO: 1. $2^{2x} > 2^3 \rightarrow 2x > 3 \rightarrow x > \frac{3}{2}$. 2. $\left(\frac{1}{3}\right)^x > \left(\frac{1}{3}\right)^5 \rightarrow x < 5$.

CAPITOLO 10
ESERCIZI

1 Potenze con esponente reale

Potenze con esponente intero o razionale
▶ Teoria a p. 574

1 Fra le seguenti potenze con esponente razionale elimina quelle prive di significato e spiega il motivo della tua scelta.

$(2\pi)^{-44}$; $(-2)^{\frac{1}{8}}$; $(-3)^{-2}$; $(9-3^2)^0$; $(\sqrt[4]{5})^{-\frac{2}{7}}$; 0^{-2}.

2 Ricordando che $x^{\frac{m}{n}} = \sqrt[n]{x^m}$, scrivi le seguenti potenze con esponente razionale sotto forma di radice.

a. $3^{\frac{5}{8}}$; $4^{\frac{2}{3}}$; $\left(\frac{1}{3}\right)^{\frac{3}{2}}$;

b. $2^{-\frac{4}{3}}$; $\left(\frac{1}{4}\right)^{-\frac{4}{3}}$; $\left(\frac{11}{3}\right)^{-\frac{2}{5}}$.

$\left[a) \sqrt[8]{3^5}; 2 \cdot \sqrt[3]{2}; \frac{\sqrt{3}}{9}; b) \frac{1}{2 \cdot \sqrt[3]{2}}; 4 \cdot \sqrt[3]{4}; \sqrt[5]{\frac{9}{121}}\right]$

Scrivi le seguenti radici sotto forma di potenza con esponente razionale.

3 $\sqrt{7}$; $\sqrt[6]{2^5}$; $\sqrt[4]{243}$; $\sqrt[4]{0,25}$.

$\left[7^{\frac{1}{2}}; 2^{\frac{5}{6}}; 3^{\frac{5}{4}}; 2^{-\frac{1}{2}}\right]$

4 $\frac{1}{\sqrt{2}}$; $\sqrt[19]{\frac{1}{256}}$; $\sqrt[7]{\frac{1}{125}}$; $\sqrt[4]{3^{-1}}$.

$\left[2^{-\frac{1}{2}}; 2^{-\frac{8}{19}}; 5^{-\frac{3}{7}}; 3^{-\frac{1}{4}}\right]$

Calcola il valore delle seguenti espressioni.

5 $4^{-\frac{1}{2}}$; $\left(\frac{3}{2}\right)^{-\frac{3}{2}}$; $\left(3^{-\frac{1}{3}}\right)^{\frac{3}{2}}$; $\sqrt[4]{\left(\frac{1}{4}\right)^{\frac{4}{3}}}$.

$\left[\frac{1}{2}; \frac{2}{9}\sqrt{6}; \frac{\sqrt{3}}{3}; \frac{\sqrt[3]{2}}{2}\right]$

6 $\left(\frac{1}{16}\right)^{-\frac{1}{2}}$; $27^{-\frac{1}{3}}$; $64^{\frac{1}{3}}$; $125^{-\frac{1}{3}}$.

$\left[4; \frac{1}{3}; 4; \frac{1}{5}\right]$

Potenze con esponente reale
▶ Teoria a p. 575

7 Indica quali fra le seguenti scritture hanno significato, ossia rappresentano potenze con esponente reale.

a. $-5^{\sqrt{3}}$; b. $\left(-\frac{1}{2}\right)^{1+\sqrt{2}}$; c. $(\sqrt{5}+1)^\pi$; d. $(1-\sqrt{2})^{\frac{1}{\sqrt{3}}}$; e. $1^{\sqrt{3}}$. [a; c; e]

8 TEST $3^{\pi-1}$ ha un valore compreso tra:

A 9 e 10.   B 1 e 9.   C 9 e 27.   D 27 e 81.   E 3 e 9.

Indica quali valori possono assumere le variabili affinché le seguenti espressioni rappresentino potenze reali con esponenti reali.

9 $(a+4)^\pi$; $\left(\frac{1}{a}\right)^{\sqrt{3}}$. $[a \geq -4; a > 0]$

10 $(2a-a^2)^{\sqrt{2}}$; $(-2a)^{-\sqrt{3}}$. $[0 \leq a \leq 2; a < 0]$

11 $\left(\frac{1-a}{a}\right)^{\sqrt{2}}$; $(a^2-4a+4)^{-\sqrt{2}}$. $[0 < a \leq 1; a \neq 2]$

12 $a^{\sqrt{2}+1}$; $(a^2+1)^\pi$. $[a \geq 0; \forall a \in \mathbb{R}]$

13 $(a-8)^{\pi-4}$; $\left(\frac{2a}{a-3}\right)^{-\sqrt{5}}$. $[a > 8; a < 0 \vee a > 3]$

14 $\left(\frac{a-1}{a+2}\right)^{\sqrt{3}}$; $a^{\sqrt{a-1}}$. $[a < -2 \vee a \geq 1; a \geq 1]$

15 $(-a)^a$; $(4-|x|)^x$. $[a < 0; -4 < x \leq 4]$

16 $(\sqrt{x+2})^{\frac{1}{x}}$; x^x. $[x > -2 \wedge x \neq 0; x > 0]$

Capitolo 10. Esponenziali

Proprietà delle potenze con esponente reale
▶ Teoria a p. 576

VERO O FALSO?

17
a. $4^{\frac{1}{x}} = 4^{-x}$ V F
b. $-8^x = (-8)^x$ V F
c. $6^{x^2} = (6^x)^2$ V F
d. $5^x + 5^y = 5^{x+y}$ V F

18
a. $\frac{1}{3^x} = \left(\frac{1}{3}\right)^x$ V F
b. $0^x = 0, \forall x \in \mathbb{R}$ V F
c. $a^{-\frac{1}{\sqrt{3}}} = \frac{1}{\sqrt[3]{a}}, \forall a \in \mathbb{R}^+$ V F
d. $\left(\frac{1}{\sqrt{2}}\right)^0 = 1$ V F

19
a. $7^{x-1} = 7^x - 1$ V F
b. $5^{x-2} \cdot \frac{1}{25} = 5^{x-4}$ V F
c. $8^{1+3x} = 2^{3+3x}$ V F
d. $(a^3)^x \cdot \frac{1}{(a^2)^x} = a$ V F

20
a. $5^{2x-1} = \frac{25^x}{5}$ V F
b. $\sqrt[5]{64^x} = 2^{\frac{6}{5}x}$ V F
c. $9 \cdot 3^{2x+1} = 27 \cdot 9^x$ V F
d. $\sqrt{64^{2x}} = 8^x$ V F

Semplifica le seguenti espressioni, applicando le proprietà delle potenze.

21 $3^{\sqrt{5}} \cdot 3^{\sqrt{20}}$; $\quad 2^{\sqrt{3}} \cdot 3^{\sqrt{3}}$. $[3^{3\sqrt{5}}; 6^{\sqrt{3}}]$

26 $\sqrt{2\sqrt{4^x}}$; $\quad \left(\frac{2^x}{4^{2x}}\right)^3$. $[2^{\frac{x+1}{2}}; 2^{-9x}]$

22 $5^{3\sqrt{3}} : 5^{\sqrt{3}}$; $\quad (3^{\sqrt{2}})^{\sqrt{2}}$. $[5^{2\sqrt{3}}; 9]$

27 $(3^{-2x} \cdot 3^3) : 3^x$; $\quad \sqrt{\frac{9^{x+1}}{3^{4x}}}$. $[3^{-3x+3}; 3^{1-x}]$

23 $(5^{4\pi} : 5^4) \cdot 5^\pi$; $\quad [(6^{\sqrt{2}})^2]^{\sqrt{2}}$. $[5^{5\pi-4}; 6^4]$

28 $2^x \cdot 4^{x+1} \cdot 16^{x+2}$; $\quad 3^{-x} \cdot 9^{-\frac{1}{2}x}$. $[2^{7x+10}; \frac{1}{9^x}]$

24 $\sqrt{32^{\sqrt{2}}}$; $\quad [(5)^{\sqrt{3}-1}]^{\sqrt{3}+1}$. $[2^{\frac{5}{2}\sqrt{2}}; 25]$

29 $[(2^{x+1} \cdot 2^{-x})^3 : 2^{x-1}]^{\sqrt{x}}$ $[2^{\sqrt{x}(4-x)}]$

25 $(2^x \cdot 2^3)^x$; $\quad \sqrt{a} \cdot a^{3x}$. $[2^{x^2+3x}; a^{3x+\frac{1}{2}}]$

30 $(5^x)^x \cdot 25^{-x} : [(5^{2-x})^x \cdot 5]^{-1}$ $[5]$

---

31 **COMPLETA** inserendo il simbolo $>$ oppure $<$ fra le seguenti coppie di numeri.

$3^{2\pi} \;\square\; 3^6$; $\quad 2^{\sqrt{5}} \;\square\; 2^{\frac{5}{2}}$; $\quad \left(\frac{5}{6}\right)^{\sqrt{7}} \;\square\; \left(\frac{5}{6}\right)^{\sqrt{5}+1}$; $\quad 1,12^3 \;\square\; 3^{1,12}$.

Disponi in ordine crescente i seguenti numeri.

32 -2; $\;-2^\pi$; $\;\sqrt{2}$; $\;2^{-1}$; $\;2^{\sqrt{2}}$.

33 $3^{-\frac{1}{2}}$; $\;-3^{\sqrt{2}}$; $\;-3^\pi$; $\;3^{-1}$; $\;3^{-\sqrt{3}}$.

34 **EUREKA!** Se $2^x = 3$, calcola:
a. 4^{x-2};
b. $\frac{6 \cdot 8^x}{4^{x+1}} - 4^{x-1}$.

---

2 Funzione esponenziale
▶ Teoria a p. 577

35 Indica quali delle seguenti equazioni definiscono una funzione esponenziale.

$y = 4^{-x}$, $\quad y = (-4)^x$, $\quad y = -4^x$, $\quad y = 0,2^x$, $\quad y = (\sqrt{2})^x$, $\quad y = (1-\sqrt{2})^x$.

Determina per quali valori di a le seguenti equazioni definiscono una funzione esponenziale.

36 $y = (a-1)^x$ $[a > 1]$

37 $y = \left(\frac{a-2}{3-a}\right)^x$ $[2 < a < 3]$

Paragrafo 2. Funzione esponenziale

Costruisci per punti il grafico delle seguenti funzioni.

38 $y = 3^x$ **39** $y = 5^x$ **40** $y = 2,5^x$ **41** $y = 0,4^x$ **42** $y = \left(\frac{1}{3}\right)^x$

43 Disegna i grafici delle funzioni $y = 2^x$, $y = 4^x$, $y = 5^x$ in uno stesso piano cartesiano. Che cosa puoi dedurre dal confronto dei tre grafici?

44 Come nell'esercizio precedente, ma con le funzioni $y = \left(\frac{1}{2}\right)^x$, $y = \left(\frac{1}{4}\right)^x$, $y = \left(\frac{1}{5}\right)^x$.

LEGGI IL GRAFICO Scrivi le equazioni dei seguenti grafici, che rappresentano funzioni esponenziali.

45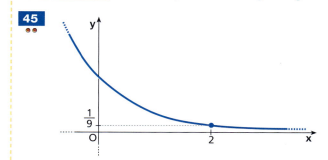

46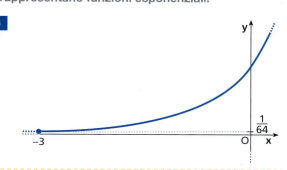

47 **VERO O FALSO?**

a. La funzione $y = \left(\frac{1}{3}\right)^{x-2}$ ha come dominio $\mathbb{R}$ e come codominio $\mathbb{R}^+$. V F

b. La funzione $y = 4^x$ è decrescente per $x < 0$. V F

c. Il grafico di $y = (\sqrt{2})^x$ passa per il punto $(0; 1)$. V F

d. La funzione $y = \left(\frac{2}{3}\right)^x$ si annulla in un punto. V F

e. $y = (2 - \sqrt{3})^x$ è una funzione decrescente in $\mathbb{R}$. V F

48 **AL VOLO** Quale delle seguenti funzioni cresce più rapidamente?

a. $y = 4^x$ b. $y = (\sqrt{3})^x$

Determina per quali valori di a le seguenti equazioni definiscono una funzione esponenziale crescente.

49 $y = (5 - a)^x$ $[a < 4]$ **51** $y = \left(\frac{2a + 3}{a - 1}\right)^x$ $[a < -4 \vee a > 1]$

50 $y = (a^2 - 3)^x$ $[a < -2 \vee a > 2]$ **52** $y = (2a^2 + 5a - 2)^x$ $\left[a < -3 \vee a > \frac{1}{2}\right]$

Determina per quali valori di a le seguenti equazioni definiscono una funzione esponenziale decrescente.

53 $y = (1 - a)^x$ $[0 < a < 1]$ **55** $y = \left(\frac{2 - a}{a + 2}\right)^x$ $[0 < a < 2]$

54 $y = \left(-\frac{2}{a}\right)^x$ $[a < -2]$ **56** $y = (\sqrt{2a} - 3)^x$ $\left[\frac{9}{2} < a < 8\right]$

585

E **Capitolo 10. Esponenziali**

Determina il dominio delle seguenti funzioni.

AL VOLO

57 $y = 2^{\sqrt{x-1}}$

59 $y = \sqrt{4^x}$

61 $y = \sqrt{-3^{-x}}$

58 $y = \frac{1}{2} \cdot 3^x + 4^{\frac{1}{x}}$

60 $y = \frac{4}{3^x}$

62 $y = x^{2x}$

63 $y = 2^{\frac{x}{x^2-1}}$ $[x \neq \pm 1]$

71 $y = \left(\frac{1}{x^2-1}\right)^{\frac{1}{x}}$ $[x < -1 \vee x > 1]$

64 $y = 3^{\frac{x-1}{x^3-4x}}$ $[x \neq \pm 2 \wedge x \neq 0]$

72 $y = (\sqrt{2+x})^{\frac{1}{|x|-1}}$ $[x > -2 \wedge x \neq \pm 1]$

65 $y = \frac{5^{\frac{1}{x}}}{x^2-4}$ $[x \neq 0 \wedge x \neq \pm 2]$

73 $y = (\sqrt{4-x^2})^{\sqrt{x}}$ $[0 \leq x < 2]$

66 $y = \sqrt{2^x} - \sqrt{x+2}$ $[x \geq -2]$

74 $y = (x - \sqrt{x^2-2x})^x$ $[x \geq 2]$

67 $y = 4^{\sqrt{3-|x|}}$ $[-3 \leq x \leq 3]$

75 $y = (\sqrt{2x} - x)^{-\sqrt{2}}$ $[0 < x < 2]$

68 $y = (2x-1)^{\pi}$ $\left[x \geq \frac{1}{2}\right]$

76 $y = \left(\frac{2x}{1-x^2}\right)^{\sqrt{x+3}}$ $[-3 \leq x < -1 \vee 0 < x < 1]$

69 $y = (2-4x)^{\frac{1}{\sqrt{2}}}$ $\left[x \leq \frac{1}{2}\right]$

77 $y = 2^{\frac{\sqrt{x^3-9x}}{\sqrt{x-3}}}$ $[x > 3]$

70 $y = (x-2)^{\sqrt{4-x}}$ $[2 < x \leq 4]$

78 $y = 4^{\frac{1}{2\sqrt{x}-x}}$ $[x > 0 \wedge x \neq 4]$

---

79 **TEST** Se $f(x) = 7^x$, allora $\dfrac{f(2x)}{f(x-1)}$ è uguale a:

A $7^x - 7$.   **B** 7^{x-1}.   **C** 7^{x+1}.   **D** 7^3.   **E** $7^x + 1$.

80 Date le funzioni $f(x) = 4^x$ e $g(x) = \left(\frac{1}{2}\right)^x$, calcola:

   a. $f(1) - g(0)$;   **b.** $8f(-2) + g(1)$;   **c.** $f\left(\frac{1}{2}\right) + 2g(-1)$.

     $[a) \; 3; \; b) \; 1; \; c) \; 6]$

81 Nella funzione $f(x) = 1 + b \cdot a^{x-2}$, con $a > 0$, è $f(2) = 3$ e $f(4) = \frac{9}{8}$. Calcola $a + b$. $\left[\frac{9}{4}\right]$

82 **EUREKA!** Se $f(x) = 3^x$, completa:

   $f(f(4)) = 3^{\boxed{}}$; $f(f(f(1))) = 27^{\boxed{}}$; $f(f(\boxed{})) = 27^{81}$; $f(f(f(0))) = \boxed{}$.

Trasformazioni geometriche e grafico delle funzioni esponenziali

Disegna i grafici delle seguenti coppie di funzioni nello stesso piano cartesiano.

83 $y = 3^x$ e $y = 3^{2x}$.

84 $y = 2^x$ e $y = 2^{x-1}$.

85 $y = 3^x$ e $y = 3^x - 1$.

---

86 Disegna i grafici delle funzioni $y = 2^{-x}$ e $y = -2^x$.

87 Rappresenta le seguenti funzioni in uno stesso piano cartesiano. Che cosa puoi notare?

     $y = 2^x$, $y = 2^{x+1}$, $y = 2^x + 1$.

586

Paragrafo 2. Funzione esponenziale

Scrivi le equazioni delle funzioni ottenute da quelle date mediante la trasformazione indicata e traccia i loro grafici.

88 $y = 10^x$; traslazione di vettore $\vec{v}(2;-1)$. $[y = 10^{x-2} - 1]$

89 $y = 2^{x-2}$; dilatazione di equazioni $\begin{cases} x' = 3x \\ y' = 4y \end{cases}$. $[y = 2^{\frac{x}{3}}]$

90 $y = -3^x$; simmetria rispetto alla retta $y = 1$. $[y = 3^x + 2]$

91 $y = 2^{x+2}$; simmetria rispetto all'asse x. $[y = -2^{x+2}]$

92 **AL VOLO** Le funzioni $y = 9 \cdot 3^{\frac{x}{2}-2}$ e $y = 3^{\frac{x}{2}}$ sono uguali?

93 **TEST** Applicando una traslazione di vettore $\vec{v}(-1;-3)$ alla funzione $y = 3^{x+2}$, si ottiene:

A $y = 3^{x+1} - 3$. B $y = 3^{x+3} + 3$. C $y = 3^{x+3} - 3$. D $y = 3^{x+1} + 3$. E $y = 3^x - 2$.

94 **LEGGI IL GRAFICO** Associa ogni funzione al grafico corrispondente.

a. $y = 4^x$ b. $y = -4^x$ c. $y = \left(\dfrac{1}{4}\right)^x$ d. $y = 4^x + 1$

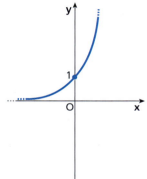

1

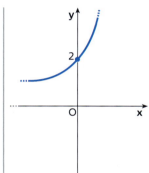

2

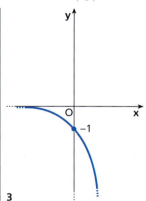

3

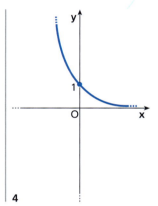

4

Disegna il grafico delle seguenti funzioni utilizzando le trasformazioni geometriche.

95 $y = 2^{x+2}$; $y = 2^x + 2$.

96 $y = \left(\dfrac{1}{2}\right)^{x+1} - 1$; $y = 2^{-x}$.

97 $y = \left(\dfrac{1}{2}\right)^{x-1}$; $y = -2^x$.

98 $y = 3^{|x|}$; $y = \left(\dfrac{1}{2}\right)^{|x|}$.

99 $y = 3^{\frac{x}{2}}$; $y = 5 \cdot 3^x$.

100 $y = \dfrac{2^x}{3}$; $y = \dfrac{1}{2} \cdot 3^{\frac{1}{2}x}$.

101 $y = 2^{3x}$; $y = 3 \cdot 2^x$.

102 $y = 4^{-x} + 1$; $y = -3^x - 3$.

103 $y = -3^{-x}$; $y = -\left(\dfrac{1}{3}\right)^{-x}$.

104 $y = |-2^{-x}|$; $y = |2^{x+1} - 1|$.

105 $y = 2 \cdot 3^{-x}$; $y = 4 \cdot 2^x - 1$.

106 $y = -2^{|x|}$; $y = |2^{x+2}|$.

107 $y = \dfrac{3^x + 1}{3^x}$; $y = -\left|\left(\dfrac{1}{3}\right)^x - 1\right|$.

108 $y = |1 - 4^x| - 1$; $y = \dfrac{6^{x+1}}{3^x} + 1$.

109 $y = 2^{-x} + \dfrac{x}{|x|}$; $y = 3^{|x|-2} + 1$.

110 $y = 2 - 4^{|x|}$; $y = 2\left(\dfrac{1}{2}\right)^{1-|x|}$.

587

Capitolo 10. Esponenziali

111 $y = 3 - \left(\dfrac{1}{2}\right)^x$; $\quad y = 1 + \left(\dfrac{1}{3}\right)^{x-1}$.

113 $y = 2^{|x-2|}$; $\quad y = 2^{|x|-2}$.

112 $y = |2 - 2^{|x|}| + 1$; $\quad y = 2^{-|x|} - 3$.

114 $y = 3^{\frac{|x|}{x}} - 3^x$; $\quad y = \left|-\left(\dfrac{1}{2}\right)^x - 1\right|$.

---

115 Determina l'espressione analitica e traccia il grafico della funzione che si ottiene dalla funzione $y = 2^x$ applicando la traslazione di vettore $\vec{v}(-2; 1)$ e, al risultato, la simmetria rispetto al punto $(1; -4)$.

$$[y = -2^{-x+4} - 9]$$

LEGGI IL GRAFICO Utilizzando i dati forniti nelle figure, determina l'equazione dei seguenti grafici.

116

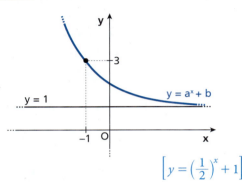

$$\left[y = \left(\dfrac{1}{2}\right)^x + 1\right]$$

117

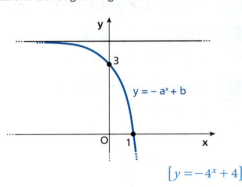

$$[y = -4^x + 4]$$

118 **TEST** La figura rappresenta il grafico (in rosso) di una funzione. Quale?

A $y = \left(\dfrac{1}{2}\right)^x$.

C $y = \left|\left(\dfrac{1}{2}\right)^x\right|$.

E $y = \left(\dfrac{1}{2}\right)^{|x|}$.

B $y = 2^{|x|}$.

D $y = -\left(\dfrac{1}{2}\right)^x$.

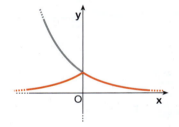

REALTÀ E MODELLI

119 **Come crescono i risparmi?** Lisa ha depositato su un libretto di risparmio € 500 e la banca ogni tre mesi accredita l'interesse maturato. Quale funzione descrive l'andamento degli importi in funzione del numero dei mesi trascorsi?
Rappresentala graficamente.

$$\left[y(t) = 500 \cdot 1{,}005^{\frac{t}{3}}\right]$$

importi rilevati nei quattro trimestri successivi al deposito:
€ 502,50
€ 505,01
€ 507,54
€ 510,08

120 **Larve e anatre** Nell'agosto 2015 si è registrata una diffusa morìa di anatre e oche selvatiche nell'alta Toscana. La causa risiedeva nelle larve di mosche infettate dalle spore del botulino, larve mangiate dalle anatre e dalle oche. L'andamento nel tempo della diffusione della tossina può essere descritto dalla funzione esponenziale indicata a fianco, dove $y(t)$ è il numero di larve infette al tempo t (misurato in giorni).

diffusione tossina: $y(t) = y_0 e^{kt}$

a. All'inizio dell'osservazione ($t = 0$) le larve infette erano 50. Riporta in una tabella l'andamento del numero di larve infette nei primi cinque giorni di osservazione, considerando $k = 1{,}1$ e rappresenta graficamente la funzione.

b. Come cambia il grafico della funzione se la costante diventa $k = 0{,}5$? Confronta i due grafici.

Paragrafo 2. Funzione esponenziale

121 **Il tasso di crescita** Le ultime stime indicano che ogni anno la popolazione mondiale aumenta esponenzialmente (con base e) con un tasso dell'1,18% (dati ONU 2015, World Population Prospects). Il tasso di crescita della popolazione è quella percentuale che deve essere moltiplicata per il tempo di crescita della popolazione (espresso in anni) per ottenere l'esponente di crescita, da attribuire alla base e.

a. Scrivi la funzione di accrescimento della popolazione al passare del tempo.

b. Calcola quante persone abiteranno sulla Terra tra 25 anni *se* il tasso di crescita rimarrà costante.

popolazione attuale: circa 7 miliardi

$\left[\text{a)}\ N(t) = N_0 e^{\frac{1,18}{100} t};\ \text{b) } 9,4 \text{ miliardi} \right]$

Grafico di funzioni del tipo $y = e^{f(x)}$

LEGGI IL GRAFICO Utilizzando i grafici delle funzioni $y = f(x)$ delle figure, disegna quello di $y = e^{f(x)}$.

122

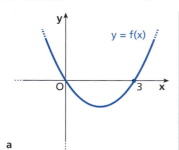
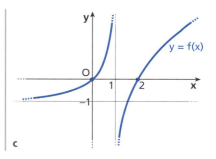

a   b   c

Disegna il grafico della funzione $f(x)$ e poi quello di $y = e^{f(x)}$.

123 $f(x) = \dfrac{1}{2}x - 1$ **125** $f(x) = x^2 - 1$ **127** $f(x) = \dfrac{|x|}{x - 2}$

124 $f(x) = \dfrac{x}{x - 1}$ **126** $f(x) = \sqrt{4 - x^2}$ **128** $f(x) = \dfrac{1}{|x| - 2}$

Traccia i grafici delle seguenti funzioni.

129 $y = e^{-\sqrt{x+1}}$ **130** $y = e^{|x - x^2|}$ **131** $y = e^{\frac{x}{2-x}}$ **132** $y = e^{\sqrt{9 - x^2}}$

MATEMATICA E STORIA

La crescita della popolazione Nella sua opera del 1748 *Introductio in analysin infinitorum*, Eulero chiede:
«Se la popolazione di una regione aumenta annualmente di un trentesimo e in un certo momento contava 100 000 abitanti, vorremmo conoscere la popolazione dopo 100 anni».

a. Prima di risolvere il problema, fai una stima: quale potrà essere, secondo te, il numero di abitanti dopo 100 anni?

b. Interpreta e completa i calcoli seguenti, che consentono di esprimere il numero di abitanti di quella regione dopo un anno:

$$100\,000 + 100\,000 \cdot \frac{1}{30} = 100\,000 \cdot (\ldots + \ldots) = 100\,000 \cdot \ldots$$

c. Una volta determinato il numero di abitanti dopo un anno, per quale frazione (maggiore di 1) lo puoi moltiplicare in modo da ottenere la popolazione dopo due anni?

d. Per determinare la popolazione dopo 100 anni, ripeterai la moltiplicazione precedente più volte… Scrivi un'espressione che ti consenta (con l'aiuto di una calcolatrice o di un foglio elettronico) di trovare la soluzione del problema.

☐ Risoluzione – Esercizio in più

TUTOR Allenati con **15 esercizi interattivi** con feedback "hai sbagliato, perché…"
☐ **su.zanichelli.it/tutor3**   risorsa riservata a chi ha acquistato l'edizione con tutor

Capitolo 10. Esponenziali

3 | Equazioni esponenziali

▶ Teoria a p. 580

133 **ASSOCIA** ciascuna equazione alla soluzione corretta.

a. $3^{-x} = -1$ b. $4^x = 1$ c. $2^x = \dfrac{1}{4}$ d. $3 \cdot \left(\dfrac{1}{2}\right)^x = 6$

1. $x = -1$ 2. impossibile   3. $x = 0$ 4. $x = -2$

134 **VERO O FALSO?**

a. L'equazione $2^x + 1 = 0$ è impossibile.   V F
b. L'equazione $5^{2-x} - \dfrac{1}{5} = 0$ ha per soluzione 3.   V F
c. $2^{-x} + 2^x = 0$ è un'equazione impossibile.   V F
d. $2 \cdot 4^{x-1} = 0$ ha per soluzione 1.   V F

I due membri si possono scrivere come potenze di uguale base

135 **ESERCIZIO GUIDA**   Risolviamo: a. $3^x = \dfrac{\sqrt{3}}{9}$;   b. $75 \cdot 25^{x-1} - 5^{2x+1} = -50$.

a. $3^x = \dfrac{\sqrt{3}}{9}$ ⟩ $\sqrt{3} = 3^{\frac{1}{2}}$

$3^x = \dfrac{3^{\frac{1}{2}}}{3^2}$ ⟩ seconda proprietà delle potenze

$3^x = 3^{\frac{1}{2} - 2}$

$3^x = 3^{-\frac{3}{2}}$ ⟩ potenze con la stessa base: uguagliamo gli esponenti

$x = -\dfrac{3}{2}$

b. $75 \cdot 25^{x-1} - 5^{2x+1} = -50$ ⟩ proprietà delle potenze

$\overset{3}{\cancel{75}} \cdot \dfrac{5^{2x}}{\cancel{25}} - 5 \cdot 5^{2x} = -50$ ⟩ raccogliamo 5^{2x}

$5^{2x}(3 - 5) = -50$

$5^{2x} = 5^2$ ⟩ uguagliamo gli esponenti

$2x = 2$ → $x = 1$

Risolvi le seguenti equazioni esponenziali.

136 $3^{x+1} = 27$ [2]

137 $5^{2x} = \dfrac{1}{25}$ [−1]

138 $2^{3x-1} = 16$ $\left[\dfrac{5}{3}\right]$

AL VOLO

139 $4 \cdot 3^x = 4$

140 $7^{x+2} + 7 = 0$

141 $4^{x+1} + 3^x = 0$

142 $2^x = 16 \cdot \sqrt{2}$ $\left[\dfrac{9}{2}\right]$

143 $5^x = \dfrac{1}{25} \cdot \sqrt{5}$ $\left[-\dfrac{3}{2}\right]$

144 $3^x = \dfrac{9 \cdot \sqrt{3}}{\sqrt[4]{3}}$ $\left[\dfrac{9}{4}\right]$

145 $4^x = 2 \cdot \sqrt{2}$ $\left[\dfrac{3}{4}\right]$

146 $\sqrt[3]{5^x} = \dfrac{1}{3125}$ [−15]

147 $8^x \cdot \sqrt{2} = 4^x$ $\left[-\dfrac{1}{2}\right]$

148 $a^x \cdot a^{2x-1} = \dfrac{a^2}{\sqrt{a}}$ $(a > 0)$ $\left[\dfrac{5}{6}\right]$

149 $\sqrt{3} \cdot 3^x = 27$ $\left[\dfrac{5}{2}\right]$

150 $\sqrt[3]{5^x} = 25$ [6]

151 $4^{x+2} = 1 - \sqrt{2}$ [impossibile]

152 $3^x \cdot 27 = 9^{2x}$ [1]

153 $t^2 \cdot t^{x+1} = \dfrac{t^{6x}}{t^5}$ $(t > 0)$ $\left[\dfrac{8}{5}\right]$

154 $2^x + 9 \cdot 2^x = 40$ [2]

155 $3 \cdot 4^x + \dfrac{7}{4} \cdot 4^x = 19 \cdot \sqrt{2}$ $\left[\dfrac{5}{4}\right]$

156 $5 \cdot 2^x + 2^{x-3} = 328$ [6]

590

Paragrafo 3. Equazioni esponenziali

157 $9^{x+2} = \sqrt[3]{3^{x+7}}$ $[-1]$

158 $4^{2x+1} = 8^{2x-1}$ $\left[\dfrac{5}{2}\right]$

159 $8^{x-1} = \sqrt[3]{2^{x-3}}$ $\left[\dfrac{3}{4}\right]$

160 $3 \cdot 5^x + 5^{x+1} = 8 \cdot 5^3$ $[3]$

161 $3^x - 3^{x-2} + 3^{x+1} = 35$ $[2]$

162 $3^{3(x+2)} = 9^{\frac{1}{x}+1}$ $\left[\dfrac{-2 \pm \sqrt{10}}{3}\right]$

163 $\dfrac{2^x \cdot 2^{x+1} \cdot 2^{x+2}}{8 \cdot 2^{x+3}} = \sqrt[5]{4} \cdot \sqrt[3]{2}$ $\left[\dfrac{28}{15}\right]$

164 $\dfrac{4^{2-x} \cdot 2^{x+3}}{16^x} = \dfrac{1}{8}$ $[2]$

165 $\sqrt{27\sqrt{9^x}} = 3^{x-2} \cdot 27$ $[1]$

166 $\dfrac{8^{2-x}}{2^{2+x}} = \dfrac{16^{2x-1}}{4^x}$ $\left[\dfrac{4}{5}\right]$

167 $5^x \cdot 25^x = \dfrac{1}{5}$ $\left[-\dfrac{1}{3}\right]$

168 $3^x - 9 \cdot \dfrac{\sqrt{3}}{\sqrt[5]{9}} = 0$ $\left[\dfrac{21}{10}\right]$

169 $2^x + 2^{x+1} = -2^{x-1} + 7$ $[1]$

170 $3^{x+\frac{1}{2}} - 3^x = 9 \cdot (\sqrt{3} - 1)$ $[2]$

171 $(\sqrt{2})^x + (\sqrt{2})^{x-1} = 2(\sqrt{2} + 1)$ $[3]$

172 $3^{2-x} + 3^{3-x} = 12$ $[1]$

173 $8^{x-\frac{2}{3}} = \sqrt{2^{x+1}}$ $[1]$

174 $4^x + (2^x)^2 - 2^{2(x-2)} = 124$ $[3]$

175 $7^x + 49^{\frac{x}{2}} = 2 \cdot \sqrt[5]{343}$ $\left[\dfrac{3}{5}\right]$

176 $4^{2x-1} - 4^{2x+1} + 3 \cdot 2^{4x} = -\dfrac{3}{2}$ $\left[\dfrac{1}{4}\right]$

---

177 **LEGGI IL GRAFICO** Considera il grafico della funzione $f(x)$.
Determina $f(1)$, $2^{f(-2)}$, $3^{f(-\frac{1}{2})}$, $4^{f(2)}$. Risolvi le equazioni:

a. $2^x - 4^{f(0)} = 2^{f(-\frac{1}{2})}$;

b. $2^{f(x)} = 1$.

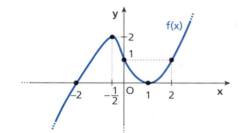

REALTÀ E MODELLI

178 **La mitosi** Il processo che porta a dividere una cellula e a generare due cellule identiche alla cellula madre si chiama *mitosi*. Consideriamo che ogni cellula impieghi 30 ore a dividersi in due.

a. Quante cellule contiene un organismo umano dopo 5 giorni dalla fecondazione?

b. Quanti giorni serviranno per generare complessivamente circa 2^{20} cellule (ossia, più di un milione)?   [a) 16; b) 25]

179 **Tre mesi o un anno?** Alberto decide di investire i suoi risparmi sottoscrivendo il contratto che vedi qui a fianco. «Tasso di interesse composto del 4% con capitalizzazione a tre mesi» significa che ogni tre mesi la sua banca gli accrediterà il 4% del denaro presente sul suo conto in quel momento e che questi soldi andranno a sommarsi al capitale. Le condizioni del contratto di Giorgio invece sono quelle riportate più in basso a fianco.
Dopo quanto tempo il capitale di Alberto uguaglierà quello di Giorgio?   [1 anno]

deposito di Alberto: € 156 250
tasso di interesse composto: 4%
capitalizzazione: 3 mesi

deposito di Giorgio: € 175 760
tasso di interesse composto: 4%
capitalizzazione: 1 anno

Capitolo 10. Esponenziali

180 **ESERCIZIO GUIDA** Risolviamo $6 \cdot 2^{x+3} = 4 \cdot 7^x - 2^x$.

$6 \cdot 2^x \cdot 8 = 4 \cdot 7^x - 2^x \rightarrow 48 \cdot 2^x + 2^x = 4 \cdot 7^x \rightarrow 49 \cdot 2^x = 4 \cdot 7^x \rightarrow \underbrace{\dfrac{2^x}{7^x} = \dfrac{4}{49}}_{\text{dividiamo entrambi i membri per } 49 \cdot 7^x} \rightarrow \underbrace{\left(\dfrac{2}{7}\right)^x = \left(\dfrac{2}{7}\right)^2}_{\text{proprietà delle potenze}} \rightarrow x = 2$

Risolvi le seguenti equazioni esponenziali.

181 $5 \cdot 2^x = 2 \cdot 5^x$ [1]

182 $3^{x+2} = 2^{2x+4}$ [−2]

183 $26 \cdot 2^x = 4 \cdot 5^x + 2^x$ [2]

184 $7^{x+1} = 3^{x+1}$ [−1]

185 $21 \cdot 3^x - 2^{x+3} = 3^{x+1}$ [−2]

186 $2^{x+2} - 4 \cdot 5^{x+2} = 25 \cdot 5^x - 4 \cdot 2^x$ [−3]

Utilizziamo un'incognita ausiliaria

187 **ESERCIZIO GUIDA** Risolviamo l'equazione $6 \cdot 3^x - 3^{2-x} = 15$.

$6 \cdot 3^x - 3^{2-x} = 15 \rightarrow \underbrace{6 \cdot 3^x - \dfrac{9}{3^x} = 15}_{\substack{\text{seconda proprietà} \\ \text{delle potenze} \\ a^x : a^y = a^{x-y}}} \rightarrow \underbrace{6z - \dfrac{9}{z} = 15}_{\text{sostituiamo } z = 3^x} \rightarrow \underbrace{\dfrac{2z^2 - 3 - 5z}{z} = 0}_{\text{riduciamo allo stesso denominatore}} \rightarrow \underbrace{}_{z \neq 0}$

$2z^2 - 5z - 3 = 0 \rightarrow z_1 = -\dfrac{1}{2} \lor z_2 = 3$

$z_1 = -\dfrac{1}{2} \rightarrow 3^x = -\dfrac{1}{2} \rightarrow$ impossibile

$z_2 = 3 \rightarrow 3^x = 3 \rightarrow x = 1$

L'equazione data ha per soluzione $x = 1$.

Risolvi le seguenti equazioni esponenziali utilizzando un'incognita ausiliaria.

188 $4^x = 2^x - 2$ [impossibile]

189 $8 + 2^{x+1} = 2^{2x}$ [2]

190 $9^x - 3 = 2 \cdot 3^x$ [1]

191 $3^{2x} - 9 \cdot 3^x + 3 = \dfrac{1}{3} \cdot 3^x$ [−1; 2]

192 $5^{2x} - 5^x = 5^{x-2} - \dfrac{1}{25}$ [0; −2]

193 $\dfrac{2}{3^x - 1} = \dfrac{1}{3^x - 5}$ [2]

194 $2^x + 8 = \dfrac{1}{4} + 2^{1-x}$ [−2]

195 $10^x + 10^{2-x} = 101$ [0; 2]

196 $2^{x+3} + 4^{x+1} = 320$ [3]

197 $2^{x+1} + 2^{3-x} = 17$ [−1; 3]

198 $3^x + 3^{1-x} = 4$ [0; 1]

199 $2^x - \sqrt{2} = 4 - 2^{\frac{5}{2}-x}$ $\left[\dfrac{1}{2}; 2\right]$

200 $(3^x - 5)^2 + 1 = 3^x - 5$ [impossibile]

201 $\left(\dfrac{1}{2}\right)^{2x} - \dfrac{12}{2^x} + 32 = 0$ [−2; −3]

592

Paragrafo 3. Equazioni esponenziali

202 $-2 \cdot 5^{x+2} + 25^{x+1} = 375$ [1]

203 $9^x + 9 = 10 \cdot 3^x$ [0; 2]

204 $2^{4x+3} + 2 = 17 \cdot 4^x$ $\left[-\dfrac{3}{2}; \dfrac{1}{2}\right]$

205 $5^{x+2} - 4 \cdot 5^{1-x} - 30 = -5^{2-x}$ [0; -1]

206 $3^x - 3^{-1} = 3(2 \cdot 3^{-x} + 8 \cdot 3^{-1})$ [2]

207 $\dfrac{4}{2^x - 1} + \dfrac{3}{2^x + 1} = 5$ [1]

208 $\dfrac{2 \cdot (3^x + 1)}{3^x} = \dfrac{3 \cdot (3^x + 1)}{2 \cdot 3^x + 1}$ [impossibile]

Risolvi le seguenti equazioni esponenziali applicando il metodo opportuno.

209 $5^{x+6} = 125$ [-3]

210 $9^x - 3^x = 6$ [1]

211 $4^x = 3 \cdot 2^x + 4$ [2]

212 $2^x = 2^{x-1} + 2^{x+3}$ [impossibile]

213 $5^x + 125^{\frac{x}{3}} = 250$ [3]

214 $25^{5x-2} = \sqrt[3]{125^x}$ $\left[\dfrac{4}{9}\right]$

215 $3^{x-2} \cdot 9^{x+4} \cdot \sqrt{27^x} = 1$ $\left[-\dfrac{4}{3}\right]$

216 $3^{2+x} + 3^x = 90$ [2]

217 $2^{3x} + 8^x = \sqrt[5]{2}$ $\left[-\dfrac{4}{15}\right]$

218 $5^{2x-1} = 7^{2x-1}$ $\left[\dfrac{1}{2}\right]$

219 $\left(\dfrac{1}{2}\right)^{x+3} - 4 \cdot 64^x = 0$ $\left[-\dfrac{5}{7}\right]$

220 $7^x \cdot \sqrt{7^x} = \dfrac{1}{343}$ [-2]

221 $2 \cdot 3^{2x} - 2 \cdot 3^{x+2} - 8 = 1 - 3^x$ [2]

222 $\left(\dfrac{3}{4}\right)^{x-3} = \left(\dfrac{16}{9}\right)^{1+2x}$ $\left[\dfrac{1}{5}\right]$

223 $12^{x-2} = 2\sqrt{3}$ $\left[\dfrac{5}{2}\right]$

224 $\sqrt{3\sqrt{3}} = 3 \cdot 9^{2-x}$ $\left[\dfrac{17}{8}\right]$

225 $\left[\left(\dfrac{3}{2}\right)^x\right]^{-2} \cdot \dfrac{9}{\sqrt{2}} = \dfrac{4}{\sqrt{3}}$ $\left[\dfrac{5}{4}\right]$

226 $(27^x)^{x-4} = \dfrac{1}{3 \cdot (3^{4x})^2}$ $\left[\dfrac{1}{3}; 1\right]$

227 $2^{\frac{5}{x}} = 4^{\frac{x}{2}} \cdot \sqrt{2^3} \cdot 8^{\frac{5}{6}}$ [-5; 1]

228 $\sqrt{27^x} \cdot 9^x = \dfrac{1}{81\sqrt{3}}$ $\left[-\dfrac{9}{7}\right]$

229 $\sqrt{3^{x^2-6x}} \cdot 3^6 = (3^x)^2 : 9$ [2; 8]

230 $\dfrac{9^x + 9}{3^x} = 10$ [0; 2]

231 $16^x - 3 \cdot 2^{2x+1} + 8 = 0$ $\left[\dfrac{1}{2}; 1\right]$

232 $\left(\dfrac{1}{4}\right)^x - 4 = 3 \cdot 2^{-x}$ [-2]

233 $\sqrt[3]{11^{9x}} - 11^{2x} + 121(1 - 11^x) = 0$ [0; 1]

234 $\dfrac{\sqrt{3^x}}{\sqrt{3^{x+1} \cdot 9^{x+2}}} = \dfrac{1}{9}$ $\left[-\dfrac{5}{4}\right]$

235 $\dfrac{\sqrt{3} \cdot \sqrt{9^x}}{81^{x-1}} = 9^{2x+3}$ $\left[-\dfrac{1}{5}\right]$

236 $\dfrac{(2^x)^{x-3}}{\sqrt{8^x}} = \dfrac{(\sqrt{2})^{3x}}{32}$ [1; 5]

237 $^{x+2}\!\sqrt{25^x} \cdot \sqrt[x]{5^4} = 125$ [2]

238 $\dfrac{24}{3^x - 1} - \dfrac{9}{3^x} = 2$ [2]

239 $3^{-x} + \dfrac{3^x + 2}{3^x + 6} = \dfrac{24}{3^{2x} + 6 \cdot 3^x}$ [1]

240 $1 + 26 \cdot 3^{\frac{1}{2}x - 2} = 3^{x-1}$ [4]

241 $|8^x - 2| = \sqrt{2^{3x}}$ $\left[\dfrac{2}{3}; 0\right]$

242 $4^{\sqrt{x+2}} + 6 = 4^{2-\sqrt{x+2}}$ $\left[-\dfrac{7}{4}\right]$

243 $10^x - 2^x - 5^x + 1 = 0$ [0]

244 $25 \cdot \left(\dfrac{2}{5}\right)^{-x} - 10\left[\left(\dfrac{5}{2}\right)^{2x} - 1\right] = 4\left(\dfrac{5}{2}\right)^x$ [1]

245 $2^{2x-1} \cdot 3^x = \dfrac{1}{2 \cdot 3^x}$ [0]

246 $2 - \dfrac{6}{4^{x+1}} + \dfrac{1}{4^{2x+1}} = 0$ $\left[-1; -\dfrac{1}{2}\right]$

247 $5^{x+1} \cdot 25^x = \sqrt{5^{1-x}} \cdot \sqrt{125}$ $\left[\dfrac{2}{7}\right]$

248 $\dfrac{5^{x+2} \cdot 25^{1-x}}{125^x} = \dfrac{1}{5}$ $\left[\dfrac{5}{4}\right]$

249 $27^{\frac{2}{3}x} - 3^{2x+3} + 9^{x+2} = 165$ $\left[\dfrac{1}{2}\right]$

250 $\left(\dfrac{2}{5}\right)^{x-1} - \left(\dfrac{5}{2}\right)^{\frac{x-1}{x}} = 0$ [±1]

251 $\dfrac{5^x}{5^x + 1} - \dfrac{1}{25^x - 1} = 1$ [impossibile]

593

Capitolo 10. Esponenziali

ESERCIZI

252 a. Risolvi algebricamente l'equazione $2 \cdot 3^x = 3 - 9^x$.

b. Interpreta graficamente l'equazione tracciando i grafici delle funzioni che si ottengono in ogni membro.

Sistemi con equazioni esponenziali

Risolvi i seguenti sistemi.

253 $\begin{cases} 2x + y = 3 \\ 2^{x-y} = 64 \end{cases}$ $[(3; -3)]$

254 $\begin{cases} 2^x + y = 0 \\ 4^x + y = 2 \end{cases}$ $[(1; -2)]$

255 $\begin{cases} y - 2^x = 0 \\ 5y = 4^x + 4 \end{cases}$ $[(0; 1); (2; 4)]$

256 $\begin{cases} 2^x - 2^y = 8 \\ 2^x + 2^y = 24 \end{cases}$ $[(4; 3)]$

257 $\begin{cases} 3^x + 3^y = 10 \\ 3^{x+1} - 3^y = -6 \end{cases}$ $[(0; 2)]$

258 $\begin{cases} 9^{x-y} \cdot 27^y = 1 \\ 4^x \cdot \left(\dfrac{1}{2}\right)^y = 32 \end{cases}$ $\left[\left(\dfrac{5}{4}; -\dfrac{5}{2}\right)\right]$

259 $\begin{cases} 3^x \cdot \sqrt{81^{x-y}} = 1 \\ 25^x \cdot \sqrt{125^y} = 5 \end{cases}$ $\left[\left(\dfrac{4}{17}; \dfrac{6}{17}\right)\right]$

260 $\begin{cases} 36 \cdot 6^{x-y} = 6^{2x} \\ 49^x \cdot \sqrt{7^y} = 1 \end{cases}$ $\left[\left(-\dfrac{2}{3}; \dfrac{8}{3}\right)\right]$

261 $\begin{cases} x - 2y^2 = 0 \\ 4^x \cdot 8 = 16^{2y} \end{cases}$ $\left[\left(\dfrac{9}{2}; \dfrac{3}{2}\right); \left(\dfrac{1}{2}; \dfrac{1}{2}\right)\right]$

262 $\begin{cases} 4^{y^2} - 2^{4x} = 0 \\ \dfrac{625^x \cdot 25^x}{\sqrt{125}} = \sqrt{5}\left(\dfrac{1}{5}\right)^y \end{cases}$ $\left[\left(\dfrac{1}{2}; -1\right); \left(\dfrac{2}{9}; \dfrac{2}{3}\right)\right]$

4 Disequazioni esponenziali

▶ Teoria a p. 581

263 **COMPLETA** con i simboli $>$ o $<$.

a. $2^{\sqrt{2}} \square 2^4$; $4^{-1} \square 4^{-\sqrt{5}}$.

b. $\left(\dfrac{1}{5}\right)^\pi \square \left(\dfrac{1}{5}\right)^2$; $5^{\sqrt{3}} \square 5^3$.

c. $\left(\dfrac{4}{3}\right)^{\frac{1}{2}} \square \left(\dfrac{4}{3}\right)^2$; $3^{-6} \square 3^{1-\sqrt{3}}$.

d. $7^{\sqrt{2}} \square 7$; $\left(\dfrac{1}{3}\right)^2 \square \left(\dfrac{1}{3}\right)^{-\frac{1}{2}}$.

264 **VERO O FALSO?**

a. $5^x < \dfrac{1}{25}$ ha per soluzione $x < -2$. V F

b. $\left(\dfrac{5}{3}\right)^{-x} > 1$ se $x < 0$. V F

c. $5^{-x} + 7^{-x} > 0$ $\forall x \in \mathbb{R}$. V F

d. $6^x < -6$ se $x < -1$. V F

e. $a^4 > a^2$ è sempre vera. V F

265 **CACCIA ALL'ERRORE** Ognuna delle seguenti proposizioni è falsa. Individua l'errore.

a. $x^{-\frac{1}{3}} < x^{-\frac{2}{3}}$ se $x > 1$.

b. Se $a^2 < b^2$, allora $a < b$, $\forall a, b \in \mathbb{R}$.

c. $x^4 < x^2$ non è mai vera.

d. $\left(\dfrac{4}{5}\right)^{-\frac{2}{3}} > \left(\dfrac{4}{5}\right)^{-\frac{6}{7}}$.

e. $3^x > 2^x$ $\forall x \in \mathbb{R}$.

I due membri si possono scrivere come potenze di uguale base

266 **ESERCIZIO GUIDA** Risolviamo le seguenti disequazioni: **a.** $250 \cdot 5^{\frac{x}{3}} > 2$; **b.** $\left(\dfrac{1}{27}\right)^x > \dfrac{1}{81}$.

594

Paragrafo 4. Disequazioni esponenziali

a. $250 \cdot 5^{\frac{x}{3}} > 2$

$5^{\frac{x}{3}} > \dfrac{\cancel{2}^{\,1}}{\cancel{250}_{\,125}}$ ⟩ dividiamo entrambi i membri per 250

$5^{\frac{x}{3}} > 5^{-3}$

⟩ la base è 5 > 1

$\dfrac{x}{3} > -3$

$x > -9$

b. $\left(\dfrac{1}{27}\right)^x > \dfrac{1}{81}$

⟩ scriviamo $\dfrac{1}{27}$ e $\dfrac{1}{81}$ come potenze di $\dfrac{1}{3}$

$\left(\dfrac{1}{3}\right)^{3x} > \left(\dfrac{1}{3}\right)^4$

⟩ la base è $\dfrac{1}{3} < 1$

$3x < 4$

$x < \dfrac{4}{3}$

Risolvi le seguenti disequazioni esponenziali i cui membri sono riconducibili a potenze di uguale base.

267 $4^x \leq 32$ $\qquad \left[x \leq \dfrac{5}{2}\right]$ **275** $\left(\dfrac{1}{5}\right)^{2x+1} < 625$ $\qquad \left[x > -\dfrac{5}{2}\right]$

268 $\left(\dfrac{3}{2}\right)^x < \dfrac{27}{8}$ $\qquad [x < 3]$ **276** $\left(\dfrac{2}{3}\right)^{x^2-2x} < \dfrac{3}{2}$ $\qquad [x \neq 1]$

269 $\left(\dfrac{3}{2}\right)^x < \dfrac{8}{27}$ $\qquad [x < -3]$ **277** $5^{x^2-1} > \left(\dfrac{1}{5}\right)^{3x+1}$ $\qquad [x < -3 \lor x > 0]$

270 $3^{2x+2} < \dfrac{1}{3}$ $\qquad \left[x < -\dfrac{3}{2}\right]$ **278** $2^x \cdot 3^{x+1} \leq \dfrac{6^{3x}}{2}$ $\qquad \left[x \geq \dfrac{1}{2}\right]$

271 $\left(\dfrac{1}{4}\right)^{x-1} < 64$ $\qquad [x > -2]$ **279** $2 \cdot 3^{2x-1} + 9^{x+1} - 3^{2x+1} \leq \dfrac{60}{\sqrt[5]{3}}$ $\qquad \left[x \leq \dfrac{9}{10}\right]$

272 $0,1^x \leq 100$ $\qquad [x \geq -2]$ **280** $17 \cdot \sqrt{2^{x+1}} > 34 \cdot \sqrt[3]{4^{x-3}}$ $\qquad [x < 9]$

273 $100^x < 0,001$ $\qquad \left[x < -\dfrac{3}{2}\right]$ **281** $\dfrac{2^x \cdot 8}{4^x} > \dfrac{16^{-x}}{8}$ $\qquad [x > -2]$

274 $\left(\dfrac{2}{5}\right)^{x+3} < \left(\dfrac{5}{2}\right)^{x-2}$ $\qquad \left[x > -\dfrac{1}{2}\right]$ **282** $\dfrac{35}{2}\left(\dfrac{1}{5}\right)^{2x} \geq 0,7 \cdot 5^x$ $\qquad \left[x \leq \dfrac{2}{3}\right]$

Utilizziamo un'incognita ausiliaria

283 **ESERCIZIO GUIDA** Risolviamo la disequazione $3^x - 2 \cdot 3^{2-x} < 7$.

$3^x - 2 \cdot 3^{2-x} < 7 \rightarrow 3^x - 2 \cdot \dfrac{9}{3^x} < 7 \underset{z=3^x}{\rightarrow} z - \dfrac{18}{z} < 7 \rightarrow \dfrac{z^2 - 7z - 18}{z} < 0 \underset{z>0 \text{ perché } z=3^x}{\rightarrow} z^2 - 7z - 18 < 0 \rightarrow$

$-2 < z < 9 \rightarrow \begin{cases} 3^x > -2 & \rightarrow \quad \forall x \in \mathbb{R} \\ 3^x < 3^2 & \rightarrow \quad x < 2 \end{cases}$

La soluzione della disequazione data è $x < 2$.

284 **TEST** La disequazione $2^x + \dfrac{8}{2^x} > 6$:

A è verificata $\forall x \in \mathbb{R}$.

B è verificata per $x < 1 \lor x > 2$.

C è verificata per $x < 2$.

D è verificata $\forall x \in \mathbb{R} \land x \neq 0$.

E non ha soluzioni.

595

Capitolo 10. Esponenziali

Risolvi le seguenti disequazioni esponenziali con l'uso di un'incognita ausiliaria.

285 $2 \cdot 3^{-x} - 3^x \geq 1$ $[x \leq 0]$

286 $7^x - 6 > 7^{1-x}$ $[x > 1]$

287 $-4^x - 3 \cdot 2^x > 2^{2x} - 2^x$ [impossibile]

288 $34\left(\dfrac{3}{5}\right)^x < 25\left(\dfrac{9}{25}\right)^x + 9$ $[x < 0 \vee x > 2]$

289 $9\left(\dfrac{2}{3}\right)^x + 2 + 4\left(\dfrac{2}{3}\right)^{-x} \leq 0$ [impossibile]

290 $(0{,}01)^x - 7(0{,}1)^x - 30 \geq 0$ $[x \leq -1]$

291 $25\left(\dfrac{1}{5}\right)^x + 5 - 2\left(\dfrac{1}{5}\right)^{-x} \leq 0$ $[x \geq 1]$

292 $5^{\frac{2}{x}} - \dfrac{26}{25} 5^{\frac{1}{x}} > -\dfrac{1}{25}$ $\left[-\dfrac{1}{2} < x < 0 \vee x > 0\right]$

293 $\dfrac{1}{3^x - 9} - \dfrac{1}{3^x + 1} > 0$ $[x > 2]$

294 $\dfrac{-6}{2^x - 2} + \dfrac{9}{2^x - 1} < 0$ $[x < 0 \vee 1 < x < 2]$

295 $\dfrac{5}{7}(0{,}2)^x + \dfrac{7}{5} - \dfrac{2}{35}(0{,}2)^{-x} \leq 0$ $[x \geq 2]$

Risolvi le seguenti disequazioni applicando il metodo opportuno.

296 $\dfrac{2^x - 4}{1 - 3^x} > 0$ $[0 < x < 2]$

297 $\dfrac{4 - 8^x}{3^x + 9} \leq 0$ $\left[x \geq \dfrac{2}{3}\right]$

298 $\left(\dfrac{1}{5}\right)^{2x+1} < 625$ $\left[x > -\dfrac{5}{2}\right]$

299 $45 \cdot 2^{2x-2} < -35 \cdot 4^{x-1}$ [impossibile]

300 $9^x - 12 \cdot 3^x + 27 < 0$ $[1 < x < 2]$

301 $\left(\dfrac{1}{4}\right)^x - 7 \cdot \left(\dfrac{1}{2}\right)^x - 8 \geq 0$ $[x \leq -3]$

302 $4 \cdot 2^{3x} - 4^{x+2} < 0$ $[x < 2]$

303 $4^{2x-1} - 10 \cdot 4^{x-1} + 4 > 0$ $\left[x < \dfrac{1}{2} \vee x > \dfrac{3}{2}\right]$

304 $\dfrac{3^{x+2}}{25} < 5^x$ $[x > -2]$

305 $25^x + 9 \cdot 5^{2x} \leq 2$ $\left[x \leq -\dfrac{1}{2}\right]$

306 $\dfrac{5^x - 125}{(1 - 2^x)(3^x - 3)} \geq 0$ $[x < 0 \vee 1 < x \leq 3]$

307 $72 \cdot 2^{2x} > 4 \cdot 9^x \cdot 27$ $\left[x < -\dfrac{1}{2}\right]$

308 $\dfrac{3^x - 2}{2} + \dfrac{2 \cdot 9^x - 1}{2 \cdot 3^x} + 2 > 0$ $[x > -1]$

309 $\dfrac{4}{2^x - 4} - \dfrac{2}{2^x - 2} \leq 0$ $[1 < x < 2]$

310 $\dfrac{\left(\dfrac{1}{2}\right)^x - 4}{9 - 3^{2x}} < 0$ $[-2 < x < 1]$

311 $2^{x+5} \cdot 3^{x+2} \leq 8 \cdot 6^{\frac{3x-1}{x}}$ $[x < 0]$

312 $\dfrac{3 \cdot 3^{2x} - 4 \cdot 4^{2x}}{|-1 + 5^{x+1}| - 4} < 0$ $\left[x < -\dfrac{1}{2} \vee x > 0\right]$

313 $\dfrac{9 \cdot 3^{-x}}{9^x + 3^{2x}} > \dfrac{27}{2}$ $\left[x < -\dfrac{1}{3}\right]$

314 $(2^{x+2})^2 \cdot 3^x < \dfrac{2}{3^{x+3}}$ $\left[x < -\dfrac{3}{2}\right]$

315 $\dfrac{7^{2\sqrt{2x^2 - x}}}{\sqrt{9^x - 10 \cdot 3^x + 9}} \geq 0$ $[x > 2]$

316 $\dfrac{\sqrt{3^{6x} : 3^2}}{3^7} < |-3^{-x}|$ $[x < 2]$

317 $2^x - 1 > \sqrt{3 \cdot 2^x - 3}$ $[x > 2]$

318 $2^x < \dfrac{7^{x+1}}{2}$ $[x > -1]$

319 $16 \cdot 4^{2x} < 3^{x+1}$ $[x < -1]$

320 $2^x + 2^{x+1} + 2^{x+2} > 14$ $[x > 1]$

321 $\sqrt{2 \cdot 6^x + 7} \leq 6^x + 1$ $\left[x \geq \dfrac{1}{2}\right]$

322 $|2 \cdot 9^x - 1| > 5$ $\left[x > \dfrac{1}{2}\right]$

323 $|16^x - 4| \geq 4 + 2 \cdot 4^x$ $[x \geq 1]$

324 $3^x - 9 < \sqrt{9^x - 9}$ $[x \geq 1]$

325 $(3^{2-x} - 27) \cdot \left(\dfrac{1}{2} - 4^x\right) \geq 0$ $\left[x \leq -1 \vee x \geq -\dfrac{1}{2}\right]$

326 $4^x(4^{x+1} - 33) > -8$ $\left[x < -1 \vee x > \dfrac{3}{2}\right]$

Paragrafo 4. Disequazioni esponenziali

327 $\dfrac{2^{3x} - 8 + 3 \cdot 2^{x+2} - 3 \cdot 2^{2x+1}}{\sqrt{4^x + 3^{-x} + 10}} \geq 0$ $\quad [x \geq 1]$

328 $\left| \dfrac{4^{-x}}{2^{x+2} : 2^6} \right| < 1$ $\quad \left[x > \dfrac{4}{3} \right]$

329 $\left| \dfrac{3 \cdot 5^{x+1} + 5}{5^{2x} - 2 \cdot 5^x + 1} \right| < 5$ $\quad [x > 1]$

330 $\dfrac{5^{\frac{4}{3}x + 3}}{\sqrt{49^{x+2}}} \leq \dfrac{7 \cdot \sqrt[3]{25^x}}{\sqrt[3]{7^x}}$ $\quad \left[x \geq -\dfrac{9}{2} \right]$

331 $\sqrt{4^x \cdot 2^x} + \sqrt{8^x - 1} \leq \sqrt{2^{3x+1} - 1}$
$\left[x = 0 \lor x \geq \dfrac{1}{3} \right]$

332 $\dfrac{8^{1+x} + 8^x}{9} \geq 4^{1+2x} + \dfrac{16}{4^{1-2x}}$ $\quad [x \leq -3]$

333 $\dfrac{2 \cdot 4^x - 5 \cdot 2^x + 2}{(25^x - 5) \cdot (81 \cdot 3^x - 3)} \leq 0$
$\left[-3 < x \leq -1 \lor \dfrac{1}{2} < x \leq 1 \right]$

334 $\dfrac{5}{3^x - 3} + \dfrac{2 \cdot 3^x}{3^x + 3} \geq \dfrac{18 - 2 \cdot 9^x}{9^x - 9}$
$[x \leq 0 \lor x > 1]$

335 $\left(\dfrac{1}{2} \right)^{\sqrt{x^2 - 3}} \cdot \sqrt[x]{4} - 1 \geq 0$ $\quad [x = 2]$

336 $\dfrac{20 - 8^{2\sqrt{x}+1} - 64^{2\sqrt{x}}}{(2^x - 1)(2^x - 4)} > 0$ $\quad \left[\dfrac{1}{36} < x < 2 \right]$

Disegna i grafici delle funzioni $f(x)$ e $g(x)$. Trova il loro punto di intersezione e gli intervalli dove $f(x) > g(x)$.

337 $f(x) = 2^x$, $g(x) = 4 \cdot 2^{-x}$.

338 $f(x) = 3^{x-1}$, $g(x) = 3^{2x}$.

---

339 Date le funzioni $f(x) = 2^x$, $g(x) = x^2$ e $h(x) = \dfrac{1}{x}$, risolvi le seguenti disequazioni:

a. $f(x+2) - f(x) \geq 3$; b. $g[f(x-1)] \geq 4$; c. $h[f(4x)] \leq g[f(-2x)]$.

$[$a$)\ x \geq 0;$ b$)\ x \geq 2;$ c$)\ \forall x \in \mathbb{R}]$

Determina il dominio delle seguenti funzioni.

340 $y = \sqrt{2^x - 16}$ $\quad [x \geq 4]$

341 $y = \dfrac{1}{\sqrt{9 - 3^x}}$ $\quad [x < 2]$

342 $y = \sqrt{5^{-x} - 25} + \sqrt{5^{-x}}$ $\quad [x \leq -2]$

343 $y = \dfrac{7^x}{\sqrt[3]{8^x - 2}}$ $\quad \left[x \neq \dfrac{1}{3} \right]$

344 $y = \sqrt{4^{x-1} - 2}$ $\quad \left[x \geq \dfrac{3}{2} \right]$

345 $y = \sqrt{3^{-x} - 3^x}$ $\quad [x \leq 0]$

346 $y = \sqrt{\dfrac{3^x - 1}{3^{-x} - 3}}$ $\quad [-1 < x \leq 0]$

347 $y = \sqrt{4^x + 2^x - 6}$ $\quad [x \geq 1]$

Determina il dominio delle seguenti funzioni, studia il segno e determina gli eventuali zeri.

348 $y = \dfrac{5}{6^x + 5}$ $\quad [D: \mathbb{R};\ y > 0: \forall x \in \mathbb{R};\ y = 0: \text{imp.}]$

349 $y = \dfrac{2^{3x} - 1}{8 - 2^x}$ $\quad [D: x \neq 3;\ y > 0: 0 < x < 3;\ y = 0: x = 0]$

350 $y = \sqrt{9^x - 3}$ $\quad \left[D: x \geq \dfrac{1}{2};\ y > 0: x > \dfrac{1}{2};\ y = 0: x = \dfrac{1}{2} \right]$

351 $y = \dfrac{x - 1}{4^{2x-5} - 1}$ $\quad \left[D: x \neq \dfrac{5}{2};\ y > 0: x < 1 \lor x > \dfrac{5}{2};\ y = 0: x = 1 \right]$

352 **EUREKA!** È data la funzione $f(x) = a4^x + b2^x - a + 2b$.

a. Trova a e b in modo che il grafico della funzione passi per i punti $O(0; 0)$ e $A(1; 6)$.

b. Utilizzando i valori di a e b trovati nel punto precedente traccia i grafici di $f(x)$ e di $g(x) = |f(x)| - 2$ e determina i loro punti di intersezione anche algebricamente.

c. Studia il segno delle due funzioni.

$\left[\text{a}) \ a = 2 \wedge b = 0;\ \text{b}) \left(-\dfrac{1}{2}; -1 \right);\ \text{c})\ f(x) > 0: x > 0;\ f(x) = 0: x = 0;\ g(x) > 0: \ldots \right]$

Capitolo 10. Esponenziali

RISOLVIAMO UN PROBLEMA

Il parassita varroa

Nelle due arnie di Niccolò si è diffuso l'acaro varroa, un parassita che attacca le api. Quando se ne è accorto, nella prima arnia erano presenti circa 100 varroe, mentre la seconda era sana. Dopo un solo mese, anche la seconda arnia era infestata da circa 50 varroe.

- Dal giorno in cui si è accorto del problema, in quanto tempo la popolazione complessiva di parassiti nelle arnie supererà le 2000 unità?
- Considerando il limite critico, quanti giorni ha a disposizione Niccolò per salvare le sue api?

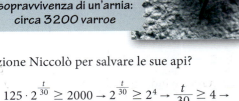

ciclo vitale varroa: raddoppia la popolazione ogni 30 giorni

limite critico di sopravvivenza di un'arnia: circa 3200 varroe

▶ **Calcoliamo la popolazione nella prima arnia.**

Indicato con t il numero di giorni a partire dal momento in cui Niccolò ha visto le prime varroe, la popolazione di parassiti cresce secondo la legge:

$$n_1(t) = 100 \cdot 2^{\frac{t}{30}}, \quad \text{con } t \geq 0.$$

▶ **Calcoliamo la popolazione nella seconda arnia.**

L'infestazione nella seconda arnia inizia dopo 30 giorni rispetto alla prima. La popolazione di varroe nella seconda arnia segue la legge:

$$n_2(t) = 50 \cdot 2^{\frac{t-30}{30}}, \quad \text{con } t \geq 30.$$

▶ **Calcoliamo la popolazione complessiva.**

Il numero totale di parassiti nelle due arnie si ottiene sommando le varroe presenti nelle due arnie.

$$n(t) = 100 \cdot 2^{\frac{t}{30}} + 50 \cdot 2^{\frac{t-30}{30}}, \quad \text{con } t \geq 30.$$

▶ **Calcoliamo in quanto tempo le varroe superano le 2000 unità.**

Per calcolare dopo quanto tempo la popolazione complessiva di parassiti supera le 2000 unità, dobbiamo risolvere la disequazione:

$$100 \cdot 2^{\frac{t}{30}} + 50 \cdot 2^{\frac{t-30}{30}} \geq 2000 \rightarrow$$

$$100 \cdot 2^{\frac{t}{30}} + 50 \cdot 2^{\frac{t}{30}} \cdot 2^{-1} \geq 2000 \rightarrow$$

$$125 \cdot 2^{\frac{t}{30}} \geq 2000 \rightarrow 2^{\frac{t}{30}} \geq 2^4 \rightarrow \frac{t}{30} \geq 4 \rightarrow$$

$$t \geq 120.$$

Pertanto, dopo 120 giorni (circa 4 mesi) da quando Niccolò ha avvistato i primi parassiti, le varroe avranno raggiunto quota 2000.

▶ **Calcoliamo in quanto tempo le varroe raggiungono il limite critico nella prima arnia.**

Calcoliamo il tempo che Niccolò ha a disposizione per salvare la prima arnia:

$$100 \cdot 2^{\frac{t}{30}} < 3200 \rightarrow 2^{\frac{t}{30}} < 2^5 \rightarrow t < 150.$$

Niccolò ha a disposizione al più 150 giorni (circa 5 mesi) da quando si è accorto dei primi parassiti per salvare la prima arnia.

▶ **Calcoliamo in quanto tempo le varroe raggiungono il limite critico nella seconda arnia.**

Nella seconda arnia l'attacco è iniziato dopo, quindi Niccolò avrà più tempo a disposizione.
Infatti:

$$50 \cdot 2^{\frac{t-30}{30}} < 3200 \rightarrow 2^{\frac{t-30}{30}} < 2^6 \rightarrow$$

$$\frac{t-30}{30} < 6 \rightarrow t < 210.$$

Per salvare la seconda arnia, Niccolò ha al massimo 210 giorni di tempo (circa 7 mesi) da quando ha osservato i primi acari nella prima arnia.

Sistemi con disequazioni esponenziali

Risolvi i seguenti sistemi di disequazioni.

353 $\begin{cases} 3^{2x-1} > 3 \\ 1 - 5^{x^2-4} \geq 0 \end{cases}$ $\quad [1 < x \leq 2]$

354 $\begin{cases} 5^{2x-1} - 25 > 0 \\ \dfrac{3^x + 1}{3^x - 1} \geq 1 \end{cases}$ $\quad \left[x > \dfrac{3}{2}\right]$

355 $\begin{cases} 4^{3x+2} > 2 \\ 2^x(2^x - 1) < 2 \end{cases}$ $\quad \left[-\dfrac{1}{2} < x \leq 1\right]$

356 $\begin{cases} 49^x - 7^x < 0 \\ 3^{-x} + 4\left(\dfrac{1}{3}\right)^x > 15 \end{cases}$ $\quad [x < -1]$

Paragrafo 4. Disequazioni esponenziali

357 $\begin{cases} \left(\dfrac{3}{4}\right)^{4x+3} < \dfrac{9}{16} \\ 2^{x+1} + 2^{x+2} \leq 12 \end{cases}$ $\left[-\dfrac{1}{4} < x \leq 1\right]$

359 $\begin{cases} \dfrac{(\sqrt{49^x} - 7)(3^x - 1)}{64 - 2^x} \geq 0 \\ \sqrt{1 + 4^x} > \dfrac{1}{\sqrt{4^x - 1}} \end{cases}$ $[1 \leq x < 6]$

358 $\begin{cases} 3^x - 3^{3-x} + 6 \geq 0 \\ |2^x - 1| < 3 \end{cases}$ $[1 \leq x < 2]$

360 $\begin{cases} 7^x \cdot \sqrt[x]{49} : \sqrt[3]{\left(\dfrac{1}{7}\right)^{-2x-5}} - 1 > 0 \\ \sqrt[3]{1 - 3 \cdot 2^x \cdot (2^x - 1)} - 2^x + 1 < 0 \end{cases}$

$[x = 1 \lor x > 3, x \in \mathbb{N}]$

Equazioni e disequazioni esponenziali risolvibili solo con metodo grafico

361 **ESERCIZIO GUIDA** Determiniamo il numero delle soluzioni dell'equazione $3^{x-1} = 1 - x$ utilizzando il metodo grafico e indichiamo un intervallo in cui si trova ogni soluzione.

Disegniamo il grafico delle funzioni $y = 3^{x-1}$ e $y = 1 - x$:

le ascisse dei punti di intersezione dei due grafici sono le soluzioni dell'equazione data.

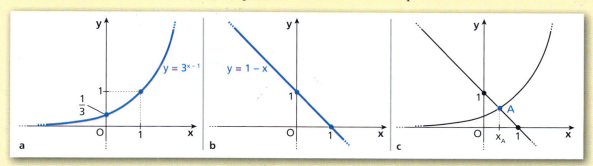

Nella figura osserviamo che i due grafici si intersecano solo nel punto A, la cui ascissa è la soluzione dell'equazione. x_A è un numero compreso tra 0 e 1.

Determina il numero delle soluzioni delle seguenti equazioni utilizzando il metodo grafico e indica un intervallo in cui si trovano.

362 $2^x - 1 = -x$ $[x = 0]$

366 $x^2 + 3 = -3^x$ [impossibile]

363 $3^{-x} = \dfrac{x}{3}$ $[x = 1]$

367 $\left(\dfrac{1}{3}\right)^x - 1 = -\dfrac{2}{x}$ [due sol.; $x_1 = -1, 2 < x_2 < 3$]

364 $\left(\dfrac{1}{2}\right)^{x-2} = x^2 - 4x$ [una sol.; $4 < x < 5$]

368 $2^x = |x^2 - 2|$ [tre sol.; $-2 < x_{1,2} < -1, 0 < x_3 < 1$]

365 $2^{1-x} = x + 1$ [una sol.; $0 < x < 1$]

369 $\sqrt{3 + 2x - x^2} = 4^x + 2$ [impossibile]

Risolvi le seguenti disequazioni utilizzando il metodo grafico.

370 $2^{-x} > 2x + 1$ $[x < 0]$

373 $4^x + 1 > 1 - x^2$ $[\forall x \in \mathbb{R}]$

371 $\dfrac{x}{2} - 1 > 3^x$ [impossibile]

374 $x^2 + 6x < 2^{-x}$ $[0 < x < 1]$

372 $3^{x-2} > -x + 3$ $[x > 2]$

375 $\dfrac{1}{x} > -3^{-x}$ $[x < a \lor x > 0, \text{con} -1 < a < 0]$

 Allenati con **15 esercizi interattivi** con feedback "hai sbagliato, perché..."

☐ **su.zanichelli.it/tutor3** risorsa riservata a chi ha acquistato l'edizione con tutor

599

Capitolo 10. Esponenziali

VERIFICA DELLE COMPETENZE ALLENAMENTO

UTILIZZARE TECNICHE E PROCEDURE DI CALCOLO

Risolvi le seguenti equazioni.

1 $9^{2x-1} = 27$ $\left[\dfrac{5}{4}\right]$

6 $5^x + 5^{-x-1} = \dfrac{6}{5}$ $[-1; 0]$

2 $3^x + 4 \cdot 3^x = 3^{x+1} + 6$ $[1]$

7 $2 \cdot 7^x + 7^{1-x} = 3$ $[\text{impossibile}]$

3 $25^x - 4 \cdot 5^x = 2 \cdot 5^x - 5$ $[0; 1]$

8 $(2^x - 1)(3^x - 9) = 0$ $[0; 2]$

4 $3^{2x} + 6 \cdot 3^x + 8 = 0$ $[\text{impossibile}]$

9 $\dfrac{2}{2^x} - 1 = \dfrac{12}{2^x - 4}$ $[\text{impossibile}]$

5 $2^{x+2} - 2^{x-1} - 2^{x-2} = 26$ $[3]$

10 $3^{x+1} - \dfrac{1}{3^x} - 2 = 0$ $[0]$

Risolvi le seguenti disequazioni.

11 $4^{1-x} > \left(\dfrac{1}{2}\right)^{3x+4}$ $[x > -6]$

16 $(4 - 2^{3x})(x - 1) \geq 0$ $\left[\dfrac{2}{3} \leq x \leq 1\right]$

12 $5^{x+1} - 5^{x-2} < 0$ $[\text{impossibile}]$

17 $\dfrac{x}{3 \cdot 9^x + 5 \cdot 3^x - 2} < 0$ $[-1 < x < 0]$

13 $\left(\dfrac{1}{2}\right)^{1-2x} < 16 \cdot \left(\dfrac{1}{2}\right)^{3x-3}$ $\left[x < \dfrac{8}{5}\right]$

18 $3 \cdot 5^{2(x-2)} + 5^x \geq 13 \cdot 5^{x-2} + 15$ $[x \geq 2]$

14 $4^{2x} - 17 \cdot 4^x + 16 < 0$ $[0 < x < 2]$

19 $25 \cdot 2^{6x} > 16 \cdot 5^{3x}$ $\left[x < \dfrac{2}{3}\right]$

15 $15 \cdot \sqrt{9^{x+4}} \leq 5 \cdot 81^{4x-1}$ $\left[x \geq \dfrac{3}{5}\right]$

20 $\dfrac{3^x - 2}{2} + \dfrac{9^x - \dfrac{1}{2}}{3^x} + 2 > 0$ $[x > -1]$

ANALIZZARE E INTERPRETARE DATI E GRAFICI

Determina per quali valori di a le seguenti equazioni definiscono una funzione esponenziale.

21 $y = (\sqrt{2} - 2a)^x$ $\left[a < \dfrac{\sqrt{2}}{2}\right]$

22 $y = \left(\dfrac{a-1}{a}\right)^x$ $[a < 0 \lor a > 1]$

23 **TEST** Una sola delle funzioni seguenti soddisfa $\forall x \in \mathbb{R}$ la condizione $f(x) < 1$. Quale?

A $f(x) = \left(\dfrac{1}{4}\right)^x + 1$

C $f(x) = 4 \cdot \left(\dfrac{1}{4}\right)^x$

E $f(x) = \left(\dfrac{1}{4}\right)^{1-x}$

B $f(x) = 1 - \left(\dfrac{1}{4}\right)^x$

D $f(x) = -1 - \left(\dfrac{1}{4}\right)^{-x}$

Disegna il grafico delle seguenti funzioni.

24 $y = 2^{x+1} - 3$

27 $y = -3^{2-x}$

25 $y = -\left(\dfrac{1}{2}\right)^x + 2$

28 $y = |2^x - 1|$

26 $y = -3^{x-1} + 4$

29 $y = -|3^{|x|} - 9|$

600

Allenamento

Determina il dominio delle seguenti funzioni.

30 $y = \dfrac{1+x}{16 - 8^x}$ $\left[x \neq \dfrac{4}{3}\right]$

31 $y = \sqrt{2^{x+5}}$ $[\forall x \in \mathbb{R}]$

32 $y = 5^{\frac{3x}{x^2 - 5x + 6}}$ $[x \neq 2 \wedge x \neq 3]$

33 $y = \sqrt{x^2 - 4x} + \sqrt{2^x - 4}$ $[x \geq 4]$

34 $y = \sqrt{2^x + 2^{1-x} - 3}$ $[x \leq 0 \vee x \geq 1]$

35 $y = \sqrt{27^x - 9 \cdot 3^{-x}}$ $\left[x \geq \dfrac{1}{2}\right]$

36 Disegna il grafico della funzione $f: y = -2^{x+1}$, poi applica a f la traslazione di equazioni $\begin{cases} x' = x + 1 \\ y' = y + 1 \end{cases}$ e alla funzione traslata applica la simmetria rispetto alla retta $y = 2$. Della funzione così ottenuta scrivi l'espressione analitica e traccia il grafico. $[y = 2^x + 3]$

37 Disegna i grafici delle funzioni $y = 2^{x+1}$ e $y = \dfrac{7}{2} + 2^{-x}$ e determina il loro punto di intersezione. $[(1; 4)]$

38 Trova per quali valori di a e b il grafico della funzione $y = 2^{x+a} + b$ passa per i punti $A(0; -1)$ e $B(2; 5)$ e rappresenta la funzione applicando le trasformazioni geometriche. $[a = 1, b = -3]$

LEGGI IL GRAFICO

39 Trova le coordinate di A, B, C, D e calcola il perimetro e l'area del trapezio $ABCD$ in figura.

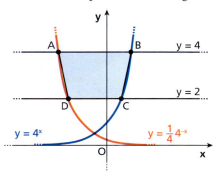

[perimetro: $5 + \sqrt{17}$; area: 5]

40 Il grafico della funzione della figura ha equazione $y = a^{bx+2} + c$. Trova a, b, c.

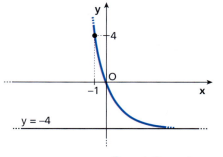

$[a = 2, b = -1, c = -4]$

Allenati con **15 esercizi interattivi** con feedback "hai sbagliato, perché..."

☐ **su.zanichelli.it/tutor3**   risorsa riservata a chi ha acquistato l'edizione con tutor

VERIFICA DELLE COMPETENZE VERSO L'ESAME

ARGOMENTARE E DIMOSTRARE

41 Sia $f(x) = 3^x$ e $g(x) = x^3$. È vero che $f(3x) = g(27x)$? Giustifica la tua risposta.

42 Per quali valori reali di x ha senso l'equazione $\frac{1}{10}(-x^2 + 3x + 10)^{x^2-6x+1} = 1$?

(liberamente adattato da Esame di Stato, Liceo scientifico, Sessione suppletiva Calendario Boreale, 2014, quesito 2)

$[-2 \leq x < 5]$

43 Si determinino i valori reali di x per cui $\left[\frac{1}{5}(x^2 - 10x + 26)\right]^{x^2-6x+1} = 1$

(Esame di Stato, Liceo scientifico, Sessione ordinaria, 2014, quesito 10)

$[\text{quattro soluzioni: } x = 3, 7, 3 \pm 2\sqrt{2}]$

44 Si determinino a e b in modo tale che il grafico della funzione $y = a^{x+b}$ passi per i punti del piano xy di coordinate $(1; 4)$ e $(3; 8)$.

(Esame di Stato, Liceo scientifico, Corso di ordinamento, Sessione suppletiva, 2010, quesito 6)

$[a = \sqrt{2}; b = 3]$

45 Considera la successione $a_n = \left(\frac{1}{n}\right)^x$, con $x \in \mathbb{R}$.
Che cosa puoi dire dei valori che assume al variare di $\mathbb{N} - \{0\}$?

È costante, monotòna, crescente o decrescente? Giustifica la tua risposta.

COSTRUIRE E UTILIZZARE MODELLI

RISOLVIAMO UN PROBLEMA

■ Cambio di stagione

Una coperta matrimoniale misura 250 cm × 280 cm ed è spessa circa 0,3 cm. Ogni volta che la pieghi in due, la coperta occupa metà della superficie precedente e il doppio dello spessore.

- Scrivi la legge che descrive come varia la superficie occupata in funzione del numero di piegature e rappresentala in un grafico, poi fai lo stesso per lo spessore.
- Per il cambio di stagione vuoi comprare una scatola in cui riporre la coperta e al supermercato ne trovi una con le misure indicate a lato. La compri? Quante volte dovresti ripiegare a metà la coperta per metterla nella scatola? Come?

misure coperta: 250 cm × 280 cm
misure scatola: 50 cm × 43,75 cm × 38,40 cm

▶ **Determiniamo la legge che descrive la superficie occupata.**

Indichiamo con x il numero delle piegature effettuate. La legge che descrive la superficie occupata S in funzione del numero delle piegature è:

$$S(x) = \frac{250 \cdot 280}{2^x} = 70000 \cdot \left(\frac{1}{2}\right)^x.$$

Il grafico della funzione $S(x)$ è quindi quello di una funzione esponenziale con base minore di 1. Utilizziamo sull'asse y come unità di misura $1 \cdot 10^4$ cm² e disegniamo il grafico.

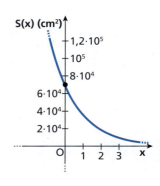

602

▶ **Determiniamo la legge che descrive lo spessore occupato.**

La legge che descrive lo spessore h occupato in funzione del numero di piegature effettuate, invece, è:

$$h(x) = 0,3 \cdot 2^x.$$

Il grafico della funzione $h(x)$ è quindi quello di una funzione esponenziale con base maggiore di 1.

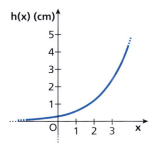

▶ **Condizione necessaria affinché la coperta entri nella scatola…**

Affinché la coperta piegata entri nella scatola è necessario almeno che la superficie occupata dalla coperta sia inferiore a quella del fondo della scatola e che lo spessore occupato sia inferiore all'altezza della scatola.

Dobbiamo quindi risolvere il sistema di disequazioni esponenziali:

$$\begin{cases} 70\,000 \cdot \left(\frac{1}{2}\right)^x < 50 \cdot 43,75 \\ 0,3 \cdot 2^x < 38,4 \end{cases} \rightarrow \begin{cases} \left(\frac{1}{2}\right)^x < \frac{1}{32} \\ 2^x < 128 \end{cases} \rightarrow$$

$$\begin{cases} \left(\frac{1}{2}\right)^x < \left(\frac{1}{2}\right)^5 \\ 2^x < 2^7 \end{cases} \rightarrow \begin{cases} x > 5 \\ x < 7 \end{cases}.$$

La coperta deve quindi essere piegata a metà 6 volte.

▶ **…ma non condizione sufficiente.**

Ma, attenzione, non basta! Occorre anche verificare che con 6 piegature si riesca a ottenere un rettangolo di dimensioni compatibili con quelle del fondo della scatola. Poiché

$$250 : 8 = 250 : 2^3 = 31,25 < 43,75,$$

ripiegando tre volte a metà il lato corto riusciamo a ottenere un rettangolo che entra nei limiti della larghezza della scatola.

Abbiamo a disposizione altre 3 piegature sul lato lungo, basteranno? Sì, poiché

$$280 : 8 = 35 < 50.$$

Di conseguenza, piegando a metà la coperta esattamente 3 volte lungo il lato lungo e 3 volte lungo il lato corto (nell'ordine che preferiamo), essa entrerà nella scatola.

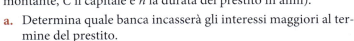

46 **Acquisto prima casa** Una giovane coppia vuole accedere a un prestito per l'acquisto della prima casa e valuta le proposte di due banche. La prima propone una durata minima di 15 anni con tasso composto $i_1 = 4\%$, mentre la seconda propone una durata minima di 20 anni con un tasso composto $i_2 = 3\%$. Per il calcolo del montante, cioè del capitale più l'interesse, da restituire dopo la durata stabilita, puoi utilizzare la formula a lato (dove M è il montante, C il capitale e n la durata del prestito in anni).

a. Determina quale banca incasserà gli interessi maggiori al termine del prestito.

b. Disegna su uno stesso piano cartesiano l'andamento dei due montanti al variare degli anni.

c. Esiste un tempo in cui i due montanti sono uguali? Motiva la tua risposta.

ammontare del prestito: $C = €\,100\,000$

$M_n = C \cdot r^n$ con $r = 1 + \dfrac{i}{100}$

[a) la seconda banca; c) solo all'inizio del prestito]

47 **Interesse** Depositando in banca un capitale C_0 a interesse composto i annuale, alla fine di ogni anno l'interesse maturato durante l'anno viene aggiunto al capitale di inizio d'anno.

a. Dimostra che la funzione che permette di calcolare il capitale C accumulato dopo t anni è $C(t) = C_0(1+i)^t$.

b. Giulia deposita in banca € 20 000 al tasso composto del 2% annuale. Scrivi la funzione $C(t)$, rappresentala graficamente e calcola che capitale ritirerà Giulia fra 8 anni.

[€ 23 433,19]

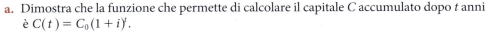

Capitolo 10. Esponenziali

48 **Nerello** L'enoteca My Wine ha acquistato 120 bottiglie di vino Nerello al prezzo di € 8 a bottiglia. Non le rivende subito, ma aspetta l'incremento del loro valore, che in base a esperienze precedenti segue l'andamento della funzione $v(t)$. Il tempo è espresso in mesi. Per determinare l'intervallo di tempo che si può considerare favorevole alla vendita del vino confrontiamo il suo valore con quello che si otterrebbe investendo l'importo in titoli di stato al tasso netto in capitalizzazione continua del 4%.
Determina graficamente l'intervallo di tempo entro il quale deve essere venduto il vino per ottenere un rendimento maggiore di quello offerto finanziariamente dal mercato. $[0 < t \leq 5]$

andamento valore bottiglia:
$$v(t) = 8 \cdot \left(1 + \frac{\sqrt{t}}{10}\right)$$

andamento valore investimento:
$$g(t) = 8 \cdot e^{0.04t}$$

INDIVIDUARE STRATEGIE E APPLICARE METODI PER RISOLVERE PROBLEMI

49
a. Trova, deducendo i dati dalla figura, le equazioni delle funzioni esponenziali $f(x) = b \cdot 2^x + c$ e $g(x) = k \cdot 2^{-x} + h$ rappresentate e determina le coordinate del loro punto di intersezione A.
b. Determina quale retta che appartiene al semipiano $x < 0$ ed è parallela all'asse y, intersecando $f(x)$ e $g(x)$ forma un segmento BC lungo $\frac{21}{2}$.
c. Calcola il perimetro del triangolo ABC.

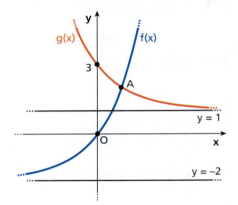

$$\left[\text{a)}\ f(x) = 2^{x+1} - 2,\ g(x) = 2^{-x+1} + 1,\ A(1; 2);\ \text{b)}\ x = -2;\ \text{c)}\ \frac{21 + \sqrt{85}}{2} + \sqrt{58} \right]$$

50 **LEGGI IL GRAFICO** Calcola l'area dei poligoni evidenziati sfruttando i dati presenti nel grafico, sapendo che la curva tracciata in verde è una parabola.

$$\left[\mathcal{A}_{\text{rettangolo}} = \frac{9 + \sqrt{697}}{88};\ \mathcal{A}_{\text{triangolo}} = \frac{11}{48} \right]$$

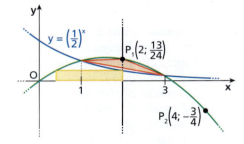

51 Si consideri la funzione $f(x) = \dfrac{e^x(x-1)}{x^2}$.

a. Si studi tale funzione (dominio, intersezioni con gli assi, segno della funzione) e si tracci il suo grafico su un piano riferito ad un sistema di assi cartesiani ortogonali (Oxy).
b. Il grafico della funzione presenta simmetrie? Si verifichi in particolare se la funzione è pari e se la funzione è dispari.

(liberamente adattato da Esame di Stato, Liceo scientifico PNI, Sessione suppletiva, 2014, problema 2)
[a) $D: x \neq 0$; $(1; 0)$; funzione sempre positiva; b) funzione né pari né dispari]

52 Considerata la funzione $f(x) = a2^x + b2^{-x} + c$,
a. determina a, b, c in modo che il suo grafico sia simmetrico rispetto all'asse y, passi per $\left(1; \frac{7}{2}\right)$ e $f(0) = 4$;
b. calcola per quali valori di x è $f(x) \geq \frac{9}{2}$;
c. esprimi analiticamente la funzione $g(x)$ il cui grafico è simmetrico di quello di $f(x)$ rispetto alla retta di equazione $y = 6$;
d. trova le intersezioni dei grafici di $f(x)$ e $g(x)$.

[a) $a = b = -1$, $c = 6$; b) impossibile; c) $g(x) = 2^x + 2^{-x} + 6$; d) non si intersecano]

VERIFICA DELLE COMPETENZE PROVE

⏱ 1 ora

PROVA A

1 **VERO O FALSO?**

a. $y = (-2)^x$ definisce una funzione esponenziale.   V F

b. La funzione $y = \left(\dfrac{4}{3}\right)^{x+1}$ è crescente.   V F

c. $\left(\dfrac{1}{5}\right)^{\pi} > \left(\dfrac{1}{5}\right)^{3}$.   V F

d. Il grafico della funzione $y = 7^{x-2}$ passa per $A(2; 1)$.   V F

2 Disegna i grafici delle seguenti funzioni.

a. $y = 5^x + 2$

b. $y = \left(\dfrac{1}{3}\right)^{x+2}$

3 Risolvi le seguenti equazioni.

a. $2^{4x+1} \sqrt{4^x} = 8^x \cdot 32$

b. $5^{2x} + 4 \cdot 25^x = \sqrt[4]{5}$

c. $3^{2x-1} - \dfrac{4}{3^x} = \dfrac{5}{3}$

4 Risolvi le seguenti disequazioni.

a. $4^x > 2^{5-x}$

b. $\left(\dfrac{2}{3}\right)^{x+2} > \dfrac{9}{4}$

c. $3^{2x} - 8 \cdot 3^x < 9$

5 Determina il dominio delle seguenti funzioni.

a. $y = \sqrt{36 - 6^{3x+1}}$

b. $y = \dfrac{4 - 3^x}{9^x - 3}$

PROVA B

Una popolazione batterica La crescita dei batteri avviene per divisione cellulare, perciò in un dato intervallo di tempo (che dipende da vari fattori) raddoppia il numero dei batteri di una coltura e la legge di crescita è una funzione esponenziale in base 2. Considera una colonia di 1000 batteri *Escherichia coli*.

a. Calcola quanti batteri compongono la colonia dopo 4 generazioni.

b. Determina in quanto tempo è avvenuta tale crescita.

c. Esprimi la legge di crescita in funzione del numero n di generazioni.

d. Calcola la velocità media di crescita (variazione del numero di cellule per unità di tempo).

e. Da quanti batteri sarà costituita la colonia dopo 4 ore?

coltura di *Escherichia coli*; tempo necessario a una cellula per duplicarsi: circa 20 minuti

CAPITOLO 11

LOGARITMI

1 Definizione di logaritmo ▶ Esercizi a p. 619

Sappiamo che l'equazione esponenziale $a^x = b$, con $a > 0$, $a \neq 1$ e $b > 0$, ammette una e una sola soluzione. A tale valore si dà il nome di logaritmo in base a di b e si scrive: $x = \log_a b$.

Per esempio, la soluzione di $2^x = 7$ è $x = \log_2 7$.

🇬🇧 Listen to it

The **logarithm** of a number to a given base is the exponent to which the base must be raised to get that number.

▶ Applica la definizione per calcolare:

$\log_2 512$; $\log_5 1$;

$\log_2 \dfrac{1}{256}$; $\log_3 \sqrt{27}$.

DEFINIZIONE

Dati due numeri reali positivi a e b, con $a \neq 1$, chiamiamo **logaritmo in base a di b** l'esponente x da assegnare alla base a per ottenere il numero b.

$$\log_a b = x \ \leftrightarrow \ a^x = b$$
$$a > 0, \, a \neq 1, \, b > 0$$

Il numero b viene detto **argomento** del logaritmo.

Dalla definizione possiamo osservare che il logaritmo permette di scrivere in modo diverso la relazione che esiste in una potenza fra base, esponente e risultato. Per esempio, le due scritture $5^2 = 25$ e $2 = \log_5 25$ sono equivalenti.

Dalla definizione, supponendo $a, b > 0$ e $a \neq 1$, otteniamo:

$\log_a 1 = 0$, perché $a^0 = 1$;

$\log_a a = 1$, perché $a^1 = a$;

$a^{\log_a b} = b$, perché $\log_a b$ è l'esponente a cui elevare a per ottenere b.

Osserviamo poi che se due numeri positivi sono uguali, anche i loro logaritmi, rispetto a una stessa base, sono uguali e viceversa:

$x = y \leftrightarrow \log_a x = \log_a y$.

Vale il seguente teorema.

TEOREMA

All'aumentare dell'argomento b (reale positivo), il logaritmo $\log_a b$:

- aumenta, se $a > 1$;
- diminuisce, se $0 < a < 1$.

606

Paragrafo 2. Proprietà dei logaritmi

TEORIA

ESEMPIO

Fissati i due argomenti 5 e 2, poiché $5 > 2$, risulta:

$\log_{10} 5 > \log_{10} 2$, perché la base 10 è maggiore di 1;

$\log_{\frac{1}{2}} 5 < \log_{\frac{1}{2}} 2$, perché la base $\frac{1}{2}$ è minore di 1.

Di solito, la base 10 si sottintende. Per esempio, $\log_{10} 5$ si scrive $\log 5$.

2 Proprietà dei logaritmi

▶ Esercizi a p. 622

Le proprietà fondamentali dei logaritmi sono tre, valide qualunque sia la base, purché positiva e diversa da 1, e si deducono dalle proprietà delle potenze.

Nei loro enunciati sottintendiamo che i logaritmi sono riferiti a una stessa base.

Logaritmo di un prodotto

Il logaritmo del prodotto di due numeri positivi è uguale alla *somma* dei logaritmi dei due fattori:

$$\log_a (b \cdot c) = \log_a b + \log_a c, \quad \text{con } b > 0, c > 0.$$

DIMOSTRAZIONE

Poniamo:

$$x = \log_a b, \quad y = \log_a c.$$

Per la definizione di logaritmo: $a^x = b, \quad a^y = c$.

Moltiplichiamo membro a membro le due uguaglianze:

$a^x \cdot a^y = b \cdot c,$ ⟩ prodotto di due potenze di ugual base

$a^{x+y} = b \cdot c,$ ⟩ definizione di logaritmo

$x + y = \log_a (b \cdot c),$ ⟩ sostituzione: $x = \log_a b$ e $y = \log_a c$

$\log_a b + \log_a c = \log_a (b \cdot c),$ ⟩ proprietà simmetrica dell'uguaglianza

$\log_a (b \cdot c) = \log_a b + \log_a c.$

ESEMPIO

Verifichiamo l'uguaglianza: $\log_2 (8 \cdot 16) = \log_2 8 + \log_2 16$.

Primo membro: $\log_2 (8 \cdot 16) = \log_2 128 = \log_2 2^7 = 7$.

Secondo membro: $\log_2 8 + \log_2 16 = \log_2 2^3 + \log_2 2^4 = 3 + 4 = 7$.

Logaritmo di un quoziente

Il logaritmo del quoziente di due numeri positivi è uguale alla *differenza* fra il logaritmo del dividendo e il logaritmo del divisore:

$$\log_a \frac{b}{c} = \log_a b - \log_a c, \quad \text{con } b > 0, c > 0.$$

Animazione

In questa animazione e nelle due successive trovi sia la dimostrazione sia l'esempio commentati passo passo.

▶ Trasforma in un unico logaritmo:

$\log 18 + \log \frac{1}{3} + \log \frac{3}{2}$.

DIMOSTRAZIONE Animazione

Poniamo $x = \log_a b$ e $y = \log_a c$ e dalle uguaglianze $a^x = b$ e $a^y = c$, dividendo membro a membro, otteniamo:

$$\frac{a^x}{a^y} = \frac{b}{c},$$ ⟩ quoziente di due potenze di ugual base

$$a^{x-y} = \frac{b}{c},$$ ⟩ definizione di logaritmo

$$x - y = \log_a \frac{b}{c},$$ ⟩ sostituzione: $x = \log_a b$ e $y = \log_a c$

$$\log_a b - \log_a c = \log_a \frac{b}{c},$$ ⟩ proprietà simmetrica dell'uguaglianza

$$\log_a \frac{b}{c} = \log_a b - \log_a c.$$

▶ Trasforma in un unico logaritmo

$\log 128 - \log 32$.

ESEMPIO

Verifichiamo l'uguaglianza: $\log_3 \dfrac{729}{9} = \log_3 729 - \log_3 9$.

Primo membro: $\log_3 \dfrac{729}{9} = \log_3 81 = \log_3 3^4 = 4$.

Secondo membro: $\log_3 729 - \log_3 9 = \log_3 3^6 - \log_3 3^2 = 6 - 2 = 4$.

Logaritmo di una potenza

Il logaritmo della potenza di un numero positivo elevato a un esponente reale è uguale al prodotto di quell'esponente per il logaritmo del numero positivo:

$$\log_a b^n = n \cdot \log_a b, \quad \text{con } b > 0, \quad n \in \mathbb{R}.$$

DIMOSTRAZIONE Animazione

Data l'uguaglianza $a^x = b$, elevando a n i due membri, otteniamo:

$$(a^x)^n = b^n,$$ ⟩ potenza di una potenza

$$a^{nx} = b^n,$$ ⟩ definizione di logaritmo

$$nx = \log_a b^n,$$ ⟩ sostituzione: $x = \log_a b$

$$n \log_a b = \log_a b^n,$$ ⟩ proprietà simmetrica dell'uguaglianza

$$\log_a b^n = n \log_a b.$$

▶ Applica la proprietà del logaritmo di una potenza per trasformare

$\log 1296$; $\log(7^4 \cdot 16)$.

ESEMPIO

Verifichiamo l'uguaglianza: $\log_3 9^4 = 4 \cdot \log_3 9$.

Primo membro: $\log_3 9^4 = \log_3 (3^2)^4 = \log_3 3^8 = 8$.

Secondo membro: $4 \cdot \log_3 9 = 4 \log_3 3^2 = 4 \cdot 2 = 8$.

Un caso particolare

Poiché $\sqrt[n]{b} = b^{\frac{1}{n}}$, applichiamo la terza proprietà dei logaritmi anche per il logaritmo di una radice:

$$\log_a \sqrt[n]{b} = \frac{1}{n} \log_a b, \quad \text{con } b > 0.$$

Paragrafo 2. Proprietà dei logaritmi

ESEMPIO

$\log \sqrt{6} = \frac{1}{2} \log 6$, perché $\sqrt{6} = 6^{\frac{1}{2}}$.

Formula del cambiamento di base

Come calcolare i logaritmi usando le calcolatrici

Le calcolatrici sono spesso costruite per calcolare i logaritmi in due sole basi: la base 10 e la base $e = 2{,}71828\ldots$, cioè il **numero di Nepero**.

Per distinguere i logaritmi nelle due basi si usano le seguenti notazioni:

log x indica il $\log_{10} x$, **logaritmo decimale**;

ln x indica il $\log_e x$, **logaritmo naturale** o **neperiano**.

Vediamo come utilizzare la calcolatrice per calcolare il logaritmo in una base diversa dalle precedenti.

MATEMATICA INTORNO A NOI

Logaritmi e fotografia In fotografia, si chiama esposizione la quantità di luce che raggiunge l'elemento sensibile (sensore elettronico o pellicola) durante lo scatto di una fotografia. Per confrontare diverse impostazioni di esposizione, i fotografi usano il concetto di *stop*. Aumentare l'esposizione di uno stop significa far entrare il doppio della luce (2^1); aumentare di 2 stop significa averne 4 volte in più (2^2); abbassare di 4 stop significa avere un sedicesimo della luce (2^{-4}) e così via. Muovendosi lungo la scala in su o in giù di passo, la grandezza raddoppia o si dimezza. Questa è una scala logaritmica.

▶ Per regolare l'esposizione, un fotografo può scegliere il tempo di esposizione, l'apertura del diaframma e la sensibilità, utilizzando specifiche scale disponibili sulla macchina fotografica. In tutti e tre i casi, si ha a che fare con i logaritmi?

Cerca nel Web: diaframma, tempi di esposizione, ISO

ESEMPIO

Calcoliamo $\log_3 14$ utilizzando i logaritmi decimali.

Poniamo $x = \log_3 14$:

$3^x = 14$, per la definizione di logaritmo.

Calcoliamo il logaritmo in base 10 dei due membri:

$\log 3^x = \log 14$.

Per la proprietà del logaritmo di una potenza,

$x \cdot \log 3 = \log 14$,

da cui, essendo $\log 3 \neq 0$, ricaviamo: $x = \dfrac{\log 14}{\log 3}$.

Abbiamo così trasformato il logaritmo in base 3 nel quoziente di due logaritmi in base 10. Ora possiamo calcolare il valore *approssimato* di x, determinando con la calcolatrice il valore di $\log 14$ e quello di $\log 3$:

$x = \dfrac{\log 14}{\log 3} \simeq \dfrac{1{,}146128}{0{,}477121} \simeq 2{,}402$.

Formula del cambiamento di base

In generale, per scrivere $\log_a b$ mediante logaritmi in base $c > 0$ si utilizza la seguente proprietà.

> **Cambiamento di base nei logaritmi**
>
> $\log_a b = \dfrac{\log_c b}{\log_c a}$, con $a > 0, b > 0, c > 0, a \neq 1, c \neq 1$.

Animazione

Nell'animazione, oltre all'esempio, c'è la generalizzazione del procedimento.

Video

Calcolo approssimato dei logaritmi Come possiamo calcolare log 2 senza calcolatrice? E log 2000?

609

DIMOSTRAZIONE

La dimostrazione è simile, nei passaggi, a quella del precedente esempio.
Dalla definizione di logaritmo sappiamo che

$$x = \log_a b \quad \text{e} \quad a^x = b$$

sono equivalenti. Calcoliamo allora il logaritmo in base c di entrambi i membri della seconda uguaglianza:

$$\log_c a^x = \log_c b, \qquad \text{proprietà del logaritmo di una potenza}$$

$$x \cdot \log_c a = \log_c b,$$

da cui, essendo $\log_c a \neq 0$ (perché $a \neq 1$):

$$x = \frac{\log_c b}{\log_c a}.$$

Quindi:

$$\log_a b = \frac{\log_c b}{\log_c a}.$$

Possiamo anche scrivere la formula del cambiamento di base così:

$$\log_a b = \frac{\log_c b}{\log_c a} = \frac{1}{\log_c a} \cdot \log_c b.$$

$\dfrac{1}{\log_c a}$ è detto **modulo di trasformazione** per il passaggio da base c a base a.

Per esempio, il modulo di trasformazione è

$$\frac{1}{\log 2} \simeq 3,32193, \text{ per passare da base 10 a base 2;}$$

$$\frac{1}{\log e} \simeq 2,30259, \text{ per passare da base 10 a base } e.$$

> ▶ Trasforma i seguenti logaritmi in base 10:
>
> $\log_3 10$; $\log_5 7$; $\log_6 24$.

3 Funzione logaritmica

▶ Esercizi a p. 626

> **DEFINIZIONE**
>
> Una **funzione logaritmica** è del tipo:
>
> $$y = \log_a x, \quad \text{con } a > 0 \text{ e } a \neq 1.$$

Poiché l'argomento del logaritmo deve essere positivo, il dominio della funzione è $\mathbb{R}^+$.

Grafico della funzione logaritmica

Deduciamo il grafico della funzione logaritmica da quello della funzione esponenziale. La funzione $y = a^x$ è una funzione biunivoca da $\mathbb{R}$ a $\mathbb{R}^+$, quindi è invertibile. Ricaviamo x in funzione di y. Applicando la definizione di logaritmo, otteniamo: $x = \log_a y$. Indicando la variabile indipendente con x e la variabile dipendente con y otteniamo: $y = \log_a x$. Pertanto, la funzione logaritmo è la funzione inversa della

Paragrafo 3. Funzione logaritmica

funzione esponenziale. I grafici delle due funzioni sono simmetrici rispetto alla bisettrice del primo e terzo quadrante.

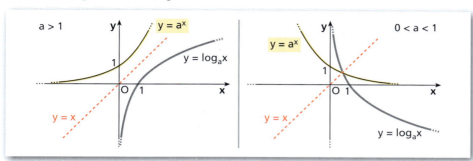

MATEMATICA E ASTRONOMIA
Quanto brillano le stelle? La magnitudine è la misura della quantità di luce che ci arriva da un corpo celeste (stelle, nebulose, galassie...) Dipende da tanti fattori, tra cui la temperatura, la distanza e la grandezza della stella. Gli antichi Greci dividevano le stelle visibili a occhio nudo in sei magnitudini. Nell'Ottocento si passò a una scala logaritmica.

Proprietà della funzione logaritmica

Osservando i grafici che seguono e tenendo conto che la funzione logaritmica è l'inversa di quella esponenziale, concludiamo che $y = \log_a x$, sia per $a > 1$ sia per $0 < a < 1$:

- ha dominio $\mathbb{R}^+$, come già detto, e codominio $\mathbb{R}$;
- è una funzione biunivoca, sempre crescente se $a > 1$, sempre decrescente se $0 < a < 1$;
- il grafico interseca l'asse x in $(1; 0)$.

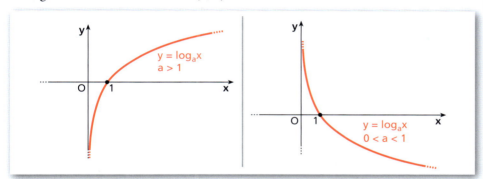

▶ Scopri di più.

Cerca nel Web: Pogson, magnitudine assoluta, magnitudine apparente

Per $a > 0$ e $a \neq 1$ i grafici di $y = \log_a x$ e $y = \log_{\frac{1}{a}} x$ sono i simmetrici l'uno dell'altro rispetto all'asse x. Infatti, per la formula del cambiamento di base, si ha

$$\log_{\frac{1}{a}} x = \frac{\log_a x}{\log_a \frac{1}{a}} = \frac{\log_a x}{-1} = -\log_a x,$$

quindi le ordinate dei punti che hanno la stessa ascissa sono opposte.

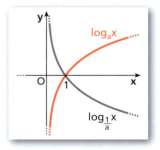

Grafico di funzioni del tipo $y = \ln f(x)$

Per disegnare l'andamento del grafico della funzione

$$y = \ln f(x),$$

noto quello di $y = f(x)$, teniamo conto delle proprietà di $y = \ln x$ e in particolare:

- se $x \leq 0$, $\nexists \ln x$;
- se $x \to 0^+$, $\ln x \to -\infty$;
- se $x = 1$, $\ln x = 0$;
- se $x \to +\infty$, $\ln x \to +\infty$.

Poiché il dominio di $y = \ln x$ è $\mathbb{R}^+$, x può avvicinarsi a 0 solo da valori maggiori di 0, quindi $x \to 0^+$ è l'unico caso che va considerato.

Per esempio, disegniamo il grafico di $y = \ln \frac{x-2}{x-1}$.

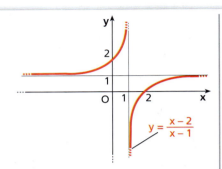
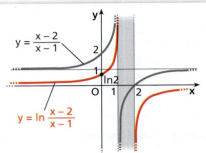

a. Disegniamo il grafico di $y = \frac{x-2}{x-1}$.

b. Tenendo conto delle proprietà di $y = \ln x$, disegniamo il grafico di $y = \ln \frac{x-2}{x-1}$.

Nel disegnare il grafico abbiamo tenuto conto che:

per $1 < x < 2$, $\frac{x-2}{x-1} < 0$, $\nexists \ln \frac{x-2}{x-1}$;

per $x \to 2^+$, $\frac{x-2}{x-1} \to 0$, $\ln \frac{x-2}{x-1} \to -\infty$;

per $x \to \pm\infty$, $\frac{x-2}{x-1} \to 1$, $\ln \frac{x-2}{x-1} \to 0$;

per $x \to 1^-$, $\frac{x-2}{x-1} \to +\infty$, $\ln \frac{x-2}{x-1} \to +\infty$.

Notiamo inoltre che, essendo sempre $\ln x < x$, si ha anche $\ln \frac{x-2}{x-1} < \frac{x-2}{x-1}$, quindi il grafico di $y = \ln \frac{x-2}{x-1}$ «sta sempre sotto» a quello di $y = \frac{x-2}{x-1}$.

4 Equazioni logaritmiche

▶ Esercizi a p. 632

Listen to it

A **logarithmic equation** contains at least one logarithm whose argument is unknown.

DEFINIZIONE

Un'**equazione logaritmica** ha l'incognita che compare nell'argomento di almeno un logaritmo.

Tra le equazioni logaritmiche, consideriamo quelle che possiamo scrivere nella forma:

$$\log_a A(x) = \log_a B(x),$$

dove con $A(x)$ e $B(x)$ indichiamo due funzioni dell'incognita x.
Per le condizioni di esistenza dei logaritmi deve essere: $A(x) > 0$ e $B(x) > 0$.
Dal momento che

$A(x) = B(x) \quad \leftrightarrow \quad \log_a A(x) = \log_a B(x),$

Paragrafo 5. Disequazioni logaritmiche

per risolvere l'equazione è sufficiente cercare le soluzioni di $A(x) = B(x)$ e controllare successivamente se queste soddisfano le condizioni di esistenza.

ESEMPIO
Risolviamo l'equazione
$$\log x + \log(x + 3) = \log 2 + \log(2x + 3).$$
Scriviamo le condizioni di esistenza imponendo che ciascun logaritmo presente nell'equazione abbia argomento maggiore di 0. Otteniamo il sistema:
$$\begin{cases} x > 0 \\ x + 3 > 0 \\ 2x + 3 > 0 \end{cases} \rightarrow \begin{cases} x > 0 \\ x > -3 \\ x > -\frac{3}{2} \end{cases} \rightarrow x > 0, \text{ cioè C.E.: } x > 0.$$

Applichiamo la proprietà del logaritmo di un prodotto:
$$\log[x(x+3)] = \log[2(2x+3)].$$
Passiamo all'uguaglianza degli argomenti:
$$x(x+3) = 2(2x+3) \rightarrow x^2 + 3x = 4x + 6 \rightarrow x^2 - x - 6 = 0 \rightarrow$$
$$x_1 = -2, \, x_2 = 3.$$
Il valore -2 non soddisfa la condizione di esistenza posta ($x > 0$), soddisfatta invece da 3, che quindi è l'unica soluzione dell'equazione logaritmica.

A volte, è utile servirsi di un'incognita ausiliaria.

ESEMPIO Animazione
Risolviamo l'equazione $(\log_3 x)^2 - 2\log_3 x - 3 = 0$.
La condizione di esistenza del logaritmo è $x > 0$.
Poniamo $\log_3 x = t$ e sostituiamo:
$$t^2 - 2t - 3 = 0 \rightarrow t = 1 \pm \sqrt{1 + 3} = \begin{cases} t_1 = 3, \\ t_2 = -1, \end{cases}$$
da cui $\log_3 x = -1 \rightarrow x_1 = \frac{1}{3}$, $\log_3 x = 3 \rightarrow x_2 = 27$, entrambe soluzioni accettabili perché soddisfano la condizione di esistenza.

Negli esercizi vedremo anche come risolvere un'equazione logaritmica con metodo grafico.

▸ **Animazione**

Nella stessa animazione trovi lo svolgimento commentato di questo esempio e del successivo.

▸ Risolvi l'equazione:
$\log(x-2) - \log(2x-5) = 0$.
$[x = 3]$

▸ Risolvi l'equazione:
$(\log_5 x)^2 + 4\log_5 x + 3 = 0$.
$\left[x = \frac{1}{5}; x = \frac{1}{125}\right]$

5 Disequazioni logaritmiche

▸ Esercizi a p. 638

Consideriamo le disequazioni logaritmiche che possiamo scrivere nella forma
$$\log_a A(x) < \log_a B(x),$$
o nelle forme analoghe con gli altri segni di disuguaglianza.

Per passare da una disequazione di questo tipo a una riguardante gli argomenti $A(x)$ e $B(x)$, dobbiamo ricordare il comportamento della funzione logaritmica:

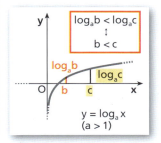

Capitolo 11. Logaritmi

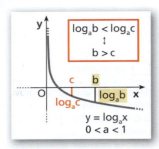

- per $a > 1$, $\qquad \log_a b < \log_a c \leftrightarrow b < c$;
- per $0 < a < 1$, $\qquad \log_a b < \log_a c \leftrightarrow b > c$; $\qquad$ con $b, c > 0$.

Le soluzioni di una disequazione logaritmica del tipo considerato si ottengono risolvendo il sistema formato da:
- le condizioni di esistenza della disequazione;
- la disequazione che si ottiene dalla disuguaglianza degli argomenti.

ESEMPIO

1. Risolviamo la disequazione $\log_5(x-1) < 2$.

   Per la definizione di logaritmo, scriviamo: $2 = \log_5 25$, perché $5^2 = 25$.
   La disequazione può essere scritta:

   $$\log_5(x-1) < \log_5 25.$$

   Risolviamo il sistema.

   $\begin{cases} x - 1 > 0 & \text{condizione di esistenza} \\ x - 1 < 25 & \text{disuguaglianza fra gli argomenti, con lo stesso verso di quella fra i logaritmi (base maggiore di 1)} \end{cases}$

   $\begin{cases} x > 1 \\ x < 26 \end{cases}$

   Le soluzioni della disequazione logaritmica sono: $1 < x < 26$.

2. Risolviamo la disequazione $\log_{\frac{1}{3}}(x-4) > \log_{\frac{1}{3}} 5x$.

   È equivalente al seguente sistema.

   $\begin{cases} x - 4 > 0 & \text{condizione di esistenza del primo logaritmo} \\ 5x > 0 & \text{condizione di esistenza del secondo logaritmo} \\ x - 4 < 5x & \text{disuguaglianza fra gli argomenti, di verso contrario a quella fra i logaritmi (base compresa fra 0 e 1)} \end{cases}$

   $\begin{cases} x > 4 \\ x > 0 \\ -4x < 4 \end{cases} \rightarrow \begin{cases} x > 4 \\ x > 0 \\ x > -1 \end{cases} \rightarrow x > 4$

   Le soluzioni della disequazione logaritmica sono: $x > 4$.

6 | Logaritmi ed equazioni e disequazioni esponenziali

■ Equazioni esponenziali risolubili con i logaritmi

▶ Esercizi a p. 644

Alcuni tipi di equazioni esponenziali si possono risolvere con i logaritmi.

ESEMPIO

Risolviamo l'equazione $7 \cdot 5^{2x} = 3^{x+1}$.

Poiché i due membri dell'equazione sono positivi, applichiamo il logaritmo in base 10 e otteniamo un'equazione equivalente:

Animazione

Nell'animazione osserva, mediante i grafici, il collegamento con il comportamento della funzione logaritmica.

▶ Trova i valori per cui $\log_3(x+2) \geq 0$.
$\qquad [x \geq -1]$

▶ Risolvi la disequazione:
$\dfrac{3}{\log_2 x} \geq \log_2 x + 2$,
utilizzando un'incognita ausiliaria.

Animazione

Animazione

Nell'animazione, oltre a quella dell'esempio, ti proponiamo di risolvere questa equazione:
$2^x + 2^{x+1} + 2^{x-1} = 15$.

Paragrafo 7. Coordinate logaritmiche e semilogaritmiche

$$\log(7 \cdot 5^{2x}) = \log 3^{x+1} \rightarrow \log 7 + 2x \log 5 = (x+1)\log 3.$$

L'equazione ottenuta è di primo grado nell'incognita x.

$$2x \log 5 - x \log 3 = \log 3 - \log 7 \rightarrow x(2\log 5 - \log 3) = \log 3 - \log 7 \rightarrow$$

$$x = \frac{\log 3 - \log 7}{2\log 5 - \log 3}$$

■ Disequazioni esponenziali risolubili con i logaritmi

▶ Esercizi a p. 647

I logaritmi sono utili anche per risolvere disequazioni esponenziali.

ESEMPIO ☐ Animazione

Risolviamo $3 \cdot 2^x > 4 \cdot 3^{x+1}$.

Applichiamo una proprietà delle potenze e semplifichiamo:

$$3 \cdot 2^x > 4 \cdot 3^{x+1} \rightarrow 3 \cdot 2^x > 4 \cdot 3^x \cdot 3 \rightarrow 2^x > 4 \cdot 3^x.$$

Applichiamo i logaritmi ai due membri,

$$2^x > 4 \cdot 3^x \rightarrow \log 2^x > \log(4 \cdot 3^x),$$

tenendo presente che la disuguaglianza fra i logaritmi ha lo stesso verso di quella fra gli argomenti, perché la base 10 è maggiore di 1. Utilizziamo le proprietà dei logaritmi:

$$\log 2^x > \log(4 \cdot 3^x) \rightarrow x \log 2 > \log 4 + x \log 3 \rightarrow x(\log 2 - \log 3) > \log 4.$$

Dividiamo per $\log 2 - \log 3$; poiché è un numero negativo, cambiamo il verso:

$$x < \frac{\log 4}{\log 2 - \log 3}.$$

▶ Risolvi la disequazione:

$\dfrac{6^{x-3}}{4} < 2 \cdot 5^{3x}$.

7 Coordinate logaritmiche e semilogaritmiche

▶ Esercizi a p. 652

I logaritmi, grazie alle proprietà di cui godono, hanno varie applicazioni in diversi ambiti delle scienze, in particolare nella rappresentazione di funzioni in cui i valori delle variabili appartengono a intervalli molto grandi. Per esempio, l'intervallo in cui variano le frequenze dei suoni udibili va da 20 hertz a 20 000 hertz.

Scala logaritmica

Fissata l'origine 0 e un'unità di misura su una semiretta orientata, rappresentiamo le potenze di 10, associandole ai valori dei loro logaritmi:

$\log 1 = 0$, $\log 10 = 1$, $\log 100 = 2$, $\log 1000 = 3$, ...

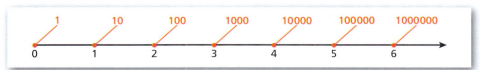

615

Capitolo 11. Logaritmi

MATEMATICA INTORNO A NOI
Quando la Terra trema Per misurare l'intensità di un terremoto i sismologi usano delle scale logaritmiche.

▶ Approfondisci l'argomento.

Cerca nel Web: scala Richter, scala di magnitudo del momento sismico

Se utilizziamo questa **scala logaritmica**, le distanze 1-10, 10-100, 100-1000... sono uguali, pur essendo gli intervalli fra 1, 10, 100, 1000... sempre più grandi. Questo permette di rappresentare valori molto lontani fra loro in uno stesso grafico. Vediamo come costruire coordinate nel piano che si basino su scale logaritmiche.

Coordinate logaritmiche

Fissata una base b, definiamo, in funzione delle coordinate cartesiane x, y, due nuove coordinate, dette **coordinate logaritmiche**:

$$Y = \log_b y \quad \text{e} \quad X = \log_b x.$$

Riportando le nuove coordinate su un sistema di assi, otteniamo, analogamente a quanto fatto per il piano cartesiano, il **piano logaritmico**, dove ogni punto è rappresentato dalla coppia $(\log_b x; \log_b y)$.

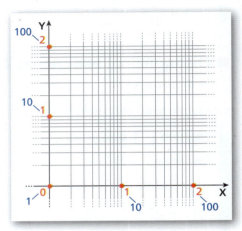

Consideriamo il caso $b = 10$. L'origine degli assi logaritmici, cioè il punto di coordinate logaritmiche $(0; 0)$, è corrispondente al punto $(1; 1)$ in coordinate cartesiane. L'intero piano logaritmico corrisponde al primo quadrante del piano cartesiano.

Nella figura abbiamo segnato in rosso anche i punti sugli assi corrispondenti a 10 e a 100. Le linee orizzontali e verticali partono dai punti corrispondenti a 2, 3, 4..., fra 1 e 10, e corrispondenti a 20, 30, 40..., fra 10 e 100.

Il piano logaritmico è particolarmente utile quando si devono rappresentare funzioni definite da equazioni del tipo $x^m y^n = a$.

> **ESEMPIO**
> Consideriamo la funzione di equazione $xy = 1$, con $x > 0$, che nel piano cartesiano ha per grafico un ramo di iperbole equilatera. Costruiamo le coordinate logaritmiche. Fissiamo, per esempio, la base $b = 10$.
>
> Isoliamo y, applichiamo il logaritmo in base 10 ai due membri dell'uguaglianza e riscriviamo quanto ottenuto ponendo $X = \log_{10} x$ e $Y = \log_{10} y$:
>
> $$xy = 1, \text{con } x > 0 \rightarrow y = \frac{1}{x} \rightarrow y = x^{-1} \rightarrow \log_{10} y = -\log_{10} x \rightarrow Y = -X.$$
>
> Nel piano logaritmico, la funzione data è dunque rappresentata da una retta.
>
>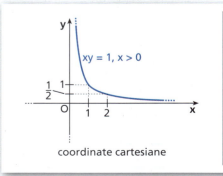
> coordinate cartesiane
>
>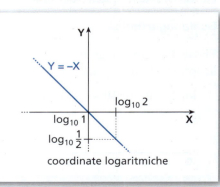
> coordinate logaritmiche

Paragrafo 7. Coordinate logaritmiche e semilogaritmiche

Coordinate semilogaritmiche

In alcuni casi è più conveniente utilizzare un sistema misto di coordinate cartesiane e logaritmiche, dette **semilogaritmiche**.

ESEMPIO

Consideriamo la funzione $y = 5^x$ che, nel piano cartesiano usuale, ha come grafico una curva esponenziale.
Fissiamo la base $b = 5$ e applichiamo il logaritmo in base 5 ai due membri:

$$y = 5^x \rightarrow \log_5 y = \log_5 5^x \rightarrow \log_5 y = x \log_5 5 \rightarrow \log_5 y = x.$$

Se rappresentiamo sull'asse delle ascisse la coordinata cartesiana x e sull'asse delle ordinate la coordinata logaritmica $Y = \log_5 y$, la funzione data ha per grafico la retta di equazione $Y = x$.

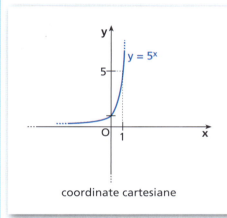
coordinate cartesiane

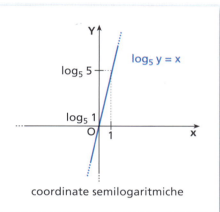
coordinate semilogaritmiche

MATEMATICA INTORNO A NOI

Logaritmi e decibel Il campo di udibilità è un intervallo di intensità sonore il cui limite inferiore (soglia del silenzio) vale 10^{-12} watt/metro^2 (W/m^2) e corrisponde al rumore di una zanzara a 3 m di distanza.
Il limite superiore (soglia del dolore) vale 1 W/m^2.
Il campo di udibilità occupa dunque 12 ordini di grandezza ed è comodo rappresentarlo con una scala logaritmica; in questa scala l'unità di misura è il decibel (simbolo dB).

▶ Che relazione c'è tra il livello di intensità percepita e l'intensità effettiva di un suono?

Cerca nel Web: livello di intensità sonora, decibel

▶ **Video**

Logaritmi e decibel
L'intensità di un suono si misura in decibel, una scala di misura logaritmica.

▶ Come funziona?
▶ Perché si usa questa scala?

Capitolo 11. Logaritmi

IN SINTESI
Logaritmi

■ Definizione di logaritmo

- **Logaritmo in base a di b**: dati due numeri reali positivi a e b, con $a \neq 1$, è l'esponente da assegnare ad a per ottenere b.

$$\log_a b = x \leftrightarrow a^x = b$$

- **Proprietà**: $a^{\log_a b} = b$; $x = y \leftrightarrow \log_a x = \log_a y$ ($x > 0, a > 0, a \neq 1, b > 0, y > 0$).

■ Proprietà dei logaritmi

1. **Logaritmo di un prodotto**:
$$\log_a(b \cdot c) = \log_a b + \log_a c \ (b > 0, c > 0).$$

2. **Logaritmo di un quoziente**:
$$\log_a\left(\frac{b}{c}\right) = \log_a b - \log_a c \ (b > 0, c > 0).$$

3. **Logaritmo di una potenza**:
$$\log_a b^n = n \cdot \log_a b \ (b > 0, n \in \mathbb{R}).$$

- **Cambiamento di base**: $\log_a b = \dfrac{\log_c b}{\log_c a}$,

con $a \neq 1, c \neq 1, a > 0, b > 0, c > 0$.

■ Funzione logaritmica

È una funzione da $\mathbb{R}^+$ a $\mathbb{R}$ del tipo $y = \log_a x$, con $a \in \mathbb{R}^+$ e $a \neq 1$.

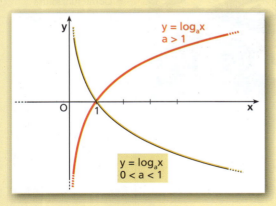

■ Equazioni logaritmiche

L'incognita compare nell'argomento di almeno un logaritmo.

ESEMPIO: $\log(x - 7) = 1$
Risoluzione
C.E.: $x - 7 > 0 \to x > 7$;
$\log(x - 7) = \log 10$;
$x - 7 = 10 \to x = 17$;
$17 > 7 \to$ 17 è soluzione accettabile.

■ Disequazioni logaritmiche

- Fra le **disequazioni logaritmiche** consideriamo quelle del tipo: $\log_a A(x) < \log_a B(x)$.

- **Risoluzione**
Teniamo presente che:
  - per $a > 1$, se $\log_a b < \log_a c$, allora $b < c$;
  - per $0 < a < 1$, se $\log_a b < \log_a c$, allora $b > c$;

e risolviamo il sistema formato da:
  - le condizioni di esistenza della disequazione;
  - la disequazione che si ottiene dalla disuguaglianza degli argomenti.

■ Logaritmi ed equazioni e disequazioni esponenziali

Alcune equazioni e disequazioni esponenziali si possono risolvere mediante i logaritmi.

ESEMPIO: $2 \cdot 6^x = 5 \to \log 2 + x \log 6 = \log 5 \to$
$$x = \frac{\log 5 - \log 2}{\log 6}.$$

■ Coordinate logaritmiche e semilogaritmiche

Se utilizziamo le coordinate logaritmiche ($\log_b x; \log_b y$) o semilogaritmiche ($\log_b x; y$) oppure ($x; \log_b y$), i grafici di alcune funzioni non lineari (per esempio, le potenze o le funzioni esponenziali) sono delle rette.

Paragrafo 1. Definizione di logaritmo

CAPITOLO 11
ESERCIZI

1 Definizione di logaritmo

▶ Teoria a p. 606

RIFLETTI SULLA TEORIA

1 Considera la definizione di logaritmo e, aiutandoti anche con esempi, spiega perché:
  a. non esistono i logaritmi di numeri negativi;
  b. la base di un logaritmo deve essere diversa da 1.

2 Ognuna delle seguenti scritture non è corretta. Perché?
  a. $\log_4 0 = 1$
  b. $\log_{-2} 1 = 0$
  c. $\log_3(-3)^3 = -3$
  d. $\log_1 8 = 8$
  e. $\log_0 1 = 0$

3 **TEST** Dato $\log_a b = c$:
  A b può essere negativo.
  B c è sempre positivo.
  C a deve essere maggiore o uguale a 0.
  D c può assumere qualunque valore reale.
  E a può essere 1.

VERO O FALSO?

4
  a. Se $3^x = 11$, allora $x = \log_{11} 3$. V F
  b. Se $\log_9 a = -2$, allora $a = (-2)^9$. V F
  c. $2^{-\frac{1}{3}} = x$ è equivalente a $\log_2 x = -\frac{1}{3}$. V F
  d. $\log_{-2}(-8) = 3$ perché $(-2)^3 = -8$. V F

5
  a. $\log_2\left(\frac{1}{2}\right)^{-3} = 3$. V F
  b. $\log_a 1 = 0, \quad \forall a \in \mathbb{R}$. V F
  c. $\log_{\frac{2}{3}} \frac{2}{3} = 1$. V F
  d. $\log_x x = 1, \quad \forall x \in \mathbb{R}$. V F

Riscrivi, usando i logaritmi, le seguenti uguaglianze.

6 $2^5 = 32$; $\quad 3^4 = 81$; $\quad 5^2 = 25$.

7 $7^x = 2$; $\quad a^4 = 6$; $\quad 2^9 = b$.

8 $3^{\frac{1}{2}} = \sqrt{3}$; $\quad 10^0 = 1$; $\quad \left(\frac{1}{2}\right)^{-2} = 4$.

9 $6^{-5} = b$; $\quad a^{-2} = 8$; $\quad 3^x = \frac{1}{9}$.

Riscrivi, usando le potenze, le seguenti uguaglianze.

10 $\log_7 49 = 2$; $\quad \log_{11} 121 = 2$; $\quad \log_{10} 10\,000 = 4$; $\quad \log_5 \sqrt{5} = \frac{1}{2}$.

11 $\log_a 3 = 7$; $\quad \log_2 b = -\frac{1}{2}$; $\quad \log_5 3 = x$; $\quad \log_2 a = -5$.

12 Fra i seguenti logaritmi elimina quelli privi di significato e spiega il motivo della scelta.
  a. $\log_3(-3)$; $\quad \log_2 82$; $\quad \log_2(-1)$; $\quad \log_3 0{,}6$; $\quad \log_5 5$; $\quad \log_{-2}(-8)$.
  b. $\log_2(-2)$; $\quad \log_{11}(-0{,}01)$; $\quad \log_1 100$; $\quad \log_5 0$; $\quad \log_8 10$; $\quad \log_{\sqrt{3}} 3$.

13 **ESERCIZIO GUIDA** Calcoliamo $\log_2(4 \cdot \sqrt[3]{2})$ applicando la definizione di logaritmo.

$x = \log_2(4 \cdot \sqrt[3]{2})$ è equivalente a $2^x = 4 \cdot \sqrt[3]{2}$ → $2^x = 2^2 \cdot 2^{\frac{1}{3}}$ → $2^x = 2^{\frac{7}{3}}$ → $x = \frac{7}{3}$.

prima proprietà delle potenze

Quindi $\log_2(4 \cdot \sqrt[3]{2}) = \frac{7}{3}$.

619

Capitolo 11. Logaritmi

Calcola i seguenti logaritmi applicando la definizione.

14 $\log_{\frac{1}{2}} \frac{1}{2}$; $\log_{10} 10$.

15 $\log_2 1$; $\log_2 2$.

16 $\log_3 243$; $\log_2 64$.

17 $\log_3 27$; $\log_5 25$.

18 $\log_2 16$; $\log_3 9$.

19 $\log_5 125$; $\log_7 49$.

20 $\log 100$; $\log 1000$.

21 $\log_{11} 121$; $\log_7 343$.

22 $\log_3 \frac{1}{9}\sqrt{3}$; $\log_2 \frac{1}{16}$.

23 $\log_5 0,04$; $\log_{745} 1$.

24 $\log_2 \frac{4}{\sqrt{2}}$; $\log_3(3 \cdot \sqrt[4]{3})$.

25 $\log_2 \frac{\sqrt[5]{4}}{2}$; $\log_6(6 \cdot \sqrt[3]{6})$.

26 $\log_7(7\sqrt{7})$; $\log_3 \frac{1}{\sqrt{3}}$.

27 $\log_2(\sqrt{2} \cdot \sqrt[4]{2})$; $\log \frac{1}{\sqrt[13]{10}}$.

28 $\log_5 \sqrt[5]{5}$; $\log_{\frac{1}{2}} \frac{\sqrt{2}}{2}$.

29 $\log_3 \frac{3 \cdot \sqrt{3}}{\sqrt[3]{9}}$; $\log_5 \left(0,2 \frac{\sqrt{5}}{5}\right)$.

30 $\log_3(27 \cdot \sqrt{3})$; $\log_4 \frac{1}{2}$.

31 $\log_{25} \frac{5}{\sqrt[3]{5}}$; $\log_8 \sqrt[117]{4}$.

32 $\log_{625} \frac{\sqrt[3]{5}}{25}$; $\log_{16} \frac{2}{\sqrt[7]{2}}$.

33 $\log(1000 \cdot \sqrt[8]{10})$; $\log_{49} \sqrt[5]{\frac{1}{7}}$.

34 $\log_{\sqrt{2}} 1$; $\log_{\sqrt{2}} 256$.

35 $\log_{2\sqrt{2}} 2$; $\log_{0,1} 10$.

36 $\log_{\frac{4}{9}} \frac{27}{8}$; $\log_{\sqrt[3]{9}} \sqrt[4]{27}$.

37 $\log_{32} \sqrt[5]{8}$; $\log_{\frac{4}{3}} \frac{64}{27}$.

38 $\log_a a$; $\log_{2a}(4a^2)$.

39 $\log_{\sqrt{a}} a^3$; $\log_a(a\sqrt{a})$.

---

40 **ESERCIZIO GUIDA** Data l'uguaglianza $\log_5 b = 2$, calcoliamo b applicando la definizione di logaritmo.

$\log_5 b = 2$ è equivalente a $5^2 = b$. Quindi $b = 25$.

Calcola il valore dell'argomento b, usando la definizione di logaritmo.

41 $\log_2 b = 1$; $\log_3 b = 4$.

42 $\log_3 b = -1$; $\log_2 b = -1$.

43 $\log_2 b = -2$; $\log_5 b = -2$.

44 $\log_2 b = \frac{1}{2}$; $\log_3 b = \frac{1}{4}$.

45 $\log_4 b = \frac{1}{2}$; $\log_5 b = \frac{1}{3}$.

46 $\log_3 b = 0$; $\log_{0,4} b = 1$.

47 $\log_5 b = -\frac{1}{3}$; $\log_{32} b = -\frac{1}{4}$.

48 $\log_4 b = -2$; $\log_{\frac{2}{3}} b = -\frac{1}{2}$.

49 $\log_{\frac{1}{2}} b = -2$; $\log_5 b = -\frac{2}{5}$.

50 $\log b = 2$; $\log(1-b) = -1$.

Paragrafo 1. Definizione di logaritmo

51 **ESERCIZIO GUIDA** Data l'uguaglianza $\log_a 16 = 2$, calcoliamo la base a.

Applichiamo la definizione di logaritmo: $a^2 = 16 \rightarrow a = \pm 4$.
La base di un logaritmo può essere solo positiva e diversa da 1, quindi $a = 4$.

$\log_a b = x \leftrightarrow a^x = b$
$a > 0, a \neq 1, b > 0$

Calcola il valore della base a usando la definizione di logaritmo.

52 $\log_a 9 = 2$; $\qquad \log_a 125 = 3$.

53 $\log_a 100 = 2$; $\qquad \log_a 2 = 1$.

54 $\log_a \frac{1}{4} = 2$; $\qquad \log_a \frac{16}{81} = 4$.

55 $\log_a \frac{1}{4} = -2$; $\qquad \log_a \frac{8}{27} = -3$.

56 $\log_a \frac{1}{81} = -4$; $\qquad \log_a \frac{4}{5} = -1$.

57 $\log_a 5 = 1$; $\qquad \log_a 100 = -2$.

58 $\log_a 4 = -2$; $\qquad \log_a \frac{1}{49} = -2$.

59 $\log_a 5 = -1$; $\qquad \log_a 3 = -2$.

60 $\log_a 4 = \frac{1}{2}$; $\qquad \log_a \frac{1}{2} = -2$.

61 $\log_a 5 = -2$; $\qquad \log_a 64 = 5$.

62 $\log_a \frac{1}{100} = -2$; $\qquad \log_a 6 = 36$.

63 $\log_a 7 = -\frac{1}{2}$; $\qquad \log_a 4 = \frac{1}{3}$.

64 $\log_a (2a - 3) = 1$; $\qquad \log_a (2\sqrt{a} - 2) = \frac{1}{2}$.

---

65 Calcola: $\quad 5^{\log_5 3}$; $\quad 10^{\log 2}$; $\quad 3^{\log_3 \frac{1}{3}} - \log_3 1$; $\quad 2^{\log_2 7} - 10^{\log 5}$.

$a^{\log_a b} = b$

VERO O FALSO?

66
a. $2^{\log_2 3} = \log_3 2$ V F
b. $7^{\log_{10} 7} = 10$ V F
c. $9^{\log_9 \sqrt{3}} = \sqrt{3}$ V F
d. Se $\log_2 x > \log_2 3$, allora $x > 3$.   V F

67
a. $5^{-\log_5 2} = \frac{1}{2}$ V F
b. $\log_2 (6^{\log_6 2}) = 1$ V F
c. $3^{2\log_3 5} = 25$ V F
d. $\log_{\frac{1}{4}} 6 < \log_{\frac{1}{4}} 3$ V F

COMPLETA

68
a. $7^{\log_{\square} 2} = 2$
b. $\log_{\square} 9 = -2$
c. $\log_2 \square = 0$
d. $\log_5 (2^{\log_2 \square}) = 2$
e. $\log_7 \square + \log_4 1 = 1$

69
a. $\log_{\square} (3^{\log_3 10}) = 1$
b. $\log_6 6 - \log_6 \square = 1$
c. $\log_3 \square + \log_3 3 = 3$
d. $5^{2\log_5 2} = \square$
e. $\square^{\log_2 8} = 8$

Calcola il valore delle seguenti espressioni utilizzando la definizione di logaritmo.

70 $\log_2 (\log_8 8)$ [0]

71 $\log_3 (\log_2 8)$ [1]

72 $\log_2 16 - \log_3 27$ [1]

73 $\log 1 + \log 10 + \log 100 + \log 1000$ [6]

74 $2\log_2 \frac{1}{4} + \log_3 \frac{1}{9}$ [−6]

75 $5^{\log_5 3} + \log(\log_4 4) + \log_3 9$ [5]

76 $\log_{\frac{1}{7}} (6^{\log_6 7}) + \log_4 \frac{1}{2} - (\log_3 \sqrt{3} - \log 1)$ [−2]

77 $\log_2 32 - 4\log_4 16 + \log[\log_2 (\log 100)]$ [−3]

621

Capitolo 11. Logaritmi

MATEMATICA E STORIA

Un «calcolatore» per i logaritmi Secondo quanto suggerito dal matematico francese Nicolas Chuquet (1445-1488), la seguente tabella delle potenze di 2 consente di ottenere il risultato di moltiplicazioni e divisioni eseguendo addizioni e sottrazioni.

n	0	1	2	3	4	5	6	7	8	9	10	11	12	13	14	15	16	17	18	19
2^n	1	2	4	8	16	32	64	128	256	512	1024	2048	4096	8192	16384	32768	65536	131072	262144	524288

Utilizzando i valori in tabella:

a. determina $\log_2 131\,072$;
b. spiega con quale ragionamento si può stabilire che $32 \cdot 16384$ è uguale a $524\,288$;
c. calcola $64 \cdot 16 \cdot 128$;
d. spiega come si può stabilire che $65\,536 : 512$ è uguale a 128;
e. calcola $524\,288 : 2048$.

▶ Risoluzione – Esercizio in più

COMPLETA inserendo $>$ o $<$ fra le seguenti coppie di logaritmi.

78 $\log 11 \;\square\; \log 3$; $\log 5 \;\square\; \log 8$; $\log 100 \;\square\; \log 5$; $\log_3 23 \;\square\; \log_3 116$.

79 $\log_2 14 \;\square\; \log_2 11$; $\log_{\frac{2}{3}} \frac{7}{6} \;\square\; \log_{\frac{2}{3}} \frac{11}{9}$; $\log_{0,4} 6 \;\square\; \log_{0,4} 9$; $\log_{\frac{6}{5}} 48 \;\square\; \log_{\frac{6}{5}} 7$.

80 **EUREKA!** Se $\log_{2n}(1944) = \log_n(486\sqrt{2})$, calcola n^6.

(CAN *Canadian Open Mathematics Challenge*, 1996)

$[3^{20} \cdot 2^6]$

---

2 Proprietà dei logaritmi

▶ Teoria a p. 607

VERO O FALSO?

81
a. $\log 5 - \log 4 = \log 1$ V F
b. $\log \dfrac{4}{3} = \dfrac{\log 4}{\log 3}$ V F
c. $\log_2 \sqrt{6} = \dfrac{1}{2} \log_2 6$ V F
d. $\log_2(2 \cdot 7) = 1 + \log_2 7$ V F
e. $(\log_3 8)^2 = 2\log_3 8$ V F

82
a. $2\log_3 5 = \log_3 10$ V F
b. $\log_4 9 = \log_2 3$ V F
c. $\dfrac{1}{2}\log_2 36 = \log_2 \dfrac{1}{2} \cdot 36$ V F
d. $(\log_2 7)^2 = \log_2 49$ V F
e. $\dfrac{\log 11}{2} = \log \sqrt{11}$ V F

---

83 **ESERCIZIO GUIDA** Applicando le proprietà dei logaritmi sviluppiamo l'espressione $\log_2 \dfrac{a^6}{13 \cdot \sqrt[4]{19}}$.

$\log_2 \dfrac{a^6}{13\sqrt[4]{19}} =$ ⟩ logaritmo di un quoziente

$\log_2(a^6) - \log_2(13 \cdot \sqrt[4]{19}) =$ ⟩ logaritmo di un prodotto

$\log_2 a^6 - \left(\log_2 13 + \log_2 \sqrt[4]{19}\right) =$ ⟩ logaritmo di una potenza

$6\log_2 a - \log_2 13 - \dfrac{1}{4}\log_2 19$

$\log_a(b \cdot c) = \log_a b + \log_a c$

$\log_a \dfrac{b}{c} = \log_a b - \log_a c$

$\log_a b^n = n \cdot \log_a b$

622

Paragrafo 2. Proprietà dei logaritmi

Nell'ipotesi in cui tutti gli argomenti dei logaritmi considerati siano positivi, sviluppa le seguenti espressioni applicando le proprietà dei logaritmi.

84 $\log \sqrt[3]{4}$ $\qquad\left[\dfrac{1}{3}\log 4\right]$

85 $\log(4\sqrt{2})$ $\qquad\left[\log 4 + \dfrac{1}{2}\log 2\right]$

86 $\log \dfrac{3}{2}$ $\qquad [\log 3 - \log 2]$

87 $\log \dfrac{3}{5a}$ $\qquad [\log 3 - \log 5 - \log a]$

88 $\log_5(3ab^2)$ $\qquad [\log_5 3 + \log_5 a + 2\log_5 b]$

89 $\log \dfrac{3\sqrt{a}}{b}$ $\qquad \left[\log 3 + \dfrac{1}{2}\log a - \log b\right]$

90 $\log_2 \left(\dfrac{2 \cdot \sqrt[3]{2}}{\sqrt{2}}\right)$ $\qquad \left[\dfrac{5}{6}\right]$

91 $\log \dfrac{5a \sqrt[7]{b}}{b^4}$ $\qquad \left[\log 5 + \log a - \dfrac{27}{7}\log b\right]$

92 $\log_{\sqrt{2}} \dfrac{\sqrt[5]{4}}{8\sqrt{2}}$ $\qquad \left[-\dfrac{31}{5}\right]$

93 $\log(a^4 b^5 \sqrt{7})$ $\qquad \left[4\log a + 5\log b + \dfrac{1}{2}\log 7\right]$

94 $\log \dfrac{a^3(a^2+1)}{b^2}$ $\qquad [3\log a + \log(a^2+1) - 2\log b]$

95 $\log_5 \left(\dfrac{3\sqrt[6]{a}}{\sqrt[27]{b}}\right)$ $\qquad \left[\log_5 3 + \dfrac{1}{6}\log_5 a - \dfrac{1}{27}\log_5 b\right]$

96 $\log_3 \dfrac{a^2 \sqrt{b}}{9\sqrt[3]{ab}}$ $\qquad \left[\dfrac{5}{3}\log_3 a + \dfrac{1}{6}\log_3 b - 2\right]$

97 $\log \sqrt{a\sqrt[3]{ab^2}}$ $\qquad \left[\dfrac{2}{3}\log a + \dfrac{1}{3}\log b\right]$

---

98 **RIFLETTI SULLA TEORIA** Spiega perché non è corretta la seguente uguaglianza:
$$\log 10 = \log[(-2)(-5)] = \log(-2) + \log(-5).$$

TEST

99 Il triplo di $\log 4$ è:

  A $\log 12$. **B** $\log \dfrac{4}{3}$. **C** $\log_{30} 4$. **D** $\log 64$. **E** $\log_{30} 12$.

100 Un quinto di $\log_5 10$ è:

  A $\log_5 2$. **B** $\log_5 \sqrt[5]{10}$. **C** $\log_1 2$. **D** $\log_5 10^5$. **E** $\log_5 \dfrac{1}{10}$.

---

101 **ESERCIZIO GUIDA** Applichiamo le proprietà dei logaritmi per trasformare in un unico logaritmo l'espressione

$$2\log_5 10 + \log_5 25 - \dfrac{1}{3}\log_5 64.$$

$2\log_5 10 + \log_5 25 - \dfrac{1}{3}\cdot\log_5 64 =$ ⟩ logaritmo di una potenza

$\log_5 10^2 + \log_5 25 - \log_5 \sqrt[3]{64} =$ ⟩ logaritmo di un prodotto

$\log_5 100 \cdot 25 - \log_5 4 =$ ⟩ logaritmo di un quoziente

$\log_5 \dfrac{2500}{4} = \log_5 625 = \log_5 5^4 = 4$

Applica le proprietà dei logaritmi per scrivere le seguenti espressioni sotto forma di un unico logaritmo, supponendo che tutti gli argomenti dei logaritmi considerati siano positivi.

102 $\log 3 + \log 7 - \log 6$ $\qquad \left[\log \dfrac{7}{2}\right]$

103 $\log_2 50 - \log_2 400 + \log_2 4$ $\qquad [-1]$

104 $\dfrac{1}{2}\log 81 - \log \dfrac{9}{7} + \log \dfrac{10}{7}$ $\qquad [1]$

105 $\dfrac{1}{3}\log 27 + \log \dfrac{9}{3} - \log 9$ $\qquad [0]$

623

Capitolo 11. Logaritmi

106 $\frac{1}{4}\log 81 + 2\log\frac{1}{3} - \frac{1}{2}\log\frac{1}{9} + \log 2$ [$\log 2$]

107 $\frac{1}{2}\log_2 100 - (\log_2 24 - \log_2 6) + 1$ [$\log_2 5$]

108 $\frac{1}{3}[\log_3 35 - (\log_3 7 - 2\log_3 5)]$ [$\log_3 5$]

109 $\log_5 100\left(\log_3\frac{9}{7} - \log_3\frac{27}{7} + \log_3\sqrt{3}\right)$

$\left[\log_5\frac{1}{2} - 1\right]$

110 $2 + \log_2 24 + \log_2 3 - \left(2\log_2 2 - \log_2\frac{1}{6}\right)$ [$\log_2 12$]

111 $\log_3 a + \log_3 b - \log_3 5 + \log_3\frac{1}{b}$ $\left[\log_3\frac{a}{5}\right]$

112 $\log_5 h - 2\log_5 b + \frac{1}{2}\log_5 6$ $\left[\log_5\frac{h\sqrt{6}}{b^2}\right]$

---

113 $2\log(x^2-1) - \log(x+1) - \log(x-1)$ $[\log(x+1)(x-1)]$

114 $4\log_2 3 - \frac{1}{2}\log_2 h + \frac{4}{5}\log_2 k$ $\left[\log_2\frac{81\cdot\sqrt[5]{k^4}}{\sqrt{h}}\right]$

115 $\frac{1}{2}[\log_2 a + 2\log_2(a+4)] - \log_2(a-1)$ $\left[\log_2\frac{\sqrt{a}\cdot(a+4)}{a-1}\right]$

116 $\frac{1}{2}\log_3 x + 2\log_3(x+1) - \log_3 7$ $\left[\log_3\frac{\sqrt{x}(x+1)^2}{7}\right]$

117 $\frac{1}{2}(\log 7 + \log x - \log 3) + \log\sqrt{3x}$ $[\log x\sqrt{7}]$

118 $\log_2(x-3) - \frac{1}{4}\log_2(x-1) - 1$ $\left[\log_2\frac{x-3}{2\sqrt[4]{x-1}}\right]$

119 $\log(x-1) + \log(x-2) - \log(x+3)$ $\left[\log\frac{(x-1)(x-2)}{x+3}\right]$

120 $\log_2(x+1) + 5\log_2(x-1) - 4\log_2(x^2-1)$ $\left[\log_2\frac{x-1}{(x+1)^3}\right]$

121 $\log_7 a - 2\log_7 b + \frac{1}{2}\log_7 c - 3\left(\log_7 a - \frac{1}{2}\log_7 c\right)$ $\left[\log_7\frac{c^2}{a^2 b^2}\right]$

122 $\frac{1}{5}\log(3x-2) + \log x - 2\log\sqrt{x+1} - 1$ $\left[\log\frac{\sqrt[5]{3x-2}\cdot x}{10(x+1)}\right]$

123 $4[\log a + \log(a+5)] - 2\log(a-5)$ $\left[\log\frac{a^4\cdot(a+5)^4}{(a-5)^2}\right]$

124 $3[\log_2 b - 2(\log_2 c + \log_2 a)]$ $\left[\log_2\frac{b^3}{c^6 a^6}\right]$

125 $\frac{1}{3}[\log_3 27 - 2(\log_3 a^2 - \log_3 b^2)]$ $\left[\log_3\left(3\cdot\sqrt[3]{\frac{b^4}{a^4}}\right)\right]$

Trova per quali condizioni le seguenti identità sono vere.

126
a. $\log_2(x+1) + \log_2(x-1) = \log_2(x^2-1)$.
b. $\log_2\sqrt[3]{x} = \frac{1}{3}\log_2 x$.
c. $2\log(x^2+x+6) = \log(x^2+x+6)^2$.
d. $\log|x^2-x| = \log|x| + \log|x-1|$.

[a) $x > 1$; b) $x > 0$; c) $\forall x \in \mathbb{R}$; d) $x \neq 0 \wedge x \neq 1$]

127
a. $\log\sqrt{\frac{x}{x+2}} = \log\sqrt{x} - \log\sqrt{x+2}$.
b. $\log\frac{x^2+9}{x^2+1} = \log(x^2+9) - \log(x^2+1)$.
c. $\log x^4 = 4\log|x|$.
d. $\frac{1}{2}\log\frac{x^2-1}{x} = \log\sqrt{\frac{x^2-1}{x}}$.

[a) $x > 0$; b) $\forall x \in \mathbb{R}$; c) $x \neq 0$; d) $-1 < x < 0 \vee x > 1$]

624

Paragrafo 2. Proprietà dei logaritmi

Calcola il valore delle seguenti espressioni applicando le proprietà dei logaritmi.

128 $8^{-\log_2 5}$; $81^{\log_3 2}$; $7^{\log_7 3 + \log_7 2}$; $2^{\log_{\frac{1}{2}} 4}$. $\left[\dfrac{1}{125}, 16, 6, \dfrac{1}{4}\right]$

129 $4^{-\log_2 3}$; $25^{-\log_5 10}$; $4^{3-\log_2 7}$; $\log_2(5^{\log_5 8})$. $\left[\dfrac{1}{9}, \dfrac{1}{100}, \dfrac{64}{49}, 3\right]$

Verifica, senza utilizzare la calcolatrice, le seguenti disuguaglianze.

130 $\log_4 5 + 4\log_4 3 > 3$

131 $2^{2\log_2 3} + \log_2 \sqrt[3]{4} > 5^{\log_5 8}$

132 **TEST** L'espressione $7^{2+\log_7 x}$ è uguale a:

A $49x$.   B $7^2 + x$.   C $49 + \log_7 x$.   D $49\log_7 x$.   E $7x$.

(*CISIA, Facoltà di Ingegneria, Test di ingresso,* 2003)

Formula del cambiamento di base

133 **ESERCIZIO GUIDA** Scriviamo $\log_2 3$ usando il logaritmo in base 10 e calcoliamone il valore approssimato.

Utilizziamo la formula del cambiamento di base $\log_a b = \dfrac{\log_c b}{\log_c a}$, in cui $a = 2, b = 3, c = 10$:

$$\log_2 3 = \dfrac{\log 3}{\log 2}.$$

Con la calcolatrice approssimiamo log 3 e log 2 con quattro cifre decimali:

$\log 3 \simeq 0,4771$
$\log 2 \simeq 0,3010$ $\to$ $\log_2 3 \simeq \dfrac{0,4771}{0,3010} \simeq 1,5850.$

$\log_a b = \dfrac{\log_c b}{\log_c a}$

Trasforma i seguenti logaritmi in logaritmi in base 10 e, con la calcolatrice, approssima con quattro cifre decimali i valori trovati.

134 $\log_5 7$; $\log_4 61$; $\log_2 10$.   **136** $\log_3 99$; $\log_{\frac{1}{2}} 15$; $\ln 8$.

135 $\log_5 0,23$; $\ln 100$; $\log_2 32$.   **137** $\log_5 50$; $\log_{40} 80$; $\log_9 2$.

138 Rappresenta sulla retta orientata i seguenti numeri, utilizzando la calcolatrice.

$\log_2 7$ $\log_3 26$ $\log_4 9$ $\log_{\frac{1}{2}} 6$

139 **ESERCIZIO GUIDA** Semplifichiamo la seguente espressione utilizzando anche la formula del cambiamento di base:

$$\log_3 8 - \dfrac{1}{2\log_8 3} + \log_3 4 \, \log_4 7\sqrt{2}.$$

Trasformiamo $\log_8 3$ e $\log_4 7\sqrt{2}$ in logaritmi in base 3.

$\log_3 8 - \dfrac{1}{2} \dfrac{\log_3 8}{\log_3 3} + \log_3 4 \dfrac{\log_3 7\sqrt{2}}{\log_3 4} = \log_3 8 - \dfrac{1}{2}\log_3 8 + \log_3 7\sqrt{2} =$) logaritmo della potenza

$\log_3 3 = 1$

$\log_3 8 - \log_3(2\sqrt{2}) + \log_3 7\sqrt{2} = \log_3 \dfrac{\sqrt[4]{8} \cdot 7 \cdot \sqrt{2}}{2\sqrt{2}} = \log_3 28$

logaritmo del quoziente e del prodotto

Capitolo 11. Logaritmi

Semplifica le seguenti espressioni senza utilizzare la calcolatrice.

140 $\log_4 7 \cdot \log_7 16$ [2]

141 $\log_2 3 \cdot \log_3 4 \cdot \log_4 5 \cdot \log_5 6$ [$\log_2 6$]

142 $\log_3 5 \cdot \log_{25} 9$ [1]

143 $\log_6 5 \cdot \log_5 \sqrt{6}$ $\left[\dfrac{1}{2}\right]$

144 $\log_3 8 \cdot \log_4 27$ $\left[\dfrac{9}{2}\right]$

145 $\log_3 5 + \log_9 4$ [$\log_3 10$]

146 $\log_2 48 - \log_4 9$ [4]

147 $\log_{25} 36 + \log_5 \dfrac{1}{6}$ [0]

148 $\log_8 15 + \dfrac{2}{3}\log_2 15$ [$\log_2 15$]

149 $\log_4 10 + \dfrac{1}{2\log_{10} 4} + \log_2 10$ $\left[\dfrac{7}{4}\log_2 10\right]$

150 $\dfrac{\log_3 12 - \log_9 4}{\log_{\frac{1}{3}} 6}$ [-1]

151 $\dfrac{\log_8 27 + \log_2 5}{\log_4 9 - \log_{\frac{1}{4}} 25}$ [1]

---

152 **EUREKA!** Senza fare uso della calcolatrice valuta $\dfrac{1}{\log_2 36} + \dfrac{1}{\log_3 36}$.

(CAN *Canadian Mathematical Olympiad*, 1973)

$\left[\dfrac{1}{2}\right]$

153 **TEST** Se $\log_2 10 = a$, allora $\log_{10} 2$ vale:

- A $2a$.
- B $\dfrac{a}{2}$.
- C $5a$.
- D $\dfrac{a}{5}$.
- E $\dfrac{1}{a}$.

(*Kangourou Italia, Categoria Student*, 2001)

154 **YOU & MATHS** Given that $\log_b(2) \simeq 0.5093$, $\log_b(3) \simeq 0.8072$, and $\log_b(5) \simeq 1.1826$, find approximate for the following:

a. $\log_b(15)$;   b. $\log_b\left(\dfrac{2}{3}\right)$;   c. $\log_b\left(\dfrac{6}{5}\right)$;   d. $\log_b(9)$;   e. $\log_b(45)$;   f. $\log_b(200)$.

(USA *Tacoma Community College*, Math 115 Worksheets 2003)

[a) 1.9898; b) -0.2979; c) 0.1339; d) 1.6144; e) 2.797; f) 3.8931]

EUREKA! Dimostra le seguenti uguaglianze nell'ipotesi in cui esistano i logaritmi.

155 a. $\log_{a^2} b^2 = \log_a b$ b. $\log_{\sqrt{a}} \sqrt{b} = \log_a b$

156 a. $\log_a b = -\log_{\frac{1}{a}} b$ b. $\log_a b \cdot \log_b c \cdot \log_c a = 1$

157 a. $a^{\log_b c} = c^{\log_b a}$ b. $\log_{a^2}(a\sqrt{a}) = \log_a \sqrt[4]{a^3}$

---

3 Funzione logaritmica

▶ Teoria a p. 610

158 Traccia per punti il grafico della funzione $y = \log_{\frac{3}{2}} x$, assegnando a x i seguenti valori.

| $\dfrac{8}{27}$ | $\dfrac{2}{3}$ | 1 | $\dfrac{9}{4}$ | $\dfrac{81}{16}$ |

Per ogni funzione indica se è crescente o decrescente e individua il punto in cui si annulla.

159 $y = \log_{0,6} x$ [(1; 0)]

160 $y = \log_5(x-2)$ [(3; 0)]

161 $y = \log_{\frac{1}{3}}(x+4)$ [$(-3; 0)$]

162 $y = \log_{3,7}(x-1)$ [(2; 0)]

Paragrafo 3. Funzione logaritmica

Traccia per punti i grafici delle seguenti funzioni logaritmiche nello stesso piano cartesiano e confrontali.

163 $y = \log_3 x$; $\qquad y = \log_7 x$.

164 $y = \log_{0,2} x$; $\qquad y = \log_{0,5} x$.

165 $y = \log_4 x$; $\qquad y = \log_{\frac{1}{4}} x$.

166 $y = \log x$; $\qquad y = \ln x$.

---

167 Indica quali equazioni definiscono una funzione logaritmica e quali no, motivando la risposta.

$y = \log_4 x^{-1}$, $\quad y = \log_4(-x)$, $\quad y = \log_{-4} x$, $\quad y = \log_1 x$, $\quad y = \log_{-1} x$, $\quad y = \log_{\frac{1}{3}}(x-1)$.

VERO O FALSO?

168
a. $y = \log_{2\sqrt{2}} x$ è una funzione crescente in $\mathbb{R}$. V F
b. $y = \log_{\sqrt{2}} x$ è positiva per $x > 1$. V F
c. La funzione $y = \log_{\frac{5}{6}} x$ è decrescente. V F
d. La funzione $y = \log_{\frac{1}{a}} x$ esiste per $a > 0$ e $a \neq 1$ ed è crescente per $a < 1$. V F

169
a. Le funzioni $y = \log x^4$ e $y = 4 \log x$ sono identiche. V F
b. Le due equazioni $y = \ln(x^2 - 1)$ e $y = \ln(x-1) + \ln(x+1)$ rappresentano la stessa funzione. V F
c. La funzione $y = \log_2 x - 1$ ha come funzione inversa $y = 2^{x+1}$. V F
d. Le funzioni $y = 2x$ e $y = 3^{\log_3 2x}$ hanno lo stesso grafico. V F
e. La funzione $y = \log_2 x^2$ ha come dominio l'insieme dei numeri reali. V F

170 **AL VOLO** Quale delle seguenti funzioni cresce più rapidamente? Motiva la risposta.

a. $y = \log_4 x$ $\qquad$ b. $y = \log_{\sqrt{3}} x$

LEGGI IL GRAFICO Nelle figure sono disegnati i grafici di funzioni logaritmiche del tipo $y = \log_a x$. Scrivi le equazioni corrispondenti.

171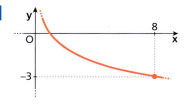

172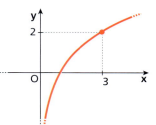

173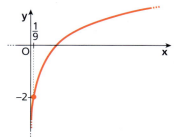

174 Senza utilizzare la calcolatrice indica, fra i seguenti numeri, quali sono positivi e quali negativi.

$\log_3 9$; $\qquad \log_{\frac{1}{2}} 9$; $\qquad \log_4 \frac{1}{3}$; $\qquad \log 2$; $\qquad \ln 0{,}5$; $\qquad \log(2 - \sqrt{2})$.

175 **TEST** Solo uno dei seguenti logaritmi esiste ed è positivo. Quale?

A $\log_4(-4)$

B $\log_{\frac{1}{3}} 2$

C $\log_{\frac{1}{2}} \frac{1}{6}$

D $\log_3 \frac{1}{4}$

E $\log_1 4$

627

Capitolo 11. Logaritmi

Determina il segno dei seguenti logaritmi, senza calcolare il loro valore, ma servendoti eventualmente del grafico.

176 $\log_2 6$; $\quad\quad \log_3 \frac{1}{5}$; $\quad\quad \log_4 18$; $\quad\quad \log_5 \frac{3}{2}$.

177 $\log_{\frac{1}{2}} 4$; $\quad\quad \log_{\frac{1}{2}} \frac{4}{3}$; $\quad\quad \log_{\frac{1}{2}} \frac{2}{5}$; $\quad\quad \log_2 \sqrt{3}$.

178 $\log_{\frac{2}{3}} 5$; $\quad\quad \log_{2,5} 4$; $\quad\quad \log_{0,5} \frac{1}{10}$; $\quad\quad \ln 3$.

179 Traccia il grafico di $y = \log_5 x$ e deduci il grafico di $y = 5^x$.

180 Traccia il grafico di $y = \left(\frac{1}{4}\right)^x$ e deduci il grafico di $y = \log_{\frac{1}{4}} x$.

Trasformazioni geometriche e grafico della funzione logaritmo

Scrivi le equazioni delle funzioni ottenute da quelle assegnate applicando la trasformazione indicata e traccia i loro grafici.

181 $y = \ln x$ $\quad\quad$ traslazione di vettore $\vec{v}(-1; 2)$ $\quad\quad$ $[y = \ln(x+1) + 2]$

182 $y = \log x$ $\quad\quad$ simmetria rispetto all'origine $\quad\quad$ $[y = -\log(-x)]$

183 $y = \log_{\frac{1}{2}} x$ $\quad\quad$ simmetria rispetto all'asse x $\quad\quad$ $[y = -\log_{\frac{1}{2}} x]$

184 $y = \log_{\frac{1}{3}} x$ $\quad\quad$ simmetria rispetto all'asse y $\quad\quad$ $[y = \log_{\frac{1}{3}}(-x)]$

---

185 **YOU & MATHS** Draw the graphs of these functions in a single Cartesian coordinate system.

$y = \log_2 x$,
$y = \log_2(x+1)$,
$y = \log_2 x + 1$.

186 **TEST** Quale funzione è rappresentata nella figura?

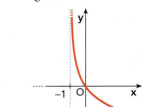

- A $y = \ln(x+1)$
- B $y = \log_{0,5}(x+1)$
- C $y = \log_{0,5}(x-1)$
- D $y = \ln(x-1)$
- E $y = 1 - \log_{0,5} x$

Disegna il grafico delle seguenti funzioni utilizzando le trasformazioni geometriche.

187 $y = \ln(x-1)$; $\quad\quad y = \log_2 x + 4$. $\quad\quad$ **193** $y = |\log_2(x-4)|$; $\quad\quad y = 1 - \log_{\frac{1}{2}}|x|$.

188 $y = \log(x-2) - 3$; $\quad\quad y = \log_3(x+3)$. $\quad\quad$ **194** $y = -\log_3(1-x)$; $\quad\quad y = -\ln(-x) + 4$.

189 $y = \ln(-x)$; $\quad\quad y = -\ln x$. $\quad\quad$ **195** $y = \left|\log_{\frac{1}{4}} x\right|$; $\quad\quad y = |\log_2 x|$.

190 $y = 2 + \ln x$; $\quad\quad y = -\log x - 2$. $\quad\quad$ **196** $y = -|\ln x|$; $\quad\quad y = -\ln|x|$.

191 $y = 4 - \log_2(-x)$; $\quad\quad y = \ln x + 3$. $\quad\quad$ **197** $y = -\ln(-x)$; $\quad\quad y = \ln \frac{x}{2}$.

192 $y = \log_2|x| + 2$; $\quad\quad y = |1 - \log_2 x|$. $\quad\quad$ **198** $y = \frac{\ln x}{3}$; $\quad\quad y = 2\ln x$.

Paragrafo 3. Funzione logaritmica

199 $y = \ln 4x$; $\qquad y = \dfrac{\ln x}{4}$. $\qquad$ **201** $y = |\log |x||$; $\qquad y = -\ln \dfrac{1}{x} + 1$.

200 $y = -3\ln x$; $\qquad y = \dfrac{1}{2}\ln(-x)$. $\qquad$ **202** $y = \dfrac{\ln x}{|\ln x|} + 2\ln x$; $\qquad y = -\log_{\frac{1}{3}} x + 4$.

---

203 Applica alla funzione $y = \log_2 x$ la simmetria rispetto all'asse x e al risultato la simmetria rispetto alla retta $x = 1$. Scrivi l'espressione analitica della funzione ottenuta e disegna il suo grafico. $\qquad [y = -\log_2(2-x)]$

204 Data la funzione $y = \log_3 x$, applica di seguito la traslazione di vettore $\vec{v}(-2; 4)$ e la simmetria rispetto all'asse y. Rappresenta il grafico della funzione ottenuta ed esprimila analiticamente. $\qquad [y = \log(-x+2) + 4]$

205 Data la funzione $y = a^x - 2$, determina a sapendo che il punto $P(2; 7)$ appartiene al suo grafico e rappresentala graficamente. Disegna poi il grafico simmetrico rispetto alla bisettrice del primo e terzo quadrante e determina l'espressione analitica della funzione corrispondente. $\qquad [a = 3; \; y = \log_3(x+2)]$

---

206 Data la funzione f di equazione $y = \log_{\frac{1}{2}} x$, determina l'equazione della sua trasformata f' che si ottiene mediante la dilatazione di equazioni:
$$\begin{cases} x' = \dfrac{1}{2}x \\ y' = 4y \end{cases}$$
Disegna il grafico di f'. $\qquad \left[y = \log_{\frac{1}{2}} 16x^4\right]$

207 Disegna il grafico della funzione f di equazione $y = -\ln x$. Trasforma poi f mediante la dilatazione di equazioni:
$$\begin{cases} x' = 4x \\ y' = 2y \end{cases}.$$
Disegna la funzione f' ottenuta e trova i punti di intersezione del grafico di f' con gli assi. $\qquad \left[y = -2\ln \dfrac{x}{4}; (4; 0)\right]$

Determina la funzione inversa della funzione data e disegna i due grafici.

208 $y = \log(x+1)$ $\qquad$ **209** $y = \log_2 x - 1$ $\qquad$ **210** $y = 3^x + 2$
$\qquad [y = 10^x - 1]$ $\qquad\qquad [y = 2^{x+1}]$ $\qquad\qquad [y = \log_3(x-2)]$

---

211 **YOU & MATHS** Let $f(x) = \ln(x+3)$. Find $f^{-1}(x)$.

(USA *Southern Illinois University Carbondale,* Final Exam, Spring 2001)
$\qquad [y = e^x - 3]$

Dominio di funzioni logaritmiche

212 **ASSOCIA** ogni funzione al suo dominio.

   a. $y = \log_2 x - 2$ **b.** $y = \log_3 x^2 + 1$ **c.** $y = \log(x-1)$ **d.** $y = \log_2(x^2+1)$

   1. $D: x > 0$ **2.** $D: \mathbb{R}$ **3.** $D: x \neq 0$ **4.** $D: x > 1$

---

213 **ESERCIZIO GUIDA** Determiniamo il dominio di $y = \log \dfrac{x+3}{x-1}$.

L'argomento del logaritmo deve essere positivo e il denominatore della frazione deve essere diverso da 0:

$\dfrac{x+3}{x-1} > 0$.

Numeratore: $x + 3 > 0 \;\to\; x > -3$.

Denominatore: $x - 1 > 0 \;\to\; x > 1$.

Compiliamo il quadro dei segni.

Deduciamo

$\quad D: x < -3 \lor x > 1$.

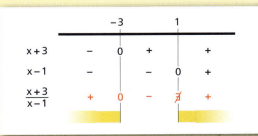

Capitolo 11. Logaritmi

ESERCIZI

Determina il dominio delle seguenti funzioni.

214 $y = \ln \dfrac{x^2 - 1}{x^2 + 4}$ $\qquad [x < -1 \vee x > 1]$

215 $y = \log_2 \dfrac{x - 3}{x + 2}$ $\qquad [x < -2 \vee x > 3]$

216 $y = \log(x + 1)^2$ $\qquad [x \neq -1]$

217 $y = \log(x + 5) + \log(3 - x)$ $\qquad [-5 < x < 3]$

218 $y = \ln |x^2 - 1|$ $\qquad [x \neq \pm 1]$

219 $y = \ln(3 - |x|)$ $\qquad [-3 < x < 3]$

220 $y = \ln(x^2 - 4x) + 4$ $\qquad [x < 0 \vee x > 4]$

221 $y = \log(4^x - 2) + \log(2^x - 1)$ $\qquad \left[x > \dfrac{1}{2}\right]$

222 $y = \ln \dfrac{x - 3}{1 - x^2}$ $\qquad [x < -1 \vee 1 < x < 3]$

223 $y = \log_3(3x^2 + 2x - 1)$ $\qquad \left[x < -1 \vee x > \dfrac{1}{3}\right]$

224 $y = \ln \dfrac{x}{\sqrt{x^2}}$ $\qquad [x > 0]$

225 $y = \log(x^3 - 1)$ $\qquad [x > 1]$

226 $y = \sqrt{\log \dfrac{x}{x - 3}}$ $\qquad [x > 3]$

227 $y = \dfrac{x}{\log(x + 1)}$ $\qquad [x > -1 \wedge x \neq 0]$

228 $y = \dfrac{5}{\log(x^2 + 1) - 1}$ $\qquad [x \neq \pm 3]$

229 $y = \dfrac{\ln(x - \sqrt{x^2 - x})}{\ln(x - 3)}$ $\qquad [x > 3 \wedge x \neq 4]$

230 $y = \log_3 \log_2 x$ $\qquad [x > 1]$

231 $y = \dfrac{1}{\log_2 \log_3(x - 1)}$ $\qquad [x > 2 \wedge x \neq 4]$

232 $y = \log \dfrac{x}{\sqrt{x - 2}}$ $\qquad [x > 2]$

233 $y = \log \dfrac{2x^2 + 3x - 2}{x^2 - 2x + 3}$ $\qquad \left[x < -2 \vee x > \dfrac{1}{2}\right]$

234 $y = \log_2 \dfrac{x^2 - 4x}{1 - x}$ $\qquad [x < 0 \vee 1 < x < 4]$

235 $y = \log_3 x + \log_3(4 - x^2)$ $\qquad [0 < x < 2]$

236 $y = \dfrac{\log(x^3 + 3x^2)}{x + 1}$ $\qquad [x > -3 \wedge x \neq -1 \wedge x \neq 0]$

237 $y = \log \dfrac{x}{x + 5} + \log(x^2 - 9)$ $\qquad [x < -5 \vee x > 3]$

Rappresenta graficamente le seguenti funzioni, indicando per ciascuna il dominio e il codominio.

238 $y = 2 + \log_2(x - 1)$ $\qquad [x > 1; \forall y \in \mathbb{R}]$

239 $y = |1 - \ln x|$ $\qquad [x > 0; y \geq 0]$

240 $y = |\log_2(x + 2)|$ $\qquad [x > -2; y \geq 0]$

241 $y = |\ln x| + \ln x$ $\qquad [x > 0; y \geq 0]$

242 $y = \left|\log_3 \dfrac{1}{3x}\right| - 1$ $\qquad [x > 0; y \geq -1]$

243 $y = -\log(|x| - 2)$ $\qquad [x < -2 \wedge x > 2; \forall y \in \mathbb{R}]$

244 $y = \sqrt{\ln x + 1}$ $\qquad \left[x \geq \dfrac{1}{e}; y \geq 0\right]$

245 $y = \dfrac{\ln |x|}{|\ln x|} + \ln x$ $\qquad [x > 0 \wedge x \neq 1; y < -1 \vee y > 1]$

----

246 **RIFLETTI SULLA TEORIA** Spiega perché $y = \log x^4$ e $y = 4 \log x$ non sono funzioni uguali e spiega perché invece $y = \log x^4$ e $y = 2 \log x^2$ sono uguali.

247 Dimostra che i grafici delle seguenti funzioni sono identici per $x > 4$:

$$y = \log_2 2x - \log_2(x - 4);$$

$$y = 1 + \log_2 \dfrac{x}{x - 4}.$$

630

Paragrafo 3. Funzione logaritmica

Grafico delle funzioni del tipo $y = \ln f(x)$

LEGGI IL GRAFICO Utilizzando i grafici delle funzioni $y = f(x)$ delle figure, disegna quello di $y = \ln f(x)$.

248
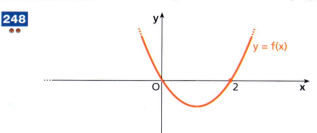
a
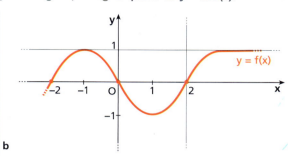
b

249
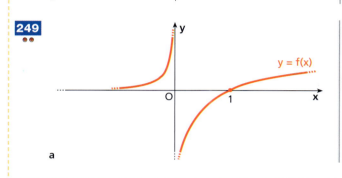
a
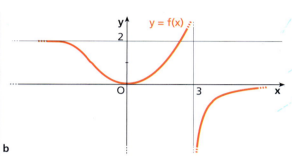
b

Disegna il grafico della funzione $f(x)$ e poi quello di $y = \ln f(x)$.

250 $f(x) = 2|x| + 1$

251 $f(x) = x^2 - 4$

252 $f(x) = \sqrt{x} - 1$

253 $f(x) = \dfrac{x-1}{2x}$

254 $f(x) = \sqrt{1 - x^2}$

255 $f(x) = \left|\dfrac{x}{x-1}\right|$

Traccia i grafici delle seguenti funzioni.

256 $y = \ln(2x - x^2)$

257 $y = \ln \dfrac{2x - 1}{x}$

258 $y = \ln \dfrac{x}{|x - 4|}$

259 $y = \ln \dfrac{1}{|x - 2|}$

260 $y = \ln(-1 + \sqrt{1 - x})$

261 $y = \ln[(x - 1)(x - 5)]$

MATEMATICA AL COMPUTER

I logaritmi Con Wiris tracciamo i grafici di $f(x) = \dfrac{x^2 - x - 2}{4}$ e di $g(x) = \log_2 f(x)$, per mostrare come l'andamento del logaritmo di una funzione possa essere ricavato da quello della funzione stessa.

Risoluzione – 8 esercizi in più

Allenati con **15 esercizi interattivi** con feedback "hai sbagliato, perché..."
su.zanichelli.it/tutor3 risorsa riservata a chi ha acquistato l'edizione con tutor

631

Capitolo 11. Logaritmi

4 Equazioni logaritmiche

▶ Teoria a p. 612

TEST

262 Le seguenti equazioni sono tutte equazioni logaritmiche tranne una. Quale?

- A $3x + 1 = \log 4x$
- B $3 \cdot \log_2 x = 17$
- C $\log_3(x^2 + 1) = x^2 + 1$
- D $\log_2 5 = x + \dfrac{3}{\log_5 x}$
- E $\log 2^x = 2$

263 La condizione di esistenza dell'equazione $\log^2 x - 4 = 0$ è:

- A $x \geq 4$.
- B $x > 4$.
- C $x < -2 \vee x > 2$.
- D $x > 2$.
- E $x > 0$.

Scrivi le condizioni di esistenza per ciascuna delle seguenti equazioni.

264 $2\log x - \log(1-x) = 1$ $[0 < x < 1]$

265 $\log(x-4)^2 = \log x^2$ $[x \neq 0 \wedge x \neq 4]$

266 $\dfrac{1}{\log x} = 3$ $[x > 0 \wedge x \neq 1]$

267 $\log_2(x^2 + 9) - \log x - 1 = 0$ $[x > 0]$

268 $\log \dfrac{x^2 - 4}{2x} = -1$ $[-2 < x < 0 \vee x > 2]$

269 $\sqrt{\log x} = 2$ $[x \geq 1]$

---

270 **ASSOCIA** a ciascuna equazione a sinistra un'equazione equivalente, fra quelle scritte a destra.

- a. $\log(x-1) + \log(x+1) = 1$
- b. $\log[(x+1)(x-1)] = \log 10$
- c. $3\log[(1-x)(1+x)] = 3$
- d. $\log(1-x) + \log(x+1) = 0$

1. $\log(x^2 - 1) = 1$
2. $\log(1 - x^2) = 1$
3. $\log(x-1) = \log 10 - \log(1+x)$
4. $\log(x+1) = \log(1-x)^{-1}$

Utilizziamo la definizione di logaritmo

271 **ESERCIZIO GUIDA** Risolviamo $\log_3(x+8) = 2$.

- Condizioni di esistenza: $x + 8 > 0 \rightarrow x > -8$.
- Risolviamo l'equazione applicando la definizione di logaritmo.

  $x + 8 = 3^2 \rightarrow x + 8 = 9 \rightarrow x = 1$ accettabile perché maggiore di -8

Risolvi le seguenti equazioni.

AL VOLO

272 $\log_5 x = -2$

273 $\log_4 x = \dfrac{1}{2}$

274 $\log_2(x - 4) = 0$ $[5]$

275 $-\log(x + 102) + 2 = 0$ $[-2]$

276 $\log(x^2 - 3) = 0$ $[\pm 2]$

277 $\log_2\left(\dfrac{5}{4}x - 1\right) = -2$ $[1]$

278 $\log_3(x^2 + 2x) = 1$ $[-3; 1]$

279 $3 - \log_2(x^2 - 2x) = 0$ $[-2; 4]$

280 $\log_{\frac{1}{2}}(x^2 - 8) = -3$ $[\pm 4]$

281 $\log \dfrac{x - 9}{4x} = 0$ $[-3]$

282 $\log_2 \dfrac{2x}{x + 3} = -1$ $[1]$

632

Paragrafo 4. Equazioni logaritmiche

283 $\log_{x^2}(-2x+8) = 1$ $[-4; 2]$

284 $\log_2(\sqrt{5-x^2} - x) = 0$ $[1]$

285 $\log_2||x^2 - 3| - 1| = 1$ $[0; \pm\sqrt{6}]$

286 $\ln(x-2) = 1$ $[e+2]$

287 $\log_4(3x - 20) = 3$ $[28]$

288 $\log_{\frac{1}{3}}(2x - 3) = -2$ $[6]$

289 $3\log_8(4x - 7) = -2$ $\left[\dfrac{29}{16}\right]$

290 $4\log_{16} x = \log_5 \dfrac{1}{125}$ $\left[\dfrac{1}{8}\right]$

291 $\log_7(\sqrt{2x+1} - 1) = 0$ $\left[\dfrac{3}{2}\right]$

292 $\dfrac{2}{3}\log_4(2x - 3) = \log_8 2$ $\left[\dfrac{5}{2}\right]$

---

293 **Volume al massimo** Il livello acustico L percepito viene espresso per convenzione in decibel (dB) e si ricava dalla formula:

$$L = 10\log\dfrac{I}{I_0},$$

dove I è l'intensità sonora che dipende da proprietà fisiche dell'onda sonora, e $I_0 = 10^{-12}$ W/m² è il più piccolo valore di intensità udibile.

discoteca: L = 100 dB

a. Calcola l'intensità sonora I in discoteca.

b. Calcola a quanti decibel corrisponde il valore di intensità sonora che provoca dolore, sapendo che è mille miliardi di volte più intenso di I_0.

[a) 10^{-2} W/m²; b) 120 dB]

I due membri si possono scrivere come logaritmi di ugual base

294 **ESERCIZIO GUIDA** Risolviamo l'equazione:

$$\log_2(x-2) - \log_2(8-x) = \log_2 x - 3.$$

- Condizioni di esistenza:

$$\begin{cases} x - 2 > 0 \\ 8 - x > 0 \\ x > 0 \end{cases} \rightarrow \begin{cases} x > 2 \\ x < 8 \\ x > 0 \end{cases} \rightarrow 2 < x < 8$$

- Risolviamo l'equazione.
Al secondo membro, poiché per la definizione di logaritmo è $\log_a a = 1$, possiamo scrivere:

$$3 = 3 \cdot 1 = 3\log_2 2 = \log_2 2^3 = \log_2 8.$$

Sostituiamo questo risultato nell'equazione data e applichiamo le proprietà dei logaritmi.

$\log_2(x-2) - \log_2(8-x) = \log_2 x - \log_2 8$

$\log_2 \dfrac{x-2}{8-x} = \log_2 \dfrac{x}{8}$ ⟩ uguagliamo gli argomenti

$\dfrac{x-2}{8-x} = \dfrac{x}{8}$ ⟩ trasformiamo in equazione intera ricordando che $2 < x < 8$

$8(x-2) = x(8-x)$

$x^2 - 16 = 0 \begin{cases} x_1 = 4 \\ x_2 = -4 \quad \text{non accettabile} \end{cases}$

- La soluzione dell'equazione è: $x = 4$.

Risolvi le seguenti equazioni.

295 $\log_5 x + \log_5 3 = \log_5 6$ $[2]$

296 $\log_2(x+1) = 2\log_2 3$ $[8]$

297 $\log_2 x - \log_2 7 = \log_2(x-1)$ $\left[\dfrac{7}{6}\right]$

298 $\log x - 2\log 3 = \log(x-1)$ $\left[\dfrac{9}{8}\right]$

299 $\log x - \log(x+1) = \log 2 - \log 5$ $\left[\dfrac{2}{3}\right]$

300 $\log(x-1) + \log(x-3) = \log 8$ $[5]$

301 $\log_2 x + \log_2(x-1) = 2\log_2 x$ [impossibile]

302 $\log(3x-1) + \log(x-2) = \log 22$ $[4]$

303 $\log_2(x-2) - \log_2 x = \log_2 x$ [impossibile]

304 $\log_5(x^2+1) = \log_5 2 + \log_5(x^2-4)$ $[3; -3]$

305 $\log_3(x-2) + \log_3 x = 2\log_3 x$ [impossibile]

306 $\log_5(x+1) + \log_5 4 = \log_5 6x$ $[2]$

Capitolo 11. Logaritmi

307 $\log_7(x-3) = \log_7(x^2-3x)$ [impossibile]

308 $\log_{\frac{1}{2}}(x^2-4x) + \log_2 2x - 1 = 0$ [5]

309 $\frac{1}{3}\log(9x+8-x^3) = \log(2-x)$ [0]

310 $\frac{1}{2}\log_2(2x-7) = 2 + \frac{1}{2}\log_2 x$ [impossibile]

311 $\frac{1}{2}\log(1-8x) = \log(1-\sqrt{2x})$ $\left[0; \frac{2}{25}\right]$

312 $\log_3|2x-1| - \log_3 x = 0$ $\left[\frac{1}{3}; 1\right]$

313 $-2\log_4\sqrt{6x} + \log_4(x^2-16) = 0$ [8]

314 $\log(x-1) - \log(x+1) = \log(x-3) - \log(x-2)$ [5]

315 $\log_3(2x+7) = 2 + \log_3 x$ [1]

316 $2\log_2\sqrt{x-2} + \log_2 x = 3$ [4]

317 $\log(2x+1) - \log(x-1) = \log(x+4) - \log 2$ [3]

318 $1 + \log_3(x-2) + \log_3(x+2) = \log_3 5 + \log_3 x$ [3]

319 $\log_2(x^2+1) = 1 - \log_{\frac{1}{2}} x$ [1]

320 $\log(2x^2+5x-3) - \log(x+3) = \log(4-x)$ $\left[\frac{5}{3}\right]$

321 $\log(10-x^2) - \log 8 = 2\log\frac{x}{5} - 2\log\frac{\sqrt{2}}{5}$ $[\sqrt{2}]$

322 $\log_2(x^2+2x+8) = 2 + \log_2(x+2)$ [0; 2]

323 $\log_2 x + \log_2(x-1) = \log_2 3x$ [4]

324 $\log_4(x^2+2) - \log_4(x^2-1) = \log_4 5 - \log_4(x+1)$ [impossibile]

325 $\log_2(x^2-4) + 2\log_2 x = 1 + \log_2(5x^2+16)$ [4]

326 $\log_2(x^2+1) = 1 + \frac{2}{3}\log_2 x + \log_8 x$ [1]

327 **TEST** L'equazione $\log_x 4 + \log_4 x = -2$ è:

A verificata per $x = 1$. C verificata per $x = 4$. E verificata per $x = \frac{1}{4}$.

B impossibile. D verificata per $x = -4$.

Usiamo un'incognita ausiliaria

328 **ESERCIZIO GUIDA** Risolviamo $2(\log_2 x)^2 + 5\log_2 x - 3 = 0$.

C.E.: $x > 0$.

Poniamo $\log_2 x = t$ e sostituiamo nell'equazione:

$2t^2 + 5t - 3 = 0 \;\rightarrow\; t = \dfrac{-5 \pm \sqrt{25+24}}{4} = \dfrac{-5 \pm 7}{4} \;\begin{cases} t_1 = \dfrac{1}{2}, \\ t_2 = -3. \end{cases}$

Dai due valori di t, tenendo conto dell'assegnazione, otteniamo le soluzioni dell'equazione iniziale:

$\log_2 x = -3 \quad \rightarrow \quad x_1 = \dfrac{1}{8}, \qquad \log_2 x = \dfrac{1}{2} \quad \rightarrow \quad x_2 = \sqrt{2}.$

Riepilogo: Equazioni logaritmiche

Risolvi le seguenti equazioni.

329 $3\log^2 x - 2\log x = 0$ $\quad [1; \sqrt[3]{100}]$

330 $(\log_4 x)^2 + 3\log_4 x = 4$ $\quad \left[4; \dfrac{1}{256}\right]$

331 $\log_3 x(3\log_3 x - 4) + 1 = 0$ $\quad [\sqrt[3]{3}; 3]$

332 $2(\log_2 x)^2 - 9\log_2 x + 4 = 0$ $\quad [\sqrt{2}; 16]$

333 $4(\log_2 x)^2 + 2\log_2 x - 2 = 0$ $\quad \left[\dfrac{1}{2}; \sqrt{2}\right]$

334 $2\ln x + \ln^2 x = 0$ $\quad [1; e^{-2}]$

335 $3 - \log x = \dfrac{2}{\log x}$ $\quad [10; 100]$

336 $1 - \ln^2 x = 0$ $\quad \left[e; \dfrac{1}{e}\right]$

337 $\dfrac{3}{\log x - 2} + \log x + 2 = 0$ $\quad \left[\dfrac{1}{10}; 10\right]$

338 $\log x - \dfrac{1}{2} = \log \sqrt{x}$ $\quad [10]$

339 $\log_2 x^2 + (\log_2 x)^2 = 0$ $\quad \left[1; \dfrac{1}{4}\right]$

340 $(\log_2 x^2)^2 + 4\log_2 \sqrt{x} - 2 = 0$ $\quad \left[\dfrac{1}{2}; \sqrt{2}\right]$

341 $2 = \log_3 x - 8\log_x 3$ $\quad \left[\dfrac{1}{9}; 81\right]$

342 $(\log_2 x)^3 + 6(\log_2 x)^2 - 16\log_2 x = 0$ $\quad \left[\dfrac{1}{256}; 1; 4\right]$

343 $[\log_3(x-1)]^2 = 2 + 2\log_9(x-1)$ $\quad \left[\dfrac{4}{3}; 10\right]$

344 $\log_3 \sqrt{x}(\log_3 x + 1) - 2\log_3 x = 2$ $\quad \left[\dfrac{1}{3}; 81\right]$

345 $(\log_2 x^2)^2 + 9\log_2 x + 2 = 0$ $\quad \left[\dfrac{1}{4}; \dfrac{1}{\sqrt[4]{2}}\right]$

346 $3 = \dfrac{14}{\log_5 x + 2} + \dfrac{4}{\log_5 x - 1}$ $\quad [1; 5^5]$

Riepilogo: Equazioni logaritmiche

347 **TEST** Le equazioni $\log \sqrt{x} = 1$ e $\dfrac{1}{2}\log x = 1$ sono equivalenti?

A Sì.
B Solo se $x \geq 0$.
C Sì, $\forall x \in \mathbb{R}$.
D Solo per $x < 0$.
E No.

348 **ASSOCIA** a ciascuna equazione a sinistra le sue soluzioni scritte a destra.

a. $\log_x 9 = 2$ 1. $x = \pm 3$
b. $\log(x^2 + 1) = 1$ 2. $x = 3$
c. $\log_2 \dfrac{1}{8} = x$ 3. $x = -3$
d. $\log(-1000) = x$ 4. impossibile

349 **TEST** L'equazione $\log x = 2\log 2x$ è verificata per:

A $x = 0$.   B $x = \dfrac{1}{4}$.   C $x = \dfrac{1}{2} \vee x = 0$.   D $x = \dfrac{1}{4} \vee x = 0$.   E $x = \dfrac{1}{2}$.

Risolvi le seguenti equazioni.

350 **AL VOLO** $\log_2 x = -5$

351 $\log(x-2) + \log 5 = \log x$ $\quad \left[\dfrac{5}{2}\right]$

352 $5\log^2 x - \log x = 0$ $\quad [1; \sqrt[5]{10}]$

353 $\ln^2 x - 9 = 0$ $\quad [e^{-3}; e^3]$

354 **AL VOLO** $\log_x 3 = \dfrac{1}{3}$

355 $\ln \dfrac{x-4}{2x+1} = 0$ $\quad [-5]$

356 $\log x - \dfrac{1}{2} = \log \sqrt{x}$ $\quad [10]$

357 $\log_3(x+1) + 2\log_9(x+1) = \log_3 9$ $\quad [2]$

358 $\log(x-3) + \log(x+1) = \log(4x-3)$ $\quad [6]$

359 $\log(x+1) + \log(x+2) = \log 2$ $\quad [0]$

635

Capitolo 11. Logaritmi

360 $\log(x^2 - x - 6) - \log(x - 3) = 0$ [impossibile]

361 $\log 21 - \log(x + 5) - \log(23 - x) = -\log 7$ [2; 16]

362 $\log_3(x + 1) = \log_3(x^2 + 9) - 2$ [0; 9]

363 $\log(5 + x) = \dfrac{3}{2}\log 2 + \dfrac{1}{2}\log(x + 3)$ [−1]

364 $\log_3(x^2 + 3x - 3) - 1 = \log_3(x + 2) + \log_3(x - 2)$ [3]

365 $\log_2(2x + 6) - \log_4(x - 1) = 3$ [5]

366 $\log_5(x^2 + 6x - 2) = 1 + \log_5(x + 2)$ [3]

367 $\log(x - 1) - 2 \cdot \log(x + 1) - \log 8 = -2$ $\left[\dfrac{3}{2}; 9\right]$

368 $\log 2 + \dfrac{1}{2}\log(x^2 + 5) = \log(x^2 + 2)$ [−2; 2]

369 $4\log(3 - 2x) - \log(4 - x^2) = \log(3 - 2x)^3$ $[1 - \sqrt{2}]$

370 $2\log_2\left(\dfrac{3}{2}x - \dfrac{2}{3}\right) = \log_2(x^2 - 5) - 2$ [impossibile]

---

371 $\log_2(x - 2) + 3 = \log_2 \dfrac{3}{5} + \dfrac{2}{3}\log_2 64$ $\left[\dfrac{16}{5}\right]$

372 $\dfrac{\log(x^2 + 2x - 8)}{\log(x + 12)} = 1$ [−5; 4]

373 $1 - \dfrac{2}{\log_3 x + 2} = 3\log_{\frac{1}{3}} x$ $\left[\dfrac{\sqrt[3]{9}}{27}; 1\right]$

374 $\dfrac{1}{5}\log_5(x + 1) - \log_{x+1} 5 = \dfrac{4}{5}$ $\left[-\dfrac{4}{5}; 3124\right]$

375 $\dfrac{5}{4}\log_4 x + \log_{16}\sqrt[4]{x} = \dfrac{11}{16}$ [2]

376 $2\log_2 x = 2 + \log_2(x + 3)$ [6]

377 $\log_5 x + \log_5(\sqrt{5}x - 4) = \dfrac{1}{2}$ $[\sqrt{5}]$

378 $\log(x + 1) - \log(\sqrt{x + 1}) = 2$ [9999]

379 $\ln x \cdot \ln x^2 + \ln x^3 - 2 = 0$ $\left[\dfrac{1}{e^2}; \sqrt{e}\right]$

380 $|\log_2 \sqrt{x + 1} - 1| = 2$ $\left[-\dfrac{3}{4}; 63\right]$

381 $\dfrac{\log_2(2x + 3)}{\log_2 x} = \dfrac{\log_2 4x^2}{\log_2 x} - 1$ $\left[\dfrac{3}{2}\right]$

382 $\sqrt{\log_2 x} - 8\log_2 \sqrt{x} = 0$ $[1; \sqrt[16]{2}]$

383 $\log_2 \log_3(x - 5) = 2$ [86]

384 $6\left(\log_3 x - \log_{\frac{1}{3}} x\right) + \log_3 \dfrac{1}{x} = 5$ $[\sqrt[11]{3^5}]$

385 $\log_3|2x^2 + x| + \log_3 \dfrac{1}{5} = 1$ $\left[-3; \dfrac{5}{2}\right]$

386 $2(\log_2 x)^2 + \log_2 x^5 - 3 = 0$ $\left[\dfrac{1}{8}; \sqrt{2}\right]$

387 $\log_2^2 x^2 + \log_2 x = 7(1 - \log_2 x) - 2$ $\left[\dfrac{\sqrt{2}}{8}; \sqrt{2}\right]$

388 $\sqrt{\log_{\frac{1}{2}} x + 5} - \sqrt{\log_2 x - 1} = 2$ [2]

389 $\log_2^3 x - \dfrac{1}{2}\log_2^2 x^2 - 4\log_2 x^2 = 0$ $\left[\dfrac{1}{4}; 1; 16\right]$

390 $\dfrac{3\log_2 x - 1}{2\log_2 x + 8} = \dfrac{13}{40} + \dfrac{2\log_2 x - 3}{\log_2 x^4 + 4}$ $\left[2; 2^{\frac{16}{9}}\right]$

391 $\dfrac{\log_2 x}{\log_2 x + 3} + \dfrac{6}{\log_2 x - 3} + \dfrac{72}{9 - \log_2^2 x} = 0$ $\left[\dfrac{1}{512}; 64\right]$

392 $\dfrac{3}{\ln x} + \dfrac{\ln x}{\ln x + 1} = 2 + \dfrac{1}{\ln x}$ $[e^{\sqrt{2}}; e^{-\sqrt{2}}]$

Riepilogo: Equazioni logaritmiche

393 $\sqrt{\log_2^2 x + \log_2 x - 2} = \log_{\frac{1}{2}} x - 2$ $\left[\frac{1}{4}\right]$

394 $\log_{\frac{1}{4}}\left(-\frac{1}{3^{2-x}} + 3^x\right) = -1 + \log_{\frac{1}{4}}(2^{x-3} + 2^x)$ $[4]$

395 $\dfrac{2}{1 - \log_5 x^2} - \dfrac{\log_5 x}{\log_5 x + 3} = \dfrac{\log_5^2 x - 10 \log_5 x}{2\log_5^2 x + \log_5 x^5 - 3}$ $[5; 25]$

396 $\sqrt{10 + \log_3 x^2} = 5 - \sqrt{10 + 3\log_{\frac{1}{3}} x}$ $\left[\dfrac{1}{3^5}; 27\right]$

397 $3 + \log x^5 - 2\log^2 x = (\log x + 6)(\log x - 1)$ $[10^{\sqrt{3}}; 10^{-\sqrt{3}}]$

398 $\log(5x - 2) + \log(x + 3)^2 = \log 7 + \log(x + 3) + 2\log(5x - 2)$ $\left[\dfrac{1}{2}\right]$

---

399 $\log_3(2 + x)\log_2(x - 4) = 0$ $[5]$

400 $\dfrac{3\log_{\frac{1}{2}} x}{\log_2 x - 1} = -4$ $[16]$

401 $\log^2 x - 2\log x = -1$ $[10]$

402 $\log^2 x^2 + 4\log x = 0$ $\left[1; \dfrac{1}{10}\right]$

403 $-\log_{\frac{1}{3}} 6 + \log_3(x + 1) = \log_3(5x)$ [impossibile]

404 $1 + \dfrac{\log_2(x + 1)}{\log_2 x} = \dfrac{1}{\log_2 x}$ [impossibile]

405 $\dfrac{3}{\log_2 x - 1} + \dfrac{2}{\log_2 x + 1} = 2$ $\left[8; \dfrac{\sqrt{2}}{2}\right]$

406 $\log_3(2x - 1) = 2\log_9(3x + 6) - 2$ $[1]$

407 $\dfrac{3}{\log_2 x(1 + \log_2 x)} = 2 - \dfrac{3}{\log_2 x}$ $\left[\dfrac{1}{2\sqrt{2}}; 4\right]$

408 $\dfrac{\log_{\frac{1}{3}}(2x + 4) + \log_3 x + \log_3(x - 1)}{\log_3 \dfrac{x}{2}} = 0$ $[4]$

---

409 **TEST** Risolvi, ricavando il valore di x, l'equazione $\log_4 \sqrt{x^{\frac{4}{3}}} + 3\log_x(16x) = 7$.

A 16. **B** 27. **C** 64. **D** 81. **E** 343.

(USA *University of South Carolina: High School Math Contest*, 2001)

410 **YOU & MATHS** Find the value of x in $\log_2(x + 2) + \log_2(x - 2) = 5$.

(IR *Leaving Certificate Examination*, Higher Level, 1995)

$[x = 6]$

411 **EUREKA!** Risolvi l'equazione $(x - 1)^x = \left(\dfrac{x}{2}\right)^{2x}$. $[2]$

412 **TEST** Il grafico di $y = \log(x + 9)$ incontra la retta di equazione $y = 1$ nel punto di coordinate:

A (1; 0). **B** (1; 1). **C** (−8; 0). **D** (−1; 1). **E** (−1; 0).

LEGGI IL GRAFICO

413 Determina l'ascissa di P.

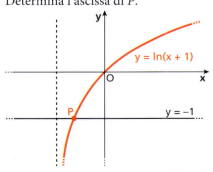

414 Trova la misura di AB.

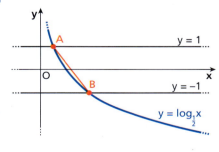

Capitolo 11. Logaritmi

415 **LEGGI IL GRAFICO** Nella figura è rappresentata la funzione
$f(x) = \log_a(x+b) + c$.
Determina a, b, c. Trova poi il punto di intersezione del grafico di $f(x)$ con l'asse x. $\left[a=3, b=3, c=1; \left(-\dfrac{8}{3}; 0\right)\right]$

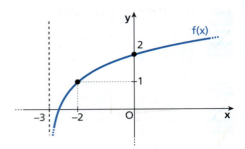

416 Rappresenta graficamente le funzioni $y = -\log_2(x-3) + 1$ e $y = \dfrac{1}{2}\log_2 x$ e trova il loro punto di intersezione sia graficamente che algebricamente. $[(4; 1)]$

417 Traccia il grafico di $y = \log_2(x+2)$ e $y = 3 - \log_2 x$ e trova il loro punto di intersezione. $[(2; 2)]$

418 **REALTÀ E MODELLI** **Pensarci su** Nella teoria dell'informazione, la legge di Hick afferma che, se aumenta il numero n di possibilità di scelta, il tempo T che impieghiamo a scegliere cresce secondo la legge $T = b\log_2(n+1)$. Il parametro b dipende da chi effettua la scelta e dalle condizioni in cui si trova a scegliere.
Lucia e Fabio partecipano a un gruppo di ricerca: devono effettuare delle scelte tra un numero variabile di alternative e viene misurato il tempo che impiegano. I due ragazzi impiegano lo stesso tempo a completare il test e al termine viene loro comunicato che il parametro b di Fabio vale 5, quello di Lucia 10. Sapendo che Lucia aveva 6 alternative di scelta in meno rispetto a Fabio, calcola quante erano le alternative di Fabio. $[8]$

Sistemi con equazioni logaritmiche

Risolvi i seguenti sistemi.

419 $\begin{cases} \log_2 x - \log_2 y = 2 \\ x - 2y = 1 \end{cases}$ $\left[\left(2; \dfrac{1}{2}\right)\right]$

424 $\begin{cases} \log_3(x-y) = 1 \\ \log_3 x + \log_3 y = 2\log_3 2 \end{cases}$ $[(4; 1)]$

420 $\begin{cases} 2\log_3 x - y = 1 \\ \log_3 x + 2y = 4 \end{cases}$ $\left[\left(3\sqrt[5]{3}; \dfrac{7}{5}\right)\right]$

425 $\begin{cases} \log_3(2x - y) = 0 \\ 3^y + 3^x - \dfrac{4}{3} = 0 \end{cases}$ $[(0; -1)]$

421 $\begin{cases} x + y = 11 \\ \log x + \log y = 1 \end{cases}$ $[(10; 1), (1; 10)]$

426 $\begin{cases} \log_{xy} 12 = 1 \\ 2^{x-4} \cdot 3^{x-1} = \dfrac{6^y}{8} \end{cases}$ $[(4; 3); (-3; -4)]$

422 $\begin{cases} \log_{\frac{1}{2}}(y-x) = -1 \\ 2\log_{\frac{1}{2}} x - \log_{\frac{1}{2}} y = \log_{\frac{1}{2}} \dfrac{9}{5} \end{cases}$ $[(3; 5)]$

427 $\begin{cases} 4\log_2 x - \log_2 y^2 = 4 \\ \log_2 x + \log_2 y = 4 \end{cases}$ $[(4; 4)]$

423 $\begin{cases} \log_2 x - \log_2 y = 4 \\ \log_2 x + \log_2 y = 0 \end{cases}$ $\left[\left(4; \dfrac{1}{4}\right)\right]$

428 $\begin{cases} 3^x \cdot \left(\dfrac{1}{9}\right)^y = 27 \\ \dfrac{1}{2}\log_2(x-y) = \log_4 x \end{cases}$ $[(3; 0)]$

5 Disequazioni logaritmiche

▶ Teoria a p. 613

429 **COMPLETA** con il simbolo $>$ o $<$.

a. $\log_3 7 \;\square\; \log_3 5$; $\qquad \log_6 4 \;\square\; \log_6 14$.

b. $\log_{0,5} 4 \;\square\; \log_{0,5} 0,7$; $\qquad \log_{1,5} 12 \;\square\; \log_{1,5} 2$.

c. $\log_{\frac{2}{5}} 8 \;\square\; \log_{\frac{2}{5}} 9$; $\qquad \log_{\frac{5}{2}} 3 \;\square\; \log_{\frac{5}{2}} 5$.

638

Paragrafo 5. Disequazioni logaritmiche

I due membri si possono scrivere come logaritmi di uguale base

430 **TEST** Puoi affermare che $\log_a A > \log_a B \to A > B$ se a vale:

A -1.   B 0.   C $\dfrac{2}{3}$.   D $\dfrac{3}{2}$.   E $\dfrac{3}{5}$.

431 **ESERCIZIO GUIDA** Risolviamo: **a.** $\log_{11}(2-x) > \log_{11}(x+2)$; **b.** $\log_{\frac{1}{5}} 20x < -3$.

a. Dobbiamo risolvere il seguente sistema.

$\begin{cases} 2-x > 0 \\ x+2 > 0 \\ 2-x > x+2 \end{cases}$
condizione di esistenza
condizione di esistenza
disuguaglianza fra gli argomenti con lo stesso verso di quella fra i logaritmi, dato che la base è maggiore di 1

$\begin{cases} -x > -2 \\ x > -2 \\ -2x > 0 \end{cases} \to \begin{cases} x < 2 \\ x > -2 \\ x < 0 \end{cases} \to -2 < x < 0$

b. Osserviamo che, per la definizione di logaritmo, possiamo scrivere

$-3 = \log_{\frac{1}{5}}\left(\dfrac{1}{5}\right)^{-3} = \log_{\frac{1}{5}} 5^3 = \log_{\frac{1}{5}} 125$

e perciò la disequazione assume la forma:

$\log_{\frac{1}{5}} 20x < \log_{\frac{1}{5}} 125$.

Ora dobbiamo risolvere il seguente sistema.

$\begin{cases} 20x > 0 \\ 20x > 125 \end{cases}$
condizione di esistenza
disuguaglianza fra gli argomenti con verso opposto rispetto a quella fra i logaritmi, essendo la base minore di 1

$\begin{cases} x > 0 \\ 20x > 125 \end{cases} \to \begin{cases} x > 0 \\ x > \dfrac{25}{4} \end{cases} \to x > \dfrac{25}{4}$

Risolvi le seguenti disequazioni.

432 $\log_3 x > 2$ $\quad [x > 9]$

433 $\log_2 x \leq \log_2(3x-1)$ $\quad \left[x \geq \dfrac{1}{2}\right]$

434 $\log(9-x) \geq \log 12$ $\quad [x \leq -3]$

435 $\ln x < 1$ $\quad [0 < x < e]$

436 $\log_{\frac{1}{3}}(x+1) > \log_{\frac{1}{3}}(4x)$ $\quad \left[x > \dfrac{1}{3}\right]$

437 $\log x \leq -1$ $\quad \left[0 < x \leq \dfrac{1}{10}\right]$

438 $\log_{\frac{3}{4}} x < 2$ $\quad \left[x > \dfrac{9}{16}\right]$

439 $\log(x-3) \geq 0$ $\quad [x \geq 4]$

440 $\log_{0,5}(5+3x) \geq \log_{0,5} 2$ $\quad \left[-\dfrac{5}{3} < x \leq -1\right]$

441 $\log_{\frac{1}{2}}(2x) > 0$ $\quad \left[0 < x < \dfrac{1}{2}\right]$

442 $\log_5(5-x) \leq \log_5(5x+2)$ $\quad \left[\dfrac{1}{2} \leq x < 5\right]$

443 $\log_{\frac{2}{3}}(3+x) < \log_{\frac{2}{3}}(2x-3)$ $\quad \left[\dfrac{3}{2} < x < 6\right]$

444 $\log_3(2-5x) > 2$ $\quad \left[x < -\dfrac{7}{5}\right]$

445 $\log_{\frac{7}{9}}(2x+5) \geq 1$ $\quad \left[-\dfrac{5}{2} < x \leq -\dfrac{19}{9}\right]$

446 $\log_{\frac{1}{3}}(4x-3) > -1$ $\quad \left[\dfrac{3}{4} < x < \dfrac{3}{2}\right]$

447 $\log_5\left(\dfrac{2-x}{x+3}\right) < \log_5 4$ $\quad [-2 < x < 2]$

639

Capitolo 11. Logaritmi

448 $\log(2x - x^2) < \log(x - 2)$ [impossibile]   **450** $\log_{\frac{4}{5}}(2 - x^2) < \log_{\frac{4}{5}}(1 - 2x)$

449 $\log_{\frac{1}{10}}\left(\dfrac{x + 1}{x - 1}\right) > \log_{\frac{1}{10}}\left(\dfrac{x}{x + 1}\right)$ $[x < -1]$ $\left[1 - \sqrt{2} < x < \dfrac{1}{2}\right]$

---

451 **TEST** Quale fra le seguenti disequazioni ammette come soluzioni $x > 0$?

    A $\log_{\frac{1}{2}}(x + 1) > 0$ **C** $\log x > 10$ **E** $\log_{\frac{1}{2}} x < 0$

    B $\log_2(x + 1) > 0$ **D** $\log_2 x > 0$

Utilizziamo anche le proprietà dei logaritmi

Risolvi le seguenti disequazioni.

452 $\log_3 x^2 - \log_3 x < 3$ $[0 < x < 27]$

453 $\log_2(x - 1) + \log_2 x > 1$ $[x > 2]$

454 $\log_3(2x - 3) - \log_3(x + 1) < 2$ $\left[x > \dfrac{3}{2}\right]$

455 $\log_{\frac{3}{5}}(2 - x) + \log_{\frac{3}{5}}(x + 2) > \log_{\frac{3}{5}} 3x$ $[1 < x < 2]$

456 $\log_{\frac{1}{4}}(x^2 - 6) - \log_{\frac{1}{4}}(x - 3) > -1$ [impossibile]

457 $\log(x + 5) - \log(4 - x) + \log(3x - 1) > \log(3x - 1) - \log(x + 4)$ $\left[\dfrac{1}{3} < x < 4\right]$

458 $\log_{\frac{1}{4}}(x + 1) - 2\log_{\frac{1}{4}}(x - 2) + \log_{\frac{1}{4}}(x - 1) < 0$ $[x > 2]$

459 $\log_2(x - 1) + \log_2(x + 4) \geq \log_2(2x - 1) + 1$ $[x \geq 2]$

460 $\dfrac{1}{2}\log(-x^2 + 2x) < \log x$ $[1 < x < 2]$

461 $\dfrac{1}{2}\log_{\frac{1}{3}}(25 - x) - \log_{\frac{1}{3}}(x - 5) < 0$ $[5 < x < 9]$

462 $\log\left(2 + \dfrac{1}{x}\right) - \log\left(2 - \dfrac{1}{x}\right) < \log(2x + 1) - \log(1 - 2x)$ [impossibile]

463 $\dfrac{1}{2}\log(6 - x) - \dfrac{1}{2}\log(2x - 5) > \log 3$ $\left[\dfrac{5}{2} < x < \dfrac{51}{19}\right]$

Usiamo un'incognita ausiliaria

464 **ESERCIZIO GUIDA** Risolviamo la disequazione $\log_2 4x < 3 + \dfrac{4}{\log_2 4x}$.

Introduciamo l'incognita ausiliaria $y = \log_2 4x$ e sostituiamo:

$$y < 3 + \frac{4}{y} \quad \rightarrow \quad \frac{y^2 - 3y - 4}{y} < 0 \quad \rightarrow \quad y < -1 \lor 0 < y < 4.$$

Ora dobbiamo risolvere:

$$\log_2 4x < -1, \quad 0 < \log_2 4x < 4.$$

640

Riepilogo: Disequazioni logaritmiche

- La disequazione $\log_2 4x < -1$ è equivalente al seguente sistema.

$$\begin{cases} 4x > 0 & \text{condizione di esistenza del logaritmo} \\ \log_2 4x < \log_2 \frac{1}{2} & \text{poiché } -1 = \log_2 \frac{1}{2} \end{cases}$$

$$\begin{cases} x > 0 \\ 4x < \frac{1}{2} \end{cases} \rightarrow \begin{cases} x > 0 \\ x < \frac{1}{8} \end{cases} \rightarrow 0 < x < \frac{1}{8}$$

- La disequazione $0 < \log_2 4x < 4$ è equivalente al seguente sistema.

$$\begin{cases} 4x > 0 & \text{condizione di esistenza del logaritmo} \\ \log_2 4x < \log_2 16 \,; & 4 = \log_2 16 \\ \log_2 4x > \log_2 1 & 0 = \log_2 1 \end{cases}$$

$$\begin{cases} x > 0 \\ 4x < 16 \\ 4x > 1 \end{cases} \rightarrow \begin{cases} x > 0 \\ x < 4 \\ x > \frac{1}{4} \end{cases} \rightarrow \frac{1}{4} < x < 4$$

Le soluzioni della disequazione assegnata sono pertanto: $0 < x < \frac{1}{8} \lor \frac{1}{4} < x < 4$.

Risolvi le seguenti disequazioni.

465 $(\log_2 x)^2 - \log_2 x < 0$ $\qquad [1 < x < 2]$

466 $(\log_3 x)^2 - 6\log_3 x + 9 \leq 0$ $\qquad [27]$

467 $\log^2 x - 7\log x + 12 < 0$ $\qquad [1000 < x < 10\,000]$

468 $(\log_{\frac{1}{2}} x)^2 - \log_{\frac{1}{2}} x - 2 < 0$ $\qquad \left[\frac{1}{4} < x < 2\right]$

469 $2(\log_3 x)^2 + 3\log_3 x - 2 < 0$ $\qquad \left[\frac{1}{9} < x < \sqrt{3}\right]$

470 $[\log_2(x+5)]^2 - \log_2(x+5) - 6 > 0$

$$\left[-5 < x < -\frac{19}{4} \lor x > 3\right]$$

471 $3\log_5(x-4) > \dfrac{6}{\log_5(x-4)+1}$

$$\left[\frac{101}{25} < x < \frac{21}{5} \lor x > 9\right]$$

TUTOR matematica — Allenati con **15 esercizi interattivi** con feedback "hai sbagliato, perché..."
su.zanichelli.it/tutor3
risorsa riservata a chi ha acquistato l'edizione con tutor

Riepilogo: Disequazioni logaritmiche

472 **COMPLETA**

Disequazione	a	Soluzione
$\log_a(x-1) < 1$	2	
$\log_2(x+1) < a$		$-1 < x < 7$
$\log_{\frac{1}{3}}(x+a) < -2$		$x > 0$

473 **ASSOCIA** a ogni disequazione le sue soluzioni.

a. $\log_2 x < 3$ 1. $x > 3$

b. $\log_{\sqrt{2}} x > 4$ 2. $x < -1$

c. $\log_{\frac{1}{3}}(2-x) > \log_{\frac{1}{3}}(1-2x)$ 3. $0 < x < 8$

d. $\log_2(x+1) - \log_2(x-1) < 1$ 4. $x > 4$

474 **TEST** La disequazione $\log x \cdot \log 2x < 0$ è verificata per:

A $x > 1$.   B $x > 0$.   C $\frac{1}{2} < x < 1$.   D $x < 0$.   E $0 < x < \frac{1}{2}$.

Capitolo 11. Logaritmi

Risolvi le seguenti disequazioni.

475 $\log_4(x-1) \leq -2$ $\qquad \left[1 < x \leq \dfrac{17}{16}\right]$

476 $\log_{\frac{1}{3}}(1-2x) < 1$ $\qquad \left[x < \dfrac{1}{3}\right]$

477 $\log x \cdot \log(x-3) > 0$ $\qquad [x > 4]$

478 $\ln x + \ln^2 x < 0$ $\qquad \left[\dfrac{1}{e} < x < 1\right]$

479 $\log_{\frac{1}{2}}(x+3) < -1$ $\qquad [x > -1]$

480 $\log x + \dfrac{1}{\log x} < 0$ $\qquad [0 < x < 1]$

481 $3 - \ln|x| < 0$ $\qquad [x < -e^3 \vee x > e^3]$

482 $x \log(x+2) > 0$ $\qquad [-2 < x < -1 \vee x > 0]$

483 $\log(x^2 + 17x + 16) < 2$
$\qquad [-21 < x < -16 \vee -1 < x < 4]$

484 $\log_{\frac{2}{3}} x^5 - \log_{\frac{2}{3}} x < 8$ $\qquad \left[x > \dfrac{4}{9}\right]$

485 $\log_4(4x-4) \leq \log_2 x$ $\qquad [x > 1]$

486 $(\log_{\frac{1}{4}} x)^2 + \dfrac{5}{2} \log_{\frac{1}{4}} x > \dfrac{3}{2}$ $\quad \left[0 < x < \dfrac{1}{2} \vee x > 64\right]$

487 $\dfrac{1}{\log x} - 3 \log x < 2$ $\qquad \left[\dfrac{1}{10} < x < 1 \vee x > \sqrt[3]{10}\right]$

488 $\log(3-x)^2 - 2 \log(4+x) < 0$
$\qquad \left[x > -\dfrac{1}{2} \wedge x \neq 3\right]$

489 $\log_{\frac{1}{3}}(2x+8) \geq \log_{\frac{1}{3}} 6x - 1$ $\qquad \left[x \geq \dfrac{1}{2}\right]$

490 $\log_2 \sqrt{x} \leq \dfrac{1}{2} \log_4 x^2 + \log_2 x$ $\qquad [x \geq 1]$

491 $\log_3 \dfrac{1}{x} - \log_3 x^2 < 6$ $\qquad \left[x > \dfrac{1}{9}\right]$

492 $\log_{\frac{1}{2}} x^4 \geq \log_{\frac{1}{2}} x^3$ $\qquad [0 < x \leq 1]$

493 $\log_2 x > -\log_{\frac{1}{2}} \sqrt{x}$ $\qquad [x > 1]$

494 $2 \log_{\frac{1}{2}}(x-1) \geq \log_{\frac{1}{2}} \dfrac{1}{4}$ $\qquad \left[1 < x \leq \dfrac{3}{2}\right]$

495 $\log_{\frac{1}{3}} 9 + \log_{\frac{1}{3}} x \geq 0$ $\qquad \left[0 < x \leq \dfrac{1}{9}\right]$

496 $\log_{\frac{2}{3}} x^5 - 2 \log_{\frac{2}{3}} \sqrt{x} < 1$ $\qquad \left[x > \sqrt[4]{\dfrac{2}{3}}\right]$

497 $\log_{\frac{1}{5}} \dfrac{x-1}{x+5} > \log_5 \dfrac{2}{x}$ $\qquad [x > 1]$

498 $\log_{\frac{1}{3}}(x^2 - 3x) - 2 \log_{\frac{1}{3}}(6-x) < -\log_{\frac{1}{3}} 4$
$\qquad [x < -2\sqrt{3} \vee 2\sqrt{3} < x < 6]$

499 $\log_{\sqrt[3]{2}}(2x-5) - \log_{\sqrt[3]{2}} \dfrac{2x-5}{x+4} < 3$ $\qquad [S = \emptyset]$

500 $3 \log_2(2x-4) - \log_2(-x+3) > 2 \log_2(x-5)$
$\qquad [S = \emptyset]$

501 $\dfrac{1}{2} \log_x[2(1-x)] + \log_x \sqrt{x} + \dfrac{1}{4} \log_x x^2 < 2$
$\qquad [0 < x < \sqrt{3} - 1]$

502 $\log_2(\sqrt{1-x} - 2) > 0$ $\qquad [x < -8]$

503 $\log_2(1 - |x|) > 3$ $\qquad [\text{impossibile}]$

504 $\sqrt{4 - \log_2 x} > 3$ $\qquad \left[0 < x < \dfrac{1}{32}\right]$

505 $\log \log(x-1) \geq 0$ $\qquad [x \geq 11]$

506 $\log_{\frac{1}{2}} \log_{\frac{1}{2}}\left(x + \dfrac{3}{2}\right) \leq 1$ $\qquad \left[-\dfrac{3}{2} < x \leq \dfrac{\sqrt{2} - 3}{2}\right]$

507 $\ln x + \dfrac{2}{\ln x} - 3 \leq 0$ $\qquad [0 < x < 1 \vee e \leq x \leq e^2]$

508 $3(\log_3 x + \log_x 3) \geq 10$ $\qquad [1 < x \leq \sqrt[3]{3} \vee x \geq 27]$

509 $\log_2 |x^2 + 2x + 3| > 1$ $\qquad [x \neq -1]$

510 $\dfrac{(\log_2 x)^2 - 9 \log_2 x + 20}{|\log_2 x|} \leq 0$ $\qquad [16 \leq x \leq 32]$

511 $\sqrt{\log_3 x} - 6 \log_3 \sqrt{x} > 0$ $\qquad [1 < x < \sqrt[9]{3}]$

512 $\dfrac{\log(x-1)}{\log x - 1} \leq 0$ $\qquad [2 \leq x < 10]$

513 $(\log_2 x)^3 - 9 \log_2 x \leq 0$
$\qquad \left[0 < x \leq \dfrac{1}{8} \vee 1 \leq x \leq 8\right]$

514 $(\log_2 x)^2 - 8 \geq 4 \log_2 \sqrt{x}$ $\qquad \left[0 < x \leq \dfrac{1}{4} \vee x \geq 16\right]$

515 $\dfrac{\log_2 x}{\log_{\frac{1}{2}} 2x + 2} > 0$ $\qquad [1 < x < 2]$

516 $\log_4 |x - 3| \leq 1$ $\qquad [-1 \leq x \leq 7 \wedge x \neq 3]$

517 $\log^4 x - 8 \log^2 x + 16 > 0$
$\qquad \left[x > 0 \wedge x \neq \dfrac{1}{100} \wedge x \neq 100\right]$

642

Riepilogo: Disequazioni logaritmiche

518 $\log_2 \sqrt{2x - x^2} < 0$ $\quad [0 < x < 2 \land x \neq 1]$

519 $\dfrac{1}{\log_5(x-1)} < -1$ $\quad \left[\dfrac{6}{5} < x < 2\right]$

520 $\log_2(3x-2) + \log_{\frac{1}{2}}(2x-1) \leq 2$ $\quad \left[x > \dfrac{2}{3}\right]$

521 $\dfrac{1}{2}\log_4 8x - (\log_4 8x)^2 < \dfrac{1}{2}$ $\quad [x > 0]$

522 $\log_2 \log_3(x+4) > 0$ $\quad [x > -1]$

523 $\dfrac{4 - \log_2 x}{\log_2(x-2)} \geq 0$ $\quad [3 < x \leq 16]$

524 $\log^3 x - 4\log^2 x + 4\log x \leq 0$
$\quad [0 < x \leq 1 \lor x = 100]$

525 $(\log_2 x)[\log_2(x+1)] < 2\log_2 x$ $\quad [1 < x < 3]$

526 $\log_{\frac{1}{2}} \dfrac{|x-2|}{x} < -1 + \log_2 x$ $\quad [x > 4]$

527 $|\log_3|2x+3|| - 3 > 0$
$\quad \left[x < -15 \lor x > 12 \lor -\dfrac{41}{27} < x < -\dfrac{40}{27} \land x \neq -\dfrac{3}{2}\right]$

528 $\log_2 \log_{\frac{1}{2}}(x-6) < 0$ $\quad \left[\dfrac{13}{2} < x < 7\right]$

529 $\log_4 \sqrt{3x-2} - [\log_4(3x-2)]^2 < \dfrac{1}{2}$ $\quad \left[x > \dfrac{2}{3}\right]$

530 $\log_6 \sqrt{x^2 - 2x} < \log_6 |x| - \dfrac{1}{2}$ $\quad \left[2 < x < \dfrac{12}{5}\right]$

531 $\dfrac{\log_2(x+1)}{4} > \dfrac{1}{3}\log_4(x\sqrt{x}+1)$ $\quad [x > 0]$

---

532 Traccia il grafico di $f(x) = \log_{\frac{1}{2}}(x-1)$ e $g(x) = \log_2 x - 1$ e trova per quali valori di x si ha $f(x) \geq g(x)$.

533 Data la disequazione $\log_{\frac{1}{2}}(x^2 + k) > k$:

a. determina le soluzioni se $k = -1$;
b. stabilisci se per $k = 0$ è equivalente alla disequazione $2\log_{\frac{1}{2}} x > 0$.

$\quad [\text{a}) -\sqrt{3} < x < -1 \lor 1 < x < \sqrt{3}; \text{b}) \text{ no}]$

534 **TEST** Il dominio della funzione $y = \log_2 \log_{\frac{1}{2}} x$ è:

A $[0; 1]$. $\quad$ **B** $]0; +\infty[$. $\quad$ **C** $]1; +\infty[$. $\quad$ **D** $]-\infty; 0[$. $\quad$ **E** $]0; 1[$.

535 **LEGGI IL GRAFICO** L'equazione della funzione rappresentata in figura è del tipo $f(x) = a\log_2(x+b) + c$. La retta tratteggiata è un asintoto per il grafico di $f(x)$.

a. Trova a, b, c.
b. Calcola per quali valori di x è $f(x) \geq 4$.

$\quad \left[\text{a}) a = -2, b = 2, c = 2; \text{b}) -2 < x \leq -\dfrac{3}{2}\right]$

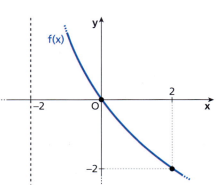

Sistemi con disequazioni logaritmiche

Risolvi i seguenti sistemi.

536 $\begin{cases} \log_3 \dfrac{3x}{x+1} > 1 \\ \log(1-x) \leq 1 \end{cases}$ $\quad [-9 \leq x < -1]$

537 $\begin{cases} \log_2 \dfrac{x}{x-1} < 2 \\ \log_{\frac{1}{2}}(x-1) < -2 \end{cases}$ $\quad [x > 5]$

538 $\begin{cases} \log^2 x < \dfrac{2}{\log x + 1} \\ \dfrac{\log x - 1}{\log(x-1)} \leq 0 \end{cases}$ $\quad [2 < x < 10]$

539 $\begin{cases} \log x^2 \geq 3\log x \\ \log x - 1 \leq 0 \end{cases}$ $\quad [0 < x \leq 1]$

540 $\begin{cases} \log_4(x-1) + \dfrac{3}{2} < 0 \\ \log_2 \log_3 x \leq 1 \end{cases}$ $\quad \left[1 < x < \dfrac{9}{8}\right]$

541 $\begin{cases} \log_3(x+9) \leq \log_3(x+1) + 2 \\ (\log_3 x)^2 - 1 > 0 \end{cases}$ $\quad \left[0 < x < \dfrac{1}{3} \lor x > 3\right]$

542 $\begin{cases} \log_2(4^x - 2) < 1 \\ \log_2 x + 2 \geq 0 \end{cases}$ $\quad \left[\dfrac{1}{2} < x < 1\right]$

Capitolo 11. Logaritmi

6 Logaritmi ed equazioni e disequazioni esponenziali

Equazioni esponenziali risolubili con i logaritmi

▶ Teoria a p. 614

543 ESERCIZIO GUIDA Risolviamo $7^{x+1} + 2 \cdot 7^x = 11$.

$7^{x+1} + 2 \cdot 7^x = 11$ ⟩ raccogliamo 7^x

$7^x(7 + 2) = 11$

$9 \cdot 7^x = 11$ ⟩ dividiamo entrambi i membri per 9

$7^x = \dfrac{11}{9}$ ⟩ calcoliamo i logaritmi in base 7 del primo e secondo membro

$\log_7 7^x = \log_7 \dfrac{11}{9}$ ⟩ logaritmo di una potenza

$x \log_7 7 = \log_7 \dfrac{11}{9}$ ⟩ $\log_7 7 = 1$

$x = \log_7 \dfrac{11}{9}$ ⟩ cambiamo la base del logaritmo da 7 a 10

$x = \dfrac{\log \dfrac{11}{9}}{\log 7} = \dfrac{\log 11 - \log 9}{\log 7}$

Risolvi le seguenti equazioni usando le proprietà dei logaritmi.

544 $5^x = 9$ $\left[\dfrac{\log 9}{\log 5}\right]$

545 $3^x - 2 = 0$ $\left[\dfrac{\log 2}{\log 3}\right]$

546 $4 \cdot 5^x = 3 \cdot 7^x$ $\left[\dfrac{\log 3 - \log 4}{\log 5 - \log 7}\right]$

547 $\dfrac{7}{2^x} = 1$ $\left[\dfrac{\log 7}{\log 2}\right]$

548 $\sqrt[3]{7^x} = 5$ $\left[\dfrac{3 \log 5}{\log 7}\right]$

549 $3 \cdot 2^x + 2^{x+1} = 19$ $\left[\dfrac{\log 19 - \log 5}{\log 2}\right]$

550 $3^x + 3^{x+1} + 3^{x+2} = 26$ $\left[\dfrac{\log 2}{\log 3}\right]$

551 $7^{x+1} - 7^x + 2 \cdot 7^{x-1} = 2$ $\left[1 - \dfrac{\log 22}{\log 7}\right]$

552 $2^x + 2^{x+1} + 2^{x-1} = 15$ $\left[\dfrac{\log 30 - \log 7}{\log 2}\right]$

553 $9^x - 3^x - 2 = 0$ $\left[\dfrac{\log 2}{\log 3}\right]$

554 $12 - 2^{x+3} + 2^{2x} = 0$ $\left[1; \dfrac{\log 2 + \log 3}{\log 2}\right]$

555 $3^x + 20 = 9^x$ $\left[\dfrac{\log 5}{\log 3}\right]$

556 $3 \cdot 5^x - \dfrac{12}{5^x} = 5^x$ $\left[\dfrac{\log 6}{2 \log 5}\right]$

557 $5^x \cdot 2^{2x} = 10$ $\left[\dfrac{\log 5 + \log 2}{\log 5 + 2 \log 2}\right]$

558 $3^{x+1} + 2 \cdot 3^{2-x} = 29$ $\left[2; \dfrac{\log 2}{\log 3} - 1\right]$

559 $6 - 5 \cdot 3^x + (3^x)^2 = 0$ $\left[1; \dfrac{\log 2}{\log 3}\right]$

560 $9 \cdot 2^{2x+1} - 9^2 - 4^{2x} = 0$ $\left[\dfrac{\log 3}{\log 2}\right]$

561 $2^{2x+3} - 25 \cdot 2^x + 3 = 0$ $\left[-3; \dfrac{\log 3}{\log 2}\right]$

562 $\dfrac{2}{5^x} = \dfrac{3}{7^x}$ $\left[\dfrac{\log 3 - \log 2}{\log 7 - \log 5}\right]$

563 $3^x + 3^{x+1} = 5^x$ $\left[\dfrac{2 \log 2}{\log 5 - \log 3}\right]$

564 $7 \cdot 2^x + \dfrac{5}{2^x} = \dfrac{117}{4}$ $\left[2; \dfrac{\log 5 - \log 28}{\log 2}\right]$

565 $5^x + 233 = 33(\sqrt{5^x} + 1)$ $\left[4; \dfrac{\log 64}{\log 5}\right]$

644

Paragrafo 6. Logaritmi ed equazioni e disequazioni esponenziali

TEST

566 Fra le seguenti equazioni esponenziali, *una sola* può essere risolta senza ricorrere all'uso dei logaritmi. Quale?

- A $7^{x+1} = 5^x$
- B $3^{x-1} = 6^{2x}$
- C $2^{3x-1} = 5^x$
- D $2^{x-1} = 4^x + 3$
- E $2^{2x} + 2 = 6^{1-x}$

567 Tutte le seguenti equazioni si devono risolvere ricorrendo all'uso dei logaritmi, *tranne* una. Quale?

- A $2^{x-1} = 3^{x+1}$
- B $\sqrt[3]{4^x} = 3$
- C $3^{x-1} + 3 = 9$
- D $7 \cdot 5^{x+2} = 7^{x+1}$
- E $\dfrac{2}{4^x} = \dfrac{3}{6^x}$

Risolvi le seguenti equazioni con il metodo che ritieni opportuno.

568 $3^{\frac{x+2}{2}} = 9$ $\quad [2]$

569 $4^{5-x} = 3^{x+1}$ $\quad \left[\dfrac{5\log 4 - \log 3}{\log 3 + \log 4}\right]$

570 $3^{\sqrt{x+2}} = 9^{\sqrt{x}}$ $\quad \left[\dfrac{2}{3}\right]$

571 $\sqrt{3^{x+3}} = \dfrac{3^{2x+4}}{27^{5x}}$ $\quad \left[\dfrac{5}{27}\right]$

572 $49^x - 13 \cdot 7^x + 36 = 0$ $\quad [\log_7 9; \log_7 4]$

573 $25^x - 2 \cdot 5^x = 8$ $\quad \left[\dfrac{\log 4}{\log 5}\right]$

574 $4 \cdot 3^x + 3^{x+1} = 2$ $\quad \left[\dfrac{\log 2 - \log 7}{\log 3}\right]$

575 $\dfrac{8^x \cdot 2}{2^{x+3}} = \dfrac{2^{x+1}}{2^{2x+2}}$ $\quad \left[\dfrac{1}{3}\right]$

576 $64 \cdot 4^x + 7 \cdot 2^{x+2} - 2 = 0$ $\quad [-4]$

577 $3 \cdot 9^x - 28 \cdot 3^x + 9 = 0$ $\quad [-1; 2]$

578 $6 - \dfrac{3 + 5^x}{5^x} = 6 \cdot 5^x$ $\quad [\text{impossibile}]$

579 $\dfrac{1}{2^x - 1} + \dfrac{2^x}{4^x - 1} = \dfrac{3 \cdot 2^x - 1}{2^x + 1}$ $\quad [1]$

580 $\dfrac{(2^{x-2})^x}{4^{2x+1}} = \dfrac{(2^{2x})^{x-3}}{8^{x+4}}$ $\quad [-2; 5]$

581 $\dfrac{2 \cdot 25^x - 13 \cdot 5^x + 15}{5^x - 5} = 0$ $\quad \left[\dfrac{\ln 3 - \ln 2}{\ln 5}\right]$

582 $6 \cdot 2^x + \dfrac{1}{2^x} = 5$ $\quad \left[-1; -\dfrac{\log 3}{\log 2}\right]$

583 $5^x + 5^{x+1} + 5^{x-1} - 93 = 0$ $\quad \left[1 + \dfrac{\log 3}{\log 5}\right]$

584 $\left(\dfrac{3}{2}\right)^x \cdot \left(\dfrac{2}{3}\right)^{x-1} = \left(\dfrac{4}{9}\right)^x$ $\quad \left[-\dfrac{1}{2}\right]$

585 $\dfrac{20 - 4^x}{5 + 4^x} = \dfrac{4}{5}$ $\quad \left[\dfrac{\ln 80 - \ln 9}{\ln 4}\right]$

586 $3^x = 16 \cdot 3^{-x+1} + 2$ $\quad \left[\dfrac{\ln 8}{\ln 3}\right]$

587 $2^{x+3} - 2^{x+2} = 4 + 2 \cdot 4^{\frac{x}{2}}$ $\quad [1]$

588 $\left(2^x - \dfrac{1}{2 \cdot \sqrt[3]{2}}\right) \cdot (3^x - 5) = 0$ $\quad \left[-\dfrac{4}{3}; \dfrac{\log 5}{\log 3}\right]$

589 $3^{x+1} - 2 \cdot 3^x + 3^{x+2} = 5^{x-1}$ $\quad \left[\dfrac{2\log 5 + \log 2}{\log 5 - \log 3}\right]$

590 $\dfrac{3^{x-2} \cdot 2^{1-x}}{6} = 7^x$ $\quad \left[\log_7 \dfrac{1}{27}; \log_7 \dfrac{14}{3}\right]$

591 $5\sqrt{9^{x-1}} - 2^x = 3^{x-1}$ $\quad \left[\log_{\frac{3}{2}} \dfrac{3}{4}\right]$

592 $\dfrac{4^{x-1} \cdot 5^x}{3^{x-3}} = 4$ $\quad \left[\dfrac{\log_3 16 - 3}{\log_3 20 - 1}\right]$

593 $3^x = 6^{x-2} \cdot 3$ $\quad [\log_2 12]$

594 $3^{\frac{x+1}{2}} \cdot 7^{x-1} = \dfrac{1}{49^x \cdot 9^x}$ $\quad \left[\dfrac{2\ln 7 - \ln 3}{5\ln 3 + 6\ln 7}\right]$

595 $(2^x - 1)(2^x - 4) = 10$ $\quad \left[\dfrac{\ln 6}{\ln 2}\right]$

596 $\dfrac{2^{x-3} + 4}{2^{3-x}} = 32$ $\quad [5]$

597 $\dfrac{2}{25^x - 1} + \dfrac{3}{4} = \dfrac{2}{5^x - 1}$ $\quad [\log_5 3]$

598 $4^x + 10^x = 25^x$ $\quad \left[\log_{\frac{2}{5}} \dfrac{\sqrt{5} - 1}{2}\right]$

---

599 Data la funzione $f(x) = \dfrac{3^x}{2 - 3^x}$:

  a. determina il suo dominio;

  b. trova per quale valore di x si ha $f(x) = -\dfrac{3}{2}$.

[a) $D: x \neq \log_3 2$; b) $\log_3 6$]

Capitolo 11. Logaritmi

600 Considera la funzione $y = 2^{2x} - 3 \cdot 2^x$ e trova i punti di intersezione del suo grafico con l'asse x e con la retta di equazione $y = \frac{7}{4}$.

$$\left[(\log_2 3; 0); \left(\log_2 \frac{7}{2}; \frac{7}{4}\right)\right]$$

REALTÀ E MODELLI

601 **Capelli in caduta** Circa l'80% degli uomini dopo i 45 anni è colpito da una perdita di capelli. Indicata con C_0 la quantità di capelli all'inizio della caduta, si può pensare che il numero decresca secondo la legge $C(t) = C_0 e^{-kt}$, dove t è il tempo espresso in anni.

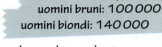

stima media capelli iniziali
uomini bruni: 100 000
uomini biondi: 140 000

a. Scrivi le espressioni analitiche delle funzioni che riguardano uomini bruni ($k = 0,138$) e uomini biondi ($k = 0,147$) e traccia i loro grafici.
b. Verifica che dopo 5 anni il numero di capelli di un uomo bruno si è dimezzato.
c. Mediante un'equazione calcola dopo quanto tempo un uomo biondo e uno bruno hanno lo stesso numero di capelli e quanti sono i capelli dopo quel tempo.

[a) $C(t) = 100\,000 e^{-0,138t}$, $C(t) = 140\,000 e^{-0,147t}$; c) circa 37 anni e 5 mesi, 575 capelli]

602 **Veder lontano** Nel 1965 Gordon Moore, che diventò poi il fondatore di Intel, teorizzò che la potenza di calcolo dei processori sarebbe cresciuta negli anni successivi in modo prevedibile: in particolare, il numero di transistor presenti nei processori sarebbe raddoppiato ogni dodici mesi circa.

a. Scrivi l'espressione della funzione $t(x)$ che esprime questa relazione in funzione di x, numero di mesi trascorsi.
b. Un processore, nel gennaio 1992, conteneva 750 000 transistor. Se la legge di Moore è valida, in quale anno è stato realizzato un processore con 1 000 000 000 di transistor?

[a) $t(x) = t_0 \cdot 2^{\frac{x}{12}}$; b) 2002]

603 **Non riesco a dormire!** Se si beve caffè, per calcolare approssimativamente la quantità totale di caffeina presente nel corpo al passare del tempo si può utilizzare la formula $C(t) = C_0 e^{-\frac{3}{20}t}$, dove il tempo t è espresso in ore e C_0 è la quantità di caffeina che si assume all'istante t_0 (la formula deriva da valori medi, infatti l'assorbimento della caffeina dipende fortemente dalle caratteristiche di ogni singola persona).

a. Una tazzina di caffè contiene circa 60 mg di caffeina; quanto tempo ci vuole per portare a 40 mg la quantità di caffeina nel corpo di chi la assume?
b. Rappresenta graficamente la funzione che indica come varia la quantità di caffeina presente al variare del tempo se si bevono due tazzine di caffè una subito dopo l'altra.

[a) circa 2 ore e 42 minuti]

604 **Quanto tempo?** Andrea impegna € 18 000 in un piano di gestione patrimoniale. Le condizioni offerte sono riportate a fianco.

tasso di rendimento del 2% annuo
zero spese di gestione
accredito dell'utile alla fine di ogni anno e suo reimpiego nella gestione

a. Calcola per quanto tempo Andrea deve lasciare la somma nella gestione per ottenere € 20 000, utilizzando la funzione $M = C \cdot (1 + x)^t$, dove C è il valore investito, M il valore finale che Andrea ritira, x il tasso di rendimento annuo e t la durata, espressa in anni, dell'operazione.
b. Se invece l'operazione fosse descritta con la funzione $M = C \cdot e^{xt}$, quale sarebbe il tempo necessario?

[a) 5 anni, 3 mesi, 25 giorni; b) 5 anni, 3 mesi, 6 giorni]

605 **YOU & MATHS** The growth of bacteria is known to follow the law of exponential growth $N(t) = N_0 e^{kt}$. If the original size of the colony is 100 bacteria and 4 hours later it is 100,000 bacteria, how many hours after the original time will the colony number count up to 1,000,000 bacteria?

(USA *Southern Illinois University Carbondale*, Final Exam, Fall 2001)

[5h 20']

Paragrafo 6. Logaritmi ed equazioni e disequazioni esponenziali

E

ESERCIZI

■ **Disequazioni esponenziali risolubili con i logaritmi** ▶ Teoria a p. 615

606 **ESERCIZIO GUIDA** Risolviamo $7^x > 4 \cdot 3^{5x}$.

Applichiamo a entrambi i membri il logaritmo in base 10. Poiché la base è maggiore di 1, manteniamo il segno $>$ nella disequazione fra logaritmi.

$\log 7^x > \log(4 \cdot 3^{5x})$) logaritmo di un prodotto

$\log 7^x > \log 4 + \log 3^{5x}$) logaritmo di una potenza

$x \log 7 > 2 \log 2 + 5x \log 3$

$x \log 7 - 5x \log 3 > 2 \log 2 \quad \rightarrow \quad x \cdot (\log 7 - 5 \log 3) > 2 \log 2$

Dato che $\log 7 - 5 \log 3 \simeq -1,54 < 0$, dividendo entrambi i membri della disequazione per questo fattore, invertiamo il verso della disequazione.

Le soluzioni sono pertanto: $x < \dfrac{2 \log 2}{\log 7 - 5 \log 3}$.

Risolvi le seguenti disequazioni usando le proprietà dei logaritmi.

607 $2^x < 5$ $\qquad\left[x < \dfrac{\log 5}{\log 2}\right]$

608 $3^{2x} - 4 \geq 0$ $\qquad\left[x \geq \dfrac{\log 4}{2 \log 3}\right]$

609 $4 - 7^{2x} > 0$ $\qquad\left[x < \dfrac{\log 4}{2 \log 7}\right]$

610 $6^x + 6 \geq 6^{-1}$ $\qquad[\forall x]$

611 $10 \cdot 5^{2x} < 1$ $\qquad\left[x < -\dfrac{1}{2 \log 5}\right]$

612 $3^{x+1} \geq 2^{1-x}$ $\qquad\left[x \geq \dfrac{\log 2 - \log 3}{\log 2 + \log 3}\right]$

613 $100^x - 2^{3-x} < 0$ $\qquad\left[x < \dfrac{3 \log 2}{2 + \log 2}\right]$

614 $5^{2x} - \left(\dfrac{1}{3}\right)^{x-1} < 0$ $\qquad\left[x < \dfrac{\log 3}{2 \log 5 + \log 3}\right]$

615 $1 - \dfrac{1}{4 \cdot 9^x - 4} \geq 0$ $\qquad\left[x < 0 \vee x \geq \log_9 \dfrac{5}{4}\right]$

616 $25^{x+1} - 3 \cdot 5^{2x+1} < 31 - 7 \cdot 25^x$ $\qquad\left[x < \dfrac{\log 31 - \log 17}{2 \log 5}\right]$

617 $40 - 9 \cdot 2^x > 20 + 2^{2-x}$ $\left[\dfrac{\log 2 - \log 9}{\log 2} < x < 1\right]$

618 $4^x + 10 > 7 \cdot 2^x$ $\qquad\left[x < 1 \vee x > \dfrac{\log 5}{\log 2}\right]$

619 $\left(\dfrac{2}{3}\right)^{2x} - \left(\dfrac{3}{2}\right)^{-x} < 2$ $\qquad\left[x > \dfrac{\log 2}{\log 2 - \log 3}\right]$

620 $\dfrac{3^x \cdot 14}{3^2(2^2 + 3)} < 2\left(\dfrac{1}{2}\right)^{1-x}$ $\qquad\left[x < \dfrac{2 \log 3 - \log 2}{\log 3 - \log 2}\right]$

621 $\sqrt{5^{x-1}} < 9 \cdot 3^{2x}$ $\qquad\left[x > \dfrac{\log 5 + 4 \log 3}{\log 5 - 4 \log 3}\right]$

622 $24 \cdot 5^x \geq 5 \cdot 6^{x+1}$ $\qquad\left[x \leq \dfrac{\log 5 - \log 4}{\log 5 - \log 6}\right]$

623 $\left|\left(\dfrac{2}{5}\right)^x - \left(\dfrac{5}{2}\right)^{-2x}\right| < 2$ $\qquad\left[x > \dfrac{\log 2}{\log 2 - \log 5}\right]$

624 $\dfrac{3}{10^x - 2} - \dfrac{1}{10^x + 2} > 1 - \dfrac{2}{10^x + 2}$
$\left[\log 2 < x < \log(2 + \sqrt{12})\right]$

625 $\dfrac{x-1}{5^{2x-1} - 7^{x+1}} \leq 0$ $\qquad\left[1 \leq x < \dfrac{\log 5 + \log 7}{2 \log 5 - \log 7}\right]$

626 $(7^x - 1)^2 - 5 \cdot (7^x - 1) + 4 < 0$
$\left[\dfrac{\log 2}{\log 7} < x < \dfrac{\log 5}{\log 7}\right]$

627 $0,2^x \cdot (6 \cdot 0,2^x - 13) \geq -5$
$\left[x \leq \dfrac{\log 3 - \log 5}{\log 5} \vee x \geq \dfrac{\log 2}{\log 5}\right]$

647

Capitolo 11. Logaritmi

628 $\sqrt{25-5^x} \leq 5^x - 5$ $\left[\dfrac{\log 9}{\log 5} \leq x \leq 2\right]$

629 $4^{3+x} \geq 7^{2-x}$ $\left[x \geq \dfrac{2\log 7 - 6\log 2}{\log 7 + 2\log 2}\right]$

630 $5 \cdot 3^{1-x} - 2^{1+x} \geq 4 \cdot 3^{1-x} + 3 \cdot 2^{1+x}$ $\left[x \leq \dfrac{\log 3 - 3\log 2}{\log 3 + \log 2}\right]$

631 $(0,1)^x - 3 \cdot 6^x > 6^x - 8 \cdot (0,1)^x$ $\left[x < \dfrac{2\log 3 - 2\log 2}{\log 3 + 2\log 2 + \log 5}\right]$

632 $\dfrac{|2^x - 4| - 2^x + 4}{5^x - 2} > 0$ $[\log_5 2 < x < 2]$

633 $\dfrac{15^x - 5^{x+1} + 5 \cdot 3^x - 9^x}{4^x - 4} \leq 0$ $\left[x \leq 0 \vee 1 < x \leq \dfrac{\log 5}{\log 3}\right]$

634 **REALTÀ E MODELLI** **Cavolo logaritmico** Il broccolo romanesco ha una struttura molto affascinante: la parte che si consuma normalmente è composta da una serie di infiorescenze disposte lungo una spirale logaritmica. Il processo di accrescimento del raggio delle infiorescenze (o rosette) si può descrivere con l'equazione $r = 2 \cdot 10^{-4} \cdot e^{\frac{1}{7}t}$ (t indica il tempo in giorni e r il raggio in cm).

Il broccolo è maturo quando il raggio delle rosette più grandi è compreso tra 4 cm e 8 cm. Quanti giorni impiega a maturare? [circa 70 giorni]

Dominio e segno di funzioni con esponenziali e logaritmi

TEST

635 Quale fra le seguenti funzioni *non* ha dominio $x \neq 0$?

- A $y = \log e^{\frac{1}{x}} + 1$
- B $y = \ln x^2 - 1$
- C $y = \log_3 |x| + 5$
- D $y = 3^x + \ln x^2$
- E $y = \dfrac{\ln(x+3)}{x}$

636 Quale delle seguenti funzioni ha dominio $\mathbb{R}$?

- A $y = 3^{x-1}$
- B $y = \log x$
- C $y = \log(x^2 - 5)$
- D $y = \log \sqrt{x}$
- E $y = \dfrac{x+1}{\log x}$

637 Il dominio della funzione
$$y = \sqrt{\log_{\frac{1}{2}}(x-1)}$$
è:

- A $x > 2$.
- B $1 < x \leq 2$.
- C $x > 1$.
- D $1 \leq x < 2$.
- E $x \geq 2$.

638 Il dominio della funzione $y = \log_\alpha x - 1$ è:

- A $x > 0 \quad \forall \alpha \in \mathbb{R}$.
- B $x < 0$ se $0 < \alpha < 1$.
- C $x < 1$ se $0 < \alpha < 1$.
- D $x > 1$ se $\alpha > 1$.
- E $x > 0$ se $\alpha > 0$ e $\alpha \neq 1$.

639 **ASSOCIA** a ciascuna funzione il suo dominio.

a. $y = \log_2 \sqrt{x}$
b. $y = \sqrt{\log_2 x}$
c. $y = \dfrac{1}{\log_2 |x| - 1}$
d. $y = \dfrac{\log x}{\log_2 x - 1}$

1. $x \neq 0 \wedge x \neq \pm 2$
2. $x > 0$
3. $x > 0 \wedge x \neq 2$
4. $x \geq 1$

648

Dominio e segno di funzioni con esponenziali e logaritmi

640 **ESERCIZIO GUIDA** Cerchiamo il dominio delle seguenti funzioni:

a. $y = \dfrac{\ln x}{1 - \ln^2 x}$;   b. $y = \ln(1 - e^{-2x})$.

a. Dobbiamo risolvere il seguente sistema.

$\begin{cases} x > 0 & \text{condizione di esistenza di } \ln x \\ 1 - \ln^2 x \neq 0 & \text{denominatore diverso da 0} \end{cases}$

Cerchiamo i valori che annullano il denominatore risolvendo l'equazione:

$1 - \ln^2 x = 0 \rightarrow \ln^2 x = 1 \rightarrow \ln x = \pm 1$.

$\ln x = -1 \rightarrow x = e^{-1}$; $\ln x = 1 \rightarrow x = e$.

Il dominio della funzione è dunque $D: x > 0 \land x \neq e^{-1} \land x \neq e$.

b. Imponiamo la condizione di esistenza del logaritmo:

$1 - e^{-2x} > 0 \rightarrow 1 > e^{-2x} \rightarrow e^{-2x} < e^0 \underset{e > 1}{\rightarrow} -2x < 0 \rightarrow 2x > 0 \rightarrow x > 0$.

Il dominio della funzione è $D: x > 0$.

Determina il dominio delle seguenti funzioni.

641 $y = \log(2-x) + \log(x+3)$ $[-3 < x < 2]$

642 $y = \dfrac{\ln x}{1 + \ln x}$ $[0 < x < e^{-1} \lor x > e^{-1}]$

643 $y = \sqrt{\log_3 x - 2}$ $[x \geq 9]$

644 $y = \sqrt{4 - (\log_{\frac{1}{2}} x)^2}$ $\left[\dfrac{1}{4} \leq x \leq 4\right]$

645 $y = \dfrac{\log x}{\ln x - 2}$ $[0 < x < e^2 \lor x > e^2]$

646 $y = \sqrt{3 - \log_2(x-1)}$ $[1 < x \leq 9]$

647 $y = \dfrac{\ln(9-6x)}{\ln x - 1}$ $\left[0 < x < \dfrac{3}{2}\right]$

648 $y = \dfrac{\ln x - 4}{\sqrt{4 - \ln x}}$ $[0 < x < e^4]$

649 $y = \sqrt{\log_2 x - 1} + \sqrt{-\log_2 x + 4}$ $[2 \leq x \leq 16]$

650 $y = \log_2(2^x + 2^{1-x} - 3)$ $[x < 0 \lor x > 1]$

651 $y = \dfrac{1}{\log^2 x - \log x}$ $[x > 0 \land x \neq 1 \land x \neq 10]$

652 $y = \sqrt{\dfrac{\ln x}{\ln x - 1}}$ $[0 < x \leq 1 \lor x > e]$

653 $y = \dfrac{\sqrt{4-x}}{\ln(2^x - 3)}$ $[\log_2 3 < x \leq 4 \land x \neq 2]$

654 $y = \sqrt{3^x - 5}$ $\left[x \geq \dfrac{\log 5}{\log 3}\right]$

655 $y = \sqrt{e^{-x} - e^x}$ $[x \leq 0]$

656 $y = \dfrac{1}{\log(2^x - 1)}$ $[0 < x < 1 \lor x > 1]$

657 $y = \dfrac{\log(x-2) - 8}{(\log_3 x)^2 - \log_3 x - 2}$ $[2 < x < 9 \lor x > 9]$

658 $y = \dfrac{1}{\log_2 |x|} - \dfrac{1}{\log_2 x - 3}$ $[x > 0 \land x \neq 1 \land x \neq 8]$

659 $y = \sqrt{1 - \sqrt{\log_2(x+1)}}$ $[0 \leq x \leq 1]$

660 $y = \dfrac{1}{(\log 2x)^2 - \log 4x^2}$ $\left[x > 0 \land x \neq \dfrac{1}{2} \land x \neq 50\right]$

661 $y = \log \dfrac{\log x - 1}{\log x}$ $[0 < x < 1 \lor x > 10]$

662 $y = \log_2 \log_2 \log \dfrac{x}{2}$ $[x > 20]$

663 $y = \log(|2^x - 1| - 2)$ $\left[x > \dfrac{\log 3}{\log 2}\right]$

649

Capitolo 11. Logaritmi

664 $y = \sqrt{\dfrac{\log_3 x - 2}{10^x - 10}}$ $\qquad [0 < x < 1 \vee x \geq 9]$

665 $y = \sqrt{\log_2 x - 1} + \sqrt{\log_2(x-1)}$ $\qquad [x \geq 2]$

666 $y = \log \dfrac{11^{-x} - 11^x}{13^{x+1} - 13^{-x-1}}$ $\qquad [-1 < x < 0]$

667 $y = \sqrt{2(\log_{\frac{1}{2}} x)^2 + \log_{\frac{1}{2}} x - 1}$

$\qquad\qquad\qquad\left[0 < x \leq \dfrac{\sqrt{2}}{2} \vee x \geq 2\right]$

668 $y = \dfrac{\sqrt{e^x - 6}}{2\ln^2 x - 3\ln x + 1}$ $\qquad [x \geq \ln 6 \wedge x \neq e]$

669 $y = \sqrt{1 - 3^{x-2}} - \sqrt{6^{2x+1} - 12}$ $\quad \left[\dfrac{\ln 2}{2\ln 6} \leq x \leq 2\right]$

670 $y = \dfrac{\sqrt{4 - x^2}}{\log_3 \log_{\frac{1}{2}}(1 - 2^x)}$

$\qquad\qquad\qquad [-2 \leq x < 0 \wedge x \neq -1]$

671 $y = \dfrac{\sqrt{\log_{\frac{1}{3}} x}}{\log_2(3 - 2x)}$ $\qquad [0 < x < 1]$

672 $y = \dfrac{\sqrt{9^x - 3}}{\log_3 \sqrt{|x|}}$ $\qquad \left[x \geq \dfrac{1}{2} \wedge x \neq 1\right]$

673 $y = \sqrt{\dfrac{\ln(3-x) - \ln 2x}{\ln(3-x)}}$

$\qquad\qquad\qquad [0 < x \leq 1 \vee 2 < x < 3]$

674 $y = \sqrt{\dfrac{\log x - 2}{2^{2x-2} - 64}}$ $\qquad [0 < x < 4 \vee x \geq 100]$

675 $y = \dfrac{\log(12x - 7)}{|7^x - 1| - 6}$ $\qquad \left[x > \dfrac{7}{12} \wedge x \neq 1\right]$

676 $y = e^{\frac{6}{\log_2(3+x) - 2}}$ $\qquad [-3 < x < 1 \vee x > 1]$

677 $y = \dfrac{1}{\log_2 x^2 - 4} - \dfrac{1}{2 - \log_2|x|}$

$\qquad\qquad\qquad [x \neq 0 \wedge x \neq \pm 4]$

678 $y = \sqrt{2 \cdot e^x + 5 - 3 \cdot e^{-x}}$ $\qquad [x \geq -\ln 2]$

679 $y = \dfrac{\sqrt{1-x} \cdot \log x}{\log(2 - 3^x)}$ $\qquad [0 < x < \log_3 2]$

680 $y = \dfrac{3}{(\log_3 x)^2 - \log_3 x - 2}$

$\qquad\qquad\qquad \left[x > 0 \wedge x \neq \dfrac{1}{3} \wedge x \neq 9\right]$

681 $y = \sqrt{|e^x - 2| - 1}$ $\qquad [x \leq 0 \vee x \geq \ln 3]$

682 $y = \log_{\frac{1}{2}}\left[\log_{\frac{1}{2}}(x+5)\right]$ $\qquad [-5 < x < -4]$

683 $y = \dfrac{1}{5^x - 25^x + 6}$ $\qquad \left[x \neq \dfrac{\log 3}{\log 5}\right]$

684 $y = \dfrac{5}{|\log_2(5-x)| - 1}$ $\quad \left[x < 5 \wedge x \neq \dfrac{9}{2} \wedge x \neq 3\right]$

685 $y = \log(2^{-x} - 3)$ $\qquad \left[x < -\dfrac{\log 3}{\log 2}\right]$

686 $y = \ln(1 - 2\sqrt{-x})$ $\qquad \left[-\dfrac{1}{4} < x \leq 0\right]$

687 $y = \sqrt{\log_2(x+1)} + \sqrt{\log_{\frac{1}{2}} x - 4}$ $\quad \left[0 < x \leq \dfrac{1}{16}\right]$

688 $y = \sqrt{\dfrac{\ln(x^2 + 4)}{\ln(x+1) - 2}}$ $\qquad [x > e^2 - 1]$

689 $y = \sqrt{\log_{\frac{1}{3}}|x|}$ $\qquad [-1 \leq x \leq 1 \wedge x \neq 0]$

690 $y = \log_{\frac{1}{2}} \log_2 \log_3 x$ $\qquad [x > 3]$

691 $y = \dfrac{2}{\log_3 \sqrt{x}}$ $\qquad [x \neq 0 \wedge x \neq 1]$

692 $y = \sqrt{\dfrac{3^x - 2}{\log_3 x}}$ $\qquad [0 < x \leq \log_3 2 \vee x > 1]$

Determina il dominio delle seguenti funzioni, studia il segno e determina gli eventuali zeri.

693 $y = \log_3(x+1)$ $\qquad [D: x > -1;\ y > 0: x > 0;\ y = 0: x = 0]$

694 $y = \log_{\frac{1}{4}}(2x)$ $\qquad \left[D: x > 0;\ y > 0: 0 < x < \dfrac{1}{2};\ y = 0: x = \dfrac{1}{2}\right]$

695 $y = \log_{0,3}(x-3)$ $\qquad [D: x > 3;\ y > 0: 3 < x < 4;\ y = 0: x = 4]$

696 $y = \log_4\left(\dfrac{1}{x}\right)$ $\qquad [D: x > 0;\ y > 0: 0 < x < 1;\ y = 0: x = 1]$

697 $y = \sqrt{3^x - 5}$ $\qquad \left[D: x \geq \dfrac{\log 5}{\log 3};\ y > 0: x > \dfrac{\log 5}{\log 3};\ y = 0: x = \dfrac{\log 5}{\log 3}\right]$

698 $y = \sqrt{\ln x - 1}$ $\qquad [D: x \geq e;\ y > 0: x > e;\ y = 0: x = e]$

650

Equazioni e disequazioni logaritmiche risolvibili solo graficamente

699 $y = \log\dfrac{2x-4}{x}$ $[D: x < 0 \lor x > 2;\ y > 0: x < 0 \lor x > 4;\ y = 0: x = 4]$

700 $y = \log\dfrac{1}{x+2}$ $[D: x > -2;\ y > 0: -2 < x < -1;\ y = 0: x = -1]$

701 $y = \log_2 \log_2 x$ $[D: x > 1;\ y > 0: x > 2;\ y = 0: x = 2]$

702 $y = \dfrac{1}{\log(2^x - 1)}$ $[D: 0 < x < 1 \lor x > 1;\ y > 0: x > 1;\ y = 0: \text{impossibile}]$

703 $y = \log(x-2) - 2$ $[D: x > 2;\ y > 0: x > 102;\ y = 0: x = 102]$

704 $y = \dfrac{\log x}{\log(x-3)}$ $[D: x > 3 \land x \neq 4;\ y > 0: x > 4;\ y = 0: \text{impossibile}]$

705 Data la funzione $y = \log_3\left[\left(\dfrac{1}{3}\right)^{x-1} - 3\right]$ determina:

  a. il suo dominio;

  b. per quali valori di x il grafico della funzione è sopra all'asse delle ascisse. $[\text{a) } D: x < 0;\ \text{b) } x < 1 - \log_3 4]$

706 Data la funzione $y = a\log_2(3^{x-1} - 1)$, $a \in \mathbb{R}$, determina:

  a. il dominio;

  b. se $a < 0$, per quali valori di x è $y > 0$;

  c. se $a = 1$, per quale valore di x si ha $y = 1$.

     $[\text{a) } D: x > 1;\ \text{b) } 1 < x < 1 + \log_3 2;\ \text{c) } x = 2]$

Equazioni e disequazioni logaritmiche risolvibili solo graficamente

Equazioni

707 **ESERCIZIO GUIDA** Determiniamo il valore approssimato delle soluzioni della seguente equazione utilizzando il metodo grafico:

$$|\ln x| = 1 - x^2.$$

Le soluzioni dell'equazione sono le ascisse dei punti di intersezione dei grafici delle due funzioni di equazioni $y = |\ln x|$ e $y = 1 - x^2$. Tracciamo il grafico di $y = |\ln x|$ (figura **a**) e il grafico di $y = 1 - x^2$ (figura **b**), riportandoli in uno stesso piano cartesiano (figura **c**), e segniamo i punti di intersezione A e B.

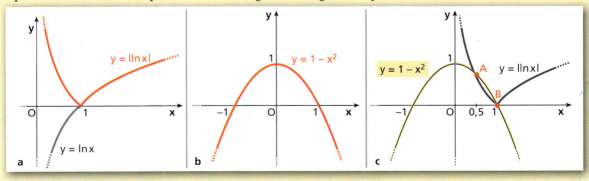

L'ascissa di A si trova fra 0 e 1, approssimativamente in 0,5, mentre quella di B in 1.
Le soluzioni dell'equazione sono $x_1 \simeq 0,5$ e $x_2 = 1$.

Capitolo 11. Logaritmi

Risolvi le seguenti equazioni utilizzando il metodo grafico.

708 $\ln x = 4 - x^2$ $[x \simeq 1{,}8]$

709 $\ln(x + 3) + x = 10$ $[x \simeq 7{,}6]$

710 $\ln(x + 6) - |x| = 0$ $[x_1 \simeq -1{,}5; \, x_2 \simeq 2{,}1]$

711 $\ln x = -2x + 2$ $[x = 1]$

712 $\log(x - 2) = x - 2$ $[\nexists x \in \mathbb{R}]$

713 $\log_{\frac{1}{2}} x = -\frac{1}{x}$ $[x \simeq 1{,}6]$

714 $\ln(x - 1) - 1 = \frac{x^2}{16}$ $[\nexists x \in \mathbb{R}]$

715 $\left(\frac{1}{2}\right)^{x+2} = \ln(x + 1)$ $[x \simeq 0{,}2]$

Disequazioni

Risolvi le seguenti disequazioni utilizzando il metodo grafico.

716 $\log_2 x \leq 1 - x$ $[x \leq 1]$

717 $x < \log_{\frac{1}{3}} x + 2$ $[0 < x < a, \text{con } a \simeq 1{,}6]$

718 $\ln(x + 3) > x^2 - 4$ $[-2 < x < a, \text{con } a \simeq 2{,}4]$

719 $x^2 + 1 > \ln x$ $[x > 0]$

720 $\ln(x + 2) > 3^x$ [impossibile]

721 $\log_{\frac{1}{2}} x \leq x^2 - 5$ $[x \geq 2]$

722 $|e^{-x} - 1| \geq \ln x$ $[x \leq a, \text{con } a \simeq 2{,}5]$

723 $\ln(x - 1) < \frac{1}{x - 1}$ $[1 < x < a, \text{con } a \simeq 2{,}8]$

LEGGI IL GRAFICO   Utilizza le informazioni delle figure e determina:
a. l'equazione di $f(x)$;
b. le coordinate dei punti di intersezione dei grafici di $f(x)$ e $g(x)$;
c. gli intervalli in cui $f(x) > g(x)$.

724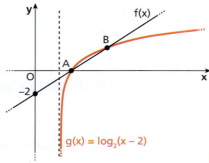

$[b) \, (6; 2)]$

725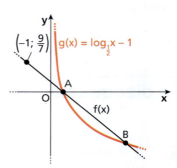

$[b) \, (4; -3)]$

7 Coordinate logaritmiche e semilogaritmiche

▶ Teoria a p. 615

Rappresenta le seguenti funzioni in un piano logaritmico con base $b = 10$. Considera le funzioni solo per $x > 0$ e $y > 0$.

726 $x^2 y = 10$

727 $xy^{-2} = 2$

728 $4xy = 1$

729 $y^3 = x^2$

730 $x^2 y^2 = \frac{1}{2}$

731 $\sqrt[3]{x^2} \, y = 2$

732 $3x^4 = y^3$

733 $x^{-\frac{1}{3}} y^2 = 10$

734 $(xy)^3 = 6$

Rappresenta le seguenti funzioni in un piano semilogaritmico, utilizzando la base più opportuna. Considera le funzioni solo per $y > 0$.

735 $y = 3^{2x}$

736 $10^{-x} = y$

737 $y = e^x$

738 $y \cdot 2^{-x} = 1$

739 $\frac{y}{5^{2x}} = 1$

740 $y = (10e)^x$

741 $y - e^{3x+1} = 0$

742 $\frac{y}{6^x} = 1$

743 $4^x \cdot y - 1 = 0$

Paragrafo 7. Coordinate logaritmiche e semilogaritmiche

Rappresenta le seguenti funzioni espresse in coordinate logaritmiche o semilogaritmiche. Esprimile poi in coordinate cartesiane utilizzando le coordinate indicate e, se possibile, rappresentale in un piano cartesiano.

744 $Y = 5X + 1$. $\quad Y = \log_3 y; X = \log_3 x$. $\qquad$ **746** $Y = \log_7 3 - X$. $\quad Y = \log_7 y; X = x$.

745 $Y = \log_4 3 + X$. $\quad Y = y; X = \log_4 x$. $\qquad$ **747** $Y + X = 3$. $\quad Y = \ln y; X = \ln x$.

LEGGI IL GRAFICO Trova per ogni grafico la sua equazione in coordinate logaritmiche o semilogaritmiche, con base 10, e trasformala in coordinate cartesiane.

748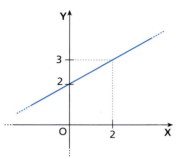

$\left[Y = \dfrac{1}{2}X + 2; \; y = 100\sqrt{x} \right]$

750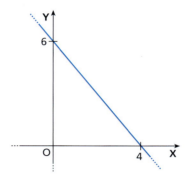

$\left[Y = -\dfrac{3}{2}X + 6; \; y = \dfrac{10^6}{\sqrt{x^3}} \right]$

749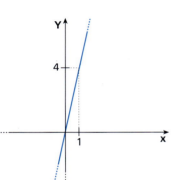

$[Y = 4x; \; y = 10^{4x}]$

751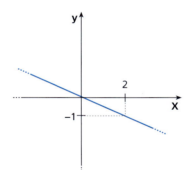

$\left[y = -\dfrac{1}{2}X; \; \sqrt{x} \cdot 10^y = 1 \right]$

Per ognuna delle seguenti tabelle, riporta i dati su un piano logaritmico con base 10 e deduci la funzione che lega le due variabili x e y. Ricorda che $X = \log_{10} x$ e $Y = \log_{10} y$.

752

X	Y
1	$\dfrac{1}{2}$
2	0
5	$-\dfrac{3}{2}$
6	-2

753

X	Y
0	$\log_{10} 7$
$\log_{10} 7$	$8 \log_{10} 7$
1	$7 + \log_{10} 7$
7	$49 + \log_{10} 7$

754

X	Y
-3	1
$-\dfrac{3}{2}$	$\dfrac{1}{2}$
0	0
6	-2

Allenati con **15 esercizi interattivi** con feedback "hai sbagliato, perché…"

su.zanichelli.it/tutor3 $\quad$ risorsa riservata a chi ha acquistato l'edizione con tutor

653

Capitolo 11. Logaritmi

VERIFICA DELLE COMPETENZE ALLENAMENTO

UTILIZZARE TECNICHE E PROCEDURE DI CALCOLO

1 **VERO O FALSO?** Nell'espressione $\log_a b = c$:

a. a, b, c devono essere positivi. V F
b. c può essere 0. V F
c. b non può essere 1. V F
d. a, b, c non possono mai essere uguali. V F

2 **TEST** Se a, b e c sono numeri reali positivi e $a \neq 1$, quale fra le seguenti uguaglianze è *falsa*?

A $\log_a(b \cdot c) = \log_a b + \log_a c$
B $\log_a\left(\dfrac{b}{c}\right) = \log_a b - \log_a c$
C $\log_a a = 1$
D $\log_a b \cdot \log_a c = \log_a(b + c)$
E $\log_a b^c = c \cdot \log_a b$

Calcola il valore delle seguenti espressioni applicando le proprietà dei logaritmi.

3 $\log_3 \dfrac{4}{5} + \log_3 \dfrac{15}{4} - \log_3(4^{\log_4 9})$ $[-1]$

4 $\log(100 \cdot 3) + \log 3^4 - 4^{\log_5 \sqrt{5}}$ $[5\log 3]$

5 $\log_4 5 \cdot \log_5 64 - \log_3(\log_5 5)$ $[3]$

6 $\log_9 12 + \dfrac{1}{2}\log_3 75 - \log_3 10$ $[1]$

---

7 **TEST** Quale fra le seguenti uguaglianze è *vera*?

A $5^{2\log_5 2} = 4$
B $\log_3 5 - \log_3 4 = \log_3 1$
C $\log_3 5 + \log_3 4 = \log_3 9$
D $\dfrac{\log_3 5}{\log_3 4} = \log_3 \dfrac{5}{4}$
E $\log_3 5 \cdot \log_3 4 = \log_3 20$

8 Indica le relazioni che esistono tra i seguenti logaritmi, motivando le risposte:

a. $\log_5 x$ e $\log_{25} x$;
b. $\log_5 x$ e $\log_{\sqrt{5}} \sqrt{x}$;
c. $\log_3 x$ e $\log_9 x$;
d. $\log_7 x$ e $\log_7 (7x)$.

---

9 **ASSOCIA** a ciascuna equazione la proposizione corretta.

a. $\log(2x + 1) = 2\log(x - 1)$
b. $\log_2 x + \log_x 2 = \dfrac{5}{2}$
c. $3\log_3 x = \log_3 64$
d. $2\log(x - 2) - 2\log 2 = \log(2x - 7)$
e. $|\log_2 x + 3| = 5$

1. L'equazione ammette come unica soluzione $x = 4$.
2. L'equazione ammette due soluzioni di cui una è $x = 4$.

Risolvi le seguenti equazioni logaritmiche.

10 $\log(2 - x) = 2\log 2$ $[-2]$

11 $\log_4 x + \log_4(x - 1) = \log_4(3x - 4)$ $[2]$

12 $\ln^2 x - 4\ln x = 0$ $[1; e^4]$

13 $2\log(x - 7) = \log 25$ $[12]$

14 $\log_2(2x + 11) = \log_2(x + 10)$ $[-1]$

15 $\log(x + 5) - \log(x + 3) = \log 4$ $\left[-\dfrac{7}{3}\right]$

16 $\log(x - 2) - \log(x + 1) = \log 6$ [impossibile]

17 $\log 7 + \log(x - 3) - \log x = \log 14 - \log(x + 1)$ $[2 + \sqrt{7}]$

18 $\log_3 5 + \log_3 2 - \log_3 x = \log_3 4$ $\left[\dfrac{5}{2}\right]$

19 $\log(x - 1) - \log(x + 2) = \log 3$ [impossibile]

654

20 $-2\log(4x+3) - \log(2x-1)^3 = -\log(2x-1)^2 - 3\log(4x+3)$ [impossibile]

21 $3\log_{13}(5-x) + \log_{13} 11 = \log_{13}(x+3) + 2\log_{13}(5-x)$ $\left[\dfrac{13}{3}\right]$

22 $3\log_4 x - \log_4(x+1) = \log_4(x^4 - 81) + \log_{\frac{1}{4}}(x^2 - 2x - 3)$ [impossibile]

23 $2\log_4^2|x+1| + \log_4|x^2 - 1| + \log_{\frac{1}{4}}|x-1| - 1 = 0$ $\left[-\dfrac{3}{4}; -\dfrac{5}{4}; -3\right]$

Risolvi le seguenti disequazioni logaritmiche.

24 $\log_{\frac{2}{3}}(3x-1) > 1$ $\left[\dfrac{1}{3} < x < \dfrac{5}{9}\right]$

34 $[\log_4(3x)]^2 - \log_4(9x^2) + 1 \leq 0$ $\left[x = \dfrac{4}{3}\right]$

25 $\log_2(4x+6) - \log_2(5+x) \leq 1$ $\left[-\dfrac{3}{2} < x \leq 2\right]$

35 $(\log_3 x)^2 - \log_3 x - 2 > 0$ $\left[0 < x < \dfrac{1}{3} \vee x > 9\right]$

26 $\log_3 \log_{\frac{1}{3}}(2x-3) \leq 0$ $\left[\dfrac{5}{3} \leq x < 2\right]$

36 $\dfrac{2}{\log_{\frac{2}{3}} x - 1} > \dfrac{\log_{\frac{2}{3}} x}{\log_{\frac{2}{3}} x - 1}$ $\left[\dfrac{4}{9} < x < \dfrac{2}{3}\right]$

27 $\ln(x+1) - 2\ln(x-2) + \ln(x-1) < 0$ [imp.]

28 $\log_5(4^{2x} + 1) > 1$ $\left[x > \dfrac{1}{2}\right]$

37 $\dfrac{3\log_9^2 x + \log_{\frac{1}{9}} x^2}{\sqrt{\log_9 x^2}} \geq 0$ $[x \geq 3\sqrt[3]{3}]$

29 $\log_4(x^2 + 15) > 3$ $[x < -7 \vee x > 7]$

30 $\log_2(4x + 1) > 0$ $[x > 0]$

38 $\log_9(x+2) - \log_9(x^2 - 7x + 12) \leq \log_9 \dfrac{1}{x-2} + \dfrac{1}{2}$

$\left[2 < x \leq \dfrac{5}{2} \vee x \geq 8\right]$

31 $\dfrac{\log(x-3)\log x}{\log(x-4)} \leq 0$ $[4 < x < 5]$

39 $\log_{\frac{3}{4}}[\sqrt{x^4(x-1)} + 1]^2 < 0$ $[x > 1]$

32 $\dfrac{1}{2}\log_3 x - \log_9 x \log_3 x \leq 0$ $[0 < x \leq 1 \vee x \geq 3]$

40 $2\log_7 x - \log_7|1+x| \geq -\log_7\left|\dfrac{1}{x^2} - 1\right|$ $[x \geq 2]$

33 $\log(3x-2) \geq \log(x+4)$ $[x \geq 3]$

TEST

41 L'intervallo $]0; 3[$ è l'insieme delle soluzioni di:

A $\log_{\frac{1}{2}} \dfrac{x+3}{x} > 1$.

C $\log_2 \dfrac{x-3}{x} < 0$.

E $\log_{\frac{1}{2}} \dfrac{x+3}{x} \leq 0$.

B $\log_2 \dfrac{x+3}{x} \geq 1$.

D $\log_2 \dfrac{x+3}{x} > 1$.

42 L'equazione $3^x + 1 = 4^{x+2}$:

A si risolve utilizzando l'uguaglianza $1 = \log 10$.

B si risolve utilizzando il metodo grafico.

C si risolve utilizzando i logaritmi e le loro proprietà.

D si risolve utilizzando l'uguaglianza $1 = 3^0$.

E è impossibile.

Risolvi con i logaritmi le seguenti equazioni e disequazioni esponenziali.

43 $4 \cdot 5^x = 3^{2x+1}$ $\left[\dfrac{\log 3 - \log 4}{\log 5 - 2\log 3}\right]$

45 $\dfrac{5}{3^x - 1} - \dfrac{1}{3^x + 1} = \dfrac{26}{9^x - 1}$ $\left[\dfrac{\log 5}{\log 3}\right]$

44 $9^x - 3^{x+1} - 10 = 0$ $\left[\dfrac{\log 5}{\log 3}\right]$

46 $\dfrac{9^{1-2x} \cdot 3^{5x-2}}{2^{x+1}} < \dfrac{7}{2 \cdot 4^x}$ $\left[x < \dfrac{\log 7}{\log 2 + \log 3}\right]$

Capitolo 11. Logaritmi

47 $\dfrac{2^x - 2}{\sqrt[3]{3 \cdot 6^x \cdot (6^x - 1) - 6}} < 0$ $\left[\dfrac{\log 2}{\log 6} < x < 1\right]$

48 $\log_3(2^{2x+1} - 5 \cdot 2^x - 2) \geq 0$ $[x \geq \log_2 3]$

Risolvi i seguenti sistemi.

49 $\begin{cases} \log_2(x+y) = 3 \\ 2y - x = 1 \end{cases}$ $[(5; 3)]$

51 $\begin{cases} x^2 + y^2 = \dfrac{37}{9} \\ \log_3 x + \log_3 y = \log_3 2 - 1 \end{cases}$ $\left[\left(2; \dfrac{1}{3}\right), \left(\dfrac{1}{3}; 2\right)\right]$

50 $\begin{cases} \log_4(x - 2y) = 0 \\ 2^x + 2^{y+1} = 12 \end{cases}$ $[(3; 1)]$

52 $\begin{cases} \log_5(y - x) - 1 = 2\log_5 y \\ 2x = -5^{\log_5 y} \end{cases}$ $\left[\left(-\dfrac{3}{20}; \dfrac{3}{10}\right)\right]$

ANALIZZARE E INTERPRETARE DATI E GRAFICI

TEST

53 Quale fra le funzioni seguenti ha come dominio $\mathbb{R} - \{0\}$?

A $y = \dfrac{\ln|x|}{x - 1}$

B $y = \ln x^2 - 1$

C $y = \dfrac{1}{\ln x^2}$

D $y = \dfrac{\ln x}{x}$

E $y = \dfrac{\sqrt{x}}{e^x - 1}$

54 Per quali valori reali di k la funzione
$$y = \log(x^2 + kx + 1)$$
ha dominio coincidente con $\mathbb{R}$?

A $k > 0$

B $-2 < k < 2$

C $k < 0$

D $\forall k \in \mathbb{R}$

E $k > 2$

55 **ASSOCIA** a ciascuna funzione la relativa proposizione vera.

a. $y = \ln(x^2 + 10) - 100$

b. $y = 3^{x-1}$

c. $y = \log_2(x - 3) + \log_4(2 - x)$

d. $y = \dfrac{1}{2^{x-3}}$

e. $y = x^2 + \dfrac{\log x}{\ln(-x)}$

1. Il suo dominio è $\mathbb{R}$.

2. Il suo dominio è vuoto.

Determina il dominio delle seguenti funzioni.

56 $y = \log(2x + 2) - \log(6 - x) + 2$ $[-1 < x < 6]$

57 $y = \sqrt{\log \dfrac{2x}{2x + 8}}$ $[x < -4]$

58 $y = \dfrac{x - 4}{\log(x + 4)}$ $[x > -4 \land x \neq -3]$

59 $y = \dfrac{2}{\log(x^2 + 6) - 1}$ $[x \neq \pm 2]$

60 $y = \log_2 \log_{\frac{1}{2}}(x - 1)$ $[1 < x < 2]$

61 $y = \ln(|x| - 1) + 2$ $[x < -1 \lor x > 1]$

62 $y = \sqrt{1 - \log^2 x}$ $\left[\dfrac{1}{10} \leq x \leq 10\right]$

63 $y = \log(10^x + 4) - \log(10^x - 5)$ $[x > \log 5]$

64 $y = \log \dfrac{x - 2}{x^2 - x}$ $[0 < x < 1 \lor x > 2]$

65 $y = \sqrt{\log_2(x - 1)}$ $[x \geq 2]$

66 $y = \dfrac{1}{\log_2 x - 1}$ $[x > 0 \land x \neq 2]$

67 $y = \dfrac{\log_2 x + 1}{\log_2 x}$ $[x > 0 \land x \neq 1]$

Allenamento

68 $y = \dfrac{17^x - 11^x}{5^x - 25^x + 6}$ $\left[x \neq \dfrac{\log 3}{\log 5}\right]$

69 $y = \dfrac{13^x - 3^x}{|\log_2(5-x)| - 1}$ $\left[x < 5 \wedge x \neq \dfrac{9}{2} \wedge x \neq 3\right]$

70 $y = \dfrac{1}{e^{2x-5} - 1} + \dfrac{1}{e - e^{-\frac{1}{x}}}$ $\left[x \neq 0 \wedge x \neq -1 \wedge x \neq \dfrac{5}{2}\right]$

---

71 Determina la funzione inversa di $y = \log(x - 3)$ e disegna i grafici delle due funzioni. $[y = 10^x + 3]$

72 **TEST** La figura a lato rappresenta il grafico di una delle seguenti funzioni. Quale?

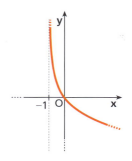

- **A** $y = \ln(x + 1)$
- **B** $y = \log_{0,5}(x + 1)$
- **C** $y = \log_{0,5}(x - 1)$
- **D** $y = \ln(x - 1)$
- **E** $y = 1 - \log_{0,5} x$

VERO O FALSO?

73 La funzione $y = \log_2(x+1)$:
a. è crescente. V F
b. ha dominio $D: x \geq -1$. V F
c. ha il grafico che passa per l'origine. V F
d. ha come inversa $y = 2^{x-1}$. V F

74 La funzione $y = \log_{0,5}(x)$:
a. è positiva per $0 < x < 1$. V F
b. ha dominio $D: x > 0$. V F
c. è crescente. V F
d. ha il grafico che passa per $P\left(1; \dfrac{1}{2}\right)$. V F

75 Data la funzione $y = \log_4 x$, applica a essa, in sequenza, la traslazione di vettore $(2; -3)$, la simmetria rispetto all'asse x e la simmetria rispetto alla retta di equazione $x = 5$. Rappresenta graficamente la funzione ottenuta ed esprimila analiticamente. $[y = -\log_4(8 - x) + 3]$

Disegna il grafico delle seguenti funzioni.

76 $y = \ln(x + 2)$ **78** $y = \log|x|$ **80** $y = 4 - \ln x$

77 $y = |\log_2 x + 1|$ **79** $y = -\log(x - 3)$ **81** $y = 2 + \log_{\frac{1}{2}} x$

LEGGI IL GRAFICO Trova a e b nelle equazioni dei seguenti grafici, utilizzando le informazioni delle figure.

82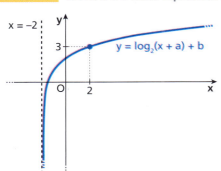

$[a = 2, b = 1]$

83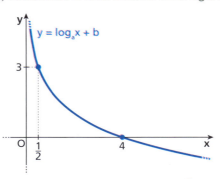

$\left[a = \dfrac{1}{2}, b = 2\right]$

Capitolo 11. Logaritmi

RISOLVERE PROBLEMI

84 Considerate le funzioni
$$f(x) = |x-2|, \quad g(x) = \log_2 x - 2,$$

a. esprimi $h = f \circ g$ e $t = g \circ f$;
b. rappresenta graficamente f, g, h e t;
c. risolvi le disequazioni: $h(x) > 1$, $t(x) > -2$.

$\big[$a) $h(x) = |\log_2 x - 4|$, $t(x) = \log_2 |x-2| - 2$;
c) $0 < x < 8 \vee x > 32$; $x < 1 \vee x > 3\big]$

85 È data la funzione $f(x) = \dfrac{\ln^2 x - \ln x}{\ln \sqrt{x-1}}$.

a. Determina il dominio.
b. Cerca gli zeri della funzione.
c. Studia il suo segno.

$\big[$a) $D: x > 1 \wedge x \neq 2$; b) $x = e$;
c) $f(x) > 0$ per $1 < x < 2 \vee x > e\big]$

---

86 Data la funzione $f(x) = a\log_2(x+b)$:

a. calcola a e b sapendo che il suo grafico passa per l'origine e interseca la retta di equazione $y = 4$ nel punto di ascissa 3;
b. rappresenta il grafico di $f(x)$ per i valori di a e b trovati;
c. risolvi analiticamente e graficamente la disequazione:
$$2\log_2(x+1) \geq 3 - \log_{\frac{1}{2}} x.$$

$\big[$a) $a = 2$, $b = 1$; c) $0 < x \leq 3 - 2\sqrt{2} \vee x \geq 3 + 2\sqrt{2}\big]$

87 Considera la funzione $f(x) = \dfrac{2\ln x}{1 + \ln x}$.

a. Trova il dominio, gli zeri e studia il suo segno.
b. Determina per quali valori di x è $f(x) \geq 1$.
c. Scrivi l'equazione della funzione inversa $f^{-1}(x)$.

$\big[$a) $D: x > 0 \wedge x \neq \dfrac{1}{e}$, $f(x) = 0$ per $x = 1$, $f(x) > 0$ per
$0 < x < \dfrac{1}{e} \vee x > 1$; b) $0 < x < \dfrac{1}{e} \vee x \geq e$; c) $f^{-1}(x) = e^{\frac{x}{2-x}}\big]$

88 Data la funzione $f(x) = \log_2(|x+a|+b)$:

a. determina a e b in modo che la funzione abbia dominio $\mathbb{R}$ e il suo grafico passi per $(4; 2)$ e $(0; 1)$;
b. trova i punti di intersezione del grafico con gli assi cartesiani;
c. risolvi la disequazione $f(x) < 2$.

$[$a) $a = -1$; $b = 1$; b) $(1; 0), (0; 1)$; c) $-2 < x < 4]$

89 Data la funzione $f(x) = \dfrac{x}{2-x}$:

a. rappresentala graficamente;
b. disegna il grafico di $g(x) = e^{f(x)}$;
c. dimostra analiticamente che $g(x)$ è invertibile;
d. esprimi l'equazione di $g^{-1}(x)$ e rappresentala graficamente.

$\big[$d) $g^{-1}(x) = \dfrac{2\ln x}{1 + \ln x}\big]$

Allenati con **15 esercizi interattivi** con feedback "hai sbagliato, perché..."

su.zanichelli.it/tutor3   risorsa riservata a chi ha acquistato l'edizione con tutor

VERIFICA DELLE COMPETENZE VERSO L'ESAME

ARGOMENTARE E DIMOSTRARE

90 Assegnate le funzioni reali $f(x) = \ln(x)$ e $g(x) = e^{x-2}$, stabilisci dominio e codominio delle funzioni f e g, e traccia quindi i grafici relativi alle funzioni $a(x) = f(g(x))$ e $b(x) = g(f(x))$.

(Tratto da Esame di Stato, Liceo scientifico della comunicazione, Opzione sportiva, Sessione ordinaria, 2015, problema 2)

91 Si determini il dominio della funzione $f(x) = \sqrt{3 - \log_2(x+5)}$.

(Esame di Stato, Liceo Scientifico, Corsi sperimentali, Sessione ordinaria, 2014, quesito 9)

92 Si determini il dominio della funzione $f(x) = \sqrt{e^{2x} - 3e^x + 2}$.

(Esame di Stato, Liceo Scientifico, Ordinamento, Sessione suppletiva, 2014, quesito 1)

93 Si consideri l'equazione $\log|x| - e^x = 0$. Si dimostri che essa ammette una soluzione reale appartenente all'intervallo $-2 \leq x \leq -1$.

(Tratto da Esame di Stato, Liceo Scientifico, PNI, Sessione suppletiva, 2014, quesito 8)

94 Studia il dominio della funzione $y = \sqrt{4^x - a}$ al variare di a in $\mathbb{R}$.

95 Determinare il dominio della funzione $f(x) = \ln(2x - \sqrt{4x-1})$.

(Esame di Stato, Liceo Scientifico, Corso di ordinamento, Sessione suppletiva, 2004, quesito 9)

96 Si consideri la seguente uguaglianza: $\ln(2x+1)^4 = 4\ln(2x+1)$. È vero o falso che vale per ogni x reale? Fornire un'esauriente spiegazione della risposta.

(Esame di Stato, Liceo Scientifico, Corso di ordinamento, Sessione suppletiva, 2006, quesito 9)

97 Dimostra che $\log_{a^n} b^m = \frac{m}{n} \log_a b$ e calcola il valore dell'espressione $\log_{\sqrt{2}} 81 + \log_{2\sqrt{2}} 3 + \log_4 9 \cdot \log_{243} 4$.

98 Risolvere la seguente disequazione in x:

$(\ln x)^2 \geq \ln(x^2)$.

(Esame di Stato, Liceo Scientifico, Corso di ordinamento, Sessione suppletiva, 2004, quesito 4)

99 Luca e Claudia devono calcolare il valore di una certa espressione contenente logaritmi. Trovano come risultati rispettivamente: $\log_2 27 + \log_2 12$ e $2 + \log_2 81$. Ammesso che il risultato ottenuto da Luca sia esatto, si può concludere che quello ottenuto da Claudia è sbagliato? Fornire una risposta esaurientemente motivata.

(Esame di Stato, Liceo Scientifico, Corso di ordinamento, Sessione straordinaria, 2005, quesito 3)

COSTRUIRE E UTILIZZARE MODELLI

RISOLVIAMO UN PROBLEMA

■ Escherichia coli

L'*Escherichia coli* è una specie particolare di batterio localizzata nell'ultima parte dell'intestino dell'uomo e degli animali a sangue caldo. Sono batteri necessari per la corretta digestione del cibo, ma alcuni ceppi particolari possono essere dannosi e provocare infezioni.

Sappiamo che il tempo di «raddoppio» per ogni *Escherichia coli* è di circa 20 minuti e che la popolazione al tempo t è data dalla funzione $P(t) = P_0 e^{kt}$, con $k > 0$, dove P_0 è la popolazione all'istante iniziale.

659

Capitolo 11. Logaritmi

- Determina il valore di *k*.
- Trova il numero di *Escherichia coli* che si sviluppano da un singolo batterio in 7 ore.
- Dopo quanto tempo, da $t = 0$, la popolazione raggiunge le 90 000 unità, nell'ipotesi che $P_0 = 1$?

▶ **Determiniamo il valore di *k*.**

Se usiamo come unità di tempo l'ora (h), $t = 20$ minuti corrisponde a $\frac{1}{3}$ h. Quindi:

$$P\left(\frac{1}{3}\right) = P_0 e^{k \cdot \frac{1}{3}}, \text{ con } k > 0.$$

Poiché la popolazione iniziale P_0 raddoppia dopo $\frac{1}{3}$ h,

$$P_0 e^{k \cdot \frac{1}{3}} = 2 P_0,$$

da cui, semplificando P_0, si ottiene:

$$e^{\frac{1}{3}k} = 2.$$

Risolviamo l'equazione con i logaritmi:

$$\ln\left(e^{\frac{1}{3}k}\right) = \ln 2 \rightarrow \frac{1}{3}k = \ln 2 \rightarrow k \simeq 2{,}08.$$

▶ **Calcoliamo il numero di batteri dopo 7 ore.**

Se $P_0 = 1$, per $t = 7$:

$$P(7) = e^{2,08 \cdot 7} \rightarrow P(7) \simeq 2\,105\,367.$$

▶ **Calcoliamo il tempo necessario a raggiungere 90 000 unità.**

$90\,000 = e^{2,08 \cdot t} \rightarrow \ln 90\,000 = 2{,}08 \cdot t \rightarrow t = 5{,}484406225.$
Questo tempo è di circa 5 ore e 29 minuti.

---

100 **Magnitudo** La scala Richter quantifica l'intensità *M*, detta *magnitudo*, di un terremoto in base ai dati forniti dagli strumenti di misurazione, che rilevano l'energia *E* liberata dall'evento sismico.

La legge che lega *M* a *E* è $M = \frac{2}{3} \log \frac{E}{E_0}$, dove E_0 è un valore di riferimento.

- **a.** Rappresenta il grafico della funzione che esprime *M*, assumendo come unità di misura $E_0 = 1$.
- **b.** Esprimi *E* in funzione di *M* ed E_0.
- **c.** Calcola quanto un terremoto di magnitudo 4 è più potente di uno di magnitudo 2.
- **d.** Calcola quanto un terremoto di magnitudo 6 è più potente di uno di magnitudo 2.

101 **Il decadimento radioattivo** La legge del decadimento radioattivo è espressa dalla funzione $N(t) = N_0 e^{-\lambda t}$, dove N_0 è il numero dei nuclei radioattivi presenti all'istante $t = 0$, $N(t)$ è il numero di nuclei presenti all'istante *t*, λ è la costante di decadimento caratteristica dell'elemento, *t* rappresenta il tempo (espresso in giorni). Supponiamo che $4{,}75 \cdot 10^7$ atomi di radon si trovino nelle fondamenta di una casa; queste vengono sigillate per impedire che entri altro radon. Sapendo che la costante di decadimento del radon è $\lambda = 0{,}181$ giorni^{-1}:

- **a.** trova quanti atomi di radon rimangono nelle fondamenta dopo una settimana e dopo due settimane;
- **b.** calcola il tempo di dimezzamento del numero dei nuclei del radon.
- **c.** Se il radon iniziale fosse una quantità N_0 incognita, un mese sarebbe sufficiente per farlo scomparire?

[a) $1{,}338 \cdot 10^7$, $3{,}77 \cdot 10^6$; b) circa 4 giorni]

102 **L'altimetro a pressione** La pressione atmosferica, esercitata dal peso della colonna d'aria sovrastante il punto in cui viene effettuata la misura, diminuisce all'aumentare dell'altitudine. La posizione verticale di un aereo può essere così determinata mediante l'altimetro a pressione, che si basa proprio sulla variazione della pressione atmosferica in funzione dell'altitudine. Al livello del mare la pressione atmosferica è di circa 14,7 psi (*pounds for square inch*, unità di misura anglosassone usata anche in campo aeronautico). L'andamento della pressione *P* in funzione dell'altitudine *h* è espresso dalla funzione $P = 14{,}7 \cdot 10^{-0,000018h}$ (*P* è misurata in psi; *h* in *feet*, «piedi», simbolo ft).

- **a.** Qual è l'altezza di volo di un comune aereo se l'altimetro a pressione registra 13,82 psi?
- **b.** Quale pressione registra l'altimetro se un aereo si trova a viaggiare a un'altitudine di 10 000 ft?

[a) $h \simeq 1490$ ft; b) $P \simeq 9{,}71$ psi]

Verso l'esame

103 La popolazione di un certo Stato, che nel 1990 era di 8 milioni di persone, cresce del 3% all'anno secondo la legge
$$N = N_0 e^{kt},$$
dove N rappresenta la popolazione, espressa in milioni di persone, presente t anni dopo il 1990, N_0 è la popolazione iniziale nel 1990 e k è un coefficiente detto *costante di crescita*.
  a. Calcola il valore di k.
  b. Determina N nel 2000.
  c. Indica la previsione di N nel 2020.
  d. Calcola il tempo necessario per il raddoppio della popolazione.

[a) $k = \ln 1{,}03$; b) 10 751 331; c) 19 418 100; d) $t \simeq 23{,}45$ anni]

104 Il numero di batteri in una certa coltura raddoppia in 20 minuti. Sai che il numero iniziale è $N_0 = 500$.
  a. Scrivi un'equazione che permetta di determinare il numero N di batteri presenti t minuti più tardi.
  b. Calcola il valore di N dopo 60 minuti e dopo 27 minuti.
  c. Dopo quanto tempo i batteri sono 2 350 000?

[a) $N = 500 \cdot e^{t\frac{\ln 2}{20}}$; b) $N_1 = 4000$, $N_2 \simeq 1275$, c) $t \simeq 244$ minuti]

INDIVIDUARE STRATEGIE E APPLICARE METODI PER RISOLVERE PROBLEMI

105 Considera la funzione $f(x) = \log_a(x + b)$.
  a. Trova per quali valori di a e b si ha $f(6) = 2$ e $f(3) = 0$ e traccia il grafico di $f(x)$.
  b. Scrivi l'espressione analitica della funzione inversa e rappresentala graficamente.
  c. Disegna il grafico di $|f(x)|$ e, detti A e B i suoi punti di intersezione con la retta di equazione $y = 3$, trova la misura di AB.

[a) $a = 2$, $b = -2$; b) $y = 2^x + 2$; c) $\frac{63}{8}$]

106 Data la funzione: $f(x) = \log_a \log_a(1 - 2x)$,
  a. studia, al variare di a nell'insieme dei numeri reali, il dominio e il segno della funzione;
  b. considera la funzione che si ottiene per $a = 2$, dimostra che è strettamente decrescente nel suo dominio e trova per quali valori di x è $f(x) < 2$.

[a) per $a > 1$, D: $x < 0$, $f(x) > 0$ se $x < \frac{1-a}{2}$;
per $0 < a < 1$, D: $0 < x < \frac{1}{2}$, $f(x) > 0$ se $0 < x < \frac{1-a}{2}$; b) $-\frac{15}{2} < x < 0$]

107 Sono date le funzioni $f(x) = \sqrt{3^{\frac{x}{2}} + 3^x - 2}$ e $g(x) = \log_{\frac{1}{2}}(x^2 - x + 1)$.
  a. Determina il dominio D_f di $f(x)$ e il dominio D_g di $g(x)$.
  b. Trova quale valore assume $f(x)$ per $x = \log_3 4$.
  c. Calcola i valori di x per cui è $g(x) > -\log_2 3$.
  d. Considerata la funzione $y = \frac{f(x)}{g(x)}$, studiane il dominio e trova gli zeri.

[a) D_f: $x \geq 0$, D_g: $\mathbb{R}$; b) 2; c) $-1 < x < 2$; d) D: $x > 0 \wedge x \neq 1$; non ci sono zeri]

108 È data la funzione $f(x) = \log_{x^2 - 2x + 1} 4$.
  a. Determina il dominio, studia il segno e cerca gli zeri della funzione.
  b. Dimostra che $f(x)$ coincide con la funzione $g(x) = \frac{1}{\log_2|x-1|}$.
  c. Risolvi $f(x) \geq 1$. (Conviene trasformare in base 2.)

[a) $x \neq 0, 1, 2$; $f(x) > 0$ per $x < 0 \vee x > 2$; non ci sono zeri; c) $-1 \leq x < 0 \vee 2 < x \leq 3$]

661

Capitolo 11. Logaritmi

VERIFICA DELLE COMPETENZE — PROVE ⏱ 1 ora

PROVA A

1 COMPLETA
   a. $5^{\log_5 15} = \Box$
   b. $\log 4 + \log 11 = \log \Box$
   c. $\log_3(9\sqrt{3}) = \Box$
   d. $\log_{\Box}(32) = \dfrac{5}{2}$

2 Calcola il valore delle seguenti espressioni:
   a. $\log_3(9 \cdot 5) - \log_3(\log_3 3^5)$;
   b. $\log_4 25 + \log_2 \dfrac{16}{5}$.

3 Disegna il grafico delle seguenti funzioni:
   a. $y = \left|\log_{\frac{1}{3}} x\right|$;
   b. $y = \log(x-1) + 2$.

4 Risolvi le seguenti equazioni:
   a. $\log_6(x-3) = 2$;
   b. $\log(1+x) + 2\log\sqrt{1-x} = \log(9-6x)$;
   c. $2 \cdot 3^{x+2} = 2^{x+1}$.

5 Risolvi le seguenti disequazioni:
   a. $\log_3(2x+3) < \log_3(x-4)$;
   b. $\log_{\frac{1}{2}}(3x) - \log_{\frac{1}{2}}(x+2) > 1$.

6 Determina il dominio delle seguenti funzioni:
   a. $y = \log \dfrac{x-2}{4-x}$;
   b. $y = \sqrt{\log_2 x - 2}$.

PROVA B

1 Verifica la seguente identità: $\dfrac{\log_a x}{1 + \log_a b} = \dfrac{\log_b x}{1 + \log_b a}$.

2 Risolvi le seguenti equazioni.
   a. $\log_4 \dfrac{x^2-1}{2x} - \dfrac{1}{2}\log_2(x+1) = -2$
   b. $2^{x-1} = 5^{2x}$

3 Risolvi le seguenti disequazioni.
   a. $\log_{\frac{1}{3}}\sqrt{\log_2 x} > \dfrac{1}{2}$
   b. $\dfrac{1}{\log_3 \log_2 x} > 0$
   c. $\dfrac{\sqrt{x-1}}{\log_2 x - 2} \geq 0$

4 Discuti al variare di a: $\log_{\frac{2}{\sqrt{a}}} x^2 > 4$.

5 Determina il dominio delle seguenti funzioni e calcola i loro zeri.
   a. $y = \dfrac{\log x - 4}{\log(x-4)}$
   b. $y = \log_{\frac{1}{3}}[\log_4(x^2-1)]$

6 Risolvi la disequazione $|\ln x| \geq 4 - x^2$ utilizzando il metodo grafico.

662

PROVA C

Il pH La concentrazione molare di ioni H⁺ presenti in una soluzione (indicata con [H⁺]) varia da 1 (=10⁰) per una soluzione di massima acidità a 10^{-14} per una soluzione di minima acidità, ovvero di massima basicità (la soluzione neutra, l'acqua pura, ha [H⁺] = 10^{-7}).
In questa sequenza di potenze l'elemento significativo è l'esponente del 10; si definisce pertanto il pH di una soluzione come pH = $-\log$ [H⁺].

a. Dato il pH delle seguenti soluzioni, distingui quali sono acide, neutre o basiche:
   acqua di mare da 7,7 a 8,3; latte 6,5; saliva da 6,5 a 7,4; sapone da 9 a 10; succo di mela 3,5; acido cloridrico 0,3.

b. Dato il pH di una soluzione, quanto vale la concentrazione di ioni H⁺?

c. Un aumento del pH corrisponde a un aumento oppure a una diminuzione della concentrazione [H⁺]?

d. La soluzione X ha il pH doppio della soluzione Y; cosa puoi dire della concentrazione di ioni H⁺ presenti nelle due soluzioni?

PROVA D

1 La funzione $f(x)$ in figura ha equazione $f(x) = |\log_a x + b|$, con $a > 0$ e $b < 0$.

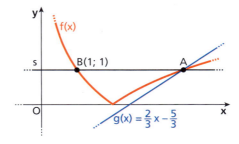

a. Sapendo che la retta s è parallela all'asse x, ricava i valori dei parametri a e b.
b. Sia $h(x) = (f \circ g)(x)$. Scrivi l'espressione analitica di h e risolvi $h(x) > 1$.

2 Dimostra per via algebrica che le funzioni $y = |\log_a x|$ e $y = |\log_{\frac{1}{a}} x|$ sono uguali per $a \neq 1$, $a > 0$. Deduci lo stesso risultato anche per via grafica.

3 Applica le proprietà dei logaritmi per trasformare la funzione $y = \log \dfrac{1}{x^2 - 6x + 9}$ e rappresentala graficamente.

CAPITOLO 17
VETTORI, MATRICI, DETERMINANTI

1 Vettori nel piano

Grandezze scalari e grandezze vettoriali

Per descrivere le **grandezze scalari** è sufficiente un *numero* che esprima la loro misura rispetto a un'unità prefissata. Per esempio, sono grandezze scalari la lunghezza, l'area, il volume e il tempo.

Invece, le **grandezze vettoriali** sono rappresentate da un *numero*, una *direzione* e un *verso*, elementi caratteristici dei **vettori**.

Per esempio, sono grandezze vettoriali lo spostamento e la velocità.

Vettori

Come abbiamo visto nel capitolo 16, un vettore $\vec{v}$ è caratterizzato da:

- **modulo** v, che è la misura della lunghezza del segmento orientato che lo rappresenta rispetto a un'unità prefissata;
- **direzione**, quella della retta a cui appartiene il segmento;
- **verso**, uno dei due con cui è possibile orientare la retta.

Chiamiamo **versore** del vettore $\vec{v}$ un vettore di modulo unitario con la stessa direzione e verso di $\vec{v}$.

Ricordiamo che:

- un **vettore nullo** è un vettore con estremi coincidenti, quindi è rappresentato da un punto; lo indichiamo con $\vec{0}$ oppure con $\mathbf{0}$;
- dato un vettore $\vec{v} = \overrightarrow{AB}$, il suo **vettore opposto** $-\vec{v}$ è il vettore avente lo stesso modulo e la stessa direzione di $\vec{v}$, ma verso opposto rispetto a $\vec{v}$.

Indichiamo con V l'insieme dei vettori del piano.

■ Operazioni con i vettori

▶ Esercizi a p. 1016

Addizione

Dati due vettori $\vec{u}$ e $\vec{v}$, per ottenere il loro **vettore somma** $\vec{s} = \vec{u} + \vec{v}$, rappresentiamo $\vec{u}$ e $\vec{v}$ con i segmenti consecutivi $\overrightarrow{AB}$ e $\overrightarrow{BC}$.

Listen to it

Scalar quantities have only magnitude (size), so they are fully described by a numerical value.
Vector quantities have both magnitude and direction.

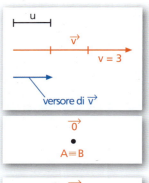

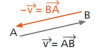

Paragrafo 1. Vettori nel piano

- Se i vettori $\vec{u}$ e $\vec{v}$ hanno **la stessa direzione e lo stesso verso**, il vettore somma $\vec{s}$ ha stessa direzione e stesso verso di $\vec{u}$ e $\vec{v}$ e modulo uguale alla somma dei moduli:

  $s = u + v$.

- Se i vettori $\vec{u}$ e $\vec{v}$ hanno **la stessa direzione ma verso opposto**, il vettore somma $\vec{s}$ ha stessa direzione di $\vec{u}$ e $\vec{v}$, verso uguale a quello del vettore con modulo maggiore e modulo uguale alla differenza tra il modulo maggiore e il modulo minore:

  $s = u - v$ se $u > v$.

- Se i vettori $\vec{u}$ e $\vec{v}$ hanno **direzioni diverse**, il vettore somma $\vec{s}$ è rappresentato dal segmento $\overline{AC}$ che ha lunghezza e direzione del terzo lato del triangolo individuato dai vettori $\vec{u}$ e $\vec{v}$, quindi:

  $s < u + v$.

  È equivalente considerare il vettore somma $\vec{s}$ come la diagonale $\overline{AC}$ del parallelogramma determinato da $\vec{u}$ e $\vec{v}$, considerati entrambi con primo estremo in A (**regola del parallelogramma**).

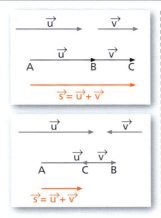

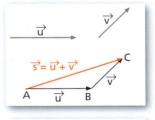

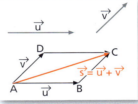

Riassumendo, possiamo dare la seguente definizione.

DEFINIZIONE

Il **vettore somma** $\vec{s}$ di due vettori $\vec{u}$ e $\vec{v}$ è il vettore che si ottiene rappresentando consecutivamente i vettori dati e che ha come primo estremo il primo estremo di $\vec{u}$ e come secondo estremo il secondo estremo di $\vec{v}$.

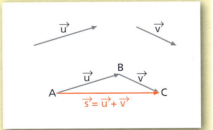

▶ Disegna due vettori $\vec{a}$ e $\vec{b}$, entrambi di modulo 1, tali che la loro somma abbia a sua volta modulo 1.

Il vettore somma $\vec{s}$ si chiama anche **risultante**.

ESEMPIO

Troviamo il modulo del vettore somma di $\vec{a}$ e $\vec{b}$, che formano un angolo di 60° e hanno i moduli $a = 48$ e $b = 20$.
Consideriamo il parallelogramma formato dai due vettori e calcoliamo il modulo $\overline{AD}$ di $\vec{a} + \vec{b}$ con il teorema del coseno applicato al triangolo ABD:

$$\overline{AD}^2 = \overline{AB}^2 + \overline{BD}^2 - 2 \cdot \overline{AB} \cdot \overline{BD} \cdot \cos A\widehat{B}D =$$

$$48^2 + 20^2 - 2 \cdot 48 \cdot 20 \cdot \cos 120°$$

$$\overline{AD} = \sqrt{3664} \simeq 60,5.$$

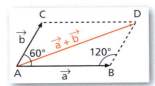

▶ Calcola il modulo di $\vec{u} + \vec{v}$, se $u = 8$, $v = 5$ e i due vettori formano un angolo di 40°.

995

In generale, per il modulo *s* di $\vec{u} + \vec{v}$, con il teorema del coseno otteniamo:

$$s^2 = u^2 + v^2 - 2u \cdot v \cdot \cos\beta \rightarrow s = \sqrt{u^2 + v^2 - 2u \cdot v \cdot \cos\beta}.$$

$\beta = \pi - \alpha$, quindi $\cos\beta = -\cos\alpha$:

$$s = \sqrt{u^2 + v^2 + 2u \cdot v \cdot \cos\alpha}.$$

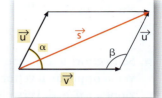

L'operazione che a due vettori associa la loro somma si dice **addizione**.
Si può dimostrare che l'addizione di vettori gode delle seguenti **proprietà**:

- *proprietà commutativa*: $\vec{u} + \vec{v} = \vec{v} + \vec{u}, \forall \vec{u}, \vec{v} \in V$;
- *proprietà associativa*: $(\vec{u} + \vec{v}) + \vec{w} = \vec{u} + (\vec{v} + \vec{w}), \forall \vec{u}, \vec{v}, \vec{w} \in V$;
- il vettore nullo $\vec{0}$ è l'*elemento neutro*: $\vec{v} + \vec{0} = \vec{0} + \vec{v} = \vec{v}, \forall \vec{v} \in V$;
- per ogni $\vec{v} \in V$ esiste il vettore *opposto* $-\vec{v}$: $\vec{v} + (-\vec{v}) = (-\vec{v}) + \vec{v} = \vec{0}$.

Dati tre o più vettori $\vec{u}, \vec{v}, \vec{w}, \ldots$, la loro somma si ottiene sommando i primi due e poi sommando al vettore ottenuto $\vec{u} + \vec{v}$ il terzo $\vec{w}$ e così via.
Graficamente il vettore risultante si ottiene riportando di seguito, a partire da un punto *A*, i segmenti orientati che rappresentano i vettori da sommare.

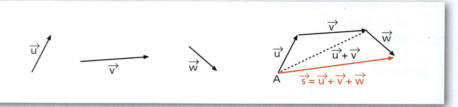

Si ottiene una poligonale; il segmento orientato che congiunge *A* con l'ultimo estremo della poligonale rappresenta il vettore somma.

Sottrazione

L'esistenza dell'opposto di un qualsiasi vettore permette di definire la *differenza* di due vettori riconducendola a una somma.

> **DEFINIZIONE**
>
> La **differenza di due vettori**, scelti in un dato ordine, è la somma del primo con l'opposto del secondo.
>
> $\vec{u} - \vec{v} = \vec{u} + (-\vec{v})$

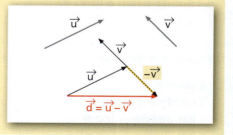

Moltiplicazione di un vettore per uno scalare

Dato un vettore $\vec{v}$, possiamo determinare i vettori $3\vec{v}, -2\vec{v}, \ldots$, mediante addizioni ripetute.

Per esempio: $3\vec{v} = \vec{v} + \vec{v} + \vec{v}$; $-2\vec{v} = -\vec{v} + (-\vec{v})$.

In generale vale la seguente definizione.

Paragrafo 1. Vettori nel piano

DEFINIZIONE

Dati un vettore $\vec{v}$ e un numero reale k, il **prodotto** $k \cdot \vec{v}$ è il vettore che ha la stessa direzione di $\vec{v}$, modulo uguale al prodotto del valore assoluto di k per il modulo di $\vec{v}$ e lo stesso verso di $\vec{v}$ se $k > 0$, verso opposto se $k < 0$.

a. Moltiplicazione del vettore $\vec{v}$ per lo scalare 3.

b. Moltiplicazione del vettore $\vec{v}$ per lo scalare -2.

L'operazione che ha come risultato questo prodotto viene detta **moltiplicazione di un vettore per uno scalare**.

Essa gode delle seguenti **proprietà**:

- *proprietà distributiva* rispetto all'addizione dei numeri reali e dei vettori:

  $(k + p) \cdot \vec{v} = k \cdot \vec{v} + p \cdot \vec{v}, \qquad \forall k, p \in \mathbb{R} \text{ e } \forall \vec{v} \in V;$

  $k \cdot (\vec{u} + \vec{v}) = k \cdot \vec{u} + k \cdot \vec{v}, \qquad \forall k \in \mathbb{R} \text{ e } \forall \vec{u}, \vec{v} \in V;$

- *proprietà associativa mista*: $k(p \cdot \vec{v}) = (kp) \cdot \vec{v}, \qquad \forall k, p \in \mathbb{R} \text{ e } \forall \vec{v} \in V.$

Prodotto scalare di due vettori

Consideriamo $\vec{a}$ e $\vec{b}$ non nulli applicati nello stesso punto e sia α l'angolo convesso che formano.

DEFINIZIONE

Il **prodotto scalare** $\vec{a} \cdot \vec{b}$ di due vettori $\vec{a}$ e $\vec{b}$ è il numero $ab \cos \alpha$.

Listen to it

The **scalar product**, or **dot product**, of two vectors $\vec{a}$ and $\vec{b}$ is the number $ab \cos \alpha$, where α is the angle between $\vec{a}$ and $\vec{b}$.

ESEMPIO

Il prodotto scalare dei vettori della figura è:

$\vec{a} \cdot \vec{b} = ab \cos 120° = 3 \cdot 4 \cdot \left(-\dfrac{1}{2}\right) = -6.$

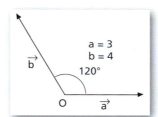

▶ Utilizzando i vettori dell'esempio, calcola $\vec{a} \cdot (-\vec{b})$.

Notiamo che, essendo $\cos(2\pi - \alpha) = \cos \alpha$, nella definizione di prodotto scalare è indifferente considerare l'uno o l'altro dei due angoli formati dai vettori. Tuttavia, per convenzione, quando ci riferiamo all'angolo compreso tra due vettori, ci riferiamo sempre all'angolo convesso.

Il prodotto scalare di due vettori $\vec{a}$ e $\vec{b}$ non nulli può essere positivo, negativo o nullo a seconda dell'angolo che essi formano.

In particolare, $\vec{a} \cdot \vec{b} = 0$ se $\alpha = 90°$ e viceversa.
Vale quindi la seguente **condizione di perpendicolarità**.

Animazione

Mediante una figura dinamica, nell'animazione puoi osservare come cambia il prodotto scalare al variare di a, b e α.

Due vettori $\vec{a}$ e $\vec{b}$ non nulli sono perpendicolari se e solo se il loro prodotto scalare è nullo:

$\vec{a} \perp \vec{b} \quad \leftrightarrow \quad \vec{a} \cdot \vec{b} = 0.$

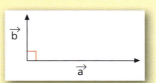

Se due vettori $\vec{a}$ e $\vec{b}$ sono **paralleli** e hanno lo stesso verso, allora $\alpha = 0°$, quindi $\cos \alpha = 1$ e il prodotto scalare risulta:

$\vec{a} \cdot \vec{b} = ab.$

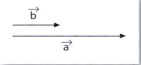

Capitolo 17. Vettori, matrici, determinanti

Per il prodotto scalare valgono le seguenti **proprietà**:

- *proprietà commutativa*: $\vec{a} \cdot \vec{b} = \vec{b} \cdot \vec{a}$;
- *proprietà distributiva*: $(\vec{a} + \vec{b}) \cdot \vec{c} = \vec{a} \cdot \vec{c} + \vec{b} \cdot \vec{c}$.

■ Scomposizione di un vettore

▶ Esercizi a p. 1020

Consideriamo il vettore $\vec{v}$ e le semirette Or e Os.

Dall'estremo C di $\vec{v}$ tracciamo le parallele a Or e Os e otteniamo i punti A e B, che individuano i segmenti orientati $\overrightarrow{OA}$ e $\overrightarrow{OB}$, cioè i vettori $\vec{a}$ e $\vec{b}$, che hanno come somma $\vec{v}$.

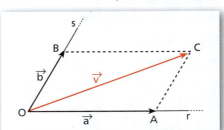

In generale, dati un vettore $\vec{v}$ e due direzioni r e s, $\vec{v}$ può essere scomposto in due vettori che hanno direzioni r e s e somma $\vec{v}$.

□ Video

Vettori in fisica
La fisica descrive i fenomeni naturali. Per rappresentarli, a volte, si utilizzano i vettori. Vediamo qualche esempio.

2 Vettori nel piano cartesiano

▶ Esercizi a p. 1021

Componenti cartesiane

Consideriamo il piano xOy e disegniamo un vettore $\vec{a} = \overrightarrow{OP}$ che parte dall'origine. Indichiamo con $\vec{i}$ il versore avente la direzione e il verso dell'asse x e con $\vec{j}$ il versore avente la direzione e il verso dell'asse y.

Se dal punto P mandiamo le parallele agli assi cartesiani, otteniamo i punti A e B che individuano i segmenti orientati $\overrightarrow{OA}$ e $\overrightarrow{OB}$. Se il punto P ha coordinate $(a_x; a_y)$, abbiamo $A(a_x; 0)$ e $B(0; a_y)$, e possiamo scrivere:

$$\overrightarrow{OA} = a_x \vec{i} \qquad \text{e} \qquad \overrightarrow{OB} = a_y \vec{j}.$$

Dunque, se scomponiamo il vettore $\vec{a}$ lungo gli assi cartesiani, otteniamo:

$$\vec{a} = a_x \vec{i} + a_y \vec{j}.$$

a_x e a_y sono le **componenti cartesiane** del vettore $\vec{a}$, mentre i vettori $\vec{a}_x = a_x \vec{i}$ e $\vec{a}_y = a_y \vec{j}$ sono i vettori componenti di $\vec{a}$.

Per identificare il vettore con le sue componenti cartesiane scriviamo anche

$$\vec{a}(a_x; a_y).$$

> **ESEMPIO**
> I vettori $\vec{a}(2; -1)$ e $\vec{b}(-3; 5)$ nel piano cartesiano hanno la rappresentazione della figura a lato.

In particolare, per i versori $\vec{i}$ e $\vec{j}$, abbiamo: $\vec{i}(1; 0)$ e $\vec{j}(0; 1)$.

Modulo e direzione

Dato un vettore $\vec{a}(a_x; a_y)$, per il teorema di Pitagora il suo modulo è

▶ Rappresenta nel piano cartesiano i vettori:
$\vec{a}(-5; 2)$; $\vec{b}(3; 0)$; $\vec{c}(0; 4)$.

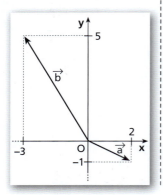

Paragrafo 2. Vettori nel piano cartesiano

$$a = \sqrt{\overline{OH}^2 + \overline{PH}^2} = \sqrt{a_x^2 + a_y^2}.$$

Possiamo anche determinare l'angolo α che il vettore forma con la direzione positiva dell'asse x, ricordando le relazioni valide in un triangolo rettangolo,

$$\overline{OH} = \overline{OP}\cos\alpha \qquad e \qquad \overline{PH} = \overline{OP}\sin\alpha,$$

e cioè:

$$\cos\alpha = \frac{a_x}{a} \qquad e \qquad \sin\alpha = \frac{a_y}{a}.$$

Da queste relazioni otteniamo le componenti cartesiane di $\vec{a}$ in funzione del modulo a e dell'angolo α con la direzione positiva dell'asse x:

$$a_x = a\cos\alpha \quad e \quad a_y = a\sin\alpha.$$

Consideriamo $\vec{a}(a_x; a_y)$ e $\vec{b}(b_x; b_y)$ ed esprimiamo mediante le componenti cartesiane i risultati delle operazioni con i vettori.

Somma

$$\vec{a} + \vec{b} = (a_x\vec{i} + a_y\vec{j}) + (b_x\vec{i} + b_y\vec{j}) = (a_x + b_x)\vec{i} + (a_y + b_y)\vec{j}.$$

Quindi: $\vec{a} + \vec{b} = (a_x + b_x; a_y + b_y).$

> **ESEMPIO**
> Dati i vettori $\vec{a}(-4; 2)$ e $\vec{b}(2; -1)$, il vettore somma $\vec{s}$ è:
> $$\vec{s} = \vec{a} + \vec{b} = (-4 + 2; 2 - 1) = (-2; 1).$$

Differenza

$$\vec{a} - \vec{b} = \vec{a} + (-\vec{b}) = a_x\vec{i} + a_y\vec{j} + (-b_x\vec{i} - b_y\vec{j}) = (a_x - b_x)\vec{i} + (a_y - b_y)\vec{j}.$$

Quindi: $\vec{a} - \vec{b} = (a_x - b_x; a_y - b_y).$

> **ESEMPIO**
> Dati i vettori $\vec{a}(-3; 2)$ e $\vec{b}(5; -8)$:
> $$\vec{a} - \vec{b} = (-3 - 5; 2 + 8) = (-8; 10).$$

Prodotto di un vettore per uno scalare

Dati il vettore $\vec{a}(a_x; a_y)$ e lo scalare k:

$$k\vec{a} = k(a_x\vec{i} + a_y\vec{j}) = ka_x\vec{i} + ka_y\vec{j}.$$

Quindi:

$$k\vec{a} = (ka_x; ka_y).$$

> **ESEMPIO**
> Se $\vec{a}\left(2; -\frac{1}{2}\right)$:
> $$-8\vec{a} = \left(-8 \cdot 2; -8 \cdot \left(-\frac{1}{2}\right)\right) = (-16; 4).$$

TEORIA

▶ Dato il vettore $\vec{d}(4; 3)$, determina il suo modulo e l'angolo che il vettore forma con la direzione positiva dell'asse x.

□ **Animazione**

Nell'animazione trovi la risoluzione di tutti gli esercizi proposti nelle pagine di teoria di questo paragrafo e una figura dinamica per osservare come varia la posizione reciproca di due vettori $\vec{a}$ e $\vec{b}$ al variare di a_x, a_y, b_x e b_y.

▶ Esprimi $\vec{a} + \vec{b}$ mediante le componenti cartesiane, se $\vec{a}(-2; -3)$ e $\vec{b}(1; 4)$.

▶ Dati $\vec{c}(2; 1)$ e $\vec{d}(-3; 3)$, trova $\vec{c} - \vec{d}$ e $\vec{d} - \vec{c}$.

▶ Il vettore $-2\vec{v}$ è $(-4; 3)$. Qual è il vettore $\vec{v}$?

999

Capitolo 17. Vettori, matrici, determinanti

Prodotto scalare

$$\vec{a} \cdot \vec{b} = (a_x \vec{i} + a_y \vec{j}) \cdot (b_x \vec{i} + b_y \vec{j}) = a_x b_x \vec{i} \cdot \vec{i} + a_x b_y \vec{i} \cdot \vec{j} + a_y b_x \vec{j} \cdot \vec{i} + a_y b_y \vec{j} \cdot \vec{j}.$$

Poiché

$$\vec{i} \cdot \vec{i} = 1, \quad \vec{j} \cdot \vec{j} = 1 \qquad \text{perché versori paralleli con stesso verso,}$$

$$\vec{i} \cdot \vec{j} = 0 \qquad\qquad \text{perché versori perpendicolari,}$$

il prodotto scalare di $\vec{a}$ e $\vec{b}$ diventa: $\boxed{\vec{a} \cdot \vec{b} = a_x b_x + a_y b_y.}$

> ► Calcola il prodotto scalare di $\vec{a}(2;3)$ e $\vec{b}(-1;2)$.

ESEMPIO
Se $\vec{a}(2;-3)$ e $\vec{b}(5;-1)$, il prodotto scalare è:

$$\vec{a} \cdot \vec{b} = 2 \cdot 5 + (-3) \cdot (-1) = 10 + 3 = 13.$$

È possibile determinare l'angolo α formato da due vettori $\vec{a}(a_x; a_y)$ e $\vec{b}(b_x; b_y)$ considerando che:

$$\vec{a} \cdot \vec{b} = ab \cos\alpha \quad \rightarrow \quad \cos\alpha = \frac{\vec{a} \cdot \vec{b}}{ab}.$$

Essendo $\vec{a} \cdot \vec{b} = a_x b_x + a_y b_y$, allora: $\boxed{\cos\alpha = \dfrac{a_x b_x + a_y b_y}{ab}.}$

> ► Qual è l'ampiezza dell'angolo compreso tra i vettori $\vec{a}(2;3)$ e $\vec{b}(-1;2)$?

ESEMPIO
Troviamo l'angolo formato dai vettori $\vec{a}(1;2)$ e $\vec{b}(3;-1)$.
Calcoliamo $a = \sqrt{1+4} = \sqrt{5}$ e $b = \sqrt{9+1} = \sqrt{10}$. Quindi:

$$\cos\alpha = \frac{1 \cdot 3 + 2(-1)}{\sqrt{5} \cdot \sqrt{10}} = \frac{3-2}{5\sqrt{2}} = \frac{1}{5\sqrt{2}}.$$

Con la calcolatrice si ottiene $\alpha \simeq 82°$.

Vettori paralleli e vettori perpendicolari

Consideriamo i vettori $\vec{a}(a_x; a_y)$ e $\vec{b}(b_x; b_y)$.
Poiché due vettori sono **paralleli** se giacciono su rette parallele, e il coefficiente angolare della retta su cui giace un vettore è dato dal rapporto tra la componente y e la componente x del vettore, allora la **condizione di parallelismo** per $\vec{a}$ e $\vec{b}$ è:

$$\vec{a} \,/\!/\, \vec{b} \;\leftrightarrow\; \frac{a_y}{a_x} = \frac{b_y}{b_x} \;\leftrightarrow\; \boxed{\frac{a_x}{b_x} = \frac{a_y}{b_y},}$$

ovvero due vettori sono paralleli se e solo se sono uguali i rapporti tra le loro componenti cartesiane.
Se poniamo uguale a k ognuno dei due rapporti, otteniamo:

$$a_x = kb_x \;\text{ e }\; a_y = kb_y;$$

$$\vec{a}(kb_x; kb_y) \;\rightarrow\; \boxed{\vec{a} = k\vec{b}.}$$

ESEMPIO
$\vec{a}(-3;4)$ e $\vec{b}\left(1; -\dfrac{4}{3}\right)$ sono paralleli, perché:

$$\frac{a_x}{b_x} = \frac{-3}{1} = -3; \qquad \frac{a_y}{b_y} = \frac{4}{-\dfrac{4}{3}} = -3.$$

> ► $\vec{a}(6;-3)$ e $\vec{b}(-2;1)$ sono vettori paralleli?

$a_x = -3b_x$ e $a_y = -3b_y$, quindi: $\vec{a} = -3\vec{b}$.

1000

Come abbiamo visto, due vettori $\vec{a}$ e $\vec{b}$ sono **perpendicolari** se e solo se il loro prodotto scalare è nullo, quindi:

$$\vec{a} \perp \vec{b} \leftrightarrow \vec{a} \cdot \vec{b} = 0 \leftrightarrow \boxed{a_x b_x + a_y b_y = 0}.$$

ESEMPIO
$\vec{a}(2; -6)$ e $\vec{b}(3; 1)$ sono perpendicolari, perché:

$$\vec{a} \cdot \vec{b} = 2 \cdot 3 + (-6) \cdot 1 = 0.$$

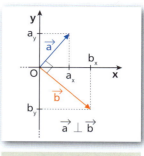

▶ Scrivi le componenti di un vettore perpendicolare a $\vec{v}(-2; 4)$.

3 Matrici

▶ Esercizi a p. 1025

Per rappresentare un qualunque insieme di numeri, ordinato come in una tabella, si utilizza un quadro composto da righe e da colonne, delimitato a destra e a sinistra da due parentesi quadre.

$$\begin{bmatrix} 2 & 6 & 0 & -1 & 6 \\ 3 & 1 & 5 & 7 & 0 \\ 5 & 2 & -3 & 5 & 2 \end{bmatrix}$$

DEFINIZIONE
Dati $m \times n$ numeri, chiamiamo **matrice** $m \times n$ la tabella che li ordina in m righe e n colonne.

🇬🇧 **Listen to it**

An $m \times n$ **matrix** is a rectangular array of numbers with m rows and n columns. Each number is called an **entry** of the matrix.

Gli $m \times n$ numeri presenti nella matrice sono gli **elementi** della matrice.
Se il numero delle righe è diverso da quello delle colonne, la matrice è **rettangolare**, altrimenti è **quadrata**.

ESEMPIO
Matrice rettangolare

$$\begin{bmatrix} 0 & 1 & 0 & 0 \\ 1 & 0 & 0 & 1 \end{bmatrix}$$

2 righe e 4 colonne

Matrice quadrata

$$\begin{bmatrix} 0 & 1 & 0 \\ 8 & 2 & 3 \\ 2 & 1 & 4 \end{bmatrix}$$

3 righe e 3 colonne

Per indicare gli elementi di una matrice $m \times n$, utilizziamo una lettera dell'alfabeto, per esempio a, munita di due indici; il primo indica il numero di riga e il secondo il numero di colonna. Per esempio, l'elemento a_{32} si trova all'incrocio fra la 3ª riga e la 2ª colonna.
Si è soliti indicare una matrice con lettere maiuscole: $A, B, C, \ldots$.

Due matrici vengono dette **dello stesso tipo** quando hanno lo stesso numero m di righe e n di colonne; e gli elementi che occupano lo stesso posto si dicono **elementi corrispondenti**.

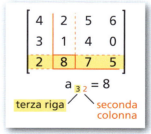

Due matrici dello stesso tipo sono:
- **uguali** se gli elementi corrispondenti sono uguali;
- **opposte** se gli elementi corrispondenti sono opposti.

ESEMPIO
Le matrici $\begin{bmatrix} 1 & -3 & 2 \\ 2 & 1 & 0 \end{bmatrix}$ e $\begin{bmatrix} -1 & 3 & -2 \\ -2 & -1 & 0 \end{bmatrix}$ sono dello stesso tipo e opposte.

▶ Scrivi la matrice opposta di $\begin{bmatrix} -2 & 1 \\ 0 & 3 \end{bmatrix}$.

Capitolo 17. Vettori, matrici, determinanti

$$\begin{bmatrix} 0 & 0 & 0 \\ 0 & 0 & 0 \end{bmatrix}$$
matrice nulla

$$\begin{bmatrix} 1 & 3 & -2 & 4 \end{bmatrix}$$
matrice riga

$$\begin{bmatrix} 2 \\ -1 \end{bmatrix}$$
matrice colonna

Matrici particolari

Una **matrice** è **nulla** se tutti i suoi elementi sono uguali a 0.

La matrice nulla si indica con il simbolo O oppure O_{mn} se si vuole precisare il numero delle righe e delle colonne.

Una matrice formata:
- da una sola riga è una **matrice riga**;
- da una sola colonna è una **matrice colonna**.

DEFINIZIONE

Data la matrice A, la **matrice trasposta** di A si ottiene scambiando ordinatamente le righe della matrice iniziale con le sue colonne.

La trasposta di una matrice A si indica con A^T.

▶ Scrivi la trasposta di
$\begin{bmatrix} 3 & 2 & 0 \\ -6 & 1 & 4 \end{bmatrix}$.

ESEMPIO
Data la matrice 2×3

$$A = \begin{bmatrix} -1 & 3 & 4 \\ 6 & 2 & -3 \end{bmatrix},$$

la sua trasposta è la matrice 3×2:

$$A^T = \begin{bmatrix} -1 & 6 \\ 3 & 2 \\ 4 & -3 \end{bmatrix}.$$

La trasposta della trasposta di una matrice A è la matrice stessa: $(A^T)^T = A$.

Matrici quadrate

Abbiamo già visto che una matrice è quadrata quando il numero di righe è uguale al numero di colonne.

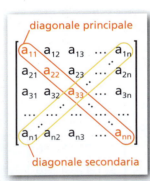

DEFINIZIONE

L'**ordine di una matrice quadrata** è il numero delle sue righe (o delle sue colonne).

La **diagonale principale** è formata da tutti gli elementi che si trovano sulla diagonale di estremi a_{11} e a_{nn}, nella figura è evidenziata in rosso. Di conseguenza, tali elementi hanno i due indici uguali fra loro ($a_{11}, a_{22}, a_{33}, \dots$).

La **diagonale secondaria** è formata da tutti gli elementi che si trovano sulla diagonale di estremi a_{n1} e a_{1n}, nella figura è evidenziata in giallo.

▶ Scrivi gli elementi della diagonale principale e quelli della diagonale secondaria di
$\begin{bmatrix} -2 & 0 & 1 \\ 3 & 4 & -1 \\ 1 & -5 & 0 \end{bmatrix}$.

ESEMPIO
Nella matrice a fianco, di ordine 3:
gli elementi della diagonale principale sono 5, 0, 3;
gli elementi della diagonale secondaria sono 2, 0, 8.

$$\begin{bmatrix} 5 & 6 & 8 \\ -2 & 0 & 1 \\ 2 & -4 & 3 \end{bmatrix}$$

DEFINIZIONE

Una matrice quadrata è una **matrice diagonale** quando tutti i suoi elementi sono nulli tranne quelli della diagonale principale.

ESEMPIO

$\begin{bmatrix} 4 & 0 & 0 \\ 0 & -3 & 0 \\ 0 & 0 & 7 \end{bmatrix}$ è una matrice diagonale di ordine 3.

Paragrafo 4. Operazioni con le matrici

DEFINIZIONE
Una matrice diagonale è una **matrice identica** (o matrice unità) quando gli elementi della diagonale principale sono tutti uguali a 1.

La matrice identica di ordine n si indica con I_n.

ESEMPIO

$I_3 = \begin{bmatrix} 1 & 0 & 0 \\ 0 & 1 & 0 \\ 0 & 0 & 1 \end{bmatrix}$ è una matrice identica.

4 Operazioni con le matrici

Addizione e sottrazione di due matrici   ▶ Esercizi a p. 1026

DEFINIZIONE
La **somma di due matrici dello stesso tipo** è una matrice i cui elementi sono la somma degli elementi corrispondenti delle due matrici.

ESEMPIO

$\begin{bmatrix} 1 & 4 \\ -2 & 3 \\ 6 & -5 \end{bmatrix} + \begin{bmatrix} -1 & 3 \\ 4 & 2 \\ -5 & 1 \end{bmatrix} = \begin{bmatrix} 1-1 & 4+3 \\ -2+4 & 3+2 \\ 6-5 & -5+1 \end{bmatrix} = \begin{bmatrix} 0 & 7 \\ 2 & 5 \\ 1 & -4 \end{bmatrix}$

Non è possibile, invece, sommare due matrici che non siano dello stesso tipo. Per esempio **non** si può eseguire la seguente addizione:

$\begin{bmatrix} 1 & 3 & 2 \\ -1 & 0 & 4 \end{bmatrix} + \begin{bmatrix} 4 & -1 \\ 2 & -3 \end{bmatrix}$.

Poiché il risultato di un'addizione fra matrici dello stesso tipo è ancora una matrice dello stesso tipo, l'addizione è un'**operazione interna** nell'insieme delle matrici dello stesso tipo.
L'addizione fra matrici gode delle *proprietà commutativa* e *associativa* e ammette come *elemento neutro* la matrice nulla dello stesso tipo.

DEFINIZIONE
La **differenza di due matrici dello stesso tipo** è la somma della prima matrice con l'opposta della seconda.

ESEMPIO

$\begin{bmatrix} 1 & 4 \\ -2 & 3 \\ 6 & -5 \end{bmatrix} - \begin{bmatrix} -1 & 3 \\ 4 & 2 \\ -5 & 1 \end{bmatrix} = \begin{bmatrix} 1 & 4 \\ -2 & 3 \\ 6 & -5 \end{bmatrix} + \begin{bmatrix} 1 & -3 \\ -4 & -2 \\ 5 & -1 \end{bmatrix} = \begin{bmatrix} 2 & 1 \\ -6 & 1 \\ 11 & -6 \end{bmatrix}$

MATEMATICA E INTERNET

Il ranking di Google
Ideato nel 1998 da Sergey Brin e Larry Page, Google è il motore di ricerca più utilizzato al mondo. Soddisfa milioni di richieste al giorno e cerca informazioni in un database di oltre otto miliardi di pagine web.

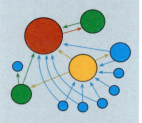

▶ Quale criterio utilizza Google per ordinare le pagine?

☐ La risposta

▶ Calcola:
$\begin{bmatrix} -2 & 0 \\ 6 & -7 \end{bmatrix} + \begin{bmatrix} 3 & -3 \\ -2 & 1 \end{bmatrix}$.

☐ **Animazione**

Nell'animazione ci sono le risoluzioni dei tre esercizi relativi alla somma e alla differenza di due matrici e al prodotto di una matrice per un numero.

▶ Calcola:
$\begin{bmatrix} 5 & -2 \\ -3 & -1 \end{bmatrix} - \begin{bmatrix} 0 & 1 \\ 3 & 2 \end{bmatrix}$.

1003

Capitolo 17. Vettori, matrici, determinanti

■ Prodotto di una matrice per un numero reale
▶ Esercizi a p. 1027

DEFINIZIONE

Il **prodotto di una matrice per un numero reale** k è una matrice i cui elementi sono quelli corrispondenti della matrice iniziale moltiplicati per k.

ESEMPIO

$$3 \cdot \begin{bmatrix} 2 & -1 & 0 \\ -5 & 4 & -3 \end{bmatrix} = \begin{bmatrix} 6 & -3 & 0 \\ -15 & 12 & -9 \end{bmatrix}$$

▶ Calcola:
$\frac{1}{2} \cdot \begin{bmatrix} 6 & -4 \\ 3 & 0 \end{bmatrix}$.

■ Prodotto di matrici
▶ Esercizi a p. 1028

DEFINIZIONE

Il **prodotto scalare di una matrice riga** $1 \times n$ **per una matrice colonna** $n \times 1$ è il numero ottenuto sommando fra loro i prodotti degli elementi corrispondenti.

$$[a \quad b \quad c] \cdot \begin{bmatrix} d \\ e \\ f \end{bmatrix} = a \cdot d + b \cdot e + c \cdot f$$

ESEMPIO

Calcoliamo il prodotto scalare:

$$[2 \quad 0 \quad 1] \cdot \begin{bmatrix} 3 \\ 4 \\ -2 \end{bmatrix} = 2 \cdot 3 + 0 \cdot 4 + 1 \cdot (-2) = 4.$$

▶ Calcola il prodotto scalare:
$[3 \quad 2 \quad -1] \cdot \begin{bmatrix} 0 \\ -1 \\ 4 \end{bmatrix}$.

Se la matrice riga e la matrice colonna hanno un numero diverso di elementi, **non** è possibile calcolare il prodotto scalare.

Utilizzando il prodotto scalare riga per colonna, definiamo ora il prodotto fra due matrici.

DEFINIZIONE

Il **prodotto di una matrice A di tipo $m \times n$ per una matrice B di tipo $n \times p$** è una matrice C di tipo $m \times p$, il cui elemento c_{hk} è dato dal prodotto scalare della riga numero h della prima matrice per la colonna numero k della seconda matrice.

$$\text{riga 3} \rightarrow \begin{bmatrix} a & b \\ c & d \\ e & f \end{bmatrix} \cdot \begin{bmatrix} m & n & o \\ p & q & r \end{bmatrix} = \begin{bmatrix} \cdots & \cdots & \cdots \\ \cdots & \cdots & \cdots \\ \cdots & e \cdot n + f \cdot q & \cdots \end{bmatrix} \leftarrow \text{riga 3}$$

n colonne = n righe — colonna 2 — colonna 2 — elemento c_{32}

■ **Animazione**

Nell'animazione trovi sia la risoluzione dell'esercizio qui sopra, sia quella dell'esercizio successivo relativo al prodotto di matrici.

Se la prima matrice ha un numero di colonne diverso dal numero di righe della seconda matrice, **non** è possibile calcolare il prodotto.

1004

Paragrafo 4. Operazioni con le matrici

ESEMPIO

Calcoliamo il prodotto fra una matrice 2×3 e una 3×3. Scriviamo la matrice prodotto 2×3 con gli elementi generici:

$$\begin{bmatrix} 2 & 0 & 1 \\ -1 & -2 & 3 \end{bmatrix} \cdot \begin{bmatrix} 1 & 0 & 3 \\ 5 & -1 & 4 \\ 0 & 1 & -2 \end{bmatrix} = \begin{bmatrix} a_{11} & a_{12} & a_{13} \\ a_{21} & a_{22} & a_{23} \end{bmatrix}.$$

Determiniamo gli elementi della prima riga della matrice prodotto moltiplicando la prima riga della prima matrice per tutte le colonne della seconda:

$$a_{11} = \begin{bmatrix} 2 & 0 & 1 \end{bmatrix} \cdot \begin{bmatrix} 1 \\ 5 \\ 0 \end{bmatrix} = 2 \cdot 1 + 0 \cdot 5 + 1 \cdot 0 = 2.$$

Analogamente, otteniamo: $a_{12} = 1$, $a_{13} = 4$.

Gli elementi della prima riga della matrice prodotto sono: 2, 1, 4.

Calcoliamo gli elementi della seconda riga della matrice prodotto moltiplicando la seconda riga della prima matrice per tutte le colonne della seconda:

$$a_{21} = \begin{bmatrix} -1 & -2 & 3 \end{bmatrix} \cdot \begin{bmatrix} 1 \\ 5 \\ 0 \end{bmatrix} = -11.$$

Analogamente, otteniamo: $a_{22} = 5$, $a_{23} = -17$.
Gli elementi della seconda riga della matrice prodotto sono: -11, 5, -17.
Abbiamo allora:

$$\begin{bmatrix} 2 & 0 & 1 \\ -1 & -2 & 3 \end{bmatrix} \cdot \begin{bmatrix} 1 & 0 & 3 \\ 5 & -1 & 4 \\ 0 & 1 & -2 \end{bmatrix} = \begin{bmatrix} 2 & 1 & 4 \\ -11 & 5 & -17 \end{bmatrix}.$$

▶ Calcola:
$\begin{bmatrix} 1 & 0 \\ -2 & 4 \end{bmatrix} \cdot \begin{bmatrix} -3 & 3 & 1 \\ 1 & 0 & -2 \end{bmatrix}.$

Se A e B sono due matrici qualsiasi, è possibile eseguire i prodotti $A \cdot B$ e $B \cdot A$ se e solo se A è di tipo $m \times n$ e B di tipo $n \times m$. La condizione è verificata se, in particolare, A e B sono matrici quadrate dello stesso ordine. Inoltre, una matrice può moltiplicare se stessa soltanto se è quadrata.

Applicando la definizione di prodotto di matrici, possiamo anche calcolare la **potenza n-esima** di una matrice quadrata che definiamo:

$$A^n = \underbrace{A \cdot A \cdot \ldots \cdot A}_{n \text{ volte}}, \quad \text{con } n \geq 2.$$

Proprietà della moltiplicazione

In generale, la moltiplicazione fra matrici quadrate **non** è commutativa.

ESEMPIO

Consideriamo: $A = \begin{bmatrix} 1 & 0 \\ -1 & 2 \end{bmatrix}$, $B = \begin{bmatrix} 2 & -1 \\ 0 & 0 \end{bmatrix}$.

Calcoliamo i prodotti: $A \cdot B = \begin{bmatrix} 2 & -1 \\ -2 & 1 \end{bmatrix}$, $B \cdot A = \begin{bmatrix} 3 & -2 \\ 0 & 0 \end{bmatrix}$.

Quindi: $A \cdot B \neq B \cdot A$.

▶ Verifica che se
$A = \begin{bmatrix} 3 & 0 \\ -1 & 2 \end{bmatrix}$ e $B = \begin{bmatrix} 1 & 5 \\ -1 & 0 \end{bmatrix}$,
$A \cdot B \neq B \cdot A$.

1005

Capitolo 17. Vettori, matrici, determinanti

Se per due matrici A e B vale $A \cdot B = B \cdot A$, allora A e B si dicono **commutabili**.

Per esempio, puoi verificare che le matrici $A = \begin{bmatrix} 2 & 0 \\ 0 & -1 \end{bmatrix}$ e $B = \begin{bmatrix} 3 & 0 \\ 0 & 2 \end{bmatrix}$ sono commutabili.

In generale, sono commutabili le matrici diagonali dello stesso ordine.

Enunciamo le proprietà di cui gode la moltiplicazione fra matrici, supponendo che per le matrici A, B e C sia possibile calcolare le somme e i prodotti indicati:

- *proprietà associativa*: $(A \cdot B) \cdot C = A \cdot (B \cdot C)$;
- *proprietà distributiva* (a sinistra e a destra) della moltiplicazione rispetto all'addizione:

$$A \cdot (B + C) = A \cdot B + A \cdot C; \quad (A + B) \cdot C = A \cdot C + B \cdot C.$$

Inoltre, se A e B sono matrici quadrate di ordine n:

- $A \cdot O = O \cdot A = O$;
- $A \cdot I_n = I_n \cdot A = A$, quindi la matrice identica di ordine n è l'*elemento neutro* della moltiplicazione fra matrici quadrate di ordine n;
- $(A \cdot B)^T = B^T \cdot A^T$.

Vale anche la proprietà distributiva della moltiplicazione di un numero rispetto all'addizione di matrici:

$$\alpha \cdot (A + B) = \alpha \cdot A + \alpha \cdot B, \quad \alpha \in \mathbb{R}.$$

Non vale la legge di annullamento del prodotto. Infatti, la matrice prodotto $A \cdot B$ può essere la matrice nulla O senza che siano nulle le matrici A e B.
In tal caso le matrici A e B si dicono **divisori dello zero**.

> **ESEMPIO**
>
> $A = \begin{bmatrix} \frac{1}{3} & 1 \\ 2 & 6 \end{bmatrix}$ e $B = \begin{bmatrix} 3 & 0 \\ -1 & 0 \end{bmatrix}$ sono divisori dello zero.
>
> Infatti $A \cdot B = \begin{bmatrix} 0 & 0 \\ 0 & 0 \end{bmatrix}$.

Non vale la legge di cancellazione, ossia si può verificare che $A \cdot B = A \cdot C$, ma $B \neq C$.

> **ESEMPIO**
>
> $A = \begin{bmatrix} 1 & -2 \\ -2 & 4 \end{bmatrix}$, $B = \begin{bmatrix} 4 \\ 0 \end{bmatrix}$, $C = \begin{bmatrix} 6 \\ 1 \end{bmatrix}$. $A \cdot B = A \cdot C = \begin{bmatrix} 4 \\ -8 \end{bmatrix}$, ma $B \neq C$.

Vettori e matrici

Se esprimiamo i vettori mediante le loro componenti cartesiane, possiamo associarli a matrici riga o a matrici colonna. Le operazioni fra i vettori trovano corrispondenza con quelle fra le matrici associate.

> **ESEMPIO**
>
> $\vec{a}(7; 2)$ e $\vec{b}(-1; 1)$ sono associati alle matrici riga $[7 \quad 2]$ e $[-1 \quad 1]$.

Paragrafo 5. Determinanti

Abbiamo le seguenti corrispondenze fra operazioni.

Operazioni fra i vettori	Operazioni fra le matrici corrispondenti
$\vec{a} + \vec{b} = (7-1; 2+1) = (6; 3)$	$[7 \quad 2] + [-1 \quad 1] = [7-1 \quad 2+1] = [6 \quad 3]$
$\vec{a} - \vec{b} = (7+1; 2-1) = (8; 1)$	$[7 \quad 2] - [-1 \quad 1] = [7+1 \quad 2-1] = [8 \quad 1]$
$3 \cdot \vec{a} = (3 \cdot 7; 3 \cdot 2) = (21; 6)$	$3 \cdot [7 \quad 2] = [3 \cdot 7 \quad 3 \cdot 2] = [21 \quad 6]$
$\vec{a} \cdot \vec{b} = 7 \cdot (-1) + 2 \cdot 1 = -5$	Considerata la trasposta di $[-1 \quad 1]$: $[7 \quad 2] \cdot \begin{bmatrix} -1 \\ 1 \end{bmatrix} = 7 \cdot (-1) + 2 \cdot 1 = -5.$

Per sottolineare la corrispondenza che abbiamo esaminato, le matrici riga e le matrici colonna sono anche dette rispettivamente **vettori riga** e **vettori colonna**.

5 Determinanti

▶ Esercizi a p. 1032

A ogni matrice quadrata viene associato un numero reale, detto **determinante** della matrice. Per indicare il determinante scriviamo «det» davanti alla matrice, oppure gli elementi della matrice fra due linee verticali.

Se $A = \begin{bmatrix} a_{11} & a_{12} & \ldots & a_{1n} \\ \ldots & \ldots & \ldots & \ldots \\ a_{n1} & a_{n2} & \ldots & a_{nn} \end{bmatrix} \rightarrow \det A = \begin{vmatrix} a_{11} & a_{12} & \ldots & a_{1n} \\ \ldots & \ldots & \ldots & \ldots \\ a_{n1} & a_{n2} & \ldots & a_{nn} \end{vmatrix}.$

Prendiamo in esame i determinanti delle matrici del primo, secondo e terzo ordine.

DEFINIZIONE

Il **determinante di una matrice del primo ordine** è uguale al numero stesso che compare nella matrice.

$\det[a] = a$

ESEMPIO

$\det[-14] = -14.$

DEFINIZIONE

Il **determinante di una matrice del secondo ordine** è uguale alla differenza fra il prodotto dei due elementi della diagonale principale e il prodotto dei due elementi della diagonale secondaria.

$\begin{vmatrix} a & b \\ c & d \end{vmatrix} = a \cdot d - b \cdot c$

Listen to it

The **determinant** of a 2×2 matrix is the difference between the products of the two diagonals of the matrix.

ESEMPIO

$\det \begin{bmatrix} -5 & 3 \\ -1 & 7 \end{bmatrix} = \begin{vmatrix} -5 & 3 \\ -1 & 7 \end{vmatrix} = -5 \cdot 7 - 3 \cdot (-1) = -32$

▶ Calcola

$\det \begin{bmatrix} 2 & 0 \\ -3 & 5 \end{bmatrix}.$

1007

Capitolo 17. Vettori, matrici, determinanti

Determinante di una matrice di ordine 3

Per calcolare il determinante di una matrice di ordine 3 illustriamo un procedimento che riconduce il calcolo ai determinanti di ordine 2.

Si può utilizzare lo stesso procedimento anche per il calcolo dei determinanti di matrici di ordine maggiore di 3.

$$\begin{bmatrix} a_{11} & a_{12} & a_{13} \\ a_{21} & a_{22} & a_{23} \\ a_{31} & a_{32} & a_{33} \end{bmatrix}$$

Consideriamo una matrice A di ordine 3 e analizziamo gli elementi della prima riga. I termini a_{11} e a_{13} sono detti di **classe pari** perché la somma dei loro indici è un numero pari, mentre a_{12} è detto di **classe dispari** perché la somma dei suoi indici è un numero dispari.

> **DEFINIZIONE**
>
> Data una matrice A, un elemento a_{ij} è di **classe pari** (**dispari**) se $i+j$ è un numero pari (dispari).

Complemento algebrico

Nella matrice A scegliamo un elemento di classe pari, per esempio a_{11}, e sopprimiamo la riga e la colonna cui appartiene l'elemento scelto.

Otteniamo in questo modo una nuova matrice di ordine 2, di cui calcoliamo il determinante, che facciamo precedere dal segno +:

$$\begin{bmatrix} a_{11} & a_{12} & a_{13} \\ a_{21} & a_{22} & a_{23} \\ a_{31} & a_{32} & a_{33} \end{bmatrix} \rightarrow A_{11} = + \begin{vmatrix} a_{22} & a_{23} \\ a_{32} & a_{33} \end{vmatrix}.$$

A_{11} è detto complemento algebrico di a_{11}.

Ripetiamo il procedimento per un elemento di classe dispari, per esempio a_{12}. In corrispondenza dell'elemento, sopprimiamo la prima riga e la seconda colonna.

Della nuova matrice di ordine 2 calcoliamo il determinante e ne consideriamo l'opposto:

$$\begin{bmatrix} a_{11} & a_{12} & a_{13} \\ a_{21} & a_{22} & a_{23} \\ a_{31} & a_{32} & a_{33} \end{bmatrix} \rightarrow A_{12} = - \begin{vmatrix} a_{21} & a_{23} \\ a_{31} & a_{33} \end{vmatrix}.$$

A_{12} è detto complemento algebrico di a_{12}.

Osserva che il segno + o il segno − viene attribuito a seconda che l'elemento a_{ij} sia di classe pari o dispari.

Definiamo il complemento algebrico per un elemento qualsiasi a_{ij}.

> **DEFINIZIONE**
>
> Il **complemento algebrico di un elemento** a_{ij} di una matrice A di ordine 3 è il determinante della matrice di ordine 2 ottenuta da A sopprimendo la riga e la colonna cui l'elemento appartiene, preceduto dal segno + o dal segno − a seconda che a_{ij} sia di classe pari o dispari.

Si può dimostrare che la somma dei prodotti degli elementi di una riga (o colonna) per i rispettivi complementi algebrici **non** dipende dalla riga (o colonna) considerata. Il numero che si ottiene è il **determinante** della matrice.

In particolare, definiamo il determinante di una matrice del terzo ordine.

Paragrafo 5. Determinanti

DEFINIZIONE

Il **determinante di una matrice del terzo ordine** è uguale alla somma dei prodotti degli elementi di una qualunque riga (o colonna) per i rispettivi complementi algebrici.

$$\begin{vmatrix} a_{11} & a_{12} & a_{13} \\ a_{21} & a_{22} & a_{23} \\ a_{31} & a_{32} & a_{33} \end{vmatrix} = a_{11} \cdot A_{11} + a_{12} \cdot A_{12} + a_{13} \cdot A_{13},$$

con $A_{11} = \begin{vmatrix} a_{22} & a_{23} \\ a_{32} & a_{33} \end{vmatrix}$, $A_{12} = -\begin{vmatrix} a_{21} & a_{23} \\ a_{31} & a_{33} \end{vmatrix}$, $A_{13} = \begin{vmatrix} a_{21} & a_{22} \\ a_{31} & a_{32} \end{vmatrix}$.

ESEMPIO

Per calcolare il seguente determinante consideriamo gli elementi della prima riga. Otterremmo lo stesso risultato partendo da una qualunque altra riga o colonna.

$$\begin{vmatrix} 3 & 1 & 2 \\ 1 & 4 & 5 \\ 2 & 3 & 3 \end{vmatrix} = 3 \cdot \begin{vmatrix} 4 & 5 \\ 3 & 3 \end{vmatrix} - 1 \cdot \begin{vmatrix} 1 & 5 \\ 2 & 3 \end{vmatrix} + 2 \cdot \begin{vmatrix} 1 & 4 \\ 2 & 3 \end{vmatrix} =$$

$$3(12 - 15) - 1(3 - 10) + 2(3 - 8) = -9 + 7 - 10 = -12.$$

▶ Calcola

$$\det \begin{bmatrix} 0 & 1 & -2 \\ -3 & 2 & 5 \\ 3 & -1 & 2 \end{bmatrix}.$$

Regola di Sarrus

È possibile calcolare il determinante di una matrice del terzo ordine in un altro modo, facendo uso della regola di Sarrus, valida **solo** per i determinanti del **terzo** ordine.

ESEMPIO

Calcoliamo il determinante dell'esempio precedente con la regola di Sarrus.

$\begin{vmatrix} 3 & 1 & 2 \\ 1 & 4 & 5 \\ 2 & 3 & 3 \end{vmatrix} \begin{matrix} 3 & 1 \\ 1 & 4 \\ 2 & 3 \end{matrix}$	$\begin{matrix} 3 & 1 & 2 & 3 & 1 \\ 1 & 4 & 5 & 1 & 4 \\ 2 & 3 & 3 & 2 & 3 \end{matrix}$ $36 + 10 + 6 = 52$	$\begin{matrix} 3 & 1 & 2 & 3 & 1 \\ 1 & 4 & 5 & 1 & 4 \\ 2 & 3 & 3 & 2 & 3 \end{matrix}$ $16 + 45 + 3 = 64$	$\begin{vmatrix} 3 & 1 & 2 \\ 1 & 4 & 5 \\ 2 & 3 & 3 \end{vmatrix} =$ $= 52 - 64 = -12$
a. Ricopiamo a destra del determinante i termini delle prime due colonne della matrice.	**b.** Moltiplichiamo i termini lungo la diagonale principale e lungo le due diagonali parallele a essa; scriviamo i prodotti e li sommiamo.	**c.** Ripetiamo il procedimento moltiplicando i termini lungo la diagonale secondaria e lungo le due diagonali parallele a essa; scriviamo i prodotti e li sommiamo.	**d.** Il determinante è uguale alla differenza fra la prima e la seconda somma di prodotti.

In generale, per una matrice A di ordine 3 abbiamo:

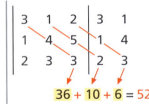

$\det A = a_{11}a_{22}a_{33} + a_{12}a_{23}a_{31} + a_{13}a_{21}a_{32} - a_{13}a_{22}a_{31} - a_{11}a_{23}a_{32} - a_{12}a_{21}a_{33}.$

▶ Calcola con la regola di Sarrus:

$$\begin{vmatrix} 2 & 3 & -2 \\ -1 & 4 & -3 \\ 0 & 1 & 1 \end{vmatrix}.$$

☐ **Animazione**

Capitolo 17. Vettori, matrici, determinanti

6 Matrice inversa

▶ Esercizi a p. 1036

DEFINIZIONE
La **matrice inversa di una matrice quadrata** A di ordine n è la matrice quadrata A^{-1} tale che:
$$A \cdot A^{-1} = A^{-1} \cdot A = I_n.$$

Non tutte le matrici quadrate ammettono la matrice inversa. Se una matrice ha la matrice inversa, si dice **invertibile**.
Si dimostra che **condizione necessaria e sufficiente affinché una matrice sia invertibile è che il suo determinante sia diverso da 0**.

Inversa di una matrice di ordine 2

Si può dimostrare che, data una matrice $A = \begin{bmatrix} a & b \\ c & d \end{bmatrix}$, la sua inversa è

$$A^{-1} = \frac{1}{\det A} \cdot \begin{bmatrix} d & -b \\ -c & a \end{bmatrix}, \quad \text{con } \det A \neq 0.$$

ESEMPIO

Se $A = \begin{bmatrix} 2 & 0 \\ 4 & 1 \end{bmatrix}$:

$$A^{-1} = \frac{1}{\begin{vmatrix} 2 & 0 \\ 4 & 1 \end{vmatrix}} \cdot \begin{bmatrix} 1 & 0 \\ -4 & 2 \end{bmatrix} = \frac{1}{2} \cdot \begin{bmatrix} 1 & 0 \\ -4 & 2 \end{bmatrix} = \begin{bmatrix} \frac{1}{2} & 0 \\ -2 & 1 \end{bmatrix}.$$

Verifica:

$$A \cdot A^{-1} = \begin{bmatrix} 2 & 0 \\ 4 & 1 \end{bmatrix} \cdot \begin{bmatrix} \frac{1}{2} & 0 \\ -2 & 1 \end{bmatrix} = \begin{bmatrix} 1 & 0 \\ 0 & 1 \end{bmatrix} = I_2;$$

$$A^{-1} \cdot A = \begin{bmatrix} \frac{1}{2} & 0 \\ -2 & 1 \end{bmatrix} \cdot \begin{bmatrix} 2 & 0 \\ 4 & 1 \end{bmatrix} = \begin{bmatrix} 1 & 0 \\ 0 & 1 \end{bmatrix} = I_2.$$

▶ Determina l'inversa della matrice:
$A = \begin{bmatrix} 3 & -2 \\ 5 & 0 \end{bmatrix}$.
Verifica che:
$A \cdot A^{-1} = A^{-1} \cdot A = I_2$.

☐ **Animazione**

Inversa di una matrice di ordine 3

Vediamo con un esempio il procedimento per calcolarla.

Data la matrice A, calcoliamo il suo determinante D:

$$A = \begin{bmatrix} -1 & 2 & 0 \\ 3 & -2 & 1 \\ 1 & -1 & 2 \end{bmatrix}; \quad D = \begin{vmatrix} -1 & 2 & 0 \\ 3 & -2 & 1 \\ 1 & -1 & 2 \end{vmatrix} = 4 + 2 + 0 - (0 + 1 + 12) = -7.$$

Calcoliamo poi i complementi algebrici di tutti gli elementi di A.

$A_{11} = \begin{vmatrix} -2 & 1 \\ -1 & 2 \end{vmatrix} = -3;$ $A_{12} = -\begin{vmatrix} 3 & 1 \\ 1 & 2 \end{vmatrix} = -5;$ $A_{13} = \begin{vmatrix} 3 & -2 \\ 1 & -1 \end{vmatrix} = -1;$

$A_{21} = -\begin{vmatrix} 2 & 0 \\ -1 & 2 \end{vmatrix} = -4;$ $A_{22} = \begin{vmatrix} -1 & 0 \\ 1 & 2 \end{vmatrix} = -2;$ $A_{23} = -\begin{vmatrix} -1 & 2 \\ 1 & -1 \end{vmatrix} = 1;$

$A_{31} = \begin{vmatrix} 2 & 0 \\ -2 & 1 \end{vmatrix} = 2;$ $A_{32} = -\begin{vmatrix} -1 & 0 \\ 3 & 1 \end{vmatrix} = 1;$ $A_{33} = \begin{vmatrix} -1 & 2 \\ 3 & -2 \end{vmatrix} = -4.$

Paragrafo 7. Matrici e geometria analitica

Dividiamo ora ciascun complemento algebrico per il determinante D della matrice A. I numeri così ottenuti sono detti **reciproci** degli elementi di A. Per esempio, $\dfrac{A_{11}}{D}$ è il reciproco di a_{11}.

Scriviamo infine la matrice quadrata A^{-1} del terzo ordine, ottenuta considerando la trasposta della matrice formata dai reciproci di tutti gli elementi di A:

$$A^{-1} = \begin{bmatrix} \dfrac{A_{11}}{D} & \dfrac{A_{21}}{D} & \dfrac{A_{31}}{D} \\ \dfrac{A_{12}}{D} & \dfrac{A_{22}}{D} & \dfrac{A_{32}}{D} \\ \dfrac{A_{13}}{D} & \dfrac{A_{23}}{D} & \dfrac{A_{33}}{D} \end{bmatrix} \rightarrow A^{-1} = \begin{bmatrix} \dfrac{3}{7} & \dfrac{4}{7} & -\dfrac{2}{7} \\ \dfrac{5}{7} & \dfrac{2}{7} & -\dfrac{1}{7} \\ \dfrac{1}{7} & -\dfrac{1}{7} & \dfrac{4}{7} \end{bmatrix}.$$

▶ Determina la matrice inversa A^{-1} di
$$A = \begin{bmatrix} 1 & 0 & -2 \\ 0 & 3 & 1 \\ 1 & 0 & -1 \end{bmatrix}.$$

☐ **Animazione**

Verifichiamo che A^{-1} è la matrice inversa di A, ossia che i prodotti $A \cdot A^{-1}$ e $A^{-1} \cdot A$ sono uguali alla matrice identica di ordine 3:

$$A \cdot A^{-1} = \begin{bmatrix} -1 & 2 & 0 \\ 3 & -2 & 1 \\ 1 & -1 & 2 \end{bmatrix} \cdot \begin{bmatrix} \dfrac{3}{7} & \dfrac{4}{7} & -\dfrac{2}{7} \\ \dfrac{5}{7} & \dfrac{2}{7} & -\dfrac{1}{7} \\ \dfrac{1}{7} & -\dfrac{1}{7} & \dfrac{4}{7} \end{bmatrix} = \begin{bmatrix} 1 & 0 & 0 \\ 0 & 1 & 0 \\ 0 & 0 & 1 \end{bmatrix} = I_3;$$

$$A^{-1} \cdot A = \begin{bmatrix} \dfrac{3}{7} & \dfrac{4}{7} & -\dfrac{2}{7} \\ \dfrac{5}{7} & \dfrac{2}{7} & -\dfrac{1}{7} \\ \dfrac{1}{7} & -\dfrac{1}{7} & \dfrac{4}{7} \end{bmatrix} \cdot \begin{bmatrix} -1 & 2 & 0 \\ 3 & -2 & 1 \\ 1 & -1 & 2 \end{bmatrix} = \begin{bmatrix} 1 & 0 & 0 \\ 0 & 1 & 0 \\ 0 & 0 & 1 \end{bmatrix} = I_3.$$

Lo stesso procedimento si può utilizzare per ottenere la matrice inversa di una matrice A di ordine n.

7 Matrici e geometria analitica

▶ Esercizi a p. 1038

Area di un triangolo

Consideriamo il triangolo di vertici $A_1(x_1; y_1)$, $A_2(x_2; y_2)$ e $A_3(x_3; y_3)$.
La sua area $\mathcal{A}$ è data dal seguente valore assoluto:

$$\mathcal{A} = \left| \dfrac{1}{2} \begin{vmatrix} x_1 & y_1 & 1 \\ x_2 & y_2 & 1 \\ x_3 & y_3 & 1 \end{vmatrix} \right|$$

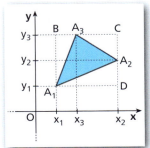

Si può verificare la formula utilizzando la figura e calcolando l'area del triangolo come differenza fra l'area del rettangolo A_1BCD e la somma di quelle dei triangoli rettangoli A_1BA_3, A_3CA_2, A_1A_2D.

1011

Capitolo 17. Vettori, matrici, determinanti

ESEMPIO

Calcoliamo l'area del triangolo ABC, dove $A(1; 2)$, $B(3; 7)$ e $C(5; -2)$:

$$\begin{vmatrix} 1 & 2 & 1 \\ 3 & 7 & 1 \\ 5 & -2 & 1 \end{vmatrix} = 7 + 10 - 6 - 35 + 2 - 6 = -28.$$

Perciò l'area vale $\mathcal{A} = \left| \dfrac{1}{2}(-28) \right| = 14.$

Retta passante per due punti

Dati i punti $A_1(x_1; y_1)$ e $A_2(x_2; y_2)$, l'equazione della retta passante per A_1 e A_2 è data da:

$$\begin{vmatrix} x & y & 1 \\ x_1 & y_1 & 1 \\ x_2 & y_2 & 1 \end{vmatrix} = 0.$$

Infatti, se tre punti sono allineati, l'area del triangolo da essi formato è nulla.

ESEMPIO

L'equazione della retta passante per $A(2; 3)$ e $B(4; 4)$ è:

$$\begin{vmatrix} x & y & 1 \\ 2 & 3 & 1 \\ 4 & 4 & 1 \end{vmatrix} = 0, \text{ ossia } -x + 2y - 4 = 0.$$

▶ Mediante un determinante, scrivi l'equazione della retta passante per $A(-1; 3)$ e $B(0; 5)$.

Coniche

L'equazione generale di una conica è:

$$Ax^2 + Bxy + Cy^2 + Dx + Ey + F = 0.$$

Una conica può essere classificata mediante la seguente matrice, detta **matrice associata** alla conica:

$$\begin{bmatrix} A & \dfrac{B}{2} & \dfrac{D}{2} \\ \dfrac{B}{2} & C & \dfrac{E}{2} \\ \dfrac{D}{2} & \dfrac{E}{2} & F \end{bmatrix}.$$

Se il determinante della matrice associata è diverso da 0, la conica è non degenere. In caso contrario la conica è degenere.
La determinazione del tipo di conica dipende dal valore del determinante:

$$I = \begin{vmatrix} A & \dfrac{B}{2} \\ \dfrac{B}{2} & C \end{vmatrix} = AC - \dfrac{B^2}{4} = \dfrac{4AC - B^2}{4} = -\dfrac{B^2 - 4AC}{4}.$$

Video

Matrici e coniche
Le matrici possono essere utilizzate per classificare le coniche.
▶ Cos'è la matrice associata a una conica?
▶ Perché è importante l'invariante quadratico?

Tale determinante viene detto **invariante quadratico** I.
- Se $I < 0$, la conica è un'iperbole (equilatera se $A = -C$);
- Se $I = 0$, la conica è una parabola;
- Se $I > 0$, la conica è un'ellisse (una circonferenza se $A = C$ e $B = 0$).

1012

Paragrafo 7. Matrici e geometria analitica

ESEMPIO

Classifichiamo le coniche seguenti:
1. $x^2 - 2xy + y^2 + 8x + 8y = 0$;
2. $x^2 - xy - 6y^2 - x + 13y - 6 = 0$.

1. La matrice associata alla conica è:

$$A = \begin{bmatrix} 1 & -1 & 4 \\ -1 & 1 & 4 \\ 4 & 4 & 0 \end{bmatrix}, \text{ con } \det A = -16 - 16 - 16 - 16 = -64.$$

Poiché $\det A \neq 0$, la conica non è degenere.

Per individuare di quale conica si tratta, calcoliamo l'invariante quadratico I:

$$I = \begin{vmatrix} 1 & -1 \\ -1 & 1 \end{vmatrix} = 1 - 1 = 0.$$

Essendo $I = 0$, la conica è una parabola.

2. La matrice associata alla conica è:

$$A = \begin{bmatrix} 1 & -\frac{1}{2} & -\frac{1}{2} \\ -\frac{1}{2} & -6 & \frac{13}{2} \\ -\frac{1}{2} & \frac{13}{2} & -6 \end{bmatrix},$$

con $\det A = 36 + \frac{13}{8} + \frac{13}{8} + \frac{3}{2} - \frac{169}{4} + \frac{3}{2} = 0$.

Poiché $\det A = 0$, la conica è degenere.
Per individuare di quale conica si tratta, calcoliamo l'invariante quadratico I:

$$I = \begin{vmatrix} 1 & -\frac{1}{2} \\ -\frac{1}{2} & -6 \end{vmatrix} = -6 - \frac{1}{4} = -\frac{25}{4} < 0 \quad \rightarrow \quad \text{la conica è un'iperbole (degenere).}$$

Consideriamo l'equazione della conica data come un'equazione in y di secondo grado e ricaviamo y:

$$6y^2 - y(13 - x) + (-x^2 + x + 6) = 0$$

$$y = \frac{13 - x \pm \sqrt{(13-x)^2 - 24(-x^2 + x + 6)}}{12} = \frac{13 - x \pm (5x - 5)}{12} =$$

$$= -\frac{1}{2}x + \frac{3}{2}, \quad \frac{1}{3}x + \frac{2}{3}.$$

L'equazione della conica può quindi essere scritta come:

$$\left(y + \frac{1}{2}x - \frac{3}{2}\right)\left(y - \frac{1}{3}x - \frac{2}{3}\right) = 0 \quad \rightarrow \quad (x + 2y - 3)(x - 3y + 2) = 0.$$

La conica data è perciò un'iperbole degenere in due rette incidenti di equazioni:

$$x + 2y - 3 = 0 \quad \text{e} \quad x - 3y + 2 = 0.$$

▶ Classifica la conica di equazione:

$x^2 + 2xy + 2y^2 - 4x + 2y = 0$.

1013

Capitolo 17. Vettori, matrici, determinanti

IN SINTESI
Vettori, matrici, determinanti

■ Vettori

- Un vettore $\vec{v}$ è caratterizzato da **modulo**, **direzione** e **verso**.
- Il **versore** di un vettore $\vec{v}$ ha modulo 1 e direzione e verso di $\vec{v}$.
- Il vettore $-\vec{v}$ **opposto** di $\vec{v}$ ha lo stesso modulo e la stessa direzione di $\vec{v}$ ma verso opposto.

Operazioni con i vettori		
Somma	**Differenza**	**Prodotto scalare**
$s = \sqrt{u^2 + v^2 + 2u \cdot v \cdot \cos\alpha}$	$\vec{d} = \vec{u} - \vec{v} = \vec{u} + (-\vec{v})$	$\vec{u} \cdot \vec{v} = uv \cos\alpha$

- Dato $\vec{a}(a_x; a_y)$, a_x e a_y sono le **componenti cartesiane** di $\vec{a}$.
  $a = \sqrt{a_x^2 + a_y^2}$; $a_x = a\cos\alpha$; $a_y = a\sin\alpha$.

- Dati $\vec{a}(a_x; a_y)$ e $\vec{b}(b_x; b_y)$:
  $\vec{a} + \vec{b} = (a_x + b_x; a_y + b_y)$; $\vec{a} - \vec{b} = (a_x - b_x; a_y - b_y)$;
  $k\vec{a} = (ka_x; ka_y)$; $\vec{a} \cdot \vec{b} = a_x b_x + a_y b_y$.

- **Condizione di parallelismo:** $\vec{a} \parallel \vec{b} \leftrightarrow \vec{a} = k\vec{b} \leftrightarrow \dfrac{a_x}{b_x} = \dfrac{a_y}{b_y}$.

- **Condizione di perpendicolarità:** $\vec{a} \perp \vec{b} \leftrightarrow \vec{a} \cdot \vec{b} = 0 \leftrightarrow a_x b_x + a_y b_y = 0$.

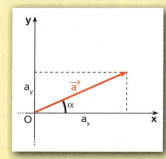

■ Matrici

- Una **matrice** $m \times n$ è una tabella che ordina $m \times n$ numeri in m righe e n colonne.

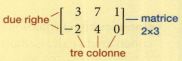

- Due matrici sono **dello stesso tipo** se hanno lo stesso numero di righe e di colonne.

- Due matrici dello stesso tipo sono **uguali** se gli elementi corrispondenti che occupano lo stesso posto sono uguali; sono **opposte** quando gli elementi corrispondenti sono opposti.

- Una **matrice riga** è formata da una sola riga, una **matrice colonna** da una sola colonna.

- La **matrice trasposta** di una matrice si ottiene da quella data scambiando le righe con le colonne.

- Una matrice è **quadrata** se il numero di righe è uguale al numero di colonne. L'**ordine della matrice** è il numero delle sue righe (o colonne).

- In una matrice quadrata A di ordine n la diagonale che va dall'elemento a_{11} all'elemento a_{nn} è la **diagonale principale**, quella che va da a_{n1} ad a_{1n} è la **diagonale secondaria**.

- Una matrice quadrata è una **matrice identica** (o matrice unità) quando gli elementi della diagonale principale sono tutti uguali a 1 e tutti gli altri elementi sono nulli.

In sintesi

■ Operazioni con le matrici

- La **somma** (o la **differenza**) **di due matrici** dello stesso tipo è una matrice ancora dello stesso tipo i cui elementi sono la somma (o la differenza) degli elementi corrispondenti delle due matrici.
- Il **prodotto di una matrice per un numero reale** k è una matrice dello stesso tipo i cui elementi sono gli elementi corrispondenti della matrice originale moltiplicati per k.
- Il **prodotto scalare di una matrice riga** $1 \times n$ **per una matrice colonna** $n \times 1$ è il numero ottenuto sommando fra loro i prodotti degli elementi corrispondenti.
- Il **prodotto di una matrice** $m \times n$ **per una matrice** $n \times p$ è una matrice $m \times p$ il cui elemento c_{hk} è il prodotto scalare della riga h della prima matrice per la colonna k della seconda matrice.

■ Determinanti

- Il **determinante** di una matrice del **secondo ordine** è la differenza fra il prodotto dei due elementi della diagonale principale e il prodotto dei due elementi della diagonale secondaria.

$$\begin{vmatrix} a & b \\ c & d \end{vmatrix} = a \cdot d - b \cdot c$$

- Un elemento a_{ij} si dice di **classe pari** (**dispari**) se $i + j$ è un numero pari (dispari).
- Il **complemento algebrico** A_{ij} **di un elemento** a_{ij} di una matrice A di ordine 3 è il determinante della matrice di ordine 2 ottenuta da A sopprimendo la riga e la colonna cui l'elemento appartiene, preceduto dal segno + o dal segno − a seconda che a_{ij} sia di classe pari o dispari.
- Il **determinante** di una matrice del **terzo ordine** è uguale alla somma dei prodotti degli elementi di una qualunque riga (o colonna) per i rispettivi complementi algebrici.

$$\begin{vmatrix} a_{11} & a_{12} & a_{13} \\ a_{21} & a_{22} & a_{23} \\ a_{31} & a_{32} & a_{33} \end{vmatrix} = a_{11} \cdot A_{11} + a_{12} \cdot A_{12} + a_{13} \cdot A_{13}$$

- È possibile calcolare un determinante del terzo ordine in un altro modo, facendo uso della **regola di Sarrus**.

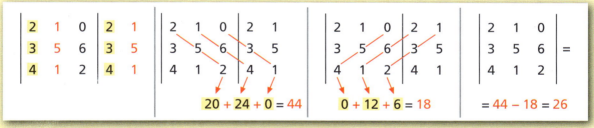

■ Matrice inversa

- La **matrice inversa** di una matrice quadrata A di ordine n è la matrice quadrata A^{-1} tale che:

$$A \cdot A^{-1} = A^{-1} \cdot A = I_n.$$

- Condizione necessaria e sufficiente affinché una matrice sia invertibile è che il suo determinante sia diverso da 0.
- La matrice inversa della matrice A, di determinante $D \neq 0$, è:

  • se $A = \begin{bmatrix} a & b \\ c & d \end{bmatrix}$ è di ordine 2: $A^{-1} = \dfrac{1}{D} \begin{bmatrix} d & -b \\ -c & a \end{bmatrix}$;

  • se A è di ordine 3: $A^{-1} = \dfrac{1}{D} \begin{bmatrix} A_{11} & A_{21} & A_{31} \\ A_{12} & A_{22} & A_{32} \\ A_{13} & A_{23} & A_{33} \end{bmatrix}$, dove A_{ij} è il complemento algebrico di a_{ij}.

Capitolo 17. Vettori, matrici, determinanti

CAPITOLO 17
ESERCIZI

1 Vettori nel piano

1 **VERO O FALSO?**
  a. Il vettore $-4\vec{u}$ ha modulo -4.   V F
  b. Se due vettori hanno lo stesso versore, allora hanno la stessa direzione e lo stesso verso.   V F
  c. Se due segmenti orientati hanno la stessa lunghezza, sono equipollenti.   V F
  d. Il vettore opposto di $\frac{4}{5}\vec{u}$ è $-\frac{5}{4}\vec{u}$.   V F
  e. Ogni punto del piano rappresenta il vettore nullo.   V F

2 Indica quali tra le seguenti grandezze sono rappresentate da un vettore:

temperatura, pressione, forza, età, area, volume, velocità.

3 Dato il versore $\vec{u}$, indica modulo, direzione e verso di $-5\vec{u}$.

4 Rappresenta un vettore $\vec{u}$ a tuo piacimento e i vettori $2\vec{u}$, $-\frac{1}{2}\vec{u}$, $-4\vec{u}$, $\frac{3}{2}\vec{u}$.

Operazioni con i vettori
▶ Teoria a p. 994

Addizione

5 Traccia il vettore somma dei vettori disegnati nelle figure.

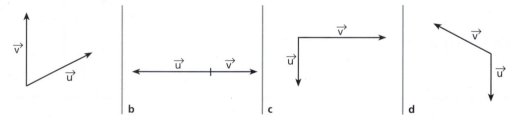

a   b   c   d

6 Dati i vettori $\vec{a}$ e $\vec{b}$, aventi modulo $a = 16$, $b = 12$, rappresenta il vettore somma e determina il suo modulo nel caso che l'angolo α formato da $\vec{a}$ e $\vec{b}$ sia:
  a. 90°;   b. 180°;   c. 0°;   d. 60°.

[a) 20; b) 4; c) 28; d) $\simeq 24{,}3$]

7 Se due vettori $\vec{a}$ e $\vec{b}$ consecutivi e il loro vettore somma hanno lo stesso modulo, uguale a 10, quanto vale l'angolo formato da $\vec{a}$ e $\vec{b}$?
[120°]

8 Determina il modulo del vettore somma di due vettori $\vec{a}$ e $\vec{b}$ dopo averli disegnati, sapendo che $a = 8$ e $b = 6$ e che l'angolo fra $\vec{a}$ e $\vec{b}$ è di 45°.
[$\simeq 13$]

9 Disegna il vettore somma dei vettori $\vec{a}$ e $\vec{b}$ e calcola il suo modulo, sapendo che $a = 15$ e $b = 8$ e che i vettori sono perpendicolari.
[17]

10 Considera due vettori $\vec{u}$ e $\vec{v}$ di modulo 6 e 8. Quali direzione e verso devono avere $\vec{u}$ e $\vec{v}$ affinché il vettore somma abbia modulo 14, oppure 2, oppure 10?

Paragrafo 1. Vettori nel piano

11 **ESERCIZIO GUIDA** Disegniamo la somma $\vec{s}$ dei due vettori della figura e calcoliamo il modulo di $\vec{s}$.

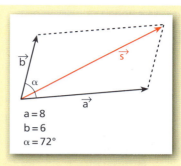

Il vettore $\vec{s} = \vec{a} + \vec{b}$ è la diagonale del parallelogramma che ha per lati $\vec{a}$ e $\vec{b}$.

Il modulo di $\vec{s}$ si ottiene applicando il teorema del coseno:

$$s = \sqrt{a^2 + b^2 + 2ab\cos\alpha}.$$

Sostituiamo i valori di a, b e α e troviamo:

$$s = \sqrt{64 + 36 + 2 \cdot 8 \cdot 6 \cos 72°} \simeq \sqrt{100 + 96 \cdot 0{,}3} = \sqrt{128{,}8} \simeq 11{,}3.$$

Disegna il vettore somma $\vec{s}$ dei due vettori $\vec{a}$ e $\vec{b}$ di cui sono assegnati il modulo e l'angolo α che formano. Calcola il modulo di $\vec{s}$.

12 $a = 3$, $b = 5$, $\alpha = 120°$. [$s \simeq 4{,}4$]

13 $a = 4$, $b = 12$, $\alpha = 150°$. [$s \simeq 8{,}8$]

14 $a = 10$, $b = 6$, $\alpha = 80°$. [$s \simeq 12{,}5$]

15 $a = 12$, $b = 9$, $\alpha = 90°$. [$s = 15$]

16 $a = 11$, $b = 6$, $\alpha = 40°$. [$s \simeq 16{,}1$]

17 $a = 5$, $b = 15$, $\alpha = 85°$. [$s \simeq 16{,}2$]

18 Determina graficamente il vettore $\vec{c}$ somma dei vettori $\vec{a}$ e $\vec{b}$ che hanno i moduli $a = 10$ e $b = 8$ e formano l'angolo $\alpha = 60°$. Calcola il modulo di $\vec{c}$ e trova l'angolo β che $\vec{c}$ forma con $\vec{a}$. [$c \simeq 15{,}6$; $\beta \simeq 26°$]

19 I vettori $\vec{u}$ e $\vec{v}$ formano un angolo di $60°$ e $u = 10$, $v = 5$. Disegna un vettore $\vec{w}$ in modo che $\vec{u} = \vec{v} + \vec{w}$ e calcola il suo modulo. [$w = 5\sqrt{3}$]

20 Sapendo che $a = 3$, $b = 5$ e $c = 7$ e che $\vec{c} = \vec{a} + \vec{b}$, determina l'angolo formato da $\vec{a}$ e $\vec{b}$. [$60°$]

21 Determina il modulo del vettore $\vec{b}$ sapendo che forma con il vettore $\vec{a}$, di modulo 2, un angolo di $120°$ e che $|\vec{a} + \vec{b}| = \sqrt{7}$. [3]

22 **FAI UN ESEMPIO** in cui il modulo della somma di due vettori è minore del modulo di entrambi i vettori.

Trova graficamente il vettore somma dei vettori indicati.

23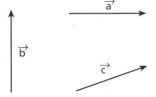

24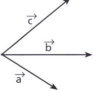

25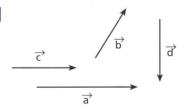

26 Trova graficamente il vettore $\vec{d} = \vec{a} + \vec{b} + \vec{c}$ e calcola il modulo di d, sapendo che $a = 10\sqrt{3}$, $b = 10$, $c = 10\sqrt{5}$. [$d = 30$]

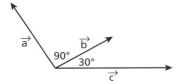

1017

Capitolo 17. Vettori, matrici, determinanti

ESERCIZI

REALTÀ E MODELLI

27 **In moto** Un motociclista viaggia per 100 km verso ovest, poi devia di 30° verso sud e procede per 60 km, e infine viaggia per 30 km verso sud. Rappresenta il percorso e calcola direzione e modulo del vettore spostamento. [163,4 km]

28 **All'università** Ogni mattina Lisa va all'università a piedi, compiendo il seguente tragitto: cammina verso nord per 50 m, poi devia di 30° verso nord-ovest e procede per 100 m, quindi percorre 200 m verso ovest e infine devia di 45° verso sud e cammina per 150 m. Rappresenta il percorso e calcola il modulo del vettore spostamento. [357,4 m]

Sottrazione

29 Disegna i vettori opposti dei vettori indicati.

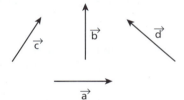

30 **TEST** Quale tra le seguenti uguaglianze è vera?

A $\vec{a} - \vec{b} = \vec{b} - \vec{a}$
B $\vec{u} - \vec{v} = \vec{u} + (-\vec{v})$
C $|\vec{a} - \vec{b}| = a - b$
D $|-\vec{w}| = -w$
E $-(\vec{u} + \vec{w}) = \vec{u} - \vec{w}$

---

31 **AL VOLO** È vero che il vettore differenza $\vec{d} = \vec{u} - \vec{v}$ ha sempre modulo minore di $\vec{u}$ e $\vec{v}$?

32 Traccia il vettore differenza $\vec{u} - \vec{v}$ dei vettori $\vec{u}$ e $\vec{v}$ disegnati in figura.

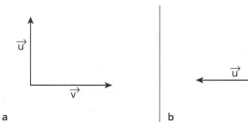

a b c

33 Se la somma e la differenza di due vettori hanno lo stesso modulo, quanto misura l'angolo tra i due vettori? [90°]

34 Calcola il modulo del vettore differenza $\vec{d} = \vec{u} - \vec{v}$, sapendo che $u = 6$, $v = 9$ e che l'angolo formato da $\vec{u}$ e $\vec{v}$ è di 30°. [$d \simeq 4,8$]

35 I vettori $\vec{a}$ e $\vec{b}$ formano un angolo di 120° e hanno modulo rispettivamente di 14 e 10. Disegna i due vettori, il vettore $\vec{d} = \vec{a} - \vec{b}$ e determina il modulo di $\vec{d}$. [$d \simeq 20,9$]

Paragrafo 1. Vettori nel piano

36 Utilizza i vettori della figura per determinare:
a. $\vec{a} - \vec{b}$;
b. $\vec{b} + \vec{c}$;
c. $\vec{a} + \vec{b} - \vec{c}$.

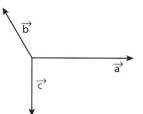

37 Dati i vettori $\vec{a}, \vec{b}, \vec{c}$, determina graficamente i seguenti vettori:
a. $\vec{a} + \vec{b}$;
b. $\vec{c} - \vec{b} - \vec{a}$;
c. $\vec{b} - \vec{c}$.

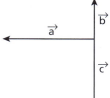

---

38 **FAI UN ESEMPIO** di tre vettori $\vec{a}, \vec{b}, \vec{c}$ non nulli in modo che $\vec{a} + \vec{b} - \vec{c} = \vec{b}$.

39 Sapendo che $\vec{c} = \vec{b} - \vec{a}$ e che $c = 13$, $b = 8$, $a = 7$, determina l'angolo formato dai vettori $\vec{a}$ e $\vec{b}$. [120°]

Moltiplicazione di un vettore per uno scalare

40 Disegna un vettore $\vec{a}$ e rappresenta poi i vettori: $-2\vec{a}$, $\frac{1}{4}\vec{a}$, $3\vec{a}$.

41 I vettori $\vec{a}$ e $\vec{b}$, con modulo $a = 8$ e $b = 6$, formano un angolo di 90°. Determina il modulo dei vettori:
$$\vec{u} = \vec{a} - 2\vec{b}; \qquad \vec{v} = \frac{1}{2}(\vec{a} + 3\vec{b}); \qquad \vec{w} = -3(-2\vec{a} + 4\vec{b}).$$
$[u \simeq 14{,}4;\ v \simeq 9{,}9;\ w \simeq 86{,}5]$

42 Disegna due vettori $\vec{u}$ e $\vec{v}$ e verifica le seguenti uguaglianze:
$$k(\vec{u} + \vec{v}) = k\vec{u} + k\vec{v}, \quad \text{con } k = 3; \qquad (a+b)\vec{u} = a\vec{u} + b\vec{u}, \quad \text{con } a = 4 \text{ e } b = -2.$$

43 **EUREKA!** Dimostra che il vettore $\vec{c} = a \cdot \vec{b} + b \cdot \vec{a}$ divide in due parti congruenti l'angolo formato dai vettori $\vec{a}$ e $\vec{b}$.

Prodotto scalare di due vettori

44 **VERO O FALSO?**
a. Se due vettori sono perpendicolari, il loro prodotto scalare è nullo. V F
b. $\vec{a} \cdot \vec{a} = a^2$. V F
c. Se due vettori con la stessa direzione e verso opposto hanno lo stesso modulo, il loro prodotto scalare è nullo. V F
d. Se il prodotto scalare di due vettori è nullo, i vettori hanno la stessa direzione. V F

45 Considera i vettori della figura. Determina $\vec{a} \cdot \vec{b}$, $-2\vec{a} \cdot \vec{b}$ e $3\vec{a} \cdot (-\vec{b})$.
$[3 - 6; -9]$

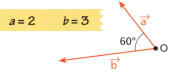

$a = 2 \quad b = 3$

46 Calcola il prodotto scalare dei vettori $\vec{a}$ e $\vec{b}$, che hanno moduli $a = 9$ e $b = 15$ e formano un angolo di 30°.
$\left[\dfrac{135\sqrt{3}}{2}\right]$

47 Dati i vettori $\vec{a}$ e $\vec{b}$, con $a = 6$ e $b = 8$, calcola $\vec{a} \cdot \vec{b}$, sapendo che l'angolo α fra essi compreso è:
a. 0°; b. 180°; c. 90°; d. 60°.
[a) 48; b) -48; c) 0; d) 24]

Capitolo 17. Vettori, matrici, determinanti

ESERCIZI

I vettori $\vec{a}$ e $\vec{b}$, con $a = 4$ e $b = 12$, formano un angolo di 45°. Calcola le seguenti espressioni.

48 $(-\vec{a}) \cdot \vec{b}$; $\quad 2\vec{a} \cdot (-\vec{b})$; $\quad -\frac{1}{3}\vec{b} \cdot \vec{a}$. $\qquad [-24\sqrt{2}; -48\sqrt{2}; -8\sqrt{2}]$

49 $\vec{b} \cdot 3\vec{a}$; $\quad (-\vec{a}) \cdot (-\vec{b})$; $\quad -\left[\left(\frac{1}{2}\vec{a}\right) \cdot \left(-\frac{1}{4}\vec{b}\right)\right]$. $\qquad [72\sqrt{2}; 24\sqrt{2}; 3\sqrt{2}]$

50 I vettori $\vec{a}$ e $\vec{b}$, di moduli $a = 3$ e $b = 8$, hanno prodotto scalare -12. Determina l'angolo α formato dai vettori. $\qquad [120°]$

51 Il prodotto scalare dei vettori $\vec{v}$ e $\vec{w}$, che formano un angolo di 150°, è -90. Sapendo che il modulo di $\vec{v}$ è 10, trova il modulo di $\vec{w}$. $\qquad [6\sqrt{3}]$

52 Sapendo che i vettori $\vec{a}$ e $\vec{b}$ hanno entrambi modulo 4 e formano un angolo di 60°, calcola:

$(\vec{a} + \vec{b}) \cdot \vec{a}$; $\qquad (\vec{a} - \vec{b}) \cdot \vec{a}$; $\qquad (\vec{a} - \vec{b}) \cdot (\vec{a} + \vec{b})$. $\qquad [24; 8; 0]$

53 **IN FISICA** **Che lavoro!** Sapendo che il lavoro compiuto da una forza è $L = \vec{F} \cdot \vec{s}$, dove $\vec{s}$ è il vettore spostamento, determina il lavoro compiuto nello spostare la cassa sulla rampa per un tratto di 4 m se la forza di traino ha la direzione e il verso indicati in figura. (Trascura l'attrito.)

$[L \simeq 170 \text{ N} \cdot \text{m}]$

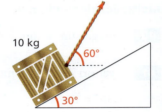

Scomposizione di un vettore
▶ Teoria a p. 998

54 Scomponi il vettore $\vec{v}$ lungo le due direzioni assegnate.

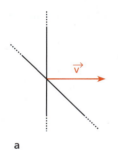
a

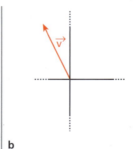
b

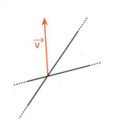
c

d

IN FISICA

55 **Piano inclinato** Scomponi il peso $P = 6{,}4$ N nelle sue componenti $P_\parallel$ (parallela al piano) e $P_\perp$ (perpendicolare al piano).

$[P_\parallel \simeq 3{,}9 \text{ N}; \ P_\perp \simeq 5{,}0 \text{ N}]$

56 **Equilibrio** Un corpo soggetto a una forza peso $P = 188$ N scivola su un piano inclinato CB. Trova quale forza con direzione parallela a CB occorre applicare al corpo per farlo rimanere fermo.

$[94 \text{ N}]$

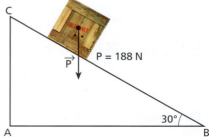

1020

2 Vettori nel piano cartesiano

▶ Teoria a p. 998

57 Rappresenta i vettori $\vec{a}(-4; 2)$, $\vec{b}(-3; -1)$, $\vec{c}(8; 6)$ nel piano cartesiano.

58 **ESERCIZIO GUIDA** Dato il vettore $\vec{v}(-6; 2)$, determiniamo il modulo e la direzione di v.

Rappresentiamo $\vec{v}$ nel piano cartesiano e calcoliamo il suo modulo con $v = \sqrt{v_x^2 + v_y^2}$:

$$v = \sqrt{36 + 4} = \sqrt{40} = 2\sqrt{10}.$$

Determiniamo la direzione di $\vec{v}$ calcolando l'angolo α che $\vec{v}$ forma con la direzione positiva dell'asse x.
Utilizziamo le formule:

$$\cos\alpha = \frac{v_x}{v} \quad \text{e} \quad \sin\alpha = \frac{v_y}{v}.$$

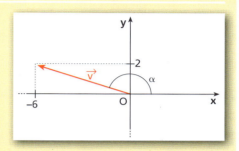

Dalla prima formula otteniamo: $\cos\alpha = -\frac{6}{2\sqrt{10}} = -\frac{3}{\sqrt{10}}$.

Con la funzione $\cos^{-1}$ della calcolatrice, otteniamo $\alpha \simeq 161°$.
Osserviamo che, dalla formula che esprime $\sin\alpha$, abbiamo

$$\sin\alpha = \frac{2}{2\sqrt{10}} = \frac{1}{\sqrt{10}},$$

e con la funzione $\sin^{-1}$ della calcolatrice otteniamo il valore dell'angolo α_1, con seno che vale $\frac{1}{\sqrt{10}}$, del primo quadrante; per ottenere α dobbiamo calcolare:

$$\alpha = 180° - \alpha_1.$$

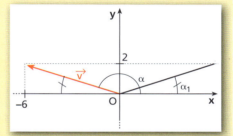

Trova il modulo e la direzione dei seguenti vettori.

59 $\vec{a}(3; 4)$; $\qquad \vec{b}(-5; 5)$; $\qquad \vec{c}(2; 4)$.

$[a = 5, \alpha \simeq 53°; b = 5\sqrt{2}, \alpha = 135°; c = 2\sqrt{5}, \alpha \simeq 63°]$

60 $\vec{a}(-3\sqrt{3}; 3)$; $\qquad \vec{b}(4; -5)$; $\qquad \vec{c}(9; 6)$.

$[a = 6, \alpha = 150°; b = 6,4, \alpha \simeq 309°; c = 10,8, \alpha \simeq 34°]$

61 $\vec{a} = -3\vec{i} + 4\vec{j}$; $\qquad \vec{b} = -\vec{i} - \vec{j}$; $\qquad \vec{c} = 2\vec{i} + 6\vec{j}$.

$[a = 5, \alpha \simeq 127°; b = \sqrt{2}, \alpha = 225°; c \simeq 2\sqrt{10}, \alpha = 72°]$

Il vettore $\vec{a}$ forma l'angolo α con la direzione positiva dell'asse x. Con i dati forniti, determina ciò che è richiesto.

62 $a = 8$; $\alpha = 30°$. a_x? a_y? $[4\sqrt{3}, 4]$ $\qquad$ **64** $a_x = 12$; $\alpha = 60°$. a? a_y? $[24, 12\sqrt{3}]$

63 $a = 6$; $\alpha = 135°$. a_x? a_y? $[-3\sqrt{2}, 3\sqrt{2}]$ $\qquad$ **65** $a_y = -10$; $\alpha = 210°$. a? a_x? $[20, -10\sqrt{3}]$

1021

Capitolo 17. Vettori, matrici, determinanti

ESERCIZI

Dato il vettore $\vec{v}$ delle figure, determina ciò che è richiesto.

66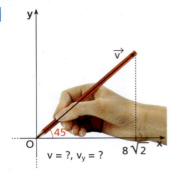
$v = ?, v_y = ?$

67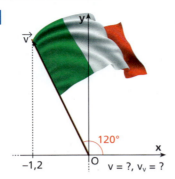
$v = ?, v_y = ?$

68
$v = ?, v_x = ?$

Determina il modulo del vettore somma $\vec{s} = \vec{u} + \vec{v}$.

69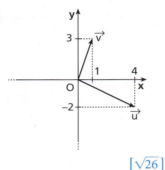

$[\sqrt{26}]$

70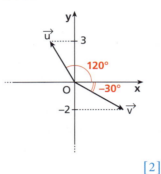

$[2]$

71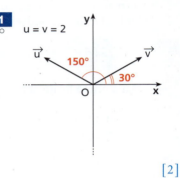

$[2]$

IN FISICA Un punto materiale è in equilibrio se la somma vettoriale di tutte le forze applicate è nulla. La forza equilibrante è quella forza che deve essere aggiunta a una o più forze applicate affinché risulti nulla la somma delle forze. Per ciascuno dei grafici seguenti, disegna la forza equilibrante $\vec{F}$ e calcolane il modulo.

72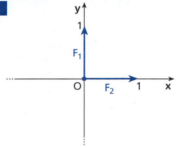

$[\vec{F}(-1; -1); \sqrt{2}]$

74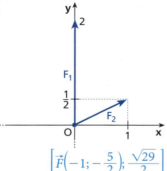

$\left[\vec{F}\left(-1; -\dfrac{5}{2}\right); \dfrac{\sqrt{29}}{2}\right]$

76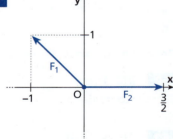

$\left[\vec{F}\left(-\dfrac{1}{2}; -1\right); \dfrac{1}{2}\sqrt{5}\right]$

73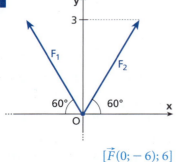

$[\vec{F}(0; -6); 6]$

75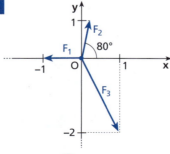

$[\vec{F}(-\tan 10°; 1); \simeq 1]$

77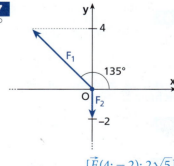

$[\vec{F}(4; -2); 2\sqrt{5}]$

Paragrafo 2. Vettori nel piano cartesiano

Dati i vettori $\vec{a}(2;-5)$, $\vec{b}(1;-2)$, $\vec{c}(-6;3)$, esegui le seguenti operazioni.

78 $\vec{a}+\vec{b}$; $\vec{a}-\vec{b}$; $\vec{b}+\vec{c}$. $[(3;-7);(1;-3);(-5;1)]$

79 $2\vec{a}-\dfrac{1}{3}\vec{c}$; $\vec{a}+4\vec{b}$; $2(\vec{b}-\vec{c})$. $[(6;-11);(6;-13);(14;-10)]$

80 $2\vec{b}+2\vec{c}$; $\vec{a}-\vec{b}+\vec{c}$; $-4\vec{c}+\vec{b}$. $[(-10;2);(-5;0);(25;-14)]$

81 **COMPLETA** Dati $\vec{a}(-5;-12)$ e $\vec{b}(3;-4)$:

a. $\vec{a}+3\vec{b}+\vec{v}=\vec{0}$, $\vec{v}=(\underline{\quad};\underline{\quad})$; c. $\dfrac{1}{a}\vec{a}+\dfrac{1}{b}\vec{b}=\vec{w}$, $\vec{w}=(\underline{\quad};\underline{\quad})$;

b. $-2\vec{a}+7\vec{u}=\vec{b}$, $\vec{u}=(\underline{\quad};\underline{\quad})$; d. $2(\vec{a}-\vec{z})=4(\vec{b}-\vec{z})$, $\vec{z}=(\underline{\quad};\underline{\quad})$.

82 Dati i vettori $\vec{a}=-4\vec{i}+3\vec{j}$ e $\vec{b}=6\vec{i}+8\vec{j}$, trova modulo e direzione dei vettori $\vec{a}$, $\vec{b}$, $\vec{a}+\vec{b}$, $\vec{a}-\vec{b}$.

$[a=5, \alpha\simeq 143°; b=10, \alpha\simeq 53°; |\vec{a}+\vec{b}|=5\sqrt{5}, \alpha\simeq 80°; |\vec{a}-\vec{b}|=5\sqrt{5}, \alpha\simeq 207°]$

83 **REALTÀ E MODELLI** **Percorsi** Camminando in linea retta, Luigi percorre 2,5 km per compiere il tragitto casa-scuola. Se decidesse di camminare solo in direzione dei punti cardinali, percorrerebbe 1,9 km verso est e 1,6 km verso nord. Di quanto è inclinato il tragitto rettilineo rispetto alla direzione ovest-est? $[\simeq 40°]$

84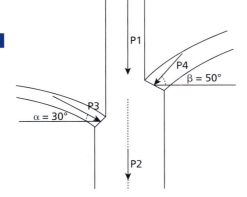

IN FISICA **Il muro portante** Un tecnico, durante la ristrutturazione di un edificio, deve calcolare la forza che agisce su un muro portante su cui si poggiano le volte di due locali adiacenti. Effettuati i rilievi, traccia il disegno riportando le misure come in figura. Il muro ha un peso $P_2=80$ kN ed è gravato da un carico $P_1=250$ kN. Le due volte trasmettono due spinte laterali $P_3=140$ kN e $P_4=100$ kN, che formano con l'orizzontale rispettivamente gli angoli $\alpha=30°$ e $\beta=50°$. Riporta le quattro forze in un sistema di assi cartesiani, con punto di applicazione comune l'origine degli assi, e determina la risultante. $[R\simeq 480$ kN$]$

Prodotto scalare

85 **ESERCIZIO GUIDA** Dati i vettori $\vec{a}=2\vec{i}-\vec{j}$ e $\vec{b}=-4\vec{i}-3\vec{j}$, determiniamo il loro prodotto scalare e l'angolo α formato dai due vettori.

Rappresentiamo $\vec{a}$ e $\vec{b}$ nel piano cartesiano e calcoliamo $\vec{a}\cdot\vec{b}$ con $\boxed{\vec{a}\cdot\vec{b}=a_x b_x + a_y b_y}$:

$\vec{a}\cdot\vec{b}=2(-4)+(-1)(-3)=-8+3=-5.$

Per calcolare l'angolo α, utilizziamo: $\boxed{\cos\alpha=\dfrac{\vec{a}\cdot\vec{b}}{ab}}$.

Calcoliamo i moduli dei vettori:

$a=\sqrt{4+1}=\sqrt{5}$, $b=\sqrt{16+9}=5$,

e sostituiamo: $\cos\alpha=-\dfrac{5}{\sqrt{5}\cdot 5}=-\dfrac{1}{\sqrt{5}}\;\rightarrow\;\alpha\simeq 117°.$

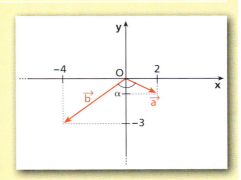

Capitolo 17. Vettori, matrici, determinanti

Calcola il prodotto scalare delle seguenti coppie di vettori.

86 $\vec{a} = -\vec{i} - \vec{j}$, $\vec{b} = \vec{i} + \vec{j}$.   [−2]

87 $\vec{a}(2; 4)$, $\vec{b}(8; -2)$.   [8]

88 $\vec{a}(-1; 5)$, $\vec{b}(-6; -3)$.   [−9]

89 $\vec{a} = -2\vec{i}$, $\vec{b} = 5\vec{j}$.   [0]

90 $\vec{a} = 9\vec{i}$, $\vec{b} = -\frac{1}{3}\vec{i}$.   [−3]

91 $\vec{a} = -\vec{i} + 3\vec{j}$, $\vec{b} = -5\vec{i} - 2\vec{j}$.   [−1]

Calcola l'angolo formato dalle seguenti coppie di vettori.

92 $\vec{a} = -\vec{i} + \vec{j}$, $\vec{b} = \vec{j}$.   [45°]

93 $\vec{a} = 5\vec{i}$, $\vec{b} = -6\vec{i}$.   [180°]

94 $\vec{a} = 2\vec{i} - \vec{j}$, $\vec{b} = -\vec{i} + 4\vec{j}$.   [131°]

95 $\vec{a} = 3\vec{i} + 4\vec{j}$, $\vec{b} = -2\vec{i} - 3\vec{j}$.   [177°]

---

96 Rappresentiamo con due vettori il braccio della ragazza $\vec{v}$ e il bastone per il selfie $\vec{u}$. Il braccio è lungo 60 cm e il bastone 40 cm.

   a. Scrivi le componenti cartesiane di $\vec{u}$ e $\vec{v}$.
   b. Calcola $\vec{u} \cdot \vec{v}$.

   [a) $v_x = -60$ cm, $v_y = 0$ cm, $u_x = u_y = 20\sqrt{2}$ cm;
   b) $-1200\sqrt{2}$ cm²]

97 Considera nel piano cartesiano il punto $P(-2; 1)$ e determina il luogo dei punti Q tali che $\overrightarrow{OQ} \cdot \overrightarrow{OP} = 3$.

   [retta di equazione $-2x + y = 3$]

98 Dati $\vec{a}(1; 2)$ e $\vec{b}(3; -1)$, determina $(\vec{a} + \vec{b}) \cdot (\vec{a} + \vec{b})$ e $|\vec{a} + \vec{b}|^2$ e verifica che sono uguali.

Vettori paralleli e vettori perpendicolari

99 I vettori $\vec{a}(12; 3)$ e $\vec{b}\left(-2; -\frac{1}{2}\right)$ sono paralleli? Motiva la risposta.

100 I vettori $\vec{a}\left(-\frac{1}{3}; 2\right)$ e $\vec{b}\left(9; \frac{3}{2}\right)$ sono perpendicolari? Motiva la risposta.

> i vettori $\vec{a}(a_x; a_y)$ e $\vec{b}(b_x; b_y)$ sono:
> paralleli se $\frac{a_x}{b_x} = \frac{a_y}{b_y}$,
> perpendicolari se $a_x b_x + a_y b_y = 0$

Riconosci quali dei seguenti vettori sono tra loro paralleli o perpendicolari.

101 $\vec{a}(-2; -1)$, $\vec{b}(6; -2)$, $\vec{c}(1; 3)$, $\vec{d}\left(\frac{1}{4}; \frac{1}{8}\right)$.

102 $\vec{a}\left(\frac{1}{2}; 3\right)$, $\vec{b}\left(-4; \frac{2}{3}\right)$, $\vec{c}(12; 2)$, $\vec{d}\left(8; \frac{4}{3}\right)$.

103 $\vec{a}\left(-3; -\frac{5}{3}\right)$, $\vec{b}(6; 5)$, $\vec{c}\left(-\frac{3}{5}; -\frac{1}{2}\right)$, $\vec{d}\left(\frac{1}{3}; 5\right)$.

104 $\vec{a}\left(\frac{4}{7}; -8\right)$, $\vec{b}\left(\frac{1}{2}; \frac{1}{28}\right)$, $\vec{c}\left(-7; -\frac{1}{2}\right)$, $\vec{d}\left(-\frac{3}{2}; 21\right)$.

105 Dato il vettore $\vec{u} = \vec{i} - \frac{3}{2}\vec{j}$ ricava le componenti cartesiane di $\vec{v}$ perpendicolare a $\vec{u}$, con $v = 2\sqrt{13}$.

   [(6; 4); (−6; −4)]

106 Scrivi le componenti cartesiane di $\vec{a}$ parallelo a $\vec{b}\left(-\frac{1}{2}; -\frac{\sqrt{5}}{4}\right)$ e di modulo doppio di $\vec{c}\left(\frac{\sqrt{2}}{4}; \sqrt{3}\right)$.

   [$\left(-\frac{5}{3}\sqrt{2}; -\frac{5}{6}\sqrt{10}\right); \left(\frac{5}{3}\sqrt{2}; \frac{5}{6}\sqrt{10}\right)$]

Paragrafo 3. Matrici

107 Dati $\vec{a}(k; -3)$ e $\vec{b}(-1; k+2)$, trova per quali valori di k sono perpendicolari. $\left[-\dfrac{3}{2}\right]$

108 Trova per quale valore di k i vettori $\vec{a}(2; k)$ e $\vec{b}(-4; 3)$ sono paralleli. $\left[-\dfrac{3}{2}\right]$

109 Trova per quali valori di k i vettori $\vec{v}\left(2k; \dfrac{1}{2}\right)$ e $\vec{w}(4; 2-k)$ sono:
  a. paralleli; b. perpendicolari. $\left[\text{a) } 1; \text{ b)} -\dfrac{2}{15}\right]$

110 Calcola i valori di t per cui i vettori $\vec{a}(3t-1; 7)$ e $\vec{b}(2t; 2-t)$ sono:
  a. paralleli; b. perpendicolari. $\left[\text{a) } -2; -\dfrac{1}{3}; \text{ b) } \nexists t\right]$

111 Scrivi le componenti cartesiane di un vettore di modulo $4\sqrt{5}$ e parallelo a $\vec{w}(-2; 4)$. $[(-4; 8); (4; -8)]$

112 Determina le componenti cartesiane di un vettore di modulo $\sqrt{2}$ e perpendicolare a $\vec{u}(-7; -1)$. $\left[\left(\dfrac{1}{5}; -\dfrac{7}{5}\right); \left(-\dfrac{1}{5}; \dfrac{7}{5}\right)\right]$

113 **EUREKA!** Determina la componente del vettore $\vec{a} = 2\vec{i} + 4\vec{j}$ rispetto al vettore $\vec{v} = 6\vec{i} + 2\vec{j}$. $[\sqrt{10}]$

3 Matrici

▶ Teoria a p. 1001

114 **FAI UN ESEMPIO** Scrivi una matrice rettangolare 3×4 e indica gli elementi a_{23}, a_{34}, a_{21}.

115 Data la matrice $\begin{bmatrix} 2 & 0 & -4 & 7 \\ 1 & -1 & 6 & 8 \\ 3 & 5 & 9 & -2 \end{bmatrix}$, indica: $a_{32}, a_{21}, a_{24}, a_{31}, a_{33}, a_{34}$.

116 **FAI UN ESEMPIO** Scrivi una matrice riga A e la sua trasposta A^T.

117 **REALTÀ E MODELLI** Distanze kilometriche Nelle cartine stradali e nelle guide turistiche si trova spesso una tabella che riporta le distanze kilometriche tra le varie città, italiane o straniere. Qui a fianco trovi un estratto di una simile tabella.
Interpreta la tabella come una matrice (senza considerare la prima riga e la prima colonna con le sigle e i nomi delle città) e descrivine le caratteristiche.

	AN	AO	BA	BO	CB	FI
Ancona	-	609	466	572	764	260
Aosta	609	-	1063	536	1292	471
Bari	466	1063	-	1026	348	662
Bologna	572	536	1026	-	923	101
Campobasso	764	1292	348	923	-	472
Firenze	260	471	662	101	472	-

Di ognuna delle seguenti matrici scrivi la trasposta.

118 $\begin{bmatrix} 0 & 0 & -4 \\ 1 & 0 & -2 \end{bmatrix}$ **119** $\begin{bmatrix} 0 & -1 \\ -2 & 3 \\ -3 & 0 \end{bmatrix}$ **120** $\begin{bmatrix} 0 & 0 & 1 \\ 2 & 0 & 3 \\ 0 & -1 & 0 \end{bmatrix}$

---

121 Determina a e b in modo che le matrici $\begin{bmatrix} a+2b & 4 \\ 2 & a^2+ab \\ 1 & 0 \end{bmatrix}$ e $\begin{bmatrix} a & 4 \\ 2 & 2a-b \\ 1 & 0 \end{bmatrix}$ siano uguali. $[(0; 0), (2; 0)]$

122 Determina x e y in modo che le matrici $\begin{bmatrix} -x+2y & -6 \\ -y & -4 \end{bmatrix}$ e $\begin{bmatrix} x & -6 \\ y^2 & 3x+y \end{bmatrix}$ siano uguali. $[(-1; -1)]$

1025

Capitolo 17. Vettori, matrici, determinanti

123 Data la matrice $\begin{bmatrix} 1 & 2 & 8 \\ -1 & 0 & 7 \end{bmatrix}$, scrivi l'opposta e la trasposta.

124 Determina x e y in modo che le matrici $\begin{bmatrix} x^2 + 3y - 8 & 0 \\ -1 & x+y \end{bmatrix}$, $\begin{bmatrix} y + 2x & 0 \\ 1 & x - 2 \end{bmatrix}$ siano opposte. $[(0; 2), (6; -10)]$

Matrici quadrate

VERO O FALSO?

125 La matrice $\begin{bmatrix} 1 & 0 & 0 \\ 2 & 1 & 0 \\ 4 & -1 & 2 \end{bmatrix}$:

    a. è una matrice diagonale.   V F

    b. ha ordine 3.   V F

    c. ha gli elementi a_{23} e a_{12} uguali.   V F

    d. ha 0, 1, 4 come elementi della diagonale principale.   V F

126 **a.** Una matrice identica non può essere rettangolare.   V F

    b. L'ordine di una matrice quadrata è il numero delle righe.   V F

    c. Se tutti gli elementi della diagonale principale di una matrice quadrata sono nulli, allora la matrice è una matrice diagonale.   V F

    d. Si può determinare la trasposta solo di una matrice quadrata.   V F

127 **FAI UN ESEMPIO** Scrivi una matrice diagonale di ordine 3.

Per ognuna delle seguenti matrici quadrate indica: il relativo ordine, gli elementi della diagonale principale e gli elementi della diagonale secondaria.

128 $\begin{bmatrix} 1 & 2 \\ 3 & 0 \end{bmatrix}$

129 $\begin{bmatrix} 0 & 0 & -1 \\ 1 & 1 & 0 \\ 2 & 1 & 0 \end{bmatrix}$

130 $\begin{bmatrix} 0 & 10 & 1 & -1 \\ 2 & 1 & 0 & 2 \\ 1 & 9 & 2 & 0 \\ 7 & 8 & 6 & 3 \end{bmatrix}$

  Allenati con **15 esercizi interattivi** con feedback "hai sbagliato, perché…"
☐ **su.zanichelli.it/tutor3**   risorsa riservata a chi ha acquistato l'edizione con tutor

4 Operazioni con le matrici

Addizione e sottrazione di due matrici
▶ Teoria a p. 1003

131 **ESERCIZIO GUIDA** Calcoliamo, se possibile, la somma e la differenza fra le matrici:

$$A = \begin{bmatrix} 0 & 1 \\ 1 & -3 \\ -1 & 2 \end{bmatrix}, \quad B = \begin{bmatrix} 1 & 2 \\ 1 & -3 \\ 0 & 2 \end{bmatrix}.$$

A e B sono entrambe matrici 3×2 e perciò sono dello stesso tipo, quindi possiamo calcolarne la somma e la differenza:

$$A + B = \begin{bmatrix} 0+1 & 1+2 \\ 1+1 & -3+(-3) \\ -1+0 & 2+2 \end{bmatrix} = \begin{bmatrix} 1 & 3 \\ 2 & -6 \\ -1 & 4 \end{bmatrix}, \quad A - B = \begin{bmatrix} 0-1 & 1-2 \\ 1-1 & -3-(-3) \\ -1-0 & 2-2 \end{bmatrix} = \begin{bmatrix} -1 & -1 \\ 0 & 0 \\ -1 & 0 \end{bmatrix}.$$

1026

Paragrafo 4. Operazioni con le matrici

Esegui, quando è possibile, le addizioni fra le seguenti matrici.

132 $A = \begin{bmatrix} 1 & 3 \\ -2 & -2 \\ -3 & 1 \end{bmatrix}$, $B = \begin{bmatrix} -1 & -2 \\ 1 & 3 \\ 0 & 3 \end{bmatrix}$.

134 $A = \begin{bmatrix} 1 & 0 \\ -2 & -1 \\ 0 & 1 \end{bmatrix}$, $B = \begin{bmatrix} 0 & 2 \\ -1 & 1 \\ 3 & 1 \end{bmatrix}$.

133 $A = \begin{bmatrix} 0 & 0 & 3 \\ 1 & 1 & -1 \\ -1 & 2 & 2 \end{bmatrix}$, $B = \begin{bmatrix} -2 & 0 & -3 \\ 1 & 1 & 1 \\ 0 & 1 & -2 \end{bmatrix}$.

135 $A = \begin{bmatrix} 1 & 3 \\ -2 & -2 \\ -3 & 1 \end{bmatrix}$, $B = \begin{bmatrix} -1 & 0 & -2 \\ 1 & 0 & 3 \\ 0 & 0 & 3 \end{bmatrix}$.

Calcola la somma A + B e la differenza A − B fra le seguenti matrici.

136 $A = \begin{bmatrix} 2 & -1 & -4 \\ 0 & -1 & 10 \end{bmatrix}$, $B = \begin{bmatrix} 1 & 0 & 1 \\ -3 & 1 & 0 \end{bmatrix}$.

137 $A = \begin{bmatrix} 1 & 3 & 0 \\ 2 & 2 & 1 \\ 1 & 1 & 1 \end{bmatrix}$, $B = \begin{bmatrix} 6 & 3 & 2 \\ -1 & 2 & 2 \\ 0 & 1 & 2 \end{bmatrix}$.

138 Date le matrici

$$A = \begin{bmatrix} 1 & 1 & 0 \\ 2 & 3 & 1 \\ 1 & 0 & 1 \end{bmatrix}, \quad B = \begin{bmatrix} 1 & 0 & 1 \\ 0 & 1 & 0 \\ -1 & 0 & -1 \end{bmatrix}, \quad C = \begin{bmatrix} 0 & 1 & 0 \\ 1 & 2 & 1 \\ 0 & 1 & 0 \end{bmatrix},$$

verifica la proprietà commutativa e la proprietà associativa dell'addizione mostrando che:

a) $A + B = B + A$;   b) $B + C = C + B$;   c) $(A + B) + C = A + (B + C)$.

Prodotto di una matrice per un numero reale

▶ Teoria a p. 1004

139 Determina il prodotto del numero reale -2 per la matrice $A = \begin{bmatrix} 1 & 1 & 2 \\ 0 & 0 & -3 \end{bmatrix}$.

Calcola i seguenti prodotti.

140 $3 \cdot \begin{bmatrix} 2 & 2 \\ -2 & 0 \\ -2 & 1 \end{bmatrix}$

141 $-5 \cdot \begin{bmatrix} 0 & 3 & -4 \\ -3 & 2 & 2 \\ -5 & 1 & -1 \end{bmatrix}$

142 $-6 \cdot \begin{bmatrix} 1 & 2 & -2 \\ 2 & 1 & 4 \\ -2 & 4 & 12 \end{bmatrix}$

143 $-\dfrac{1}{2} \cdot \begin{bmatrix} 4 & -2 & 0 \\ -10 & 0 & 2 \end{bmatrix}$

144 Date le matrici $A = \begin{bmatrix} 1 & 0 & 2 \\ 0 & 1 & -1 \\ -1 & 3 & 0 \end{bmatrix}$ e $B = \begin{bmatrix} -1 & 1 & 3 \\ 2 & 0 & -1 \\ 0 & 1 & -2 \end{bmatrix}$, calcola:

a. $A + B$;   b. $A - 2B$.

$\left[a) \begin{bmatrix} 0 & 1 & 5 \\ 2 & 1 & -2 \\ -1 & 4 & -2 \end{bmatrix}; b) \begin{bmatrix} 3 & -2 & -4 \\ -4 & 1 & 1 \\ -1 & 1 & 4 \end{bmatrix} \right]$

145 Date le matrici $A = \begin{bmatrix} 0 & 1 & 2 \\ 3 & 2 & -1 \\ 0 & 1 & 0 \end{bmatrix}$, $B = \begin{bmatrix} -2 & -1 & 0 \\ 2 & 0 & -1 \\ 0 & 1 & -2 \end{bmatrix}$ e $C = \begin{bmatrix} -1 & 1 & 1 \\ -1 & 0 & -1 \\ 1 & 1 & -1 \end{bmatrix}$, calcola:

a. $3A + B - 3C$;   b. $2A + 3B - 4C$.

$\left[a) \begin{bmatrix} 1 & -1 & 3 \\ 14 & 6 & -1 \\ -3 & 1 & 1 \end{bmatrix}; b) \begin{bmatrix} -2 & -5 & 0 \\ 16 & 4 & -1 \\ -4 & 1 & -2 \end{bmatrix} \right]$

Date $A = \begin{bmatrix} 0 & 1 & -1 \\ 1 & 2 & 3 \end{bmatrix}$, $B = \begin{bmatrix} -1 & -2 & 0 \\ 4 & 0 & 1 \end{bmatrix}$ **e** $C = \begin{bmatrix} 5 & -4 & 1 \\ 0 & 0 & 3 \end{bmatrix}$, **trova la matrice X che rende vera l'uguaglianza.**

146 $2A + X = B - C$

$\left[\begin{bmatrix} -6 & 0 & 1 \\ 2 & -4 & -8 \end{bmatrix} \right]$

147 $-\dfrac{1}{2} B + A = 2X + C$

$\left[\begin{bmatrix} -\dfrac{9}{4} & 3 & -1 \\ -\dfrac{1}{2} & 1 & -\dfrac{1}{4} \end{bmatrix} \right]$

1027

E Capitolo 17. Vettori, matrici, determinanti

148 Se $A = \begin{bmatrix} 1 & -2 \\ 0 & 1 \end{bmatrix}$ e $B = \begin{bmatrix} 4 & 2 \\ -6 & 0 \end{bmatrix}$, trova una matrice X tale che $A^T + B = 2(X + A)$.

$$\left[\begin{bmatrix} \dfrac{3}{2} & 3 \\ -4 & -\dfrac{1}{2} \end{bmatrix}\right]$$

Prodotto di matrici

▶ Teoria a p. 1004

Prodotto scalare di una matrice riga per una matrice colonna

149 **ESERCIZIO GUIDA** Calcoliamo il prodotto scalare:

$$[2 \quad 0 \quad 1 \quad -3] \cdot \begin{bmatrix} -1 \\ 3 \\ 0 \\ 2 \end{bmatrix}.$$

La matrice riga ha lo stesso numero di elementi della matrice colonna, dunque possiamo effettuare l'operazione.

Moltiplichiamo fra loro gli elementi corrispondenti nelle due matrici e quindi sommiamo i prodotti:

$$[2 \quad 0 \quad 1 \quad -3] \cdot \begin{bmatrix} -1 \\ 3 \\ 0 \\ 2 \end{bmatrix} = 2 \cdot (-1) + 0 \cdot 3 + 1 \cdot 0 + (-3) \cdot 2 = -8.$$

Calcola, quando è possibile, i seguenti prodotti scalari.

150 $[1 \quad 3 \quad 2 \quad -2] \cdot \begin{bmatrix} -2 \\ 0 \\ 1 \\ 2 \end{bmatrix}$ $[-4]$ **152** $[3 \quad 3 \quad 1] \cdot \begin{bmatrix} -1 \\ 2 \\ 3 \end{bmatrix}$ $[6]$ **154** $[2 \quad 0] \cdot \begin{bmatrix} 0 \\ 1 \end{bmatrix}$ $[0]$

151 $[2 \quad 0 \quad 3 \quad -1] \cdot \begin{bmatrix} 0 \\ -1 \\ 1 \\ -2 \end{bmatrix}$ $[5]$ **153** $[2 \quad 0 \quad -3] \cdot \begin{bmatrix} -1 \\ 3 \\ 0 \\ 2 \end{bmatrix}$ $[\text{non è} \\ \text{possibile}]$ **155** $[0 \quad 1 \quad -1] \cdot \begin{bmatrix} 1 \\ 2 \\ -3 \end{bmatrix}$ $[5]$

Prodotto di una matrice $m \times n$ per una matrice $n \times p$

156 **ESERCIZIO GUIDA** Date le matrici $A = \begin{bmatrix} 1 & 0 & -2 \\ 0 & 1 & 2 \end{bmatrix}$ e $B = \begin{bmatrix} 1 & 3 \\ 0 & -2 \\ 2 & 1 \end{bmatrix}$, calcoliamo, se è possibile, il loro prodotto.

La matrice A è del tipo 2×3 e la matrice B è del tipo 3×2, allora possiamo calcolare il prodotto, che è una matrice C del tipo 2×2:

$$\begin{bmatrix} c_{11} & c_{12} \\ c_{21} & c_{22} \end{bmatrix}.$$

Determiniamo gli elementi di C con il prodotto riga per colonna:

$$c_{11} = [1 \quad 0 \quad -2] \cdot \begin{bmatrix} 1 \\ 0 \\ 2 \end{bmatrix} = 1 \cdot 1 + 0 \cdot 0 + (-2) \cdot 2 = -3.$$

Calcoliamo allo stesso modo gli altri elementi e otteniamo:

$c_{12} = 1 \cdot 3 + 0 \cdot (-2) + (-2) \cdot 1 = 1;$
$c_{21} = 0 \cdot 1 + 1 \cdot 0 + 2 \cdot 2 = 4;$
$c_{22} = 0 \cdot 3 + 1 \cdot (-2) + 2 \cdot 1 = 0.$

Possiamo scrivere: $C = A \cdot B = \begin{bmatrix} 1 & 0 & -2 \\ 0 & 1 & 2 \end{bmatrix} \cdot \begin{bmatrix} 1 & 3 \\ 0 & -2 \\ 2 & 1 \end{bmatrix} = \begin{bmatrix} -3 & 1 \\ 4 & 0 \end{bmatrix}.$

1028

Calcola, quando è possibile, il prodotto delle seguenti coppie di matrici.

157 $\begin{bmatrix} -2 & -1 \\ 0 & 1 \end{bmatrix} \cdot \begin{bmatrix} -1 & 1 \\ 3 & 1 \end{bmatrix}$ $\begin{bmatrix} [-1 & -3] \\ [3 & 1] \end{bmatrix}$

158 $\begin{bmatrix} 2 \\ -2 \\ 0 \end{bmatrix} \cdot [-1 \; 2 \; 1]$ $\begin{bmatrix} [-2 & 4 & 2] \\ [2 & -4 & -2] \\ [0 & 0 & 0] \end{bmatrix}$

159 $\begin{bmatrix} 1 & 0 \\ 0 & -1 \\ 2 & 3 \end{bmatrix} \cdot \begin{bmatrix} -1 & 0 & 2 & 3 \\ 1 & 2 & 3 & 0 \end{bmatrix}$ $\begin{bmatrix} [-1 & 0 & 2 & 3] \\ [-1 & -2 & -3 & 0] \\ [1 & 6 & 13 & 6] \end{bmatrix}$

160 $\begin{bmatrix} 2 & 10 \\ 3 & -1 \\ -2 & 13 \end{bmatrix} \cdot \begin{bmatrix} 2 & 6 & -2 \\ -1 & 10 & 2 \\ 2 & 2 & 6 \end{bmatrix}$

[non è possibile]

161 $\begin{bmatrix} 3 & 1 & 4 \\ 1 & 9 & 1 \\ 0 & 7 & -3 \end{bmatrix} \cdot \begin{bmatrix} 1 & 1 & 1 \\ -1 & 0 & 0 \\ 1 & 2 & 0 \end{bmatrix}$ $\begin{bmatrix} [6 & \\ [-7 & 3 \\ [-10 & -6 & 0] \end{bmatrix}$

162 $\begin{bmatrix} 0 & 1 & -1 \\ 2 & 1 & 6 \end{bmatrix} \cdot \begin{bmatrix} 3 \\ -1 \\ 1 \end{bmatrix}$ $\begin{bmatrix} [-2] \\ [11] \end{bmatrix}$

163 $[1 \; 10 \; 1] \cdot \begin{bmatrix} 1 & -6 & 1 \\ -1 & 0 & 2 \\ 2 & 3 & 6 \end{bmatrix}$ $[[-7 \; -3 \; 27]]$

164 $\begin{bmatrix} 0 & x & x \\ 1 & -x & 0 \\ -x & 0 & x \end{bmatrix} \cdot \begin{bmatrix} 2x & -x \\ 0 & -1 \\ 1 & 0 \end{bmatrix}$ $\begin{bmatrix} [x & -x] \\ [2x & 0] \\ [x - 2x^2 & x^2] \end{bmatrix}$

---

165 **YOU & MATHS** If $A = \begin{bmatrix} 1 & -1 & 6 \\ 1 & -2 & -1 \\ 3 & -3 & -4 \end{bmatrix}$ and $B = \begin{bmatrix} 5 & 3 \\ 2 & -4 \\ -3 & 1 \end{bmatrix}$, find $A \cdot B$ and $B \cdot A$, where possible.

(CAN *University of New Brunswick*, Final Exam)

$\begin{bmatrix} A \cdot B = \begin{bmatrix} -15 & 13 \\ 4 & 10 \\ 21 & 17 \end{bmatrix}; B \cdot A \text{ not possible} \end{bmatrix}$

166 Trova a in modo che: $\begin{bmatrix} -1 & a \\ -2 & 0 \end{bmatrix} \cdot \begin{bmatrix} 2 & -1 \\ 1 & 3 \end{bmatrix} = \begin{bmatrix} -3 & -2 \\ -4 & 2 \end{bmatrix}$. $[-1]$

167 Data la matrice $A = \begin{bmatrix} 2 & -1 \\ 0 & 1 \end{bmatrix}$, calcola A^2, $A \cdot (-A)$.

168 Verifica che, data la matrice $A = \begin{bmatrix} 8 & 4 \\ -16 & -8 \end{bmatrix}$, $A^2 = O$.

169 Verifica che le matrici $A = \begin{bmatrix} 1 & -2 \\ -1 & 2 \end{bmatrix}$ e $B = \begin{bmatrix} 2 & 6 \\ 1 & 3 \end{bmatrix}$ sono divisori dello zero.

Date le seguenti matrici A e B, determina i prodotti A · B e B · A verificando che la moltiplicazione fra matrici non gode della proprietà commutativa.

170 $A = \begin{bmatrix} 0 & 0 \\ 1 & 10 \\ -2 & 5 \end{bmatrix}$, $B = \begin{bmatrix} 6 & 0 & 9 \\ 7 & 0 & -1 \end{bmatrix}$.

$\begin{bmatrix} A \cdot B = \begin{bmatrix} 0 & 0 & 0 \\ 76 & 0 & -1 \\ 23 & 0 & -23 \end{bmatrix}; B \cdot A = \begin{bmatrix} -18 & 45 \\ 2 & -5 \end{bmatrix} \end{bmatrix}$

171 $A = \begin{bmatrix} 3 & 1 \\ 2 & 5 \end{bmatrix}$, $B = \begin{bmatrix} 5 & -1 \\ 2 & 3 \end{bmatrix}$.

$\begin{bmatrix} A \cdot B = \begin{bmatrix} 17 & 0 \\ 20 & 13 \end{bmatrix}; B \cdot A = \begin{bmatrix} 13 & 0 \\ 12 & 17 \end{bmatrix} \end{bmatrix}$

Riepilogo: Operazioni con le matrici

Assegnate le matrici $A = \begin{bmatrix} 2 & -8 \\ 4 & 6 \end{bmatrix}$ e $B = \begin{bmatrix} 3 & 1 \\ -5 & -2 \end{bmatrix}$, esegui le operazioni indicate.

172 $A - B$, $-\frac{1}{2}A + 2B$. $\begin{bmatrix} \begin{bmatrix} -1 & -9 \\ 9 & 8 \end{bmatrix}, \begin{bmatrix} 5 & 6 \\ -12 & -7 \end{bmatrix} \end{bmatrix}$

173 $3(A + B)$, $-(B - A)$. $\begin{bmatrix} \begin{bmatrix} 15 & -21 \\ -3 & 12 \end{bmatrix}, \begin{bmatrix} -1 & -9 \\ 9 & 8 \end{bmatrix} \end{bmatrix}$

1029

ESERCIZI

Date le matrici $A = [-2 \; 4 \; 1 \; 0]$ e $B = [-1 \; -5 \; 3 \; 6]$, esegui le operazioni indicate.

174 $-A - B$, $\quad \frac{1}{3}(A - B)$.
$\left[[3 \; 1 \; -4 \; -6], \left[-\frac{1}{3} \; 3 \; -\frac{2}{3} \; -2\right]\right]$

175 $2A - 3B$, $\quad 4(A + B)$.
$[[-1 \; 23 \; -7 \; -18], [-12 \; -4 \; 16 \; 24]]$

Considera le matrici $A = \begin{bmatrix} 1 & -1 \\ 4 & 2 \end{bmatrix}$, $B = \begin{bmatrix} 0 & 2 \\ -2 & 3 \end{bmatrix}$, $C = \begin{bmatrix} -4 & 0 \\ 2 & -6 \end{bmatrix}$ e calcola le seguenti espressioni.

176 $A - B + C$, $\quad 2(3B - C) + A$.
$\left[\begin{bmatrix} -3 & -3 \\ 8 & -7 \end{bmatrix}, \begin{bmatrix} 9 & 11 \\ -12 & 32 \end{bmatrix}\right]$

177 $A + 2B - \frac{1}{2}C$, $\quad -2A - B - C$.
$\left[\begin{bmatrix} 3 & 3 \\ -1 & 11 \end{bmatrix}, \begin{bmatrix} 2 & 0 \\ -8 & -1 \end{bmatrix}\right]$

Date le matrici $A = \begin{bmatrix} \frac{1}{2} & \frac{3}{2} & -0 \\ 0 & 1 & -1 \\ 1 & 2 & -0 \end{bmatrix}$ e $B = \begin{bmatrix} -\frac{1}{2} & -\frac{1}{2} & 3 \\ -0 & -0 & 1 \\ -3 & -1 & 2 \end{bmatrix}$, calcola le seguenti espressioni.

178 $A + B$, $\quad B - A$.
$\left[\begin{bmatrix} 0 & 2 & 3 \\ 0 & 1 & 0 \\ 4 & 1 & 2 \end{bmatrix}, \begin{bmatrix} -1 & -1 & 3 \\ 0 & -1 & 2 \\ 2 & -3 & 2 \end{bmatrix}\right]$

179 $A + 3B$, $\quad -2A + 4B$.
$\left[\begin{bmatrix} -1 & 3 & 9 \\ 0 & 1 & 2 \\ 10 & -1 & 6 \end{bmatrix}, \begin{bmatrix} -3 & -1 & 12 \\ 0 & -2 & 6 \\ 10 & -8 & 8 \end{bmatrix}\right]$

180 **REALTÀ E MODELLI** **Spese pazze** Silvia e Ilaria fanno shopping in un negozio di bigiotteria. Silvia compra 5 collane, 3 paia di orecchini e 1 braccialetto; Ilaria invece compra 3 collane, 2 paia di orecchini e 4 braccialetti. Sapendo che ogni collana costa € 12, ogni paio di orecchini € 10 e ogni braccialetto € 9, usando il prodotto matriciale calcola quanto spende Silvia e quanto Ilaria. [€ 99; € 92]

181 Date le matrici $A = \begin{bmatrix} 1 & -4 \\ 6 & 2 \end{bmatrix}$ e $B = \begin{bmatrix} -3 & -1 \\ 2 & 0 \end{bmatrix}$, verifica che $(A \cdot B)^T = B^T \cdot A^T$.

---

182 **VERO O FALSO?** Date le matrici

$A = \begin{bmatrix} 2 & 4 \\ 0 & -3 \\ -1 & -2 \end{bmatrix}$ e $B = \begin{bmatrix} -2 & 0 & 1 \\ -4 & 3 & 2 \end{bmatrix}$:

a. $(A \cdot B)^T = A^T \cdot B^T$. V F
b. $A^T + B = O$. V F
c. $A + B^T = O$. V F
d. $A - B^T = 2A$. V F

183 Date le matrici

$A = \begin{bmatrix} a_{11} & a_{12} & a_{13} \\ a_{21} & a_{22} & a_{23} \\ a_{31} & a_{32} & a_{33} \end{bmatrix}$, $I = \begin{bmatrix} 1 & 0 & 0 \\ 0 & 1 & 0 \\ 0 & 0 & 1 \end{bmatrix}$, $O = \begin{bmatrix} 0 & 0 & 0 \\ 0 & 0 & 0 \\ 0 & 0 & 0 \end{bmatrix}$,

verifica che:

a. $A \cdot I = I \cdot A = A$;
b. $A \cdot O = O \cdot A = O$.

Date le matrici $A = \begin{bmatrix} 1 & 0 \\ 2 & -1 \end{bmatrix}$, $B = \begin{bmatrix} 0 & 4 \\ 1 & 1 \end{bmatrix}$, $C = \begin{bmatrix} -1 & 1 \\ 2 & 0 \end{bmatrix}$, calcola:

184 A^2, $\quad A \cdot C$.
$\left[\begin{bmatrix} 1 & 0 \\ 0 & 1 \end{bmatrix}, \begin{bmatrix} -1 & 1 \\ -4 & 2 \end{bmatrix}\right]$

185 $A \cdot B$, $\quad B \cdot A$.
$\left[\begin{bmatrix} 0 & 4 \\ -1 & 7 \end{bmatrix}, \begin{bmatrix} 8 & -4 \\ 3 & -1 \end{bmatrix}\right]$

186 $B \cdot C - B^2$, $\quad 2C^2 - \frac{1}{2}C \cdot A$.
$\left[\begin{bmatrix} 4 & -4 \\ 0 & -4 \end{bmatrix}, \begin{bmatrix} \frac{11}{2} & -\frac{3}{2} \\ -5 & 4 \end{bmatrix}\right]$

1030

Riepilogo: Operazioni con le matrici

187 $A \cdot (2B - C)$, $\qquad A \cdot B \cdot C$. $\left[\begin{bmatrix} 1 & 7 \\ 2 & 12 \end{bmatrix}, \begin{bmatrix} 8 & 0 \\ 15 & -1 \end{bmatrix}\right]$

188 $(A + B) \cdot (A - C)$, $\qquad B \cdot C - A \cdot (B + C)$. $\left[\begin{bmatrix} 2 & -5 \\ 6 & -3 \end{bmatrix}, \begin{bmatrix} 9 & -5 \\ 6 & -8 \end{bmatrix}\right]$

189 Trova x in modo che $\begin{bmatrix} x & 1 \\ -4 & -x \end{bmatrix}^2 = \begin{bmatrix} 0 & 0 \\ 0 & 0 \end{bmatrix}$ $[\pm 2]$

Date le matrici $A = \begin{bmatrix} 1 & 2 \\ 0 & 1 \end{bmatrix}, B = \begin{bmatrix} 1 & 1 \\ -1 & 2 \end{bmatrix}, C = \begin{bmatrix} -1 & -1 \\ 1 & -2 \end{bmatrix}$, calcola le seguenti espressioni.

190 $A \cdot (B + C)$, $\qquad A \cdot B - 2C$. $\left[\begin{bmatrix} 0 & 0 \\ 0 & 0 \end{bmatrix}, \begin{bmatrix} 1 & 7 \\ -3 & 6 \end{bmatrix}\right]$

191 $(A + B) \cdot (B - C)$, $\qquad A \cdot B + B \cdot C$. $\left[\begin{bmatrix} -2 & 16 \\ -8 & 10 \end{bmatrix}, \begin{bmatrix} -1 & 2 \\ 2 & -1 \end{bmatrix}\right]$

192 Date le matrici $A = \begin{bmatrix} 1 & -2 \\ 3 & -1 \end{bmatrix}$ e $B = \begin{bmatrix} 0 & 2 \\ 3 & 1 \end{bmatrix}$, calcola A^2, B^2, $A^2 - B^2$ e $(A + B)^2$.

$\left[\begin{bmatrix} -5 & 0 \\ 0 & -5 \end{bmatrix}, \begin{bmatrix} 6 & 2 \\ 3 & 7 \end{bmatrix}, \begin{bmatrix} -11 & -2 \\ -3 & -12 \end{bmatrix}, \begin{bmatrix} 1 & 0 \\ 6 & 0 \end{bmatrix}\right]$

193 Date le matrici $A = \begin{bmatrix} 1 & -1 \\ 2 & 0 \end{bmatrix}$ e $B = \begin{bmatrix} 0 & 3 \\ 4 & -1 \end{bmatrix}$, verifica che:

a. $(A + B)^2 \neq A^2 + 2AB + B^2$; b. $(A + B)^2 = A^2 + AB + BA + B^2$.

194 Date le matrici $A = \begin{bmatrix} 2 & 1 \\ 0 & -1 \end{bmatrix}$ e $B = \begin{bmatrix} 1 & 1 \\ 3 & 0 \end{bmatrix}$, verifica che:

a. $(A + B) \cdot (A - B) \neq A^2 - B^2$; b. $(A + B) \cdot (A - B) = A^2 + AB - BA - B^2$.

REALTÀ E MODELLI

195 **Ordiniamo un dolce?** Un'azienda dolciaria produce 3 tipi di dolci D_1, D_2, D_3, nelle quantità descritte dalla matrice riga: $D = [8 \ 6 \ 5]$. Per ciascun tipo di dolce l'azienda deve rifornirsi di 4 materie prime M_1, M_2, M_3, M_4, in quantità diverse per ogni dolce. Tali quantitativi sono descritti dalla matrice M. I costi unitari di ciascuna materia prima, C_1, C_2, C_3, C_4, sono rappresentati dalla matrice colonna C.

$$D = \begin{array}{c} D_1 \ D_2 \ D_3 \\ [8 \ 6 \ 5] \end{array} \qquad M = \begin{array}{c} M_1 \ M_2 \ M_3 \ M_4 \\ \begin{bmatrix} 2 & 1 & 4 & 5 \\ 1 & 3 & 1 & 4 \\ 3 & 1 & 1 & 2 \end{bmatrix} \begin{array}{c} D_1 \\ D_2 \\ D_3 \end{array} \end{array} \qquad C = \begin{bmatrix} 2 \\ 4 \\ 3 \\ 1 \end{bmatrix} \begin{array}{c} C_1 \\ C_2 \\ C_3 \\ C_4 \end{array}$$

a. Calcola $D \cdot M$, $M \cdot C$, $D \cdot M \cdot C$.

b. Che cosa rappresenta il risultato di ognuno dei prodotti?

196 **Orientamento scolastico** In una scuola media è stata condotta un'indagine per valutare come le attività di orientamento verso la scuola secondaria di 2° grado modifichino le scelte effettuate dai ragazzi nel corso degli anni (i risultati

Mutamento delle scelte tra I e II anno e tra II e III anno						
a →	professionale		tecnico		liceo	
da ↓	I → II	II → III	I → II	II → III	I → II	II → III
professionale	60%	85%	30%	10%	10%	5%
tecnico	25%	30%	50%	60%	25%	10%
liceo	5%	15%	20%	25%	75%	60%

sono riportati in tabella). Per esempio: tra i ragazzi che al I anno avevano intenzione di iscriversi a una scuola professionale, il 60% conferma la scelta anche al II anno, mentre tra i ragazzi che al II anno volevano iscriversi a un liceo, il 25% al III anno si orienta verso un istituto tecnico.

a. Compila due matrici con le percentuali dei mutamenti di scelta tra I e II anno e tra II e III anno. Determina poi la matrice che rappresenta i mutamenti di scelta tra I e III anno e riporta questi dati in una tabella simile alla precedente.

b. Qual è il gruppo di ragazzi che ha cambiato maggiormente idea e quello che è rimasto più fedele alla scelta iniziale?

[b) tecnico, professionale]

1031

Capitolo 17. Vettori, matrici, determinanti

Date le matrici $A = \begin{bmatrix} 1 & 1 \\ 4 & -3 \end{bmatrix}$, $B = \begin{bmatrix} 0 & 2 \\ 1 & -4 \end{bmatrix}$, $C = \begin{bmatrix} -1 & -5 \\ 2 & 3 \end{bmatrix}$, trova la matrice $X = \begin{bmatrix} a & b \\ c & d \end{bmatrix}$ che verifica le seguenti uguaglianze.

197 $-(A + X) = B - C$. $\qquad \left[\begin{bmatrix} -2 & -8 \\ -3 & 10 \end{bmatrix}\right]$

198 $2A + B = C - 3X$. $\qquad \left[\begin{bmatrix} -1 & -3 \\ -\frac{7}{3} & \frac{13}{3} \end{bmatrix}\right]$

Determina la matrice X.

199 $\begin{bmatrix} 1 & 2 \\ 3 & 5 \end{bmatrix} - X = \begin{bmatrix} -3 & 0 \\ 4 & 0 \end{bmatrix}$ $\qquad \left[\begin{bmatrix} 4 & 2 \\ -1 & 5 \end{bmatrix}\right]$

202 $\begin{bmatrix} 1 & 2 \\ 7 & 2 \end{bmatrix} \cdot \begin{bmatrix} 1 & 0 \\ 1 & 1 \end{bmatrix} = X \cdot \begin{bmatrix} 1 & 2 \\ 7 & 2 \end{bmatrix}$ $\qquad \left[\begin{bmatrix} \frac{2}{3} & \frac{1}{3} \\ -\frac{1}{3} & \frac{4}{3} \end{bmatrix}\right]$

200 $\begin{bmatrix} 1 & 2 \\ 3 & 0 \end{bmatrix} \cdot X = \begin{bmatrix} 9 & -1 \\ 15 & -3 \end{bmatrix}$ $\qquad \left[\begin{bmatrix} 5 & -1 \\ 2 & 0 \end{bmatrix}\right]$

203 $X \cdot \begin{bmatrix} 3 & 2 & 0 \\ -1 & 0 & 1 \end{bmatrix} = \begin{bmatrix} 0 & 2 & 3 \\ -6 & -2 & 3 \end{bmatrix}$ $\qquad \left[\begin{bmatrix} 1 & 3 \\ -1 & 3 \end{bmatrix}\right]$

201 $\begin{bmatrix} 4 & 2 \\ 3 & 7 \end{bmatrix} \cdot X = \begin{bmatrix} 4 & 2 \\ 3 & 7 \end{bmatrix}$ $\qquad \left[\begin{bmatrix} 1 & 0 \\ 0 & 1 \end{bmatrix}\right]$

204 $X \cdot \begin{bmatrix} 1 & -1 \\ 2 & 0 \end{bmatrix} = \begin{bmatrix} 1 \\ 5 \end{bmatrix} \cdot [2 \; -1] - \begin{bmatrix} -4 & 3 \\ 6 & -7 \end{bmatrix}$ $\qquad \left[\begin{bmatrix} 4 & 1 \\ -2 & 3 \end{bmatrix}\right]$

Nei seguenti esercizi determina i valori da sostituire alle incognite per rendere vera l'uguaglianza.

205 $\begin{bmatrix} 4 & 1 & 3 \\ 0 & 1 & -2 \end{bmatrix} \cdot \begin{bmatrix} x & y \\ 0 & z \\ t & 0 \end{bmatrix} = \begin{bmatrix} 7 & 1 \\ -2 & 1 \end{bmatrix}$ $\qquad [x = 1, y = 0, z = 1, t = 1]$

207 $[x \; x+1 \; x+2] \cdot \begin{bmatrix} 1 \\ 2 \\ 3 \end{bmatrix} = [14]$ $\qquad [x = 1]$

206 $\begin{bmatrix} 1 & 3 & 4 \\ -2 & 0 & -1 \end{bmatrix} \cdot \begin{bmatrix} x \\ y \\ x \end{bmatrix} = \begin{bmatrix} 11 \\ -3 \end{bmatrix}$ $\qquad [x = 1, y = 2]$

208 $\begin{bmatrix} 3 & 0 & -1 \\ 1 & 0 & 1 \end{bmatrix} \cdot \begin{bmatrix} x-1 \\ x \\ x+1 \end{bmatrix} = \begin{bmatrix} 4 \\ 8 \end{bmatrix}$ $\qquad [x = 4]$

5 Determinanti

▶ Teoria a p. 1007

Determinante di una matrice 2 × 2

$\det \begin{bmatrix} a & b \\ c & d \end{bmatrix} = ad - bc$

Calcola il determinante delle seguenti matrici di ordine 2.

209 $\begin{bmatrix} 2 & 1 \\ -1 & 3 \end{bmatrix}$ $\qquad [7]$

212 $\begin{bmatrix} \frac{1}{2} & \frac{3}{2} \\ \frac{4}{3} & \frac{2}{3} \end{bmatrix}$ $\qquad \left[-\frac{5}{3}\right]$

215 $\begin{bmatrix} x+1 & x \\ x & x-1 \end{bmatrix}$ $\qquad [-1]$

210 $\begin{bmatrix} 0 & 1 \\ -2 & 2 \end{bmatrix}$ $\qquad [2]$

213 $\begin{bmatrix} a+b & a \\ a & a-b \end{bmatrix}$ $\qquad [-b^2]$

216 $\begin{bmatrix} 1+\sqrt{3} & 1 \\ -1 & 1-\sqrt{3} \end{bmatrix}$ $\qquad [-1]$

211 $\begin{bmatrix} 1 & 6 \\ -2 & 7 \end{bmatrix}$ $\qquad [19]$

214 $\begin{bmatrix} \sin\alpha & \cos\alpha \\ \cos\alpha & -\sin\alpha \end{bmatrix}$ $\qquad [-1]$

217 $\begin{bmatrix} x\sqrt{2} & 1 \\ x & x\sqrt{2} \end{bmatrix}$ $\qquad [2x^2 - x]$

Determinante di una matrice 3 × 3
Complemento algebrico

218 **ESERCIZIO GUIDA** Calcoliamo i complementi algebrici degli elementi della prima riga della matrice:

$\begin{bmatrix} 2 & 1 & 3 \\ 3 & 1 & -1 \\ -1 & 2 & 2 \end{bmatrix}$.

Consideriamo a_{11} e togliamo dalla matrice data la prima riga e la prima colonna:

$\begin{bmatrix} \cancel{2} & \cancel{1} & \cancel{3} \\ \cancel{3} & 1 & -1 \\ \cancel{-1} & 2 & 2 \end{bmatrix}$.

1032

Otteniamo una matrice quadrata di ordine 2 di cui calcoliamo il determinante:

$$\det\begin{bmatrix} 1 & -1 \\ 2 & 2 \end{bmatrix} = 1 \cdot 2 - 2 \cdot (-1) = 4.$$

Poiché a_{11} è di classe pari (la somma dei suoi indici è 2), allora il suo complemento algebrico A_{11} è uguale al determinante appena calcolato preceduto dal segno +, cioè $A_{11} = 4$.

Analogamente per a_{12}:

$$\begin{bmatrix} 2 & 1 & 3 \\ 3 & 1 & -1 \\ -1 & 2 & 2 \end{bmatrix}.$$

Otteniamo una matrice quadrata di ordine 2 il cui determinante è:

$$\det\begin{bmatrix} 3 & -1 \\ -1 & 2 \end{bmatrix} = 3 \cdot 2 - (-1) \cdot (-1) = 5.$$

Poiché a_{12} è di classe dispari (la somma dei suoi indici è 3), allora il suo complemento algebrico A_{12} è l'opposto del determinante appena calcolato, cioè $A_{12} = -5$.

Per a_{13}:

$$\begin{bmatrix} 2 & 1 & 3 \\ 3 & 1 & -1 \\ -1 & 2 & 2 \end{bmatrix}.$$

Otteniamo:

$$\det\begin{bmatrix} 3 & 1 \\ -1 & 2 \end{bmatrix} = 3 \cdot 2 - (-1) \cdot 1 = 7.$$

Poiché a_{13} è di classe pari (la somma dei suoi indici è 4), allora il suo complemento algebrico A_{13} è uguale al determinante appena calcolato preceduto dal segno +, cioè $A_{13} = 7$.

In ciascuna delle seguenti matrici calcola i complementi algebrici relativi agli elementi della riga o della colonna indicata a fianco.

219 $\begin{bmatrix} 1 & 0 & -3 \\ 1 & -1 & 1 \\ -1 & 1 & 0 \end{bmatrix}$ I riga

$[-1; -1; 0]$

220 $\begin{bmatrix} 1 & 0 & -3 \\ 9 & -2 & 4 \\ 1 & 1 & 2 \end{bmatrix}$ III riga

$[-6; -31; -2]$

221 $\begin{bmatrix} 0 & 1 & 2 \\ 8 & -1 & 4 \\ -1 & -1 & 4 \end{bmatrix}$ III colonna

$[-9; -1; -8]$

TEST

222 Quanto vale il complemento algebrico dell'elemento a_{22} nella seguente matrice?

$$\begin{bmatrix} 0 & 2 & -3 \\ 3 & 12 & 3 \\ 1 & -2 & -2 \end{bmatrix}$$

A 3.   B -3.   C -6.   D 6.   E 12.

223 Se $A = \begin{bmatrix} 1 & 3 \\ -1 & 2 \end{bmatrix}$, allora:

A $A_{11} = -2$.

B $A_{21} = -3$.

C $A_{12} = 3$.

D $A_{22} = -1$.

E $A_{21} = -1$.

---

224 **ESERCIZIO GUIDA** Calcoliamo il determinante della matrice:

$$A = \begin{bmatrix} 2 & 1 & 9 \\ 2 & 0 & -1 \\ -1 & 7 & 1 \end{bmatrix}.$$

Per calcolare det A dobbiamo sommare i prodotti degli elementi di una riga o di una colonna per i rispettivi complementi algebrici. Possiamo scegliere una qualunque riga o colonna perché il risultato non cambia. È conveniente prendere una riga in cui compaiono degli zeri perché ciò semplifica i calcoli.

Scegliamo la seconda riga:

$$\det A = a_{21} \cdot A_{21} + a_{22} \cdot A_{22} + a_{23} \cdot A_{23} = 2 \cdot A_{21} + 0 \cdot A_{22} + (-1) \cdot A_{23} = 2A_{21} - A_{23}.$$

Capitolo 17. Vettori, matrici, determinanti

Calcoliamo A_{21} e A_{23}:

$$A_{21} = -\det\begin{bmatrix} 1 & 9 \\ 7 & 1 \end{bmatrix} = -(1-63) = 62; \qquad A_{23} = -\det\begin{bmatrix} 2 & 1 \\ -1 & 7 \end{bmatrix} = -(14+1) = -15.$$

Quindi: $\det A = 2 \cdot 62 - (-15) = 139$.

Calcola i determinanti delle seguenti matrici.

225 Matrice dell'esercizio guida 218. [24]

226 Matrice dell'esercizio 219. [−1]

227 Matrice dell'esercizio 220. [−41]

228 Matrice dell'esercizio 221. [−54]

Calcola il determinante delle seguenti matrici.

229 $\begin{bmatrix} a & 0 & a \\ 0 & 1 & 0 \\ a & 0 & -a \end{bmatrix}$ [$-2a^2$]

230 $\begin{bmatrix} x & 0 & x+1 \\ 1 & x & -2x \\ 2x+1 & x & 2 \end{bmatrix}$ [0]

231 $\begin{bmatrix} x & 0 & 0 \\ x & x & 0 \\ x & x & x \end{bmatrix}$ [x^3]

Regola di Sarrus

232 **ESERCIZIO GUIDA** Calcoliamo il determinante della matrice dell'esercizio guida precedente facendo uso della regola di Sarrus.

$$A = \begin{bmatrix} 2 & 1 & 9 \\ 2 & 0 & -1 \\ -1 & 7 & 1 \end{bmatrix}.$$

a. Ricopiamo a destra della matrice i termini delle due prime colonne:

$$\begin{vmatrix} 2 & 1 & 9 \\ 2 & 0 & -1 \\ -1 & 7 & 1 \end{vmatrix} \begin{matrix} 2 & 1 \\ 2 & 0 \\ -1 & 7 \end{matrix}.$$

b. Moltiplichiamo i termini della diagonale principale e delle due diagonali parallele a destra di tale diagonale:

$$2 \cdot 0 \cdot 1 = 0; \qquad 1 \cdot (-1) \cdot (-1) = 1; \qquad 9 \cdot 2 \cdot 7 = 126.$$

Sommiamo i tre prodotti ottenuti: $0 + 1 + 126 = 127$.

c. Ripetiamo il procedimento moltiplicando i termini della diagonale secondaria e delle due parallele a destra di questa e scriviamo i prodotti:

$$-1 \cdot 0 \cdot 9 = 0; \qquad 7 \cdot (-1) \cdot 2 = -14; \qquad 1 \cdot 2 \cdot 1 = 2.$$

Sommiamo i prodotti: $0 + (-14) + 2 = -12$.

d. Il determinante è uguale alla differenza fra la prima e la seconda somma di prodotti:

$$\det A = 127 - (-12) = 139.$$

Calcola i determinanti delle seguenti matrici con la regola di Sarrus.

233 Matrice dell'esercizio 219. [−1]

234 Matrice dell'esercizio 220. [−41]

235 Matrice dell'esercizio 221. [−54]

236 Matrice dell'esercizio 229. [$-2a^2$]

237 Matrice dell'esercizio 230. [0]

238 Matrice dell'esercizio 231. [x^3]

1034

Paragrafo 5. Determinanti

Calcola il determinante delle seguenti matrici.

239 $\begin{bmatrix} 0 & 1 & -2 \\ 3 & 0 & -4 \\ 5 & -6 & 0 \end{bmatrix}$ [16]

240 $\begin{bmatrix} 0 & a & 0 \\ a & 1 & a \\ 0 & a & 0 \end{bmatrix}$ [0]

241 $\begin{bmatrix} x-1 & x+1 \\ x & 1 & x \\ x & 0 & x \end{bmatrix}$ [$-x$]

242 $\begin{bmatrix} 0 & 0 & 1 \\ 0 & x & 1 \\ 1 & 1 & x \end{bmatrix}$ [$-x$]

243 $\begin{bmatrix} 3 & 1 & -3 \\ 0 & 0 & -2 \\ -5 & -6 & 1 \end{bmatrix}$ [-26]

244 $\begin{bmatrix} x & x+1 & 0 \\ x+2 & 1 & x \\ 0 & x & 0 \end{bmatrix}$ [$-x^3$]

245 $\begin{bmatrix} \cos x & \sin x \\ \sin x & \cos x \end{bmatrix}$ [$\cos 2x$]

246 $\begin{bmatrix} \sin x & \sin 2x \\ 1 & 2\cos x \end{bmatrix}$ [0]

247 $\begin{bmatrix} \tan x & -1 \\ \sin x & \cos x \end{bmatrix}$ [$2 \sin x$]

248 $\begin{bmatrix} 1 & 0 & -1 \\ 4 & 2 & -2 \\ 3 & 1 & -6 \end{bmatrix}$ [-8]

249 $\begin{bmatrix} \dfrac{1-\cos x}{2} & -1 \\ \cos^2 \dfrac{x}{2} & 1 \end{bmatrix}$ [1]

250 $\begin{bmatrix} \sin x & 2\sin x & 3\sin x \\ \cos x & \cos x & 2\cos x \\ 0 & 2 & 0 \end{bmatrix}$ [$\sin 2x$]

251 $\begin{bmatrix} a & 2a & 0 \\ 3a^2 & -4a^2 & 5a^2 \\ -2a^3 & a^3 & -a^3 \end{bmatrix}$ [$-15a^6$]

252 $\begin{bmatrix} x^3 & x^2 & 0 \\ 0 & x^2 & x \\ 0 & 0 & x \end{bmatrix}$ [x^6]

Assegnate le matrici *A* e *B*, verifica che det (*A · B*) = det *A* · det *B*.

253 $A = \begin{bmatrix} \dfrac{1}{2} & 1 \\ -\dfrac{3}{2} & \dfrac{1}{3} \end{bmatrix}$, $B = \begin{bmatrix} -2 & 8 \\ 1 & 2 \end{bmatrix}$. [$-20$]

254 $A = \begin{bmatrix} \dfrac{1}{4} & \dfrac{1}{5} \\ -\dfrac{5}{4} & 1 \end{bmatrix}$, $B = \begin{bmatrix} 4 & -4 \\ 2 & 5 \end{bmatrix}$. [14]

Equazioni e disequazioni con i determinanti

Risolvi le seguenti equazioni.

255 $\begin{vmatrix} x & 13 & -17 \\ 0 & x & 5 \\ 0 & 0 & x \end{vmatrix} = 8$ [2]

256 $\begin{vmatrix} 2 & 2 & 1 \\ x & 3 & 3x \\ x-2 & x-1 & 1 \end{vmatrix} = 9 - 8x$ [1, 3]

257 $\begin{vmatrix} \cos x & \sin x \\ \sin x & \cos x \end{vmatrix} = \dfrac{1}{2}$ $\left[\pm \dfrac{\pi}{6} + k\pi, k \in \mathbb{Z}\right]$

258 $\begin{vmatrix} \cos x & \sin x \\ -1 & 1 \end{vmatrix} = 3$ [impossibile]

259 $\begin{vmatrix} 2^x & 20 \\ 2^x & 2^x \end{vmatrix} = -64$ [2, 4]

260 $\begin{vmatrix} \log_3(1-x) & \log_3(x+1) \\ 2 & 2 \end{vmatrix} = 2$ $\left[-\dfrac{1}{2}\right]$

261 $\begin{vmatrix} 2\sin x & \cos x \\ -2 & 1 \end{vmatrix} = 2$ $\left[2k\pi, \dfrac{\pi}{2} + 2k\pi, k \in \mathbb{Z}\right]$

262 $\begin{vmatrix} 8^x & 4 \\ 2^x & 2^x - 1 \end{vmatrix} = -4$ $\left[0, \dfrac{2}{3}\right]$

263 $\begin{vmatrix} 4 & \log_8 x \\ 3 & \log_2 x \end{vmatrix} = 6$ [4]

264 $\begin{vmatrix} \ln(x-2) & -1 \\ \ln(x-3) & 1 \end{vmatrix} = \ln(x^2 - 4x)$ [6]

1035

Capitolo 17. Vettori, matrici, determinanti

265 YOU & MATHS The sum of the two largest numbers x for which the determinant

$$\begin{vmatrix} 2x-2 & 1 & 4 \\ 6x-11 & 2x-5 & 2x+5 \\ -2x+2 & -1 & x-2 \end{vmatrix}$$

equals zero is:

- A 20.
- B 5.
- C 2.
- D $-\dfrac{1}{2}$.
- E none of the above.

(USA *North Carolina State High School Mathematics Contest*)

Risolvi le seguenti disequazioni.

266 $\begin{vmatrix} x^2 & 2 \\ \dfrac{7}{2}x & 1 \end{vmatrix} < -6$ $[1 < x < 6]$

269 $\begin{vmatrix} 3^x & 18 \\ -1 & 3^x - 11 \end{vmatrix} > 0$ $[x < \log_3 2 \lor x > 2]$

267 $\begin{vmatrix} a^2 & 1 \\ 1 & a \end{vmatrix} > 0$ $[a > 1]$

270 $\begin{vmatrix} \log_2 x & 6 \\ \log_2 x & \log_2 x \end{vmatrix} > -8$ $[0 < x < 4 \lor x > 16]$

268 $\begin{vmatrix} 5^x & 5^{x+2} \\ 1 & 5^{x+1} \end{vmatrix} > 2500$ $[x > 2]$

271 $\begin{vmatrix} 5^x - 1 & -3 \\ 5^x & 1 \end{vmatrix} < 3$ $[x < 0]$

272 $\begin{vmatrix} 2\sqrt{3}\cos x & \sin x \\ 2\cos x & \cos x \end{vmatrix} < \sqrt{3}$ $\left[\dfrac{\pi}{6} + k\pi < x < \dfrac{2}{3}\pi + k\pi\right]$

---

6 Matrice inversa

▶ Teoria a p. 1010

Determina, se possibile, la matrice inversa delle seguenti matrici.

$A = \begin{vmatrix} a & b \\ c & d \end{vmatrix} \rightarrow A^{-1} = \dfrac{1}{\det A}\begin{vmatrix} d & -b \\ -c & a \end{vmatrix}$, con $\det A \neq 0$

273 $\begin{bmatrix} 1 & 1 \\ 4 & 3 \end{bmatrix}$ $\left[\begin{bmatrix} -3 & 1 \\ 4 & -1 \end{bmatrix}\right]$

275 $\begin{bmatrix} 2 & 2 \\ 2 & 3 \end{bmatrix}$ $\left[\begin{bmatrix} \dfrac{3}{2} & -1 \\ -1 & 1 \end{bmatrix}\right]$

274 $\begin{bmatrix} 3 & -2 \\ -4 & 3 \end{bmatrix}$ $\left[\begin{bmatrix} 3 & 2 \\ 4 & 3 \end{bmatrix}\right]$

276 $\begin{bmatrix} x & 2 \\ 2x & 4 \end{bmatrix}$ [non esiste l'inversa]

---

277 **ESERCIZIO GUIDA** Determiniamo, se possibile, la matrice inversa della seguente matrice quadrata del terzo ordine:

$A = \begin{bmatrix} 1 & 0 & 1 \\ 2 & 1 & 0 \\ 0 & 1 & 3 \end{bmatrix}$.

$D = \begin{vmatrix} 1 & 0 & 1 \\ 2 & 1 & 0 \\ 0 & 1 & 3 \end{vmatrix} = 1 \cdot (3 - 0) + 1 \cdot (2 - 0) = 3 + 2 = 5 \neq 0 \rightarrow A$ ammette l'inversa A^{-1}.

Calcoliamo tutti i complementi algebrici:

$A_{11} = +\begin{vmatrix} 1 & 0 \\ 1 & 3 \end{vmatrix} = 3, \quad A_{12} = -\begin{vmatrix} 2 & 0 \\ 0 & 3 \end{vmatrix} = -6, \quad A_{13} = +\begin{vmatrix} 2 & 1 \\ 0 & 1 \end{vmatrix} = 2, \quad A_{21} = -\begin{vmatrix} 0 & 1 \\ 1 & 3 \end{vmatrix} = 1,$

$A_{22} = +\begin{vmatrix} 1 & 1 \\ 0 & 3 \end{vmatrix} = 3, \quad A_{23} = -\begin{vmatrix} 1 & 0 \\ 0 & 1 \end{vmatrix} = -1, \quad A_{31} = +\begin{vmatrix} 0 & 1 \\ 1 & 0 \end{vmatrix} = -1, \quad A_{32} = -\begin{vmatrix} 1 & 1 \\ 2 & 0 \end{vmatrix} = 2, \quad A_{33} = +\begin{vmatrix} 1 & 0 \\ 2 & 1 \end{vmatrix} = 1.$

Paragrafo 6. Matrice inversa

Calcoliamo i reciproci di tutti gli elementi della matrice, ricordando che il reciproco di a_{11} è $\dfrac{A_{11}}{D}$, il reciproco di a_{12} è $\dfrac{A_{12}}{D}$ e così via, e costruiamo la matrice inversa:

$$\dfrac{A_{11}}{D} = \dfrac{3}{5}, \quad \dfrac{A_{12}}{D} = -\dfrac{6}{5}, \quad \dfrac{A_{13}}{D} = \dfrac{2}{5},$$

$$\dfrac{A_{21}}{D} = \dfrac{1}{5}, \quad \dfrac{A_{22}}{D} = \dfrac{3}{5}, \quad \dfrac{A_{23}}{D} = -\dfrac{1}{5},$$

$$\dfrac{A_{31}}{D} = -\dfrac{1}{5}, \quad \dfrac{A_{32}}{D} = \dfrac{2}{5}, \quad \dfrac{A_{33}}{D} = \dfrac{1}{5}.$$

$$\rightarrow \begin{bmatrix} \dfrac{A_{11}}{D} & \dfrac{A_{21}}{D} & \dfrac{A_{31}}{D} \\ \dfrac{A_{12}}{D} & \dfrac{A_{22}}{D} & \dfrac{A_{32}}{D} \\ \dfrac{A_{13}}{D} & \dfrac{A_{23}}{D} & \dfrac{A_{33}}{D} \end{bmatrix} = \begin{bmatrix} \dfrac{3}{5} & \dfrac{1}{5} & -\dfrac{1}{5} \\ -\dfrac{6}{5} & \dfrac{3}{5} & \dfrac{2}{5} \\ \dfrac{2}{5} & -\dfrac{1}{5} & \dfrac{1}{5} \end{bmatrix}.$$

Determina, se possibile, la matrice inversa delle seguenti matrici.

278 $\begin{bmatrix} 1 & 2 & 3 \\ 0 & 1 & 2 \\ 0 & 0 & 1 \end{bmatrix}$ $\quad \begin{bmatrix} \begin{bmatrix} 1 & -2 & 1 \\ 0 & 1 & -2 \\ 0 & 0 & 1 \end{bmatrix} \end{bmatrix}$

280 $\begin{bmatrix} 2 & 0 & 1 \\ 3 & 1 & 1 \\ 1 & 0 & 3 \end{bmatrix}$ $\quad \begin{bmatrix} \dfrac{1}{5} \cdot \begin{bmatrix} 3 & 0 & -1 \\ -8 & 5 & 1 \\ -1 & 0 & 2 \end{bmatrix} \end{bmatrix}$

279 $\begin{bmatrix} 1 & 0 & 1 \\ 0 & 2 & 0 \\ 1 & 0 & 1 \end{bmatrix}$ $\quad$ [non esiste l'inversa]

281 $\begin{bmatrix} 3 & 1 & 1 \\ 0 & 3 & 1 \\ 1 & 0 & 3 \end{bmatrix}$ $\quad \begin{bmatrix} \dfrac{1}{25} \cdot \begin{bmatrix} 9 & -3 & -2 \\ 1 & 8 & -3 \\ -3 & 1 & 9 \end{bmatrix} \end{bmatrix}$

Determina, se possibile, la matrice inversa delle seguenti matrici e verifica che il prodotto della matrice data con la sua inversa è uguale alla matrice unità.

282 $\begin{bmatrix} 0 & 1 \\ -1 & 3 \end{bmatrix}$ $\quad \begin{bmatrix} \begin{bmatrix} 3 & -1 \\ 1 & 0 \end{bmatrix} \end{bmatrix}$

284 $\begin{bmatrix} 1 & 1 & 2 \\ -4 & 1 & 0 \\ 1 & 0 & 0 \end{bmatrix}$ $\quad \begin{bmatrix} 0 & 0 & 1 \\ 0 & 1 & 4 \\ \dfrac{1}{2} & -\dfrac{1}{2} & -\dfrac{5}{2} \end{bmatrix}$

283 $\begin{bmatrix} 2 & 0 & 3 \\ 1 & 1 & 5 \\ 1 & -1 & 4 \end{bmatrix}$ $\quad \begin{bmatrix} \dfrac{1}{12} \cdot \begin{bmatrix} 9 & -3 & -3 \\ 1 & 5 & -7 \\ -2 & 2 & 2 \end{bmatrix} \end{bmatrix}$

285 $\begin{bmatrix} 1 & 1 & -1 \\ 1 & -1 & 1 \\ -1 & 1 & 1 \end{bmatrix}$ $\quad \begin{bmatrix} \dfrac{1}{2} \cdot \begin{bmatrix} 1 & 1 & 0 \\ 1 & 0 & 1 \\ 0 & 1 & 1 \end{bmatrix} \end{bmatrix}$

---

286 Calcola per quale valore di x la matrice $A = \begin{bmatrix} 2x & -x \\ 3 & 1 \end{bmatrix}$ è invertibile e trova la matrice inversa A^{-1}.

$$\left[x \neq 0, \ A^{-1} = \dfrac{1}{5x} \begin{bmatrix} 1 & x \\ -3 & 2x \end{bmatrix} \right]$$

287
a. Stabilisci se la matrice $A = \begin{bmatrix} 2 & 0 \\ 6 & 2 \end{bmatrix}$ è invertibile; se lo è, determina la matrice A^{-1}.

b. Calcola il determinante di A^{-1} e verifica che $\det A \cdot \det A^{-1} = 1$.

$$\left[\text{a)} \ A^{-1} = \begin{bmatrix} \dfrac{1}{2} & 0 \\ -\dfrac{3}{2} & \dfrac{1}{2} \end{bmatrix}; \ \text{b)} \ \det A^{-1} = \dfrac{1}{4} \right]$$

288 Date le matrici $A = \begin{bmatrix} 1 & 2 \\ 2 & 3 \end{bmatrix}$ e $B = \begin{bmatrix} 3 & 2 \\ -1 & 1 \end{bmatrix}$, verifica se: **a.** $(A^{-1})^T = (A^T)^{-1}$; **b.** $(A \cdot B)^{-1} = B^{-1} \cdot A^{-1}$.

289 **YOU & MATHS** Let $A = \begin{bmatrix} 1 & 0 & 1 \\ 2 & 1 & 0 \\ 0 & 1 & -1 \end{bmatrix}$, $X = \begin{bmatrix} x \\ y \\ z \end{bmatrix}$, $B = \begin{bmatrix} 5 \\ -2 \\ 3 \end{bmatrix}$, $C = \begin{bmatrix} 1 \\ 0 \\ 2 \end{bmatrix}$. You are told that $A^{-1} = \begin{bmatrix} -1 & 1 & -1 \\ 2 & -1 & 2 \\ 2 & -1 & 1 \end{bmatrix}$. Use A^{-1} to solve the equations $A \cdot X = B$ and $A \cdot X = C$.

(CAN *University of New Brunswick*, Math Test)

$$\left[\begin{bmatrix} -10 \\ 18 \\ 15 \end{bmatrix}; \begin{bmatrix} -3 \\ 6 \\ 4 \end{bmatrix} \right]$$

1037

Capitolo 17. Vettori, matrici, determinanti

7 Matrici e geometria analitica

▶ Teoria a p. 1011

Area di un triangolo

Utilizzando il calcolo dei determinanti, calcola l'area del triangolo *ABC*, note le coordinate dei vertici.

290 $A(3; 3)$, $B(6; 7)$, $C(15; -2)$. $\left[\dfrac{63}{2}\right]$

293 $A(5; -2)$, $B(2; -3)$, $C(1; 0)$. $[5]$

291 $A(-3; -1)$, $B(0; 0)$, $C(-2; 1)$. $\left[\dfrac{5}{2}\right]$

294 $A(1; 1)$, $B(3; 7)$, $C(4; -8)$. $[18]$

292 $A(12; -7)$, $B(4; -3)$, $C(8; -6)$. $[4]$

295 $A(1; 3)$, $B(2; 1)$, $C(-3; 8)$. $\left[\dfrac{3}{2}\right]$

296 Determina le coordinate del punto *A* appartenente al semiasse positivo delle ordinate in modo tale che il triangolo *ABC*, con $B(7; 6)$ e $C(5; 4)$, abbia area 4. $[A(0; 3)]$

297 Il triangolo *ABC*, avente $A(0; 1)$ e $B(2; 2)$, ha area 5. Determina le coordinate del punto *C*, sapendo che *C* appartiene al semipiano positivo delle ordinate e alla retta di equazione $y = -7x + 6$. $[C(0; 6)]$

Retta passante per due punti

Utilizzando i determinanti, scrivi l'equazione della retta passante per i punti *A* e *B*.

298 $A(-3; -2)$ e $B(3; 7)$. $[3x - 2y + 5 = 0]$

300 $A(-4; 1)$ e $B(0; 3)$. $[x - 2y + 6 = 0]$

299 $A(1; 1)$ e $B(-4; 8)$. $[7x + 5y - 12 = 0]$

301 $A(3; 0)$ e $B(7; -4)$. $[x + y - 3 = 0]$

302 Stabilisci se i punti $A(0; 3)$, $B(2; 1)$, $C(-1; 4)$ sono allineati.

303 Verifica che $A(1; 3)$, $B(-2; 0)$, $C(-1; -1)$ non sono allineati e calcola l'area del triangolo *ABC*. $[3]$

Coniche

304 **ESERCIZIO GUIDA** Classifichiamo la conica di equazione
$$x^2 - 4xy + 6y^2 - 2x + 8y + 1 = 0.$$

La matrice associata alla conica è:

$$A = \begin{bmatrix} 1 & \dfrac{-4}{2} & \dfrac{-2}{2} \\ \dfrac{-4}{2} & 6 & \dfrac{8}{2} \\ \dfrac{-2}{2} & \dfrac{8}{2} & 1 \end{bmatrix} = \begin{bmatrix} 1 & -2 & -1 \\ -2 & 6 & 4 \\ -1 & 4 & 1 \end{bmatrix}.$$

> la matrice associata alla conica di equazione $Ax^2 + Bxy + Cy^2 + Dx + Ey + F = 0$ è
> $$\begin{bmatrix} A & \dfrac{B}{2} & \dfrac{D}{2} \\ \dfrac{B}{2} & C & \dfrac{E}{2} \\ \dfrac{D}{2} & \dfrac{E}{2} & F \end{bmatrix}$$

$\det A = 6 + 8 + 8 - 6 - 16 - 4 = -4$; $\det A \neq 0 \rightarrow$ la conica non è degenere.

Per capire di quale conica si tratta, calcoliamo l'invariante quadratico *I*:

$$I = \begin{vmatrix} 1 & -2 \\ -2 & 6 \end{vmatrix} = 6 - 4 = 2;\ I > 0 \rightarrow \text{la conica è un'ellisse}.$$

1038

Paragrafo 7. Matrici e geometria analitica

Classifica le seguenti coniche.

305 $x^2 - 4xy + 9y^2 - 6x + 2y + 1 = 0$ [ellisse non degenere]

306 $x^2 + xy - 2y^2 + x + 5y - 2 = 0$ [iperbole degenere in due rette incidenti $x - y + 2 = 0$ e $x + 2y - 1 = 0$]

307 $x^2 - 2xy + 4y^2 = 0$ [ellisse degenere]

308 $x^2 + 4xy + 4y^2 - 6x - 12y + 9 = 0$ [parabola degenere in due rette coincidenti $x + 2y - 3 = 0$]

309 $x^2 + y^2 - 6x - 4y - 3 = 0$ [circonferenza di centro $(3; 2)$ e raggio 4]

310 $x^2 - y^2 - 6x + 9 = 0$ [iperbole equilatera degenere in due rette incidenti $x + y - 3 = 0$ e $x - y - 3 = 0$]

311 $x^2 - 2xy - y^2 + 2x - 5 = 0$ [iperbole equilatera non degenere]

312 $4x^2 + 4xy + y^2 + 8x - 46y + 29 = 0$ [parabola non degenere]

313 $x^2 + 4xy + 2y^2 + 4y - 1 = 0$ [iperbole non degenere]

314 **TEST** La conica di equazione $x^2 - 2xy + y^2 - 4x + 6y + 1 = 0$ è:

A un'ellisse. B degenere. C un'iperbole. D una parabola. E una circonferenza.

Nei seguenti esercizi, data la matrice indicata:
a. calcola il determinante della matrice A;
b. scrivi un'equazione di una conica C la cui matrice associata sia A;
c. stabilisci se la conica C è degenere o no;
d. classifica la conica C e rappresentala graficamente.

315 $A = \begin{bmatrix} 1 & 0 & 2 \\ 0 & -4 & -2 \\ 2 & -2 & 3 \end{bmatrix}$ [iperbole degenere in due rette incidenti $x + 2y + 3 = 0$ e $x - 2y + 1 = 0$]

316 $A = \begin{bmatrix} 1 & 3 & -4 \\ 3 & 9 & -12 \\ -4 & -12 & 16 \end{bmatrix}$ [parabola degenere in due rette coincidenti $x + 3y - 4 = 0$]

317 $A = \begin{bmatrix} 1 & 0 & -3 \\ 0 & 1 & 4 \\ -3 & 4 & 21 \end{bmatrix}$ [circonferenza di centro $(3; -4)$ e raggio 2]

318 $A = \begin{bmatrix} 9 & 0 & -18 \\ 0 & 25 & 75 \\ -18 & 75 & 36 \end{bmatrix}$ [ellisse di centro $(2; -3)$, semiasse maggiore 5 e semiasse minore 3]

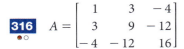

Allenati con **15 esercizi interattivi** con feedback "hai sbagliato, perché..."

su.zanichelli.it/tutor3 risorsa riservata a chi ha acquistato l'edizione con tutor

Capitolo 17. Vettori, matrici, determinanti

VERIFICA DELLE COMPETENZE   ALLENAMENTO

UTILIZZARE TECNICHE E PROCEDURE DI CALCOLO

Sapendo che $\vec{s} = \vec{a} + \vec{b}$ e che α è l'angolo formato dai vettori $\vec{a}$ e $\vec{b}$, determina l'elemento mancante.

1 $a = 4$, $b = 5$, $\alpha = 60°$, $s = ?$ $\quad\quad [s \simeq 7,8]$ **3** $a = 7$, $s = 9$, $\alpha = 30°$, $b = ?$ $\quad\quad [b \simeq 2,23]$

2 $a = 10$, $b = 8$, $s = 11$, $\alpha = ?$ $\quad\quad [\alpha \simeq 106°]$ **4** $b = 6$, $s = 10$, $\alpha = 150°$, $a = ?$ $\quad\quad [a \simeq 14,7]$

5 Dati i vettori $\vec{a}(1; -2)$, $\vec{b}\left(3; \dfrac{1}{2}\right)$, $\vec{c}\left(-2; -\dfrac{3}{2}\right)$, determina le componenti, il modulo e l'angolo formato con la direzione positiva dell'asse x di:

$\vec{a} + 2\vec{b}$; $\quad \vec{a} + \vec{b} - \vec{c}$; $\quad 4\vec{b} - \vec{a}$; $\quad 3\vec{c} + \vec{b}$.

6 Calcola l'angolo formato dai vettori $\vec{a}(2\sqrt{3}; 2)$ e $\vec{b}$ di modulo 6, sapendo che $\vec{a} \cdot \vec{b} = -12$. $\quad\quad [120°]$

Date le matrici $A = \begin{bmatrix} 0 & -3 \\ 2 & 4 \end{bmatrix}$, $B = \begin{bmatrix} 1 & -1 \\ 3 & 2 \end{bmatrix}$, $C = \begin{bmatrix} 5 & 1 \\ -2 & -3 \end{bmatrix}$, calcola le seguenti espressioni.

7 $2A - B \cdot C$ $\quad\quad \left[\begin{bmatrix} -7 & -10 \\ -7 & 11 \end{bmatrix}\right]$ **8** $A \cdot B + 2A \cdot C$ $\quad\quad \left[\begin{bmatrix} 3 & 12 \\ 18 & -14 \end{bmatrix}\right]$

Considera $A = \begin{bmatrix} 1 & 0 & -1 \\ -2 & 1 & 0 \\ 3 & 0 & 1 \end{bmatrix}$, $B = \begin{bmatrix} 0 & 3 & 1 \\ -1 & 0 & -3 \\ 2 & 1 & 0 \end{bmatrix}$, $C = \begin{bmatrix} 2 & -1 & 0 \\ 0 & 4 & 1 \\ -1 & 2 & 0 \end{bmatrix}$ e calcola le seguenti espressioni.

9 $A \cdot B + 3C$ $\quad\quad \left[\begin{bmatrix} 4 & -1 & 1 \\ -1 & 6 & -2 \\ -1 & 16 & 3 \end{bmatrix}\right]$ **10** $BC - CB$ $\quad\quad \left[\begin{bmatrix} -2 & 8 & -2 \\ 3 & -6 & 12 \\ 6 & 5 & 8 \end{bmatrix}\right]$

Calcola il determinante delle seguenti matrici.

11 $\begin{bmatrix} 1 & -3 \\ 5 & -8 \end{bmatrix}$ $\quad\quad [7]$ **14** $\begin{bmatrix} 1 & 0 & 7 \\ -2 & 3 & 4 \\ 1 & -1 & 0 \end{bmatrix}$ $\quad\quad [-3]$

12 $\begin{bmatrix} 5 & -10 \\ \frac{1}{2} & \frac{1}{3} \end{bmatrix}$ $\quad\quad \left[\dfrac{20}{3}\right]$ **15** $\begin{bmatrix} -2 & -1 & 3 \\ 1 & 4 & 1 \\ -1 & 5 & 2 \end{bmatrix}$ $\quad\quad [24]$

13 $\begin{bmatrix} \sin^2 x & \cos^2 x \\ \tan x & \cot x \end{bmatrix}$ $\quad\quad [0]$

16 **TEST** Se $A = \begin{bmatrix} 1 & 2 & 5 \\ -1 & 3 & 0 \\ 0 & 1 & 0 \end{bmatrix}$, allora:

A $A_{11} = 2$. **B** $A_{23} = -5$. **C** $A_{32} = 1$. **D** $A_{22} = 4$. **E** $A_{13} = -1$.

Determina, se possibile, la matrice inversa delle seguenti matrici.

17 $\begin{bmatrix} 3 & -6 \\ -1 & 6 \end{bmatrix}$ $\quad \left[\begin{bmatrix} \frac{1}{2} & \frac{1}{2} \\ \frac{1}{12} & \frac{1}{4} \end{bmatrix}\right]$ **18** $\begin{bmatrix} -2 & 3 \\ 5 & -7 \end{bmatrix}$ $\quad \left[\begin{bmatrix} 7 & 3 \\ 5 & 2 \end{bmatrix}\right]$ **19** $\begin{bmatrix} 0 & 1 & 2 \\ 0 & 3 & 6 \\ 1 & 0 & 0 \end{bmatrix}$ $\quad [\not\exists]$

1040

Classifica le seguenti coniche.

20 $x^2 + 3xy - y^2 + 6x + 9y = 0$ [iperbole non degenere]

21 $4x^2 + 2xy + y^2 - x - 2y - 1 = 0$ [ellisse non degenere]

22 $x^2 - 4y^2 + 2x + 1 = 0$ [iperbole degenere in due rette incidenti $x + 2y + 1 = 0$ e $x - 2y + 1 = 0$]

ANALIZZARE E INTERPRETARE DATI E GRAFICI

Dati i vettori $\vec{a}$ e $\vec{b}$ in figura, calcola $\vec{a} + \vec{b}$, $\vec{b} - \vec{a}$, $2\vec{a}$, $\vec{a} \cdot \vec{b}$.

23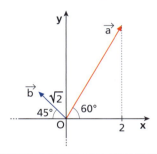

24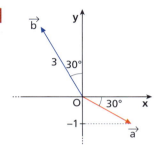

Riconosci quali tra i seguenti vettori sono paralleli o perpendicolari.

25 $\vec{a}(-6; 2)$, $\vec{b}\left(\frac{1}{3}; -\frac{1}{9}\right)$, $\vec{c}(1; 3)$, $\vec{d}\left(1; \frac{1}{3}\right)$.

26 $\vec{a}\left(\frac{1}{4}; -\frac{1}{3}\right)$, $\vec{b}\left(2; \frac{8}{3}\right)$, $\vec{c}(-6; -8)$, $\vec{d}\left(\frac{8}{3}; 2\right)$.

27 Determina le componenti cartesiane del vettore $\vec{u}$, parallelo a $\vec{v} = \left(\frac{3}{4}; -\frac{1}{2}\right)$ e di modulo $2\sqrt{13}$.
  [$\vec{u}_1(6; -4) \vee \vec{u}_2(-6; 4)$]

28 Dato il vettore $\vec{a}\left(\frac{3}{2}; 2\right)$, determina le componenti cartesiane del vettore $\vec{b}$ perpendicolare ad $\vec{a}$ e di modulo doppio.
  [$\vec{b}_1(4; -3) \vee \vec{b}_2(-4; 3)$]

29 Determina per quale valore di k i vettori $\vec{a}(k\sqrt{3}; k^2)$ e $\vec{b}(3; k\sqrt{3})$ sono paralleli. [$k \neq 0$]

30 Determina per quale valore di k i vettori $\vec{a}\left(\frac{10}{3}k; -10\right)$ e $\vec{b}\left(-\frac{3}{2}; -k\right)$ sono perpendicolari. [$k = 0$]

31 Calcola x e y in modo che:
$$\begin{bmatrix} 2x & 1 & 2y-2x \\ -y & -1 & 0 \end{bmatrix} + 2\begin{bmatrix} x+y & 2 & x-y \\ x & 1 & x \end{bmatrix} = \begin{bmatrix} 1-x & 5 & 0 \\ 4 & 1 & 2x \end{bmatrix}.$$
  [$x = 1; y = -2$]

32 Trova per quali valori di x la matrice $A = \begin{bmatrix} 1 & 0 & x \\ -x & 1 & 2 \\ 0 & -4 & 0 \end{bmatrix}$ è invertibile. [$\forall x \in \mathbb{R}$]

33 Determina la matrice X tale che $A \cdot X = B$ con:
$$A = \begin{bmatrix} 1 & 2 \\ -2 & 0 \end{bmatrix}, B = \begin{bmatrix} 7 & 3 \\ -2 & 2 \end{bmatrix}.$$
  $\left[X = \begin{bmatrix} 1 & -1 \\ 3 & 2 \end{bmatrix}\right]$

VERIFICA DELLE COMPETENZE VERSO L'ESAME

ARGOMENTARE E DIMOSTRARE

34 Come si modifica il prodotto scalare di due vettori se si modifica il verso di uno dei due? E se si modifica il verso di entrambi?

35 Siano $\vec{a}$ e $\vec{b}$ due generici vettori. Dimostra che $|\vec{a}+\vec{b}| \leq |\vec{a}|+|\vec{b}|$.

36 Date due matrici A di tipo $m \times n$ e B di tipo $p \times q$, che relazioni devono esserci fra m, n, p, q affinché si possano definire sia $A \cdot B$ sia $B \cdot A$? In tal caso, la moltiplicazione è commutativa? Fai un esempio.

37 Date una matrice A e la sua inversa A^{-1}, è vero che $(A^{-1})^{-1} = A$? Motiva la risposta con degli esempi.

38 Scrivi le proprietà dell'addizione e della moltiplicazione tra matrici. Verifica la proprietà distributiva a sinistra della moltiplicazione rispetto all'addizione, $A \cdot (B + C) = A \cdot B + A \cdot C$, con le matrici:

$$A = \begin{bmatrix} 1 & 2 \\ -1 & 0 \end{bmatrix}, B = \begin{bmatrix} 2 & 3 \\ -1 & 2 \end{bmatrix} \text{ e } C = \begin{bmatrix} 4 & 1 \\ -1 & 3 \end{bmatrix}.$$

COSTRUIRE E UTILIZZARE MODELLI

RISOLVIAMO UN PROBLEMA

■ Messaggi in codice

Con la crittografia si trasforma un messaggio leggibile da chiunque in un messaggio cifrato (leggibile solo se si conosce il codice con cui è stato trascritto il testo). Un metodo per creare un codice cifrato è quello di usare una matrice invertibile 2×2 come chiave di cifratura. Consideriamo l'espressione ESAME DI STATO:

- criptiamola usando la matrice $A = \begin{bmatrix} 2 & 0 \\ 1 & 1 \end{bmatrix}$;
- decriptiamola usando la matrice inversa A^{-1}.

▶ **Trasformiamo l'espressione in una stringa di numeri.**

Creiamo la seguente tabella di conversione.

A	B	C	D	E	F	G	H	I	L	M	N	O	P	Q	R	S	T	U	V	Z
1	2	3	4	5	6	7	8	9	10	11	12	13	14	15	16	17	18	19	20	21

Sulla base della tabella precedente, convertiamo le lettere dell'espressione in numeri.

E	S	A	M	E	D	I	S	T	A	T	O
5	17	1	11	5	4	9	17	18	1	18	13

▶ **Suddividiamo la stringa di numeri in blocchi da 2, ovvero in matrici colonna 2×1.**

$$\begin{bmatrix} 5 \\ 17 \end{bmatrix}, \begin{bmatrix} 1 \\ 11 \end{bmatrix}, \begin{bmatrix} 5 \\ 4 \end{bmatrix}, \begin{bmatrix} 9 \\ 17 \end{bmatrix}, \begin{bmatrix} 18 \\ 1 \end{bmatrix}, \begin{bmatrix} 18 \\ 13 \end{bmatrix}.$$

▶ **Criptiamo il messaggio.**

Moltiplichiamo la matrice A per ciascuna matrice colonna e scriviamo i risultati in un'unica stringa.

$$\begin{bmatrix} 2 & 0 \\ 1 & 1 \end{bmatrix} \cdot \begin{bmatrix} 5 \\ 17 \end{bmatrix} = \begin{bmatrix} 10 \\ 22 \end{bmatrix} \quad \rightarrow \quad \text{la stringa criptata inizia con: 10 22.}$$

Verso l'esame

$$A \cdot \begin{bmatrix}1\\11\end{bmatrix} = \begin{bmatrix}2\\12\end{bmatrix}; \quad A \cdot \begin{bmatrix}5\\4\end{bmatrix} = \begin{bmatrix}10\\9\end{bmatrix}; \quad A \cdot \begin{bmatrix}9\\17\end{bmatrix} = \begin{bmatrix}18\\26\end{bmatrix}; \quad A \cdot \begin{bmatrix}18\\1\end{bmatrix} = \begin{bmatrix}36\\19\end{bmatrix}; \quad A \cdot \begin{bmatrix}18\\13\end{bmatrix} = \begin{bmatrix}36\\31\end{bmatrix}.$$

Il messaggio criptato è: 10 22 2 12 10 9 18 26 36 19 36 31.

▶ **Decriptiamo il messaggio.**

Per ottenere il messaggio originale dobbiamo suddividere la stringa di numeri in blocchi da due e moltiplicare a sinistra per la matrice inversa di A. Infatti, se chiamiamo M la matrice colonna parte del messaggio originale e M' il risultato della moltiplicazione, cioè la matrice colonna parte del messaggio cifrato:

$$A \cdot M = M' \quad \to \quad A^{-1} \cdot A \cdot M = A^{-1} \cdot M' \quad \to \quad M = A^{-1} \cdot M'.$$

M non cifrato, M' cifrato

Calcoliamo A^{-1}: $\det A = 2 \to A^{-1} = \begin{bmatrix}\frac{1}{2} & 0\\-\frac{1}{2} & 1\end{bmatrix}$.

Decriptiamo il messaggio: $\begin{bmatrix}\frac{1}{2} & 0\\-\frac{1}{2} & 1\end{bmatrix} \cdot \begin{bmatrix}10\\22\end{bmatrix} = \begin{bmatrix}5\\17\end{bmatrix}, \ldots, \begin{bmatrix}\frac{1}{2} & 0\\-\frac{1}{2} & 1\end{bmatrix} \cdot \begin{bmatrix}36\\31\end{bmatrix} = \begin{bmatrix}18\\13\end{bmatrix}$.

Otteniamo: 5 17 1 11 5 4 9 17 18 1 18 13, che corrisponde in base alla tabella al messaggio: ESAME DI STATO.

---

39 Applicando il metodo descritto sopra, cripta l'espressione QUEL RAMO DEL LAGO DI COMO, usando come chiave la matrice $A = \begin{bmatrix}1 & -1\\0 & 1\end{bmatrix}$.

(**SUGGERIMENTO** Dato che la stringa è composta da un numero dispari di lettere, aggiungi uno 0 all'ultimo posto.)

$[-4 \ 19 \ -5 \ 10 \ 15 \ 1 \ -2 \ 13 \ -1 \ 5 \ 0 \ 10 \ -6 \ 7 \ 9 \ 4 \ 6 \ 3 \ 2 \ 11 \ 13 \ 0]$

40 Decripta la citazione attribuita ad Albert Einstein: 1 -8 1 -9 5 -8 1 -9 9 0 1 -1 10 15 14 27 5 -3 9 1 4 7 9 9 5 6 10 15 7 1 3 -3 5 2, ottenuta usando come chiave la matrice $A = \begin{bmatrix}0 & 1\\-1 & 2\end{bmatrix}$.

41 **Fido a dieta** Il veterinario di un canile studia la composizione di tre miscele (indicate con a, b e c) ideali per la corretta alimentazione dei cani. Per prepararle, ha a disposizione due marche di cibo (A e B), ciascuna delle quali offre tre tipi di prodotti: normale (N), light (L) e forte (F). Nelle matrici A e B raccoglie le corrispondenti quantità di proteine, fibre e grassi contenute in ogni porzione, che deduce dalle etichette. Costruisce poi una terza matrice H nella quale raccoglie quelle che secondo lui sono le parti di cibo normale, light e forte da utilizzare in ciascuna delle tre miscele. Le tre matrici sono riportate qui di seguito.

$$A = \begin{bmatrix}23 & 12 & 28\\4 & 18 & 5\\13 & 4 & 17\end{bmatrix} \begin{matrix}\text{N} & \text{L} & \text{F}\end{matrix} \quad B = \begin{bmatrix}26 & 21 & 19\\5 & 5 & 4\\14 & 12 & 28\end{bmatrix} \begin{matrix}\leftarrow \text{proteine}\\ \leftarrow \text{fibre}\\ \leftarrow \text{grassi}\end{matrix} \quad H = \begin{bmatrix}1 & 2 & 1\\2 & 1 & 1\\1 & 1 & 2\end{bmatrix} \begin{matrix}\leftarrow \text{normale}\\ \leftarrow \text{light}\\ \leftarrow \text{forte}\end{matrix}$$

a. Determina il contenuto nutrizionale delle miscele a, b e c preparate utilizzando prima il cibo della marca A, poi il cibo della marca B.

b. Il veterinario vorrebbe che la miscela c avesse una maggiore percentuale di proteine e fibre per porzione. Per raggiungere lo scopo è meglio che utilizzi la marca A o la marca B?

c. In quale dei due casi la miscela a ha la minore quantità di grassi?

[b) A; c) A]

1043

Capitolo 17. Vettori, matrici, determinanti

42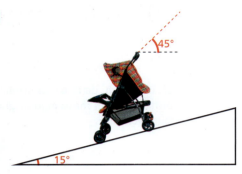

IN FISICA Un passeggino vuoto è tenuto fermo da Anna su una strada inclinata come in figura. Sapendo che il passeggino ha una massa di 7 kg, determina la forza esercitata lungo la direzione indicata. [20,5 N]

INDIVIDUARE STRATEGIE E APPLICARE METODI PER RISOLVERE PROBLEMI

43 Considera due vettori, $\vec{v}(10; 0)$ e $\vec{u}$ di modulo 5 che forma con l'asse x un angolo ϑ. Sia $\vec{w} = \vec{v} + \vec{u}$:
a. esprimi le componenti cartesiane di $\vec{w}$ in funzione di ϑ;
b. esprimi il modulo di $\vec{w}$ in funzione di ϑ;
c. determina quali sono il valore massimo e il valore minimo che può assumere il modulo di $\vec{w}$.

$$\left[a)\ \vec{w}(10 + 5\cos\vartheta;\ 5\sin\vartheta);\ b)\ w = 5\sqrt{5 + 4\cos\vartheta};\ c)\ w_{max} = 15,\ w_{min} = 0 \right]$$

44 È dato il vettore $\vec{a}$ di modulo $4\sqrt{2}$, che forma un angolo di 45° con l'asse x:
a. determina il vettore $\vec{b}$ parallelo al versore $\vec{i}$ tale che $s = |\vec{a} + \vec{b}| = 5$;
b. stabilito che le soluzioni al punto **a** sono 2, $\vec{b}_1$ e $\vec{b}_2$, calcola l'angolo formato dai vettori
$\vec{s}_1 = \vec{a} + \vec{b}_1$ e $\vec{s}_2 = \vec{a} + \vec{b}_2$.
[a) $(-7; 0), (-1; 0)$; b) $\simeq 74°$]

45 Date le matrici $A = \begin{bmatrix} 1 & 2 & -1 \\ 0 & -2 & 1 \end{bmatrix}$ e $B = \begin{bmatrix} 5 & -1 \\ 2 & 0 \\ 0 & 1 \end{bmatrix}$, determina, se possibile:

a. il prodotto $A \cdot B = C$;
b. il determinante della matrice C;
c. il prodotto $D = B \cdot A$;
d. il determinante della matrice D;
e. il prodotto $C \cdot D$.

$$\left[a)\ C = \begin{bmatrix} 9 & -2 \\ -4 & 1 \end{bmatrix};\ b)\ 1;\ c)\ D = \begin{bmatrix} 5 & 12 & -6 \\ 2 & 4 & -2 \\ 0 & -2 & 1 \end{bmatrix};\ d)\ 0;\ e)\ \text{non è possibile} \right]$$

46 Considera la matrice $A = \begin{bmatrix} \cos x & 0 & \sin x \\ 0 & 2 & 5 \\ -\sin x & 0 & \cos x \end{bmatrix}$. Determina se esiste la matrice inversa A^{-1} e verifica che $\det A \cdot \det A^{-1} = 1$.

$$\left[A^{-1} = \begin{bmatrix} \cos x & 0 & -\sin x \\ -\frac{5}{2}\sin x & \frac{1}{2} & -\frac{5}{2}\cos x \\ \sin x & 0 & \cos x \end{bmatrix} \right]$$

47 Date $A = \begin{bmatrix} 3 & 5 \\ -1 & 2 \end{bmatrix}$, $B = \begin{bmatrix} 1 & -1 \\ 0 & 2 \end{bmatrix}$ e $C = \begin{bmatrix} 2 & -1 \\ 1 & 0 \end{bmatrix}$:

a. verifica che $A \cdot (B + C) = A \cdot B + A \cdot C$;
b. calcola il determinante di A e il determinante di $D = B + C$;
c. verifica che $\det A \cdot \det D = \det(A \cdot B + A \cdot C)$;
d. se $E = \begin{bmatrix} a & a \\ -1 & -1 \end{bmatrix}$, determina, se possibile, a in modo tale che $E \cdot (A \cdot B + A \cdot C) = (A \cdot B + A \cdot C) \cdot E$.

[b) $\det A = 11$; $\det D = 8$; d) impossibile]

VERIFICA DELLE COMPETENZE PROVE ⏱ 1 ora

PROVA A

1 Calcola la somma dei vettori $\vec{a}, \vec{b}, \vec{c}$ e determina il vettore $\vec{d}$ in modo che $\vec{a} + \vec{b} + \vec{c} + \vec{d} = 0$.

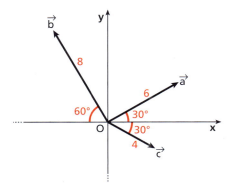

2 Stabilisci se i vettori $\vec{v}\left(\frac{4}{3}; -2\right)$ e $\vec{u}\left(\frac{1}{5}; -\frac{3}{5}\right)$ sono paralleli o perpendicolari e determina un vettore $\vec{w}$ perpendicolare a $\vec{u}$ e di modulo $5u$.

3 Date le matrici $A = \begin{bmatrix} 1 & 0 & -2 \\ -1 & 3 & 3 \\ 2 & -2 & 1 \end{bmatrix}$, $B = \begin{bmatrix} 5 & -2 \\ 0 & 1 \\ 1 & 0 \end{bmatrix}$

e $C = \begin{bmatrix} 0 & -1 & 2 \\ 3 & 1 & 3 \end{bmatrix}$, calcola: $3A + B \cdot C$.

4 Calcola il determinante di $A = \begin{bmatrix} 2 & 1 & 0 \\ -3 & -1 & 1 \\ 0 & 4 & 2 \end{bmatrix}$

con il metodo dei complementi algebrici e con la regola di Sarrus.

5 Determina per quale valore di x la matrice $A = \begin{bmatrix} 5+x & -1 \\ 3x & 2 \end{bmatrix}$ è invertibile e scrivi la matrice inversa.

6 Scrivi la matrice associata alla conica di equazione $x^2 - 4xy + 2y^2 + 2y - x + 3 = 0$ e classificala.

PROVA B

1 Calcola il modulo dei vettori che rappresentano la tensione della fune.

2

Mare e fitness Marco e Pietro desiderano mantenersi in forma anche in vacanza al mare. La matrice A rappresenta il numero di kcal bruciate da due persone del peso di 70 kg e 90 kg in varie attività sportive, praticate per 10 minuti.

$$A = \begin{matrix} & (70\text{ kg}) & (90\text{ kg}) \\ & \begin{bmatrix} 98 & 126 \\ 154 & 198 \\ 91 & 117 \end{bmatrix} & \begin{matrix} \text{nuoto} \\ \text{corsa} \\ \text{beach volley} \end{matrix} \end{matrix}$$

Marco, che pesa 70 kg, ogni giorno corre per 30 minuti, nuota per 20 minuti e gioca a beach volley per 40 minuti. Pietro, che pesa 90 kg, ogni giorno gioca a beach volley con Marco per 40 minuti, nuota per 30 minuti e corre per 10 minuti.

a. Scrivi la matrice B dei tempi delle attività sportive.   **b.** Calcola $B \cdot A$ e interpreta il risultato.

1045

CAPITOLO 18
TRASFORMAZIONI GEOMETRICHE

1 Trasformazioni geometriche

▶ Esercizi a p. 1078

DEFINIZIONE

Una **trasformazione geometrica** è una corrispondenza biunivoca che associa a ogni punto del piano uno e un solo punto del piano stesso.

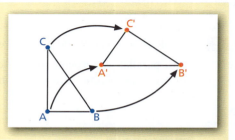

Se indichiamo con t una trasformazione geometrica, per dire che associa a un punto A del piano un altro punto A', scriviamo

$$t: A \mapsto A', \quad \text{oppure} \quad A' = t(A).$$

A' può anche coincidere con A.
A' viene chiamato **trasformato** o **immagine** di A, mentre A è l'**antitrasformato** o la **controimmagine** di A'.
Poiché t è una corrispondenza biunivoca esiste sempre la sua **trasformazione inversa** t^{-1} che a ogni punto A' del piano fa corrispondere il punto A controimmagine di A' rispetto a t.

Le proprietà geometriche che si conservano in una trasformazione vengono dette **invarianti**.

■ Equazioni di una trasformazione geometrica

Se nel piano è fissato un riferimento cartesiano Oxy, a ogni punto $A(x; y)$ viene associato il suo trasformato $A'(x'; y')$ mediante due funzioni, dette **equazioni della trasformazione**, che esprimono le coordinate x' e y' di A' in funzione di x e y:

$$t: \begin{cases} x' = F(x; y) \\ y' = G(x; y) \end{cases}.$$

Per poter affermare che due equazioni di questo tipo sono le equazioni di una trasformazione, dobbiamo controllare che entrambe le funzioni F e G siano cor-

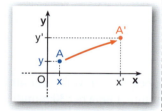

1046

Paragrafo 1. Trasformazioni geometriche

rispondenze biunivoche, quindi è necessario verificare che a ogni coppia $(x; y)$ sia associata una sola coppia $(x'; y')$ e viceversa.

ESEMPIO

$$t: \begin{cases} x' = -y \\ y' = x + 1 \end{cases}$$

associa a ogni coppia $(x; y)$ una sola coppia $(x'; y')$ e viceversa. Infatti ciascuna equazione del sistema rappresenta una retta e quindi è una corrispondenza biunivoca.

Nell'esempio, le equazioni

$$\begin{cases} y = -x' \\ x = y' - 1 \end{cases}$$

sono le equazioni della trasformazione geometrica inversa t^{-1}.

Trasformare punti

Troviamo l'immagine dei punti $A(-1; 2)$ e $B\left(-\frac{1}{2}; \frac{1}{2}\right)$ applicando la trasformazione $t: \begin{cases} x' = -y \\ y' = x + 1 \end{cases}$ dell'esempio precedente.

Sostituiamo le coordinate di A e B nelle equazioni di t:

$$A': \begin{cases} x' = -2 \\ y' = -1 + 1 = 0 \end{cases} \rightarrow A'(-2; 0);$$

$$B': \begin{cases} x' = -\dfrac{1}{2} \\ y' = -\dfrac{1}{2} + 1 = \dfrac{1}{2} \end{cases} \rightarrow B'\left(-\frac{1}{2}; \frac{1}{2}\right).$$

Osserviamo che l'immagine di B è B stesso. Punti di questo tipo vengono detti *punti uniti*.

> **DEFINIZIONE**
>
> In una trasformazione geometrica, un **punto unito** è un punto che ha se stesso per immagine.

Poiché un punto unito $P(x; y)$ ha come immagine se stesso, per determinare i punti uniti basta sostituire x e y al posto di x' e y' nelle equazioni della trasformazione.

ESEMPIO

Determiniamo i punti uniti nella trasformazione di equazioni

$$\begin{cases} x' = -x - 2 \\ y' = -y + 4 \end{cases}.$$

Sostituiamo x e y al posto di x' e y':

$$\begin{cases} x = -x - 2 \\ y = -y + 4 \end{cases} \rightarrow \begin{cases} 2x = -2 \\ 2y = 4 \end{cases} \rightarrow \begin{cases} x = -1 \\ y = 2 \end{cases}.$$

Il punto $P(-1; 2)$ è unito.

▶ Verifica che le equazioni

$$\begin{cases} x' = x^2 \\ y' = 2y - 1 \end{cases}$$

non rappresentano una trasformazione geometrica.

🇬🇧 **Listen to it**

A **fixed point** of a transformation is a point of the plane that is mapped to itself by the transformation.

1047

Capitolo 18. Trasformazioni geometriche

Trasformare grafici

Consideriamo ancora la trasformazione geometrica

$$t: \begin{cases} x' = -y \\ y' = x + 1 \end{cases}$$

e troviamo l'equazione della curva trasformata della parabola di equazione $y = x^2$.

Ricaviamo x e y nelle equazioni di t, scriviamo cioè le equazioni della trasformazione inversa t^{-1}:

$$t^{-1}: \begin{cases} y = -x' \\ x = y' - 1 \end{cases}.$$

Sostituiamo nell'equazione $y = x^2$:

$$-x' = (y' - 1)^2 \quad \rightarrow \quad x' = -y'^2 + 2y' - 1.$$

Eliminiamo gli apici per poter rappresentare la curva ottenuta nello stesso piano cartesiano della curva iniziale:

$$x = -y^2 + 2y - 1.$$

È possibile, come per i punti, che anche una figura o un grafico vengano trasformati in se stessi.

Figura unita

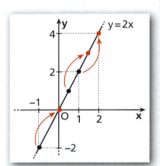

> **DEFINIZIONE**
> In una trasformazione geometrica una **figura unita** è una figura che ha se stessa per immagine.

Inoltre, i punti di una figura possono corrispondere ai punti della figura stessa, senza necessariamente essere punti uniti.

Per esempio, nella trasformazione di equazioni $\begin{cases} x' = x + 1 \\ y' = y + 2 \end{cases}$ ogni punto della retta di equazione $y = 2x$ corrisponde a un diverso punto della retta stessa.

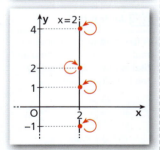

Nella trasformazione di equazioni $\begin{cases} x' = 4 - x \\ y' = y \end{cases}$ ogni punto della retta di equazione $x = 2$ corrisponde a se stesso.

Se in una figura unita ogni punto è unito, la figura si dice **puntualmente unita**, altrimenti si dice **globalmente unita**.

La trasformazione in cui ogni punto ha per immagine se stesso si chiama **identità**. La indichiamo con i e le sue equazioni sono $\begin{cases} x' = x \\ y' = y \end{cases}$.

Nell'identità ogni punto è unito.

Composizione di trasformazioni

Supponiamo di applicare una trasformazione geometrica t_1 che trasformi il punto P nel punto P_1 e poi una trasformazione geometrica t_2 che trasformi P_1 in P_2.

In questo modo abbiamo ottenuto la **trasformazione composta** di t_1 e t_2, che trasforma P in P_2. La indichiamo con $t_2 \circ t_1$.

Paragrafo 1. Trasformazioni geometriche

ESEMPIO
Consideriamo le trasformazioni di equazioni:

$$t_1: \begin{cases} x' = 2x \\ y' = 2y \end{cases} \quad \text{e} \quad t_2: \begin{cases} x' = x + 1 \\ y' = y + 2 \end{cases}.$$

Per ottenere il trasformato di $A(3; 2)$ rispetto a $t_2 \circ t_1$, applichiamo prima t_1 e poi t_2.

$$A(3; 2) \stackrel{t_1}{\mapsto} A_1(6; 4) \stackrel{t_2}{\mapsto} A_2(7; 6)$$

$t_2 \circ t_1$

Generalizzando il procedimento a partire da un punto $P(x; y)$, otteniamo le equazioni della trasformazione composta $t_2 \circ t_1$:

$$P(x; y) \stackrel{t_1}{\mapsto} P_1(2x; 2y) \stackrel{t_2}{\mapsto} P_2(2x + 1; 2y + 2) \quad \rightarrow \quad t_2 \circ t_1: \begin{cases} x' = 2x + 1 \\ y' = 2y + 2 \end{cases}.$$

▶ Date le trasformazioni
$t_1: \begin{cases} x' = x - 3 \\ y' = y \end{cases}$,

$t_2: \begin{cases} x' = \dfrac{1}{3}x \\ y' = 3y \end{cases}$,

scrivi le equazioni di $t_1 \circ t_2$ e $t_2 \circ t_1$.

È possibile determinare anche $t_1 \circ t_2$, applicando prima t_2 e poi t_1.
In generale $t_2 \circ t_1 \neq t_1 \circ t_2$, quindi *per la composizione di trasformazioni geometriche* **non vale la proprietà commutativa**.

Vale invece la **proprietà associativa**: $t_1 \circ (t_2 \circ t_3) = (t_1 \circ t_2) \circ t_3$.

Inoltre, per la definizione di trasformazione inversa, è vero che *dalla composizione di una trasformazione con la sua inversa si ottiene l'identità*:

$$t \circ t^{-1} = t^{-1} \circ t = i.$$

DEFINIZIONE
Una trasformazione t è **involutoria** se componendola con se stessa si ottiene l'identità:

$$t \circ t = i.$$

Una trasformazione involutoria è quindi una trasformazione che *ha come inversa se stessa*.

ESEMPIO
La trasformazione h di equazioni $\begin{cases} x' = -x \\ y' = -y \end{cases}$ è involutoria.

Infatti, $P(x; y) \stackrel{h}{\longrightarrow} P'(-x; -y) \stackrel{h}{\longrightarrow} P(x; y)$.

▶ La trasformazione
$t: \begin{cases} x' = 2 - x \\ y' = y \end{cases}$
è involutoria?

Fra le trasformazioni geometriche studieremo per prime le *isometrie*.

■ Isometrie

Isometria deriva dalle parole greche *ísos*, «uguale», e *métron*, «misura».

DEFINIZIONE
Un'**isometria** è una trasformazione geometrica nella quale la distanza fra due punti qualunque del piano A e B è uguale a quella fra le loro immagini A' e B':

$$\overline{AB} = \overline{A'B'}.$$

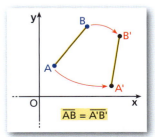
$\overline{AB} = \overline{A'B'}$

Capitolo 18. Trasformazioni geometriche

 Listen to it

An **isometry** of the plane is a transformation that preserves distances.

Detto brevemente: un'isometria è una trasformazione che *conserva la distanza*.

Un'isometria trasforma una figura geometrica in una figura congruente (per esempio, un triangolo in un triangolo congruente).
Per questo in un'isometria si conserva anche l'equivalenza fra superfici.
La congruenza di angoli e segmenti e l'equivalenza delle superfici sono quindi invarianti delle isometrie.
La composizione di due isometrie è ancora un'isometria.

Esistono quattro tipi di isometrie, che studieremo nel seguito: le *traslazioni*, le *rotazioni* (di cui fanno parte le *simmetrie centrali*), le *simmetrie assiali* e le *glisso-simmetrie*.

2 Traslazione

▶ Esercizi a p. 1080

Definizione e proprietà

 Listen to it

A **translation** maps each point of the plane to its image along a given vector called the *translation vector*.

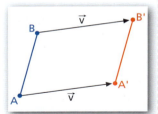

> **DEFINIZIONE**
> Dato un vettore $\vec{v}$ nel piano, la **traslazione** di vettore $\vec{v}$ è la trasformazione geometrica che a ogni punto P del piano associa il punto P' tale che:
> $$\overrightarrow{PP'} = \vec{v}.$$

Indichiamo la traslazione di vettore $\vec{v}$ con $t_{\vec{v}}$.

- *La traslazione è un'isometria*. Infatti, se consideriamo due punti del piano A e B e i loro corrispondenti A' e B', con $\overrightarrow{AA'} = \vec{v}$ e $\overrightarrow{BB'} = \vec{v}$, il quadrilatero $AA'B'B$ è un parallelogramma e quindi $AB \cong A'B'$.
- La *traslazione nulla* $t_{\vec{0}}$ coincide con l'identità.
- La *trasformazione inversa* di $t_{\vec{v}}$ è la traslazione $t_{-\vec{v}}$, di vettore opposto.
- Una traslazione di vettore $\vec{v} \neq \vec{0}$ non ha punti uniti.
- L'immagine di una retta r è una retta r' a essa parallela.
  Quindi una traslazione conserva la direzione di una retta.
  In particolare, ogni retta r parallela al vettore di traslazione $\vec{v} \neq \vec{0}$ è una *retta globalmente unita* perché a un punto A di r corrisponde un punto A' ancora di r. Tuttavia, se $\vec{v} \neq \vec{0}$, nessuno dei suoi punti è unito perché un qualsiasi punto di r non ha come corrispondente se stesso.

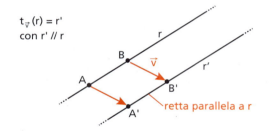

Traslazione di una retta non parallela al vettore di traslazione

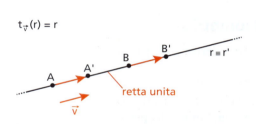

Traslazione di una retta parallela al vettore di traslazione

Paragrafo 2. Traslazione

Equazioni della traslazione

Consideriamo la traslazione $t_{\vec{v}}$ di vettore $\vec{v}(a; b)$. L'immagine del punto $P(x; y)$ attraverso $t_{\vec{v}}$ è il punto $P'(x'; y')$ tale che:

$$t_{\vec{v}}: \begin{cases} x' = x + a \\ y' = y + b \end{cases} \quad \text{equazioni della traslazione di vettore } \vec{v}(a; b).$$

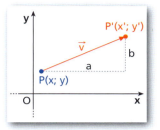

ESEMPIO

La traslazione di vettore $\vec{v}(-1; 3)$ ha equazioni:

$$t_{\vec{v}}: \begin{cases} x' = x - 1 \\ y' = y + 3 \end{cases}.$$

Casi particolari. Se la traslazione ha vettore $\vec{v}(a; 0)$ allora si ha una traslazione orizzontale, mentre se è $\vec{v}(0; b)$ allora si ha una traslazione verticale.

La traslazione inversa, che indichiamo con $t_{\vec{v}}^{-1}$, ha equazioni:

$$t_{\vec{v}}^{-1}: \begin{cases} x = x' - a \\ y = y' - b \end{cases}.$$

▶ Data la traslazione di vettore $\vec{v}(3; -1)$, determina le immagini del punto $P(0; -2)$ e della retta di equazione

$$y = \frac{3}{2}x + 2.$$

🔲 Animazione

Disegna il triangolo di vertici $A(2; 1)$, $B(5; 2)$, $C(4; 5)$. Scrivi le equazioni della traslazione di vettore $\vec{v}(-1; 3)$ e applicala ad ABC. Nell'animazione, oltre a risolvere l'esercizio, con una figura dinamica applichiamo ad ABC una traslazione di vettore $\vec{v}(a; b)$, facendo variare a e b.

Traslazione di grafici di funzioni

Consideriamo una funzione di equazione $y = f(x)$ e la traslazione di vettore $\vec{v}(a; b)$ che ha equazioni:

$$t_{\vec{v}}: \begin{cases} x' = x + a \\ y' = y + b \end{cases}.$$

Trasliamo il grafico di $y = f(x)$; scriviamo la trasformazione inversa:

$$t_{\vec{v}}^{-1}: \begin{cases} x = x' - a \\ y = y' - b \end{cases}$$

Sostituendo nell'equazione $y = f(x)$, otteniamo

$$y' - b = f(x' - a),$$

da cui, eliminando gli apici:

$$y = f(x - a) + b.$$

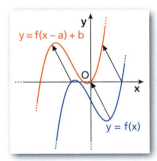

ESEMPIO

Se trasliamo la parabola di equazione $y = 4x^2$ secondo il vettore $\vec{v}(3; 5)$, otteniamo:

$$y = 4(x - 3)^2 + 5.$$

▶ Rappresenta il grafico della funzione

$$y = \cos\left(x - \frac{\pi}{6}\right) + 1$$

con una traslazione a partire dal grafico di $y = \cos x$.

Casi particolari. Se applichiamo a $f(x)$ una traslazione orizzontale, di vettore $\vec{v}(a; 0)$, otteniamo $y = f(x - a)$.

Se $a > 0$, la traslazione è verso destra; se $a < 0$, la traslazione è verso sinistra.

Se la traslazione è verticale, di vettore $\vec{v}(0; b)$, abbiamo $y = f(x) + b$.

Se $b > 0$, la traslazione è verso l'alto; se $b < 0$, è verso il basso.

Capitolo 18. Trasformazioni geometriche

Composizione di traslazioni

Si può dimostrare che la composizione di due traslazioni di vettori $\vec{v}_1$ e $\vec{v}_2$ è ancora una traslazione, di vettore $\vec{v}_1 + \vec{v}_2$.

La composizione di traslazioni gode della proprietà commutativa, cioè $t_{\vec{v}_1} \circ t_{\vec{v}_2} = t_{\vec{v}_2} \circ t_{\vec{v}_1}$.

3 Rotazione

▶ Esercizi a p. 1085

Definizione e proprietà

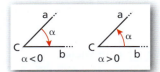

Dato un angolo $a\widehat{C}b$, possiamo considerarlo **orientato** da a a b se procediamo in senso orario o da b ad a se procediamo in senso antiorario: per convenzione, sono negativi gli angoli del primo tipo e positivi quelli del secondo tipo.

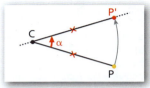

> **DEFINIZIONE**
> Fissati nel piano un punto C e un angolo orientato α, la **rotazione** di centro C e angolo α è la trasformazione geometrica che a ogni punto P del piano fa corrispondere il punto P' tale che:
> 1. $\overline{CP} = \overline{CP'}$;   2. l'angolo $P\widehat{C}P'$ è congruente ad α e ugualmente orientato.

Il punto C è il **centro di rotazione**. Indichiamo la rotazione di centro C e angolo α con $r(C; \alpha)$.

🇬🇧 **Listen to it**

A **rotation** is an isometry that has a given centre C and a given angle of rotation α. Each point of the plane is mapped onto a point that is rotated around C by the angle α.

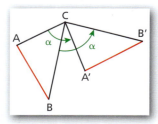

- *La rotazione è un'isometria*. Infatti, se consideriamo due punti A e B e i loro trasformati A' e B' nella rotazione di centro C e angolo α, i triangoli ABC e $A'B'C$ hanno $CA \cong CA'$, $CB \cong CB'$ e $A\widehat{C}B \cong A'\widehat{C}B'$ in quanto differenza di angoli congruenti, quindi sono congruenti per il primo criterio. Allora, in particolare, $AB \cong A'B'$.

- La *rotazione nulla* ha centro qualsiasi e angolo nullo o multiplo di un angolo giro. Coincide con l'identità.

- Una rotazione diversa dall'identità ha come unico *punto unito* il centro C.

- Nelle rotazioni di angolo $(2k+1)\pi$, con $k \in \mathbb{Z}$, e centro qualunque, sono globalmente unite tutte le rette passanti per il centro di rotazione.
  In generale, per rotazioni di angolo $\alpha \neq k\pi$, con $k \in \mathbb{Z}$, non ci sono rette unite.

- La trasformazione inversa di una rotazione di centro C e angolo α è ancora una rotazione di centro C, ma con angolo $-\alpha$:
$$r^{-1}(C; \alpha) = r(C; -\alpha).$$

Equazioni della rotazione di centro l'origine

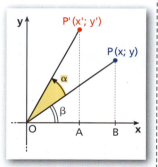

Determiniamo le equazioni della rotazione di angolo α, avente per centro l'origine O degli assi. Osservando la figura a lato e utilizzando la trigonometria, possiamo scrivere le seguenti relazioni:

$$x = \overline{OB} = \overline{OP}\cos\beta; \qquad y = \overline{PB} = \overline{OP}\sin\beta.$$

Consideriamo il triangolo rettangolo OAP', dove $x' = \overline{OA}$ e $y' = \overline{P'A}$, e applichiamo le formule di addizione di seno e coseno:

$x' = \overline{OA} = \overline{OP'}\cos(\alpha+\beta) = \overline{OP}\cos\alpha\cos\beta - \overline{OP}\sin\alpha\sin\beta = x\cos\alpha - y\sin\alpha$;

$y' = \overline{AP'} = \overline{OP'}\sin(\alpha+\beta) = \overline{OP}\sin\alpha\cos\beta + \overline{OP}\cos\alpha\sin\beta = x\sin\alpha + y\cos\alpha$.

Quindi:

$$r(O;\alpha): \begin{cases} x' = x\cos\alpha - y\sin\alpha \\ y' = x\sin\alpha + y\cos\alpha \end{cases}$$ equazioni della rotazione $r(O;\alpha)$ di angolo α e di centro O.

ESEMPIO

La rotazione $r\left(O;\dfrac{\pi}{6}\right)$ di centro l'origine O e angolo $\alpha = \dfrac{\pi}{6}$ ha equazioni:

$$r\left(O;\dfrac{\pi}{6}\right): \begin{cases} x' = \dfrac{\sqrt{3}}{2}x - \dfrac{1}{2}y \\ y' = \dfrac{1}{2}x + \dfrac{\sqrt{3}}{2}y \end{cases}$$

▶ Scrivi le equazioni della rotazione di centro l'origine e angolo $\alpha = -\dfrac{\pi}{3}$.

Casi particolari

- Se $\alpha = \dfrac{\pi}{2}$, le equazioni della rotazione diventano: $\begin{cases} x' = -y \\ y' = x \end{cases}$.

- Se $\alpha = -\dfrac{\pi}{2}$, abbiamo invece: $\begin{cases} x' = y \\ y' = -x \end{cases}$.

- Se $\alpha = \pm\pi$, le equazioni sono: $\begin{cases} x' = -x \\ y' = -y \end{cases}$.

- Se $\alpha = 2k\pi$, con $k \in \mathbb{Z}$, la rotazione è l'identità.

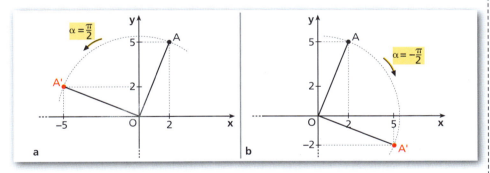

La rotazione inversa di $r(O;\alpha)$, che indichiamo con $r^{-1}(O;\alpha)$, è la rotazione $r(O;-\alpha)$ di centro O e angolo $-\alpha$ e, essendo $\cos(-\alpha)=\cos\alpha$, $\sin(-\alpha)=-\sin\alpha$, ha equazioni:

$$r^{-1}(O;\alpha): \begin{cases} x = x'\cos\alpha + y'\sin\alpha \\ y = -x'\sin\alpha + y'\cos\alpha \end{cases}$$

Equazioni della rotazione di centro C qualunque

Per ottenere le equazioni di una rotazione di angolo α intorno a un centro $C(x_C;y_C)$ qualunque, consideriamo tale rotazione come il risultato della composizione di tre trasformazioni: una traslazione di vettore $\vec{v}(-x_C;-y_C)$ che porti C nell'origine O, una rotazione di centro O e angolo α, una traslazione di vettore $\vec{v}_1(x_C;y_C)$ che riporti C alla posizione iniziale. Alle coordinate $(x;y)$ di P corrispondono:

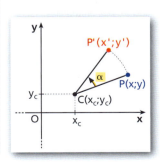

1053

Capitolo 18. Trasformazioni geometriche

$$\begin{cases} x \\ y \end{cases} \stackrel{t_v}{\mapsto} \begin{cases} x - x_C \\ y - y_C \end{cases} \stackrel{r(O;\alpha)}{\mapsto} \begin{cases} (x - x_C)\cos\alpha - (y - y_C)\sin\alpha \\ (x - x_C)\sin\alpha + (y - y_C)\cos\alpha \end{cases} \stackrel{t_{v_1}}{\mapsto}$$

$$\begin{cases} (x - x_C)\cos\alpha - (y - y_C)\sin\alpha + x_C \\ (x - x_C)\sin\alpha + (y - y_C)\cos\alpha + y_C \end{cases}.$$

Quindi la rotazione di centro $C(x_C; y_C)$ e angolo α ha equazioni

$$r(C; \alpha): \begin{cases} x' = (x - x_C)\cos\alpha - (y - y_C)\sin\alpha + x_C \\ y' = (x - x_C)\sin\alpha + (y - y_C)\cos\alpha + y_C \end{cases}$$

▶ Scrivi le equazioni della rotazione $r\left(C; \frac{\pi}{4}\right)$, con $C(1; 1)$.

che, svolgendo i calcoli, scriviamo nella forma:

$$r(C; \alpha): \begin{cases} x' = x\cos\alpha - y\sin\alpha + p \\ y' = x\sin\alpha + y\cos\alpha + q \end{cases}$$

equazioni di una rotazione di angolo α e di centro C qualunque.

Nelle equazioni precedenti, $p = x_C - x_C \cos\alpha + y_C \sin\alpha$ e $q = y_C - x_C \sin\alpha - y_C \cos\alpha$.

Composizione di rotazioni

Componendo due rotazioni con lo stesso centro C, di angoli α_1 e α_2, si ottiene ancora una rotazione, di centro C e angolo $\alpha_1 + \alpha_2$.
Inoltre, si può dimostrare che componendo due rotazioni con centri C_1 e C_2 diversi si può ottenere una rotazione di diverso centro C e angolo $\alpha_1 + \alpha_2$, oppure una traslazione.

Possiamo quindi affermare che la composizione fra rotazioni di centri diversi non è un'operazione interna nell'insieme delle rotazioni.

■ **Animazione**

Disegna il triangolo di vertici $P(3; 1)$, $Q(5; 1)$, $R(3; 4)$ e il punto $C(2; 1)$.
Scrivi le equazioni della rotazione $r\left(C; \frac{\pi}{6}\right)$ e applicala a PQR.
Nell'animazione, oltre a risolvere l'esercizio, con una figura dinamica facciamo variare l'angolo di rotazione.

4 Simmetria centrale

▶ Esercizi a p. 1091

Definizione e proprietà

DEFINIZIONE
Fissato nel piano un punto M, la **simmetria centrale** di centro M è la trasformazione geometrica che a ogni punto P del piano fa corrispondere il punto P' tale che M è il punto medio del segmento PP'.

🇬🇧 **Listen to it**

A **point reflection** in M is an isometry that maps each point of the plane P to a point P' such that $PM \cong MP'$ and P' lies on the line through PM.

Indichiamo la simmetria centrale di centro M con s_M.

- *La simmetria centrale è un'isometria.* Infatti, se consideriamo due punti A e B del piano e i loro trasformati A' e B' nella simmetria di centro M, si ha che $AM \cong A'M$, $BM \cong B'M$ e $A\widehat{M}B \cong A'\widehat{M}B'$, quindi i triangoli AMB e $A'MB'$ sono congruenti e $AB \cong A'B'$.

- Il punto M è detto **centro di simmetria** ed *è l'unico punto unito*.

- Ogni retta r passante per M è una *retta globalmente unita*, perché ogni punto di r ha per immagine un punto di r.

- L'immagine di una retta r è una retta r' a essa parallela.
Per dimostrarlo, puoi osservare nella figura che gli angoli $\widehat{MAB}$ e $\widehat{MA'B'}$, alter-

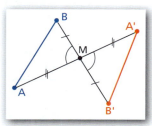

1054

ni interni formati da r e r' con la trasversale AA', sono congruenti, perché sono congruenti i triangoli AMB e $A'MB'$.

La proprietà può essere espressa dicendo anche che *la direzione delle rette è un invariante* per le simmetrie centrali.

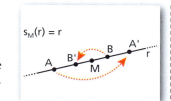
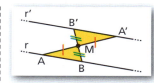

- La simmetria centrale di centro M coincide con la rotazione di centro M e angolo di 180°. Per esempio, se nella figura ruotiamo B di 180° intorno a M, otteniamo B', simmetrico di B rispetto a M, perché $MB \cong MB'$ in quanto raggi.

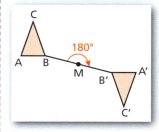

- La trasformazione inversa di una simmetria centrale s_M è se stessa, quindi la simmetria centrale è una trasformazione involutoria: $s_M \circ s_M = i$. Per esempio, se consideriamo il triangolo ABC della figura e il suo simmetrico $A'B'C'$ rispetto a M, applicando ad $A'B'C'$ ancora la simmetria di centro M, otteniamo ABC.

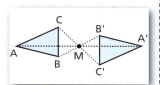

Animazione

Disegna il triangolo di vertici $A(2; 3)$, $B(5; 3)$, $C(3; 5)$ e il punto $M(3; 1)$.
Applica ad ABC la simmetria centrale di centro M, dopo averne scritto le equazioni. Oltre a risolvere l'esercizio, nell'animazione otteniamo una figura dinamica facendo variare le coordinate di M.

Equazioni della simmetria centrale

Se consideriamo $M(a; b)$ e s_M, al punto $P(x; y)$ corrisponde il punto $P'(x'; y')$ se

$$\frac{x + x'}{2} = a, \qquad \frac{y + y'}{2} = b,$$

da cui:

$$s_M: \begin{cases} x' = 2a - x \\ y' = 2b - y \end{cases}$$ **equazioni della simmetria centrale di centro $M(a; b)$.**

▶ Verifica che $M(a; b)$ è l'unico punto unito nella simmetria centrale di centro M.

ESEMPIO

Le equazioni della simmetria centrale di centro $M(5; 3)$ sono:

$$\begin{cases} x' = 10 - x \\ y' = 6 - y \end{cases}$$

Il triangolo ABC viene trasformato nel triangolo $A'B'C'$.

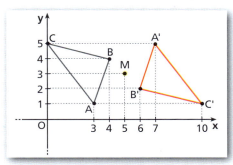

▶ Scrivi le equazioni della simmetria centrale di centro $M(-2; 1)$.

Se M coincide con l'origine O degli assi, le equazioni precedenti diventano:

$$s_O: \begin{cases} x' = -x \\ y' = -y \end{cases}.$$

Curve e simmetria centrale

Applichiamo alla funzione $y = f(x)$ la simmetria centrale s_O di centro l'origine. Sostituiamo in $y = f(x)$ le equazioni:

$$\begin{cases} x = -x' \\ y = -y' \end{cases}.$$

Capitolo 18. Trasformazioni geometriche

▶ Scrivi l'equazione della funzione simmetrica rispetto all'origine della funzione $f(x) = x^2 + 2x - 1$.

Otteniamo l'equazione
$$-y' = f(-x'),$$
e togliendo gli apici abbiamo:
$$y = -f(-x).$$

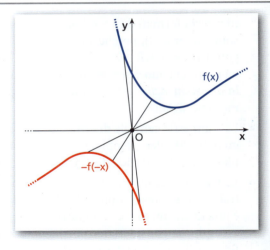

Se per una funzione $f(x)$ si verifica per ogni x del suo dominio che $-f(-x) = f(x)$ o, che è lo stesso, $f(-x) = -f(x)$, significa che il grafico di $f(x)$ è simmetrico rispetto all'origine. Si dice anche che la funzione è *dispari*.

Composizione di simmetrie centrali

Date le simmetrie centrali s_{M_1} e s_{M_2} di centri M_1 e M_2, la trasformazione composta
$$t = s_{M_2} \circ s_{M_1}$$
è una traslazione di vettore $\vec{v} = 2\overrightarrow{M_1M_2}$.

Infatti, nel triangolo $AA'A''$, dove A' è il corrispondente di A in s_{M_1} e A'' quello di A' in s_{M_2}, il vettore $\overrightarrow{M_1M_2}$ è parallelo ed equiverso ad $\overrightarrow{AA''}$, e inoltre in ogni triangolo il segmento che congiunge i punti medi di due lati è parallelo e congruente alla metà del terzo lato, quindi $\overline{AA''} = 2\overline{M_1M_2}$.

5 Simmetria assiale

▶ Esercizi a p. 1095

Definizione e proprietà

Listen to it

A **reflection** across a line r of the plane is an isometry that maps each point P of the plane onto a point P' such that PP' is perpendicular to r and the distance from P to r is the same as the distance from r to P'.

DEFINIZIONE

Fissata nel piano una retta r, la **simmetria assiale** rispetto alla retta r è la trasformazione geometrica che a ogni punto P fa corrispondere il punto P' nel semipiano opposto rispetto a r e tale che r sia asse del segmento PP', ossia:

- r passa per il punto medio di PP';
- PP' è perpendicolare a r.

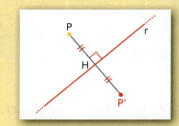

La retta r è detta **asse di simmetria**. Indichiamo la simmetria di asse r con s_r.

- *La simmetria assiale è un'isometria.* Per dimostrarlo, consideriamo i due punti A e B e i loro corrispondenti nella simmetria s_r di asse la retta r. Da A e da A' tracciamo le perpendicolari AC e $A'C'$ alla retta per B e B'. I triangoli rettangoli ABC e $A'B'C'$ sono congruenti perché hanno i cateti congruenti, quindi $\overline{AB} = \overline{A'B'}$.

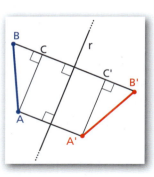

- La trasformazione inversa di s_r è s_r, quindi la simmetria assiale è una trasformazione involutoria: $s_r \circ s_r = i$.

1056

Paragrafo 5. Simmetria assiale

- L'asse di simmetria è l'insieme di tutti e soli i *punti uniti* della trasformazione, quindi l'asse è una *retta puntualmente unita*.
- L'immagine di una retta che forma con r un angolo α e che interseca r in un punto R è una retta che forma con r un angolo α e passa per R.
  In particolare, tutte le rette perpendicolari a r sono **rette globalmente unite**.

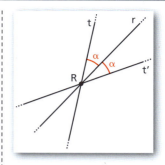

Equazioni della simmetria assiale

Simmetria rispetto a un asse parallelo all'asse y

Consideriamo come asse di simmetria la retta di equazione $x = a$.
Dato il punto $P(x; y)$, il punto $P'(x'; y')$ è il corrispondente di P se:

$$\frac{x + x'}{2} = a, \quad y' = y,$$

da cui:

$$s: \begin{cases} x' = 2a - x \\ y' = y \end{cases}$$ equazioni della simmetria assiale rispetto all'asse $x = a$.

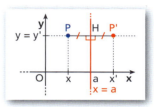

Se l'asse di simmetria è l'asse y, la cui equazione è $x = 0$, si ha $a = 0$, quindi:

$$s_y: \begin{cases} x' = -x \\ y' = y \end{cases}$$ equazioni della simmetria assiale rispetto all'asse y.

Simmetria rispetto a un asse parallelo all'asse x

Consideriamo come asse di simmetria la retta di equazione $y = b$.
Dato il punto $P(x; y)$, il punto $P'(x'; y')$ è il corrispondente di P se

$$x' = x \quad \text{e} \quad \frac{y + y'}{2} = b,$$

da cui:

$$s: \begin{cases} x' = x \\ y' = 2b - y \end{cases}$$ equazioni della simmetria assiale rispetto all'asse $y = b$.

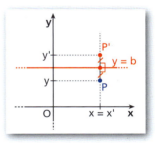

Se l'asse di simmetria è l'asse x, la cui equazione è $y = 0$, si ha $b = 0$, quindi:

$$s_x: \begin{cases} x' = x \\ y' = -y \end{cases}$$ equazioni della simmetria assiale rispetto all'asse x.

Simmetria rispetto alle bisettrici dei quadranti

Si dimostra che due punti simmetrici rispetto alla retta di equazione $y = x$ hanno coordinate scambiate fra loro, ossia che, se P ha coordinate $(x; y)$, il suo simmetrico P' ha coordinate $(y; x)$ quindi:

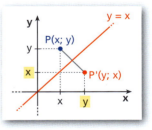

$$s_b: \begin{cases} x' = y \\ y' = x \end{cases}$$ equazioni della simmetria assiale rispetto alla bisettrice b del primo e del terzo quadrante.

Analogamente, abbiamo:

$$s_{b'}: \begin{cases} x' = -y \\ y' = -x \end{cases}$$ equazioni della simmetria assiale rispetto alla bisettrice b' del secondo e del quarto quadrante.

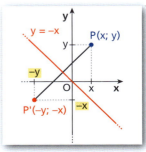

1057

Capitolo 18. Trasformazioni geometriche

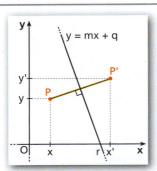

Simmetria rispetto alla retta $y = mx + q$

Le equazioni della simmetria rispetto a una generica retta r del piano di equazione $y = mx + q$ devono essere tali per cui il simmetrico $P'(x'; y')$ di un punto $P(x; y)$ appartenga a una retta perpendicolare a r e P e P' siano equidistanti da r:

- il coefficiente angolare di PP' deve essere l'opposto del reciproco di m:

$$\frac{y' - y}{x' - x} = -\frac{1}{m};$$

- il punto medio del segmento PP' deve appartenere alla retta r; quindi:

$$\frac{y + y'}{2} = m\frac{x + x'}{2} + q.$$

Ponendo a sistema le due equazioni e risolvendo rispetto a x' e y', si ottiene, dopo alcuni passaggi:

$$s_r: \begin{cases} x' = \dfrac{1 - m^2}{1 + m^2}x + \dfrac{2m}{1 + m^2}y - \dfrac{2mq}{1 + m^2} \\ y' = \dfrac{2m}{1 + m^2}x - \dfrac{1 - m^2}{1 + m^2}y + \dfrac{2q}{1 + m^2} \end{cases}$$

equazioni della simmetria assiale rispetto alla retta $y = mx + q$.

ESEMPIO

Cerchiamo le equazioni della simmetria di asse $y = 2x + 1$.

Se $P(x; y)$ ha come immagine $P'(x'; y')$, abbiamo:

$$\begin{cases} \dfrac{y + y'}{2} = 2\left(\dfrac{x + x'}{2}\right) + 1 & \text{punto medio del segmento } PP' \text{ appartenente all'asse} \\ \dfrac{y' - y}{x' - x} = -\dfrac{1}{2} & \text{retta } PP' \text{ perpendicolare all'asse} \end{cases}$$

Ricaviamo x' e y'.

$$\begin{cases} y + y' = 2x + 2x' + 2 \\ 2y' - 2y = -x' + x \end{cases} \rightarrow \begin{cases} 2x' - y' = y - 2x - 2 \\ x' + 2y' = x + 2y \end{cases}$$

$$x' = \frac{\begin{vmatrix} y - 2x - 2 & -1 \\ x + 2y & 2 \end{vmatrix}}{\begin{vmatrix} 2 & -1 \\ 1 & 2 \end{vmatrix}} = \frac{2y - 4x - 4 + x + 2y}{4 + 1} = \frac{-3x + 4y - 4}{5}$$

$$y' = \frac{\begin{vmatrix} 2 & y - 2x - 2 \\ 1 & x + 2y \end{vmatrix}}{\begin{vmatrix} 2 & -1 \\ 1 & 2 \end{vmatrix}} = \frac{2x + 4y - y + 2x + 2}{5} = \frac{4x + 3y + 2}{5}$$

Quindi le equazioni della simmetria sono:

$$\begin{cases} x' = -\dfrac{3}{5}x + \dfrac{4}{5}y - \dfrac{4}{5} \\ y' = \dfrac{4}{5}x + \dfrac{3}{5}y + \dfrac{2}{5} \end{cases}.$$

▶ Determina le equazioni della simmetria di asse $y = -x + 1$.

Paragrafo 5. Simmetria assiale

Caso particolare

Se l'asse di simmetria r è una retta che passa per l'origine, la sua equazione è $y = mx$. Poiché $m = \tan\alpha$, dove α è l'angolo che la retta forma con la direzione positiva dell'asse x, per le formule parametriche abbiamo:

$$\cos 2\alpha = \frac{1 - m^2}{1 + m^2}, \quad \sin 2\alpha = \frac{2m}{1 + m^2}.$$

Sostituiamo nelle equazioni della simmetria e otteniamo:

$$\begin{cases} x' = x\cos 2\alpha + y\sin 2\alpha \\ y' = x\sin 2\alpha - y\cos 2\alpha \end{cases}.$$

> **Animazione**
>
> Disegna il triangolo di vertici $A(3; 2)$, $B(5; 2)$, $C(2; 5)$ e la retta r di equazione $y = 3x$. Scrivi le equazioni della simmetria assiale rispetto a r e applicala ad ABC.
> Oltre a risolvere l'esercizio, nell'animazione otteniamo una figura dinamica facendo variare l'angolo che la retta forma con la direzione positiva dell'asse x.

ESEMPIO

Determiniamo le equazioni della simmetria con asse la retta $y = \sqrt{3}\,x$.

Poiché $m = \tan\alpha = \sqrt{3}$, si ha che $\alpha = \frac{\pi}{3}$ e quindi $\cos 2\alpha = -\frac{1}{2}$, $\sin 2\alpha = \frac{\sqrt{3}}{2}$.

Pertanto, le equazioni cercate sono:

$$\begin{cases} x' = -\frac{1}{2}x + \frac{\sqrt{3}}{2}y \\ y' = \frac{\sqrt{3}}{2}x + \frac{1}{2}y \end{cases}$$

▶ Scrivi le equazioni della simmetria di asse $y = -\frac{\sqrt{3}}{3}x$

Composizione di simmetrie assiali

Assi di simmetria paralleli

Componendo due simmetrie s_a e s_b con gli assi a e b paralleli, si ottiene una traslazione di vettore $\vec{v}$ che ha modulo uguale al doppio della distanza d tra i due assi e direzione perpendicolare ad a e b (figura **a**).

Si ha $\overline{AA''} = 2d_1 + 2d_2 = 2(d_1 + d_2) = 2d$.

Assi di simmetria non paralleli

La composizione delle due simmetrie s_a e s_b, con gli assi a e b non paralleli, è la rotazione di centro O, intersezione degli assi a e b, e angolo 2α, con $\alpha = a\widehat{O}b$ (figura **b**).

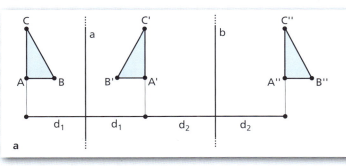
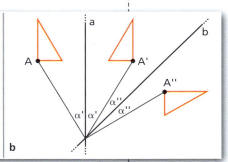

■ Glissosimmetria

DEFINIZIONE

La composizione di una simmetria assiale con una traslazione di vettore parallelo all'asse della simmetria è una **glissosimmetria**.

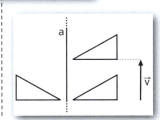

1059

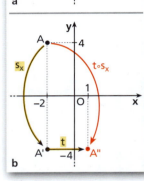

Osserviamo che per la composizione di una simmetria assiale con una traslazione di vettore parallelo all'asse vale la proprietà commutativa, dunque è indifferente l'ordine in cui vengono composte.
In quanto composizione di isometrie, *la glissosimmetria è un'isometria.*

ESEMPIO
Determiniamo le equazioni della glissosimmetria ottenuta componendo la simmetria assiale s_x rispetto all'asse x con la traslazione di vettore $(3; 0)$, ossia:

$$s_x: \begin{cases} x' = x \\ y' = -y \end{cases} ; \quad t: \begin{cases} x' = x + 3 \\ y' = y \end{cases}.$$

Per esempio, applichiamo la simmetria s_x al punto $A(-2; 4)$ e troviamo il trasformato A' (figura **a**), e ad A' applichiamo t, ottenendo A'' (figura **b**):

$$A(-2; 4) \stackrel{s_x}{\mapsto} A'(-2; -4) \stackrel{t}{\mapsto} A''(1; -4).$$

Possiamo anche ottenere A'', trasformato di A, mediante la composizione $t \circ s_x$. Determiniamo le equazioni della trasformazione composta considerando un generico punto $(x; y)$: $(x; y) \stackrel{s_x}{\mapsto} (x; -y) \stackrel{t}{\mapsto} (x + 3; -y)$.

Otteniamo così le equazioni della glissosimmetria:

$$t \circ s_x: \begin{cases} x' = x + 3 \\ y' = -y \end{cases}$$

Quindi: $A(-2; 4) \stackrel{t \circ s_x}{\mapsto} A''(1; -4)$.

In una glissosimmetria non ci sono punti uniti e l'unica retta globalmente unita è l'asse della simmetria.

6 Isometrie

▶ Esercizi a p. 1103

Riassumiamo le proprietà generali delle isometrie.
Tutte le isometrie sono rappresentate da equazioni lineari, cioè da equazioni di primo grado del tipo:

$$\begin{cases} x' = a_1 x + b_1 y + c_1 \\ y' = a_2 x + b_2 y + c_2 \end{cases}.$$

Le isometrie, in quanto trasformazioni geometriche, sono trasformazioni biunivoche, quindi per ammettere un'inversa deve essere possibile esprimere le variabili x e y in funzione di x' e y'. Allora il sistema

$$\begin{cases} a_1 x + b_1 y = x' - c_1 \\ a_2 x + b_2 y = x' - c_2 \end{cases}$$

deve essere determinato, quindi $\begin{vmatrix} a_1 & b_1 \\ a_2 & b_2 \end{vmatrix} = a_1 b_2 - a_2 b_1 \neq 0$.

Se indichiamo con A la matrice $\begin{bmatrix} a_1 & b_1 \\ a_2 & b_2 \end{bmatrix}$, deve essere $\det A \neq 0$.

In particolare, possiamo verificare esaminando le loro equazioni che le isometrie sono trasformazioni in cui **det $A = \pm 1$**.

Paragrafo 6. Isometrie

Se $\det A = 1$: l'isometria è **diretta**, cioè conserva l'orientamento delle figure.

Se $\det A = -1$: l'isometria è **indiretta**, cioè inverte l'orientamento delle figure.

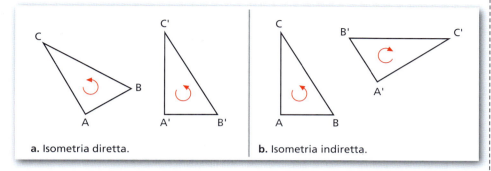

a. Isometria diretta. b. Isometria indiretta.

Nella figura **a** il triangolo trasformato $A'B'C'$ ha il contorno orientato in senso antiorario come il triangolo ABC, mentre nella figura **b** il triangolo trasformato ha il contorno orientato in senso orario, a differenza del triangolo ABC.

La condizione $\det A = \pm 1$, affinché una trasformazione sia un'isometria, è necessaria ma non sufficiente. Esistono trasformazioni che hanno $\det A = \pm 1$, ma non sono isometrie.

Classificazione delle isometrie

Per classificare un'isometria diversa dall'identità, studiamo i suoi punti uniti.
Se è un'isometria diretta, cioè se $\det A = 1$, abbiamo:

- una traslazione, quando non ci sono punti uniti;
- una rotazione (o una simmetria centrale), quando c'è un solo punto unito.

Se è un'isometria indiretta, cioè se $\det A = -1$, abbiamo:

- una simmetria assiale, quando c'è una retta puntualmente unita;
- una glissosimmetria, quando non ci sono punti uniti.

Non esistono altri tipi di isometria oltre a quelli studiati.

Video

Caccia all'isometria
Ricostruiamo un'isometria usando la composizione di al massimo tre trasformazioni geometriche semplici: una simmetria assiale rispetto all'asse y, una rotazione rispetto all'origine e una traslazione.

■ Rappresentazione grafica delle coniche

Nel capitolo 17 abbiamo visto che, data l'equazione generale di una conica,

$$Ax^2 + Bxy + Cy^2 + Dx + Ey + F = 0,$$

essa può essere classificata mediante l'invariante quadratico.

È equivalente il seguente teorema, di applicazione più immediata.

TEOREMA
Data l'equazione

$$Ax^2 + Bxy + Cy^2 + Dx + Ey + F = 0, \quad \text{con } \Delta = B^2 - 4AC,$$

allora, se ammette soluzioni, essa rappresenta:

- un'ellisse o una circonferenza se $\Delta < 0$;
- una parabola se $\Delta = 0$;
- un'iperbole se $\Delta > 0$.

Capitolo 18. Trasformazioni geometriche

Vediamo ora come si possono utilizzare le isometrie per disegnare una conica che abbia equazione con il termine in xy.

Consideriamo l'ellisse di equazione

$$\frac{x^2}{4} + y^2 = 1$$

e applichiamo la rotazione con centro nell'origine e angolo 45°, che ha

equazioni $r: \begin{cases} x' = \frac{\sqrt{2}}{2}x - \frac{\sqrt{2}}{2}y \\ y' = \frac{\sqrt{2}}{2}x + \frac{\sqrt{2}}{2}y \end{cases}$, da cui $r^{-1}: \begin{cases} x = \frac{\sqrt{2}}{2}x' + \frac{\sqrt{2}}{2}y' \\ y = -\frac{\sqrt{2}}{2}x' + \frac{\sqrt{2}}{2}y' \end{cases}$.

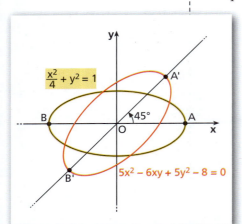

Sostituiamo nell'equazione dell'ellisse:

$$\frac{1}{4}\left(\frac{\sqrt{2}}{2}x' + \frac{\sqrt{2}}{2}y'\right)^2 + \left(-\frac{\sqrt{2}}{2}x' + \frac{\sqrt{2}}{2}y'\right)^2 = 1 \quad \text{› eliminiamo gli apici e svolgiamo i calcoli}$$

$$\frac{1}{4}\left(\frac{1}{2}x^2 + \frac{1}{2}y^2 + xy\right) + \frac{1}{2}x^2 + \frac{1}{2}y^2 - xy = 1 \quad \text{› semplifichiamo}$$

$$5x^2 - 6xy + 5y^2 - 8 = 0.$$

Notiamo che la rotazione ha determinato la comparsa nell'equazione di un termine con xy.
Possiamo verificare che $\Delta < 0$: $(-6)^2 - 4 \cdot 5 \cdot 5 = 36 - 100 < 0$.

Viceversa, data l'equazione con termine in xy,

$$5x^2 - 6xy + 5y^2 - 8 = 0,$$

è possibile ritrovare l'equazione di partenza senza il termine in xy mediante una rotazione di centro O e angolo $-45°$.
Utilizzando un esempio, vediamo ora il procedimento per passare dall'equazione di una conica con $B \neq 0$ a una con $B = 0$, mediante un'opportuna rotazione.

ESEMPIO
Data l'equazione $4x^2 + 8xy + 4y^2 + \sqrt{2}x - \sqrt{2}y = 0$, osserviamo che, poiché $\Delta = 8^2 - 4 \cdot 4 \cdot 4 = 0$, si tratta di una parabola.

Eseguiamo una rotazione con centro nell'origine e angolo α, da determinare, in modo che nell'equazione ottenuta non compaia il termine in xy.
Le equazioni della rotazione r e della sua inversa r^{-1} sono:

$$r: \begin{cases} x' = x\cos\alpha - y\sin\alpha \\ y' = x\sin\alpha + y\cos\alpha \end{cases} \rightarrow r^{-1}: \begin{cases} x = x'\cos\alpha + y'\sin\alpha \\ y = -x'\sin\alpha + y'\cos\alpha \end{cases}$$

Sostituiamo le ultime equazioni nell'equazione della parabola:

$$4 \cdot (x'\cos\alpha + y'\sin\alpha)^2 + 8 \cdot (x'\cos\alpha + y'\sin\alpha)(-x'\sin\alpha + y'\cos\alpha) +$$
$$+ 4 \cdot (-x'\sin\alpha + y'\cos\alpha)^2 + \sqrt{2} \cdot (x'\cos\alpha + y'\sin\alpha) +$$
$$- \sqrt{2} \cdot (-x'\sin\alpha + y'\cos\alpha) = 0.$$

Togliamo gli apici e sviluppiamo i calcoli:

$$4x^2\cos^2\alpha + 4y^2\sin^2\alpha + 8xy\cos\alpha\sin\alpha - 8x^2\cos\alpha\sin\alpha + 8xy\cos^2\alpha +$$
$$- 8xy\sin^2\alpha + 8y^2\sin\alpha\cos\alpha + 4x^2\sin^2\alpha + 4y^2\cos^2\alpha - 8xy\cos\alpha\sin\alpha +$$

$+ \sqrt{2} x \cos\alpha + \sqrt{2} y \sin\alpha + \sqrt{2} x \sin\alpha - \sqrt{2} y \cos\alpha = 0.$

Consideriamo solo i termini in xy (che abbiamo evidenziato), sommiamoli e poniamo la condizione che il coefficiente di xy sia nullo:

$8xy(\cos^2\alpha - \sin^2\alpha) = 0 \rightarrow \cos^2\alpha - \sin^2\alpha = 0 \rightarrow$

$\cos 2\alpha = 0 \rightarrow 2\alpha = \dfrac{\pi}{2} + k\pi \rightarrow \alpha = \dfrac{\pi}{4} + k\dfrac{\pi}{2}.$

Scegliamo, per esempio, una rotazione di angolo $\alpha = \dfrac{\pi}{4}$.

Sostituendo tale valore nell'equazione della parabola otteniamo

$4x^2 \cdot \dfrac{1}{2} + 4y^2 \cdot \dfrac{1}{2} - 8x^2 \cdot \dfrac{1}{2} + 8y^2 \cdot \dfrac{1}{2} + 4x^2 \cdot \dfrac{1}{2} + 4y^2 \cdot \dfrac{1}{2} +$

$+ \sqrt{2} x \cdot \dfrac{\sqrt{2}}{2} + \sqrt{2} y \cdot \dfrac{\sqrt{2}}{2} + \sqrt{2} x \cdot \dfrac{\sqrt{2}}{2} - \sqrt{2} y \cdot \dfrac{\sqrt{2}}{2} = 0,$

da cui:

$8y^2 + 2x = 0 \rightarrow 4y^2 + x = 0 \rightarrow x = -4y^2.$

Abbiamo ottenuto l'equazione di una parabola con vertice nell'origine che ha come asse l'asse x. Rappresentiamo il suo grafico e poi lo ruotiamo di $-45°$, ottenendo così il grafico della parabola iniziale.

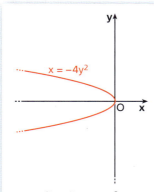
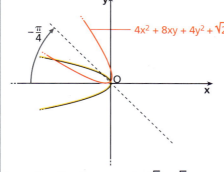

a. Grafico di $x = -4y^2$.   b. Grafico di $4x^2 + 8xy + 4y^2 + \sqrt{2}x - \sqrt{2}y = 0$.

▶ Rappresenta graficamente la conica di equazione $28x^2 + 16\sqrt{3}xy + 12y^2 - 36 = 0$, utilizzando le trasformazioni geometriche.

In generale, utilizzando lo stesso procedimento dell'esempio precedente, si può dimostrare che, data la conica di equazione $Ax^2 + Bxy + Cy^2 + Dx + Ey + F = 0$, in cui $B \neq 0$, si ottiene un'equazione con $B = 0$ mediante una rotazione di centro O e angolo $\alpha = \dfrac{1}{2}\operatorname{arccot}\dfrac{C-A}{B}$.

ESEMPIO
Considerando di nuovo

$4x^2 + 8xy + 4y^2 + \sqrt{2}x - \sqrt{2}y = 0,$

possiamo evitare i calcoli precedenti, applicando la formula:

$\alpha = \dfrac{1}{2}\operatorname{arccot}\dfrac{C-A}{B} = \dfrac{1}{2}\operatorname{arccot}\dfrac{4-4}{8} = \dfrac{1}{2}\operatorname{arccot} 0 = \dfrac{\pi}{4}.$

Capitolo 18. Trasformazioni geometriche

7 Omotetia

▶ Esercizi a p. 1110

Definizione e proprietà

🇬🇧 **Listen to it**

A **dilation** (or **homothety**) with scale factor *k* and centre *C* is a transformation that maps any point of the plane *P* onto a point *P'* such that $\overrightarrow{CP'} = k\overrightarrow{CP}$, and *P'* belongs to the line through *CP*. You can use a dilation to make a figure *larger* or *smaller*.

DEFINIZIONE

Dati un numero reale $k \neq 0$ e un punto *C* del piano, l'**omotetia** di rapporto *k* e centro *C* è quella trasformazione geometrica che associa a *P* il punto *P'* tale che:

$$\overrightarrow{CP'} = k \cdot \overrightarrow{CP}.$$

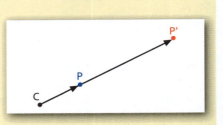

Il punto *C* è detto **centro** dell'omotetia e *k* **rapporto di omotetia**.
Indichiamo l'omotetia di centro *C* e rapporto *k* con $\omega_{C,k}$.

- Due figure che si corrispondono in un'omotetia sono dette **omotetiche**.
- Se $k > 0$, *P* e *P'* stanno sulla stessa semiretta di origine *C* e l'omotetia si dice **diretta**; se $k < 0$, *P* e *P'* stanno su due semirette opposte di origine *C* e l'omotetia si dice **inversa**.
- Se $|k| > 1$, la figura risulta ingrandita; se $|k| < 1$, risulta rimpicciolita.
- Un'omotetia di rapporto $k \neq 1$ ha come unico *punto unito* il centro e come *rette globalmente unite* tutte e sole le rette passanti per il centro.
- Il trasformato di un angolo è un angolo a esso congruente.
- L'immagine di una retta è una retta a essa parallela.

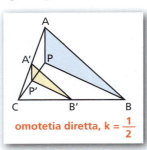

omotetia diretta, $k = \frac{1}{2}$

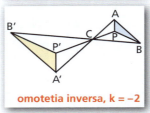

omotetia inversa, $k = -2$

Equazioni dell'omotetia con centro nell'origine

Poiché il centro è *O*, deve essere $\overrightarrow{OP'} = k\overrightarrow{OP}$.
Se *P* ha coordinate $(x; y)$, allora per il teorema di Talete *P'* ha coordinate

$$x' = kx, \quad y' = ky,$$

da cui:

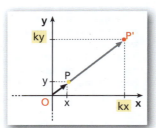

$$\omega_{O,k}: \begin{cases} x' = kx \\ y' = ky \end{cases} \quad \text{equazioni dell'omotetia di centro } O \text{ e rapporto } k.$$

ESEMPIO

Applichiamo l'omotetia con centro nell'origine e rapporto $k = 2$ al triangolo di vertici $A(-3; -2)$, $B(5; 0)$ e $C(1; 4)$.
Le equazioni della trasformazione sono:

$$\omega_{O,2}: \begin{cases} x' = 2x \\ y' = 2y \end{cases}.$$

Nel triangolo omotetico $A'B'C'$, le coordinate dei vertici corrispondenti sono:

$$A(-3; -2) \mapsto A'(-6; -4);$$
$$B(5; 0) \mapsto B'(10; 0); \quad C(1; 4) \mapsto C'(2; 8).$$

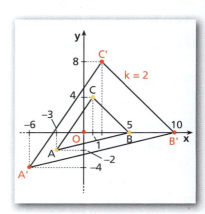

1064

Paragrafo 7. Omotetia

Il rapporto fra i lati corrispondenti $\dfrac{\overline{A'B'}}{\overline{AB}}$, $\dfrac{\overline{B'C'}}{\overline{BC}}$, $\dfrac{\overline{A'C'}}{\overline{AC}}$ è uguale a 2, ossia al rapporto di omotetia.

In generale, il rapporto fra lati corrispondenti è uguale al valore assoluto del rapporto di omotetia.
È possibile anche verificare che i lati corrispondenti sono paralleli, cioè, nell'esempio precedente, $AB \parallel A'B'$, $BC \parallel B'C'$ e $AC \parallel A'C'$: basta determinare le equazioni delle rette passanti per due vertici.

Se $k = 1$, l'omotetia coincide con l'**identità**. Infatti le equazioni diventano:

$$\omega_{O,1}: \begin{cases} x' = x \\ y' = y \end{cases}.$$

In questo caso a ogni punto $P(x; y)$ corrisponde se stesso, quindi tutti i punti del piano sono punti uniti della trasformazione.

Se $k = -1$, otteniamo

$$\omega_{O,-1}: \begin{cases} x' = -x \\ y' = -y \end{cases},$$

ossia ritroviamo la simmetria di centro $O(0; 0)$. In tal caso sappiamo già che O è l'unico punto unito della trasformazione.

Data un'omotetia $\omega_{O,k}$, l'omotetia inversa $\omega_{O,k}^{-1}$ ha equazioni

$$\omega_{O,k}^{-1}: \begin{cases} x = \dfrac{1}{k} x' \\ y = \dfrac{1}{k} y' \end{cases},$$

che rappresentano un'omotetia di centro O e rapporto $\dfrac{1}{k}$, quindi: $\omega_{O,k}^{-1} = \omega_{O,\frac{1}{k}}$.

Equazioni dell'omotetia con centro C qualunque

Per ottenere le equazioni di una omotetia $\omega_{C,k}$ di rapporto k e con centro $C(x_C; y_C)$ qualunque, possiamo considerarla come il risultato della composizione di tre trasformazioni: una traslazione di vettore $\vec{v}(-x_C; -y_C)$ che porti C nell'origine O, una omotetia di centro O e rapporto k e una traslazione di vettore $\vec{v}_1(x_C; y_C)$ che riporti C nella posizione iniziale. Si ottengono le equazioni:

$$\omega_{C,k}: \begin{cases} x' = k(x - x_C) + x_C \\ y' = k(y - y_C) + y_C \end{cases}.$$

Svolgendo i calcoli e ponendo $p = x_C(1 - k)$, $q = y_C(1 - k)$, le equazioni assumono la forma:

$$\omega_{C,k}: \begin{cases} x' = kx + p \\ y' = ky + q \end{cases} \quad \text{equazioni di un'omotetia di centro } C \text{ qualunque}.$$

Osserviamo che per $k = 1$ abbiamo $p = 0$, $q = 0$, e l'omotetia coincide anche in questo caso con l'identità.
Viceversa, se sono note le equazioni di una omotetia di rapporto $k \neq 1$, è possibile trovare le coordinate del centro utilizzando le relazioni precedenti:

$$x_C = \dfrac{p}{1 - k}, \qquad y_C = \dfrac{q}{1 - k}.$$

> **Animazione**
>
> Applica l'omotetia di centro O e rapporto $k = -3$ al triangolo di vertici $A(1; 4)$, $B(6; 2)$, $C(4; 5)$.
> Oltre a risolvere l'esercizio, nell'animazione otteniamo una figura dinamica facendo variare k.

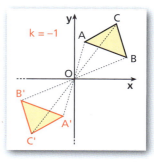

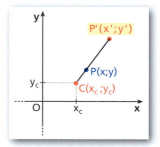

Capitolo 18. Trasformazioni geometriche

▶ Scrivi le coordinate del centro dell'omotetia di equazioni:
$$\begin{cases} x' = \dfrac{x+3}{2} \\ y' = \dfrac{y-5}{2} \end{cases}.$$

Le coordinate del centro si possono ricavare anche ricordando che il centro è l'unico punto unito.

ESEMPIO

Le equazioni $\begin{cases} x' = 2x - 3 \\ y' = 2y + 1 \end{cases}$ rappresentano un'omotetia di rapporto 2. Il centro ha coordinate $x_C = \dfrac{-3}{1-2} = 3$ e $y_C = \dfrac{1}{1-2} = -1$.

Composizione di omotetie

1. Componendo due omotetie con lo stesso centro C e rapporti k_1 e k_2, otteniamo ancora un'omotetia di centro C e con rapporto $k = k_1 \cdot k_2$.
   Infatti, per esempio, se

   $$\omega_1: \begin{cases} x' = k_1(x - x_C) + x_C \\ y' = k_1(y - y_C) + y_C \end{cases}, \quad \omega_2: \begin{cases} x' = k_2(x - x_C) + x_C \\ y' = k_2(y - y_C) + y_C \end{cases},$$

   allora $\omega_2 \circ \omega_1: \begin{cases} x' = k_2[k_1(x - x_C) + \cancel{x_C} - \cancel{x_C}] + x_C \\ y' = k_2[k_1(y - y_C) + \cancel{y_C} - \cancel{y_C}] + y_C \end{cases} \rightarrow$

   $$\omega_2 \circ \omega_1: \begin{cases} x' = k_1 k_2(x - x_C) + x_C \\ y' = k_1 k_2(y - y_C) + y_C \end{cases}.$$

2. Componendo due omotetie con centri C_1 e C_2 diversi, otteniamo o un'omotetia o una traslazione. Infatti, per esempio, se

   $$\omega_1: \begin{cases} x' = k_1 x + p_1 \\ y' = k_1 y + q_1 \end{cases}, \quad \omega_2: \begin{cases} x' = k_2 x + p_2 \\ y' = k_2 y + q_2 \end{cases},$$

   dove abbiamo posto $p_1 = x_{C_1}(1 - k_1)$, $q_1 = y_{C_1}(1 - k_1)$, $p_2 = x_{C_2}(1 - k_2)$, $q_2 = y_{C_2}(1 - k_2)$,

   allora $\omega_2 \circ \omega_1: \begin{cases} x' = k_2(k_1 x + p_1) + p_2 \\ y' = k_2(k_1 y + q_1) + q_2 \end{cases}.$

   Svolgendo i calcoli e ponendo $p = k_2 p_1 + p_2$, $q = k_2 q_1 + q_2$, otteniamo:

   $$\omega_2 \circ \omega_1: \begin{cases} x' = k_1 k_2 x + p \\ y' = k_1 k_2 y + q \end{cases}.$$

   Se $k_1 k_2 = 1$, abbiamo una traslazione (figura **a**).
   Se $k_1 k_2 \neq 1$, abbiamo un'omotetia (figura **b**).

▶ Scrivi le equazioni dell'omotetia $\omega = \omega_2 \circ \omega_1$, con ω_2 di centro O e $k = 4$ e ω_1 di centro $C(-2; 1)$ e $k = -2$.

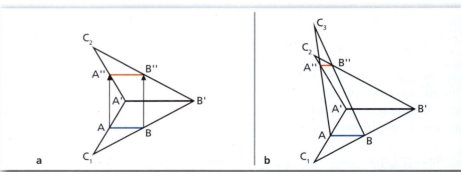

1066

Paragrafo 8. Similitudine

8 Similitudine

▶ Esercizi a p. 1114

Definizione e proprietà

DEFINIZIONE

Una **similitudine** è una trasformazione geometrica che mantiene costante il rapporto tra segmenti corrispondenti, ossia, comunque si scelgano i punti A e B, considerati i loro trasformati A' e B', si ha:

$$\frac{\overline{A'B'}}{\overline{AB}} = k.$$

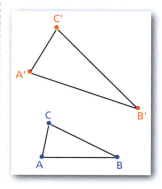

Il valore di k (sempre positivo) viene detto **rapporto di similitudine**.
Indichiamo una similitudine con σ.

Ogni similitudine possiede le seguenti proprietà:
- conserva il rapporto fra le lunghezze;
- trasforma un angolo in un angolo congruente e quindi conserva l'ampiezza degli angoli;
- trasforma rette perpendicolari in rette perpendicolari e rette parallele in rette parallele;
- trasforma circonferenze in circonferenze;
- se F' è la figura geometrica trasformata di F, valgono le seguenti relazioni:

    perimetro$_{F'} = k \cdot$ perimetro$_F$;

    area$_{F'} = k^2 \cdot$ area$_F$.

🇬🇧 **Listen to it**

The ratio between the **areas** of **similar** figures is equal to the square of the ratio of the corresponding lengths of those figures.

Equazioni della similitudine

Si può verificare che le equazioni di una similitudine σ possono assumere solo una delle due forme seguenti (supponendo a e b reali non entrambi nulli).

a. $\sigma_1: \begin{cases} x' = ax - by + c \\ y' = bx + ay + c' \end{cases}$

σ_1 è una similitudine **diretta**.

b. $\sigma_2: \begin{cases} x' = ax + by + c \\ y' = bx - ay + c' \end{cases}$

σ_2 è una similitudine **indiretta**.

In entrambi casi il rapporto di similitudine è $k = \sqrt{a^2 + b^2}$.

ESEMPIO

Consideriamo le equazioni della trasformazione:

$$\sigma: \begin{cases} x' = x + 2y \\ y' = 2x - y + 1 \end{cases}.$$

È una similitudine indiretta, essendo del tipo

$$\begin{cases} x' = ax + by + c \\ y' = bx - ay + c' \end{cases}.$$

Il rapporto di similitudine è $k = \sqrt{1^2 + 2^2} = \sqrt{5}$.

▶ Trasforma il triangolo di vertici $A(1; -1)$, $B(5; 0)$, $C(3; 4)$ con la similitudine di equazioni

$$\begin{cases} x' = 2x - 3y + 1 \\ y' = 3x + 2y - 1 \end{cases}.$$

1067

Capitolo 18. Trasformazioni geometriche

Trasformiamo il triangolo OAB e osserviamo il risultato sulla figura:

$$O(0; 0) \mapsto O'(0; 1), \quad A(1; 0) \mapsto A'(1; 3), \quad B(0; 1) \mapsto B'(2; 0).$$

$$\overline{O'B'} = \sqrt{5}, \quad \overline{O'A'} = \sqrt{5}, \quad \overline{A'B'} = \sqrt{10}.$$

Il triangolo trasformato è rimasto rettangolo e isoscele; il rapporto tra i lati corrispondenti è $\sqrt{5}$.

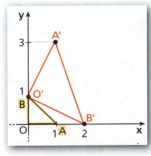

- È possibile verificare che tutte le isometrie sono similitudini di rapporto $k = 1$.
- Anche le omotetie sono casi particolari di similitudini. Infatti, l'omotetia

$$\omega_{C,k}: \begin{cases} x' = kx + p \\ y' = ky + q \end{cases}$$

può essere identificata con la similitudine diretta avente $a = k$ e $b = 0$.

Composizione di similitudini

Si può dimostrare che:

- la composizione di due similitudini, di rapporti k_1 e k_2, è ancora una similitudine di rapporto $k_1 \cdot k_2$;
- ogni similitudine si può ottenere dalla composizione di un'omotetia e un'isometria;
- la composizione di un'omotetia e un'isometria è sempre una similitudine.

ESEMPIO

Nella figura il triangolo $A''B''C''$ è il trasformato di ABC mediante una similitudine, perché ABC è trasformato in $A'B'C'$ con un'omotetia e $A'B'C'$ in $A''B''C''$ con una simmetria assiale che è un'isometria.

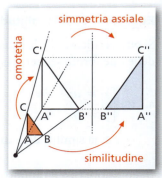

▶ Applica al triangolo ABC, di vertici $A(-6; -9)$, $B(9; -9)$ e $C(0; 12)$, l'omotetia ω di centro $O(0; 0)$ e rapporto $\frac{1}{3}$ e al corrispondente triangolo $A'B'C'$ la simmetria assiale s di asse $y = -4$. Scrivi le equazioni della similitudine $s \circ \omega$ e determina il suo rapporto di similitudine.

Animazione

Poiché le omotetie e le isometrie sono particolari similitudini, vale lo schema della figura sotto.

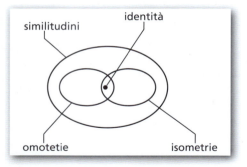

1068

9 Affinità

▶ Esercizi a p. 1117

Definizione e proprietà

> **DEFINIZIONE**
> Un'**affinità** è una trasformazione geometrica che trasforma rette in rette e mantiene il parallelismo.

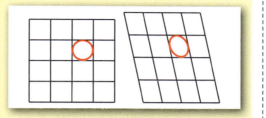

Per ogni trasformazione geometrica si cercano le proprietà **invarianti**, ossia quelle proprietà che si conservano nella trasformazione.
Si può dimostrare che per le affinità le proprietà invarianti più importanti sono le seguenti.

- **Allineamento**: tre o più punti allineati si trasformano in tre o più punti allineati; quindi le rette vengono trasformate in rette e i segmenti in segmenti.
- **Parallelismo**: rette parallele sono trasformate in rette parallele. Da ciò segue che i parallelogrammi vengono trasformati in parallelogrammi.
- **Incidenza**: se due rette si incontrano nel punto P, le rette loro immagini si incontrano in P', immagine di P.
- **Coniche**: un'ellisse è trasformata in un'ellisse, una parabola in una parabola, un'iperbole in un'iperbole. Una circonferenza è trasformata, in generale, in un'ellisse.
- **Rapporto tra le aree**: il rapporto tra le aree di figure corrispondenti è costante; indicando con S una figura piana e con S' la sua immagine, si ha:

$$\frac{\text{area}_{S'}}{\text{area}_S} = k.$$

k è detto **rapporto di affinità**. Se $k = 1$, allora $\text{area}_{S'} = \text{area}_S$ e quindi in questo caso l'affinità conserva le aree.
Le affinità che conservano le aree vengono dette **equiaffinità** o **equivalenze**.

In generale, un'affinità non conserva la distanza.
Anche la forma delle figure non è invariante. Per esempio, un triangolo rettangolo può essere trasformato in un triangolo ottusangolo.

Nell'insieme delle affinità troviamo come casi particolari le similitudini, di cui fanno parte le isometrie.

Per le **similitudini** si aggiungono alle proprietà invarianti delle affinità le seguenti:

- il **rapporto tra le lunghezze** si conserva;
- l'**ampiezza degli angoli** viene conservata, quindi, in particolare, si conserva la perpendicolarità tra rette.

Per le **isometrie**, oltre a tutte le precedenti proprietà, si conservano:

- le **lunghezze**;
- l'**estensione delle superfici**.

MATEMATICA INTORNO A NOI

L'ombra di Pitagora
Se si espone ai raggi solari un reticolato a maglie rettangolari, l'ombra che esso proietta per terra è una figura formata non da rettangoli, ma da parallelogrammi. Questo non è un caso: poiché i raggi del Sole che giungono sulla Terra possono essere considerati paralleli, simulano molto bene le affinità, ossia trasformazioni geometriche che conservano l'allineamento fra punti, il parallelismo fra rette e il rapporto fra aree.

▶ Se esponiamo ai raggi solari una figura che illustra il teorema di Pitagora, che cosa accade alla sua ombra?

 La risposta

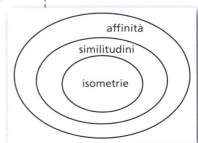

Capitolo 18. Trasformazioni geometriche

Equazioni di un'affinità

Un'affinità è una trasformazione geometrica che possiamo rappresentare con un sistema di equazioni lineari:

$$\begin{cases} x' = a_1 x + b_1 y + c_1 \\ y' = a_2 x + b_2 y + c_2 \end{cases}, \quad \text{con } \begin{vmatrix} a_1 & b_1 \\ a_2 & b_2 \end{vmatrix} = a_1 b_2 - a_2 b_1 \neq 0.$$

In ogni affinità il rapporto k è dato dal valore assoluto del determinante $\begin{vmatrix} a_1 & b_1 \\ a_2 & b_2 \end{vmatrix}$, ossia:

$$k = |a_1 b_2 - a_2 b_1|.$$

Se $\begin{vmatrix} a_1 & b_1 \\ a_2 & b_2 \end{vmatrix} > 0$, l'affinità è **diretta**; se $\begin{vmatrix} a_1 & b_1 \\ a_2 & b_2 \end{vmatrix} < 0$, l'affinità è **indiretta**.

> **ESEMPIO**
> La trasformazione t di equazioni
> $$\begin{cases} x' = 2x - y + 5 \\ y' = x + y + 1 \end{cases}$$
> è un'affinità perché è rappresentata da equazioni lineari in cui il determinante
> $$\begin{vmatrix} 2 & -1 \\ 1 & 1 \end{vmatrix} = 2 + 1 = 3$$
> è diverso da 0. L'affinità è diretta perché $3 > 0$.
> Il rapporto di affinità è 3.

▶ La trasformazione di equazioni
$\begin{cases} x' = 2x - 3y - 1 \\ y' = -4x + 6y + 2 \end{cases}$
è un'affinità?

Elementi uniti

Nella ricerca dei punti uniti poniamo nelle equazioni dell'affinità: $x' = x$ e $y' = y$. Otteniamo:

$$\begin{cases} x = a_1 x + b_1 y + c_1 \\ y = a_2 x + b_2 y + c_2 \end{cases} \rightarrow \begin{cases} (a_1 - 1)x + b_1 y = -c_1 \\ a_2 x + (b_2 - 1) y = -c_2 \end{cases}.$$

Il sistema può essere:

- determinato → una sola soluzione → un punto unito;
- impossibile → nessuna soluzione → nessun punto unito;
- indeterminato → infinite soluzioni ⟨ retta luogo dei punti uniti; identità.

Dallo schema precedente si deduce che se in un'affinità ci sono due punti uniti, allora ce ne sono infiniti.

Condizioni affinché un'affinità sia un'isometria

Date le equazioni di un'affinità

$$\begin{cases} x' = a_1 x + b_1 y + c_1 \\ y' = a_2 x + b_2 y + c_2 \end{cases}, \quad \text{con } \begin{vmatrix} a_1 & b_1 \\ a_2 & b_2 \end{vmatrix} \neq 0,$$

cerchiamo le condizioni sui coefficienti che permettono di affermare che l'affinità è un'isometria.

1070

Paragrafo 9. Affinità

Dati i punti $A(x_A; y_A)$ e $B(x_B; y_B)$, la loro distanza è:

$$\overline{AB} = \sqrt{(x_B - x_A)^2 + (y_B - y_A)^2}.$$

Determinati i trasformati A' e B' mediante le equazioni dell'affinità e calcolata la distanza $\overline{A'B'}$, otteniamo:

$$\overline{A'B'} = \sqrt{(a_1^2 + a_2^2)(x_B - x_A)^2 + (b_1^2 + b_2^2)(y_B - y_A)^2 + 2(a_1 b_1 + a_2 b_2)(x_B - x_A)(y_B - y_A)}.$$

Confrontando le espressioni di $\overline{AB}$ e $\overline{A'B'}$, perché la trasformazione sia un'isometria, cioè perché si abbia $\overline{AB} = \overline{A'B'}$, deve essere:

$$\begin{cases} a_1^2 + a_2^2 = 1 \\ b_1^2 + b_2^2 = 1 \\ a_1 b_1 + a_2 b_2 = 0 \end{cases}.$$

ESEMPIO

La trasformazione di equazioni $\begin{cases} x' = \dfrac{3}{5}x - \dfrac{4}{5}y \\ y' = \dfrac{4}{5}x + \dfrac{3}{5}y + 2 \end{cases}$ è un'isometria.

Infatti, abbiamo:

$$a_1^2 + a_2^2 = \frac{9}{25} + \frac{16}{25} = 1; \quad b_1^2 + b_2^2 = \frac{16}{25} + \frac{9}{25} = 1;$$

$$a_1 b_1 + a_2 b_2 = \frac{3}{5} \cdot \left(-\frac{4}{5}\right) + \frac{4}{5} \cdot \frac{3}{5} = 0.$$

► Verifica che la trasformazione di equazioni

$$\begin{cases} x' = \dfrac{\sqrt{3}}{2}x + \dfrac{1}{2}y \\ y' = \dfrac{1}{2}x - \dfrac{\sqrt{3}}{2}y \end{cases}$$

è un'isometria. Di che tipo?

Condizioni affinché un'affinità sia una similitudine

Per stabilire se un'affinità è una similitudine utilizziamo il seguente teorema.

TEOREMA

Un'affinità è una similitudine se:

- $a_1^2 + a_2^2 = b_1^2 + b_2^2$;
- $a_1 b_1 + a_2 b_2 = 0$.

Il rapporto di similitudine è: $\sqrt{a_1^2 + a_2^2} = \sqrt{b_1^2 + b_2^2}$.

Video

Trasformazioni geometriche
Vediamo alcuni esempi di affinità, similitudini e isometrie.

ESEMPIO

La trasformazione di equazioni $\begin{cases} x' = 3x + y + 1 \\ y' = -x + 3y + 4 \end{cases}$ è una similitudine. Infatti

sono verificate le due proprietà:

- $a_1^2 + a_2^2 = 9 + 1 = 10$; $b_1^2 + b_2^2 = 1 + 9 = 10$;
- $a_1 b_1 + a_2 b_2 = 3 \cdot 1 + (-1) \cdot 3 = 0$.

Il rapporto di similitudine è $\sqrt{10}$.

► Verifica che la trasformazione di equazioni

$$\begin{cases} x' = x - 8y + 1 \\ y' = 8x + y - 2 \end{cases}$$

è una similitudine.

In sintesi

Riassumiamo nella tabella le condizioni che permettono di studiare un'affinità di

equazioni $\begin{cases} x' = a_1 x + b_1 y + c_1 \\ y' = a_2 x + b_2 y + c_2 \end{cases}$, con $k = |a_1 b_2 - a_2 b_1| \neq 0$.

1071

Capitolo 18. Trasformazioni geometriche

Rapporto di affinità	Trasformazione
$k = 1$	isometria se $\begin{cases} a_1^2 + a_2^2 = b_1^2 + b_2^2 = 1 \\ a_1 b_1 + a_2 b_2 = 0 \end{cases}$
	equivalenza
$k \neq 1$	similitudine se $\begin{cases} a_1^2 + a_2^2 = b_1^2 + b_2^2 \\ a_1 b_1 + a_2 b_2 = 0 \end{cases}$
	affinità generica

■ Dilatazioni o contrazioni

DEFINIZIONE

Le equazioni $\begin{cases} x' = hx + p \\ y' = ky + q \end{cases}$, con $h, k \neq 0$,

rappresentano particolari affinità chiamate **dilatazioni** o **contrazioni**.

h e k sono i **rapporti di dilatazione**.
La trasformazione, rispetto alla direzione di ciascun asse, ha un effetto di:
- dilatazione lungo l'asse x se $|h| > 1$, lungo l'asse y se $|k| > 1$;
- contrazione lungo l'asse x se $|h| < 1$, lungo l'asse y se $|k| < 1$.

Per esempio, date le equazioni $\begin{cases} x' = 2x \\ y' = y - 3 \end{cases}$, nella figura a lato si vede che il quadrato si «dilata» lungo la direzione dell'asse x, trasformandosi in un rettangolo.

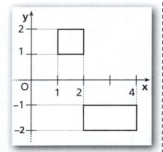

10 Trasformazioni geometriche e matrici

▶ Esercizi a p. 1123

Le affinità possono essere studiate mediante le matrici.
Sappiamo che le affinità hanno equazioni:
$$\begin{cases} x' = a_1 x + b_1 y + c_1 \\ y' = a_2 x + b_2 y + c_2 \end{cases}, \quad \text{con } a_1 b_2 - a_2 b_1 \neq 0.$$

Queste equazioni possono anche essere scritte usando le matrici:

$$\begin{bmatrix} x' \\ y' \end{bmatrix} = \begin{bmatrix} a_1 & b_1 \\ a_2 & b_2 \end{bmatrix} \cdot \begin{bmatrix} x \\ y \end{bmatrix} + \begin{bmatrix} c_1 \\ c_2 \end{bmatrix}$$

$$\updownarrow \qquad \updownarrow \qquad \updownarrow \qquad \updownarrow$$

$$X' = A \cdot X + B, \quad \text{con det } A \neq 0$$

$A = \begin{bmatrix} a_1 & b_1 \\ a_2 & b_2 \end{bmatrix}$ è detta **matrice associata** alla affinità.

ESEMPIO

Le equazioni: $\begin{cases} x' = -y + 1 \\ y' = x + y + 3 \end{cases}$

si possono scrivere: $\begin{bmatrix} x' \\ y' \end{bmatrix} = \begin{bmatrix} 0 & -1 \\ 1 & 1 \end{bmatrix} \cdot \begin{bmatrix} x \\ y \end{bmatrix} + \begin{bmatrix} 1 \\ 3 \end{bmatrix}$.

▶ Scrivi in forma matriciale le equazioni:
a. di una traslazione di vettore $\vec{v}(a; b)$;
b. di una rotazione di centro O, origine degli assi;
c. di una simmetria centrale con centro $M(a; b)$.

Paragrafo 10. Trasformazioni geometriche e matrici

Poiché det $A \neq 0$, allora esiste sempre la matrice inversa A^{-1}.

Moltiplicando a sinistra per A^{-1} entrambi i membri dell'equazione, otteniamo:

$A^{-1}X' = A^{-1}(AX + B)$.

Applichiamo la proprietà distributiva della moltiplicazione di matrici rispetto all'addizione:

$A^{-1}X' = A^{-1}AX + A^{-1}B$.

Essendo $A^{-1} \cdot A = I$ (la matrice identità) e $IX = X$ scriviamo:

$A^{-1}X' = X + A^{-1}B \quad \to \quad \boldsymbol{X = A^{-1}X' - A^{-1}B}$.

Abbiamo così determinato l'equazione della trasformazione inversa.

ESEMPIO

Data l'affinità di equazioni $\begin{cases} x' = 2x - 1 \\ y' = -x + y \end{cases}$, troviamo la trasformazione inversa in forma matriciale:

$\begin{bmatrix} x' \\ y' \end{bmatrix} = \begin{bmatrix} 2 & 0 \\ -1 & 1 \end{bmatrix} \cdot \begin{bmatrix} x \\ y \end{bmatrix} + \begin{bmatrix} -1 \\ 0 \end{bmatrix}$.

Essendo det $A = 2 \neq 0$, esiste la matrice inversa di $A = \begin{bmatrix} 2 & 0 \\ -1 & 1 \end{bmatrix}$.

Calcoliamo A^{-1} con la formula $\dfrac{1}{\det A} \begin{bmatrix} A_{11} & A_{12} \\ A_{21} & A_{22} \end{bmatrix}$, dove $A_{11}, A_{21}, A_{12}, A_{22}$ sono i complementi algebrici dei corrispondenti elementi di A.

$A^{-1} = \dfrac{1}{2} \begin{bmatrix} 1 & 0 \\ 1 & 2 \end{bmatrix} = \begin{bmatrix} \dfrac{1}{2} & 0 \\ \dfrac{1}{2} & 1 \end{bmatrix}$

Calcoliamo $A^{-1}B = \begin{bmatrix} \dfrac{1}{2} & 0 \\ \dfrac{1}{2} & 1 \end{bmatrix} \begin{bmatrix} -1 \\ 0 \end{bmatrix} = \begin{bmatrix} -\dfrac{1}{2} \\ -\dfrac{1}{2} \end{bmatrix}$.

Scriviamo l'equazione della trasformazione inversa:

$\begin{bmatrix} x \\ y \end{bmatrix} = \begin{bmatrix} \dfrac{1}{2} & 0 \\ \dfrac{1}{2} & 1 \end{bmatrix} \begin{bmatrix} x' \\ y' \end{bmatrix} - \begin{bmatrix} -\dfrac{1}{2} \\ -\dfrac{1}{2} \end{bmatrix} \quad \to \quad \begin{cases} x = \dfrac{1}{2}x' + \dfrac{1}{2} \\ y = \dfrac{1}{2}x' + y' + \dfrac{1}{2} \end{cases}$.

▶ Scrivi in forma matriciale le equazioni della rotazione di centro (0; 1) e angolo $\dfrac{\pi}{2}$; determina poi, in forma matriciale, la trasformazione inversa.

La forma matriciale può essere usata anche nella composizione di affinità. Se consideriamo due affinità, h e g, la trasformazione $h \circ g$ ha come matrice dei coefficienti il prodotto delle matrici delle due trasformazioni, il cui determinante è utile per studiare la trasformazione composta.

ESEMPIO

Consideriamo la traslazione g e la dilatazione h di equazioni:

$g: \begin{cases} x' = x \\ y' = y - 1 \end{cases}, \quad h: \begin{cases} x' = 2x \\ y' = 4y + 1 \end{cases}$.

1073

Capitolo 18. Trasformazioni geometriche

▶ Scrivi in forma matriciale le equazioni di $s_r \circ t_{\vec{v}}$, dove s_r è la simmetria di asse $r: y = x$ e $t_{\vec{v}}$ è la traslazione di vettore $\vec{v}(3; 3)$.

▶ Utilizzando la forma matriciale, scrivi le equazioni della trasformazione ottenuta componendo la simmetria assiale di asse $x = 1$ e l'omotetia di centro $(1; 0)$ e rapporto 2.

In forma matriciale abbiamo:

$$g: \begin{bmatrix} x' \\ y' \end{bmatrix} = \begin{bmatrix} 1 & 0 \\ 0 & 1 \end{bmatrix} \begin{bmatrix} x \\ y \end{bmatrix} + \begin{bmatrix} 0 \\ -1 \end{bmatrix} \quad \text{e} \quad h: \begin{bmatrix} x' \\ y' \end{bmatrix} = \begin{bmatrix} 2 & 0 \\ 0 & 4 \end{bmatrix} \begin{bmatrix} x \\ y \end{bmatrix} + \begin{bmatrix} 0 \\ 1 \end{bmatrix}.$$

$$\updownarrow \quad \updownarrow \quad \updownarrow \quad \updownarrow \qquad \updownarrow \quad \updownarrow \quad \updownarrow \quad \updownarrow$$
$$X' = A \quad X + B \qquad X' = C \quad X + D$$

Calcoliamo $h \circ g$ sostituendo nell'equazione relativa a h, al posto di X, $AX + B$, che otteniamo applicando g:

$$X' = C(AX + B) + D \rightarrow X' = CAX + CB + D \rightarrow$$

$$\begin{bmatrix} x' \\ y' \end{bmatrix} = \left(\begin{bmatrix} 2 & 0 \\ 0 & 4 \end{bmatrix} \begin{bmatrix} 1 & 0 \\ 0 & 1 \end{bmatrix} \right) \begin{bmatrix} x \\ y \end{bmatrix} + \begin{bmatrix} 2 & 0 \\ 0 & 4 \end{bmatrix} \begin{bmatrix} 0 \\ -1 \end{bmatrix} + \begin{bmatrix} 0 \\ 1 \end{bmatrix} \rightarrow$$

$$\begin{bmatrix} x' \\ y' \end{bmatrix} = \begin{bmatrix} 2 & 0 \\ 0 & 4 \end{bmatrix} \begin{bmatrix} x \\ y \end{bmatrix} + \begin{bmatrix} 0 \\ -4 \end{bmatrix} + \begin{bmatrix} 0 \\ 1 \end{bmatrix} \rightarrow \begin{bmatrix} x' \\ y' \end{bmatrix} = \begin{bmatrix} 2 & 0 \\ 0 & 4 \end{bmatrix} \begin{bmatrix} x \\ y \end{bmatrix} + \begin{bmatrix} 0 \\ -3 \end{bmatrix} \rightarrow$$

$$h \circ g: \begin{cases} x' = 2x \\ y' = 4y - 3 \end{cases}.$$

La trasformazione ottenuta è un'affinità di rapporto 8 ed è ancora una dilatazione.

Se eseguiamo la composizione $g \circ h$, la matrice dei coefficienti è $A \cdot C$.
Il prodotto tra matrici non è commutativo, e quindi in generale $C \cdot A \neq A \cdot C$. Ciò conferma che anche la composizione di due trasformazioni non è commutativa.

MATEMATICA E ARTE

Tassellazioni del piano La foto mostra un dettaglio di una decorazione dell'Alhambra (complesso di palazzi di Granada). Il disegno è ottenuto applicando a un elemento (quello evidenziato) una serie di isometrie. Questo procedimento si chiama *tassellazione del piano*.

▶ Quanti tipi diversi di tassellazioni è possibile creare?

☐ La risposta

1074

IN SINTESI
Trasformazioni geometriche

■ Trasformazioni geometriche

- Una **trasformazione geometrica** è una corrispondenza biunivoca del piano in sé.
- Un **punto unito** è un punto che ha per immagine se stesso. Analogamente, una **figura unita** ha per immagine se stessa ed è **puntualmente unita** se ogni suo punto è un punto unito, altrimenti è **globalmente unita**.
- Per ogni trasformazione t esiste la **trasformazione inversa** t^{-1} che composta con t dà l'**identità** i:
  $t \circ t^{-1} = t^{-1} \circ t = i$.
- Una trasformazione è **involutoria** se componendola con se stessa si ottiene l'identità.

■ Isometrie

- Le **isometrie** sono quelle trasformazioni che a ogni coppia di punti del piano A e B, associano una coppia di punti A' e B' tale che $\overline{AB} = \overline{A'B'}$.
  In un'isometria sono invarianti la congruenza fra angoli e segmenti e l'equivalenza fra superfici.

Traslazione	di vettore $\vec{v}(a; b)$	• Se $\vec{v} \neq \vec{0}$, non ci sono punti uniti.
	$t_{\vec{v}}: \begin{cases} x' = x + a \\ y' = y + b \end{cases}$ $t_{\vec{v}}^{-1}: \begin{cases} x = x' - a \\ y = y' - b \end{cases}$	• Sono globalmente unite le rette parallele al vettore. • $t_{\vec{v}_1} \circ t_{\vec{v}_2} = t_{\vec{v}_2} \circ t_{\vec{v}_1} = t_{\vec{v}_1 + \vec{v}_2}$.
Rotazione	di centro O, angolo α $\begin{cases} x' = \cos\alpha\, x - \sin\alpha\, y \\ y' = \sin\alpha\, x + \cos\alpha\, y \end{cases}$ di centro C, angolo α $\begin{cases} x' = \cos\alpha\, x - \sin\alpha\, y + p \\ y' = \sin\alpha\, x + \cos\alpha\, y + q \end{cases}$ con $p = x_C - x_C \cos\alpha + y_C \sin\alpha$ $q = y_C - x_C \sin\alpha - y_C \cos\alpha$	• Se $\alpha \neq 2k\pi$, con $k \in \mathbb{Z}$, il centro è l'unico punto unito. • L'inversa è la rotazione di angolo $-\alpha$ e stesso centro. • La composizione di rotazioni con centri diversi è una rotazione o una traslazione.
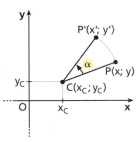		
Simmetria centrale	di centro $M(a; b)$ $s_M: \begin{cases} x' = 2a - x \\ y' = 2b - y \end{cases}$	• Il centro è l'unico punto unito. • Sono globalmente unite le rette passanti per il centro. • $s_{M_2} \circ s_{M_1} = t_{\vec{v}}$, con $\vec{v} = 2\overrightarrow{M_1 M_2}$. • È una trasformazione involutoria.
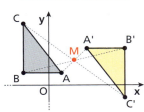		

Capitolo 18. Trasformazioni geometriche

Simmetria assiale		
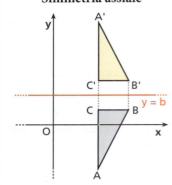	di asse $x = a$ $$\begin{cases} x' = 2a - x \\ y' = y \end{cases}$$ di asse $y = b$ $$\begin{cases} x' = x \\ y' = 2b - y \end{cases}$$ di asse $y = \pm x$ $$\begin{cases} x' = \pm y \\ y' = \pm x \end{cases}$$	• L'asse è una retta puntualmente unita. • Le rette perpendicolari all'asse sono globalmente unite. • Componendo due simmetrie con assi paralleli, si ottiene una traslazione. • Componendo due simmetrie di assi incidenti si ottiene una rotazione. • È una trasformazione involutoria.

- La **glissosimmetria** è la composizione di una simmetria assiale con una traslazione di vettore parallelo all'asse della simmetria.
- Ogni isometria ha equazioni del tipo
$$\begin{cases} x' = a_1 x + b_1 y + c_1 \\ y' = a_2 x + b_2 y + c_2 \end{cases},$$
con $\det A = \pm 1$, dove A è la matrice $\begin{bmatrix} a_1 & b_1 \\ a_2 & b_2 \end{bmatrix}$.
- Se $\det A = 1$, l'isometria è **diretta**, cioè conserva l'orientamento delle figure; se $\det A = -1$, l'isometria è **inversa**, cioè inverte l'orientamento delle figure.
- Un'isometria diretta è una traslazione se non ha punti uniti, una rotazione (o una simmetria centrale) se ha un punto unito; un'isometria indiretta è una simmetria assiale se c'è una retta unita, una glissosimmetria se non ha punti uniti. Non esistono altri tipi di isometrie.

■ Omotetia

- Dato un numero reale $k \neq 0$, l'**omotetia** di rapporto k e centro C è quella trasformazione che associa al punto P il punto P' tale che:
$$\vec{CP'} = k\vec{CP}.$$

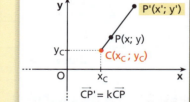

  - Se $|k| > 1$, l'omotetia ingrandisce la figura; se $|k| < 1$, la riduce.
  - Se $k \neq 1$, il centro è l'unico punto unito e sono globalmente unite le rette passanti per il centro.
- La composizione di due omotetie con lo stesso centro è un'omotetia con lo stesso centro e rapporto uguale al prodotto dei due rapporti. La composizione di due omotetie con centri diversi è o un'omotetia o una traslazione.
- Equazioni di un'omotetia con centro O: $\omega_{O,k}: \begin{cases} x' = kx \\ y' = ky \end{cases}.$
- Equazioni di un'omotetia con centro $C(x_C; y_C)$: $\omega_{C,k}: \begin{cases} x' = kx + p \\ y' = ky + q \end{cases},$ con $p = x_C(1-k)$, $q = y_C(1-k)$.

■ Similitudine

- Una **similitudine** è una trasformazione geometrica che mantiene costante il rapporto tra segmenti corrispondenti. Quindi, comunque si scelgano A e B:
$$\frac{\overline{A'B'}}{\overline{AB}} = k.$$

k è detto **rapporto di similitudine**.

1076

- Una similitudine conserva l'ampiezza degli angoli, il parallelismo e la perpendicolarità tra rette, e trasforma circonferenze in circonferenze.
- Se F' è la figura geometrica trasformata di F, vale che:

  perimetro$_{F'} = k \cdot$ perimetro$_F$; area$_{F'} = k^2 \cdot$ area$_F$.

- Ogni isometria è una similitudine di rapporto $k = 1$. Ogni omotetia è una similitudine.
  La composizione di un'omotetia e di un'isometria è sempre una similitudine.
- Le equazioni di una similitudine sono (con a e b non entrambi nulli):

  $\sigma_1: \begin{cases} x' = ax - by + c \\ y' = bx + ay + c' \end{cases}$ similitudine diretta, $\sigma_2: \begin{cases} x' = ax + by + c \\ y' = bx - ay + c' \end{cases}$ similitudine indiretta,

  con $k = \sqrt{a^2 + b^2}$.

■ Affinità

- Un'**affinità** è una trasformazione geometrica che trasforma rette in rette e mantiene il parallelismo.
- Un'affinità ha equazioni:

  $\begin{cases} x' = a_1 x + b_1 y + c_1 \\ y' = a_2 x + b_2 y + c_2 \end{cases}$ con $\begin{vmatrix} a_1 & b_1 \\ a_2 & b_2 \end{vmatrix} \neq 0$.

- Un'affinità conserva l'allineamento tra punti, il parallelismo tra rette e l'incidenza tra rette, e trasforma: un'ellisse in un'ellisse; una parabola in una parabola; un'iperbole in un'iperbole; una circonferenza, in generale, in un'ellisse.
- In ogni affinità il **rapporto fra le aree** di una figura piana S e della sua immagine S' è:

  $\dfrac{\text{area}_{S'}}{\text{area}_S} = k = \left| \det \begin{bmatrix} a_1 & b_1 \\ a_2 & b_2 \end{bmatrix} \right| = |a_1 b_2 - b_1 a_2|$,

  dove k è il **rapporto di affinità**.
  Se $k = 1$, l'affinità è detta **equiaffinità** o **equivalenza**.

- Se $k = 1$, è un'isometria se vale:
  $\begin{cases} a_1^2 + a_2^2 = b_1^2 + b_2^2 = 1 \\ a_1 b_1 + a_2 b_2 = 0 \end{cases}$.

- Se $k \neq 1$, è una similitudine se vale:
  $\begin{cases} a_1^2 + a_2^2 = b_1^2 + b_2^2 \\ a_1 b_1 + a_2 b_2 = 0 \end{cases}$.

- Le **dilatazioni** sono particolari affinità di equazioni:

  $\begin{cases} x' = hx + p \\ y' = ky + q \end{cases}$, con $h, k \neq 0$.

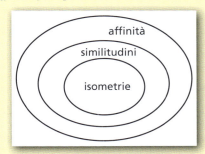

■ Trasformazioni geometriche e matrici

- Le equazioni di un'affinità possono essere scritte in **forma matriciale**:

  $\begin{bmatrix} x' \\ y' \end{bmatrix} = \begin{bmatrix} a_1 & b_1 \\ a_2 & b_2 \end{bmatrix} \cdot \begin{bmatrix} x \\ y \end{bmatrix} + \begin{bmatrix} c_1 \\ c_2 \end{bmatrix}$

  $\updownarrow \qquad \updownarrow \qquad \updownarrow \quad \updownarrow$
  $X' = \quad A \quad \cdot \ X \ + \ B$, con det $A \neq 0$.

  A è detta **matrice associata** all'affinità.

- L'equazione della **trasformazione inversa** è:

  $X = A^{-1} X' - A^{-1} B$.

- Nella **composizione di due affinità**, l'affinità composta ha come matrice associata il prodotto delle matrici associate alle due affinità.

CAPITOLO 18
ESERCIZI

1 Trasformazioni geometriche
▶ Teoria a p. 1046

1 **VERO O FALSO?**

a. Ogni trasformazione geometrica ammette la trasformazione inversa. V F

b. Due equazioni del tipo $\begin{cases} x' = F(x; y) \\ y' = G(x; y) \end{cases}$ descrivono una trasformazione geometrica. V F

c. Gli invarianti sono i punti e le rette che in una trasformazione hanno per immagine se stessi. V F

d. Per determinare l'equazione della trasformata di una curva, si devono ricavare le equazioni dell'inversa. V F

2 Quali delle seguenti equazioni non rappresentano una trasformazione geometrica?

a. $t_1: \begin{cases} x' = 2x \\ y' = y - 1 \end{cases}$ b. $t_2: \begin{cases} x' = x^2 - 1 \\ y' = -y \end{cases}$ c. $t_3: \begin{cases} x' = \sqrt{x} \\ y' = 4y - 4 \end{cases}$ d. $t_4: \begin{cases} x' = y - 2 \\ y' = x + y \end{cases}$

Determina le equazioni delle trasformazioni inverse delle trasformazioni che hanno le seguenti equazioni.

3 $\begin{cases} x' = 2x - 1 \\ y' = x - y \end{cases}$ $\left[\begin{cases} x = \frac{1}{2}x' + \frac{1}{2} \\ y = \frac{1}{2}x' - y' + \frac{1}{2} \end{cases} \right]$

5 $\begin{cases} x' = \frac{y}{2} \\ y' = -\frac{x}{3} + 4 \end{cases}$ $\left[\begin{cases} x = -3y' + 12 \\ y = 2x' \end{cases} \right]$

4 $\begin{cases} x' = x^3 + 1 \\ y' = 2y \end{cases}$ $\left[\begin{cases} x = \sqrt[3]{x' - 1} \\ y = \frac{y'}{2} \end{cases} \right]$

6 $\begin{cases} x' = x + y \\ y' = x - 2y \end{cases}$ $\left[\begin{cases} x = \frac{2}{3}x' + \frac{y'}{3} \\ y = \frac{1}{3}x' - \frac{y'}{3} \end{cases} \right]$

Trasformare punti

7 Data la trasformazione geometrica di equazioni $\begin{cases} x' = 2x - y + 3 \\ y' = y - x + 1 \end{cases}$:

a. determina i trasformati A' e B' dei punti $A(4; -1)$ e $B(0; 3)$;

b. trova la controimmagine di $C'(0; -5)$. [a) $A'(12; -4)$, $B'(0; 4)$; b) $C(-9; -15)$]

8 Applica la trasformazione di equazioni $\begin{cases} x' = 2x + y + 1 \\ y' = x - y + 3 \end{cases}$ ai punti $A(-2; 1)$ e $B(4; 5)$, determina il punto medio M del segmento AB e, dopo aver trovato i trasformati A', B', M', verifica che M' è il punto medio di $A'B'$.

[$M(1; 3)$, $A'(-2; 0)$, $B'(14; 2)$, $M'(6; 1)$]

9 **ESERCIZIO GUIDA** Determiniamo i punti uniti nella trasformazione di equazioni $\begin{cases} x' = 2x + y + 1 \\ y' = x + 3 \end{cases}$.

Perché un punto sia unito si deve avere $x' = x$ e $y' = y$, quindi, sostituendo nelle equazioni:

$\begin{cases} x = 2x + y + 1 \\ y = x + 3 \end{cases}$ → $\begin{cases} -x - y = 1 \\ -x + y = 3 \end{cases}$ → $x = -2$ e $y = 1$.
$\overline{-2x = 4}$

Nella trasformazione c'è un solo punto unito di coordinate $(-2; 1)$.

1078

Paragrafo 1. Trasformazioni geometriche

Determina i punti uniti nelle trasformazioni con le seguenti equazioni.

10 $\begin{cases} x' = -3x + 1 \\ y' = -3y + 2 \end{cases}$ $\left[\left(\dfrac{1}{4}; \dfrac{1}{2}\right)\right]$

11 $\begin{cases} x' = y + 3 \\ y' = -x - 1 \end{cases}$ $[(1; -2)]$

12 $\begin{cases} x' = 4x + 2y - 1 \\ y' = x - y \end{cases}$ $\left[\left(\dfrac{1}{4}; \dfrac{1}{8}\right)\right]$

13 $\begin{cases} x' = 2y - 1 \\ y' = \dfrac{x}{2} + \dfrac{1}{2} \end{cases}$ $\left[\text{retta luogo dei punti uniti:}\ y = \dfrac{1}{2}x + \dfrac{1}{2}\right]$

14 $\begin{cases} x' = \dfrac{y}{2} + 2 \\ y' = 2x - 4 \end{cases}$ $[\text{retta luogo dei punti uniti:}\ y = 2x - 4]$

15 È data la trasformazione geometrica di equazioni $\begin{cases} x' = -x - y + a \\ y' = x + by \end{cases}$, con $a, b \in \mathbb{R}$.
Trova per quali valori di a e b:
   a. il punto $P(2; -3)$ è unito;
   b. non ci sono punti uniti.

$\left[\text{a)}\ a = 1, b = \dfrac{5}{3};\ \text{b)}\ a \neq 0 \wedge b = \dfrac{3}{2}\right]$

Trasformare grafici

16 **ESERCIZIO GUIDA** Data la trasformazione t di equazioni
$$\begin{cases} x' = x - y \\ y' = x + y \end{cases}$$
determiniamo l'equazione della curva r' corrispondente della retta r di equazione $y = \dfrac{3}{2}x - 1$.

Per trovare l'equazione di r' dobbiamo svolgere due passaggi.

1. Troviamo le equazioni della trasformazione inversa t^{-1}.
Ricaviamo x, sommando le equazioni membro a membro:
$$\begin{cases} x' = x - y \\ y' = x + y \end{cases} \rightarrow x = \dfrac{x' + y'}{2}.$$
$\overline{x' + y' = 2x}$

Ricaviamo y, cambiando segno ai membri della prima equazione e sommando:
$$\begin{cases} -x' = -x + y \\ y' = x + y \end{cases} \rightarrow y = \dfrac{-x' + y'}{2}.$$
$\overline{-x' + y' = 2y}$

2. Sostituiamo nell'equazione della retta r,
$$y = \dfrac{3}{2}x - 1,$$
le espressioni trovate per x e y:
$$-\dfrac{1}{2}x' + \dfrac{1}{2}y' = \dfrac{3}{2} \cdot \left(\dfrac{1}{2}x' + \dfrac{1}{2}y'\right) - 1.$$

Eliminiamo gli apici e ricaviamo y:
$$-\dfrac{1}{2}x + \dfrac{1}{2}y = \dfrac{3}{4}x + \dfrac{3}{4}y - 1 \rightarrow$$
$$y = -5x + 4.$$

L'equazione della curva trasformata r' è quella di una retta: $y = -5x + 4$.
Disegniamo le rette corrispondenti r e r' in un unico diagramma cartesiano.

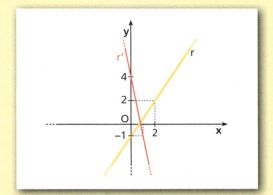

Sono assegnate le equazioni di una trasformazione geometrica e l'equazione di una retta r. Per ciascuna coppia scrivi l'equazione dell'immagine r' corrispondente della retta r mediante la trasformazione.

17 $\begin{cases} x' = -y \\ y' = 2x \end{cases}$
$r: y = 2x - 1$
$[y = 1 - x]$

18 $\begin{cases} x' = \sqrt[3]{x} \\ y' = y \end{cases}$
$r: y = 2x$
$[y = 2x^3]$

19 $\begin{cases} x' = x + y \\ y' = x - 2y \end{cases}$
$r: y = -\dfrac{3}{2}x + 2$
$[y = -8x + 12]$

1079

Capitolo 18. Trasformazioni geometriche

20 Scrivi l'equazione dell'immagine della circonferenza di equazione $x^2 + y^2 - 2x = 0$ nella trasformazione geometrica di equazioni:
$$\begin{cases} x' = 2x - 1 \\ y' = 2y + 3 \end{cases}.$$
$[x^2 + y^2 - 2x - 6y + 6 = 0]$

21 Una curva γ ha come immagine una parabola γ' di equazione $y = -x^2 + 2x$ nella trasformazione di equazioni:
$$\begin{cases} x' = x + 2 \\ y' = y - 2 \end{cases}.$$
Qual è l'equazione di γ? $[y = -x^2 - 2x + 2]$

Composizione di trasformazioni

Date le trasformazioni $g_1: \begin{cases} x' = 2x - 1 \\ y' = 2y + 2 \end{cases}$, $g_2: \begin{cases} x' = -y \\ y' = x \end{cases}$, $g_3: \begin{cases} x' = x + 1 \\ y' = y - 3 \end{cases}$, determina le equazioni delle seguenti trasformazioni.

22 $g_1 \circ g_2$ e $g_2 \circ g_1$.
$\left[g_1 \circ g_2: \begin{cases} x' = -2y - 1 \\ y' = 2x + 2 \end{cases}; \; g_2 \circ g_1: \begin{cases} x' = -2y - 2 \\ y' = 2x - 1 \end{cases} \right]$

23 $g_3 \circ (g_2 \circ g_1)$ e $(g_3 \circ g_2) \circ g_1$.
$\left[g_3 \circ (g_2 \circ g_1): \begin{cases} x' = -2y - 1 \\ y' = 2x - 4 \end{cases}; \; (g_3 \circ g_2) \circ g_1: \begin{cases} x' = -2y - 1 \\ y' = 2x - 4 \end{cases} \right]$

24 $g_2 \circ g_2$ e $g_1 \circ g_1$.
$\left[g_2 \circ g_2: \begin{cases} x' = -x \\ y' = -y \end{cases}; \; g_1 \circ g_1: \begin{cases} x' = 4x - 3 \\ y' = 4y + 6 \end{cases} \right]$

Nei seguenti esercizi determina ciò che è richiesto, utilizzando le trasformazioni g_1, g_2 e g_3 degli esercizi precedenti.

25 Trova l'immagine di $A(2; -1)$ in $g_1 \circ g_2 \circ g_3$. $[(7; 8)]$

26 Determina l'equazione della trasformata della retta di equazione $y = x$ in $g_1 \circ g_3 \circ g_2$. $[y = -x - 3]$

27 Scrivi le equazioni di $(g_2 \circ g_1)^{-1}$.
$\left[\begin{cases} x = \dfrac{1}{2} y' + \dfrac{1}{2} \\ y = -\dfrac{1}{2} x' - 1 \end{cases} \right]$

28 Dimostra che la trasformazione di equazioni $\begin{cases} x' = y - 2 \\ y' = x + 2 \end{cases}$ è involutoria.

29 Indica quali tra le seguenti trasformazioni sono involutorie.

a. $\begin{cases} x' = -x \\ y' = y \end{cases}$ b. $\begin{cases} x' = -y \\ y' = -x \end{cases}$ c. $\begin{cases} x' = 2x \\ y' = 2y \end{cases}$ d. $\begin{cases} x' = \dfrac{y}{4} \\ y' = 4x \end{cases}$ e. $\begin{cases} x' = -y + 5 \\ y' = x - 5 \end{cases}$

[a) sì; b) sì; c) no; d) sì; e) no]

---

2 Traslazione

▶ Teoria a p. 1050

Equazioni della traslazione

30 **ESERCIZIO GUIDA** Date le trasformazioni di equazioni
$$t_1: \begin{cases} x' = 2x \\ y' = 3y \end{cases}, \quad t_2: \begin{cases} x' = x + 1 \\ y' = -y \end{cases}, \quad t_3: \begin{cases} x' = x - 1 \\ y' = y + 2 \end{cases},$$
riconosciamo quale tra queste rappresenta una traslazione e scriviamo le componenti del vettore di traslazione.

Le equazioni di una traslazione di vettore $\vec{v}(a; b)$ sono del tipo $\begin{cases} x' = x + a \\ y' = y + b \end{cases}.$

1080

Paragrafo 2. Traslazione

In particolare, osserviamo che il coefficiente di x e il coefficiente di y sono uguali a 1.
Le trasformazioni t_1 e t_2 non rappresentano una traslazione, perché in entrambi i sistemi i coefficienti di x e di y non sono uguali a 1.
La trasformazione t_3 rappresenta invece una traslazione di vettore:

$\vec{v}(-1; 2)$.

Riconosci fra le seguenti equazioni di trasformazioni quali rappresentano una traslazione e scrivi per queste le componenti del vettore di traslazione.

31 $t_1: \begin{cases} x' = x \\ y' = y - 1 \end{cases}$ $t_2: \begin{cases} x' = 2x \\ y' = y - 2 \end{cases}$ $t_3: \begin{cases} x' = -x \\ y' = y + 1 \end{cases}$ $t_4: \begin{cases} x' = y + 1 \\ y' = x + 3 \end{cases}$

32 $t_1: \begin{cases} x' = x + 2 \\ y' = y - 3 \end{cases}$ $t_2: \begin{cases} x' = 5 + x \\ y' = 6 + y \end{cases}$ $t_3: \begin{cases} x' = -x \\ y' = -y \end{cases}$ $t_4: \begin{cases} x' = x - 5 \\ y' = -2 + y \end{cases}$

33 **AL VOLO** La trasformazione inversa di una traslazione di vettore $\vec{v}$ è ancora una traslazione? Di che vettore?

Traslazione di punti

Trasla il poligono di vertici indicati, secondo il vettore $\vec{v}$ dato, e scrivi le equazioni della traslazione.

34 $A(-8; -3)$, $B(-3; -2)$, $C(-7; 6)$; $\vec{v}(9; 1)$.

35 $A(2; 5)$, $B(4; 7)$, $C(2; 8)$; $\vec{v}(-6; -3)$.

I punti indicati si corrispondono in una traslazione. Determina le equazioni della traslazione e le componenti del vettore di traslazione.

36 $O(0; 0) \mapsto O'(4; 3)$

37 $A(3; 2) \mapsto A'(-5; 8)$

38 $B\left(\dfrac{3}{2}; \dfrac{3}{8}\right) \mapsto B'\left(\dfrac{5}{6}; -\dfrac{1}{8}\right)$

39 $C(\sqrt{3}; 6) \mapsto C'\left(-2\sqrt{3}; \dfrac{23}{4}\right)$

40 Un rettangolo $ABCD$, con i lati paralleli agli assi cartesiani, ha come vertici opposti $A(2; 1)$ e $C(6; 9)$. Determina il vettore della traslazione che trasforma $ABCD$ in un rettangolo $A'B'C'D'$ con il centro nell'origine O e scrivi le coordinate di A', B', C', D'. $[\vec{v}(-4; -5), A'(-2; -4), B'(2; -4), C'(2; 4), D'(-2; 4)]$

41 Dati il triangolo ABC e il punto A', determina il vettore $\vec{v}$ della traslazione che trasforma ABC nel triangolo $A'B'C'$. Trova le coordinate di B', C' e le equazioni della traslazione.

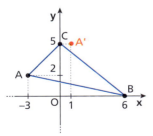

$\left[\vec{v}(4; 3); B'(10; 3), C'(4; 8); t: \begin{cases} x' = x + 4 \\ y' = y + 3 \end{cases}\right]$

42 Al triangolo ABC, di vertici $A(1; -1)$, $B(6; 0)$, $C(2; 4)$, viene applicata una traslazione e la sua immagine $A'B'C'$ ha come baricentro $G'(-4; 2)$. Trova le coordinate di A', B', C'.
$[A'(-6; 0), B'(-1; 1), C'(-5; 5)]$

43 Il triangolo ABC di area 8 è rettangolo in $B(4; 3)$. Il vertice $A(2; 1)$ ha come corrispondente in una traslazione t il punto $A'(1; 5)$. Trova le coordinate di C e dei vertici B' e C' del triangolo trasformato da t, sapendo che C' si trova nel primo quadrante.
$[C(8; -1), B'(3; 7), C'(7; 3)]$

44 Dimostra analiticamente che la traslazione è un'isometria.
(**SUGGERIMENTO** Considera $A(x_1; y_1)$, $B(x_2; y_2)$, applica la traslazione di vettore $\vec{v}(a; b)$ e dimostra che $\overline{AB} = \overline{A'B'}$.)

Capitolo 18. Trasformazioni geometriche

Traslazioni di curve

45 **ESERCIZIO GUIDA** Data la retta r di equazione $y = -2x + 4$, scriviamo l'equazione della retta r' corrispondente di r nella traslazione t di vettore $\vec{v}(-3; 1)$.

Rappresentiamo la retta r e scriviamo le equazioni di t:

$$\begin{cases} x' = x - 3 \\ y' = y + 1 \end{cases}.$$

Ricaviamo le equazioni di t^{-1}: $\begin{cases} x = x' + 3 \\ y = y' - 1 \end{cases}$ e sostituiamo nell'equazione di r:

$$y' - 1 = -2(x' + 3) + 4 \rightarrow y' = -2x' - 1.$$

Eliminiamo gli apici e troviamo l'equazione di r':

$$y = -2x - 1.$$

Osserviamo che la retta r' è parallela alla retta r.

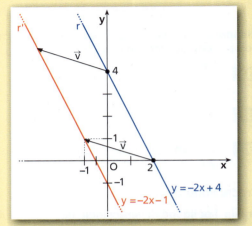

Negli esercizi che seguono sono date l'equazione di una curva e le componenti di un vettore $\vec{v}$. Trova l'equazione della curva immagine nella traslazione di vettore $\vec{v}$ e traccia il grafico completo.

46 $4x - 3y + 2 = 0$; $\vec{v}(5; -6)$.

47 $y = x^2 - 4$; $\vec{v}\left(\dfrac{1}{2}; \dfrac{5}{2}\right)$.

48 $y = \dfrac{x}{2x - 1}$; $\vec{v}(-3; 0)$.

---

49 Determina l'equazione della retta corrispondente della retta che passa per $A(0; 3)$ e $B(1; -1)$ nella traslazione di equazioni $\begin{cases} x' = x - 2 \\ y' = y + 4 \end{cases}$.
$[y = -4x - 1]$

50 Qual è l'immagine della retta r, di coefficiente angolare $m = -2$ e passante per $(-1; 3)$, nella traslazione di vettore $\vec{v}(2; 4)$?
$[y = -2x + 9]$

51 Date le rette r e r' di equazioni $y = 2x - 1$ e $y = 2x + 2$, determina se esiste una traslazione che trasforma r in r'.

Sono date le equazioni di due rette r e r'. Per ogni coppia di rette individua un vettore di traslazione che trasformi r in r' e scrivi le equazioni della traslazione associata al vettore.

52 $r: y = x - 2$; $\qquad r': y = x + 5$.

53 $r: 2x + 5y - 6 = 0$; $\qquad r': 2x + 5y - 4 = 0$.

54 Data la retta r di equazione $4x + 2y - 1 = 0$, trova le equazioni di una traslazione che trasforma r in una retta che passa per $A(2; -3)$.

55 Considera la retta r di equazione $y = -3x + 4$ e il vettore $\vec{v}(a; -2)$. Trova a in modo che la retta r' corrispondente di r nella traslazione di vettore $\vec{v}$ intersechi l'asse x in $(-2; 0)$.
$\left[-\dfrac{8}{3}\right]$

1082

Paragrafo 2. Traslazione

LEGGI IL GRAFICO Dopo aver trovato le equazioni di ciascuno dei seguenti grafici, scrivi le equazioni delle curve traslate applicando il vettore indicato.

56 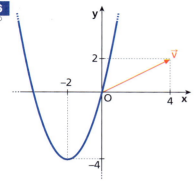 **57** 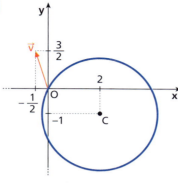 **58**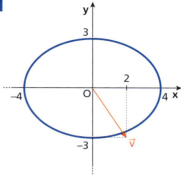

$[y = x^2 - 4x + 2]$ $[2x^2 + 2y^2 - 6x - 2y - 5 = 0]$ $[9x^2 + 16y^2 - 36x + 96y + 36 = 0]$

Trasla le seguenti curve secondo il vettore $\vec{v}$ indicato a fianco.

59 $y = x^2 + 1$; $\vec{v}(1; -2)$. $[y = x^2 - 2x]$

60 $x^2 + y^2 - 4x = 0$; $\vec{v}(0; 2)$. $[x^2 + y^2 - 4x - 4y + 4 = 0]$

61 $xy = 1$; $\vec{v}(3; -1)$. $\left[y = \dfrac{x-4}{3-x}\right]$

62 $y = \cos x$; $\vec{v}\left(\dfrac{\pi}{4}; -2\right)$. $\left[y = \cos\left(x - \dfrac{\pi}{4}\right) - 2\right]$

63 **ASSOCIA** all'equazione di ciascuna curva, ottenuta traslando la funzione $y = \dfrac{1}{x}$, il vettore della traslazione.

a. $y = \dfrac{1}{x-1}$ b. $y = 2 + \dfrac{1}{x-4}$ c. $y = \dfrac{x+1}{x}$ d. $y = -2 + \dfrac{1}{x+4}$

1. $\vec{v}(4; 2)$ 2. $\vec{v}(-4; -2)$ 3. $\vec{v}(1; 0)$ 4. $\vec{v}(0; 1)$

Ognuna delle seguenti equazioni rappresenta una curva ottenuta traslando quella che ha per equazione $y = \sqrt{x}$. Indica per ciascuna il vettore di traslazione.

64 a. $y = 2 + \sqrt{x}$ b. $y = 1 + \sqrt{x-3}$ **65** a. $y = -2 + \sqrt{x}$ b. $y = \sqrt{x+6}$

66 **RIFLETTI SULLA TEORIA** Dimostra che traslando la parabola di equazione $y = ax^2 + bx + c$ di vertice V, secondo il vettore $\vec{VO}$, si ottiene la parabola di equazione $y = ax^2$.

67 Alla parabola di equazione $y = x^2 - 1$ applica la traslazione secondo $\vec{v}(1; -1)$ e poi secondo $\vec{w}(-3; -2)$. Quale parabola ottieni se inverti l'applicazione delle due traslazioni? $[y = x^2 + 4x; \text{ la stessa}]$

Partendo dai grafici noti delle funzioni goniometriche, esponenziali e logaritmiche, rappresenta le seguenti funzioni applicando una traslazione.

68 a. $y = \cos\left(x - \dfrac{\pi}{4}\right)$ b. $y = 1 + \tan x$

69 a. $y = -\pi + \arctan x$ b. $y = -\dfrac{\pi}{2} + \arccos x$

70 a. $y = \left|\cos\left(x - \dfrac{\pi}{3}\right) - 2\right|$ b. $y = 2 + \sin\left(x + \dfrac{3}{4}\pi\right)$

71 a. $y = \sin x + 3$ b. $y = \arcsin(x + 3)$

Capitolo 18. Trasformazioni geometriche

72 a. $y = 3 + \ln(x - 2)$ b. $y = e^x - 4$

73 a. $y = \dfrac{1}{2} + \ln x$ b. $y = e^{x+2} - 2$

---

74 Trova le equazioni della traslazione che trasforma la parabola di equazione
$$y = x^2 - 2x + 3 \quad \text{in} \quad y = x^2 + 6x.$$
$$\left[\begin{cases} x' = x - 4 \\ y' = y - 11 \end{cases}\right]$$

75 Scrivi l'equazione della circonferenza che ha come immagine nella traslazione di vettore $\vec{v}(3; -1)$ la circonferenza di equazione $x^2 + y^2 - 6x + 2y = 0$. $[x^2 + y^2 = 10]$

76 La parabola di equazione $y = x^2 - 4x - 5$ viene traslata secondo il vettore $\vec{v}(a; 1 - b)$. Trova a e b in modo che la parabola traslata passi per il punto $(2; -2)$ e abbia il vertice di ascissa 4. $[a = 2; b = -2]$

77 Una circonferenza di equazione
$$x^2 + y^2 + 4x - 4y + 4 = 0$$
viene traslata secondo un vettore $\vec{v}(a - 1; 2a)$. Determina a in modo che la circonferenza traslata abbia il centro sulla bisettrice del primo e terzo quadrante, scrivi l'equazione della circonferenza traslata e rappresenta graficamente le due circonferenze. $[a = -5]$

78 L'iperbole di equazione $y = \dfrac{2 - x}{2x - 6}$ viene traslata in modo che gli asintoti coincidano con gli assi cartesiani. Trova il vettore della traslazione e l'equazione dell'iperbole traslata.
$$\left[\vec{v}\left(-3; \dfrac{1}{2}\right), y = -\dfrac{1}{2x}\right]$$

Punti uniti, rette unite e figure unite

79 Scrivi l'equazione della retta unita nella traslazione di vettore $\vec{v}(-3; 1)$ e passante per il punto $P(5; 3)$.

80 Determina l'equazione della retta che nella traslazione di vettore $\vec{v}\left(\dfrac{1}{2}; 3\right)$ ha come immagine se stessa e passa per il punto medio del segmento di estremi $A(2; 5)$ e $B(-4; 1)$.

81 Determina per quali vettori $\vec{v}$ di modulo 10 la retta di equazione $3x - 4y + 2 = 0$ è unita nella traslazione di vettore $\vec{v}$. $[\vec{v}_1(8; 6); \vec{v}_2(-8; -6)]$

82 Quali curve, fra quelle di equazioni $y = \cos \pi x$, $y = 2$, $x = 2$, $y = \tan \dfrac{\pi}{2} x$, restano unite nella traslazione di vettore $\vec{v}(2; 0)$?

83 **RIFLETTI SULLA TEORIA** Quali sono le funzioni i cui grafici sono uniti in una traslazione di vettore $\vec{v}(a; 0)$? Esistono funzioni i cui grafici sono uniti in una traslazione di vettore $\vec{w}(0; b)$? Motiva le risposte.

Composizione di traslazioni

84 Scrivi le equazioni delle traslazioni t_1 e t_2 di vettori, rispettivamente, $\vec{v}_1(-4; 6)$ e $\vec{v}_2(2; -3)$. Determina le equazioni di $t_1 \circ t_2$ e verifica che è una traslazione di vettore $\vec{v}$ le cui componenti sono la somma delle componenti di $\vec{v}_1$ e $\vec{v}_2$.
$$\left[t_1: \begin{cases} x' = x - 4 \\ y' = y + 6 \end{cases}; t_2: \begin{cases} x' = x + 2 \\ y' = y - 3 \end{cases}; t_1 \circ t_2: \begin{cases} x' = x - 2 \\ y' = y + 3 \end{cases}\right]$$

85 Trasla il segmento di estremi $A(-2; 5)$ e $B(4; 3)$ mediante un vettore $\vec{v}(-4; 2)$ e chiama $A'B'$ il suo corrispondente. Trasla $A'B'$ mediante un vettore $\vec{w}(2; -3)$ e chiama $A''B''$ il suo corrispondente. Qual è la trasformazione che ad AB associa il segmento $A''B''$? Scrivi le equazioni di questa trasformazione.
$$\left[\text{traslazione } t: \begin{cases} x' = x - 2 \\ y' = y - 1 \end{cases}\right]$$

86 Determina la traslazione che si ottiene componendo quella di vettore $\vec{v}(2; -5)$ con quella di vettore $\vec{w}(-3; 4)$ e scrivine le equazioni. Trova poi l'equazione della retta r'' corrispondente della retta r di equazione $x - y + 7 = 0$ nella traslazione composta. Che cosa osservi? $[r'': x - y + 7 = 0]$

1084

87 Date le rette r e s, rispettivamente di equazioni $x - 3y + 1 = 0$ e $-2x + 6y + 3 = 0$, determina per quale valore del parametro k la retta s è immagine di r nella traslazione $t = t_1 \circ t_2$, dove t_1 è la traslazione di vettore $\vec{v}_1(5; k)$ e t_2 la traslazione di vettore $\vec{v}_2(k; 2)$.
$\left[k = -\frac{7}{4}\right]$

88 **REALTÀ E MODELLI** **Moghul wall paintings** La foto mostra un dettaglio di una delle tipiche decorazioni che si trovano sulle pareti degli interni del Palazzo di Jaipur, capitale dello Stato del Rajasthan, in India. La figura $ABCD$, nella grafica sovrapposta alla foto, viene replicata mediante traslazione.
Considera la figura $A'B'C'D'$ che si ottiene con le due successive traslazioni di vettori:

$\vec{v}_1(5; 5)$ e $\vec{v}_2(-2,5; 2,5)$.

a. Scrivi le equazioni della traslazione che permette di trasformare, in un solo passaggio, la figura $ABCD$ nella figura $A'B'C'D'$.

b. Calcola le coordinate dei vertici della figura $A'B'C'D'$, date le coordinate dei punti: $A(-5; 0)$, $B(-2,5; 2,5)$, $C(-5; -5)$ e $D(-7,5; 2,5)$.

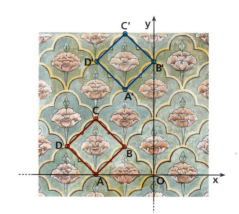

$\left[\text{a)} \begin{cases} x' = x + 2,5 \\ y' = y + 7,5 \end{cases}; \text{b)} \; A'(-2,5; 7,5), B'(0; 10), C'(-2,5; 12,5), D'(-5; 10)\right]$

3 Rotazione

▶ Teoria a p. 1052

Equazioni della rotazione di centro l'origine

$\begin{cases} x' = x\cos\alpha - y\sin\alpha \\ y' = x\sin\alpha + y\cos\alpha \end{cases}$

Scrivi le equazioni delle rotazioni di centro O e con angolo assegnato.

89 $\alpha = \frac{\pi}{6}$
$\left[\begin{cases} x' = \frac{\sqrt{3}}{2}x - \frac{1}{2}y \\ y' = \frac{1}{2}x + \frac{\sqrt{3}}{2}y \end{cases}\right]$

91 $\alpha = -\frac{3}{4}\pi$
$\left[\begin{cases} x' = -\frac{\sqrt{2}}{2}x + \frac{\sqrt{2}}{2}y \\ y' = -\frac{\sqrt{2}}{2}x - \frac{\sqrt{2}}{2}y \end{cases}\right]$

90 $\alpha = -\frac{2}{3}\pi$
$\left[\begin{cases} x' = -\frac{1}{2}x + \frac{\sqrt{3}}{2}y \\ y' = -\frac{\sqrt{3}}{2}x - \frac{1}{2}y \end{cases}\right]$

92 $\alpha = \arctan\frac{3}{4}$
$\left[\begin{cases} x' = \frac{4}{5}x - \frac{3}{5}y \\ y' = \frac{3}{5}x + \frac{4}{5}y \end{cases}\right]$

Sono date le equazioni di una rotazione di centro O. Determina l'angolo di rotazione.

93 $\begin{cases} x' = -y \\ y' = x \end{cases}$
$\left[\frac{\pi}{2}\right]$

95 $\begin{cases} x' = -x \\ y' = -y \end{cases}$
$[\pi]$

94 $\begin{cases} x' = -\frac{\sqrt{2}}{2}x - \frac{\sqrt{2}}{2}y \\ y' = \frac{\sqrt{2}}{2}x - \frac{\sqrt{2}}{2}y \end{cases}$
$\left[\frac{3}{4}\pi\right]$

96 $\begin{cases} x' = -\frac{\sqrt{3}}{2}x - \frac{1}{2}y \\ y' = \frac{1}{2}x - \frac{\sqrt{3}}{2}y \end{cases}$
$\left[\frac{5}{6}\pi\right]$

Rotazione di punti

97 È dato il triangolo di vertici $A(-2; 3)$, $B\left(\frac{3}{2}; 1\right)$, $C(1; 5)$. Determina le coordinate dei punti trasformati nella rotazione di centro O e angolo $\frac{\pi}{2}$ e disegna i due triangoli.
$\left[A'(-3; -2), B'\left(-1; \frac{3}{2}\right), C'(-5; 1)\right]$

Capitolo 18. Trasformazioni geometriche

98 Dato il rettangolo di vertici $A(2; 3)$, $B(4; -1)$, $C(6; 0)$ e $D(4; 4)$, determina il rettangolo corrispondente nella rotazione di centro O e angolo $-\frac{\pi}{2}$. Verifica che i due rettangoli hanno lo stesso perimetro.
$[A'(3; -2), B'(-1; -4), C'(0; -6), D'(4; -4)]$

99 Trova il corrispondente del triangolo ABC della figura nella rotazione di centro O e angolo $\frac{\pi}{3}$ e verifica che i due triangoli hanno la stessa area.

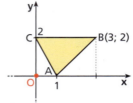

100 Una rotazione di centro l'origine O associa al punto $A(0; 2)$ il punto $A'(-1; -\sqrt{3})$. Determina l'angolo α e le equazioni della rotazione.

$\left[\frac{5}{6}\pi; \begin{cases} x' = -\frac{\sqrt{3}}{2}x - \frac{1}{2}y \\ y' = \frac{1}{2}x - \frac{\sqrt{3}}{2}y \end{cases}\right]$

> **MATEMATICA AL COMPUTER**
>
> **Rotazioni** Con l'aiuto di un software di geometria dinamica troviamo le coordinate dei vertici del triangolo DEF, ottenuto con una rotazione antioraria di 45° intorno all'origine del triangolo ABC, di lati
> AB: $y = -x + 2$, AC: $y = 3x - 6$, BC: $y = x + 2$.
>
> 🖥 Risoluzione – 3 esercizi in più

Rotazione di curve

101 **ESERCIZIO GUIDA** Determiniamo l'equazione della retta corrispondente di $y = x$ in una rotazione di 30° intorno all'origine O.

Le equazioni della rotazione sono: $\begin{cases} x' = x\cos 30° - y\sin 30° \\ y' = x\sin 30° + y\cos 30° \end{cases}$

Dobbiamo determinare le equazioni della trasformazione inversa. Nel caso delle rotazioni la trasformazione inversa è la rotazione di angolo opposto, quindi:

$\begin{cases} x = x'\cos(-30°) - y'\sin(-30°) \\ y = x'\sin(-30°) + y'\cos(-30°) \end{cases} \to \begin{cases} x = x'\cos 30° + y'\sin 30° \\ y = -x'\sin 30° + y'\cos 30° \end{cases} \to \begin{cases} x = \frac{\sqrt{3}}{2}x' + \frac{1}{2}y' \\ y = -\frac{1}{2}x' + \frac{\sqrt{3}}{2}y' \end{cases}$

Applichiamo ora la trasformazione alla retta; otteniamo:

$-\frac{1}{2}x' + \frac{\sqrt{3}}{2}y' = \frac{\sqrt{3}}{2}x' + \frac{1}{2}y' \to y'(\sqrt{3} - 1) = x'(\sqrt{3} + 1) \to y = \frac{\sqrt{3}+1}{\sqrt{3}-1}x \to y = (2 + \sqrt{3})x$.

esplicitiamo rispetto a y e togliamo gli apici   razionalizziamo

Il coefficiente angolare ottenuto indica che la retta trasformata forma un angolo di 75° con l'asse x.

Scrivi le equazioni delle curve trasformate, nella rotazione di centro O e angolo indicato a fianco. Fai la rappresentazione grafica.

AL VOLO

102 $y = -4$, $\alpha = -\frac{\pi}{2}$.

103 $x^2 + y^2 - 9 = 0$, $\alpha = -45°$.

104 $y = x + 1$, $\alpha = 60°$. $[y = -(2 + \sqrt{3})x - \sqrt{3} - 1]$

105 $x^2 - y^2 = 1$, $\alpha = -135°$. $\left[xy = \frac{1}{2}\right]$

106 $x = \sqrt{2}$, $\alpha = \frac{\pi}{4}$. $[y = -x + 2]$

107 $y = -x + 3$, $\alpha = \frac{3}{2}\pi$. $[y = x + 3]$

108 $\frac{x^2}{4} + \frac{y^2}{3} = 1$, $\alpha = \arcsin\frac{4}{5}$ e $0 < \alpha < \frac{\pi}{2}$. $[91x^2 + 84y^2 - 24xy = 300]$

Paragrafo 3. Rotazione

109 È data l'iperbole equilatera $xy = k$, con $k > 0$. Verifica che, applicando a essa la rotazione di $-45°$ di centro O, si ottiene la forma canonica $x^2 - y^2 = a^2$. Ricostruisci la relazione esistente tra i due parametri k e a^2.
Con una rotazione di $45°$ che cosa otterresti?

$$[a^2 = 2k; x^2 - y^2 = -2k]$$

110 Ruota rispetto all'origine la retta r di equazione $3x + 4y - 4 = 0$, di un angolo $\alpha = \pi$. Come sono tra loro r e r', immagine di r? La relazione tra una retta e la sua immagine è una proprietà generale delle rotazioni di angolo piatto?

$$[r': 3x + 4y + 4 = 0; \text{parallele}]$$

111 È data la parabola $x = y^2 - 2y - 1$. Considera la retta tangente nel vertice e l'asse di simmetria e applica a entrambe una rotazione di $45°$ rispetto all'origine. Verifica che il punto di intersezione delle due rette trasformate è il trasformato del vertice della parabola.

$$[y = -x - 2\sqrt{2}, y = x + \sqrt{2}]$$

112 Sono date la retta s di equazione $y = -x + 1$, l'immagine s' di s nella rotazione di centro O e angolo $\alpha = 60°$ e l'immagine s'' di s nella rotazione di centro O e angolo $\alpha = -60°$. Che triangolo è quello che ha per lati le rette s, s' e s''? Per quali rotazioni tale triangolo è una figura unita?

[equilatero]

113 Sono date le rette $y = \sqrt{3}x$ e $y = -\dfrac{1}{\sqrt{3}}x$.
Applica alla prima retta una rotazione di $-120°$ e alla seconda una di $-30°$, entrambe di centro O, verificando che si ottiene la stessa retta. Giustifica il risultato ottenuto.

114 Scrivi le equazioni della rotazione che porta l'asse x a sovrapporsi alla retta di equazione
$$y - \sqrt{3}x = 0.$$
$$\left[\begin{cases} x' = \dfrac{1}{2}x - \dfrac{\sqrt{3}}{2}y \\ y' = \dfrac{\sqrt{3}}{2}x + \dfrac{1}{2}y \end{cases}\right]$$

115 Considera l'iperbole di equazione
$$3x^2 - y^2 + 3 = 0.$$
Trova le equazioni della rotazione di centro O che porta l'asintoto dell'iperbole con pendenza positiva a sovrapporsi all'asse y e poi scrivi l'equazione dell'iperbole trasformata.

$$\left[\begin{cases} x' = \dfrac{\sqrt{3}}{2}x - \dfrac{1}{2}y \\ y' = \dfrac{1}{2}x + \dfrac{\sqrt{3}}{2}y \end{cases}; 2x^2 + 2\sqrt{3}xy + 3 = 0\right]$$

116 La parabola di equazione $y = 2x^2$ viene ruotata di $45°$ intorno al suo vertice e successivamente traslata in modo che il vertice ottenuto sia $V_1(1; -1)$. Scrivi l'equazione della parabola ottenuta.

$$[2x^2 + 4xy + 2y^2 + \sqrt{2}x - \sqrt{2}y - 2\sqrt{2} = 0]$$

LEGGI IL GRAFICO Utilizzando i dati della figura, determina l'equazione della conica rappresentata.

117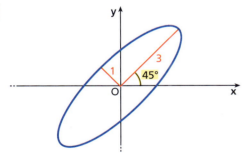

$$[5x^2 - 8xy + 5y^2 - 9 = 0]$$

118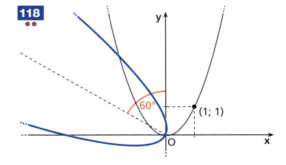

$$[x^2 + 2\sqrt{3}xy + 3y^2 + 2\sqrt{3}x - 2y = 0]$$

119 Scrivi l'equazione dell'ellisse che ha gli estremi dell'asse maggiore in $A_1(-3; 4)$ e $A_2(3; -4)$ e semiasse minore che misura 2.

$$[436x^2 + 289y^2 + 504xy - 2500 = 0]$$

120 Scrivi l'equazione dell'ellisse con fuochi $F_1(-2; 2\sqrt{3})$ e $F_2(2; -2\sqrt{3})$ e asse minore che misura 3.

$$[21x^2 + 13y^2 + 8\sqrt{3}xy - 225 = 0]$$

Capitolo 18. Trasformazioni geometriche

121 Scrivi l'equazione di un'ellisse che ha i fuochi in $F_1\left(-\dfrac{\sqrt{2}}{2}; -\dfrac{\sqrt{2}}{2}\right)$ e $F_2\left(\dfrac{\sqrt{2}}{2}; \dfrac{\sqrt{2}}{2}\right)$ e l'asse minore che misura 2. $[3x^2 - 2xy + 3y^2 - 4 = 0]$

122 Determina l'equazione della parabola che ha vertice nell'origine, ha asse di simmetria che forma un angolo di 45° con l'asse x e interseca l'asse y nel punto $P\left(0; \dfrac{\sqrt{2}}{2}\right)$. $[2x^2 - 4xy + 2y^2 - \sqrt{2}\,x - \sqrt{2}\,y = 0]$

123 **YOU & MATHS** The region bounded by the ellipse $5x^2 + 4y^2 = 60$ is rotated in the plane by 1.5° per second for four minutes. Find the area of the region covered during those four minutes.

   A 15π **C** 12π **E** None of the above.

   B $6\pi\sqrt{5}$ **D** $2\pi\sqrt{3}$

(USA *Florida Gulf Coast University Invitational Mathematics Competition*)

Equazioni della rotazione di centro C qualunque

$$\begin{cases} x' = (x - x_C)\cos\alpha - (y - y_C)\sin\alpha + x_C \\ y' = (x - x_C)\sin\alpha + (y - y_C)\cos\alpha + y_C \end{cases}$$

Scrivi le equazioni delle rotazioni con centro C e angolo α assegnati.

124 $C(2; -1)$, $\alpha = 270°$. $\left[\begin{cases} x' = y + 3 \\ y' = 1 - x \end{cases}\right]$

125 $C(3; 4)$, $\alpha = \dfrac{\pi}{2}$. $\left[\begin{cases} x' = 7 - y \\ y' = x + 1 \end{cases}\right]$

126 $C(-1; 0)$, $\alpha = \arccos\left(-\dfrac{3}{5}\right)$. $\left[\begin{cases} x' = -\dfrac{3}{5}x - \dfrac{4}{5}y - \dfrac{8}{5} \\ y' = \dfrac{4}{5}x - \dfrac{3}{5}y + \dfrac{4}{5} \end{cases}\right]$

Sono date le seguenti equazioni di rotazioni di centro C e angolo α. Determina C e α.
(SUGGERIMENTO Ricorda che in ogni rotazione diversa dall'identità il centro è l'unico punto unito.)

127 $\begin{cases} x' = \dfrac{x}{2} + \dfrac{\sqrt{3}}{2}y - 1 \\ y' = -\dfrac{\sqrt{3}}{2}x + \dfrac{y}{2} \end{cases}$ $\left[C\left(-\dfrac{1}{2}; \dfrac{\sqrt{3}}{2}\right), \alpha = -60°\right]$

128 $\begin{cases} x' = y + 3 \\ y' = -x - 2 \end{cases}$ $\left[C\left(\dfrac{1}{2}; -\dfrac{5}{2}\right), \alpha = -90°\right]$

129 $\begin{cases} x' = -x + 1 \\ y' = -y - 4 \end{cases}$ $\left[C\left(\dfrac{1}{2}; -2\right), \alpha = 180°\right]$

130 $\begin{cases} x' = \dfrac{4}{5}x + \dfrac{3}{5}y + \dfrac{1}{5} \\ y' = -\dfrac{3}{5}x + \dfrac{4}{5}y - \dfrac{2}{5} \end{cases}$ $\left[C\left(-\dfrac{1}{2}; -\dfrac{1}{2}\right), \alpha = \arcsin\left(-\dfrac{3}{5}\right)\right]$

131 **EUREKA!** Il punto $A(5; 17)$ viene ruotato di 270° in senso orario intorno al punto $(10; 5)$ fino al punto B. Ricava l'esatta distanza tra i punti A e B. (USA *Illinois Council of Teachers of Mathematics, Team Competition*)
$[13\sqrt{2}]$

132 **VERO O FALSO?**

   a. La composizione di due rotazioni con lo stesso centro è commutativa.   **V** **F**

   b. Il centro della rotazione che manda il segmento AB in $A'B'$ si trova nel punto di incontro degli assi dei due segmenti.   **V** **F**

   c. Se una retta passa per il centro di una rotazione, allora è unita per quella trasformazione.   **V** **F**

   d. Se la rotazione di centro C manda la retta r in r', il punto di intersezione delle due rette è un punto unito.   **V** **F**

1088

Paragrafo 3. Rotazione

133 Scrivi le equazioni della rotazione che porta il punto $A(-1; 3)$ in $A'(-2; 2)$ e il punto $B(3; 0)$ in $B'(3; 2)$ e individua il centro e l'angolo di rotazione.

$$\left[\begin{cases} x' = \frac{4}{5}x - \frac{3}{5}y + \frac{3}{5} \\ y' = \frac{3}{5}x + \frac{4}{5}y + \frac{1}{5} \end{cases}, C(0; 1), \alpha = \arccos\frac{4}{5}\right]$$

134 Una rotazione porta il punto $O(0; 0)$ in $O'(-1; 0)$ e il punto $M(2; 2)$ in $M'(\sqrt{3}; 1 - \sqrt{3})$. Scrivi le sue equazioni e determina il centro C e l'angolo α. Trova i trasformati A', B' dei punti $A(0; 2\sqrt{3})$ e $B(2; 0)$ e l'area del poligono $AA'BB'O'$.

$$\left[\begin{cases} x' = \frac{x}{2} + \frac{\sqrt{3}}{2}y - 1 \\ y' = -\frac{\sqrt{3}}{2}x + \frac{y}{2} \end{cases}, C\left(-\frac{1}{2}; \frac{\sqrt{3}}{2}\right), \alpha = -60°, A'(2; \sqrt{3}), B'(0; -\sqrt{3}); \frac{11}{2}\sqrt{3}\right]$$

135 **LEGGI IL GRAFICO** Utilizzando i dati della figura, trova l'equazione dell'iperbole e poi scrivi le equazioni della rotazione di 90° intorno al suo centro di simmetria. Trova l'equazione dell'iperbole trasformata e quelle dei suoi asintoti.

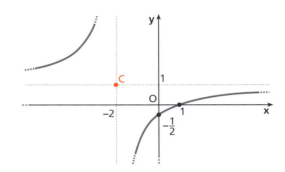

$$\left[y = \frac{x-1}{x+2}; \begin{cases} x' = -y - 1 \\ y' = x + 3 \end{cases}; y = \frac{x+5}{x+2}; x = -2, y = 1\right]$$

136 Scrivi le equazioni della rotazione che porta la retta di equazione $y - 4 = 0$ a sovrapporsi alla retta di equazione $y = x + 3$.

$$\left[\begin{cases} x' = \frac{\sqrt{2}}{2}x - \frac{\sqrt{2}}{2}y + \frac{3}{2}\sqrt{2} + 1 \\ y' = \frac{\sqrt{2}}{2}x + \frac{\sqrt{2}}{2}y - \frac{5}{2}\sqrt{2} + 4 \end{cases}\right]$$

137 Scrivi l'equazione della retta che si ottiene dalla rotazione di 30° della retta di equazione $y = -\sqrt{3}x + 1$ intorno al punto $C(0; 1)$.

$$\left[y = -\frac{\sqrt{3}}{3}x + 1\right]$$

138 Un quadrato $ABCD$, che si trova nel primo quadrante, ha lato che misura 2, il vertice $A(3; 0)$ e B si trova sull'asse x con ascissa maggiore di quella di A. Scrivi le equazioni della rotazione di centro A e angolo $\alpha = -\frac{\pi}{4}$. Determina poi le coordinate dei vertici del quadrato $A'B'C'D'$ ottenuto nella rotazione e le equazioni delle sue diagonali.

$$\left[\begin{cases} x' = \frac{\sqrt{2}}{2}x + \frac{\sqrt{2}}{2}y - \frac{3\sqrt{2}}{2} + 3 \\ y' = -\frac{\sqrt{2}}{2}x + \frac{\sqrt{2}}{2}y + \frac{3\sqrt{2}}{2} \end{cases}; y = 0, x = 3 + \sqrt{2}\right]$$

139 Il segmento AB, che misura $\frac{4\sqrt{3}}{3}$, si trova sulla retta di equazione $y = \sqrt{3}x - 1$ e A appartiene all'asse y, mentre B ha ascissa positiva. Determina le coordinate di B e individua le equazioni di una rotazione antioraria intorno ad A che trasforma AB in un segmento parallelo all'asse x.

$$\left[B\left(\frac{2\sqrt{3}}{3}; 1\right); \begin{cases} x' = -\frac{1}{2}x - \frac{\sqrt{3}}{2}y - \frac{\sqrt{3}}{2} \\ y' = \frac{\sqrt{3}}{2}x - \frac{1}{2}y - \frac{3}{2} \end{cases}\right]$$

140 Data la circonferenza di equazione

$$x^2 + y^2 - 4x - 2\sqrt{3}y + 6 = 0,$$

scrivi le equazioni della rotazione di centro $A(-1; 0)$ che porta il centro C della circonferenza nel punto $C'(2; -\sqrt{3})$. Determina poi l'equazione della circonferenza trasformata.

$$\left[\begin{cases} x' = \frac{1}{2}x + \frac{\sqrt{3}}{2}y - \frac{1}{2} \\ y' = -\frac{\sqrt{3}}{2}x + \frac{1}{2}y - \frac{\sqrt{3}}{2} \end{cases}; x^2 + y^2 - 4x + 2\sqrt{3}y + 6 = 0\right]$$

Capitolo 18. Trasformazioni geometriche

Composizione di rotazioni

141 Scrivi le equazioni della rotazione r_1 di centro O e angolo $\dfrac{\pi}{3}$ e quelle della rotazione r_2 di centro $A(0;1)$ e angolo $\dfrac{\pi}{6}$. Determina le equazioni di $r_2 \circ r_1$ e stabilisci se è una rotazione; in caso affermativo, trova il centro e l'angolo, altrimenti indica il tipo di trasformazione.

$$\left[\begin{cases} x' = \dfrac{1}{2}x - \dfrac{\sqrt{3}}{2}y \\ y' = \dfrac{\sqrt{3}}{2}x + \dfrac{1}{2}y \end{cases} ; \begin{cases} x' = \dfrac{\sqrt{3}}{2}x - \dfrac{1}{2}y + \dfrac{1}{2} \\ y' = \dfrac{1}{2}x + \dfrac{\sqrt{3}}{2}y + 1 - \dfrac{\sqrt{3}}{2} \end{cases} ; \begin{cases} x' = -y + \dfrac{1}{2} \\ y' = x + 1 - \dfrac{\sqrt{3}}{2} \end{cases} ; C\left(\dfrac{\sqrt{3}-1}{4}; \dfrac{3-\sqrt{3}}{4}\right), \alpha = \dfrac{\pi}{2}\right]$$

142 Date la rotazione r_1 di centro $P_1(2;4)$ e angolo $\dfrac{\pi}{2}$ e la rotazione r_2 di centro $P_2(2;2)$ e angolo $-\dfrac{\pi}{2}$, scrivi le equazioni delle due rotazioni e di $r_2 \circ r_1$. Di che trasformazione si tratta?

$$\left[r_1: \begin{cases} x' = -y + 6 \\ y' = x + 2 \end{cases} ; \ r_2: \begin{cases} x' = y \\ y' = -x + 4 \end{cases} ; \ r_2 \circ r_1: \begin{cases} x' = x + 2 \\ y' = y - 2 \end{cases}, \text{traslazione } \vec{v}(2;-2)\right]$$

RIFLETTI SULLA TEORIA

143 In quali casi la composizione di due rotazioni dà una traslazione?

144 Per quale sottoinsieme delle rotazioni la composizione è commutativa?

---

145 **EUREKA!** Il rettangolo $PQRS$ giace in un piano con $\overline{PQ} = \overline{RS} = 2$ e $\overline{QR} = \overline{SP} = 6$. Il rettangolo viene ruotato di 90° in senso orario intorno a R, poi viene ruotato di 90° in senso orario intorno al punto in cui è stato trasformato S dopo la prima rotazione. Qual è la lunghezza del cammino percorso complessivamente dal punto P?

A $(2\sqrt{3} + \sqrt{5})\pi$ B 6π C $(3 + \sqrt{10})\pi$ D $(\sqrt{3} + 2\sqrt{5})\pi$ E $2\sqrt{10}\,\pi$

(USA *American Mathematics Contest 10*)

REALTÀ E MODELLI

146 **Girando il girasole** Lisa ha disegnato una spilla con il girasole nella figura, e si chiede in quanti e quali modi diversi può ruotare il disegno per ottenere un girasole che abbia lo stesso orientamento che ha adesso. Fissando un sistema di riferimento cartesiano centrato nel centro del fiore, rispondi alle domande di Lisa.

$$\left[16; r\left(O; \dfrac{k\pi}{8}\right): \begin{cases} x' = x\cos\dfrac{k\pi}{8} - y\sin\dfrac{k\pi}{8} \\ y' = x\sin\dfrac{k\pi}{8} + y\cos\dfrac{k\pi}{8} \end{cases}, \text{con } k = 1, 2, \ldots, 16\right]$$

147 **La tenda da sole** Sul balcone di un appartamento viene installata una tenda da sole profonda 1,5 m. Il perno attorno al quale ruota la tenda (punto C in figura) si trova a 2 m dal piano del terrazzo.

a. Supponendo che la tenda, da chiusa, venga aperta di 45°, determina le equazioni della rotazione individuata dall'apertura della tenda nel piano Oxy rappresentato in figura.

b. Di quale angolo bisogna aprire la tenda affinché il punto A si trovi a 2,1 m dal piano del terrazzo?

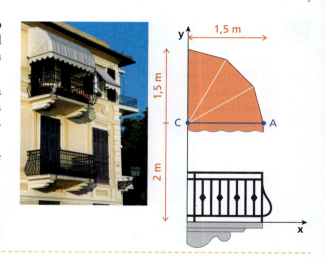

$$\left[a) \begin{cases} x' = \dfrac{\sqrt{2}}{2}x + \dfrac{\sqrt{2}}{2}y - \sqrt{2} \\ y' = -\dfrac{\sqrt{2}}{2}x + \dfrac{\sqrt{2}}{2}y - \sqrt{2} + 2 \end{cases} ; \ b) \simeq -86°\right]$$

Paragrafo 4. Simmetria centrale

4 Simmetria centrale

▶ Teoria a p. 1054

Equazioni della simmetria centrale

simmetria centrale di centro $(a; b)$
$\begin{cases} x' = 2a - x \\ y' = 2b - y \end{cases}$

Scrivi le equazioni delle simmetrie centrali di cui è assegnato il centro.

148 $M(2; 0)$ $\left[s: \begin{cases} x' = 4 - x \\ y' = -y \end{cases} \right]$ **149** $M(-4; 2)$ $\left[s: \begin{cases} x' = -8 - x \\ y' = 4 - y \end{cases} \right]$ **150** $M(-1; 3)$ $\left[s: \begin{cases} x' = -2 - x \\ y' = 6 - y \end{cases} \right]$

Trova il centro delle simmetrie con le seguenti equazioni.

151 $\begin{cases} x' = 2 - x \\ y' = -4 - y \end{cases}$ $[(1; -2)]$ **152** $\begin{cases} x' = 1 - x \\ y' = 2 - y \end{cases}$ $\left[\left(\frac{1}{2}; 1\right)\right]$ **153** $\begin{cases} x' = -x \\ y' = -2 - y \end{cases}$ $[(0; -1)]$

---

154 **ASSOCIA** alle equazioni di ogni simmetria il suo centro.

a. $\begin{cases} x' = -6 - x \\ y' = 4 - y \end{cases}$ b. $\begin{cases} x' = -x + 4 \\ y' = 6 - y \end{cases}$ c. $\begin{cases} x' = -3 - x \\ y' = 2 - y \end{cases}$ d. $\begin{cases} x' = -x - 12 \\ y' = -y + 8 \end{cases}$

1. $\left(-\frac{3}{2}; 1\right)$ 2. $(-6; 4)$ 3. $(2; 3)$ 4. $(-3; 2)$

155 **VERO O FALSO?**

a. Le equazioni della simmetria inversa di $\begin{cases} x' = -2 - x \\ y' = 3 - y \end{cases}$ sono $\begin{cases} x = -2 - x' \\ y = 3 - y' \end{cases}$. V F

b. Le equazioni della simmetria di centro M sono le stesse della rotazione di centro M e angolo π. V F

c. In una simmetria centrale non ci sono rette unite. V F

d. Ogni simmetria centrale ha un solo punto unito oltre il centro di simmetria. V F

Simmetria centrale di punti

156 **COMPLETA** sapendo che la simmetria di centro M trasforma A in A'.

a. $A\left(\frac{7}{2}; 4\right)$, $A'\left(-\frac{3}{2}; -2\right)$; $M(\_\_; \_\_)$.   b. $A(\_\_; 8)$; $A'(-2; \_\_)$; $M(-4; 1)$.

157 Determina il triangolo $A'B'C'$, simmetrico del triangolo di vertici $A(-1; 0)$, $B(1; 0)$, $C(0; 1)$ rispetto al punto $(1; 2)$. $[A'(3; 4); B'(1; 4); C'(2; 3)]$

158 Determina i simmetrici, rispetto all'origine degli assi, dei punti $A(-1; 3)$ e $B(3; 3)$ e indicali con A' e B'. Verifica che il quadrilatero $ABA'B'$ è un parallelogramma. $[A'(1; -3); B'(-3; -3)]$

Simmetria centrale di curve

159 **ESERCIZIO GUIDA** Determiniamo la retta r' corrispondente alla retta r di equazione $y = 2x - 4$ nella simmetria di centro $M(1; 2)$.

Le equazioni della simmetria di centro M sono:

$\begin{cases} x' = 2 - x \\ y' = 4 - y \end{cases} \rightarrow \begin{cases} x = 2 - x' \\ y = 4 - y' \end{cases}$.

Sostituiamo nell'equazione di r:

$4 - y' = 2(2 - x') - 4$.

Svolgiamo i calcoli e togliamo gli apici. Si ha:

$-y = \cancel{4} - 2x - \cancel{4} - 4 \rightarrow y = 2x + 4$.

Osserviamo che le due rette r e r' sono parallele.

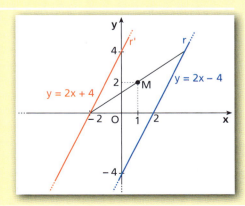

Capitolo 18. Trasformazioni geometriche

ESERCIZI

Determina le rette corrispondenti alle rette date nella simmetria di centro il punto indicato.

160 $y = \frac{1}{2}x + 4$, $M(4; 0)$. $\left[y = \frac{1}{2}x - 10\right]$ **161** $-2x + 6y - 3 = 0$, $O(0; 0)$. $[6y - 2x + 3 = 0]$

162 **FAI UN ESEMPIO** di retta globalmente unita nella simmetria di centro $M(-5; 3)$.

163 **FAI UN ESEMPIO** di simmetria centrale per cui la retta $4y - 5x + 1 = 0$ è unita.

164 Determina i punti uniti e le rette unite nella simmetria centrale di centro $C(-2; 3)$.
$[(-2; 3); y = mx + 2m + 3, x = -2]$

165 Determina le trasformate delle rette $y = 2x$ e $y = -1$ rispetto alla simmetria di centro il punto $C(-2; -3)$. Considera poi la figura geometrica delimitata dalle quattro rette. Di quale figura si tratta? Cosa rappresenta C per tale figura?
$[y = 2x + 2 \text{ e } y = -5]$

166 Determina la trasformata della retta $2x - \sqrt{3}y + \sqrt{6} = 0$ nella simmetria di centro il punto $(\sqrt{6}; 3\sqrt{2})$. Giustifica il risultato ottenuto.
$[2x - \sqrt{3}y + \sqrt{6} = 0]$

167 Scrivi le equazioni e le coordinate del centro di una simmetria che trasforma la retta r di equazione $3x + y - 3 = 0$ nella retta r' di equazione $6x + 2y + 2 = 0$.
$\left[\text{per esempio}: \begin{cases} x' = 2 - x \\ y' = -4 - y \end{cases}, M(1; -2)\right]$

168 **TEST** In quale caso la simmetria di centro M *non* trasforma la retta di equazione $2x - y - 3 = 0$ nella retta di equazione $-6x + 3y + 6 = 0$?

A $M\left(-1; -\frac{3}{2}\right)$ **B** $M\left(0; \frac{1}{2}\right)$ **C** $M\left(1; \frac{5}{2}\right)$ **D** $M(1; 2)$ **E** $M\left(-\frac{1}{4}; 0\right)$

169 Data la retta r di equazione $2x - 3y + 6 = 0$, scrivi l'equazione della retta r', simmetrica di r rispetto al punto $M(3; 1)$, e l'equazione della retta r'', traslata di r rispetto al vettore $\vec{v}(6; -2)$. Cosa puoi dedurre sulle due trasformazioni? Rispondi con argomentazioni ed esempi.
$[r' = r'': 2x - 3y - 12 = 0]$

170 Verifica che in una simmetria centrale di centro $C(a; b)$ l'unico punto unito è C e le rette unite (globalmente) sono quelle passanti per C.

Trova le simmetriche rispetto all'origine delle seguenti parabole.

171 $y = -x^2 + 5x - 4$ $[y = x^2 + 5x + 4]$ **172** $x = -2y^2 + y$ $[x = 2y^2 + y]$

173 **TEST** Le equazioni che seguono rappresentano curve simmetriche rispetto all'origine, *tranne* una. Quale?

A $xy + 2 = 0$
B $25x^2 + y^2 - 100 = 0$
C $y = \tan 2x$
D $y = \sin 4x + 1$
E $y = \frac{2x - 1}{x} - 2$

174 **ASSOCIA** a ciascuna curva di equazione assegnata il suo centro di simmetria.

a. $y = \frac{2x - 2}{4x - 1}$ 1. $\left(0; -\frac{1}{2}\right)$

b. $x^2 - 4y^2 - 4y - 5 = 0$ 2. $(0; -2)$

c. $2xy - 3 = 0$ 3. $\left(\frac{1}{4}; \frac{1}{2}\right)$

d. $x^2 + 9y^2 + 36y + 27 = 0$ 4. $(0; 0)$

175 **AL VOLO** Quali circonferenze sono simmetriche rispetto all'origine?

176 Scrivi l'equazione della simmetrica rispetto all'origine della circonferenza $x^2 + y^2 - 10x - 6y + 9 = 0$.
$[x^2 + y^2 + 10x + 6y + 9 = 0]$

Paragrafo 4. Simmetria centrale

177 Dimostra che un'iperbole di equazione $\dfrac{x^2}{a^2} - \dfrac{y^2}{b^2} = 1$ è simmetrica rispetto all'origine degli assi cartesiani.

178 Trova per quale valore di k la curva di equazione $y = \dfrac{(k-2)x + 1}{2x}$ è simmetrica rispetto all'origine e rappresenta graficamente la curva ottenuta. $[k = 2]$

Scrivi le equazioni delle curve simmetriche di quelle di equazione data rispetto ai punti indicati a fianco.

179 $y = \dfrac{x+2}{x}$; $\quad M_1(-2; -1)$, $\quad M_2\left(3; \dfrac{1}{2}\right)$. $\qquad \left[y = -\dfrac{3x+10}{x+4}; \; y = \dfrac{2}{x-6}\right]$

180 $y = \cos x$; $\quad M_1(-\pi; 2)$, $\quad M_2\left(\dfrac{\pi}{4}; -1\right)$. $\qquad [y = 4 - \cos x; \; y = -\sin x - 2]$

181 $y = -x^2 + 4x$; $\quad M_1(-1; 5)$, $\quad M_2(3; -1)$. $\qquad [y = x^2 + 8x + 22; \; y = x^2 - 8x + 10]$

182 $y = \ln(x + 1)$; $\quad M_1(1; -4)$, $\quad M_2\left(\ln 2; -\dfrac{1}{2}\right)$. $\quad [y = -8 - \ln(3 - x); \; y = -1 - \ln(\ln 4 + 1 - x)]$

LEGGI IL GRAFICO Scrivi le equazioni delle curve simmetriche di quelle della figura rispetto al punto M e disegnale.

183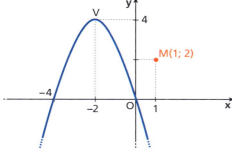

$[y = x^2 - 8x + 16]$

184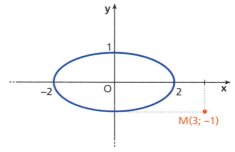

$[x^2 + 4y^2 - 12x + 16y + 48 = 0]$

Verifica che le seguenti curve sono simmetriche rispetto al punto indicato a fianco. Determina quindi la traslazione che rende le curve simmetriche rispetto all'origine e rappresenta la curva iniziale e quella traslata.

185 $x^2 + y^2 - 2x + 6y + 1 = 0$, $\quad M(1; -3)$.

186 $y = \dfrac{1-2x}{x+1}$, $\quad M(-1; -2)$.

187 $x^2 - 4y^2 + 16y + 4 = 0$, $\quad M(0; 2)$.

188 $2x - 4y + 1 = 0$, $\quad M\left(2; \dfrac{5}{4}\right)$.

189 $y^2 = -x^2 + 4x$, $\quad M(2; 0)$.

190 $y = 1 + \sin\left(x - \dfrac{\pi}{4}\right)$, $\quad M\left(\dfrac{\pi}{4}; 1\right)$.

---

191 Scrivi l'equazione della circonferenza γ passante per i punti $A(0; 2)$, $B(1; 0)$, $C(3; 0)$ e l'equazione della circonferenza γ', simmetrica di γ rispetto all'origine degli assi cartesiani. Traccia i grafici delle due circonferenze, mettendo in evidenza i tre punti A, B, C e i loro simmetrici A', B', C'.

$$\left[x^2 + y^2 - 4x - \dfrac{7}{2}y + 3 = 0; \; x^2 + y^2 + 4x + \dfrac{7}{2}y + 3 = 0\right]$$

192 Scrivi l'equazione della circonferenza γ' simmetrica rispetto a $M(3; 1)$ della circonferenza γ di equazione $x^2 + y^2 - 2x + 2y - 3 = 0$. Esiste un'altra isometria che trasforma γ in γ'?

$[x^2 + y^2 - 10x - 6y + 29 = 0;$ traslazione di $\vec{v}(4; 4)$, rotazione di centro M e angolo $180°]$

193 Scrivi l'equazione della parabola, con asse parallelo all'asse y, passante per l'origine $O(0; 0)$ e tangente in $T\left(1; -\dfrac{3}{2}\right)$ alla retta di equazione $y = -2x + \dfrac{1}{2}$. Scrivi poi le equazioni della parabola e della retta tangente corrispondenti alle date nella simmetria centrale di centro l'origine. Traccia i grafici delle due parabole e delle due rette in uno stesso riferimento cartesiano.

$$\left[y = -\dfrac{1}{2}x^2 - x; \; y = \dfrac{1}{2}x^2 - x; \; y = -2x - \dfrac{1}{2}\right]$$

1093

Capitolo 18. Trasformazioni geometriche

194 **ESERCIZIO GUIDA** Determiniamo il centro di simmetria della curva di equazione:

$$x^2 + 9y^2 - 4x - 18y + 4 = 0.$$

• Le equazioni della simmetria di centro generico $C(x_C; y_C)$ e della sua inversa sono:

$$s_C: \begin{cases} x' = 2x_C - x \\ y' = 2y_C - y \end{cases} \rightarrow \quad s_C^{-1}: \begin{cases} x = 2x_C - x' \\ y = 2y_C - y' \end{cases}.$$

• Sostituiamo nell'equazione della curva:

$$(2x_C - x')^2 + 9(2y_C - y')^2 - 4(2x_C - x') - 18(2y_C - y') + 4 = 0.$$

• Togliamo gli apici, semplifichiamo e ordiniamo:

$$4x_C^2 + x^2 - 4xx_C + 36y_C^2 + 9y^2 - 36yy_C - 8x_C + 4x - 36y_C + 18y + 4 = 0 \rightarrow$$

$$x^2 + 9y^2 - 4x(x_C - 1) - 18y(-1 + 2y_C) + 4x_C^2 + 36y_C^2 - 8x_C - 36y_C + 4 = 0.$$

L'equazione ottenuta è quella della curva simmetrica a quella data. Se questa ha centro di simmetria, essa deve coincidere con la sua simmetrica, quindi confrontando le due equazioni dobbiamo avere:

$$x_C - 1 = 1 \rightarrow x_C = 2; \qquad 2y_C - 1 = 1 \rightarrow y_C = 1.$$

Sostituendo tali valori nel termine noto, otteniamo:

$$16 + 36 - 16 - 36 + 4 = 4;$$

anche il termine noto coincide.

Concludiamo che la curva data è simmetrica rispetto al punto (2; 1).

Trova il centro di simmetria delle curve che hanno le seguenti equazioni.

195 $4x^2 + y^2 - 8x = 0$ [(1; 0)]

196 $x^2 - y^2 - 2x - 4y - 7 = 0$ [(1; −2)]

197 $xy + 3y + 2x + 4 = 0$ [(−3; −2)]

198 $x^2 + 4y^2 - 4x - 8y + 4 = 0$ [(2; 1)]

199 $2x^2 - 9y^2 - 18y - 27 = 0$ [(0; −1)]

200 Determina per quali valori di a la curva di equazione

$$x^2 - 9y^2 + ax + 36y - 44 = 0$$

ha come centro di simmetria $C(-1; 2)$. [$a = 2$]

201 Trova per quali valori di a e b il grafico della funzione

$$y = \frac{2ax - 1}{4x - b + 1}$$

ha come centro di simmetria il punto $C(1; 3)$ e rappresenta graficamente la funzione ottenuta. [$a = 6, b = 5$]

202 Trova una simmetria centrale che trasformi la parabola di equazione $y = x^2 - 5x + 2$ in $y = -x^2 + 3x$.

$$\left[\begin{cases} x' = 4 - x \\ y' = -2 - y \end{cases}\right]$$

203 Verifica che la parabola di equazione $y = -x^2 - 4x$ non ha centro di simmetria.

204 Trova per quali valori di a e b la parabola di equazione $y = x^2 + (a - b)x + 2b + 3$ è simmetrica di $y = -x^2 + 2x$ rispetto al punto $\left(-\frac{1}{2}; 2\right)$. Disegna le due parabole. [$a = 6, b = 2$]

1094

Paragrafo 5. Simmetria assiale

205 **VERO O FALSO?**
a. La curva di equazione $x^2 - 9y^2 + (a-1)x = 9$ è simmetrica rispetto all'origine se $a = 1$. [V] [F]
b. Le curve di equazioni $y = \dfrac{3x}{x-1}$ e $y = \dfrac{6x+1}{2x-2}$ hanno lo stesso centro di simmetria. [V] [F]
c. La simmetrica della retta di equazione $y = 2x + 2$ rispetto al punto $(-1; 2)$ ha equazione $y = 2x - 3$. [V] [F]
d. Il centro di simmetria della curva di equazione $x^2 - (y-1)^2 = 4$ è il punto $(0; 1)$. [V] [F]
e. La funzione $y = \sin(x - 2\pi) + 4$ ha grafico simmetrico di quello di $y = \sin x$ rispetto al punto $C(\pi; -2)$. [V] [F]

Composizione di simmetrie centrali

206 Date le simmetrie centrali s_{M_1} e s_{M_2} di centri $M_1\left(2; -\dfrac{1}{2}\right)$ e $M_2(-4; 1)$ verifica che la composizione delle due simmetrie non gode della proprietà commutativa.

207 Trova le equazioni della trasformazione t che si ottiene componendo le due simmetrie di centri $M_1(0; 1)$ e $M_2(2; 5)$ e trova il trasformato del segmento di estremi $A\left(-\dfrac{1}{2}; 0\right)$ e $B(1; 0)$ attraverso t.

$$\left[s_{M_1} \circ s_{M_2}: \begin{cases} x' = -4 + x \\ y' = -8 + y \end{cases}; A'\left(-\dfrac{9}{2}; -8\right); B'(-3; -8)\right]$$

208 **VERO O FALSO?**
a. La composizione di due simmetrie centrali è commutativa. [V] [F]
b. Componendo due simmetrie centrali si ottiene una simmetria centrale. [V] [F]
c. La simmetria centrale è una trasformazione involutoria. [V] [F]
d. La simmetria centrale è una rotazione. [V] [F]

209 Considera le simmetrie s_{M_1} e s_{M_2} di centri $M_1(2; 0)$ e $M_2(-3; 1)$ e verifica che la trasformazione $s_{M_2} \circ s_{M_1}$ è una traslazione di vettore $2\overrightarrow{M_1M_2}$.

210 Considera le simmetrie centrali s_{M_1}, s_{M_2} e s_{M_3} di centri $M_1(-1; -1)$, $M_2(1; 3)$ e $M_3(4; 1)$.
a. Trova le equazioni della trasformazione $s = s_{M_3} \circ s_{M_2} \circ s_{M_1}$ e verifica che s è una simmetria centrale.
b. Determina il centro M di s e verifica che è il quarto vertice del parallelogramma definito dai punti M_1, M_2, M_3.

$$\left[\text{a) } s: \begin{cases} x' = 4 - x \\ y' = -6 - y \end{cases}; \text{ b) } M(2; -3)\right]$$

211 **FAI UN ESEMPIO** di due simmetrie centrali che composte danno come risultato la traslazione di vettore $\vec{v}(8; -4)$.

5 Simmetria assiale

▶ Teoria a p. 1056

Simmetria assiale di punti

212 **ESERCIZIO GUIDA** Data la retta r di equazione $x = -2$, scriviamo le equazioni della simmetria rispetto a r e determiniamo le coordinate dei punti corrispondenti ai vertici del quadrilatero $ABCD$, dove $A(-12; -4)$, $B(-6; -4)$, $C(-8; 3)$, $D(-11; 1)$. Disegniamo la figura.

La retta r è parallela all'asse y. Le equazioni di una simmetria di asse parallelo all'asse y di equazione $x = a$ sono del tipo:

1095

Capitolo 18. Trasformazioni geometriche

$\begin{cases} x' = 2a - x \\ y' = y \end{cases} \rightarrow \begin{cases} x' = -4 - x \\ y' = y \end{cases}$.

Scriviamo le coordinate dei punti corrispondenti e disegniamo la figura:

$A(-12; -4) \mapsto A'(8; -4)$;
$B(-6; -4) \mapsto B'(2; -4)$;
$C(-8; 3) \mapsto C'(4; 3)$;
$D(-11; 1) \mapsto D'(7; 1)$.

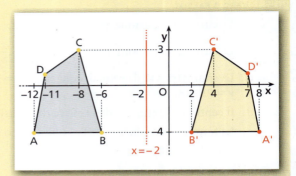

Dati i vertici di un poligono e l'equazione di un asse di simmetria, scrivi le equazioni della simmetria e determina i simmetrici dei poligoni assegnati. Disegna la figura.

213 asse: $y = -1$; triangolo $A(1; 0)$, $B(-1; 3)$, $C(5; 4)$.

214 asse: $x = 3$; quadrilatero $A(3; 3)$, $B(-1; 5)$, $C(-2; 2)$, $D(1; -2)$.

215 asse: $y = x$; rombo $A(-1; 0)$, $B(3; 2)$, $C(7; 0)$, $D(3; -2)$.

216 Dato il rombo di vertici $A(-2; 1)$, $B(-3; 4)$, $C(-2; 7)$, $D(-1; 4)$, trova la sua figura simmetrica rispetto all'asse $y = -2$ e verifica che è ancora un rombo. $[A'(-2; -5); B'(-3; -8); C'(-2; -11); D'(1; -8)]$

217 Determina il simmetrico del parallelogramma di vertici $A(-6; -5)$, $B(-3; -3)$, $C(-1; -4)$, $D(-4; -6)$ rispetto alla bisettrice di equazione $y = -x$; scrivi la corrispondenza fra i punti e disegna la figura.
$[A'(5; 6); B'(3; 3); C'(4; 1); D'(6; 4)]$

218 Dato il triangolo di vertici $A(1; 2)$, $B(5; 2)$, $C(3; 4)$, determina il suo simmetrico rispetto alla bisettrice del secondo e del quarto quadrante e verifica che tali triangoli sono isosceli e fra loro congruenti.
$[A'(-2; -1); B'(-2; -5); C'(-4; -3)]$

219 Dati i punti $A(-2; 3)$ e $B(-2; -1)$, determina le equazioni della simmetria che trasforma A e B in A' e B', in modo che $ABB'A'$ sia un quadrato. $\left[\begin{cases} x' = -x \\ y' = y \end{cases} \vee \begin{cases} x' = -8 - x \\ y' = y \end{cases} \right]$

220 Dato il segmento di estremi $A(1; 3)$ e $B(4; 0)$, sia $A'B'$ il simmetrico di AB rispetto alla bisettrice del primo e terzo quadrante e $A''B''$ il simmetrico rispetto alla bisettrice del secondo e quarto quadrante. Che quadrilatero è $A'B'A''B''$?

Dati due punti che si corrispondono in una simmetria assiale, individua l'asse di simmetria e le equazioni della trasformazione.

221 $A\left(-1; \dfrac{1}{2}\right)$; $A'\left(3; \dfrac{1}{2}\right)$.   [asse: $x = 1$]   **222** $A(-1; 5)$; $A'(-1; -1)$.   [asse: $y = 2$]

Simmetria assiale di curve

223 ASSOCIA a ogni retta la sua trasformata nella simmetria di asse $y = 1$.

a. $y = -3$ b. $x = 3$ c. $y = x$ d. $y = -x + 1$

1. $y = -x + 2$ 2. $y = x + 1$ 3. $y = 5$ 4. $x = 3$

224 Data la simmetria di asse $x = -4$, determina la retta r' corrispondente della retta r di equazione $y = -3x + 5$. Trova il punto di intersezione delle due rette. $[y = 3x + 29; (-4; 17)]$

1096

Paragrafo 5. Simmetria assiale

RIFLETTI SULLA TEORIA

225 Dimostra che in una simmetria di asse $x = a$ ogni retta perpendicolare all'asse è unita.

226 Dimostra che in una simmetria di asse $x = a$ due rette corrispondenti, se non sono parallele, si intersecano in un punto dell'asse.

227 Se la retta che passa per i punti $(5; 5)$ e $(-3; 1)$ viene riflessa attraverso l'asse y, ricava l'intersezione con l'asse x della retta trasformata.

(USA *Illinois Council of Teachers of Mathematics*, *Team Competition*)

[5]

228 **TEST** Considera la trasformazione di equazioni $\begin{cases} x' = 6 - x \\ y' = y \end{cases}$.

Una delle seguenti proposizioni è *falsa*. Quale?

A Ogni retta di equazione $y = k$ è unita.

D Tutti i punti della retta $x = 3$ sono uniti.

B Tutti i punti della retta di equazione $y = k$ sono uniti.

E Esistono infinite rette unite.

C Il punto $(3; k)$ è unito.

Per ciascuna retta, determina la retta corrispondente nella simmetria di asse assegnato e disegna la figura.

229 $y = 2x - 4$; asse: $x = -1$.

$[y = -2x - 8]$

231 $2x - 6y + 3 = 0$; asse: $y = x$.

$[6x - 2y - 3 = 0]$

230 $y = -3x + 5$; asse: $y = -2$.

$[y = 3x - 9]$

232 $y = -2x - 3$; asse: $y = -x$.

$[x + 2y - 3 = 0]$

Per ognuna delle seguenti simmetrie, determina i punti uniti e le rette unite.

233 $\begin{cases} x' = -y \\ y' = -x \end{cases}$

234 $\begin{cases} x' = -3 - x \\ y' = y \end{cases}$

235 $\begin{cases} x' = x \\ y' = 7 - y \end{cases}$

236 Determina la retta r' corrispondente della retta r di equazione $2x - 3y + 4 = 0$ nella simmetria di asse $y = 3$ e trova il punto di intersezione di r e r' senza risolvere il sistema formato dalle loro equazioni.

$\left[2x + 3y - 14 = 0; \left(\dfrac{5}{2}; 3 \right) \right]$

237 Data la retta r di equazione $2x + 4y - 1 = 0$, determina la sua simmetrica r' rispetto all'asse $y = x$. Dove si incontrano r e r'?

$\left[4x + 2y - 1 = 0; \left(\dfrac{1}{6}; \dfrac{1}{6} \right) \right]$

238 Data la retta r di equazione $\dfrac{1}{2}x + \dfrac{3}{2}y + 1 = 0$, determina la sua simmetrica r' rispetto all'asse $y = -x$. Trova il punto di intersezione delle due rette.

$\left[\dfrac{3}{2}x + \dfrac{1}{2}y - 1 = 0; (1; -1) \right]$

239 Scrivi l'equazione della retta r che viene trasformata nella retta di equazione $3x - 5y + 2 = 0$ dalla simmetria di asse $x = -\dfrac{1}{2}$.

$[3x + 5y + 1 = 0]$

Per ognuna delle seguenti coppie di rette corrispondenti in una simmetria di asse parallelo all'asse y, scrivi l'equazione dell'asse e le equazioni della simmetria.

240 $r: y = -x + 5$; $r': y = x + 7$.

241 $r: 2x - 3y + 2 = 0$; $r': 2x + 3y - 8 = 0$.

Per ognuna delle seguenti coppie di rette determina le equazioni della simmetria di asse parallelo all'asse x in cui si corrispondono.

242 $r: y = \dfrac{1}{3}x + 2$; $r': y = -\dfrac{1}{3}x$.

243 $r: y = -x + 7$; $r': y = x - 10$.

1097

Capitolo 18. Trasformazioni geometriche

244 **RIFLETTI SULLA TEORIA** Qual è la relazione tra i coefficienti angolari di due rette che si corrispondono in una simmetria di asse parallelo a uno degli assi cartesiani? E in una simmetria che ha come asse una delle bisettrici dei quadranti? Giustifica la risposta.

245 **EUREKA!** Quali rette vengono trasformate in rette perpendicolari dalla simmetria che ha come asse la bisettrice del primo e terzo quadrante?

---

246 **ESERCIZIO GUIDA** Verifichiamo che la parabola di equazione $y = \frac{1}{2}x^2 - 4x + 2$ è simmetrica rispetto al suo asse.

L'asse della parabola ha equazione:

$$x = -\frac{b}{2a} = 4.$$

Le equazioni della simmetria di asse $x = 4$ sono:

$$\begin{cases} x' = 8 - x \\ y' = y \end{cases} \rightarrow \begin{cases} x = 8 - x' \\ y = y' \end{cases}.$$

Sostituiamo nell'equazione della parabola:

$$y' = \frac{1}{2} \cdot (8 - x')^2 - 4 \cdot (8 - x') + 2.$$

Eliminiamo gli apici e svolgiamo i calcoli:

$$y = \frac{1}{2}x^2 - 4x + 2.$$

L'equazione ottenuta è quella della parabola iniziale, pertanto l'asse $x = 4$ è asse di simmetria della parabola.

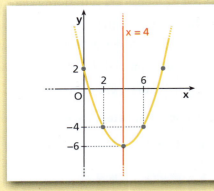

---

247 Verifica che la parabola di equazione
$$y = 2x^2 + 8x + 1$$
è simmetrica rispetto al suo asse.

248 Determina la simmetrica rispetto all'asse x della parabola di equazione $y = -2x^2 + 5x$.
$$[y = 2x^2 - 5x]$$

249 Verifica che l'iperbole di equazione $xy = 4$ è simmetrica rispetto alle bisettrici dei quadranti.

250 Le iperboli di equazioni $xy = -1$ e $xy = 1$ si corrispondono in una simmetria assiale? Quale? Verificalo.

251 Determina la simmetrica rispetto all'asse y della parabola di equazione $y = x^2 + \frac{1}{2}x - \frac{1}{2}$. Traccia il grafico delle due parabole.
$$\left[y = x^2 - \frac{1}{2}x - \frac{1}{2} \right]$$

252 Verifica che l'ellisse di equazione
$$x^2 + 3y^2 - 3 = 0$$
è simmetrica rispetto ai suoi assi.

253 Determina la simmetrica rispetto all'asse y della circonferenza di equazione $x^2 + y^2 - 2x - 2y = 0$. Traccia il grafico delle due circonferenze.
$$[x^2 + y^2 + 2x - 2y = 0]$$

254 Dimostra che le iperboli equilatere di equazione $xy = k$ sono simmetriche rispetto alle due bisettrici dei quadranti per qualsiasi $k \in \mathbb{R}$.

255 Data la parabola di equazione $y = x^2 - 5x + 6$, determina le parabole simmetriche della data rispetto:
a. all'asse x;
b. all'asse y;
c. all'origine degli assi cartesiani.

$$[\text{a) } y = -x^2 + 5x - 6;\ \text{b) } y = x^2 + 5x + 6;$$
$$\text{c) } y = -x^2 - 5x - 6]$$

Paragrafo 5. Simmetria assiale

256 **AL VOLO** Senza applicare la trasformazione, stabilisci quali delle seguenti rette sono assi di simmetria per la circonferenza di equazione $x^2 + y^2 - 6x + 4y + 9 = 0$.

a. $x - 3y - 9 = 0$ b. $3x - 2y = 0$ c. $4x + 6y + 1 = 0$ d. $2x + y - 4 = 0$

Date le equazioni delle seguenti curve, scrivi le equazioni delle loro immagini nelle simmetrie rispetto alle rette scritte a fianco e rappresentale graficamente.

257 $x^2 + 4y^2 - 4 = 0$, $y = 2$.

258 $y = \dfrac{x-1}{x+2}$, $x = 3$.

259 $y = x^2 - 2x$, $y = -x$.

260 $y = \dfrac{2x}{x-2}$, $y = x$.

261 $x^2 + y^2 - 2x = 0$, $y = x + 4$.

262 $y = \sin x$, $y = -1$.

263 $y = \ln(x - 1)$, $y = x + 2$.

264 $y = \sqrt{1-x}$, $y = x - 4$.

---

265 Se $f(x) = |3x - 12|$, allora un'equazione di un suo asse di simmetria è $x = k$. Trova il valore di k.
(USA *Illinois Council of Teachers of Mathematics, Regional Math Contest*) $[k = 4]$

266 Trova per quali valori di k la curva di equazione
$$2kx^2 + y^2 + (2k-1)x - 4 = 0$$
è simmetrica rispetto all'asse y e rappresentala graficamente. $\left[k = \dfrac{1}{2}\right]$

267 Verifica che i grafici di $y = \dfrac{1}{x-1}$ e $y = \dfrac{1}{7-x}$ sono simmetrici rispetto a una retta parallela all'asse y. Determina l'equazione di tale retta. $[x = 4]$

268 Traccia il grafico della funzione $y = x|x|$, trova poi l'equazione della sua simmetrica rispetto alla retta $x = 2$ e rappresentala graficamente. $[y = (4-x)|4-x|]$

269 Per quali valori di a la curva di equazione
$$y = \dfrac{(a-3)x - 1}{2ax - 3 + 2a}$$
è simmetrica rispetto alla retta di equazione $y = x$? Disegna il grafico che si ottiene per tale valore di a. $[a = 2]$

270 Sono date le curve γ e γ' di equazioni $xy - y + 1 = 0$ e $xy - 9y - 1 = 0$. Individua rispetto a quale retta parallela all'asse y i grafici di γ e γ' sono uno il simmetrico dell'altro. Rappresenta le due curve e l'asse di simmetria. $[x = 5]$

271 **REALTÀ E MODELLI** **Un mare di simmetrie** Dimostra che la stella marina nella foto è invariante per simmetria rispetto all'asse y, cioè che tutti i lati e i vertici evidenziati nella figura vengono trasformati dalla simmetria in altri lati o vertici della figura e che le loro immagini attraverso la simmetria formano la figura completa. È vero che la stella marina è invariante anche rispetto alla simmetria di asse x?

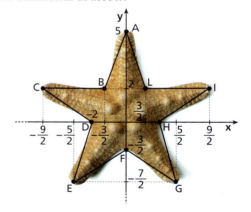

Simmetria rispetto alla retta $y = mx + q$

272 **ESERCIZIO GUIDA** Scriviamo le equazioni della simmetria rispetto alla retta r di equazione $y = -\dfrac{1}{2}x + 1$.

Se $P(x; y)$ ha come immagine $P'(x'; y')$ nella simmetria, si ha che:
- la retta PP' è perpendicolare all'asse di simmetria, ossia ha coefficiente angolare 2;
- il punto medio M del segmento PP' appartiene all'asse.

1099

Capitolo 18. Trasformazioni geometriche

Dalle due condizioni si ottiene:

$$\begin{cases} \dfrac{y'-y}{x'-x}=2 & PP' \perp r \\ \dfrac{y+y'}{2}=-\dfrac{1}{2}\left(\dfrac{x+x'}{2}\right)+1 & M \in r \end{cases}$$

Semplifichiamo le equazioni svolgendo i calcoli.

$$\begin{cases} y'-y=2x'-2x \\ 2y+2y'=-x-x'+4 \end{cases} \rightarrow \begin{cases} y'=y+2x'-2x \\ 2y+2(y+2x'-2x)=-x-x'+4 \end{cases} \rightarrow$$

$$\begin{cases} y'=y+2\left(\dfrac{3}{5}x-\dfrac{4}{5}y+\dfrac{4}{5}\right)-2x \\ x'=\dfrac{3}{5}x-\dfrac{4}{5}y+\dfrac{4}{5} \end{cases} \rightarrow \begin{cases} x'=\dfrac{3}{5}x-\dfrac{4}{5}y+\dfrac{4}{5} \\ y'=-\dfrac{4}{5}x-\dfrac{3}{5}y+\dfrac{8}{5} \end{cases}$$

Scrivi le equazioni delle simmetrie rispetto alle rette che hanno le seguenti equazioni.

273 $y = x - 1$ **275** $y = 2x + 1$ **277** $x - y + 2 = 0$ **279** $2x + 3y = 0$

274 $x + y + 4 = 0$ **276** $y = -3x$ **278** $2y - x + 3 = 0$ **280** $4x + 4y = 1$

---

281 **LEGGI IL GRAFICO** Scrivi le equazioni della simmetria di asse r.

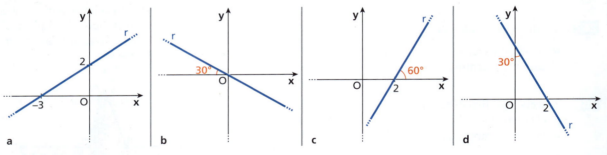

a   b   c   d

282 I punti $A(5; 5)$ e $A'(-1; 7)$ si corrispondono in una simmetria assiale. Trova le equazioni della simmetria, il trasformato del punto $B(1; 2)$ e l'area del quadrilatero $AA'B'B$.

$$\left[\begin{cases} x'=-\dfrac{4}{5}x+\dfrac{3}{5}y \\ y'=\dfrac{3}{5}x+\dfrac{4}{5}y \end{cases}; B'\left(\dfrac{2}{5};\dfrac{11}{5}\right); \dfrac{143}{10}\right]$$

283 Una simmetria assiale trasforma il triangolo di vertici $A(-3; 3)$, $B(1; 4)$, $C\left(\dfrac{1}{2}; -\dfrac{1}{2}\right)$ nel triangolo $A'B'C'$. Determina le coordinate di B', sapendo che A e C sono punti uniti. $[B'(-4; -1)]$

284 Determina le equazioni delle simmetrie assiali per cui il quadrato di vertici $A(2; 1)$, $B(3; -2)$, $C(-1; -5)$ e $D(-4; -1)$ è una figura unita.

285 **YOU & MATHS** The distance from the point $(3, 1)$ to the reflection of the line $y = 2x + 5$ across the line $y = -1 - x$ is:

A 2.   **B** $2\sqrt{2}$.   **C** $\sqrt{5}$.   **D** $3\sqrt{5}$.   **E** $3\sqrt{3}$.

(USA *Indiana University of Pennsylvania Mathematics Competition*)

Paragrafo 5. Simmetria assiale

286 **ESERCIZIO GUIDA** Date le equazioni della simmetria assiale

$$\begin{cases} x' = y - 4 \\ y' = x + 4 \end{cases},$$

determiniamo l'equazione dell'asse di simmetria.

Poiché l'asse di simmetria è il luogo dei punti uniti, per i suoi punti deve essere:

$$\begin{cases} x = y - 4 \\ y = x + 4 \end{cases} \rightarrow \begin{cases} y = x + 4 \\ y = x + 4 \end{cases} \rightarrow y = x + 4.$$

Tutti e soli i punti della retta di equazione $y = x + 4$ sono punti uniti.
La retta è quindi l'asse di simmetria.

Date le seguenti equazioni di simmetria assiale, determina l'equazione dell'asse di simmetria.

287 $\begin{cases} x' = -y + 5 \\ y' = -x + 5 \end{cases}$ $\qquad [y = -x + 5]$

288 $\begin{cases} x' = \frac{1}{2}x + \frac{\sqrt{3}}{2}y \\ y' = \frac{\sqrt{3}}{2}x - \frac{1}{2}y \end{cases}$ $\qquad \left[y = \frac{\sqrt{3}}{3}x\right]$

289 $\begin{cases} x' = \frac{3}{5}x + \frac{4}{5}y \\ y' = \frac{4}{5}x - \frac{3}{5}y \end{cases}$ $\qquad \left[y = \frac{1}{2}x\right]$

290 $\begin{cases} x' = -\frac{3}{5}x + \frac{4}{5}y + \frac{4}{5} \\ y' = \frac{4}{5}x + \frac{3}{5}y - \frac{2}{5} \end{cases}$ $\qquad [y = 2x - 1]$

---

291 Dopo aver determinato l'asse della simmetria che ha le seguenti equazioni, trova il segmento $A'B'$ simmetrico del segmento AB con $A(0; 1)$ e $B(2; 0)$. Verifica poi che i segmenti sono congruenti.

$$\begin{cases} x' = \dfrac{5x - 12y}{13} \\ y' = \dfrac{-12x - 5y}{13} \end{cases}$$

$$\left[2x + 3y = 0; A'\left(-\frac{12}{13}; -\frac{5}{13}\right); B'\left(\frac{10}{13}; -\frac{24}{13}\right)\right]$$

292 Determina i punti uniti e le rette unite nella trasformazione di equazioni:

$$\begin{cases} x' = \dfrac{4}{5}x + \dfrac{3}{5}y + \dfrac{3}{5} \\ y' = \dfrac{3}{5}x - \dfrac{4}{5}y - \dfrac{9}{5} \end{cases}.$$

$$\left[y = \frac{1}{3}x - 1; \ y = -3x + k, k \in \mathbb{R}\right]$$

293 Scrivi le equazioni della simmetria che ha per asse la retta di equazione $y = x + 3$ e trova l'equazione della trasformata dell'iperbole equilatera riferita agli assi che passa per $P(-1; 2)$.

$$[x^2 - y^2 + 6x + 6y - 3 = 0]$$

294 Disegna il grafico che si ottiene applicando consecutivamente alla curva di equazione $y = 2^x$ le simmetrie con i seguenti assi e scrivi l'equazione del grafico finale: asse y, asse x, retta di equazione $y = -x + 3$. $\qquad [y = 3 + \log_2(x - 3)]$

295 Determina l'equazione dell'immagine dell'iperbole di equazione $\dfrac{x^2}{4} - y^2 = 1$ nella simmetria che ha per asse l'asintoto dell'iperbole nel primo e terzo quadrante. $\qquad [11x^2 - 24xy + 4y^2 + 20 = 0]$

296 Le curve di equazioni $y = \ln(x + 1)$ e $y = e^{x+1}$ sono simmetriche rispetto a una retta parallela alla bisettrice del primo e del terzo quadrante. Determina l'equazione della retta. $\qquad [y = x + 1]$

297 **EUREKA!** Scrivi l'equazione dell'asse della simmetria che trasforma la parabola di equazione $y = \dfrac{1}{3}x^2 - \dfrac{8}{3}x + \dfrac{10}{3}$ nella parabola di equazione $3x = -y^2 - 10y - 22$. $\qquad [y = -x - 1]$

298 Trova l'equazione della parabola γ' simmetrica di γ di equazione $y = x^2 + 4x + 5$ rispetto alla retta di equazione $x - y - 1 = 0$. Determina la distanza tra i vertici delle due parabole e rappresentale graficamente. $\qquad [\gamma': x = y^2 + 6y + 11; \ 4\sqrt{2}]$

1101

Composizione di simmetrie assiali

299 Trasforma il triangolo *ABC* mediante la simmetria di asse *r* nel triangolo *A'B'C'* e quest'ultimo in *A"B"C"* mediante la simmetria di asse *s*.

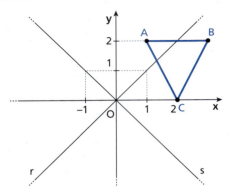

Qual è la trasformazione che associa ad *ABC* direttamente *A"B"C"*? Scrivi le sue equazioni.

$$\left[\begin{cases} x' = -x \\ y' = -y \end{cases}\right]$$

300 Determina il corrispondente *A'B'* del segmento *AB* di estremi $A(-1; 3)$ e $B(0; 2)$ nella simmetria di asse $x = -3$. Determina poi il corrispondente *A"B"* di *A'B'* nella simmetria di asse $x = 1$. Qual è la trasformazione che fa corrispondere ad *AB* direttamente *A"B"*? Determina le equazioni di tale trasformazione.

$$\left[\begin{cases} x' = x + 8 \\ y' = y \end{cases}\right]$$

301 Trova la corrispondente *r'* della retta *r* di equazione $2x - 3y + 7 = 0$ nella simmetria di asse $y = \frac{1}{2}$. Determina poi la retta *r"* corrispondente di *r'* nella simmetria di asse $y = -2$. In quale trasformazione si corrispondono le rette *r* e *r"*? Scrivine le equazioni e commenta il risultato.

$$\left[\begin{cases} x' = x \\ y' = y + 5 \end{cases}\right]$$

RIFLETTI SULLA TEORIA

302 Verifica che, componendo una simmetria assiale di asse $x = a$ con una di asse $y = b$, si ottiene una simmetria centrale di centro $C(a; b)$. Componendo due simmetrie di assi r_1 e r_2 perpendicolari tra loro, che trasformazione si ottiene?

303 Verifica che, componendo una simmetria rispetto all'asse *x* con una simmetria rispetto alla bisettrice del primo e terzo quadrante, si ottiene una rotazione intorno all'origine di angolo $\alpha = \frac{\pi}{2}$.

304 Scrivi le equazioni delle simmetrie s_1 e s_2 rispetto alla retta di equazione $y = -x + 3$ e rispetto a quella di equazione $y = -x - 1$. Determina le equazioni di $s_1 \circ s_2$, verificando che è una traslazione di vettore $\vec{v}$ perpendicolare alle due rette e di modulo uguale al doppio della distanza tra le due rette.

$$\left[s_1: \begin{cases} x' = -y + 3 \\ y' = -x + 3 \end{cases}; s_2: \begin{cases} x' = -y - 1 \\ y' = -x - 1 \end{cases}; \right.$$
$$\left. s_1 \circ s_2: \begin{cases} x'' = x + 4 \\ y'' = y + 4 \end{cases} \right]$$

305 Considera la circonferenza γ di equazione $x^2 + y^2 - 4y + 3 = 0$. Trova l'equazione della corrispondente γ' di γ nella simmetria rispetto alla bisettrice del secondo e quarto quadrante e considera poi la circonferenza γ'' simmetrica di γ' rispetto alla retta di equazione $y = -2$. Scrivi l'equazione di γ'' e le equazioni della trasformazione che porta γ in γ''.

$$\left[\gamma': x^2 + y^2 + 4x + 3 = 0, \right.$$
$$\left. \gamma'': x^2 + y^2 + 4x + 8y + 19 = 0; \begin{cases} x' = -y \\ y' = -4 + x \end{cases} \right]$$

Glissosimmetria

306 **ASSOCIA** a ciascun asse di simmetria il vettore in modo che componendo la simmetria con la traslazione il risultato sia una glissosimmetria.

a. $2x - 3y = 0$ 1. $\vec{v}(0; 14)$

b. $y = 3$ 2. $\vec{v}\left(\frac{1}{2}; \frac{3}{4}\right)$

c. $x = -3$ 3. $\vec{v}(-4; -6)$

d. $3x - 2y = 0$ 4. $\vec{v}(-4; 0)$

307 Scrivi le equazioni della glissosimmetria che si ottiene componendo la traslazione di vettore $\vec{v}(-2; 1)$ con la simmetria assiale di asse la retta $x + 2y = 0$ e verifica che non vi sono punti uniti.

$$\left[t \circ s: \begin{cases} x' = \frac{3}{5}x - \frac{4}{5}y - 2 \\ y' = -\frac{4}{5}x - \frac{3}{5}y + 1 \end{cases} \right]$$

Paragrafo 6. Isometrie

308 Verifica che la glissosimmetria di equazioni

$$\begin{cases} x' = x + 3 \\ y' = -y \end{cases}$$

non ha punti uniti e l'unica retta unita è l'asse.

309 Scrivi le equazioni della glissosimmetria che si ottiene componendo la simmetria rispetto alla bisettrice del secondo e quarto quadrante con la traslazione di vettore $\vec{v}(2;-2)$. $\left[s \circ t: \begin{cases} x' = -y + 2 \\ y' = -x - 2 \end{cases}\right]$

Quali delle seguenti equazioni rappresentano una glissosimmetria?

310 a. $\begin{cases} x' = x - 4 \\ y' = -y \end{cases}$ b. $\begin{cases} x' = x + 2 \\ y' = y - 3 \end{cases}$ c. $\begin{cases} x' = -x + 1 \\ y' = y - 3 \end{cases}$

311 a. $\begin{cases} x' = -x \\ y' = y + 6 \end{cases}$ b. $\begin{cases} x' = -x \\ y' = y \end{cases}$ c. $\begin{cases} x' = -x + 6 \\ y' = y \end{cases}$

MATEMATICA E STORIA

Il gruppo di Klein Nel suo Programma di Erlangen (il programma di ricerca illustrato all'atto dell'insediamento universitario) il matematico tedesco Felix Klein (1849-1925) introdusse il collegamento fra la geometria e la teoria dei gruppi. Consideriamo per esempio l'insieme I delle isometrie che trasformano un rettangolo in se stesso; i suoi elementi sono:
- la rotazione r di 180° rispetto al centro O;
- la simmetria s_a rispetto all'asse a;
- la simmetria s_b rispetto all'asse b;
- l'identità i.

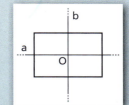

L'operazione di composizione di isometrie, indicata con $\circ$, è interna nell'insieme I, è associativa, ammette l'elemento neutro e ogni isometria di I ammette l'elemento inverso secondo questa operazione. La struttura algebrica $(I, \circ)$ è chiamata *gruppo di Klein*.

a. Compila la tabella dell'operazione $\circ$ nell'insieme I.
b. Qual è l'elemento neutro dell'operazione $\circ$?
c. Qual è l'elemento inverso di r, cioè quale isometria va composta con r in modo da ottenere l'identità? Qual è l'elemento inverso di s_a? E quello di s_b?

Risoluzione – Esercizio in più

TUTOR matematica — Allenati con **15 esercizi interattivi** con feedback "hai sbagliato, perché…"
su.zanichelli.it/tutor3   risorsa riservata a chi ha acquistato l'edizione con tutor

---

6 Isometrie

▶ Teoria a p. 1060

Studia le isometrie individuate dalle seguenti equazioni.

312 $\begin{cases} x' = -x \\ y' = -y \end{cases}$ $[r: C(0;0), \alpha = \pi]$

313 $\begin{cases} x' = x + 2 \\ y' = y - 1 \end{cases}$ $[t: \vec{v}(2;-1)]$

314 $\begin{cases} x' = 6 - x \\ y' = -2 - y \end{cases}$ $[s.c.: C(3;-1)]$

315 $\begin{cases} x' = -y \\ y' = -x \end{cases}$ $[s.a.: y = -x]$

316 $\begin{cases} x' = -x + 4 \\ y' = -y \end{cases}$ $[s.c.: C(2;0)]$

317 $\begin{cases} x' = -x \\ y' = y \end{cases}$ $[s.a.: x = 0]$

318 $\begin{cases} x' = -\dfrac{1}{2}x - \dfrac{\sqrt{3}}{2}y \\ y' = \dfrac{\sqrt{3}}{2}x - \dfrac{1}{2}y \end{cases}$ $\left[r: C(0;0), \alpha = \dfrac{2}{3}\pi\right]$

319 $\begin{cases} x' = -y \\ y' = x + 4 \end{cases}$ $\left[r: C(-2;2), \alpha = \dfrac{\pi}{2}\right]$

1103

Capitolo 18. Trasformazioni geometriche

320 $\begin{cases} x' = -x - 3 \\ y' = y \end{cases}$ $\left[\text{s.a.: } x = -\dfrac{3}{2}\right]$

321 $\begin{cases} x' = y + 2 \\ y' = x - 2 \end{cases}$ $[\text{s.a.: } y = x - 2]$

Indica quali equazioni rappresentano rotazioni, traslazioni, simmetrie centrali o assiali, glissosimmetrie.

322 a. $\begin{cases} x' = -x + 1 \\ y' = -y + 3 \end{cases}$ b. $\begin{cases} x' = x - 2 \\ y' = y + 4 \end{cases}$ c. $\begin{cases} x' = -x + 2 \\ y' = y \end{cases}$ d. $\begin{cases} x' = x - 8 \\ y' = -y + 1 \end{cases}$

323 a. $\begin{cases} x' = -y + 9 \\ y' = -x + 9 \end{cases}$ b. $\begin{cases} x' = y + 2 \\ y' = -x - 4 \end{cases}$ c. $\begin{cases} x' = x \\ y' = -y + 4 \end{cases}$ d. $\begin{cases} x' = -x - 2 \\ y' = y - 6 \end{cases}$

COMPLETA le seguenti equazioni in modo che rappresentino l'isometria indicata a fianco.

324 $\begin{cases} x' = \square\, x + \square \\ y' = -y + \square \end{cases}$, simmetria centrale di centro $M(2; -6)$.

325 $\begin{cases} x' = x + \square \\ y' = \square \end{cases}$, traslazione di vettore $\vec{v}(4; -3)$.

326 $\begin{cases} x' = \square\, x + \square\, y \\ y' = \square\, x + \square\, y \end{cases}$, rotazione di centro $O(0; 0)$ e angolo $\alpha = \dfrac{\pi}{3}$.

327 $\begin{cases} x' = -x + \square \\ y' = \square\, y \end{cases}$, simmetria assiale di asse $x = -8$.

---

328 Nel piano cartesiano considera la trasformazione t di equazioni

$$t: \begin{cases} x' = ax + by + c \\ y' = a'x + b'y + c' \end{cases}$$

tale che:

$A(0; 0) \mapsto A'(1; -1)$, $B(2; -1) \mapsto B'(0; 1)$, $C(-3; 1) \mapsto C'(2; -4)$.

Dimostra che la trasformazione t è una simmetria assiale e determina l'asse di simmetria. Trova le equazioni di t^{-1} e verifica che t è involutoria.

$\left[\text{asse: } y = x - 1;\ t^{-1}: \begin{cases} x = y' + 1 \\ y = x' - 1 \end{cases}\right]$

329 Scrivi le equazioni delle isometrie che lasciano invariato ciascuno dei seguenti poligoni.

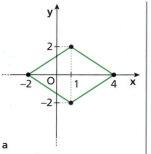

a

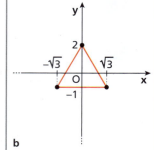

b

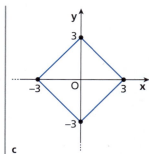

c

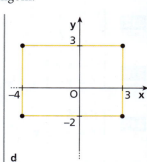

d

Paragrafo 6. Isometrie

Problemi REALTÀ E MODELLI

RISOLVIAMO UN PROBLEMA

■ Il rosone

La foto riporta uno dei rosoni della cattedrale di Notre-Dame di Parigi.
- Troviamo l'insieme delle trasformazioni geometriche che lasciano invariato il rosone.
- Determiniamo l'*elemento base* della figura che permette di ricostruire l'immagine applicando le trasformazioni trovate.

▶ **Troviamo le trasformazioni.**

Le trasformazioni che lasciano invariata la figura sono necessariamente delle isometrie, perché devono mantenere le lunghezze. Poiché il centro del rosone rimane fisso, questo deve essere un punto unito. Possiamo perciò escludere le traslazioni (diverse dall'identità) e le glissosimmetrie, perché queste trasformazioni non hanno punti uniti. Rimangono perciò le rotazioni e le simmetrie assiali.

▶ **Troviamo le rotazioni.**

Le rotazioni che mantengono invariata la figura devono avere centro O. Oltre alla rotazione di angolo 0° (che coincide con l'identità), abbiamo la rotazione di angolo $\alpha = 30°$ e quelle di angoli $2\alpha, 3\alpha, ..., 11\alpha$.

▶ **Troviamo le simmetrie assiali.**

Nelle simmetrie assiali che lasciano invariata la figura, l'asse deve necessariamente passare per il centro. Otteniamo le simmetrie rispetto alle rette $r_1, r_2, ..., r_{12}$ sovrapposte alla foto, in cui l'angolo tra r_i e r_{i+1} è di 15°.

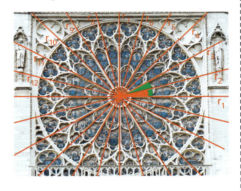

In totale le trasformazioni sono 24: 12 rotazioni, tra cui l'identità, e 12 simmetrie assiali.
Osserviamo che la simmetria centrale di centro O, che lascia anch'essa invariato il rosone, coincide con la rotazione di centro O e angolo $6\alpha = 180°$.

▶ **Evidenziamo l'elemento base del rosone.**

L'elemento a spicchio rosso, sovrapposto alla foto, è l'elemento base da cui costruire il rosone. Per esempio, possiamo applicare a esso la simmetria di asse r_1, per poi applicare al motivo ottenuto le rotazioni di angoli $\alpha, 2\alpha, ..., 11\alpha$.

---

330 **Cristallo di neve** Scrivi le equazioni di tutte le trasformazioni che lasciano invariata la figura.

331 **Fregio** In molti ornamenti di opere d'arte si utilizzano fregi come quello nella foto, dettaglio di un mosaico della basilica di San Vitale a Ravenna.

a. Riconosci tutte le simmetrie che lasciano invariato il fregio della foto.
b. Evidenzia l'elemento base del fregio da cui si può costruire l'immagine con le trasformazioni trovate.

1105

Capitolo 18. Trasformazioni geometriche

332 **Tic tac...** Considera le lancette di un orologio.
   a. Scrivi le equazioni della rotazione t che fa passare la lancetta delle ore dalla posizione che ha a mezzogiorno a quella che ha all'una.
   b. Se applichi t anche alla lancetta dei minuti, ottieni una configurazione che rappresenta un orario possibile?
   c. Scrivi le equazioni della rotazione che descrive la posizione della lancetta delle ore al variare del tempo, di ora in ora, a partire da mezzogiorno.

$$\left[\text{a)} \begin{cases} x' = \frac{\sqrt{3}}{2}x + \frac{1}{2}y \\ y' = -\frac{1}{2}x + \frac{\sqrt{3}}{2}y \end{cases} ; \text{b) no; c)} \begin{cases} x' = \cos\left(\frac{\pi}{6}t\right)x + \sin\left(\frac{\pi}{6}t\right)y \\ y' = -\sin\left(\frac{\pi}{6}t\right)x + \cos\left(\frac{\pi}{6}t\right)y \end{cases} \right]$$

333 **La Rotonda** Villa Almerico Capra detta «La Rotonda», è una delle ville più famose progettate da Andrea Palladio. La pianta è riportata a fianco. Scrivi le equazioni di tutte le simmetrie che lasciano invariata la pianta della villa.

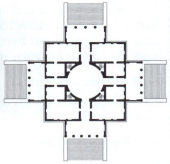

$$\left[s_y: \begin{cases} x' = -x \\ y' = y \end{cases} ; s_x: \begin{cases} x' = x \\ y' = -y \end{cases} ; s_b: \begin{cases} x' = y \\ y' = x \end{cases} ; s_{b'}: \begin{cases} x' = -y \\ y' = -x \end{cases} ; s_O: \begin{cases} x' = -x \\ y' = -y \end{cases} \right]$$

334  **Rotazione liquida** Le molecole d'acqua sono formate da due atomi di idrogeno e un atomo di ossigeno, disposti come nella figura. Scrivi le equazioni della trasformazione che, in un sistema di riferimento cartesiano con l'origine nell'atomo di ossigeno e l'asse x parallelo alla congiungente i due atomi di idrogeno, manda un atomo di idrogeno nell'altro. $\left[s: \begin{cases} x' = -x \\ y' = y \end{cases} \right]$

Composizione di isometrie

335 Considera la traslazione che associa al punto $A(3; 2)$ il punto $A'(9; 2)$. Trova due simmetrie assiali tali che, eseguite in successione, facciano corrispondere al punto A il punto A'.

336 **RIFLETTI SULLA TEORIA** La composizione di due simmetrie ad assi incidenti e perpendicolari gode della proprietà commutativa? Giustifica la tua risposta scegliendo come assi di simmetria le rette di equazioni $x = a$ e $y = b$ e come punto da trasformare il punto $P(x; y)$.

337 Studia le isometrie $t_1: \begin{cases} x' = -y \\ y' = x + 4 \end{cases}$ e $t_2: \begin{cases} x' = 2 - x \\ y' = -y \end{cases}$. Determina e studia la trasformazione $t = t_1 \circ t_2$ individuando gli elementi uniti. Trova il corrispondente del triangolo di vertici $A(-1; 0)$, $B(1; -1)$, $C(2; 2)$ nella trasformazione t.

$$\left[t: \begin{cases} x' = y \\ y' = 6 - x \end{cases} ; \text{rotazione: } \alpha = -\frac{\pi}{2} \text{ e } C(3; 3); A'(0; 7); B'(-1; 5); C'(2; 4) \right]$$

338 Determina le equazioni della trasformazione $s \circ t$, ottenuta componendo la traslazione t di vettore $\vec{v}(4; 6)$ con la simmetria s rispetto alla retta di equazione $y = -2$. Applica $s \circ t$ al segmento AB, con $A(-8; 2)$ e $B(1; 2)$, ottenendo il segmento $A''B''$. Verifica che $A''B''$ si ottiene anche applicando ad AB la traslazione e successivamente ad $A'B'$ la simmetria.

$$\left[s \circ t: \begin{cases} x' = x + 4 \\ y' = -y - 10 \end{cases} \right]$$

1106

Paragrafo 6. Isometrie

339 Data la retta di equazione $y = -\frac{1}{2}x + 5$, trova l'equazione della retta r' corrispondente nella traslazione di vettore $\vec{v}(-2; 3)$. Trova poi l'equazione della retta r'' simmetrica di r' rispetto alla retta $y = -x$. Le rette r e r'' sono parallele? La trasformazione esaminata conserva la direzione di una retta?

$$\left[r': y = -\frac{1}{2}x + 7;\; r'': y = -2x - 14 \right]$$

340 Determina le equazioni della trasformazione che si ottiene componendo la traslazione di vettore $\vec{v}(2; 4)$ con la simmetria di asse $x = 1$. Trova poi l'equazione della retta r' corrispondente alla retta r di equazione $2x + y + 2 = 0$ nella trasformazione composta ottenuta. Che cosa osservi?
$$\left[\begin{cases} x' = -x \\ y' = y + 4 \end{cases}; 2x - y + 2 = 0 \right]$$

341 Considera le simmetrie centrali $s_1: \begin{cases} x' = -4 - x \\ y' = 2 - y \end{cases}$ e $s_2: \begin{cases} x' = -2 - x \\ y' = -y \end{cases}$. Determina i loro centri M_1 e M_2. Trova poi $s_3 = s_2 \circ s_1$. Quale trasformazione hai ottenuto? Considera il punto $A(-1; 3)$, il suo simmetrico B rispetto a s_1 e C simmetrico di B rispetto a s_2. Calcola l'area del triangolo ABC.
$$\left[s_3: \begin{cases} x' = x + 2 \\ y' = y - 2 \end{cases}; 6 \right]$$

342 **REALTÀ E MODELLI** **Tetris** Nel gioco del Tetris, i pezzi (detti *tetramini*) scendono verso il basso, con traslazioni di vettore $\vec{v}_b(0; -1)$. Possono essere spostati dal giocatore verso destra o verso sinistra di un'unità, quindi con traslazioni di vettori $\vec{v}_s(-1; 0)$ o $\vec{v}_d(1; 0)$, oppure ruotati su loro stessi di 90° in senso antiorario. Nel caso del pezzo a «T» in figura, la rotazione avviene rispetto al punto C. Determina le equazioni della trasformazione che porta il pezzo dalla configurazione 1 alla 2, combinando opportunamente le trasformazioni elencate.

$$\left[\begin{cases} x' = -y + 12 \\ y' = x - 2 \end{cases} \right]$$

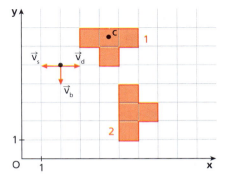

Grafici e isometrie

343 **ESERCIZIO GUIDA** Disegniamo il grafico della funzione $y = -2^{x-1} + 3$, a partire dal grafico di $y = 2^x$, applicando delle isometrie.

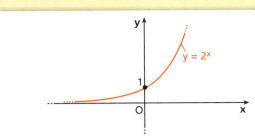

a. Disegniamo $y = 2^x$.

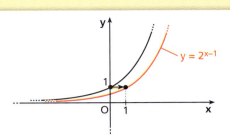

b. Applichiamo una traslazione di vettore $\vec{v}(1; 0)$.

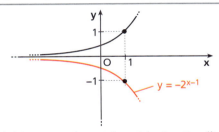

c. Applichiamo una simmetria assiale rispetto all'asse x.

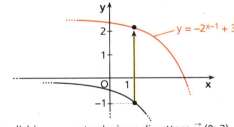

d. Applichiamo una traslazione di vettore $\vec{v}_1(0; 3)$.

Capitolo 18. Trasformazioni geometriche

Traccia il grafico delle seguenti funzioni applicando le isometrie a partire dai grafici noti.

344 $y = e^{2-x} + 2$

345 $y = \log_2(x-3) + 2$

346 $y = 1 - \sin(\pi - x)$

347 $y = \left(\dfrac{1}{2}\right)^{x+1} - 4$

348 $y = \sin\left(x - \dfrac{\pi}{4}\right) + 1$

349 $y = -\cos x + 2$

350 $y = -\tan\left(x + \dfrac{\pi}{2}\right) - 1$

351 $y = -3^{-x-1} + 1$

352 $y = \ln(x-4) - 2$

353 $y = -(x-3)^2 + 2$

354 $y = -1 + \sqrt{|x|}$

355 $y = \ln\dfrac{1}{x} + 2$

356 $y = -\ln|x| + 1$

357 $y = 2^{|x|-1} + 2$

358 $y = -\sin(-x) + 3$

359 $y = 1 - \sin\left(\dfrac{\pi}{3} - x\right)$

360 $y = -\sqrt{-x} + 4$

361 $y = -2 - \sqrt{x-1}$

Applica alle seguenti funzioni, nell'ordine, le isometrie assegnate e trova l'equazione della curva trasformata.

362 $y = \cos x$: traslazione di vettore $\vec{v}(-1; 3)$, simmetria rispetto all'asse x. $\quad [y = -\cos(x+1) - 3]$

363 $y = 2^x$: simmetria rispetto all'asse y, traslazione di vettore $\vec{v}(2; -2)$. $\quad [y = 2^{2-x} - 2]$

364 $y = \dfrac{x-3}{x}$: rotazione con centro O e angolo $\dfrac{\pi}{2}$, simmetria rispetto alla retta di equazione $x = 2$. $\left[y = \dfrac{3}{5-x}\right]$

365 $y = x^2 + 2x$: traslazione di vettore $\vec{v}(1; 0)$, simmetria rispetto alla retta di equazione $y = -2$, simmetria rispetto al punto $M(1; -3)$. $\quad [y = x^2 - 4x + 1]$

366 Determina il vettore $\vec{v}$ della traslazione che trasforma la funzione omografica di equazione $y = \dfrac{2x-4}{1-x}$ in un'iperbole equilatera riferita agli asintoti. Esegui poi una simmetria assiale rispetto alla retta di equazione $x = 4$ e trova l'equazione dell'iperbole. $\left[\vec{v}(-1; 2); y = \dfrac{2}{8-x}\right]$

Rappresentazione grafica delle coniche

367 **ESERCIZIO GUIDA** Rappresentiamo graficamente la conica di equazione:

$$5x^2 + 6xy + 5y^2 - 30x - 18y + 43 = 0.$$

- Applichiamo una **rotazione** di centro O e angolo α generico e determiniamo successivamente α in modo che l'equazione della conica non abbia il termine in xy:

$$r: \begin{cases} x' = x\cos\alpha - y\sin\alpha \\ y' = x\sin\alpha + y\cos\alpha \end{cases} \rightarrow \quad r^{-1}: \begin{cases} x = x'\cos\alpha + y'\sin\alpha \\ y = -x'\sin\alpha + y'\cos\alpha \end{cases}.$$

Sostituiamo nell'equazione della conica togliendo gli apici:

$$5(x\cos\alpha + y\sin\alpha)^2 + 6(x\cos\alpha + y\sin\alpha)(-x\sin\alpha + y\cos\alpha) + 5(-x\sin\alpha + y\cos\alpha)^2 +$$
$$-30(x\cos\alpha + y\sin\alpha) - 18(-x\sin\alpha + y\cos\alpha) + 43 = 0,$$

$$5x^2\cos^2\alpha + 5y^2\sin^2\alpha + 10xy\cos\alpha\sin\alpha - 6x^2\cos\alpha\sin\alpha + 6xy\cos^2\alpha - 6xy\sin^2\alpha + 6y^2\sin\alpha\cos\alpha +$$
$$+ 5x^2\sin^2\alpha + 5y^2\cos^2\alpha - 10xy\sin\alpha\cos\alpha - 30x\cos\alpha - 30y\sin\alpha + 18x\sin\alpha - 18y\cos\alpha + 43 = 0.$$

Imponiamo che il coefficiente del termine xy sia nullo:

$$6(\cos^2\alpha - \sin^2\alpha) = 0 \quad \rightarrow \quad \cos^2\alpha - \sin^2\alpha = 0.$$

Dividendo per $\cos^2\alpha$ (con $\alpha \neq \frac{\pi}{2} + k\pi$), abbiamo:

$$\tan^2\alpha = 1 \rightarrow \tan\alpha = \pm 1 \rightarrow \alpha = \pm\frac{\pi}{4} + k\pi.$$

Scegliamo $\alpha = \frac{\pi}{4}$ e sostituiamo nell'equazione precedente. Semplificando, otteniamo:

$$2x^2 + 8y^2 - 6\sqrt{2}\,x - 24\sqrt{2}\,y + 43 = 0.$$

- Eseguiamo ora una **traslazione** per eliminare i termini di primo grado in x e y:

$$t: \begin{cases} x' = x + a \\ y' = y + b \end{cases} \rightarrow t^{-1}: \begin{cases} x = x' - a \\ y = y' - b \end{cases}.$$

Sostituendo ed eliminando gli apici:

$$2(x-a)^2 + 8(y-b)^2 - 6\sqrt{2}\,(x-a) - 24\sqrt{2}\,(y-b) + 43 = 0 \rightarrow$$
$$2x^2 + 2a^2 - 4ax + 8y^2 + 8b^2 - 16by - 6\sqrt{2}\,x + 6\sqrt{2}\,a - 24\sqrt{2}\,y + 24\sqrt{2}\,b + 43 = 0.$$

Imponiamo che i coefficienti dei termini di primo grado in x e y siano nulli:

$$-4a - 6\sqrt{2} = 0 \rightarrow 2(2a + 3\sqrt{2}) = 0 \rightarrow a = -\frac{3}{2}\sqrt{2},$$

$$-16b - 24\sqrt{2} = 0 \rightarrow 8(2b + 3\sqrt{2}) = 0 \rightarrow b = -\frac{3}{2}\sqrt{2}.$$

Per non avere i termini in x e in y dobbiamo quindi applicare una traslazione di vettore $\left(-\frac{3}{2}\sqrt{2}; -\frac{3}{2}\sqrt{2}\right)$. Sostituiamo nell'equazione e semplifichiamo:

$$2x^2 + 8y^2 - 2 = 0 \rightarrow x^2 + 4y^2 = 1 \rightarrow x^2 + \frac{y^2}{\frac{1}{4}} = 1.$$

Abbiamo ottenuto l'equazione di un'ellisse con centro in O e semiassi 1 e $\frac{1}{2}$.

Disegniamo la curva e poi eseguiamo in successione le trasformazioni inverse che riportano l'ellisse all'equazione iniziale, cioè una traslazione di vettore $\left(\frac{3}{2}\sqrt{2}; \frac{3}{2}\sqrt{2}\right)$ e una rotazione di centro O e angolo $-\frac{\pi}{4}$.

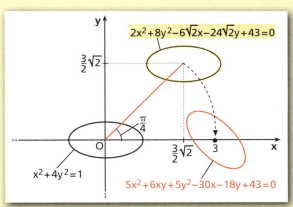

Rappresenta graficamente le coniche che hanno le seguenti equazioni.

368 $5x^2 + 6xy + 5y^2 - 8 = 0$ $\hfill$ [ellisse, $C(0; 0)$, semiassi: 2, 1]

369 $x^2 - 2xy + y^2 + 2\sqrt{2}\,x + 2\sqrt{2}\,y = 0$ $\hfill$ [parabola, $V(0; 0)$]

370 $x^2 + 6xy + y^2 + 4 = 0$ $\hfill$ [iperbole, $C(0; 0)$, semiassi: $\sqrt{2}$, 1]

371 $2x^2 + 4\sqrt{3}\,xy - 2y^2 + 4x + 4\sqrt{3}\,y + 6 = 0$ $\hfill$ $\left[\text{iperbole}, C\left(-\frac{1}{2}; -\frac{\sqrt{3}}{2}\right), \text{semiassi}: 1, 1\right]$

Capitolo 18. Trasformazioni geometriche

372 $5x^2 + 4xy + 8y^2 - 36 = 0$ [ellisse, $C(0; 0)$, semiassi: 2, 3]

373 $3y^2 + 4xy = 4$ [iperbole, $C(0; 0)$, semiassi: 1, 2]

374 $5x^2 + 6xy + 5y^2 - 16x - 16y + 8 = 0$ [ellisse, $C(1; 1)$, semiassi: 2, 1]

375 $6x^2 - 20xy + 6y^2 - 1 = 0$ $\left[\text{iperbole, } C(0; 0), \text{ semiassi: } \dfrac{1}{2}, \dfrac{1}{4}\right]$

376 $3x^2 - 10xy + 3y^2 + 8 = 0$ [iperbole, $C(0; 0)$, semiassi: 1, 2]

377 $x^2 - 2\sqrt{3}\,xy + 3y^2 - 2\sqrt{3}\,x - 2y - 4 = 0$ $\left[\text{parabola, } V\left(-\dfrac{\sqrt{3}}{2}; -\dfrac{1}{2}\right)\right]$

7 Omotetia

▶ Teoria a p. 1064

378 **VERO O FALSO?**
  a. Due circonferenze sono sempre omotetiche. V F
  b. L'omotetia ingrandisce sempre una figura. V F
  c. Un'omotetia di rapporto k trasforma un angolo di ampiezza α in uno di ampiezza $k\alpha$. V F
  d. Un'omotetia trasforma un segmento in un segmento a esso parallelo. V F
  e. Un'omotetia di centro C e rapporto $k = -1$ è una simmetria centrale di centro C. V F

379 **TEST** Due quadrati si corrispondono in un'omotetia:
  A se hanno i lati congruenti.
  B sempre.
  C se hanno i lati in proporzione.
  D se hanno i lati paralleli.
  E mai.

Equazioni dell'omotetia con centro nell'origine

omotetia di centro O e rapporto K:
$\begin{cases} x' = kx \\ y' = ky \end{cases}$

Disegna le omotetiche delle figure nell'omotetia di centro $O(0; 0)$ e rapporto k.

380 Segmento di estremi $A(-2; -1)$ e $B(1; 3)$; $k = 3$.

381 Triangolo di vertici $A(4; 6)$, $B(7; 10)$ e $C(10; 4)$; $k = -2$.

382 Quadrilatero di vertici $A(0; 5)$, $B(10; 1)$, $C(0; -7)$ e $D(-10; -3)$; $k = -1$.
I quadrilateri corrispondenti sono quadrilateri particolari?

383 **COMPLETA** sapendo che A' è il trasformato di A nell'omotetia di centro O e rapporto k.

  a. $A(3; -2)$, $A'(\square; \square)$, $k = \dfrac{1}{3}$.   c. $A\left(-\dfrac{2}{3}; \square\right)$, $A'(\square; 5)$, $k = -\dfrac{5}{2}$.

  b. $A\left(\dfrac{1}{2}; -2\right)$, $A'(-2; 8)$, $k = \square$.   d. $A(\square; \square)$, $A'\left(\dfrac{5}{4}; -\dfrac{1}{2}\right)$, $k = 2$.

384 **AL VOLO** Quali delle seguenti coppie di punti si corrispondono in un'omotetia di centro O?

  a. $A\left(\dfrac{1}{5}; -\dfrac{5}{4}\right)$, $A'\left(\dfrac{2}{5}; -\dfrac{5}{2}\right)$.   b. $A(-6; 1)$, $A'\left(2; \dfrac{1}{3}\right)$.   c. $A\left(\dfrac{3}{2}; -\dfrac{5}{4}\right)$, $A'\left(\dfrac{9}{5}; -\dfrac{3}{4}\right)$

1110

Paragrafo 7. Omotetia

385 **LEGGI IL GRAFICO** In ogni grafico sono rappresentate una figura geometrica (indicata con lettere senza apice) e la sua omotetica. Determina il rapporto k di omotetia.

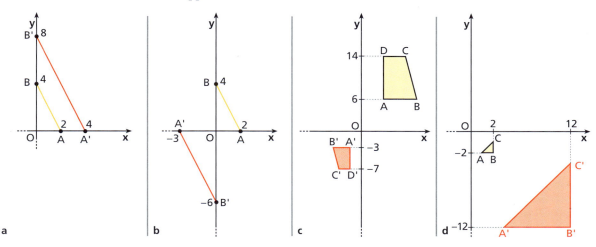

a   b   c   d

386 Il triangolo $A'B'C'$ è il corrispondente del triangolo di vertici $A(2; 4)$, $B(5; 0)$, $C(6; 7)$ nell'omotetia di centro O e rapporto $k = 2$. Verifica che entrambi i triangoli sono rettangoli e che il rapporto fra il perimetro di $A'B'C'$ e quello di ABC è uguale a 2.

387 Sia $A'B'C'D'$ il corrispondente del parallelogramma di vertici $A(-8; -6)$, $B(-4; -5)$, $C(-1; -1)$ e $D(-5; -2)$ nell'omotetia di centro O e rapporto $k = -\dfrac{1}{3}$. Verifica che i lati corrispondenti sono paralleli.

388 Un'omotetia con centro O trasforma il punto $A(2; -5)$ nel punto A' di ascissa -8. Trova le equazioni dell'omotetia e l'ordinata di A'. $\left[\begin{cases} x' = -4x \\ y' = -4y \end{cases}, y_{A'} = 20\right]$

Equazioni dell'omotetia con centro C qualunque

Scrivi le equazioni delle omotetie che hanno i seguenti centri C e rapporti k.

389 $C(0; 2)$, $k = \dfrac{2}{3}$. $\left[\begin{cases} x' = \dfrac{2}{3}x \\ y' = \dfrac{2}{3}y + \dfrac{2}{3} \end{cases}\right]$

391 $C(-4; 1)$, $k = -3$. $\left[\begin{cases} x' = -3x - 16 \\ y' = -3y + 4 \end{cases}\right]$

390 $C(-1; 0)$, $k = -\dfrac{1}{2}$. $\left[\begin{cases} x' = -\dfrac{1}{2}x - \dfrac{3}{2} \\ y' = -\dfrac{1}{2}y \end{cases}\right]$

392 $C(1; -2)$, $k = \dfrac{3}{4}$. $\left[\begin{cases} x' = \dfrac{3}{4}x + \dfrac{1}{4} \\ y' = \dfrac{3}{4}y - \dfrac{1}{2} \end{cases}\right]$

Determina i centri delle omotetie con le seguenti equazioni.

393 $\begin{cases} x' = 2x - 1 \\ y' = 2y + 3 \end{cases}$ $[C(1; -3)]$

395 $\begin{cases} x' = \dfrac{x-1}{3} \\ y' = \dfrac{y+2}{3} \end{cases}$ $\left[C\left(-\dfrac{1}{2}; 1\right)\right]$

394 $\begin{cases} x' = \dfrac{1}{2}x \\ y' = \dfrac{1}{2}y - 2 \end{cases}$ $[C(0; -4)]$

396 $\begin{cases} x' = 4(x-1) \\ y' = 4y + \dfrac{1}{2} \end{cases}$ $\left[C\left(\dfrac{4}{3}; -\dfrac{1}{6}\right)\right]$

Capitolo 18. Trasformazioni geometriche

397 **LEGGI IL GRAFICO** $A'B'$ è omotetico di AB: determina il centro e il rapporto di omotetia.

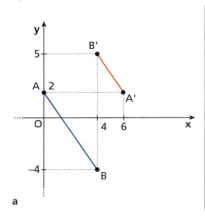
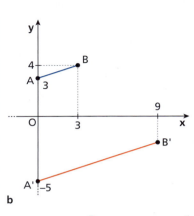
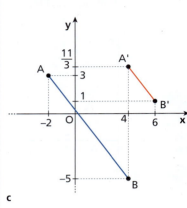

a b c

$$\left[\text{a) } C(4; 2), k = -\frac{1}{2}; \text{ b) } C(0; 7), k = 3; \text{ c) } C(7; 4), k = \frac{1}{3}\right]$$

398 Un'omotetia trasforma il punto $A(0; -3)$ in $A'(4; 1)$ e $B(2; 0)$ in B' di ordinata -8. Scrivi le equazioni dell'omotetia, determina il centro, il rapporto k e l'ascissa di B'. Calcola poi il rapporto tra i segmenti AB e $A'B'$.

$$\left[\begin{cases} x' = -3x + 4 \\ y' = -3y - 8 \end{cases}, C(1; -2), k = -3, x_{B'} = -2, \frac{\overline{AB}}{\overline{A'B'}} = \frac{1}{3}\right]$$

399 **TEST** Quale fra le seguenti equazioni rappresenta un'omotetia con centro in $(-2; 3)$?

A $\begin{cases} x' = 2y + 2 \\ y' = 2x - 3 \end{cases}$ B $\begin{cases} x' = 4x + 2 \\ y' = 4y - 3 \end{cases}$ C $\begin{cases} x' = -2x + 2 \\ y' = -2y - 3 \end{cases}$ D $\begin{cases} x' = -x - 2 \\ y' = -y + 3 \end{cases}$ E $\begin{cases} x' = 2x + 2 \\ y' = 2y - 3 \end{cases}$

400 **RIFLETTI SULLA TEORIA** Stabilisci se la retta di equazione $3x - y + 5 = 0$ è globalmente unita nell'omotetia di equazioni $\begin{cases} x' = 2x + 2 \\ y' = 2y + 1 \end{cases}$, senza calcolare l'equazione della retta trasformata.

401 **FAI UN ESEMPIO** di una figura unita per un'omotetia di centro $C(-2; 3)$ e rapporto $k \neq \pm 1$.

Omotetie e curve

402 **VERO O FALSO?**

a. Le omotetie di rapporto $k \neq 1$ hanno un solo punto unito. V F

b. L'omotetia inversa dell'omotetia di equazioni $\begin{cases} x' = kx \\ y' = ky \end{cases}$ ha equazioni $\begin{cases} x' = -kx \\ y' = -kx \end{cases}$. V F

c. Data l'omotetia ω di rapporto k, l'omotetia $\omega \circ \omega$ ha rapporto $2k$. V F

d. Se si trasforma l'equazione $y = f(x)$ di una funzione con l'omotetia di centro O e rapporto 2, si ottiene $y = \frac{1}{2} f\left(\frac{x}{2}\right)$. V F

e. In un'omotetia non ci sono rette unite. V F

403 Data l'omotetia di centro O e rapporto k, determina k in modo che la trasformata dell'ellisse di equazione $\frac{x^2}{a^2} + \frac{y^2}{b^2} = 1$ racchiuda una superficie di area doppia. $[k = \pm\sqrt{2}]$

404 **RIFLETTI SULLA TEORIA** È corretto affermare che tutte le parabole con vertice nell'origine e asse di simmetria l'asse y sono omotetiche tra loro? Argomenta la tua risposta con una dimostrazione.

Paragrafo 7. Omotetia

405 Data la circonferenza γ di equazione $x^2 + y^2 - 8x + 4y + 4 = 0$, determina le omotetie con centro nell'origine che trasformano γ in una circonferenza γ' di raggio $\frac{1}{2}$. Scrivi le equazioni delle omotetie e di γ'.

$$\left[\begin{cases} x' = \pm\frac{1}{8}x \\ y' = \pm\frac{1}{8}y \end{cases}; \gamma': 16x^2 + 16y^2 \mp 16x \pm 8y + 1 = 0\right]$$

406 È data l'iperbole di equazione $\frac{x^2}{9} - \frac{y^2}{16} = 1$. Considera la sua trasformata mediante l'omotetia $\begin{cases} x' = -2x \\ y' = -2y \end{cases}$.

Confronta asintoti, vertici, fuochi ed eccentricità delle due iperboli, determinando quali elementi si conservano e quali vengono modificati dalla trasformazione. [rimangono invariati asintoti ed eccentricità]

407 Componi una traslazione di vettore $\vec{v}(4; 3)$ con un'omotetia con centro nell'origine e rapporto $-\frac{1}{2}$. Che trasformazione ottieni? Determina gli eventuali punti uniti e rette unite della trasformazione.

$$\left[P\left(-\frac{4}{3}; -1\right); \text{rette unite: tutte le rette del fascio di centro } P\right]$$

---

408 **LEGGI IL GRAFICO** Le parabole della figura si corrispondono in un'omotetia di centro C e rapporto k. Trova C e k.

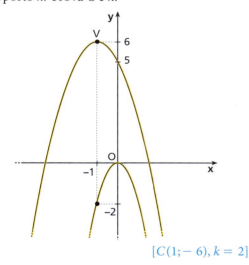

$[C(1; -6), k = 2]$

409 Determina la figura omotetica di centro $O(0; 0)$ e rapporto $k = \frac{1}{3}$ della circonferenza avente un diametro di estremi $A(-3; 1)$ e $B(1; 3)$.
Traccia il grafico delle due curve, mettendo in evidenza i punti A e B e i loro trasformati A' e B'. $[9x^2 + 9y^2 + 6x - 12y = 0]$

410 Applica alla funzione $y = \sin x$ l'omotetia di centro O e rapporto $k = \frac{1}{2}$ e disegna il grafico della funzione trasformata. $\left[y = \frac{1}{2}\sin 2x\right]$

411 Trova la trasformata della funzione $y = \cos x - 1$ attraverso l'omotetia di centro O e rapporto -2 e traccia il grafico della funzione ottenuta.

$$\left[y = -2\cos\frac{x}{2} + 2\right]$$

412 **LEGGI IL GRAFICO** Un'omotetia ω con il centro C nel primo quadrante trasforma la circonferenza γ nella circonferenza γ' della figura.

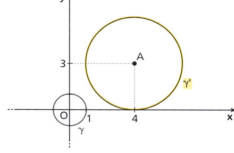

Trova le equazioni dell'omotetia e il suo centro C. Scrivi le equazioni delle due circonferenze e verifica che ω trasforma γ in γ'.

$$\left[\omega: \begin{cases} x' = -3x + 4 \\ y' = -3y + 3 \end{cases}; C\left(1; \frac{3}{4}\right)\right]$$

413 Data l'omotetia ω di equazioni
$$\begin{cases} x' = ax - 2 + 2a \\ y' = ay - 5 - a \end{cases},$$
determina a in modo che il centro sia $C(-2; 4)$. Studia ω e trova l'equazione della circonferenza γ che ha come immagine la circonferenza γ' di equazione $x^2 + y^2 - 2x = 0$.

$$\left[x^2 + y^2 + 2x - \frac{16}{3}y + 8 = 0\right]$$

414 Date la circonferenza γ di equazione $x^2 + y^2 = 4$ e la retta r di equazione $x - 2y + 10 = 0$, determina il rapporto dell'omotetia di centro O che trasforma γ in una circonferenza γ' tangente a r. $[\pm\sqrt{5}]$

Capitolo 18. Trasformazioni geometriche

415 Considera la circonferenza di equazione $x^2 + y^2 - 6x + 2y + 9 = 0$. Determina l'equazione della sua trasformata mediante l'omotetia che ha come centro il centro della circonferenza e come rapporto 4, e calcola l'area della corona circolare.
$$[x^2 + y^2 - 6x + 2y - 6 = 0; 15\pi]$$

8 Similitudine

▶ Teoria a p. 1067

416 **VERO O FALSO?**

a. Le omotetie sono particolari similitudini. V F
b. Le similitudini conservano la misura delle aree. V F
c. Il rapporto di similitudine è un numero positivo. V F
d. Le similitudini non hanno elementi uniti. V F
e. Una similitudine indiretta riduce le dimensioni della figura a cui viene applicata. V F

Equazioni della similitudine

417 **ESERCIZIO GUIDA** Verifichiamo che le equazioni
$$\begin{cases} x' = -3x - 4y + 1 \\ y' = 4x - 3y \end{cases}$$
sono quelle di una similitudine e determiniamo il rapporto di similitudine.

Le equazioni sono del tipo $\begin{cases} x' = ax - by + c \\ y' = bx + ay + c' \end{cases}$, quindi abbiamo una similitudine diretta.

Il rapporto di similitudine è:
$$k = \sqrt{(-3)^2 + 4^2} = \sqrt{25} = 5.$$

similitudine diretta:
$$\begin{cases} x' = ax - by + c \\ y' = bx + ay + c' \end{cases}$$

similitudine indiretta:
$$\begin{cases} x' = ax + by + c \\ y' = bx - ay + c' \end{cases}$$

$$k = \sqrt{a^2 + b^2}$$

Indica quali di queste equazioni rappresentano una similitudine (diretta o indiretta) e, in caso affermativo, calcola il rapporto di similitudine.

418 $\begin{cases} x' = \frac{1}{3}x + 5y - 1 \\ y' = -5x + \frac{y}{3} + 3 \end{cases}$

420 $\begin{cases} x' = -x - 2y \\ y' = 2x - y + 1 \end{cases}$

422 $\begin{cases} x' = x + 4y + 2 \\ y' = -4x + y \end{cases}$

419 $\begin{cases} x' = -4x + 3y + 1 \\ y' = -3y - 4x \end{cases}$

421 $\begin{cases} x' = 3x + y \\ y' = -y + 3x \end{cases}$

423 $\begin{cases} x' = \frac{1}{2}x - y + 1 \\ y' = -x + \frac{1}{2}y \end{cases}$

---

424 **LEGGI IL GRAFICO** Scrivi le equazioni della similitudine che trasforma il triangolo ABC nel triangolo $A'B'C'$. Qual è il rapporto di similitudine?

$$\left[\begin{cases} x' = -2y \\ y' = -2x \end{cases}; 2\right]$$

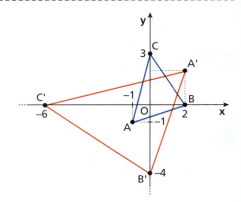

Paragrafo 8. Similitudine

425 Determina le equazioni della similitudine che trasforma il triangolo di vertici $A(-3; 2)$, $B(2; 2)$, $C(-2; 4)$ nel triangolo di vertici $A'\left(1; \frac{7}{2}\right)$, $B'(1; 1)$, $C'(2; 3)$.
Qual è il rapporto di similitudine?

$$\left[\begin{cases} x' = \frac{1}{2}y \\ y' = -\frac{1}{2}x + 2 \end{cases}; \frac{1}{2}\right]$$

426 Stabilisci se la similitudine di equazione
$$\begin{cases} x' = 3x + 4y - 16 \\ y' = 4x - 3y - 8 \end{cases}$$
ha elementi uniti.

$$\left[P(4; 2); y = -2x + 10, y = \frac{1}{2}x\right]$$

427 Trova per quali valori di a le seguenti equazioni rappresentano una similitudine di rapporto $\sqrt{5}$:
$$\begin{cases} x' = ax + y + a \\ y' = x - ay \end{cases}.$$
[$a = \pm 2$]

428 Determina per quale valore di a la similitudine di equazioni
$$\begin{cases} x' = (a+1)x - ay + 1 \\ y' = x + 2ay - 1 \end{cases}$$
trasforma il triangolo in figura in un triangolo di area 75. Calcola poi le coordinate del triangolo trasformato $A'B'C'$.

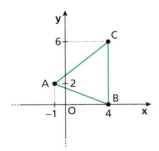

[$a = 1$; $A'(-3; 2)$, $B'(9; 3)$, $C'(3; 15)$]

429 Determina il valore di a tale che la similitudine di equazioni
$$\begin{cases} x' = 2x + y \\ y' = x - 2y \end{cases}$$
trasformi la circonferenza $x^2 + y^2 - 2ax = 0$ in una circonferenza di centro il punto $(4; 2)$.
Scrivi l'equazione della circonferenza trasformata, determina il suo raggio e la sua area.
[$a = 2$; $x^2 + y^2 - 8x - 4y = 0$; $r = 2\sqrt{5}$; $S = 20\pi$]

430 Scrivi le equazioni della similitudine diretta tale che:
$$A(0; 2) \mapsto A'(-8; 6),$$
$$O(0; 0) \mapsto O'(0; 0).$$
Determina perimetro e area del trasformato del triangolo AOC, con $C(-1; 0)$.

$$\left[\begin{cases} x' = 3x - 4y \\ y' = 4x + 3y \end{cases}; 2p' = 15 + 5\sqrt{5}; S' = 25\right]$$

431 Data la trasformazione
$$t: \begin{cases} x' = 2ax - (a+1)y \\ y' = (a+1)x + (a+2)y \end{cases},$$
determina il valore di a in modo che rappresenti una similitudine diretta di rapporto $k = 5$. Applica t alla circonferenza γ di centro $C(1; 1)$ e raggio 1. Trova l'equazione della circonferenza trasformata e verifica che il rapporto fra i due raggi è k.

$$\left[\begin{cases} x' = 4x - 3y \\ y' = 3x + 4y \end{cases}, \gamma': x^2 + y^2 - 2x - 14y + 25 = 0\right]$$

432 **LEGGI IL GRAFICO**

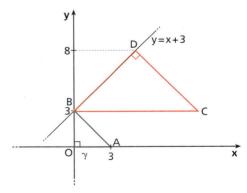

Utilizzando i dati della figura, verifica che i triangoli OAB e DBC sono simili. Determina le equazioni della similitudine diretta che trasforma il triangolo OAB nel triangolo DBC (il punto B del triangolo DBC è il trasformato di A del triangolo OAB). Studia la trasformazione, determinando gli eventuali elementi uniti.

$$\left[\begin{cases} x' = -\frac{5}{3}x + \frac{5}{3}y + 5 \\ y' = -\frac{5}{3}x - \frac{5}{3}y + 8 \end{cases}; V\left(\frac{240}{89}; \frac{117}{89}\right)\right]$$

1115

Capitolo 18. Trasformazioni geometriche

433 **REALTÀ E MODELLI** **Digital map** Nel consultare una mappa sul cellulare, osservi che due punti A e B dello schermo distano (in linea retta) 3 cm.

a. Se la scala della mappa 1:50 000, qual è la distanza reale in linea d'aria fra i due punti?

b. Se zoomando l'immagine la distanza diventa di 4 cm, qual è la nuova scala della mappa?

c. Sulla mappa visualizzata alla scala del punto precedente compare un lago che occupa sullo schermo circa 3 cm^2; qual è la superficie reale del lago?

$$[\text{a) } 1500 \text{ m; b) } 1:37500; \text{ c) } 421\,875 \text{ m}^2]$$

434 **I frattali** Uno dei frattali più noti è il triangolo di Sierpinski, che si ottiene in questo modo: da un quadrato di lato unitario si elimina il quadratino in basso a destra di lato $\frac{1}{2}$. La figura che rimane è costituita da tre quadrati di lato $\frac{1}{2}$: da ciascuno di questi quadrati si toglie il quadratino in basso a destra di lato $\frac{1}{4}$ e così via. La figura mostra un triangolo di Sierpinski in cui abbiamo colorato tre zone: ciascuna parte è simile all'intero frattale. Fissato il sistema di riferimento con origine nell'angolo in basso a sinistra del quadrato in cui il frattale è costruito, determina le trasformazioni geometriche che, applicate al frattale, restituiscono uno dei sottofrattali indicati in figura (considera solo la forma, non i colori).

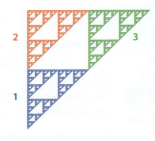

$$\left[t_1: \begin{cases} x' = \frac{1}{2}x \\ y' = \frac{1}{2}y \end{cases}, t_2: \begin{cases} x' = \frac{1}{2}x \\ y' = \frac{1}{2}y + \frac{1}{2} \end{cases}, t_3: \begin{cases} x' = \frac{1}{2}x + \frac{1}{2} \\ y' = \frac{1}{2}y + \frac{1}{2} \end{cases} \right]$$

Composizione di similitudini

435 Scrivi le equazioni della similitudine che si ottiene componendo l'omotetia di centro $C(3;1)$ e rapporto 3 con la simmetria assiale di asse $x = 3$. La similitudine ha elementi uniti?

$$\left[\begin{cases} x' = -3x + 12 \\ y' = 3y - 2 \end{cases}; C \text{ punto unito}, y = 1 \text{ e } x = 3 \text{ rette globalmente unite} \right]$$

436 Determina l'omotetia ω di centro O e la simmetria centrale s che composte danno la similitudine di equazioni:
$$\begin{cases} x' = \frac{2}{3}x - 12 \\ y' = \frac{2}{3}y + 4 \end{cases}.$$

$$\left[\omega: \text{centro } O, k = -\frac{2}{3}; s: \text{centro } M(-6;2) \right]$$

RIFLETTI SULLA TEORIA

437 Scrivi le equazioni di una trasformazione geometrica composta da una simmetria di centro il punto $(a;b)$ e da un'omotetia di rapporto $k \neq -1$ e centro l'origine. Determina il punto unito. Componi ora le due trasformazioni in ordine inverso e verifica che il punto unito non coincide in generale con il precedente.

$$\left[\left(\frac{2ak}{1+k}; \frac{2bk}{1+k} \right); \left(\frac{2a}{1+k}; \frac{2b}{1+k} \right) \right]$$

438 Verifica con due esempi che la composizione di due similitudini dirette o indirette dà luogo a una similitudine diretta, mentre la composizione di una diretta e una indiretta dà luogo a una indiretta.

439 Che cosa ottieni componendo le due similitudini $\sigma_1: \begin{cases} x' = -2y + 1 \\ y' = 2x - 2 \end{cases}$ e $\sigma_2: \begin{cases} x' = 3x \\ y' = 3y - 4 \end{cases}$?

Nella similitudine composta quanto vale il rapporto tra la misura del trasformato di un segmento AB e quella di AB stesso? E il rapporto tra l'area di una figura trasformata e l'area della figura di partenza? $[6; 36]$

1116

Paragrafo 9. Affinità

440 Scrivi le equazioni della similitudine diretta σ che ha O come punto unito e che porta $A(2; 0)$ in $A'(6; 2)$. Considera poi la trasformazione t_1 di equazioni:
$$\begin{cases} x' = -y \\ y' = x + 1 \end{cases}.$$
Studia t_1 e trova le equazioni di $t = t_1 \circ \sigma$. Studia le caratteristiche di t.

$$\left[\sigma: \begin{cases} x' = 3x - y \\ y' = x + 3y \end{cases}, t: \begin{cases} x' = -x - 3y \\ y' = 3x - y + 1 \end{cases}, \text{similitudine diretta}, k = \sqrt{10}, U\left(-\frac{3}{13}; \frac{2}{13}\right)\right]$$

441 Scrivi le equazioni della similitudine diretta σ che ha come punto unito O e porta $A(2; -1)$ in $A'(-1; 4)$. Scrivi poi le equazioni della simmetria assiale s_a di asse $y = 2$. Determina le equazioni di $t = s_a \circ \sigma$; studia t e verifica che ha un solo punto unito P.

$$\left[\sigma: \begin{cases} x' = -\frac{6}{5}x - \frac{7}{5}y \\ y' = \frac{7}{5}x - \frac{6}{5}y \end{cases}; s_a: \begin{cases} x' = x \\ y' = 4 - y \end{cases}; t: \begin{cases} x' = -\frac{6}{5}x - \frac{7}{5}y \\ y' = -\frac{7}{5}x + \frac{6}{5}y + 4 \end{cases}; P\left(\frac{7}{3}; -\frac{11}{3}\right)\right]$$

9 Affinità

▶ Teoria a p. 1069

442 **VERO O FALSO?** Un'affinità può trasformare:

a. un quadrato in un parallelogramma.   V F   d. una circonferenza in un'ellisse.   V F

b. un parallelogramma in un trapezio.   V F   e. una parabola in un'ellisse.   V F

c. un triangolo equilatero in uno scaleno.   V F

443 **RIFLETTI SULLA TEORIA** Se un'affinità è una similitudine, che relazione c'è tra il rapporto di affinità e il rapporto di similitudine?

Equazioni di un'affinità

Fra le seguenti equazioni riconosci quelle che rappresentano un'affinità, specificando se è diretta o indiretta. Scrivi il rapporto di affinità.

444 $\begin{cases} x' = x - 2y \\ y' = x + 4 \end{cases}$ $\begin{cases} x' = 3x - y \\ y' = 2 \end{cases}$ $\begin{cases} x' = -x \\ y' = 6x + 9 \end{cases}$

445 $\begin{cases} x' = 2x + y \\ y = y^2 - 1 \end{cases}$ $\begin{cases} x' = -x + 2 \\ y = 2x + 2y \end{cases}$ $\begin{cases} x' = 5x - y - 1 \\ y = -10x + 2y + 3 \end{cases}$

Nei seguenti esercizi vengono fornite le equazioni di un'affinità e le coordinate dei vertici di un poligono. Determina i vertici della figura corrispondente nella trasformazione assegnata e disegnala.

446 $\begin{cases} x' = 3x - y \\ y' = 3y \end{cases}$

Triangolo ABC: $A(-2; 2)$, $B(-5; 2)$, $C(-2; 6)$.

447 $\begin{cases} x' = 2x + 2y \\ y' = x - y \end{cases}$

Quadrato $ABCD$: $A(2; -3)$, $B(4; -3)$, $C(4; -1)$, $D(2; -1)$.

448 Determina l'immagine della retta di equazione $2x - y + 1 = 0$ nell'affinità di equazioni
$$\begin{cases} x' = 2x + 3y + 1 \\ y' = -x - y + 1 \end{cases}.$$
$[3x + 8y - 12 = 0]$

449 Trasforma le rette r e s di equazioni $y = 2$ e $y = -x + 1$ nell'affinità di equazioni
$$\begin{cases} x' = 2x - 1 \\ y' = x + y \end{cases}$$
e verifica che il punto P di intersezione di r e s viene trasformato nel punto P' di intersezione di r' e s'. $[r': 2y - x = 5; s': y = 1; P'(-3; 1)]$

---

450 Trova gli eventuali punti uniti dell'affinità di equazioni $\begin{cases} x' = 3x - y + 1 \\ y' = -4x + y - 1 \end{cases}.$ $\left[P\left(-\frac{1}{4}; \frac{1}{2}\right)\right]$

1117

Capitolo 18. Trasformazioni geometriche

451 **ESERCIZIO GUIDA** Studiamo la trasformazione geometrica di equazioni $\begin{cases} x' = 2x + 1 \\ y' = 4x - y \end{cases}$ e determiniamo gli eventuali elementi uniti.

Calcoliamo il determinante associato alla trasformazione:

$$\begin{vmatrix} 2 & 0 \\ 4 & -1 \end{vmatrix} = -2.$$

Essendo diverso da 0, si tratta di un'affinità e, poiché $-2 < 0$, l'affinità è indiretta.
Non è un'isometria, perché il determinante è $\neq \pm 1$.
Non è una similitudine, perché *non* sono verificate le proprietà:

$a_1^2 + a_2^2 = b_1^2 + b_2^2$, infatti: $4 + 16 \neq 0 + 1$;

$a_1 b_1 + a_2 b_2 = 0$, infatti: $2 \cdot 0 + 4(-1) \neq 0$.

Si tratta quindi di una generica affinità indiretta. Determiniamo gli eventuali elementi uniti.

- *Punti uniti*

$$\begin{cases} x = 2x + 1 \\ y = 4x - y \end{cases} \rightarrow \begin{cases} x = -1 \\ 2y = -4 \end{cases} \rightarrow \begin{cases} x = -1 \\ y = -2 \end{cases}$$

Si ha il punto unito $(-1; -2)$.

- *Rette globalmente unite*

Scriviamo le equazioni della trasformazione inversa:

$$\begin{cases} x = \dfrac{x'-1}{2} \\ y = 4x - y' \end{cases} \rightarrow \begin{cases} x = \dfrac{x'-1}{2} \\ y = 4\left(\dfrac{x'-1}{2}\right) - y' \end{cases} \rightarrow \begin{cases} x = \dfrac{x'-1}{2} \\ y = 2x' - y' - 2 \end{cases}.$$

Con queste equazioni, trasformiamo la retta generica di equazione $y = mx + q$,

$$2x' - y' - 2 = m\left(\dfrac{x'-1}{2}\right) + q,$$

togliamo gli apici e semplifichiamo:

$$y = \left(-\dfrac{m}{2} + 2\right)x - 2 + \dfrac{m}{2} - q.$$

Per avere rette unite si deve verificare che:

$$\begin{cases} -\dfrac{m}{2} + 2 = m \\ -2 + \dfrac{m}{2} - q = q \end{cases} \rightarrow \begin{cases} m = \dfrac{4}{3} \\ -2 + \dfrac{2}{3} = 2q \end{cases} \rightarrow \begin{cases} m = \dfrac{4}{3} \\ q = -\dfrac{2}{3} \end{cases}.$$

Abbiamo ottenuto la retta unita di equazione $y = \dfrac{4}{3}x - \dfrac{2}{3}$.

Trasformiamo ora la retta generica di equazione $x = h$ (non compresa in quelle del tipo $y = mx + q$):

$$\dfrac{x'-1}{2} = h \quad \rightarrow \quad x' = 2h + 1.$$

La retta di equazione $x = 2h + 1$ è unita a quella di equazione $x = h$ se:

$$2h + 1 = h \quad \rightarrow \quad h = -1.$$

Quindi la retta di equazione $x = -1$ è unita.

Paragrafo 9. Affinità

Studia le seguenti affinità e individua gli eventuali elementi uniti. Nel caso in cui l'affinità sia un'isometria, indica il tipo di isometria.

452 $\begin{cases} x' = x - y \\ y' = 2x \end{cases}$ $\qquad$ [diretta; $U(0; 0)$]

453 $\begin{cases} x' = \dfrac{3}{4}x + 2 \\ y' = \dfrac{3}{4}y - 1 \end{cases}$ $\qquad$ [omotetia; $C(8; -4)$]

454 $\begin{cases} x' = x \\ y' = -y + 3 \end{cases}$ $\qquad$ $\left[\text{simm. assiale; } y = \dfrac{3}{2}\right]$

455 $\begin{cases} x' = 3x + y \\ y' = -y \end{cases}$ $\quad$ [indiretta; $U(0; 0)$; $y = 0$, $y = -4x$]

456 $\begin{cases} x' = 3x - 4y \\ y' = 4x + 3y \end{cases}$ $\qquad$ [simil.; $U(0; 0)$]

457 $\begin{cases} x' = x - 2y \\ y' = 2x + y \end{cases}$ $\qquad$ [simil.; $U(0; 0)$]

458 $\begin{cases} x' = 2x - 1 \\ y' = -2y + 3 \end{cases}$ $\quad$ [simil.; $U(1; 1)$, $x = 1$, $y = 1$]

459 $\begin{cases} x' = x \\ y' = -3y + 2 \end{cases}$ $\qquad$ $\left[\text{indiretta; } y = \dfrac{1}{2}, x = h\right]$

460 $\begin{cases} x' = 2x - y \\ y' = x + 1 \end{cases}$ $\qquad$ [diretta]

461 $\begin{cases} x' = 4x \\ y' = x - 2y \end{cases}$ $\left[\text{indiretta; } U(0; 0), x = 0, y = \dfrac{1}{6}x\right]$

462 $\begin{cases} x' = x + 2y \\ y' = y - 2 \end{cases}$ $\qquad$ [diretta]

463 $\begin{cases} x' = y - 1 \\ y' = x + 3 \end{cases}$ $\qquad$ [glissosimm.; $y = x + 2$]

464 $\begin{cases} x' = -x + 2 \\ y' = -y - 3 \end{cases}$ $\quad$ $\left[\text{simm. centrale; } U\left(1; -\dfrac{3}{2}\right)\right]$

---

465 $\begin{cases} x' = x - \sqrt{3}\,y - 2 \\ y' = \sqrt{3}\,x + y + 1 \end{cases}$ $\qquad$ $\left[\text{simil.; } U\left(-\dfrac{\sqrt{3}}{3}; -\dfrac{2}{3}\sqrt{3}\right)\right]$

466 $\begin{cases} x' = 2x + y + 1 \\ y' = -2x + y \end{cases}$ $\qquad$ [diretta; $U(0; -1)$]

467 $\begin{cases} x' = x - y + 1 \\ y' = -x - y + 2 \end{cases}$ $\qquad$ [similitudine; $U(0; 1)$, $y = (1 \pm \sqrt{2})x + 1$]

468 $\begin{cases} x' = \dfrac{1}{2}x - y + 3 \\ y' = -x + \dfrac{1}{2}y \end{cases}$ $\qquad$ [indiretta; $U(-2; 4)$, $y = x + 6$, $y = -x + 2$]

469 $\begin{cases} x' = y - 2 \\ y' = x + 2 \end{cases}$ $\qquad$ [simmetria rispetto alla retta $y = x + 2$]

470 Date le affinità di equazioni $\begin{cases} x' = ax - 3by + 1 \\ y' = (a + 2)x + by + 2 \end{cases}$, con $a \neq -\dfrac{3}{2}$ e $b \neq 0$, mostra che fra esse c'è una simi-

litudine diretta e rispetto a questa determina le rette corrispondenti agli assi cartesiani.

[$a = 1$; $x + 3y - 7 = 0$, $3x - y - 1 = 0$]

Equivalenze

Riconosci tra le affinità che hanno le seguenti equazioni quelle che sono equivalenze e quelle che sono anche isometrie.

471 $t: \begin{cases} x' = 2x - y \\ y' = -3x + 2y \end{cases}$ $\qquad$ [equivalenza]

472 $t: \begin{cases} x' = \dfrac{5}{13}x + \dfrac{12}{13}y \\ y' = -\dfrac{12}{13}x + \dfrac{5}{13}x \end{cases}$ $\qquad$ [isometria]

473 $t: \begin{cases} x' = \dfrac{1}{4}x - \dfrac{1}{4}y \\ y' = 2x + 2y \end{cases}$ $\qquad$ [equivalenza]

474 $t: \begin{cases} x' = x + 4 \\ y' = y - 2 \end{cases}$ $\qquad$ [isometria]

1119

Capitolo 18. Trasformazioni geometriche

475 $t: \begin{cases} x' = -y + 1 \\ y' = x + 3 \end{cases}$ [isometria]

476 $t: \begin{cases} x' = 2x + y \\ y' = 3y + 2x \end{cases}$ [non equivalenza]

477 $t: \begin{cases} x' = -x + y \\ y' = x \end{cases}$ [equivalenza]

478 $t: \begin{cases} x' = 3y - 2 \\ y' = \dfrac{1}{3}x + \dfrac{1}{2} \end{cases}$ [equivalenza]

---

479 Trova l'affinità che trasforma il triangolo *OAB* della figura in *OA'B'*. Studia la trasformazione e trova anche gli eventuali elementi uniti. Dimostra che i due triangoli hanno la stessa area, ma non sono congruenti.

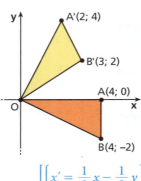

$\left[\begin{cases} x' = \dfrac{1}{2}x - \dfrac{1}{2}y \\ y' = x + y \end{cases} \right]$

480 Considera la trasformazione di equazioni:
$\begin{cases} x' = ax - y \\ y' = (2a - 3)x + 4a \end{cases}.$

Determina per quali valori di *a* rappresentano un'equivalenza.
Assegnato ad *a* il valore più piccolo fra quelli trovati, trasforma il triangolo *ABC* di vertici *A*(1; 1), *B*(3; 1), *C*(2; 3) in *A'B'C'*. Verifica che i due triangoli hanno la stessa area e determina il rapporto tra i loro perimetri.

$\left[a = 2 \vee a = 1; \dfrac{2p'}{2p} = \dfrac{\sqrt{2}(1 + \sqrt{5})}{4} \right]$

■ Dilatazioni o contrazioni

dilatazione (o contrazione):
$\begin{cases} x' = hx + p \\ y' = ky + q \end{cases}, h, k \neq 0$

481 Considera la trasformazione di equazioni $\begin{cases} x' = 4x + 1 \\ y' = \dfrac{1}{4}y - 2 \end{cases}$ e trasforma il triangolo equilatero di vertici *O*(0; 0), *A*(2; 0), *B*(1; $\sqrt{3}$) nel triangolo *O'A'B'*.
Verifica che il triangolo *O'A'B'* non è equilatero ma ha la stessa area del triangolo *OAB* e poi calcola il rapporto tra i perimetri dei due triangoli.

$\left[S = S' = \sqrt{3}, \dfrac{2p'}{2p} = \dfrac{4}{3} + \dfrac{1}{12}\sqrt{259} \right]$

482 Scrivi le equazioni della dilatazione che trasforma il segmento di estremi *A*(1; 0) e *B*(2; 2) nel segmento di estremi *A* e *B'*(3; 8). Calcola il perimetro e l'area del triangolo *OAB* e del suo trasformato *O'A'B'*.

$\left[\begin{cases} x' = 2x - 1 \\ y' = 4y \end{cases}; 2p = 1 + \sqrt{5} + 2\sqrt{2}; S = 1; 2p' = 2 + 2\sqrt{17} + 4\sqrt{5}; S' = 8 \right]$

483 **ASSOCIA** a ciascuna figura le equazioni della trasformazione che trasforma la curva γ in γ'.

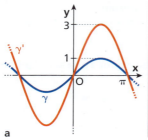
a

b

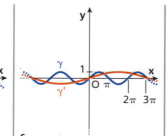
c

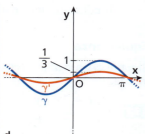
d

1. $\begin{cases} x' = 3x \\ y' = y \end{cases}$
2. $\begin{cases} x' = x \\ y' = 3y \end{cases}$
3. $\begin{cases} x' = \dfrac{1}{3}x \\ y' = y \end{cases}$
4. $\begin{cases} x' = x \\ y' = \dfrac{1}{3}y \end{cases}$

Riepilogo: Affinità

Determina le equazioni delle dilatazioni che trasformano le curve che hanno la prima equazione in quelle che hanno la seconda equazione. Rappresentale graficamente.

484 $y = \sin x$, $\quad y = -\dfrac{1}{2}\sin\dfrac{x}{2}$. $\quad\left[\begin{cases} x' = 2x \\ y' = -\dfrac{1}{2}y \end{cases}\right]$ $\quad$ **486** $x^2 + y^2 = 4$, $\quad \dfrac{x^2}{16} + \dfrac{y^2}{36} = 1$. $\quad\left[\begin{cases} x' = 2x \\ y' = 3y \end{cases}\right]$

485 $y = \cos x$, $\quad y = \cos 4x$. $\quad\left[\begin{cases} x' = \dfrac{1}{4}x \\ y' = y \end{cases}\right]$ $\quad$ **487** $9x^2 + 4y^2 = 36$, $\quad x^2 + y^2 = 9$. $\quad\left[\begin{cases} x' = \dfrac{3}{2}x \\ y' = y \end{cases}\right]$

488 Una dilatazione trasforma l'ellisse di centro $(4; 0)$ e semiassi $a = 4$ e $b = 2$ nella circonferenza di equazione $x^2 + y^2 + 4x - 6y + 12 = 0$. Determina le equazioni della dilatazione.

$$\left[\begin{cases} x' = \dfrac{1}{4}x - 3 \\ y' = \dfrac{1}{2}y + 3 \end{cases}\right]$$

489 Scrivi le equazioni della dilatazione che trasforma la circonferenza di equazione

$$x^2 + y^2 + 2x + 2y + 1 = 0$$

nell'ellisse di equazione

$$x^2 + 9y^2 - 8x - 18y + 16 = 0.$$

$$\left[\begin{cases} x' = 3x + 7 \\ y' = y + 2 \end{cases}\right]$$

Riepilogo: Affinità

490 **TEST** Le equazioni $\begin{cases} x' = 2x - y \\ y' = x - 2y + 1 \end{cases}$ rappresentano:

A un'affinità di rapporto -3.

B una similitudine indiretta di rapporto $\sqrt{3}$.

C un'affinità indiretta con un punto unito di coordinate $\left(\dfrac{1}{2}; \dfrac{1}{2}\right)$.

D un'isometria con un punto unito di coordinate $\left(\dfrac{1}{2}; \dfrac{1}{2}\right)$.

E un'omotetia di rapporto 2.

491 Determina le affinità del tipo

$$\begin{cases} x' = ax + by \\ y' = cy + d \end{cases}$$

che associano il punto $P(1; 1)$ a $P'(4; 1)$ e che trasformano il segmento di estremi $A(2; 1)$ e $B(0; 3)$ in un segmento avente la stessa lunghezza e perpendicolare al precedente.

$$\left[f_1: \begin{cases} x' = \dfrac{3}{2}x + \dfrac{5}{2}y \\ y' = y \end{cases}; f_2: \begin{cases} x' = \dfrac{5}{2}x + \dfrac{3}{2}y \\ y' = -y + 2 \end{cases}\right]$$

492 Verifica che l'affinità di equazioni

$$\begin{cases} x' = -x + y + 2 \\ y' = x + y - 1 \end{cases}$$

è una similitudine, determina il rapporto di similitudine e gli eventuali punti uniti. Applica la trasformazione al segmento OA, dove O è l'origine del sistema di assi cartesiani e A è il punto di coordinate $(2; 0)$, e alla retta $x = 1$, osservando anche graficamente gli effetti della trasformazione.

[similitudine indiretta, $k = \sqrt{2}$, $U(1; 0)$, $O'(2; -1)$, $A'(0; 1)$, $y = x - 1$]

493 Date le equazioni dell'affinità $\begin{cases} x' = x + a \\ y' = ay - b \end{cases}$ trova a e b in modo che la retta di equazione $2y - x + 1 = 0$ venga trasformata nella bisettrice del primo e del terzo quadrante.

[$a = 2$, $b = -3$]

494 Studia la trasformazione di equazioni $\begin{cases} x' = 2x + y \\ y' = x + 2y \end{cases}$ e verifica che la figura corrispondente al quadrato avente i vertici $A(2; 3)$, $B(7; 3)$, $C(7; -2)$ e $D(2; -2)$ è un parallelogramma.

[affinità diretta di rapporto 3, $y = -x$ retta puntualmente unita]

1121

Capitolo 18. Trasformazioni geometriche

495 **LEGGI IL GRAFICO** Determina quale affinità trasforma il quadrato $OABC$ nel parallelogramma $OAB'C'$. Considera la circonferenza circoscritta al quadrato e trova l'equazione della sua trasformata. Indica il tipo di conica, verifica se è circoscritta al parallelogramma e calcola l'area da essa racchiusa.

$$\left[\begin{cases} x' = x + \frac{1}{2}y \\ y' = -2y \end{cases}; \text{ellisse circoscritta; } 4\pi\right]$$

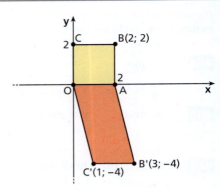

496 Studia la trasformazione di equazioni $\begin{cases} x' = x + y \\ y' = 2y + 1 \end{cases}$ e determina gli eventuali elementi uniti.

Verifica che le due rette parallele di equazioni $y - 3x - 1 = 0$ e $y - 3x = 0$ vengono trasformate in due rette parallele. [affinità diretta; retta unita: $y = -1$]

497 Scrivi le equazioni dell'affinità diretta di rapporto 6, che trasforma il punto $A(2; -1)$ in $A'(6; 0)$, $B(0; 2)$ in $B'(-4; -1)$ e il punto $C(1; 1)$ in un punto dell'asse x. Trova poi gli elementi uniti della trasformazione.

$$\left[\begin{cases} x' = 2x - 2y \\ y' = 2x + y - 3 \end{cases}; P\left(\frac{3}{2}; \frac{3}{4}\right)\right]$$

498 **YOU & MATHS** For the linear transformation $f: (x; y) \mapsto (x'; y')$, where

$x' = x + y$,

$y' = 2x - y$,

a. express x and y in terms of x' and y';
b. find the image of $(1, 0)$ and the image of $(0, 1)$;
c. find $f(L)$, the equation of the image of $L: 3x - 4y + 6 = 0$ under the transformation f;
d. if M is a line through the origin perpendicular to L, investigate if $f(M) \perp f(L)$.

(IR *Leaving Certificate Examination*, Higher Level)

$$\left[\text{a) } x = \frac{1}{3}x' + \frac{1}{3}y'; y = \frac{2}{3}x' - \frac{1}{3}y'; \text{b) } (1, 2); (1, -1); \text{c) } 5x - 7y - 18 = 0; \text{d) no}\right]$$

499 **EUREKA!** Una delle trasformazioni necessarie per produrre il grafico di $y = 2x^2 + 24x - 1$ a partire dal grafico di $y = x^2$ è una traslazione verticale di k unità verso il basso. Trova il valore di $|k|$.

(USA *Illinois Council of Teachers of Mathematics*, Regional Math Contest) [73]

500 Data la circonferenza con centro nell'origine e raggio unitario, determina l'affinità del tipo $\begin{cases} x' = hx \\ y' = ky \end{cases}$ che trasforma la circonferenza nell'ellisse $\frac{x^2}{a^2} + \frac{y^2}{b^2} = 1$. Ricordando l'opportuna proprietà delle affinità, calcola l'area della regione di piano racchiusa dall'ellisse. [area $= \pi ab$]

501 È data la circonferenza di equazione $x^2 + y^2 + 6x - 4y + 9 = 0$. Determina le equazioni delle tangenti parallele agli assi cartesiani e i rispettivi punti di tangenza.

a. Applica alla circonferenza l'affinità di equazioni $\begin{cases} x' = 2x + 6 \\ y' = y - 2 \end{cases}$. Quale curva ottieni?

Quanto vale l'area racchiusa da tale curva?

b. Trasforma ora le rette tangenti e i punti di tangenza, verificando che le rette trasformate sono tangenti alla curva trasformata nei punti trasformati.

$$\left[x = -1, x = -5, y = -0, y = 4, T_1(-1; 2), T_2(-5; 2), T_3(-3; 0), T_4(-3; 4); \text{a) } \frac{x^2}{16} + \frac{y^2}{4} = 1; 8\pi\right]$$

Paragrafo 10. Trasformazioni geometriche e matrici

502 Data la funzione $f(x) = \dfrac{e^{-x} - 1}{e^{-x} + 1} + a$:

a. determina per $a = 2$ il dominio e il codominio di $f(x)$;
b. determina a in modo che la curva sia simmetrica rispetto al punto di coordinate $(0; 1)$;
c. determina il valore di a per il quale l'immagine di $f(x)$ risulta simmetrica rispetto all'origine.

[a) $D = \mathbb{R}$, $C: 1 < y < 3$; b) $a = 1$; c) $a = 0$]

503 a. Considera la trasformazione di equazioni $\begin{cases} x' = x - y \\ y' = x + 1 \end{cases}$ e determina la trasformata della retta $y = mx$. Cosa accade quando $m = 1$?

b. Esistono valori di m per cui la trasformata r' risulta perpendicolare alla retta r?
c. In quali rette vengono trasformati gli assi cartesiani?

[a) $x - (1 - m)y + 1 - m = 0$, per $m = 1$ si ottiene l'asse y; b) no; c) $y = 1$, $y = x + 1$]

504 a. Con l'affinità di equazioni $\begin{cases} x' = -x + y \\ y' = 2x - y \end{cases}$ trasforma il quadrato di vertici $(1; 1)$, $(4; 2)$, $(3; 5)$, $(0; 4)$ e verifica che la figura ottenuta è un parallelogramma.

b. Determina l'area del parallelogramma e verifica la proprietà delle affinità relativa all'area.
c. Trova il centro di simmetria del quadrato e quello del parallelogramma, verificando che si corrispondono nell'affinità. [a) figura trasformata di vertici $(0; 1)$, $(-2; 6)$, $(2; 1)$, $(4; -4)$; b) 10; c) $(2; 3)$; $(1; 1)$]

505 Sia t_1 un'affinità tale che $O(0; 0) \mapsto A'(-6; 6)$, $B(1; -2) \mapsto B'(-4; 7)$, $C(0; -3) \mapsto C'(-3; 6)$.

a. Determina le equazioni di t_1 e studia la trasformazione.
b. Scrivi le equazioni della trasformazione $t = t_1 \circ t_2$, essendo t_2 la trasformazione di equazioni $\begin{cases} x' = x - 2 \\ y' = y + 2 \end{cases}$.
c. Studia t e determina gli elementi uniti.

$\left[\text{a)} \begin{cases} x' = -y - 6 \\ y' = x + 6 \end{cases}; r\left((-6; 0); \dfrac{\pi}{2}\right); \text{b) } t: \begin{cases} x' = -y - 8 \\ y' = x + 4 \end{cases}; \text{c) } r\left((-6; -2); \dfrac{\pi}{2}\right) \right]$

506 Considera le curve di equazioni $y = 4 \sin 3x$ e $y = 3 \sin 4x$. Verifica che una si ottiene dall'altra attraverso una trasformazione geometrica. Indica il tipo di trasformazione, scrivi le sue equazioni e studia le sue principali caratteristiche.

$\left[\text{omotetia con centro } O \text{ e rapporto } \dfrac{3}{4}; \begin{cases} x' = \dfrac{3}{4} x \\ y' = \dfrac{3}{4} y \end{cases} \right]$

10 Trasformazioni geometriche e matrici ▶ Teoria a p. 1072

Scrivi le seguenti equazioni di trasformazioni geometriche in forma matriciale.

507 $\begin{cases} x' = x + 1 \\ y' = y - 10 \end{cases}$

509 $\begin{cases} x' = -y + 3 \\ y' = x - 4 \end{cases}$

511 $\begin{cases} x' = -x \\ y' = 1 - 2y \end{cases}$

508 $\begin{cases} x' = 2x + 6 \\ y' = 2y \end{cases}$

510 $\begin{cases} x' = 3x - 4y \\ y' = 4x + 3y + 2 \end{cases}$

512 $\begin{cases} x' = 2 + 4x \\ y' = -1 - x + y \end{cases}$

513 Perché una trasformazione che ha come matrice associata $A = \begin{bmatrix} 2 & -3 \\ 3 & 2 \end{bmatrix}$ non può essere una rotazione?

514 Quale delle seguenti matrici può essere associata a una rotazione?

a. $\begin{bmatrix} -\dfrac{\sqrt{3}}{2} & \dfrac{1}{2} \\ \dfrac{1}{2} & -\dfrac{\sqrt{3}}{2} \end{bmatrix}$

b. $\begin{bmatrix} \dfrac{2}{3} & \dfrac{\sqrt{5}}{3} \\ -\dfrac{\sqrt{5}}{3} & \dfrac{2}{3} \end{bmatrix}$

Capitolo 18. Trasformazioni geometriche

Riconosci le isometrie individuate dalle seguenti equazioni e scrivile in forma matriciale.

515 $\begin{cases} x' = -x - 8 \\ y' = y \end{cases}$

516 $\begin{cases} x' = y - 3 \\ y' = x + 3 \end{cases}$

517 $\begin{cases} x' = \frac{\sqrt{2}}{2}x + \frac{\sqrt{2}}{2}y \\ y' = -\frac{\sqrt{2}}{2}x + \frac{\sqrt{2}}{2}y \end{cases}$

518 $\begin{cases} x' = 1 - x \\ y' = 3 - y \end{cases}$

519 $\begin{cases} x' = -2 + x \\ y' = 3 + y \end{cases}$

520 $\begin{cases} x' = -y + 1 \\ y' = x - 3 \end{cases}$

---

521 **ASSOCIA** alla matrice A dell'equazione $X' = AX + B$ l'isometria relativa.

a. $A = \begin{bmatrix} 0 & -1 \\ -1 & 0 \end{bmatrix}$
b. $A = \begin{bmatrix} -1 & 0 \\ 0 & -1 \end{bmatrix}$
c. $A = \begin{bmatrix} 1 & 0 \\ 0 & 1 \end{bmatrix}$
d. $A = \begin{bmatrix} \frac{3}{5} & -\frac{4}{5} \\ \frac{4}{5} & \frac{3}{5} \end{bmatrix}$

1. Traslazione.
2. Simmetria assiale.
3. Rotazione.
4. Simmetria centrale.

522 Dopo aver scritto in forma matriciale le equazioni dell'isometria $t: \begin{cases} x' = -\frac{3}{5}x + \frac{4}{5}y + \frac{12}{5} \\ y' = \frac{4}{5}x + \frac{3}{5}y - \frac{6}{5} \end{cases}$, verifica che è involutoria. Di che trasformazione si tratta?

[simmetria di asse $y = 2x - 3$]

Scrivi in forma matriciale le equazioni delle seguenti trasformazioni geometriche.

523 Rotazione di centro O e angolo $\frac{\pi}{3}$.

524 Traslazione di vettore $\vec{v}(-2; 9)$.

525 Simmetria rispetto alla bisettrice del 1° e 3° quadrante.

526 Dilatazione con centro nell'origine e rapporti 2 e $\frac{3}{2}$.

527 Omotetia di centro $C(1; 2)$ e rapporto 4.

528 Rotazione di centro $C(1; 0)$ e angolo di 120°.

529 Scrivi in forma matriciale le equazioni della rotazione r di centro O e angolo $\frac{\pi}{4}$ e della simmetria centrale s_M di centro $M(1; -1)$. Determina le equazioni di $t = r \circ s_M$ e trasforma il triangolo in figura mediante t.

$\left[A'(0; 2\sqrt{2}), B'\left(\frac{\sqrt{2}}{2}; -\frac{3}{2}\sqrt{2}\right), C'(4\sqrt{2}; -\sqrt{2}) \right]$

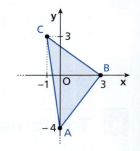

530 Scrivi le equazioni in forma cartesiana e matriciale delle omotetie ω_1 e ω_2 di centro O e di rapporti, rispettivamente, 2 e -2. Confronta i triangoli T_1 e T_2 ottenuti trasformando il triangolo di vertici $A(1; 2)$, $B(4; 2)$, $C(2; 4)$ con ω_1 e ω_2. T_1 e T_2 hanno la stessa area? Che rapporto c'è tra l'area del triangolo ABC e quella di T_1 e di T_2? Che rapporto c'è tra i perimetri? [area$_{T_1}$ = area$_{T_2}$ = 4 · area$_{ABC}$; $2p_{T_1} = 2p_{T_2} = 2 \cdot 2p_{ABC}$]

Riconosci le seguenti trasformazioni, le cui equazioni sono date in forma matriciale.

531 $\begin{bmatrix} x' \\ y' \end{bmatrix} = \begin{bmatrix} 1 & 0 \\ 0 & -1 \end{bmatrix} \begin{bmatrix} x \\ y \end{bmatrix}$ [simmetria rispetto all'asse x]

532 $\begin{bmatrix} x' \\ y' \end{bmatrix} = \begin{bmatrix} 2 & 0 \\ 0 & 2 \end{bmatrix} \begin{bmatrix} x \\ y \end{bmatrix} + \begin{bmatrix} -1 \\ 1 \end{bmatrix}$ [omotetia di rapporto 2 e centro $C(1; -1)$]

533 $\begin{bmatrix} x' \\ y' \end{bmatrix} = \begin{bmatrix} \frac{\sqrt{3}}{2} & -\frac{1}{2} \\ \frac{1}{2} & \frac{\sqrt{3}}{2} \end{bmatrix} \begin{bmatrix} x \\ y \end{bmatrix}$ [rotazione di centro O e angolo $\frac{\pi}{6}$]

Paragrafo 10. Trasformazioni geometriche e matrici

534 $\begin{bmatrix} x' \\ y' \end{bmatrix} = \begin{bmatrix} 1 & 0 \\ 0 & 1 \end{bmatrix} \begin{bmatrix} x \\ y \end{bmatrix} + \begin{bmatrix} -5 \\ 6 \end{bmatrix}$ [traslazione di vettore $\vec{v}(-5; 6)$]

535 $\begin{bmatrix} x' \\ y' \end{bmatrix} = \begin{bmatrix} \frac{1}{3} & 0 \\ 0 & 3 \end{bmatrix} \begin{bmatrix} x \\ y \end{bmatrix}$ [dilatazione di centro O e rapporti $\frac{1}{3}$ e 3]

536 $\begin{bmatrix} x' \\ y' \end{bmatrix} = \begin{bmatrix} 2 & -3 \\ 0 & 4 \end{bmatrix} \begin{bmatrix} x \\ y \end{bmatrix} + \begin{bmatrix} 0 \\ 1 \end{bmatrix}$ [affinità diretta]

537 TEST Quale delle seguenti matrici è associata a un'omotetia?

A $\begin{bmatrix} 0 & 1 \\ 1 & 0 \end{bmatrix}$ B $\begin{bmatrix} -2 & 0 \\ 0 & 2 \end{bmatrix}$ C $\begin{bmatrix} \frac{2}{3} & 0 \\ 0 & \frac{2}{3} \end{bmatrix}$ D $\begin{bmatrix} \frac{1}{3} & 0 \\ 0 & -\frac{1}{3} \end{bmatrix}$ E $\begin{bmatrix} 0 & -2 \\ 2 & 0 \end{bmatrix}$

Trova in forma matriciale le equazioni della trasformazione inversa della trasformazione con le seguenti equazioni.

538 $\begin{bmatrix} x' \\ y' \end{bmatrix} = \begin{bmatrix} 1 & 2 \\ -1 & 0 \end{bmatrix} \begin{bmatrix} x \\ y \end{bmatrix}$ $\left[\begin{bmatrix} x \\ y \end{bmatrix} = \begin{bmatrix} 0 & -1 \\ \frac{1}{2} & \frac{1}{2} \end{bmatrix} \begin{bmatrix} x' \\ y' \end{bmatrix} \right]$

539 $\begin{bmatrix} x' \\ y' \end{bmatrix} = \begin{bmatrix} 1 & 0 \\ 0 & 1 \end{bmatrix} \begin{bmatrix} x \\ y \end{bmatrix} + \begin{bmatrix} 1 \\ 2 \end{bmatrix}$ $\left[\begin{bmatrix} x \\ y \end{bmatrix} = \begin{bmatrix} 1 & 0 \\ 0 & 1 \end{bmatrix} \begin{bmatrix} x' \\ y' \end{bmatrix} + \begin{bmatrix} -1 \\ -2 \end{bmatrix} \right]$

540 $\begin{bmatrix} x' \\ y' \end{bmatrix} = \begin{bmatrix} 1 & 1 \\ -1 & 1 \end{bmatrix} \begin{bmatrix} x \\ y \end{bmatrix} + \begin{bmatrix} 0 \\ 1 \end{bmatrix}$ $\left[\begin{bmatrix} x \\ y \end{bmatrix} = \begin{bmatrix} \frac{1}{2} & -\frac{1}{2} \\ \frac{1}{2} & \frac{1}{2} \end{bmatrix} \begin{bmatrix} x' \\ y' \end{bmatrix} + \begin{bmatrix} \frac{1}{2} \\ -\frac{1}{2} \end{bmatrix} \right]$

541 $\begin{bmatrix} x' \\ y' \end{bmatrix} = \begin{bmatrix} 2 & -3 \\ 3 & 2 \end{bmatrix} \begin{bmatrix} x \\ y \end{bmatrix}$ $\left[\begin{bmatrix} x \\ y \end{bmatrix} = \begin{bmatrix} \frac{2}{13} & \frac{3}{13} \\ -\frac{3}{13} & \frac{2}{13} \end{bmatrix} \begin{bmatrix} x' \\ y' \end{bmatrix} \right]$

542 Data l'isometria

$t: \begin{bmatrix} x' \\ y' \end{bmatrix} = \begin{bmatrix} -\frac{1}{2} & -\frac{\sqrt{3}}{2} \\ \frac{\sqrt{3}}{2} & -\frac{1}{2} \end{bmatrix} \begin{bmatrix} x \\ y \end{bmatrix} + \begin{bmatrix} 2 \\ 0 \end{bmatrix}$,

scrivi in forma matriciale le equazioni di t^{-1}.

$\left[\begin{bmatrix} x \\ y \end{bmatrix} = \begin{bmatrix} -\frac{1}{2} & \frac{\sqrt{3}}{2} \\ -\frac{\sqrt{3}}{2} & -\frac{1}{2} \end{bmatrix} \begin{bmatrix} x' \\ y' \end{bmatrix} + \begin{bmatrix} 1 \\ \sqrt{3} \end{bmatrix} \right]$

543 Determina il centro dell'omotetia di equazione

$\begin{bmatrix} x' \\ y' \end{bmatrix} = \begin{bmatrix} \frac{2}{3} & 0 \\ 0 & \frac{2}{3} \end{bmatrix} \begin{bmatrix} x \\ y \end{bmatrix} + \begin{bmatrix} -1 \\ 2 \end{bmatrix}$

e scrivi l'equazione della sua inversa. $\left[C(-3; 6); \begin{bmatrix} x \\ y \end{bmatrix} = \begin{bmatrix} \frac{3}{2} & 0 \\ 0 & \frac{3}{2} \end{bmatrix} \begin{bmatrix} x' \\ y' \end{bmatrix} \begin{bmatrix} \frac{3}{2} \\ -3 \end{bmatrix} \right]$

Trova le trasformazioni indicate, note le due trasformazioni f e g.

544 $f: \begin{bmatrix} x' \\ y' \end{bmatrix} = \begin{bmatrix} 0 & 1 \\ -1 & 0 \end{bmatrix} \begin{bmatrix} x \\ y \end{bmatrix}$, $g: \begin{bmatrix} x' \\ y' \end{bmatrix} = \begin{bmatrix} 2 & 1 \\ 0 & 1 \end{bmatrix} \begin{bmatrix} x \\ y \end{bmatrix} + \begin{bmatrix} 1 \\ 0 \end{bmatrix}$,

$f \circ g$ e $g \circ f$. $\left[\begin{bmatrix} x' \\ y' \end{bmatrix} = \begin{bmatrix} 0 & 1 \\ -2 & -1 \end{bmatrix} \begin{bmatrix} x \\ y \end{bmatrix} + \begin{bmatrix} 0 \\ -1 \end{bmatrix}; \begin{bmatrix} x' \\ y' \end{bmatrix} = \begin{bmatrix} -1 & 2 \\ -1 & 0 \end{bmatrix} \begin{bmatrix} x \\ y \end{bmatrix} + \begin{bmatrix} 1 \\ 0 \end{bmatrix} \right]$

545 $f: \begin{bmatrix} x' \\ y' \end{bmatrix} = \begin{bmatrix} 2 & 1 \\ -1 & 2 \end{bmatrix} \begin{bmatrix} x \\ y \end{bmatrix}$, $g: \begin{bmatrix} x' \\ y' \end{bmatrix} = \begin{bmatrix} 1 & 0 \\ 0 & 1 \end{bmatrix} \begin{bmatrix} x \\ y \end{bmatrix} + \begin{bmatrix} 1 \\ 1 \end{bmatrix}$,

$g \circ f$ e f^{-1}. $\left[\begin{bmatrix} x' \\ y' \end{bmatrix} = \begin{bmatrix} 2 & 1 \\ -1 & 2 \end{bmatrix} \begin{bmatrix} x \\ y \end{bmatrix} + \begin{bmatrix} 1 \\ 1 \end{bmatrix}; \begin{bmatrix} x \\ y \end{bmatrix} = \begin{bmatrix} \frac{2}{5} & -\frac{1}{5} \\ \frac{1}{5} & \frac{2}{5} \end{bmatrix} \begin{bmatrix} x' \\ y' \end{bmatrix} \right]$

Capitolo 18. Trasformazioni geometriche

546 $f: \begin{bmatrix} x' \\ y' \end{bmatrix} = \begin{bmatrix} -1 & 0 \\ 0 & 1 \end{bmatrix}\begin{bmatrix} x \\ y \end{bmatrix} + \begin{bmatrix} 4 \\ 0 \end{bmatrix}$, $g: \begin{bmatrix} x' \\ y' \end{bmatrix} = \begin{bmatrix} 1 & 0 \\ 0 & 1 \end{bmatrix}\begin{bmatrix} x \\ y \end{bmatrix} + \begin{bmatrix} -2 \\ -2 \end{bmatrix}$,

$f \circ g$ e $f \circ g^{-1}$.

$\left[\begin{bmatrix} x' \\ y' \end{bmatrix} = \begin{bmatrix} -1 & 0 \\ 0 & 1 \end{bmatrix}\begin{bmatrix} x \\ y \end{bmatrix} + \begin{bmatrix} 6 \\ -2 \end{bmatrix}; \begin{bmatrix} x' \\ y' \end{bmatrix} = \begin{bmatrix} -1 & 0 \\ 0 & 1 \end{bmatrix}\begin{bmatrix} x \\ y \end{bmatrix} + \begin{bmatrix} 2 \\ 2 \end{bmatrix}\right]$

547 $f: \begin{bmatrix} x' \\ y' \end{bmatrix} = \begin{bmatrix} 2 & 0 \\ 0 & \frac{1}{2} \end{bmatrix}\begin{bmatrix} x \\ y \end{bmatrix} + \begin{bmatrix} 2 \\ 1 \end{bmatrix}$, $g: \begin{bmatrix} x' \\ y' \end{bmatrix} = \begin{bmatrix} -1 & 0 \\ 0 & -1 \end{bmatrix}\begin{bmatrix} x \\ y \end{bmatrix} + \begin{bmatrix} 1 \\ 2 \end{bmatrix}$,

$f \circ g$. Verifica che $f \circ g$ non è un'isometria ma un'equivalenza.

$\left[\begin{bmatrix} x' \\ y' \end{bmatrix} = \begin{bmatrix} -2 & 0 \\ 0 & -\frac{1}{2} \end{bmatrix}\begin{bmatrix} x \\ y \end{bmatrix} + \begin{bmatrix} 4 \\ 2 \end{bmatrix}\right]$

548 Considera la traslazione t di vettore $\vec{v}(-2; 4)$ e la rotazione r di centro O e angolo 30°. Scrivi le loro equazioni in forma matriciale e trova $t \circ r$.

$\left[t \circ r: \begin{bmatrix} x' \\ y' \end{bmatrix} = \begin{bmatrix} \frac{\sqrt{3}}{2} & -\frac{1}{2} \\ \frac{1}{2} & \frac{\sqrt{3}}{2} \end{bmatrix}\begin{bmatrix} x \\ y \end{bmatrix} + \begin{bmatrix} -2 \\ 4 \end{bmatrix}\right]$

549 Determina le equazioni in forma matriciale della trasformazione $t = s_r \circ s_M$, dove s_r è la simmetria di asse r di equazione $y = x$ e s_M è la simmetria di centro $M(-2; 1)$. Calcola poi l'immagine del segmento di estremi $A(-5; 1)$ e $B(2; -3)$ tramite t. $[A'(1; 1), B'(5; -6)]$

550 Verifica che la trasformazione $g = t_v \circ s_r$ è una glissosimmetria, dove $t_{\vec{v}}$ è la traslazione di vettore $\vec{v}(-3; 3)$ e s_r la simmetria di asse r di equazione $x + y = 0$. Determina le equazioni di g in forma matriciale.

$\left[\begin{bmatrix} x' \\ y' \end{bmatrix} = \begin{bmatrix} 0 & -1 \\ -1 & 0 \end{bmatrix}\begin{bmatrix} x \\ y \end{bmatrix} + \begin{bmatrix} -3 \\ 3 \end{bmatrix}\right]$

551 Applica al triangolo di vertici $A(-4; 0)$, $B(6; 0)$, $C(0; 2)$ la trasformazione che si ottiene componendo la rotazione di centro O e angolo 30° e la traslazione di vettore $\vec{v}(\sqrt{3}; 1)$. Verifica se per le due trasformazioni vale la proprietà commutativa. $[A'(-\sqrt{3}; -1), B'(4\sqrt{3}; 4), C'(\sqrt{3} - 1; \sqrt{3} + 1)]$

552 Scrivi le equazioni in forma matriciale della trasformazione $s \circ t$, ottenuta componendo la traslazione t di vettore $\vec{v}(-10; 4)$ con la simmetria s rispetto alla bisettrice $y = x$. Applica $s \circ t$ al triangolo di vertici $A(3; 6)$, $B(4; 7)$ e $C(1; 9)$, ottenendo il triangolo $A''B''C''$. Verifica se $A''B''C''$ si ottiene anche applicando ad ABC la simmetria e successivamente ad $A'B'C'$ la traslazione.

$\left[s \circ t: \begin{bmatrix} x' \\ y' \end{bmatrix} = \begin{bmatrix} 0 & 1 \\ 1 & 0 \end{bmatrix}\begin{bmatrix} x \\ y \end{bmatrix} + \begin{bmatrix} 4 \\ -10 \end{bmatrix}; s \circ t \neq t \circ s\right]$

553 Determina le equazioni in forma matriciale della trasformazione ottenuta componendo la traslazione di vettore $\vec{v}\left(1; -\frac{1}{2}\right)$ con la simmetria di asse $y = 2$. Applica tale trasformazione al triangolo di vertici $A(-5; 2)$, $B(0; 2)$, $C(-2; 4)$ e verifica che non si mantiene il verso di percorrenza dei vertici.

$\left[s \circ t: \begin{bmatrix} x' \\ y' \end{bmatrix} = \begin{bmatrix} 1 & 0 \\ 0 & -1 \end{bmatrix}\begin{bmatrix} x \\ y \end{bmatrix} + \begin{bmatrix} 1 \\ \frac{9}{2} \end{bmatrix}; A'\left(-4; \frac{5}{2}\right), B'\left(1; \frac{5}{2}\right), C'\left(-1; \frac{1}{2}\right)\right]$

554 Scrivi le equazioni di $t = s \circ r$, dove s è la simmetria di asse $x = -2$ e r la rotazione di centro O e angolo $\frac{2}{3}\pi$. La trasformazione t è diretta o indiretta? Verifica la risposta trasformando il quadrato in figura.

$\left[\begin{bmatrix} x' \\ y' \end{bmatrix} = \begin{bmatrix} \frac{1}{2} & \frac{\sqrt{3}}{2} \\ \frac{\sqrt{3}}{2} & -\frac{1}{2} \end{bmatrix}\begin{bmatrix} x \\ y \end{bmatrix} + \begin{bmatrix} -4 \\ 0 \end{bmatrix}; \text{indiretta}\right]$

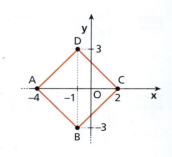

Paragrafo 10. Trasformazioni geometriche e matrici

555 **VERO O FALSO?**
  a. La composizione di due isometrie dirette è un'isometria diretta. V F
  b. La composizione di due isometrie indirette è un'isometria indiretta. V F
  c. Una trasformazione di equazione $X' = AX + B$, con $\det A = \pm 1$, è un'isometria. V F
  d. Componendo due isometrie si ottiene un'isometria. V F

556 Al triangolo di vertici $A(1; 1)$, $B(3; 1)$, $C(2; 3)$ si applicano in successione una rotazione di 90° in senso orario e un'omotetia di rapporto 2, entrambe con centro nell'origine. Determina le equazioni in forma matriciale della trasformazione composta e verifica che in questo caso la composizione gode della proprietà commutativa.
$$\left[\begin{bmatrix} x' \\ y' \end{bmatrix} = \begin{bmatrix} 0 & 2 \\ -2 & 0 \end{bmatrix} \begin{bmatrix} x \\ y \end{bmatrix}\right]$$

557 Scrivi le equazioni in forma matriciale della trasformazione $t = \omega \circ s$, dove ω è l'omotetia con centro nell'origine e rapporto $\frac{1}{3}$ e s la simmetria centrale di centro $M(3; -6)$.
$$\left[t: \begin{bmatrix} x' \\ y' \end{bmatrix} = \begin{bmatrix} -\frac{1}{3} & 0 \\ 0 & -\frac{1}{3} \end{bmatrix} \begin{bmatrix} x \\ y \end{bmatrix} + \begin{bmatrix} 2 \\ -4 \end{bmatrix}\right]$$

558 Una trasformazione geometrica ha equazione $\begin{bmatrix} x' \\ y' \end{bmatrix} = \begin{bmatrix} a & -4 \\ 4 & a \end{bmatrix} \begin{bmatrix} x \\ y \end{bmatrix} + \begin{bmatrix} p \\ q \end{bmatrix}$. Trova a, p, q, con $a > 0$, sapendo che $\det A = 32$ e che il punto $P(1; -1)$ ha come corrispondente $P'(8; 1)$. Studia poi la trasformazione ottenuta, determinando gli eventuali punti uniti.
$$\left[a = 4, p = 0, q = 1; \text{similitudine con } C\left(-\frac{4}{25}; -\frac{3}{25}\right) \text{ punto unito}\right]$$

559 L'isometria t è il risultato di una simmetria centrale s_M di centro $M(-1; 0)$ e di una rotazione r di centro O e angolo 90°. Scrivi le equazioni in forma matriciale di t e di t^{-1}.
$$\left[t: \begin{bmatrix} x' \\ y' \end{bmatrix} = \begin{bmatrix} 0 & 1 \\ -1 & 0 \end{bmatrix} \begin{bmatrix} x \\ y \end{bmatrix} + \begin{bmatrix} 0 \\ -2 \end{bmatrix}; t^{-1}: \begin{bmatrix} x \\ y \end{bmatrix} = \begin{bmatrix} 0 & -1 \\ 1 & 0 \end{bmatrix} \begin{bmatrix} x' \\ y' \end{bmatrix} - \begin{bmatrix} 2 \\ 0 \end{bmatrix}\right]$$

560 Determina l'equazione della retta trasformata della retta di equazione $x - 3y + 1 = 0$ tramite la trasformazione $h = s \circ t$, dove t è la traslazione di vettore $\vec{v}(-2; 1)$ e s la simmetria di asse $y = 2$. $[x + 3y - 6 = 0]$

561 Considera la trasformazione $t = r \circ s$, con r rotazione di centro O e angolo 30° e s simmetria centrale di centro $M(1; 0)$. Determina l'equazione della retta a', trasformata della retta a di equazione $x - 4y = 0$ tramite t.
$$[(4 + \sqrt{3})x + (1 - 4\sqrt{3})y - 4 = 0]$$

562 Data la retta di equazione $3x + y + 3 = 0$, determina l'equazione della sua trasformata mediante la trasformazione $h = s \circ r$, con s simmetria di asse $y = x$ e r rotazione di centro O e angolo $\frac{3}{4}\pi$.
$$[\sqrt{2}x - 2\sqrt{2}y + 3 = 0]$$

563 **EUREKA!** Verifica che la trasformazione t definita come $t = s \circ r$, con s simmetria di asse $y = -x$ e r rotazione di centro O e angolo $\frac{\pi}{4}$, è involutoria.

564 Sia t la trasformazione che si ottiene componendo l'omotetia ω di centro O e rapporto -4 con la simmetria assiale s di asse $y = -2$. Scrivi le equazioni di t e della sua inversa t^{-1}.
$$\left[t: \begin{bmatrix} x' \\ y' \end{bmatrix} = \begin{bmatrix} -4 & 0 \\ 0 & 4 \end{bmatrix} \begin{bmatrix} x \\ y \end{bmatrix} + \begin{bmatrix} 0 \\ -4 \end{bmatrix}; t^{-1}: \begin{bmatrix} x \\ y \end{bmatrix} = \begin{bmatrix} -\frac{1}{4} & 0 \\ 0 & \frac{1}{4} \end{bmatrix} \begin{bmatrix} x' \\ y' \end{bmatrix} + \begin{bmatrix} 0 \\ 1 \end{bmatrix}\right]$$

Allenati con **15 esercizi interattivi** con feedback "hai sbagliato, perché…"
□ **su.zanichelli.it/tutor3** risorsa riservata a chi ha acquistato l'edizione con tutor

Capitolo 18. Trasformazioni geometriche

VERIFICA DELLE COMPETENZE ALLENAMENTO

ANALIZZARE E INTERPRETARE DATI E GRAFICI

1 VERO O FALSO?

a. Se un'affinità trasforma un parallelogramma in un parallelogramma, allora è una similitudine. V F

b. Se un'affinità ha una retta unita, allora è una simmetria assiale. V F

c. Le equazioni $\begin{cases} x' = 2x - 4 \\ y' = 4y + 2 \end{cases}$ rappresentano una similitudine diretta. V F

d. Le equazioni $\begin{cases} x' = x - 1 \\ y' = 4y + 3 \end{cases}$ rappresentano una dilatazione verticale. V F

e. Se un'affinità trasforma un quadrato in un quadrato, allora è un'isometria. V F

TEST

2 I triangoli ABC e $A'B'C'$ si corrispondono in un'omotetia. Qual è il rapporto di omotetia?

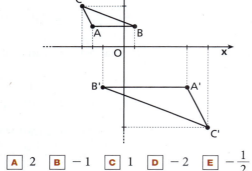

A 2 B -1 C 1 D -2 E $-\frac{1}{2}$

3 Considera la trasformazione di equazioni:
$$\begin{cases} x' = kx + a \\ y' = ky + b \end{cases}$$

Una delle seguenti proposizioni è *falsa*. Quale?
La trasformazione data è:

A una traslazione se $k = 1$.

B una traslazione se $k = 0$.

C una simmetria centrale se $k = -1 \wedge (a \neq 0 \vee b \neq 0)$.

D un'omotetia con centro nell'origine e di rapporto k se $k \neq 0 \wedge a = 0 \wedge b = 0$.

E una similitudine se $k \neq 0 \wedge (a \neq 0 \vee b \neq 0)$.

Studia le seguenti trasformazioni geometriche, indicandone anche gli elementi uniti.

4 $\begin{cases} x' = x + 2 \\ y' = y - 1 \end{cases}$ [traslazione]

5 $\begin{cases} x' = x - 2y \\ y' = 2x + y + 1 \end{cases}$ [similitudine]

6 $\begin{cases} x' = -y - 1 \\ y' = x + 1 \end{cases}$
$\left[\text{rotazione di centro } C(-1; 0) \text{ e } \alpha = \frac{\pi}{2}\right]$

7 $\begin{cases} x' = x - 1 \\ y' = x + y \end{cases}$ [affinità]

8 $\begin{cases} x' = 4x - 1 \\ y' = \frac{1}{4}y \end{cases}$ [dilatazione]

9 $\begin{cases} x' = x + 4 \\ y' = y - 1 \end{cases}$ [traslazione di vettore $\vec{v}(4; -1)$]

10 $\begin{cases} x' = x + 4y \\ y' = 4x - y \end{cases}$
[similitudine indiretta di rapporto $k = \sqrt{17}$]

11 $\begin{cases} x' = -x + 2 \\ y' = -2y \end{cases}$ [affinità]

12 $\begin{cases} x' = 2y + 4 \\ y' = \frac{x}{2} - 2 \end{cases}$ [equivalenza]

13 $\begin{cases} x' = -y + 12 \\ y' = -x + 2 \end{cases}$
[simmetria assiale di asse $y = -x + 12$]

1128

14 $\begin{cases} x' = -y + 2 \\ y' = x - 3 \end{cases}$

$\left[\text{rotazione di } \dfrac{\pi}{2} \text{ e centro } \left(\dfrac{5}{2}; -\dfrac{1}{2}\right)\right]$

15 $\begin{cases} x' = -x + 3 \\ y' = -y + 6 \end{cases}$

$\left[\text{simmetria centrale di centro } \left(\dfrac{3}{2}; 3\right)\right]$

16 Studia le trasformazioni $t_1: \begin{cases} x' = 3x - 1 \\ y' = 3y \end{cases}$ e $t_2: \begin{cases} x' = -x \\ y' = -y + 1 \end{cases}$ e determina $t_1 \circ t_2$.

$\left[t_1\text{: omotetia di centro } C\left(\dfrac{1}{2}; 0\right) \text{ e rapporto } 3; t_2\text{: simmetria centrale di centro } C\left(0; \dfrac{1}{2}\right); t_1 \circ t_2: \begin{cases} x' = -3x - 1 \\ y' = -3y + 3 \end{cases}\right]$

Traccia il grafico delle seguenti funzioni applicando le trasformazioni geometriche a partire dal grafico delle funzioni note.

17 a. $y = 2\log(x - 3) + 4$ b. $y = \dfrac{1}{2}\sin 3x + 1$ c. $y = -e^{x+3} - 2$

18 a. $y = -\cos(\pi x - 1)$ b. $y = -3(x - 2)^2$ c. $y = 2\sin\left(x - \dfrac{\pi}{2}\right) - 2$

RISOLVERE PROBLEMI

19 Nelle equazioni

$\begin{cases} x' = ax + by + 4 \\ y' = -y - 2 + a \end{cases}$

trova a e b in modo che rappresentino un'isometria diretta. Indica il tipo di isometria e determina gli elementi uniti.

$\left[a = -1, b = 0, \text{ simmetria centrale, } M\left(2; -\dfrac{3}{2}\right)\right]$

20 Considera le parabole $\gamma_1: x = y^2$ e $\gamma_2: y = -x^2 - 4x$. Rappresentale graficamente e dimostra che sono congruenti determinando almeno un'isometria che trasforma una nell'altra. Scrivi le equazioni dell'isometria e stabilisci se ammette elementi uniti.

21 **LEGGI IL GRAFICO** Utilizzando i dati della figura, trova l'equazione della circonferenza e dell'ellisse. Determina poi una trasformazione geometrica che trasformi la circonferenza nell'ellisse, scrivi le sue equazioni e studia le sue principali caratteristiche.

$\left[x^2 + y^2 + 2x - 2y + 1 = 0, \ 9x^2 + y^2 - 18x - 6y + 9 = 0;\right.$

$\left.\text{affinità diretta, } t: \begin{cases} x' = x + 2 \\ y' = 3y \end{cases}\right]$

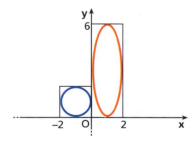

22 Scrivi l'equazione delle similitudini dirette, di rapporto $\sqrt{13}$, che hanno l'origine O come punto unito e trasformano $A(1; -1)$ in un punto della retta di equazione $x = 5$. Studia gli altri eventuali elementi uniti.

$\left[\begin{cases} x' = 2x - 3y \\ y' = 3x + 2y \end{cases} \vee \begin{cases} x' = 3x - 2y \\ y' = 2x + 3y \end{cases}\right]$

23 Date le affinità di equazioni $\begin{cases} x' = 2ax - (b + 1)y \\ y' = ax + (b - 1)y \end{cases}$, con $a, b \in \mathbb{R}$, dimostra che fra esse c'è una similitudine indiretta e di questa trova gli elementi uniti.

$[a = 2, b = -3; \text{ punto unito: } (0; 0), \text{ rette unite: } y = (-2 \pm \sqrt{5})x]$

Capitolo 18. Trasformazioni geometriche

24 Data la trasformazione di equazioni $\begin{cases} x' = ax - 1 + a \\ y' = by + b + 1 \end{cases}$, calcola a e b in modo che sia un'omotetia di centro $(-1; 3)$. Studia la trasformazione e trova la trasformata della curva di equazione $x^2 + y^2 - 9 = 0$ e l'area da essa racchiusa.
$\left[a = b = \dfrac{1}{2}; \ x^2 + y^2 + x - 3y + \dfrac{1}{4} = 0; \ \dfrac{9}{4}\pi \right]$

25 Data la trasformazione di equazioni
$\begin{cases} x' = x + 1 \\ y' = 2y - 2 \end{cases}$,
scrivi l'equazione della curva γ' trasformata della circonferenza di centro $C(1; 2)$ e raggio 2. Riconosci la curva ottenuta e determina l'area che essa racchiude.
$\left[\gamma': \dfrac{(x'-2)^2}{4} + \dfrac{(y'-2)^2}{16} = 1, \text{ellisse}; 8\pi \right]$

26 Tra le affinità di equazioni
$\begin{cases} x' = 2x - 1 \\ y' = (1-b)x + ay \end{cases}$, con $a \neq 0$,
mostra che c'è un'omotetia e, rispetto a questa, determina le equazioni dell'immagine corrispondente alla circonferenza di centro $C(2; 1)$ e raggio $\sqrt{2}$.
$[a = 2; b = 1; \mathscr{C}': x^2 + y^2 - 6x - 4y + 5 = 0]$

27 Trova le equazioni dell'affinità che associa ai punti $A(1; 0)$, $O(0; 0)$, $C(-3; 2)$ i punti $A'(5; 0)$, $O'(3; -1)$, $C'(-1; -6)$. Verifica che ha un solo punto unito e determina le rette corrispondenti agli assi cartesiani.
$\left[\begin{cases} x' = 2x + y + 3 \\ y' = x - y - 1 \end{cases}; \text{punto unito} \left(-\dfrac{5}{3}; -\dfrac{4}{3} \right); x + y - 2 = 0, x - 2y - 5 = 0 \right]$

28 Trova le equazioni dell'affinità t_1 che associa ai punti $O(0; 0)$, $A(-3; 0)$, $B(1; -1)$ rispettivamente i punti $O'(5; -1)$, $A'(5; -4)$, $B'(2; -1)$. Scrivi le equazioni dell'affinità $t = t_2 \circ t_1$, essendo t_2 l'affinità di equazioni
$\begin{cases} x' = x + 2 \\ y' = x - y - 6 \end{cases}$
e verifica che t ha un solo punto unito.
$\left[t_1: \begin{cases} x' = 3y + 5 \\ y' = x + y - 1 \end{cases}; t: \begin{cases} x' = 3y + 7 \\ y' = -x + 2y \end{cases}; \left(-\dfrac{7}{2}; -\dfrac{7}{2} \right) \right]$

29 **LEGGI IL GRAFICO** Un'affinità trasforma il triangolo OAB della figura nel triangolo $O'A'B'$. Determina le equazioni e studia le sue caratteristiche. Trova l'equazione della parabola γ che ha l'asse parallelo all'asse y e passa per O, A e B. Scrivi l'equazione della sua trasformata γ' attraverso l'affinità e verifica se γ' passa per i punti O', A', B'.

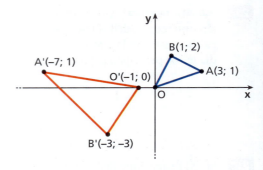

$\left[\begin{cases} x' = -2x - 1 \\ y' = x - 2y \end{cases}; \gamma: y = -\dfrac{5}{6}x^2 + \dfrac{17}{6}x; \right.$
$\left. \gamma': y = \dfrac{5}{12}x^2 + \dfrac{19}{6}x + \dfrac{11}{4} \right]$

30 Date le equazioni $\begin{cases} x' = ax + (-a-2)y \\ y' = (a-2)x + 3ay + 3 - a \end{cases}$:

a. determina per quali valori di a si ha un'affinità, un'affinità diretta o indiretta, un'equivalenza;
b. trova per quali valori di a si ha una similitudine σ; studia σ individuando anche gli elementi uniti.

$\left[a) \ a \neq \pm 1, \text{aff. diretta}: a < -1 \vee a > 1, \text{equivalenza}: a = \pm\dfrac{\sqrt{5}}{2} \vee a = \pm\dfrac{\sqrt{3}}{2}; \right.$
$\left. b) \ a = 0; \ U(2; -1); \ y = x - 3, \ y = -x + 1 \right]$

31 a. Determina i coefficienti a e b della trasformazione $\begin{cases} x' = ax + by \\ y' = bx - ay \end{cases}$, con $a, b > 0$, in modo che trasformi l'iperbole $x^2 - y^2 = 4$ nella forma $xy = \dfrac{1}{4}$.

b. Studia la trasformazione ottenuta osservando come viene trasformato il triangolo di vertici $(0; 0)$, $(1; 0)$, $(-1; -1)$.

c. Determina l'equazione della trasformata della curva $x^2 + y^2 = 1$.

$$\left[\text{a)}\ a = 2, b = 2;\ \text{b) similitudine indiretta di rapporto } \dfrac{1}{4}\sqrt{2};\ \text{c)}\ x^2 + y^2 = \dfrac{1}{8} \right]$$

32 a. Studia le isometrie

$$t_1: \begin{cases} x' = -x + 2 \\ y' = -y - 1 \end{cases},\quad t_2: \begin{cases} x' = -y \\ y' = x \end{cases}\ \text{e}\ t_3: \begin{cases} x' = y \\ y' = x \end{cases}.$$

b. Verifica che $t_1 \circ t_2$ rappresenta una rotazione di 90° in senso orario intorno a un punto diverso dall'origine. Individua il centro di rotazione.

c. Quale trasformazione si ottiene con $t_2 \circ t_3$?

$$\left[\text{a) simmetria di centro } \left(1; -\dfrac{1}{2}\right);\ r(O; 90°);\ \text{simmetria rispetto alla retta } y = x; \right.$$
$$\left. \text{b) } \left(\dfrac{1}{2}; -\dfrac{3}{2}\right);\ \text{c) simmetria rispetto all'asse } y \right]$$

Allenati con **15 esercizi interattivi** con feedback "hai sbagliato, perché..."

☐ **su.zanichelli.it/tutor3** risorsa riservata a chi ha acquistato l'edizione con tutor

---

VERIFICA DELLE COMPETENZE VERSO L'ESAME

ARGOMENTARE E DIMOSTRARE

33 Sia C la curva di equazione $y = x^2 - 2x + 4$, e sia G la curva simmetrica di C rispetto all'asse y. Qual è l'equazione di G?

(Esame di Stato, Liceo scientifico, Corso sperimentale, Sessione suppletiva, 2012, quesito 8)

34 Qual è l'equazione della curva simmetrica rispetto all'origine di $y = e^{-2x}$? Quale quella della curva simmetrica rispetto alla bisettrice del primo e del terzo quadrante?

(Esame di Stato, Liceo scientifico, Corso sperimentale, Sessione ordinaria, 2008, quesito 10)

35 Sia G il grafico di una funzione $x \mapsto f(x)$ con $x \in \mathbb{R}$. Si illustri in che modo è possibile stabilire se G è simmetrico rispetto alla retta $x = k$.

(Esame di Stato, Liceo scientifico, Corso sperimentale, Sessione ordinaria, 2010, quesito 5)

36 Determina quale isometria viene prodotta dalla composizione della simmetria rispetto alla retta di equazione $x = h$ con quella rispetto alla retta di equazione $y = -x$. Mostra in un disegno il risultato ottenuto. Il risultato sarebbe stato lo stesso componendo le due trasformazioni in ordine inverso?

37 Dimostra che qualunque omotetia trasforma una retta in una retta a essa parallela.

38 Che cosa ottieni componendo la simmetria assiale rispetto alla retta $y = mx$ con quella rispetto alla retta perpendicolare passante per l'origine? Se la perpendicolare invece non passa per l'origine, cosa succede?

Capitolo 18. Trasformazioni geometriche

39 In un piano riferito ad un sistema di assi cartesiani ortogonali Oxy sono date le affinità di equazioni:

$$x' = (a+1)x - by + a, \quad y' = (a-1)x + 2by - 1,$$

dove a, b sono parametri reali.
Dimostrare che fra esse vi è una similitudine diretta e di questa trovare il punto unito.

(Esame di Stato, Liceo scientifico, Corso sperimentale, Sessione suppletiva, 2003, quesito 8)

40 Dimostrare che ogni similitudine trasforma una parabola in una parabola.

(Esame di Stato, Liceo scientifico, Corso sperimentale, Sessione suppletiva, 2006, quesito 8)

41 Nel piano è data la seguente trasformazione:

$$x \mapsto x\sqrt{3} - y,$$
$$y \mapsto x + y\sqrt{3}.$$

Di quale trasformazione si tratta?

(Esame di Stato, Liceo scientifico, Corso sperimentale, Sessione ordinaria, 2004, quesito 10)

[similitudine: composizione di una rotazione di 30° e di un'omotetia di rapporto 2]

42 Le rette r e s di equazioni rispettive

$$y = 1 + 2x \quad \text{e} \quad y = 2x - 4$$

si corrispondono in una omotetia σ di centro l'origine O. Si determini σ.

(Esame di Stato, Liceo scientifico, Corso sperimentale, Sessione ordinaria, 2005, quesito 6)

$$\left[\sigma: \begin{cases} x' = -4x \\ y' = -4y \end{cases}\right]$$

43 Si considerino le seguenti equazioni:

$$x' = ax - (a-1)y + 1,$$
$$y' = 2ax + (a-1)y + 2,$$

dove a è un parametro reale. Determinare i valori di a per cui le equazioni rappresentano:
a. un'affinità;
b. un'affinità equivalente (si ricorda che un'affinità si dice *equivalente* se conserva le aree).

(Esame di Stato, Liceo scientifico, Corso sperimentale, Sessione straordinaria, 2006, quesito 9)

$$\left[a) \; a \neq 0 \wedge a \neq 1; \; b) \; a = \frac{3 \pm \sqrt{21}}{6}\right]$$

44 In un piano, riferito ad un sistema di assi cartesiani ortogonali Oxy, sono assegnate le affinità di equazioni:

$$\begin{cases} X = ax + by \\ Y = \frac{1}{2}bx - 2 \end{cases}.$$

Tra di esse determinare quella che trasforma il punto (1; 0) nel punto (1; −1) e stabilire se ammette rette unite.

(Esame di Stato, Liceo scientifico, Corso sperimentale, Sessione suppletiva, 2004, quesito 8)

[$a = 1$; $b = 2$]

45 Nell'omotetia di centro $O(0; 0)$ e rapporto $k = -4$, si determini l'equazione della circonferenza corrispondente a quella di equazione $x^2 + y^2 - 2x + 4y = 0$. Si confrontino fra di loro i centri e i raggi delle due circonferenze.

(Esame di Stato, Liceo scientifico, Corso sperimentale, Sessione suppletiva, 2009, quesito 5)

[$x^2 + y^2 + 8x - 16y = 0$]

COSTRUIRE E UTILIZZARE MODELLI

46 **Il televisore** La forma rettangolare di uno schermo televisivo è differente a seconda del rapporto tra la larghezza e l'altezza. I televisori di vecchio tipo, a tubo catodico, hanno un rapporto 4:3, mentre generalmente quelli moderni hanno un rapporto 16:9.

a. Considera uno schermo 4:3 di altezza h e uno schermo 16:9 di altezza h'. Posizionata l'origine del sistema di riferimento cartesiano nell'angolo in basso a sinistra dello schermo, scrivi l'equazione della trasformazione che porta l'immagine dal primo schermo al secondo. Di che tipo di trasformazione si tratta?

b. Daniela non vuole buttare il suo vecchio televisore funzionante. Come vedrà l'immagine se la trasmissione è predisposta per uno schermo di nuovo tipo?

$$\left[a) \begin{cases} x' = \frac{4}{3}\frac{h'}{h}x \\ y' = \frac{h'}{h}y \end{cases}\right]$$

1132

Verso l'esame

RISOLVIAMO UN PROBLEMA

■ Pedala!

Un ciclista pedala a una velocità costante v di 36 km/h. Le ruote della sua bicicletta hanno un raggio di 37 cm. All'istante iniziale la ruota anteriore si trova nella posizione illustrata in figura, rispetto al sistema di riferimento indicato, e il moto avviene nel verso positivo dell'asse x. Determiniamo le coordinate del punto P dopo 5 secondi.

▶ **Modellizziamo il problema.**

Il moto del punto P può essere visto come la composizione di una rotazione con centro nell'origine e angolo ϑ, che dipende dal tempo, e una traslazione di vettore $\vec{v}(x_C; 0)$, dove x_C è la coordinata x del centro della ruota e dipende anch'essa dal tempo.
Le equazioni delle due trasformazioni sono:

$$r: \begin{cases} x' = \cos\vartheta\, x - \sin\vartheta\, y \\ y' = \sin\vartheta\, x + \cos\vartheta\, y \end{cases}, \quad t: \begin{cases} x' = x + x_C \\ y' = y \end{cases}.$$

Segue che le equazioni della trasformazione composta $r \circ t$ sono:

$$\begin{cases} x' = \cos\vartheta\, x - \sin\vartheta\, y + x_C \\ y' = \sin\vartheta\, x + \cos\vartheta\, y \end{cases}.$$

▶ **Scriviamo le coordinate x_t e y_t in funzione del tempo.**

Il centro della ruota si muove di moto rettilineo uniforme con velocità v, e il punto P compie un moto circolare uniforme, con velocità angolare ω, intorno al centro della ruota, quindi la posizione del centro x_C e l'angolo di rotazione ϑ sono dati da:

$$x_C = vt, \quad \vartheta = -\omega t.$$

Il segno meno per l'angolo dipende dal fatto che la ruota, per avanzare, gira in senso orario.
$(x_t; y_t)$ sono le coordinate di P all'istante t, $(x_0; y_0)$ sono quelle all'istante iniziale; abbiamo:

$$\begin{cases} x_t = \cos\vartheta\, x_0 - \sin\vartheta\, y_0 + vt \\ y_t = \sin\vartheta\, x_0 + \cos\vartheta\, y_0 \end{cases}.$$

▶ **Troviamo le coordinate di P dopo 5 secondi.**

Conosciamo i valori $\vartheta_0 = \frac{5}{6}\pi$, $v = 36$ km/h $= 10$ m/s, $t = 5$ s. Calcoliamo ω con la relazione $v = \omega r$, dove v rappresenta la velocità tangenziale del punto P (in un sistema solidale alla ruota), che coincide anche, in modulo, con la velocità del centro della ruota (in un sistema fisso), quindi:

$$\omega = \frac{v}{r} = \frac{10 \text{ m/s}}{0{,}37 \text{ m}} = 27 \text{ rad/s}.$$

Abbiamo inoltre:

$$x_0 = r\cos\vartheta_0 = 0{,}37 \cdot \left(-\frac{\sqrt{3}}{2}\right),$$

$$y_0 = r\sin\vartheta_0 = 0{,}37 \cdot \frac{1}{2}.$$

Sostituendo nelle equazioni i valori trovati, ricaviamo:

$$x_5 = 50{,}3 \text{ m}; \quad y_5 = -0{,}20 \text{ m}.$$

INDIVIDUARE STRATEGIE E APPLICARE METODI PER RISOLVERE PROBLEMI

47 Studia le trasformazioni $t_1: \begin{cases} x' = 2x - 1 \\ y' = -2y + 3 \end{cases}$, $t_2: \begin{cases} x' = -y \\ y' = x + 2 \end{cases}$, $t_3: \begin{cases} x' = -x \\ y' = -y \end{cases}$, individuando anche gli elementi uniti. Determina e studia la trasformazione $t = t_3 \circ t_2 \circ t_1$. Trova il corrispondente del triangolo di vertici $A(1; 0)$, $B(4; 3)$, $C(2; 5)$ nella trasformazione t e calcola l'area del triangolo ABC e del suo trasformato.

[t_1 similitudine; t_2 rotazione con $C(-1; 1)$ e $\alpha = 90°$; t_3 simmetria centrale rispetto all'origine, t similitudine; $S = 6$; $S' = 24$]

48 **LEGGI IL GRAFICO**

a. Determina un'affinità (diversa dall'identità) del tipo $\begin{cases} x' = ax \\ y' = by \end{cases}$ che lascia invariata la parabola in figura.

b. Scrivi l'equazione della retta r che trasformata con l'affinità del punto precedente ha come immagine la retta s.

c. Trova l'equazione della curva trasformata della circonferenza in figura e calcola la sua area.

[a) $a = 4$, $b = 2$; b) $y = 2x$; c) $x^2 + 8x + 4y^2 = 0$, $A = 8\pi$]

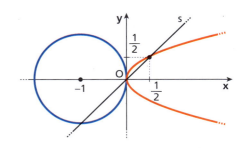

Capitolo 18. Trasformazioni geometriche

49 **LEGGI IL GRAFICO** Determina le equazioni di una delle trasformazioni che fa corrispondere alla curva γ la curva γ′.

a. Studia la trasformazione.
b. Determina eventuali elementi uniti.

$$\left[\text{per esempio:} \begin{cases} x' = \dfrac{x}{2} + y \\ y' = \dfrac{x}{2} - y \end{cases} ; \text{a) equivalenza, indiretta;} \right.$$

$$\left. \text{b) } O(0;0), \; y = \dfrac{-3 \pm \sqrt{17}}{4} x \right]$$

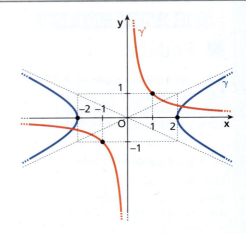

50 **LEGGI IL GRAFICO** Verifica che i triangoli della figura sono simili e trova il rapporto k di similitudine.
Scrivi le equazioni della similitudine σ che trasforma il triangolo OAB nel triangolo $O'A'B'$.
Studia σ e determina gli eventuali punti uniti.
Esegui poi una rotazione r di 90° e con centro in O' del triangolo $O'A'B'$, determinando le coordinate dei vertici del triangolo trasformato $O''A''B''$.
Scrivi le equazioni della trasformazione t che porta direttamente il triangolo OAB in $O''A''B''$.

$$\left[\dfrac{\sqrt{5}}{3}; \sigma: \begin{cases} x' = \dfrac{2}{3}x - \dfrac{1}{3}y - 4 \\ y' = \dfrac{1}{3}x + \dfrac{2}{3}y \end{cases} ; (-6; -6); O''(-4; 0), A''(-6; 4), B''(-9; 0); t: \begin{cases} x' = -\dfrac{1}{3}x - \dfrac{2}{3}y - 4 \\ y' = \dfrac{2}{3}x - \dfrac{1}{3}y \end{cases} \right]$$

51
a. È data l'iperbole $y = \dfrac{k}{x}$. Determina il valore del parametro k tale che la trasformata rispetto all'affinità di equazioni $\begin{cases} x' = x + y \\ y' = -x + y \end{cases}$ sia un'iperbole equilatera con vertici nei punti $(0; \pm 2)$.

b. Studia le caratteristiche della trasformazione assegnata osservando come viene trasformato il quadrato di vertici $(0;0), (1;0), (1;1), (0;1)$.

c. Determina l'omotetia e l'isometria la cui composizione permette di ottenere la trasformazione assegnata.

$$\left[\text{a) } k = -1; \text{ c) omotetia: } \begin{cases} x' = \sqrt{2}\,x \\ y' = \sqrt{2}\,y \end{cases} \text{ e rotazione: } \begin{cases} x' = \dfrac{\sqrt{2}}{2}x + \dfrac{\sqrt{2}}{2}y \\ y' = -\dfrac{\sqrt{2}}{2}x + \dfrac{\sqrt{2}}{2}y \end{cases} \right]$$

52 È data la conica γ di equazione $3x^2 - 2\sqrt{3}\,xy + y^2 - 2x - 2\sqrt{3}\,y = 0$.
Trasformala nella forma canonica γ′ mediante la similitudine di equazioni

$$\begin{cases} x' = \dfrac{\sqrt{3}}{4}x - \dfrac{1}{4}y \\ y' = \dfrac{1}{4}x + \dfrac{\sqrt{3}}{4}y \end{cases}$$

e traccia il grafico della curva γ′.

a. Determina l'asse di simmetria, il vertice V, le intersezioni con gli assi cartesiani e traccia il grafico della curva γ.
b. Determina la tangente a γ nell'origine.
c. Deduci l'isometria e l'omotetia la cui composizione permette di ottenere la similitudine assegnata.

$$\left[\gamma': y = 2x^2; \text{ a) } y = \sqrt{3}\,x; \; V(0;0); \text{ b) } x + \sqrt{3}\,y = 0; \text{ c) } r(O; 30°), \omega_{O, \frac{1}{2}} \right]$$

Verso l'esame

53 Determina i coefficienti a, b, c, d della trasformazione $\begin{cases} x' = ax + b \\ y' = cy + d \end{cases}$ tale che:

$A(1; 2) \mapsto A'(-1; 0); \qquad B(3; 1) \mapsto B'(1; -2).$

a. Studia la trasformazione e determina punti uniti e rette unite.

b. Trasforma la circonferenza con centro nell'origine e raggio 2 e determina l'area della superficie racchiusa dalla curva trasformata.

c. Determina centro e assi di simmetria della curva trasformata. Puoi affermare che la trasformazione conserva gli assi di simmetria?

$[a = 1, b = -2, c = 2, d = -4;$ a) retta unita $y = 4;$ b) $8\pi;$ c) ellisse di centro $(-2; -4)]$

54 Determina le equazioni della simmetria s rispetto alla retta $y = \dfrac{\sqrt{3}}{3} x$.

a. Applica in successione la trasformazione s e la simmetria rispetto all'asse x. La trasformazione t così ottenuta cosa rappresenta?

b. Scrivi le equazioni della trasformazione t_1 composta da t e da un'omotetia rispetto all'origine di rapporto 2.

c. Che cosa ottieni applicando t_1 alla circonferenza di equazione $x^2 + y^2 = 1$? E al triangolo di vertici $(0; 0)$, $(1; 0)$, $(0; 1)$?

$\left[s: \begin{cases} x' = \dfrac{x}{2} + \dfrac{\sqrt{3}}{2} y \\ y' = \dfrac{\sqrt{3} x}{2} - \dfrac{1}{2} y \end{cases} ; \text{a) rotazione di } -60° \text{ rispetto all'origine; b) } t_1: \begin{cases} x' = x + \sqrt{3}\, y \\ y' = -\sqrt{3}\, x + y \end{cases} \right]$

55 a. In un piano è data l'affinità $t_1: \begin{cases} x' = ax + 2by - 1 \\ y' = 2ax + 2 \end{cases}$ che trasforma il punto $A(-1; -1)$ in $A'(2; 0)$. Trova a e b, studia la trasformazione e gli eventuali elementi uniti.

b. Dopo aver studiato la trasformazione

$t_2: \begin{cases} x' = y - 2 \\ y' = 2x - y + 4 \end{cases}$,

calcola $t = t_2 \circ t_1$ e studia le sue proprietà.

c. Applica t alle funzioni $y = \sin x$ e $y = \cos x$, e rappresenta i grafici delle funzioni trasformate.

$[$a) $a = 1, b = -2, t_1$ affinità diretta; b) t_2 affinità indiretta, t dilatazione$]$

56 Sono date le seguenti equazioni:

$\begin{cases} x' = mx - 2my + 1 \\ y' = (m + 2)x + 2y \end{cases}$.

a. Studia al variare di m le trasformazioni. In particolare, indica per quali valori di m si ha un'affinità, un'affinità diretta o indiretta, un'equivalenza.

b. Trova per quali valori di m si ha una similitudine σ e individua i punti uniti e le rette unite.

c. Scrivi l'equazione della trasformata mediante σ della circonferenza con centro nell'origine e raggio 1 e verifica che la tangente nel punto $P(1; 0)$ si trasforma nella tangente nel punto P' trasformato di P alla curva corrispondente della circonferenza.

$\Big[$a) affinità: $m \neq 0 \land m \neq 3$; affinità diretta: $m < -3 \lor m > 0$;

affinità indiretta: $-3 < m < 0$; equivalenza: $m = \dfrac{-3 \pm \sqrt{11}}{2} \lor m = \dfrac{-3 \pm \sqrt{7}}{2}$;

b) $m = 2$; $U\left(-\dfrac{1}{17}; \dfrac{4}{17}\right)$; c) $x^2 + y^2 - 2x - 19 = 0\Big]$

VERIFICA DELLE COMPETENZE PROVE   ⏱ 1 ora

PROVA A

Classifica le seguenti trasformazioni e individua gli eventuali elementi uniti.

1 $\begin{cases} x' = -y + 4 \\ y' = x - 3 \end{cases}$

2 $\begin{cases} x' = 3x - y \\ y' = x + 3y + 1 \end{cases}$

---

3 Un triangolo ABC viene trasformato da una simmetria che ha come asse la bisettrice del secondo e del quarto quadrante nel triangolo di vertici $A'(-1; -2)$, $B'(-3; -3)$, $C'(-3; 1)$. Scrivi le equazioni della trasformazione e determina le coordinate del triangolo ABC.

4 Sia γ la parabola di equazione $y = x^2 - 4x$. Determina l'equazione di γ', traslata di γ rispetto al vettore $\vec{v}(-1; 3)$, e l'equazione di γ'' che si ottiene ruotando γ' rispetto all'origine di $\frac{\pi}{4}$. Scrivi l'equazione della trasformazione che trasforma γ in γ''.

5 Rappresenta i grafici delle seguenti funzioni a partire dai grafici delle funzioni note.

  a. $y = 3\sin\left(x - \frac{\pi}{2}\right)$
  b. $y = e^{2x-2} - 1$
  c. $y = \frac{1}{4}\cos 2x$

6 Considera la trasformazione di equazioni $\begin{cases} x' = (a+1)x - (2a+4)y + 2 \\ y' = 2x - 3y + 2a \end{cases}$.

Determina per quali valori di a:

  a. rappresenta un'affinità diretta o un'affinità indiretta;
  b. trasforma il triangolo di vertici $A(3; -2)$, $B(7; 2)$ e $C(3; 4)$ in un triangolo di area 36.

PROVA B

1 Studia le trasformazioni

$t_1: \begin{cases} x' = \frac{1}{2}x + \frac{1}{2} \\ y' = \frac{1}{2}y - 1 \end{cases}$, $t_2: \begin{cases} x' = -y + 2 \\ y' = -x + 2 \end{cases}$, $t_3: \begin{cases} x' = \frac{3}{5}x - \frac{4}{5}y \\ y' = -\frac{4}{5}x - \frac{3}{5}y \end{cases}$

e determina le equazioni di $t_1 \circ t_2$ e di $t_2 \circ t_3$. Che trasformazioni ottieni?

2 Determina l'equazione della parabola γ', simmetrica rispetto alla retta r, e della parabola γ'', immagine di γ', che si ottiene con una rotazione di centro C e angolo $\frac{\pi}{2}$.

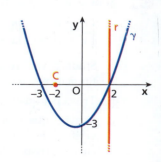

3 Disegna la conica di equazione $5x^2 + 6xy + 5y^2 - 32 = 0$.

4 Scrivi le equazioni della similitudine diretta che trasforma il segmento di estremi $A(-2; 2)$ e $B(4; 4)$ nel segmento di estremi $A'(3; 3)$ e $B'(6; -6)$. Verifica che la similitudine si ottiene componendo una rotazione con centro in O e un'omotetia di centro O.

5 Determina per quale valore di k l'affinità di equazioni

$$\begin{cases} x' = 3x - 4ky \\ y' = \dfrac{1}{2}x + 2y \end{cases}$$

lascia invariata la retta di equazione $y = \dfrac{1}{2}x$.

Esistono valori di k per cui la trasformazione è un'isometria?

PROVA C

Carichi pesanti La gru di un porto deve spostare orizzontalmente un container dalla posizione individuata, in pianta, dai punti A, B, C, D a quella individuata da A', B', C', D'. Scrivi l'equazione della trasformazione che permette al computer di bordo di eseguire l'operazione automaticamente.

a. Di che trasformazione si tratta?

b. Individua una rotazione di centro O e una traslazione che composte danno la trasformazione del problema.

c. Scrivi le equazioni della trasformazione che riporta il container nella posizione iniziale.

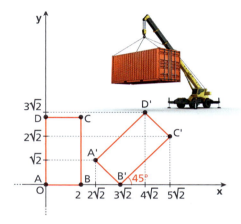

PROVA D

Alla parabola γ viene applicata una trasformazione che ha equazioni del tipo:

$$t_1: \begin{cases} x' = ax \\ y' = by \end{cases}, \text{ con } a, b \in \mathbb{R}^+.$$

a. Determina a e b in modo che, indicati con O', V', A' i trasformati di O, V, A, l'area di $O'V'A'$ sia il triplo di quella di OVA e $\overline{O'A'} = 2\overline{OA}$.

b. Scrivi l'equazione della parabola γ' trasformata di γ mediante t_1.

c. Studia la trasformazione

$$t_2: \begin{cases} x' = \dfrac{1}{2}x \\ y' = -\dfrac{2}{3}y - 2 \end{cases},$$

individuando gli eventuali elementi uniti, e applica t_2 a γ'.
Disegna la parabola γ'' così ottenuta.

d. Scrivi le equazioni e studia la trasformazione che trasforma direttamente γ in γ''.

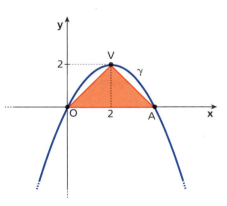

CAPITOLO 19
GEOMETRIA EUCLIDEA NELLO SPAZIO

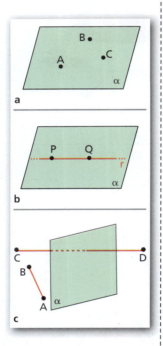

1 Punti, rette, piani nello spazio

▶ Esercizi a p. 1180

Gli enti fondamentali della geometria sono: il punto, la retta, il piano e lo spazio.

Indichiamo i punti con le lettere maiuscole A, B, C, …, le rette con le lettere minuscole a, b, c, …, i piani con le lettere minuscole dell'alfabeto greco α, β, γ, …

Nello spazio studieremo le **figure solide**, o **solidi**, cioè le figure formate da un insieme di punti che non appartengono tutti a uno stesso piano.

Alcuni postulati dello spazio

1. Per tre punti non allineati passa uno e un solo piano (figura **a**).
2. Fissati due punti in un piano, la retta passante per i due punti giace interamente sul piano (figura **b**).
3. **Postulato di partizione dello spazio.** Un qualunque piano divide l'insieme dei punti dello spazio che non gli appartengono in due regioni dette **semispazi** con le seguenti proprietà:
   - due punti qualsiasi della stessa regione sono gli estremi di un segmento che non interseca il piano;
   - due punti qualsiasi di regioni diverse sono gli estremi di un segmento che interseca il piano (figura **c**).

Il piano si dice **origine** dei semispazi.

Posizione di due rette nello spazio

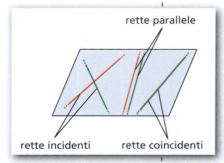

Due rette nello spazio sono **complanari** quando appartengono allo stesso piano.

Due rette complanari possono essere: **incidenti** se si intersecano in un solo punto, **parallele distinte** se non si intersecano, **parallele coincidenti** se hanno in comune tutti i punti.

Due rette sono **sghembe** se non sono complanari.

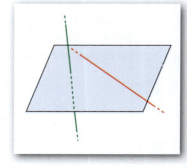

Si può dimostrare che due rette sghembe non hanno punti in comune.

1138

Paragrafo 1. Punti, rette, piani nello spazio

Ricordiamo che un **fascio proprio** di rette è l'insieme di tutte le rette complanari che passano per uno stesso punto P, detto *centro del fascio*. Un **fascio improprio** è l'insieme di tutte le rette complanari parallele tra loro.
Definiamo **stella di centro P** l'insieme di tutte le rette dello spazio passanti per il punto P.

🇬🇧 **Listen to it**

In Euclidean space, two lines that don't intersect are **parallel** if they are contained in a plane, or **skew** if they are not.

Posizione di due piani nello spazio

Dimostriamo un teorema che ci permette di studiare le posizioni reciproche di due piani.

> **TEOREMA**
> Due piani distinti, che si intersecano in un punto, hanno in comune una retta che passa per quel punto.

DIMOSTRAZIONE
Consideriamo due piani α e β che si intersecano in un punto P. Scegliamo due punti A e B sul piano α in regioni opposte rispetto al piano β. Per il postulato di partizione dello spazio, il segmento AB interseca il piano β in un punto C. Il punto C appartiene anche al piano α, perché per il postulato 2 tutta la retta AB appartiene ad α.
I punti P e C appartengono a entrambi i piani, quindi la retta r passante per P e C appartiene anch'essa a entrambi i piani.
I due piani non possono avere altri punti in comune oltre a quelli di r. Infatti, se avessero in comune tre punti non allineati, i due piani coinciderebbero per il postulato 1, ma questo va contro l'ipotesi che i due piani siano distinti.

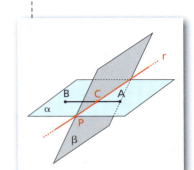

In conseguenza di questo teorema, due piani distinti o hanno in comune una retta o non hanno alcun punto in comune. Se hanno in comune una retta, sono **incidenti**. Se non hanno punti in comune, oppure se sono coincidenti, i due piani sono **paralleli**.

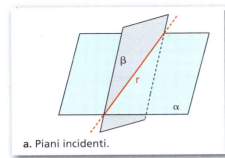

a. Piani incidenti.

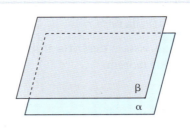

b. Piani paralleli.

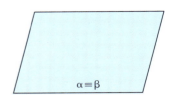

c. Piani coincidenti.

La relazione di parallelismo fra piani gode delle proprietà riflessiva, simmetrica e transitiva, come la relazione di parallelismo fra rette:
- proprietà riflessiva: ogni piano è parallelo a se stesso ($\alpha \mathbin{/\mkern-2mu/} \alpha$);
- proprietà simmetrica: se $\alpha \mathbin{/\mkern-2mu/} \beta$, è anche $\beta \mathbin{/\mkern-2mu/} \alpha$;
- proprietà transitiva: se $\alpha \mathbin{/\mkern-2mu/} \beta$ e $\beta \mathbin{/\mkern-2mu/} \gamma$, allora $\alpha \mathbin{/\mkern-2mu/} \gamma$.

Un insieme di piani paralleli è un **fascio improprio** di piani. Un insieme di piani che hanno in comune una stessa retta r è un **fascio proprio** di piani di asse r. Un insieme di piani che passano per uno stesso punto P è una **stella di piani**.

Capitolo 19. Geometria euclidea nello spazio

Posizione di una retta e di un piano

Per il postulato 2, se una retta ha due punti in comune con un piano, allora giace su quel piano. Pertanto, dati una retta e un piano, sono possibili solo tre casi:

- tutti i punti della retta appartengono al piano, ossia essa è **giacente** sul piano (o **appartenente** al piano);
- la retta ha un solo punto in comune con il piano, ossia è **incidente** al piano;
- la retta non ha alcun punto in comune con il piano.

Quando una retta giace su un piano, o non ha alcun punto in comune con esso, si dice che la retta è **parallela** al piano.

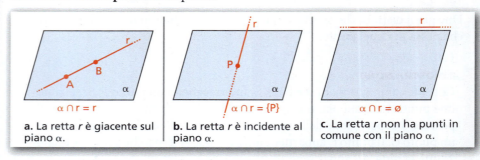

a. La retta r è giacente sul piano α. $\alpha \cap r = r$

b. La retta r è incidente al piano α. $\alpha \cap r = \{P\}$

c. La retta r non ha punti in comune con il piano α. $\alpha \cap r = \emptyset$

2 Perpendicolarità e parallelismo

Perpendicolarità tra retta e piano

▶ Esercizi a p. 1181

Se appoggiamo un quaderno sul banco, come nella figura, e sfogliamo alcune pagine possiamo osservare che ogni pagina del quaderno è appoggiata su un bordo che associamo a una retta e inoltre tutte queste rette si trovano sul piano α e sono perpendicolari alla retta r.

La situazione vista è descritta in modo preciso da due teoremi.

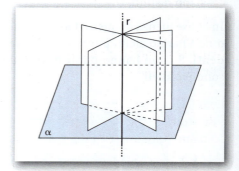

TEOREMA

Se per un punto P di una retta s si mandano due rette a e b perpendicolari a s, allora s è perpendicolare a ogni altra retta r passante per P e giacente sul piano delle rette a e b.

DIMOSTRAZIONE

Consideriamo P su una retta s e due rette a e b passanti per P e perpendicolari a s; chiamiamo α il piano su cui giacciono le rette incidenti a e b. Su s prendiamo M e N in semispazi opposti rispetto ad α e tali che $PM \cong PN$.
Disegniamo una qualunque retta $r \in \alpha$ e passante per P; prendiamo un punto A sulla retta a e un punto B sulla retta b in modo che la retta AB intersechi r nel punto R. Nel triangolo MNA il segmento AP è altezza e mediana della base MN, pertanto MNA è isoscele su tale base e quindi $AM \cong AN$. In modo simile si dimostra che MNB è isoscele e $BM \cong BN$.

1140

Paragrafo 2. Perpendicolarità e parallelismo

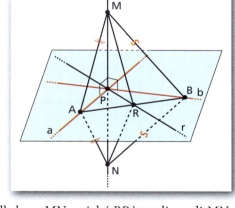

I triangoli ABM e ABN hanno:
- AB in comune;
- $AM \cong AN$ e $BM \cong BN$.

Quindi per il terzo criterio sono congruenti e in particolare $A\hat{B}M \cong A\hat{B}N$.
I triangoli RBM e RBN hanno:
- RB in comune;
- $R\hat{B}M \cong R\hat{B}N$ e $BM \cong BN$.

Pertanto sono congruenti per il primo criterio. In particolare hanno $RM \cong RN$.
Il triangolo MRN è dunque isoscele sulla base MN; poiché RP è mediana di MN, allora è anche altezza. Concludiamo che r è perpendicolare a s.

TEOREMA
Le perpendicolari a una retta s condotte per un suo punto P giacciono tutte nello stesso piano.

◻ **Animazione**
Nell'animazione dimostriamo il teorema, ragionando per assurdo.

I teoremi precedenti giustificano la seguente definizione.

DEFINIZIONE
Una **retta è perpendicolare a un piano** se è incidente al piano e perpendicolare a tutte le rette del piano passanti per il punto di incidenza. Il punto di incidenza si chiama **piede** della perpendicolare.
Una retta incidente ma non perpendicolare a un piano si chiama **obliqua**.

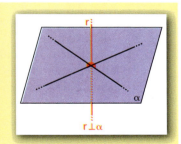

🇬🇧 **Listen to it**
A line is **perpendicular** to a plane if it is perpendicular to all lines in the plane that it intersects.

Per affermare che una retta è perpendicolare a un piano, in base ai teoremi appena dimostrati, è sufficiente verificare che essa è perpendicolare a due qualsiasi rette del piano passanti per il punto di incidenza.

Si può dimostrare che:

- dati un piano α e un punto P, esiste ed è unica la retta r passante per il punto e perpendicolare al piano (figura **a**);
- dati una retta r e un punto P, esiste ed è unico il piano perpendicolare a r e passante per P (figura **b**).

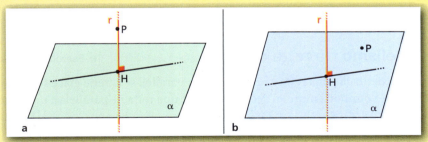

1141

Capitolo 19. Geometria euclidea nello spazio

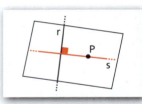

Perpendicolarità tra due rette

Nel piano, dati una retta r e un punto P, esiste una sola retta s passante per P e perpendicolare a r, e r e s sono necessariamente incidenti.
Nello spazio invece occorre distinguere due casi.

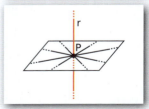

- Se P non appartiene alla retta r, esiste un'unica perpendicolare s a r passante per P e incidente a r.
  Esiste infatti un solo piano che contiene P e r e la perpendicolare s giace sul piano perché passa per P e per un punto di r.

- Se P appartiene alla retta r, esistono infinite rette passanti per P e perpendicolari e incidenti a r, e sono tutte le rette del fascio di centro P che giacciono sul piano perpendicolare a r in P.

Esaminiamo ora il seguente teorema, che riguarda la perpendicolarità delle rette nello spazio.

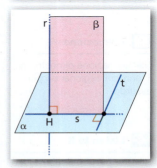

> **TEOREMA**
>
> **Teorema delle tre perpendicolari**
> Se dal piede di una perpendicolare a un piano si manda la perpendicolare a una qualunque retta del piano, quest'ultima risulta perpendicolare al piano delle prime due.

DIMOSTRAZIONE

Siano r una retta perpendicolare a un piano α e t una retta di α non passante per il piede H di r.
Sia s la perpendicolare condotta da H a t. Dobbiamo dimostrare che t è perpendicolare al piano individuato dalle rette r e s.
Detto A il punto di intersezione delle rette s e t, preso un generico punto P su r, dimostriamo che t è perpendicolare alla retta PA.
Consideriamo dunque sulla retta t i segmenti $AB \cong AC$ da parti opposte rispetto ad A e congiungiamo B e C con H e P. Poiché H è sull'asse di BC, $HB \cong HC$.
I triangoli rettangoli PHB e PHC sono allora congruenti e quindi $PB \cong PC$.
Il triangolo BPC è isoscele, dunque la mediana PA è perpendicolare a BC, e cioè la retta PA è perpendicolare alla retta t.
Concludiamo allora che la retta t è perpendicolare al piano individuato da PA e HA, e cioè al piano formato dalle rette r e s.

Ci occuperemo della perpendicolarità tra piani nel prossimo paragrafo.

■ Parallelismo tra retta e piano ▶ Esercizi a p. 1183

Abbiamo già detto che una retta e un piano sono paralleli se la retta giace sul piano o se non hanno punti in comune. Per verificare se una retta r è parallela a un piano α è sufficiente verificare che r sia parallela a una retta s che appartiene al piano, grazie al teorema della pagina seguente.

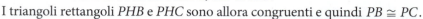

1142

Paragrafo 2. Perpendicolarità e parallelismo

TEOREMA
Dati una retta r e un piano α, se r è parallela a una retta s giacente su α, allora r è parallela ad α.

Animazione

Nell'animazione trovi la dimostrazione per assurdo del teorema.

Si possono inoltre dimostrare le seguenti proprietà.

- Data una retta r parallela a un piano α, ogni altro piano non parallelo ad α e contenente r interseca il piano α in una retta s, parallela a r.
- Se due rette incidenti r e s sono parallele al piano α, allora il piano β che r e s individuano è parallelo ad α (figura **a**).
- Le intersezioni tra un piano e due piani paralleli sono rette parallele (figura **b**).
- Dati un piano α e un punto P non appartenente ad α, esiste ed è unico il piano β passante per P e parallelo ad α.
- Due rette parallele a una terza retta sono parallele tra loro.

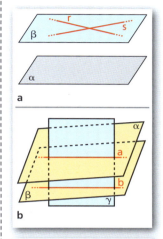

Perpendicolarità e parallelismo

Per la perpendicolarità e il parallelismo di rette, si può dimostrare che:

- due rette perpendicolari a uno stesso piano sono parallele fra loro;
- se due rette sono parallele, ogni piano perpendicolare all'una è perpendicolare anche all'altra.

A differenza di quanto accade nella geometria del piano, nello spazio **non** è vero che due rette perpendicolari a una stessa retta sono parallele.
Nella figura a lato $a \perp b$ e $b \perp c$, ma non è vero che $a \,//\, c$.

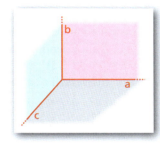

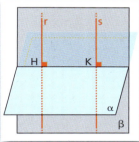

▶ Due rette perpendicolari a una stessa retta possono essere parallele? E sghembe? Disegna degli esempi.

Per la perpendicolarità e il parallelismo di piani, si può dimostrare che:

- se due piani sono perpendicolari a una stessa retta in punti distinti, allora sono paralleli.
- se due piani sono paralleli, allora ogni retta perpendicolare all'uno è perpendicolare anche all'altro.

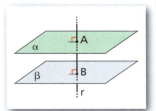

Teorema di Talete nello spazio

Il teorema di Talete visto nel piano si può generalizzare nello spazio al caso di un insieme di piani paralleli e due rette **trasversali**, cioè due rette non parallele ai piani che quindi li intersecano tutti.

TEOREMA
Teorema di Talete nello spazio
Un fascio di piani paralleli intersecati da due trasversali intercetta su di esse segmenti corrispondenti proporzionali.

DIMOSTRAZIONE
Si possono presentare due casi.

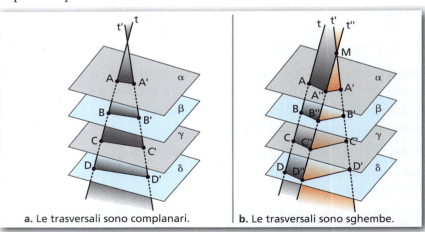

a. Le trasversali sono complanari. **b.** Le trasversali sono sghembe.

Primo caso: t e t' sono complanari (figura **a**).
Il piano delle rette t e t' interseca i piani del fascio formando il fascio di rette parallele $AA' \mathbin{/\mkern-5mu/} BB' \mathbin{/\mkern-5mu/} CC' \mathbin{/\mkern-5mu/} \ldots$ di cui t e t' sono trasversali, quindi per il teorema di Talete nel piano:

$$AB : BC = A'B' : B'C', \quad AC : BC = A'C' : B'C', \ldots$$

Secondo caso: t e t' sono sghembe (figura **b**).
Per un punto M di t' tracciamo la retta t'' parallela a t e indichiamo con $A'', B'', C'', \ldots$ le corrispondenti intersezioni con i piani $\alpha, \beta, \gamma, \ldots$ Otteniamo i parallelogrammi $ABB''A'', ACC''A'', BCC''B'', \ldots$, quindi $AB \cong A''B'', AC \cong A''C'', BC \cong B''C'', \ldots$
Alle trasversali t', t'' possiamo applicare il teorema di Talete nel piano:

$$A''B'' : B''C'' = A'B' : B'C', \quad A''C'' : B''C'' = A'C' : B'C', \ldots$$

Sostituendo $A''B''$ con AB, $A''C''$ con AC, ..., deduciamo le proporzioni:

$$AB : BC = A'B' : B'C', \quad AC : BC = A'C' : B'C', \ldots$$

Il teorema è pertanto dimostrato.

In particolare, dati due piani paralleli e due rette parallele che li intersecano, i segmenti paralleli appartenenti alle rette e compresi fra i piani sono congruenti.

3 Distanze e angoli nello spazio

■ Distanze nello spazio

▶ Esercizi a p. 1184

Distanza di un punto da un piano

Se da un punto P mandiamo la perpendicolare a un piano α, l'intersezione H della retta con il piano è la **proiezione ortogonale** di P su α.

Dati un piano e un punto, definiamo la **distanza del punto dal piano** come la lunghezza del segmento che ha per estremi il punto e il piede della perpendicolare al piano passante per il punto. Nella figura della pagina seguente, PH è la distanza di P da α. Se il punto P appartiene al piano, la distanza è nulla.

Paragrafo 3. Distanze e angoli nello spazio

Osserviamo che la distanza di un punto P da un piano è sempre minore della distanza di P da qualsiasi altro punto del piano diverso dalla proiezione di P. Nella figura, $PH < PM$.

Se proiettiamo tutti i punti di una figura $\mathcal{F}$ sul piano α, otteniamo la proiezione $\mathcal{F}'$ di $\mathcal{F}$. In particolare la **proiezione di una retta** su un piano è una retta, a meno che la retta non sia perpendicolare al piano α, in tal caso la sua proiezione si riduce a un punto.

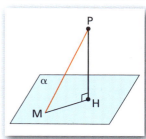

Distanza tra retta e piano paralleli

Se una retta è parallela a un piano, i suoi punti sono *equidistanti* dal piano stesso: tale distanza si chiama **distanza della retta dal piano**.

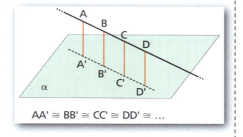

Distanza tra due rette sghembe

Date due rette sghembe, si può dimostrare che esiste sempre un'*unica retta perpendicolare* a entrambe. Il segmento che congiunge i due punti di intersezione di tale perpendicolare con le rette è minore di ogni altro segmento che congiunge un punto di una retta con un punto dell'altra. Tale segmento è detto **distanza fra le due rette sghembe**.

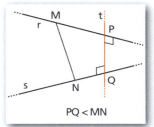

Distanza tra due piani paralleli

Abbiamo detto che, dati due piani paralleli, una retta perpendicolare a uno di essi è perpendicolare anche all'altro. Inoltre, scelte due rette perpendicolari a due piani paralleli, il segmento intercettato dai due piani sull'una è congruente a quello intercettato sull'altra. Definiamo allora come **distanza fra due piani paralleli** la lunghezza del segmento intercettato dai due piani su una qualunque retta a essi perpendicolare.

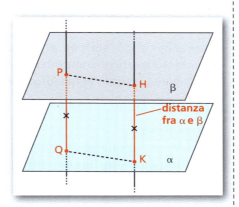

■ Diedri e piani perpendicolari

▶ Esercizi a p. 1185

Introduciamo il concetto di diedro, che estende allo spazio il concetto di angolo nel piano e che ci servirà per definire la perpendicolarità fra piani.

> **DEFINIZIONE**
> Dati nello spazio due semipiani aventi la stessa retta origine, chiamiamo **diedro** ognuna delle due parti (compresi i semipiani) in cui essi dividono lo spazio.

La retta origine dei semipiani si chiama **spigolo** del diedro e i semipiani si chiamano **facce** del diedro.

Due semipiani non complanari, aventi la stessa retta origine, individuano sempre due diedri, uno **concavo** e uno **convesso**.

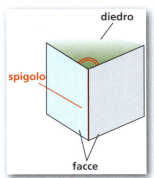

🇬🇧 **Listen to it**

Two half-planes, called **sides**, emanating from the same line, called the **edge**, divide the space into two **dihedral angles**.

1145

Capitolo 19. Geometria euclidea nello spazio

DEFINIZIONE

Una **sezione di un diedro** è l'angolo che si ottiene come intersezione fra il diedro e un qualunque piano non parallelo allo spigolo che interseca il suo spigolo.

Si può dimostrare il seguente teorema.

TEOREMA

Sezioni parallele di uno stesso diedro sono congruenti.

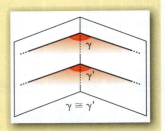

Animazione

Nell'animazione c'è la dimostrazione del teorema.

Una conseguenza del teorema è che se intersechiamo un diedro con piani perpendicolari allo spigolo, gli angoli che otteniamo sui piani sono congruenti fra loro (figura a lato).

Chiamiamo allora **sezione normale** di un diedro l'angolo che si ottiene come intersezione fra il diedro e un qualunque piano perpendicolare al suo spigolo.

DEFINIZIONE

Chiamiamo **ampiezza** di un diedro l'ampiezza della sua sezione normale; un diedro si dice **retto**, **acuto** o **ottuso** a seconda che la sua sezione normale sia un angolo retto, acuto o ottuso.

Listen to it

According to the size of its **normal sections**, a dihedral angle can be **right**, **acute** or **obtuse**.

Si dimostra che **due diedri sono congruenti se e solo se sono congruenti le loro sezioni normali**.

Possiamo ora dare nello spazio la definizione di piani perpendicolari, analoga alla definizione di rette perpendicolari nel piano.

DEFINIZIONE

Due **piani** incidenti sono **perpendicolari** quando dividono lo spazio in quattro diedri retti.

Per verificare se due piani sono perpendicolari, basta trovare una retta dell'uno che sia perpendicolare all'altro, grazie al seguente teorema.

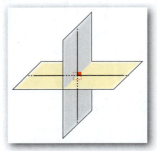

TEOREMA

Se una retta contenuta in un piano α è perpendicolare a un piano β, allora i due piani α e β sono perpendicolari.

Paragrafo 4. Trasformazioni geometriche

DIMOSTRAZIONE

Sia *r* la retta di α perpendicolare a β nel punto *H*.
Tracciamo la retta *s*, intersezione dei piani α e β, e la retta *t* giacente su β e perpendicolare in *H* a *s*.
Poiché *s* è perpendicolare sia a *r*, per ipotesi, sia a *t*, per costruzione, allora *s* è perpendicolare al piano individuato dalle rette *r* e *t*. Quindi il piano *rt* individua una sezione normale del diedro formato da α e β. Inoltre la retta *r*, essendo perpendicolare a tutte le rette di β passanti per *H*, è perpendicolare anche a *t*, quindi le sezioni normali individuate dal piano *rt* sono quattro angoli retti. Concludiamo che i piani α e β sono tra loro perpendicolari.

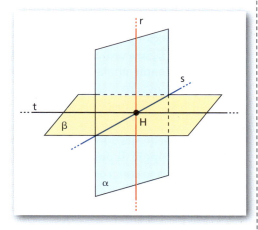

Enunciamo infine il seguente teorema, senza dimostrarlo.

TEOREMA
Dati un piano α e una retta *r* non perpendicolare ad α, esiste ed è unico il piano passante per *r* e perpendicolare ad α.

■ Angolo di una retta con un piano ▶ Esercizi a p. 1185

Sia *r* una retta incidente e non perpendicolare al piano α: un piano generico, che passa per *r*, interseca α in un'altra retta. Si dimostra che l'angolo formato dalle due rette dipende dalla scelta del piano variabile e risulta minimo quando il piano è perpendicolare ad α. Questo giustifica la seguente definizione.

DEFINIZIONE
Data una retta *r* incidente e non perpendicolare a un piano α, l'**angolo della retta con il piano** è l'angolo acuto formato da *r* e dalla sua proiezione *r'* su α.

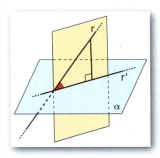

Se la retta *r* è perpendicolare al piano α, ogni piano passante per *r* interseca α in una retta perpendicolare a *r*. Allora l'angolo che *r* forma con α è un angolo retto.

Angolo tra due rette sghembe

L'**angolo formato da due rette sghembe** *r* e *s* è l'angolo formato dalle rette incidenti *r'* e *s'*, parallele rispettivamente a *r* e *s*.

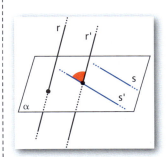

4 Trasformazioni geometriche
▶ Esercizi a p. 1186

Per lo studio delle trasformazioni geometriche nello spazio il percorso è analogo a quello seguito nel piano e molti concetti non sono altro che la traduzione in tre dimensioni di quelli introdotti precedentemente.

Capitolo 19. Geometria euclidea nello spazio

 Listen to it

In a **geometric transformation**, a **fixed point** is a point that is its own image under transformation.

Una trasformazione geometrica nello spazio è una corrispondenza biunivoca fra i punti dello spazio e i punti dello spazio stesso. In particolare, in una trasformazione geometrica i **punti uniti** sono quei punti che coincidono con i loro corrispondenti. Le **figure unite** sono quelle figure che vengono trasformate in se stesse. Esaminiamo, come abbiamo fatto nel piano, le isometrie, le omotetie e le loro composizioni, ovvero le similitudini.

Isometrie

Le isometrie nello spazio, come nel piano, sono trasformazioni che **conservano le distanze tra coppie di punti corrispondenti**. Due figure che si corrispondono in un'isometria sono congruenti. Le isometrie sono anche chiamate *movimenti rigidi*. Un movimento rigido si dice diretto o inverso a seconda che gli orientamenti delle figure siano o non siano conservati.

> **DEFINIZIONE**
> Due figure solide sono **congruenti** quando hanno tutte le caratteristiche tra loro congruenti, ossia hanno lati, angoli, spigoli, facce, diedri corrispondenti congruenti. Se inoltre possono essere sovrapposte, mediante un movimento rigido diretto, si dicono **direttamente congruenti**; altrimenti, se il movimento rigido che porta a sovrapporle è inverso, si dicono **inversamente congruenti**.

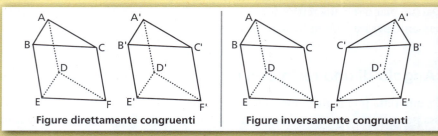

Figure direttamente congruenti | Figure inversamente congruenti

Le isometrie godono delle seguenti proprietà:
- trasformano segmenti in segmenti, rette in rette, piani in piani;
- conservano il parallelismo;
- trasformano rette incidenti in rette incidenti, piani incidenti in piani incidenti;
- trasformano ogni angolo in un angolo congruente.

Traslazione

Fissato nello spazio un vettore $\vec{v}$, la **traslazione di vettore** $\vec{v}$ è quella trasformazione geometrica che a ogni punto P fa corrispondere il punto P' tale che il vettore $\overrightarrow{PP'}$ è uguale a $\vec{v}$.

- In una traslazione, la figura trasformata è direttamente congruente alla figura data.
- Le traslazioni conservano le direzioni delle rette e le *giaciture* dei piani, cioè trasformano una retta in una retta parallela a quella data e trasformano un piano in un piano parallelo a quello dato.

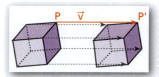

▶ Stabilisci se ci sono, e quali sono, i punti uniti, le rette unite, i piani uniti in una traslazione di vettore $\vec{v}$ nello spazio.

Rotazione

Fissati nello spazio una retta r e un angolo orientato α, la **rotazione di asse r e angolo α** è quella trasformazione geometrica che:

1. a ogni punto di r fa corrispondere se stesso;

Paragrafo 4. Trasformazioni geometriche

2. a ogni punto P, non appartenente a r, fa corrispondere il punto P' tale che:
   - P' appartiene al piano β passante per P e perpendicolare alla retta r;
   - detto O il punto di intersezione di r con β, $OP' \cong OP$ e $P\widehat{O}P' \cong \alpha$, con la stessa orientazione.

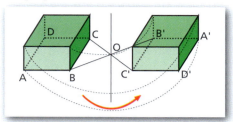

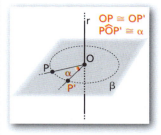

- In una rotazione, la figura trasformata è direttamente congruente alla figura data.

Simmetria centrale
Fissato nello spazio un punto O, la **simmetria centrale di centro O** è la trasformazione geometrica che:

1. al punto O fa corrispondere se stesso;
2. a ogni punto P diverso da O fa corrispondere il punto P' tale che il segmento PP' abbia O come punto medio.

▶ Individua gli eventuali punti, rette e piani uniti:
a. in una rotazione di asse r e angolo qualsiasi;
b. in una rotazione di 180° intorno a r.

- Due solidi che si corrispondono mediante una simmetria centrale di centro O sono, in genere, inversamente congruenti.
- Come le traslazioni, anche le simmetrie centrali conservano le direzioni delle rette e le giaciture dei piani.
- Un punto dello spazio è **centro di simmetria di una figura** se la figura è unita rispetto alla simmetria centrale che ha come centro quel punto.

▶ Individua punti, rette e piani uniti per una simmetria centrale di centro O.

Simmetria assiale
Fissata una retta r nello spazio, la **simmetria assiale di asse r** è la trasformazione geometrica che:

1. a ogni punto di r fa corrispondere se stesso;
2. a ogni punto P, non appartenente a r, fa corrispondere il punto P', diverso da P, tale che:
   - la retta PP' è perpendicolare e incidente a r;
   - le distanze di P e di P' da r sono congruenti.

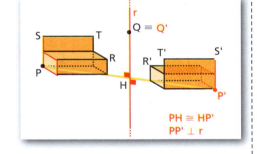

- La figura trasformata in una simmetria assiale è direttamente congruente alla figura data.
- Una retta dello spazio è **asse di simmetria di una figura** se la figura è unita rispetto alla simmetria che ha per asse quella retta.

▶ Individua punti, rette e piani uniti per una simmetria assiale di asse r.

Simmetria rispetto a un piano
Fissato un piano α nello spazio, la **simmetria rispetto al piano α** è quella trasformazione geometrica che:

1. a ogni punto di α fa corrispondere se stesso;
2. a ogni punto P, non appartenente ad α, fa corrispondere il punto P', diverso da P, tale che:

Capitolo 19. Geometria euclidea nello spazio

Listen to it

A solid figure which has a **plane of symmetry** is called mirror symmetric.

▶ Individua punti, rette e piani uniti per una simmetria rispetto al piano α.

- la retta PP' è perpendicolare ad α;
- le distanze di P e P' da α sono congruenti.

Il piano α è chiamato **piano di simmetria**.

- Due figure solide che si corrispondono mediante una simmetria rispetto a un piano sono, in genere, inversamente congruenti.
- Un piano dello spazio è **piano di simmetria di una figura** se la figura è unita rispetto alla simmetria che ha per piano di simmetria quel piano.

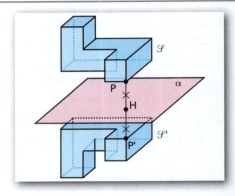

Composizione di due trasformazioni

È possibile comporre due trasformazioni geometriche anche nello spazio. Per esempio, applichiamo a un solido $\mathcal{F}$ una trasformazione t_1 e al solido corrispondente $\mathcal{F}'$ una trasformazione t_2. Per ottenere direttamente il solido $\mathcal{F}''$ dobbiamo applicare a $\mathcal{F}$ la trasformazione composta $t_2 \circ t_1$:

$$\mathcal{F} \xmapsto{t_2 \circ t_1} \mathcal{F}''.$$

Si dimostra che ogni isometria dello spazio si può ottenere componendo al più quattro simmetrie rispetto a opportuni piani.

Omotetia

Dati un punto O e un numero reale k diverso da 0, l'**omotetia di centro O e rapporto k** è quella trasformazione che al punto O fa corrispondere se stesso e a ogni altro punto P fa corrispondere il punto P' tale che:

$$\overrightarrow{OP'} = k\,\overrightarrow{OP}.$$

Come nel piano, il numero reale k è detto *rapporto di omotetia*. Se $k > 0$ l'omotetia si dice *diretta*, se $k < 0$ si dice *inversa*.

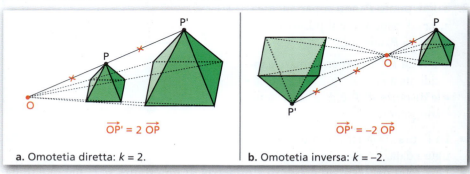

a. Omotetia diretta: $k = 2$.   **b.** Omotetia inversa: $k = -2$.

Le omotetie godono delle seguenti proprietà:
- conservano le direzioni delle rette e le giaciture dei piani;
- trasformano ogni angolo in un angolo congruente;
- trasformano ogni segmento in un segmento parallelo tale che il rapporto tra le loro lunghezze è $|k|$;
- trasformano ogni poligono in un poligono simile tale che il rapporto di similitudine è $|k|$;

- se $k \neq 1$, l'unico punto unito è il centro, le rette unite sono tutte e sole le rette passanti per il centro, i piani uniti sono tutti e soli i piani che contengono il centro.

Similitudine

Nello spazio la similitudine viene definita in modo del tutto analogo alla similitudine nel piano, ossia una similitudine è la trasformazione composta di un'isometria e di un'omotetia, o viceversa. Il *rapporto di similitudine* è il rapporto di omotetia.

La similitudine nello spazio gode di tutte le proprietà già esaminate nel piano, in particolare essa trasforma angoli in angoli congruenti e segmenti in segmenti proporzionali. Il rapporto fra segmenti corrispondenti è uguale al rapporto di similitudine.

▶ Disegna due solidi simili con rapporto di similitudine $k = 2$.

5 Poliedri

▶ Esercizi a p. 1187

DEFINIZIONE
Un **poliedro** è una figura solida, limitata da un numero finito di poligoni appartenenti a piani diversi e tali che il piano di ogni poligono non attraversi il solido.

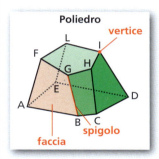

I poligoni sono detti **facce** del poliedro, i lati dei poligoni **spigoli** del poliedro, i vertici dei poligoni **vertici** del poliedro.

Si dice **diagonale** di un poliedro il segmento che congiunge due vertici non situati sulla stessa faccia.

Un poliedro ha almeno quattro facce. Il tetraedro è il poliedro a quattro facce. **Pentaedro**, **esaedro**, **ottaedro**, **dodecaedro** sono poliedri che hanno rispettivamente 5, 6, 8, 12 facce.

Vale il seguente teorema.

🇬🇧 Listen to it

A **polyhedron** is a solid with polygonal **faces** and straight **edges** which meet at **vertices**.

TEOREMA
Relazione di Eulero
Detti F, S e V, rispettivamente, il numero delle facce, quello degli spigoli e quello dei vertici di un poliedro, allora:
$$F + V - S = 2.$$

Descriviamo ora le principali proprietà di due poliedri: il prisma e la piramide.

Prismi

Dati un poligono e una retta r non appartenente al piano del poligono, la figura costituita dall'insieme delle rette parallele a r e passanti per i punti del poligono si chiama **prisma indefinito**.
Le rette parallele a r passanti per i vertici del poligono sono dette **spigoli** del prisma indefinito.

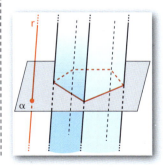

Capitolo 19. Geometria euclidea nello spazio

DEFINIZIONE
Un **prisma** definito, o semplicemente prisma, è un poliedro costituito dalla parte di prisma indefinito compresa fra due piani paralleli che lo intersecano.

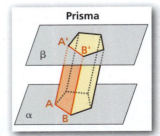

Si dimostra che **le intersezioni fra i piani paralleli e il prisma indefinito sono due poligoni congruenti**.

DIMOSTRAZIONE

Siano A e B due vertici consecutivi del poligono appartenente al piano α (figura a lato). Lo spigolo del prisma indefinito passante per A interseca il piano β parallelo al piano α nel punto A' e lo spigolo passante per B interseca β in B'. Il quadrilatero $ABB'A'$ ha i lati AA' e BB':
- paralleli, perché appartenenti a spigoli del prisma indefinito;
- congruenti, perché segmenti paralleli compresi fra piani paralleli.

Quindi $ABB'A'$ è un parallelogramma, pertanto $AB \mathbin{/\mkern-5mu/} A'B'$ e $AB \cong A'B'$. Analogamente si dimostra che ogni coppia di lati che si corrispondono nei due poligoni individuati nei piani α e β è costituita da segmenti congruenti e paralleli. Pertanto i due poligoni sono congruenti.

Le intersezioni fra i piani paralleli e il prisma indefinito sono dette **basi** del prisma. Gli altri poligoni che delimitano il prisma sono detti **facce laterali** e sono tanti parallelogrammi quanti sono i lati dei poligoni di base.

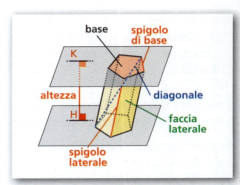

La distanza fra i due piani paralleli è l'**altezza** del prisma. Ogni lato di base si chiama anche **spigolo di base**, gli altri lati dei parallelogrammi si chiamano **spigoli laterali**. I vertici dei poligoni vengono anche detti **vertici** del prisma.

▶ Quante diagonali ha un prisma quadrangolare? E un prisma triangolare?

Le **diagonali** di un prisma sono quei segmenti che congiungono due vertici non appartenenti alla stessa faccia.

I prismi possono essere classificati mediante i poligoni di base. Se la base è un esagono, il prisma si dice esagonale; se è un triangolo, triangolare e così via.

Prismi retti

DEFINIZIONE
Un **prisma** è **retto** se gli spigoli laterali sono perpendicolari ai piani delle basi.

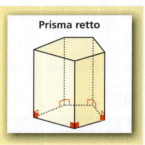

In un prisma retto le facce laterali sono dei rettangoli e l'altezza coincide con gli spigoli laterali.

1152

Paragrafo 5. Poliedri

Un prisma retto si dice **regolare** quando le sue basi sono poligoni regolari.

Parallelepipedi

DEFINIZIONE
Un **parallelepipedo** è un prisma le cui basi sono parallelogrammi.

Parallelepipedo

Si possono dimostrare i seguenti teoremi.

TEOREMA
Le facce opposte di un parallelepipedo, ossia quelle che non hanno vertici in comune, sono congruenti e parallele.

TEOREMA
Le diagonali di un parallelepipedo si incontrano in uno stesso punto che le divide in due segmenti congruenti.

DIMOSTRAZIONE

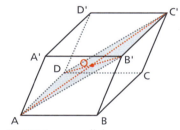
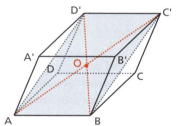
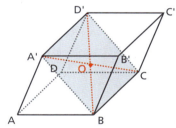

a. $ADC'B'$ è un parallelogramma perché ha i lati opposti congruenti e paralleli, quindi le diagonali AC' e DB' si incontrano nel loro punto medio O.

b. Analogamente anche $ABC'D'$ è un parallelogramma e le sue diagonali AC' e $D'B$ si incontrano nel loro punto medio che, come nel caso precedente, è O in quanto la diagonale AC' è in comune e il punto medio di un segmento è unico.

c. Anche $A'D'CB$ è un parallelogramma; le diagonali $A'C$ e $D'B$ si incontrano nel loro punto medio che, come nel caso precedente, è O in quanto la diagonale $D'B$ è in comune.

DEFINIZIONE
Un **parallelepipedo rettangolo** è un parallelepipedo retto in cui le basi sono rettangoli.

Listen to it
A rectangular parallelepiped is also called a **cuboid**.

Le lunghezze dei tre spigoli uscenti da uno stesso vertice sono le **dimensioni** del parallelepipedo e le indichiamo con a, b e c.

In un parallelepipedo rettangolo le diagonali sono congruenti. La relazione fra la loro misura e quella delle tre dimensioni del parallelepipedo si ottiene applicando due volte il teorema di Pitagora. Osserviamo la figura a lato, dove d è la lunghezza della diagonale del parallelepipedo e d' è la lunghezza della diagonale di base. Applicando il teorema di Pitagora al triangolo ABD, si ottiene

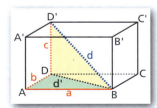

$d'^2 = a^2 + b^2$

Capitolo 19. Geometria euclidea nello spazio

MATEMATICA INTORNO A NOI

Tagliare cubi Il cubo sembra un solido semplice, ma...

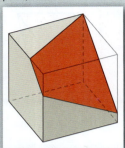

▶ Che tipo di figure si ottengono sezionando un cubo con un piano?

☐ **La risposta**

Angoloide
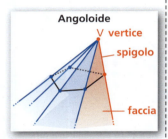
V vertice — spigolo — faccia

e, applicando il teorema di Pitagora al triangolo DBD':
$$d^2 = d'^2 + c^2.$$

Sostituendo l'espressione di d'^2 ottenuta prima, si ricava:
$$d^2 = a^2 + b^2 + c^2 \rightarrow \boldsymbol{d = \sqrt{a^2 + b^2 + c^2}}.$$

> **DEFINIZIONE**
> Un **cubo** è un parallelepipedo rettangolo con le tre dimensioni congruenti.

Le sei facce del cubo sono quadrati congruenti. Detto s la misura dello spigolo del cubo e d quella della diagonale, abbiamo:
$$\boldsymbol{d = s\sqrt{3}}.$$

Piramidi

Angoloide e triedro

> **DEFINIZIONE**
> Consideriamo un poligono convesso e un punto V non appartenente al suo piano. Chiamiamo **angoloide** il solido costituito da tutte le semirette di origine V che passano per i punti del poligono.

Le semirette passanti per i vertici del poligono sono dette **spigoli** dell'angoloide, l'origine V è il **vertice** dell'angoloide, gli angoli di vertice V e lati due spigoli consecutivi sono le **facce** dell'angoloide.

Gli angoloidi sono figure convesse.

> **DEFINIZIONE**
> Un **triedro** è un angoloide con tre spigoli.

Enunciamo alcune proprietà senza darne la dimostrazione.

- In ogni *angoloide* di vertice V, la somma degli angoli in V delle facce è minore di un angolo giro.

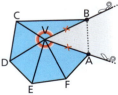 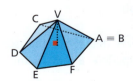

| **a.** Disegna su un foglio alcuni triangoli che abbiano tutti in comune un vertice V e abbiano, a due a due, un lato in comune. Fa in modo che uno di questi triangoli sia isoscele, come AVB in figura. Ritaglia la figura lungo il perimetro $ABCDEF$, poi ritaglia i lati VA e VB. | **b.** Se fai coincidere VA e VB ottieni un angoloide. Osserva che la somma degli angoli in V dei triangoli facce dell'angoloide è minore di un angolo giro. Se tale somma fosse un angolo giro, il vertice V dovrebbe appartenere al piano su cui è contenuto il poligono di base. |

- In ogni *angoloide* l'angolo di una faccia è minore della somma degli angoli delle rimanenti.

1154

Paragrafo 5. Poliedri

- In ogni *triedro* l'angolo di una faccia è maggiore della differenza degli angoli delle altre due.

Piramide

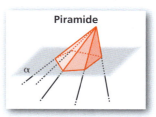

DEFINIZIONE
Una **piramide** è la parte di angoloide compresa fra il suo vertice e un piano che interseca tutti i suoi spigoli.

Il poligono intersezione fra il piano e l'angoloide si chiama **base** della piramide, il vertice dell'angoloide **vertice** della piramide.

La distanza fra il vertice e il piano di base è l'**altezza** della piramide.

La piramide è delimitata, oltre che dalla base, da triangoli detti **facce laterali**.

Ogni lato della base si chiama anche **spigolo** di base, gli altri lati dei triangoli si chiamano **spigoli laterali**.

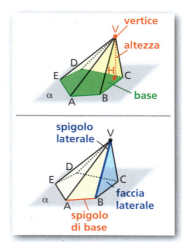

▶ Disegna una piramide esagonale e conta il numero delle facce, quello degli spigoli e quello dei vertici. È verificata la formula di Eulero?

Anche le piramidi sono classificate mediante i poligoni di base. Se la base è un triangolo, la piramide è triangolare; se è un quadrilatero, quadrangolare e così via.

Piramidi particolari

DEFINIZIONE
Una **piramide** è **retta** quando nella sua base si può inscrivere una circonferenza, il cui centro è la proiezione ortogonale del vertice della piramide sul piano di base.

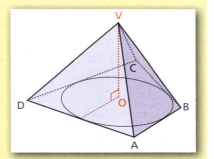

🇬🇧 **Listen to it**

In a **right pyramid** the **apex** is above the centre of the circle inscribed in the base.

TEOREMA
In una piramide retta le altezze delle facce laterali passano per i punti di tangenza dei lati di base con la circonferenza inscritta e sono tra loro congruenti. Una qualunque di queste altezze si chiama **apotema**.

DIMOSTRAZIONE
Congiungiamo il centro O della circonferenza con due punti di tangenza H e K.

Si ottengono i raggi OH e OK che sono perpendicolari ai lati AD e AB, perché questi sono tangenti alla circonferenza.
VO è perpendicolare al piano della base, OH è perpendicolare alla retta AD, quindi VH è perpendicolare alla retta AD ed è l'altezza della faccia VDA, per il teorema delle tre perpendicolari. Analogamente si dimostra che VK è perpendicolare ad AB e così per ogni faccia.

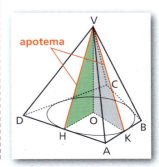

Capitolo 19. Geometria euclidea nello spazio

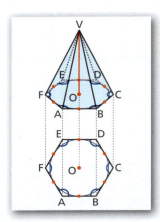

I triangoli rettangoli *VOH* e *VOK* hanno il cateto *VO* in comune e i cateti *OH* e *OK* congruenti, perché raggi della circonferenza inscritta, quindi sono congruenti. In particolare sono congruenti le loro ipotenuse *VH* e *VK*.

In modo analogo si dimostra che sono congruenti le altezze delle altre facce laterali.

> **DEFINIZIONE**
> Una piramide retta si dice **regolare** quando la sua base è un poligono regolare.

Le facce laterali di una piramide regolare sono triangoli isosceli fra loro congruenti.

Tronco di piramide

Data una piramide, consideriamo le parti in cui viene divisa da un piano parallelo alla base e posto a una distanza dal vertice inferiore all'altezza della piramide. Otteniamo due solidi:

- una piramide più piccola, con lo stesso vertice della piramide data; si può dimostrare che le due piramidi sono solidi simili;
- un solido delimitato da due poligoni sui piani paralleli e da facce laterali che sono dei trapezi, chiamato **tronco di piramide**. I due poligoni sui piani paralleli sono detti **basi** e i trapezi **facce laterali** del tronco di piramide. La distanza tra i piani delle due basi è l'**altezza** del tronco di piramide.

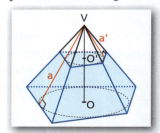

Un tronco di piramide è **retto** o **regolare** se deriva da una piramide retta o regolare.

In un tronco di piramide retto, i trapezi che costituiscono le facce laterali hanno tutti la stessa altezza, data dalla differenza tra l'apotema della piramide di partenza e l'apotema della piramide piccola. Tale altezza è detta **apotema del tronco di piramide**.

Vale il seguente teorema.

▶ **Animazione**

La dimostrazione del teorema, basata sulla similitudine di triangoli, è nell'animazione.

> **TEOREMA**
> Se si taglia una piramide di vertice *V* con un piano parallelo alla base, si ha che:
> 1. la sezione e la base sono poligoni simili;
> 2. i lati e i perimetri di questi poligoni sono proporzionali alle distanze del loro piano dal vertice *V*;
> 3. le misure delle superfici sono proporzionali ai quadrati delle misure di queste distanze.

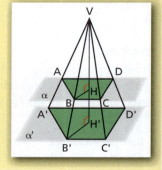

Poliedri regolari

Dato un poliedro, a ogni suo spigolo associamo il diedro individuato dalle due facce che contengono quello spigolo; esso è un **diedro del poliedro**.

Inoltre a ogni vertice del poliedro associamo l'angoloide i cui spigoli contengono quelli del poliedro uscenti da quel vertice: esso è un **angoloide del poliedro**.

Paragrafo 5. Poliedri

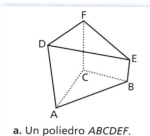 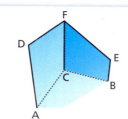 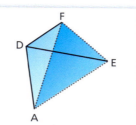

a. Un poliedro ABCDEF. b. Diedro di spigolo FC. c. Angoloide con vertice D e spigoli DA, DE e DF.

Nel piano abbiamo studiato che un poligono è regolare se ha tutti i lati congruenti e tutti gli angoli congruenti. Per analogia, anche nello spazio viene definito il *poliedro regolare*.

DEFINIZIONE

Un **poliedro regolare** è un poliedro in cui le facce sono poligoni regolari congruenti, gli angoloidi sono tutti congruenti e anche i diedri sono congruenti.

Nel piano i poligoni regolari possono avere un qualunque numero di lati. Si può invece dimostrare che nello spazio i poliedri regolari sono soltanto cinque. Ricordiamo infatti che in ogni angoloide la somma degli angoli delle facce è minore di un angolo giro. Ciò limita la possibilità di ottenere poliedri regolari. Illustriamolo nella seguente tabella, in cui forniamo anche i nomi dei poliedri regolari possibili.

Listen to it

In a **regular polyhedron**, all faces are equal regular polygons and the same number of faces meets at each vertex. There are only five regular polyhedra.

Poliedri regolari

Facce	Numero facce in un vertice	Somma degli angoli delle facce	Nome del poliedro
triangoli equilateri (angoli di 60°)	3	180° < 360°	tetraedro
	4	240° < 360°	ottaedro
	5	300° < 360°	icosaedro
	6	360° = 360°	non esiste
quadrati (angoli di 90°)	3	270° < 360°	cubo
	4	360° = 360°	non esiste
pentagoni (angoli di 108°)	3	324° < 360°	dodecaedro
	4	432° > 360°	non esiste
esagoni (angoli di 120°)	3	360° = 360°	non esiste

Nella figura ci sono i cinque poliedri regolari possibili. Il tetraedro regolare è racchiuso da 4 triangoli equilateri, l'ottaedro regolare da 8, l'icosaedro regolare da 20. Il cubo è anche chiamato esaedro regolare, perché è racchiuso da 6 quadrati (in greco *hex* significa «sei»). Il dodecaedro regolare ha 12 facce pentagonali.

Video

Poliedri di Keplero-Poinsot
Il piccolo e il grande dodecaedro stellato, il grande dodecaedro e il grande icosaedro sono quattro figure solide non convesse note come *poliedri di Keplero-Poinsot*. Vediamo come si possono costruire e le loro caratteristiche principali.

Tetraedro   Ottaedro   Icosaedro   Cubo (esaedro)   Dodecaedro

1157

Capitolo 19. Geometria euclidea nello spazio

MATEMATICA INTORNO A NOI

Solidi artistici I solidi, e la matematica in generale, hanno sempre avuto grande importanza nell'arte e non solo. In particolare, i *solidi platonici* hanno stimolato la creatività di molti artisti.

Cerca nel Web: solidi platonici arte, dadi platonici

I Greci conoscevano i poliedri regolari già ai tempi di Pitagora (540 a.C.). In seguito, i cinque solidi furono studiati anche da Platone e per questo vengono detti **solidi platonici**.

6 Solidi di rotazione

▶ Esercizi a p. 1192

Un **solido di rotazione** è un solido generato dalla rotazione di una figura piana intorno a una retta r, secondo un angolo α.

Se α è un angolo giro, allora si dice che la rotazione è **completa**. In una rotazione completa il punto P, che corrisponde a se stesso, descrive una circonferenza appartenente al piano perpendicolare alla retta r e passante per P.

Noi studieremo soltanto solidi ottenuti da rotazioni complete.

ESEMPIO
Disegniamo un quadrilatero $ABCD$ e una retta r (figura **a**). Facciamo ruotare il quadrilatero di un angolo giro attorno a r. Ciascun punto del quadrilatero descrive una circonferenza (figura **b**). Otteniamo così un solido di rotazione (figura **c**).

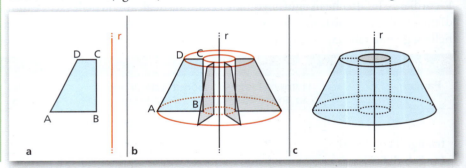

Fra i solidi ottenuti per rotazione studieremo solo i più semplici, ossia il cilindro, il cono e la sfera.

Cilindro

🇬🇧 Listen to it
The simplest solids of revolution are the **cylinder**, the **cone** and the **sphere**.

DEFINIZIONE

Un **cilindro** è un solido generato dalla rotazione completa di un rettangolo attorno a uno dei suoi lati.

Il lato attorno al quale ruota il rettangolo è detto **altezza** del cilindro. Gli altri due lati perpendicolari all'altezza sono detti **raggi di base**.

I raggi di base nella rotazione determinano due cerchi, che sono detti **basi** del cilindro.

Un cilindro si dice **equilatero** se la sua altezza è congruente al diametro della base.

Cono

DEFINIZIONE

Un **cono** è un solido generato dalla rotazione completa di un triangolo rettangolo attorno a uno dei cateti.

Il cateto attorno a cui ruota il triangolo è l'**altezza** del cono, l'altro cateto è il **raggio di base**. L'ipotenusa è detta **apotema** del cono.

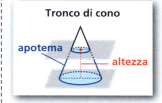

Un cono si dice **equilatero** se l'apotema è congruente al diametro della base.

Sezionando un cono con un piano parallelo alla base otteniamo un cono più piccolo, simile a quello di partenza, e un **tronco di cono**. La base del cono e il cerchio ottenuto dalla sezione sono le **basi** del tronco di cono e la loro distanza è l'**altezza** del tronco di cono.

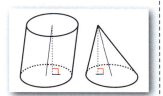

> **TEOREMA**
> In un cono, le misure delle aree del cerchio di base e del cerchio ottenuto da una sezione parallela al piano di base stanno tra loro come i quadrati delle misure delle loro distanze dal vertice.

I cilindri e i coni considerati finora sono circolari *retti*: nei cilindri circolari retti l'altezza coincide con la retta che congiunge i centri dei cerchi di base, nei coni circolari retti con la retta che congiunge il vertice con il centro della base.
Più in generale, si potrebbero studiare anche cilindri e coni *obliqui* (figure a lato) nei quali questa condizione non è verificata.

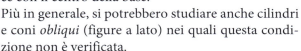

▢ **Animazione**

Nell'animazione trovi la dimostrazione del teorema.

Sfera

> **DEFINIZIONE**
> Una **sfera** è un solido generato dalla rotazione completa di un semicerchio attorno al suo diametro.

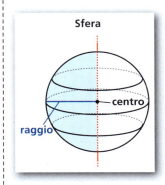

Il centro del semicerchio è detto **centro della sfera**; il suo raggio è il **raggio della sfera**.

La semicirconferenza che ruota genera una superficie detta **superficie sferica**.

La superficie sferica e la sfera possono essere considerate luoghi geometrici:
- la superficie sferica è il luogo dei punti dello spazio che hanno distanza dal centro uguale al raggio;
- la sfera è il luogo dei punti dello spazio che hanno distanza dal centro minore o uguale al raggio.

Parti della superficie sferica e della sfera

> **DEFINIZIONE**
> La **calotta sferica** e il **segmento sferico a una base** sono, rispettivamente, le parti in cui una superficie sferica e una sfera restano divise da un piano secante.

Capitolo 19. Geometria euclidea nello spazio

La **calotta sferica** è una superficie, il **segmento sferico a una base** è un solido. La sezione determinata dal piano nella sfera è un cerchio, detto **base del segmento sferico**. La sua circonferenza è detta **base della calotta** e il suo raggio **raggio di base**. Il diametro della sfera passante per il centro della base è anche asse di simmetria della calotta e del segmento sferico, e li interseca in un punto detto **vertice**.

La distanza del vertice dal centro della base si dice **altezza della calotta e del segmento sferico**.

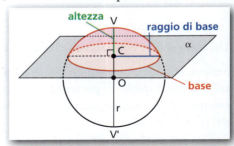

DEFINIZIONE
La **zona sferica** e il **segmento sferico a due basi** sono, rispettivamente, le parti di una superficie sferica e di una sfera comprese tra due piani paralleli secanti.

I due cerchi determinati dai piani secanti sono le **basi** del segmento, le loro circonferenze sono basi della zona e i loro raggi sono **raggi di base**. Il diametro della sfera che passa per i centri delle due basi è anche asse di simmetria della figura. La distanza fra i due centri si dice **altezza della zona e del segmento sferico**.

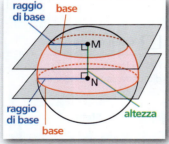

DEFINIZIONE
Il **fuso sferico** e lo **spicchio sferico** sono, rispettivamente, le parti in cui una superficie sferica e una sfera restano divise da due semipiani aventi come origine comune una retta passante per il centro della sfera.

Il diedro formato dai due semipiani si dice **diedro del fuso e dello spicchio**. Il fuso è detto **base dello spicchio**. L'arco di circonferenza massima che giace sul fuso si chiama **arco equatoriale**. Le semicirconferenze intercettate dai due semipiani sono dette **lati del fuso**, mentre i due corrispondenti semicerchi che delimitano lo spicchio sono detti **facce dello spicchio**.

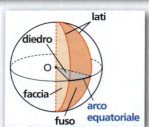

7 Aree dei solidi

DEFINIZIONE
La **superficie di un poliedro** è la somma delle superfici di tutte le sue facce.

Immaginiamo di trasportare su un unico piano le facce che compongono il solido.

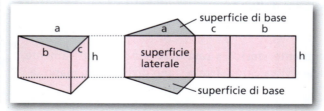

1160

Paragrafo 7. Aree dei solidi

La figura che si ottiene si chiama **sviluppo** della superficie poliedrica e permette lo studio delle aree delle superfici dei poliedri.
In particolare studieremo alcuni solidi notevoli nei quali, essendo presenti una o due basi, si distinguono la superficie laterale, relativa alle sole facce laterali, e la superficie totale, che si ottiene aggiungendo le superfici delle basi alla superficie laterale.

Utilizzeremo i simboli A_l, A_t, A_b, $2p$, h per indicare rispettivamente l'area della superficie laterale, totale, di base, il perimetro di base e l'altezza di un solido. Con gli stessi simboli indicheremo anche le misure associate.

■ Aree di prismi

▶ Esercizi a p. 1193

Prisma retto

Consideriamo come esempio un prisma quadrangolare, ma gli stessi ragionamenti valgono per qualsiasi prisma retto.

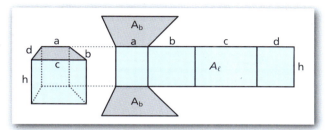

L'area della **superficie laterale** di un prisma retto è la somma delle aree delle superfici delle facce laterali, che sono rettangoli aventi per altezza la stessa altezza (quella del prisma) e per basi i lati del poligono di base:

$$A_l = a \cdot h + b \cdot h + c \cdot h + d \cdot h = (a + b + c + d) \cdot h = \mathbf{2p \cdot h}.$$

L'area della **superficie totale** di un prisma retto si trova sommando all'area della superficie laterale l'area delle due basi:

$$A_t = A_l + 2A_b = \mathbf{2p \cdot h + 2A_b}.$$

Parallelepipedo rettangolo

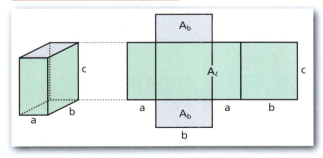

È un caso particolare di prisma retto, in cui la superficie laterale è la somma di quattro rettangoli congruenti a due a due:

$$A_l = 2a \cdot c + 2b \cdot c = 2(a \cdot c + b \cdot c) = \mathbf{2(a+b) \cdot c}.$$

Essendo l'area della **superficie di base** $A_b = a \cdot b$, l'area della **superficie totale** è:

$$A_t = A_l + 2A_b = 2(a \cdot c + b \cdot c) + 2a \cdot b = \mathbf{2(a \cdot b + a \cdot c + b \cdot c)}.$$

▶ Calcola l'area della superficie totale di un parallelepipedo rettangolo di dimensioni 4 cm, 6 cm e 9 cm.

Cubo

Le facce del cubo sono sei quadrati congruenti, quindi, se indichiamo con s la misura dello spigolo, si ha:

$$A_b = s^2, \qquad A_t = 6s^2.$$

■ Aree di piramidi

▶ Esercizi a p. 1196

Piramide retta

Consideriamo come esempio una piramide retta a base quadrangolare.

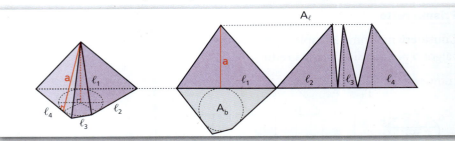

Lo sviluppo è formato da quattro triangoli di uguale altezza a, pari all'apotema della piramide, e dalla base della piramide stessa.
Se chiamiamo l_1, l_2, l_3, l_4 le misure dei lati del poligono di base e A_1, A_2, A_3, A_4 rispettivamente le misure delle aree delle facce laterali, otteniamo:

$$A_l = A_1 + A_2 + A_3 + A_4 = \frac{1}{2} l_1 \cdot a + \frac{1}{2} l_2 \cdot a + \frac{1}{2} l_3 \cdot a + \frac{1}{2} l_4 \cdot a =$$

$$\frac{1}{2}(l_1 + l_2 + l_3 + l_4) \cdot a = \frac{1}{2} 2p \cdot a = p \cdot a.$$

L'area della **superficie totale** di una piramide retta si calcola sommando all'area della superficie laterale l'area di base:

$$A_t = p \cdot a + A_b.$$

▶ Una piramide retta a base quadrata ha lo spigolo di base di lunghezza 8 cm e l'altezza di 3 cm. Calcola l'area della superficie totale.

Tronco di piramide retta

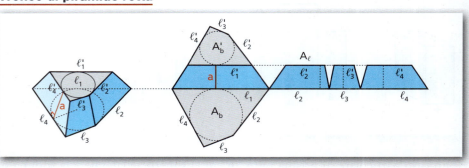

Lo sviluppo della **superficie laterale** è una superficie formata da trapezi le cui basi sono i lati corrispondenti dei poligoni di base del tronco di piramide.

Chiamiamo l_1, l_2, l_3, l_4 le misure dei lati del poligono della base inferiore, l'_1, l'_2, l'_3, l'_4 quelle dei lati del poligono della base superiore e $2p$ e $2p'$ rispettivamente le misure dei perimetri della base inferiore e della base superiore.

Paragrafo 7. Aree dei solidi

$$A_l = \frac{1}{2}(l_1 + l'_1) \cdot a + \frac{1}{2}(l_2 + l'_2) \cdot a + \frac{1}{2}(l_3 + l'_3) \cdot a + \frac{1}{2}(l_4 + l'_4) \cdot a =$$
$$\frac{1}{2}(2p + 2p') \cdot a = \boxed{(p + p') \cdot a}$$

Chiamiamo A_b e A'_b rispettivamente le misure delle aree della superficie della base inferiore e della base superiore.
L'area della **superficie totale** del tronco di piramide è la somma delle aree della superficie laterale e delle superfici delle basi:

$$A_t = A_l + A_b + A'_b.$$

■ Aree di solidi di rotazione

▶ Esercizi a p. 1197

Cilindro

I ragionamenti che seguiamo per lo studio dell'area della superficie laterale del cilindro sono analoghi a quelli che si possono svolgere per lo studio della circonferenza rettificata. Dobbiamo dare innanzitutto alcune definizioni.
Un prisma retto è **inscritto in un cilindro** se le sue basi sono poligoni inscritti nelle basi del cilindro. È **circoscritto** se le sue basi sono poligoni circoscritti alle basi del cilindro.
Un prisma regolare, avendo per basi dei poligoni regolari, è sempre inscrivibile e circoscrivibile a un cilindro.
L'insieme delle superfici laterali dei prismi regolari inscritti in un cilindro e quello delle superfici laterali dei prismi regolari circoscritti a un cilindro costituiscono due *classi contigue* e ammettono un unico elemento separatore.

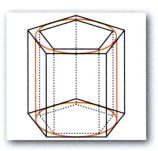

> **DEFINIZIONE**
> La **superficie laterale di un cilindro** è l'elemento separatore della coppia di classi contigue costituite dalle superfici laterali dei prismi regolari inscritti nel cilindro e da quelle dei prismi regolari circoscritti al cilindro.

La misura dell'area della superficie laterale di un prisma retto è il prodotto delle misure delle lunghezze del perimetro del poligono di base e dell'altezza del prisma.

La coppia di classi contigue dei perimetri di base dei prismi retti inscritti e circoscritti ha come elemento separatore la circonferenza del cilindro.

Risulta allora che lo sviluppo della **superficie laterale** del cilindro è un rettangolo che ha per base la circonferenza rettificata e per altezza l'altezza del cilindro stesso:

$$A_l = 2\pi \cdot r \cdot h.$$

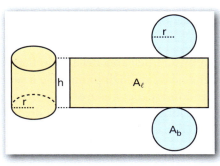

La misura dell'area della **superficie di base** è:

$$A_b = \pi \cdot r^2.$$

La misura dell'area della **superficie totale** è la somma delle misure dell'area laterale e delle aree delle due superfici di base:

$$A_t = 2\pi r \cdot h + 2\pi r^2 = \boxed{2\pi r \cdot (h + r)}.$$

▶ Determina la misura dell'area della superficie totale di un cilindro con raggio e altezza rispettivamente di lunghezza 2 cm e 7 cm.

Capitolo 19. Geometria euclidea nello spazio

Cono

Una piramide retta è **inscritta** o **circoscritta a un cono** se il suo vertice coincide con il vertice del cono e la sua base è un poligono rispettivamente inscritto o circoscritto alla base del cono.

Una piramide regolare è sempre inscrivibile e circoscrivibile a un cono. La seguente definizione è analoga a quella data per il cilindro.

> **DEFINIZIONE**
>
> La **superficie laterale di un cono** è l'elemento separatore della coppia di classi contigue costituite dalle superfici laterali delle piramidi regolari inscritte nel cono e da quelle delle piramidi regolari circoscritte al cono.

La misura dell'area della superficie laterale della piramide è il prodotto delle misure della lunghezza del semiperimetro del poligono di base e dell'apotema.

Le classi dei perimetri dei poligoni di base delle piramidi hanno per elemento separatore la circonferenza di base del cono, quindi la misura dell'area della **superficie laterale** del cono è:

$$A_l = 2\pi \cdot r \cdot a \cdot \frac{1}{2} = \pi \cdot r \cdot a.$$

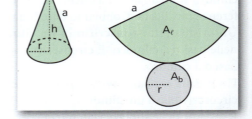

La misura dell'area della **superficie di base** del cono è:

$$A_b = \pi \cdot r^2.$$

▶ Un cono ha il raggio di base lungo 5 cm e l'altezza lunga 12 cm. Determina l'area della superficie totale del cono.

La misura dell'area della **superficie totale** del cono si trova sommando quelle dell'area della superficie laterale e dell'area di base:

$$A_t = \pi \cdot r \cdot a + \pi \cdot r^2 = \pi \cdot r \cdot (a + r).$$

Tronco di cono

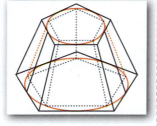

> **DEFINIZIONE**
>
> La **superficie laterale di un tronco di cono** è l'elemento separatore della coppia di classi contigue costituite dalle superfici laterali dei tronchi di piramide inscritti e da quelle dei tronchi di piramide circoscritti al tronco di cono.

La misura dell'area della superficie laterale del tronco di piramide è il semiprodotto delle misure della somma delle lunghezze dei perimetri dei poligoni di base e dell'apotema.

Le circonferenze di base del tronco di cono sono gli elementi separatori delle

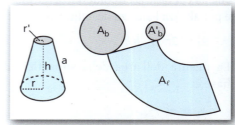

classi contigue delle lunghezze dei perimetri dei poligoni di base dei tronchi di piramide, quindi la misura dell'area della **superficie laterale** del tronco di cono è:

$$A_l = (2\pi \cdot r + 2\pi \cdot r') \cdot a \cdot \frac{1}{2} = 2\pi \cdot (r + r') \cdot a \cdot \frac{1}{2} = \pi \cdot a \cdot (r + r').$$

Paragrafo 8. Estensione ed equivalenza dei solidi

La misura dell'area della somma delle **superfici di base** del tronco di cono è:

$$A_b + A'_b = \pi \cdot r^2 + \pi \cdot r'^2 = \pi \cdot (r^2 + r'^2).$$

La misura dell'area della **superficie totale** del tronco di cono è la somma delle misure delle aree della superficie laterale e delle superfici di base:

$$A_t = A_l + A_b + A'_b.$$

Superficie sferica

La misura dell'area della **superficie sferica** è uguale a quattro volte quella del suo cerchio massimo,

$$S_{\text{sfera}} = 4\pi r^2,$$

che si può anche scrivere $S_{\text{sfera}} = 2\pi r \cdot 2r$, espressione che rappresenta la superficie laterale del cilindro circoscritto alla sfera:

$$S_{\text{laterale cilindro}} = C_{\text{base}} \cdot h = 2\pi r \cdot 2r.$$

Possiamo quindi affermare che **la superficie di una sfera è equivalente alla superficie laterale del suo cilindro circoscritto**. Dimostreremo questa proprietà dopo aver determinato il volume della sfera.

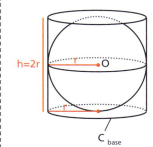

Parti della superficie della sfera

- **Calotta e zona sferica**
  Le aree di una calotta e di una zona si calcolano mediante la stessa formula:

  $$S = 2\pi Rh,$$

  dove R è il raggio della sfera e h è l'altezza della calotta o della zona.

  L'area di una calotta, o di una zona, può quindi essere pensata come quella della superficie laterale di un cilindro che ha raggio congruente a quello della sfera e altezza congruente a quella della calotta o della zona.

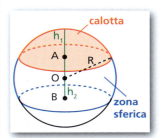

- **Fuso sferico**
  Si può dimostrare che i fusi appartenenti a una stessa sfera, o a sfere di raggio congruente, sono proporzionali ai diedri corrispondenti. Indicata con S_{fuso} l'area del fuso, con R il raggio della sfera, con α_{rad} e $\alpha°$ le ampiezze del diedro in radianti e gradi, si ha:

  $$S_{\text{fuso}} : 4\pi R^2 = \alpha_{\text{rad}} : 2\pi \rightarrow \boxed{S_{\text{fuso}} = 2\alpha_{\text{rad}} R^2};$$

  $$S_{\text{fuso}} : 4\pi R^2 = \alpha° : 360° \rightarrow \boxed{S_{\text{fuso}} = \frac{\alpha°}{90°} \pi R^2}.$$

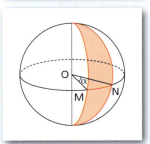

8 Estensione ed equivalenza dei solidi

▶ Esercizi a p. 1200

Estensione dei solidi

Il concetto di **estensione** spaziale è un concetto primitivo, che deriva dalle nostre esperienze concrete. Siamo abituati a considerare un oggetto grande o piccolo a

Capitolo 19. Geometria euclidea nello spazio

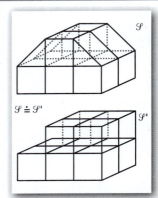

seconda che occupi più o meno spazio, o, come spesso diciamo, sia più o meno voluminoso. Se consideriamo poi due solidi di forma diversa ma realizzati con lo stesso materiale e dello stesso peso, diciamo che hanno la stessa estensione.
In matematica, due solidi che hanno la stessa estensione si dicono **equivalenti**. Indichiamo l'equivalenza con il **simbolo** $\doteq$.

L'equivalenza tra solidi gode delle proprietà riflessiva, simmetrica e transitiva, quindi è una *relazione di equivalenza*. Possiamo allora ripartire i solidi in classi di equivalenza, ciascuna delle quali è costituita da infiniti solidi aventi a due a due uguale estensione.

> **DEFINIZIONE**
> Data la relazione di equivalenza tra solidi, definiamo **volume di un solido** la classe di equivalenza alla quale il solido appartiene.

A ogni classe di equivalenza appartengono quindi tutti i solidi che hanno lo stesso volume.

Confronto fra solidi

> **POSTULATO**
> **Postulato di De Zolt**
> Un solido non può essere equivalente a una sua parte.

Un solido $\mathcal{A}$ è **maggiore** di un solido $\mathcal{B}$, se $\mathcal{B}$ è equivalente a una parte di $\mathcal{A}$. In tal caso si può dire che $\mathcal{A}$ è **prevalente** a $\mathcal{B}$. Scriviamo: $\mathcal{A} > \mathcal{B}$. Possiamo anche dire che $\mathcal{B}$ è **minore** di $\mathcal{A}$, o anche che $\mathcal{B}$ è **suvvalente** ad $\mathcal{A}$.

> **POSTULATO**
> **Legge di esclusione**
> Dati due solidi $\mathcal{A}$ e $\mathcal{B}$ qualunque, o $\mathcal{A}$ è equivalente a $\mathcal{B}$ oppure $\mathcal{A}$ è prevalente a $\mathcal{B}$ ($\mathcal{A} > \mathcal{B}$) o $\mathcal{A}$ è suvvalente a $\mathcal{B}$ ($\mathcal{A} < \mathcal{B}$) e ciascun caso esclude gli altri due.

Solidi congruenti

> **POSTULATO**
> Due solidi congruenti sono sempre equivalenti.

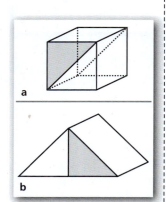

Non è invece sempre vero che due solidi equivalenti siano congruenti.
Dato per esempio un cubo (figura **a**), se lo tagliamo secondo un piano che passa per le diagonali di due facce opposte, otteniamo due solidi che possiamo disporre come in figura **b**. Il cubo e il solido sono equivalenti ma *non* congruenti.

Somma e differenza di solidi

Definiamo **somma di due solidi** $\mathcal{P}'$ e $\mathcal{P}''$, privi di punti comuni o aventi in comune solo punti del loro contorno, il solido $\mathcal{P}$ ottenuto come unione dei punti di $\mathcal{P}'$ e $\mathcal{P}''$. Scriviamo: $\mathcal{P} = \mathcal{P}' + \mathcal{P}''$. I solidi $\mathcal{P}'$ e $\mathcal{P}''$ sono detti **parti** di $\mathcal{P}$.

La somma di due o più solidi gode della proprietà commutativa e associativa:

$$\mathcal{P}' + \mathcal{P}'' \doteq \mathcal{P}'' + \mathcal{P}',$$
$$(\mathcal{P} + \mathcal{P}') + \mathcal{P}'' \doteq \mathcal{P} + (\mathcal{P}' + \mathcal{P}'').$$

Paragrafo 8. Estensione ed equivalenza dei solidi

Se $\mathcal{P}' + \mathcal{P}'' = \mathcal{P}$, diciamo che $\mathcal{P}'$ è la **differenza** di $\mathcal{P}$ e $\mathcal{P}''$ e la indichiamo con $\mathcal{P}' = \mathcal{P} - \mathcal{P}''$.

POSTULATO
Solidi ottenuti come somma o differenza di solidi congruenti o equivalenti sono equivalenti.

Solidi equicomposti

DEFINIZIONE
Due solidi si dicono **equicomposti** (o equiscomponibili) se sono scomponibili in solidi rispettivamente congruenti.

Si può dimostrare il seguente teorema.

TEOREMA
Due solidi equicomposti sono equivalenti.

ESEMPIO
Consideriamo i solidi $\mathcal{A}$ e $\mathcal{B}$ della figura a lato.
Ciascuno di essi può essere pensato come la somma di poliedri.
$\mathcal{A}$ è la somma di $\mathcal{A}_1$, $\mathcal{A}_2$ e $\mathcal{A}_3$, mentre $\mathcal{B}$ è la somma di $\mathcal{B}_1$, $\mathcal{B}_2$ e $\mathcal{B}_3$.

- Se $\mathcal{A}_1 \cong \mathcal{B}_1$; $\quad \mathcal{A}_2 \cong \mathcal{B}_2$; $\quad \mathcal{A}_3 \cong \mathcal{B}_3$; $\quad$ allora
  $\mathcal{A}_1 \doteq \mathcal{B}_1$; $\quad \mathcal{A}_2 \doteq \mathcal{B}_2$; $\quad \mathcal{A}_3 \doteq \mathcal{B}_3$;

  perché solidi congruenti sono equivalenti.

- I solidi $\mathcal{A}$ e $\mathcal{B}$ risultano somme di poliedri equivalenti e sono equivalenti in virtù del teorema che abbiamo enunciato.

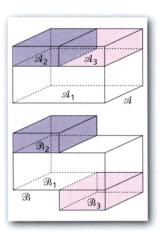

Principio di Cavalieri

Consideriamo due pile di fogli a forma di parallelepipedo rettangolo (figura **a**), formate dalla sovrapposizione dello stesso numero di fogli: i solidi che li rappresentano sono congruenti e quindi equivalenti.

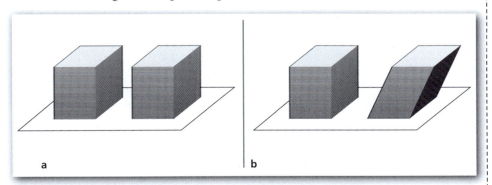

a   b

Possiamo far scorrere i fogli di uno di questi parallelepipedi in modo che la sua forma cambi (figura **b**). L'intuizione ci dice che l'estensione dei due solidi rimane la stessa e quindi essi sono ancora equivalenti.
Potremmo anche ripetere le considerazioni dell'esperienza precedente prendendo, al posto di pile di fogli uguali, pile di fogli che abbiano a due a due la stessa area ma forma diversa.

1167

Capitolo 19. Geometria euclidea nello spazio

🇬🇧 Listen to it

Cavalieri's principle, named after Bonaventura Cavalieri, states that if two solids are laced between two parallel planes and every plane parallel to these intersects the solids in sections of equal area, then the two solids are equivalent.

▶ Si può applicare il principio di Cavalieri a solidi con altezze diverse rispetto al comune piano di appoggio? Perché?

Passando dal mondo concreto alla geometria, possiamo pensare i fogli sostituiti dalle sezioni ottenute intersecando i solidi con piani tutti paralleli a uno scelto come riferimento. Comprendiamo così il seguente principio.

POSTULATO
Principio di Cavalieri
Due solidi che possono essere disposti in modo che ogni piano parallelo a un altro piano fissato, scelto come riferimento, li tagli secondo sezioni equivalenti, sono equivalenti.

Il principio di Cavalieri fornisce una condizione *sufficiente* ma *non necessaria* per l'equiestensione dei solidi. Per esempio, i solidi $\mathcal{P}$ e $\mathcal{P}'$ sono solidi equivalenti a cui non è possibile applicare il principio di Cavalieri.

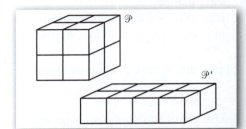

Equivalenza di solidi notevoli
Prismi, piramidi, cilindri, coni

TEOREMA
Due prismi che hanno basi equivalenti e altezze congruenti sono equivalenti.

DIMOSTRAZIONE
Consideriamo due prismi con basi equivalenti che appartengono allo stesso piano α e posti dalla stessa parte rispetto al piano. Il piano α' è un qualsiasi piano parallelo ad α che interseca i due solidi.

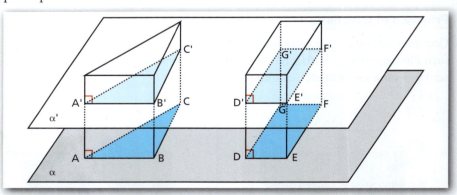

Il piano α' individua sul primo solido un poligono congruente a quello di base:

$$ABC \cong A'B'C' \quad \rightarrow \quad ABC \doteq A'B'C'.$$

Analogamente: $DEFG \cong D'E'F'G' \quad \rightarrow \quad DEFG \doteq D'E'F'G'.$

Per ipotesi $ABC \doteq DEFG$, dunque per la proprietà transitiva:

$$A'B'C' \doteq D'E'F'G'.$$

Poiché i due prismi hanno altezze congruenti, ogni piano che interseca un prisma interseca anche l'altro e le sezioni sono equivalenti per quanto appena dimostrato. Quindi, per il principio di Cavalieri, i due prismi sono equivalenti.

Analogamente, si può dimostrare che due piramidi che hanno basi equivalenti e altezze congruenti sono equivalenti.

TEOREMA
Una piramide è equivalente alla terza parte di un prisma che abbia base e altezza congruenti a quelle della piramide.

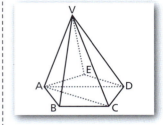

Svolgiamo la dimostrazione per una piramide a base triangolare in quanto ogni piramide può essere scomposta nella somma di più piramidi a base triangolare (figura a lato).

DIMOSTRAZIONE
Consideriamo la piramide di base ABC e vertice A' in figura. Disegniamo il triangolo $A'B'C'$, traslato di ABC secondo il vettore AA'. Otteniamo quindi un prisma che ha base ABC e altezza congruenti a quelle della piramide.

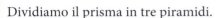

Dividiamo il prisma in tre piramidi.
- $ABCA'$ è la piramide di partenza.
- $A'B'C'C$ e $BCB'A'$ sono ottenute tracciando la diagonale $B'C$ del parallelogramma $BCC'B'$, che lo divide in due triangoli congruenti.

Consideriamo le piramidi a coppie.

Le piramidi $ABCA'$ e $A'B'C'C$ hanno le basi ABC e $A'B'C'$ congruenti perché facce opposte di un prisma e la stessa altezza, che è quella del prisma, quindi sono equivalenti:

$ABCA' \doteq A'B'C'C$.

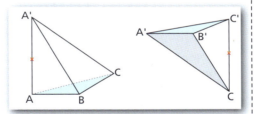

Le piramidi $BCB'A'$ e $A'B'C'C$ hanno:
- basi congruenti BCB' e $B'C'C$, in quanto ciascuna è metà del parallelogramma $BCC'B'$;
- la stessa altezza, perché hanno basi nel medesimo piano e il medesimo vertice A'.

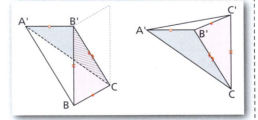

Quindi sono equivalenti: $BCB'A' \doteq A'B'C'C$.

Per la proprietà transitiva, le piramidi $A'B'C'C$, $ABCA'$, $BCB'A'$ sono equivalenti e perciò ciascuna piramide, in particolare $ABCA'$, è equivalente alla terza parte del prisma.

TEOREMA
Un prisma e un cilindro che hanno basi equivalenti e altezze congruenti sono equivalenti.

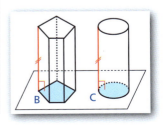

Capitolo 19. Geometria euclidea nello spazio

La dimostrazione di questo teorema è del tutto analoga a quella del teorema relativo a due prismi di base equivalente e altezza congruente.

TEOREMA
Una piramide e un cono che hanno basi equivalenti e altezze congruenti sono equivalenti.

DIMOSTRAZIONE
Consideriamo una piramide e un cono con basi equivalenti che appartengono allo stesso piano α e posti dalla stessa parte rispetto al piano. Il piano α' è un qualsiasi piano parallelo ad α che interseca i due solidi.
Siano B la misura dell'area della base della piramide, b quella dell'area della sezione della piramide con il piano α', C la misura dell'area del cerchio di base del cono e c quella dell'area della sezione del cono con il piano α'.

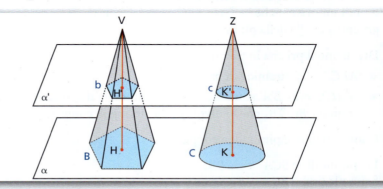

In base ai teoremi riguardanti le proprietà delle sezioni di una piramide e di un cono con un piano parallelo alla base è vero che:

$$B : b = \overline{VH}^2 : \overline{VH'}^2; \qquad C : c = \overline{ZK}^2 : \overline{ZK'}^2.$$

Per ipotesi $VH \cong ZK$ e $VH' \cong ZK'$, quindi:

$$B : b = C : c.$$

Essendo $B = C$, allora $b = c$.

Poiché i due solidi hanno altezze congruenti, ogni piano che interseca la piramide interseca anche il prisma e le sezioni sono equivalenti per quanto appena dimostrato. Quindi, per il principio di Cavalieri, i due solidi sono equivalenti.

Sfera e anticlessidra

DEFINIZIONE
Data una sfera di centro O, a essa circoscriviamo un cilindro equilatero e consideriamo i due coni di vertice O con le basi coincidenti con quelle del cilindro. Definiamo **anticlessidra** il solido ottenuto dalla differenza fra il cilindro e i due coni.

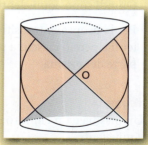

Paragrafo 8. Estensione ed equivalenza dei solidi

Vale il seguente teorema.

> **TEOREMA**
> La sfera è equivalente alla sua anticlessidra.

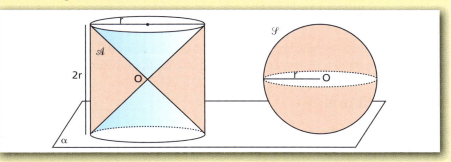

DIMOSTRAZIONE

Sia α il piano su cui poggia il cilindro e sia α' un qualsiasi piano parallelo ad α che interseca il cilindro a una distanza h dal centro O della sfera. Essendo il cilindro equilatero, i due coni hanno l'altezza congruente al raggio di base; di conseguenza il triangolo OHA è rettangolo isoscele, quindi la misura di AH è h.

La sezione del piano α' con il cono è un cerchio di raggio h.

La sezione di α' con l'anticlessidra è una corona circolare la cui circonferenza esterna ha raggio r (il raggio del cilindro) e la circonferenza interna è l'intersezione di α' con il cono. L'area della corona circolare è:

$$A_{\text{corona}} = \pi \cdot r^2 - \pi \cdot h^2 = \pi \cdot (r^2 - h^2).$$

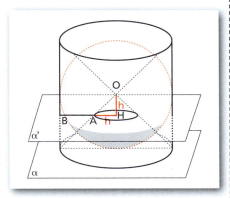

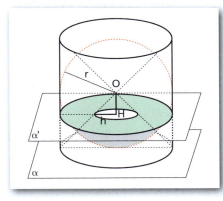

La sezione del piano α' con la sfera è un cerchio di raggio HB, che è un cateto del triangolo rettangolo OHB (figura a lato):

$$\overline{HB}^2 = \overline{OB}^2 - \overline{OH}^2 = r^2 - h^2.$$

Quindi la misura dell'area del cerchio è:

$$A_{\text{cerchio}} = \pi \cdot (r^2 - h^2).$$

Osserviamo che:

$$A_{\text{corona}} = A_{\text{cerchio}}.$$

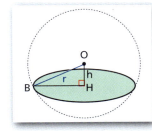

Le misure delle aree delle sezioni che il piano α' forma con l'anticlessidra e con la sfera sono uguali, quindi le sezioni sono equivalenti e, per il principio di Cavalieri, la sfera e l'anticlessidra sono equivalenti.

Capitolo 19. Geometria euclidea nello spazio

9 Volumi dei solidi

Ricordiamo che, date due grandezze omogenee A e U, si definisce misura di A rispetto a U il numero reale m tale che $A = mU$, dove U rappresenta l'unità di misura fissata, che vale 1.

Nel caso dei solidi si sceglie come unità di misura dei volumi il volume di un cubo U che ha per spigolo il segmento di lunghezza u, unità di misura delle lunghezze.

■ Volumi di prismi

▶ Esercizi a p. 1201

Parallelepipedi rettangoli con basi congruenti

Per poter esprimere la misura del volume di un parallelepipedo rettangolo in funzione delle misure delle sue dimensioni, premettiamo il seguente teorema, che ci limitiamo a enunciare.

> **TEOREMA**
> I volumi dei parallelepipedi rettangoli che hanno basi congruenti sono proporzionali alle relative altezze.

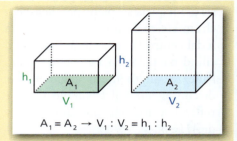

$A_1 = A_2 \rightarrow V_1 : V_2 = h_1 : h_2$

Parallelepipedo rettangolo

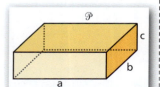

> **TEOREMA**
> La misura del **volume di un parallelepipedo rettangolo** di dimensioni a, b, c è:
> $$V = a \cdot b \cdot c.$$

DIMOSTRAZIONE
Siano u e U le unità di misura, rispettivamente, delle lunghezze e dei volumi.

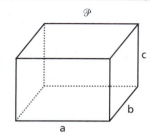
a. Sia $\mathcal{P}$ il parallelepipedo rettangolo con dimensioni di misure a, b, c e volume V.

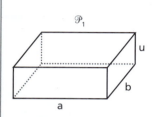
b. Sia $\mathcal{P}_1$ il parallelepipedo rettangolo con dimensioni di misure a, b, u e volume V_1.

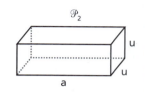
c. Sia $\mathcal{P}_2$ il parallelepipedo rettangolo con dimensioni di misure a, u, u e volume V_2.

d. Sia $\mathcal{P}_3$ il parallelepipedo rettangolo con dimensioni di misure u, u, u e volume $V_3 = U$.

Per il teorema precedente, volumi di parallelepipedi rettangoli aventi le basi congruenti stanno tra loro come le corrispondenti altezze.

Paragrafo 9. Volumi dei solidi

Scriviamo allora:

$$V : V_1 = c : u \quad \rightarrow \quad V = cV_1;$$

$$V_1 : V_2 = b : u \quad \rightarrow \quad V_1 = bV_2 \quad \rightarrow \quad V = c \cdot b \cdot V_2;$$

$$V_2 : V_3 = a : u \quad \rightarrow \quad V_2 = aV_3 \quad \rightarrow \quad V = c \cdot b \cdot a \cdot V_3 \quad \rightarrow \quad V = a \cdot b \cdot c \cdot V_3.$$

Poiché $V_3 = U$:

$$V = a \cdot b \cdot c \cdot U.$$

Concludiamo che la misura del volume di un parallelepipedo rettangolo è uguale al prodotto delle misure delle sue dimensioni.

▶ Trova la misura del volume di un parallelepipedo rettangolo di dimensioni 3 cm, 4 cm e 11 cm.

Il teorema precedente può essere espresso anche nel modo seguente: **la misura del volume di un parallelepipedo rettangolo è uguale al prodotto della misura dell'area di base per la misura della relativa altezza**:

$$V = A_b \cdot h.$$

Cubo

Il cubo è un parallelepipedo rettangolo che ha tutte le dimensioni congruenti. Pertanto, il **volume di un cubo** con spigolo di lunghezza a è:

$$V = a^3.$$

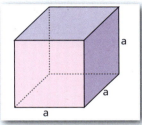

Prisma

Sappiamo che due prismi sono equivalenti se hanno basi equivalenti e altezze congruenti. Essendo il parallelepipedo rettangolo un particolare prisma, la misura del volume del prisma è uguale a quella del parallelepipedo rettangolo che ha base equivalente e altezza congruente.
Quindi il volume di un prisma con base di area A_b e altezza di lunghezza h è:

$$V = A_b \cdot h.$$

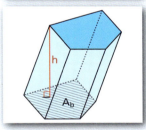

▶ Calcola il volume di un prisma avente per base un triangolo equilatero che ha il lato di 5 cm e l'altezza di 12 cm.

■ Volumi di piramidi

▶ Esercizi a p. 1204

Piramide

La piramide è equivalente alla terza parte di un prisma di base equivalente e uguale altezza, quindi il suo volume misura un terzo rispetto al volume del prisma. Allora il **volume di una piramide** con base di area A_b e altezza di lunghezza h è:

$$V = \frac{1}{3} A_b \cdot h.$$

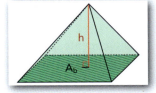

▶ Trova il volume di una piramide che ha base rettangolare di dimensioni 10 cm e 15 cm e altezza di 30 cm.

Capitolo 19. Geometria euclidea nello spazio

Tronco di piramide

TEOREMA
La misura del **volume di un tronco di piramide** con basi di area A e a e altezza di lunghezza h è:

$$V = \frac{1}{3} \cdot h \cdot (A + a + \sqrt{a \cdot A}).$$

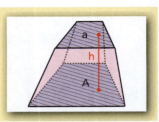

DIMOSTRAZIONE
Indichiamo con x la misura di OH'. La misura del volume del tronco di piramide si calcola come differenza delle misure dei volumi delle piramidi di vertice O e basi coincidenti con quelle del tronco:

$$V = \frac{1}{3} \cdot A \cdot (h+x) - \frac{1}{3} \cdot a \cdot x = \frac{1}{3} \cdot A \cdot h + \frac{1}{3} \cdot x \cdot (A-a).$$

Poiché le misure delle aree delle sezioni sono direttamente proporzionali ai quadrati delle loro distanze dal vertice della piramide, possiamo scrivere:

$$A : a = (h+x)^2 : x^2 \quad \rightarrow \quad \sqrt{A} : \sqrt{a} = (h+x) : x.$$

Applichiamo la proprietà dello scomporre:

$$(\sqrt{A} - \sqrt{a}) : \sqrt{a} = h : x \quad \rightarrow \quad x = \frac{\sqrt{a} \cdot h}{\sqrt{A} - \sqrt{a}}.$$

Razionalizziamo,

$$x = \frac{\sqrt{a} \cdot h}{\sqrt{A} - \sqrt{a}} \cdot \frac{\sqrt{A} + \sqrt{a}}{\sqrt{A} + \sqrt{a}} = \frac{\sqrt{a} \cdot h \cdot (\sqrt{A} + \sqrt{a})}{A - a},$$

e sostituiamo nella relazione iniziale:

$$V = \frac{1}{3} \cdot A \cdot h + \frac{1}{3} \cdot \frac{\sqrt{a} \cdot h \cdot (\sqrt{A} + \sqrt{a})}{A - a} \cdot (A - a).$$

Essendo $A - a \neq 0$, semplifichiamo e svolgiamo i calcoli:

$$V = \frac{1}{3} \cdot A \cdot h + \frac{1}{3} \cdot h \cdot \sqrt{a \cdot A} + \frac{1}{3} \cdot h \cdot a = \frac{1}{3} \cdot h \cdot (A + a + \sqrt{a \cdot A}).$$

■ Volumi di solidi di rotazione

▶ Esercizi a p. 1206

Cilindro

Sappiamo che un cilindro è equivalente a un prisma con base equivalente e altezza congruente. Allora il **volume di un cilindro** con raggio di base di lunghezza r e altezza di lunghezza h è:

$$V = A_b \cdot h = \pi \cdot r^2 \cdot h.$$

Cono

Analogamente, per l'equivalenza tra coni e piramidi, il **volume di un cono** con raggio di base che misura r e altezza h è:

$$V = \frac{1}{3} \cdot A_b \cdot h = \frac{1}{3} \cdot \pi \cdot r^2 \cdot h.$$

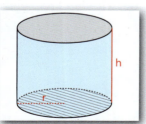

▶ Determina il volume di un cono e di un cilindro con raggio di base di 4 cm e altezza di 15 cm.

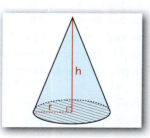

1174

Paragrafo 9. Volumi dei solidi

Tronco di cono

TEOREMA

La misura **del volume di un tronco di cono** con raggi di base di lunghezze r e r' e con altezza di lunghezza h è:

$$V = \frac{1}{3} \cdot \pi \cdot h \cdot (r^2 + r'^2 + r \cdot r').$$

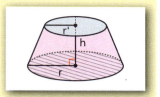

DIMOSTRAZIONE

Con un ragionamento analogo a quello fatto per il tronco di piramide, possiamo scrivere:

$$V = \frac{1}{3} \cdot h \cdot (\pi \cdot r^2 + \pi \cdot r'^2 + \sqrt{\pi \cdot r^2 \cdot \pi \cdot r'^2}) =$$

$$\frac{1}{3} \cdot h \cdot (\pi \cdot r^2 + \pi \cdot r'^2 + \sqrt{\pi^2 \cdot r^2 \cdot r'^2}) =$$

$$\frac{1}{3} \cdot h \cdot (\pi \cdot r^2 + \pi \cdot r'^2 + \pi \cdot r \cdot r') = \frac{1}{3} \cdot \pi \cdot h \cdot (r^2 + r'^2 + r \cdot r').$$

Sfera

Per il teorema di equivalenza tra sfera e anticlessidra, possiamo scrivere

$$V_{\text{sfera}} = V_{\text{cilindro circoscritto}} - V_{\text{doppio cono}} = \pi \cdot r^2 \cdot 2r - 2 \cdot \frac{1}{3} \cdot \pi \cdot r^2 \cdot r =$$

$$2\pi \cdot r^3 - \frac{2}{3}\pi \cdot r^3 = \frac{4}{3}\pi \cdot r^3,$$

ossia il **volume di una sfera** di raggio r è:

$$V = \frac{4}{3} \cdot \pi \cdot r^3.$$

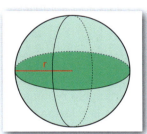

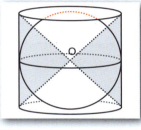

Video

Il volume della sfera secondo Archimede
La geometria solida fu uno dei temi studiati da Archimede, matematico e scienziato greco vissuto nel III secolo a.C. In particolare, ricavò il volume della sfera unendo i concetti di matematica e fisica. Vediamo quale fu il suo ragionamento.

▶ Determina l'area della superficie e la misura del volume della Luna, sapendo che è approssimabile a una sfera di raggio 1737 km.

Area della superficie sferica

Possiamo ora dimostrare il teorema relativo all'area della superficie della sfera.

TEOREMA

La misura dell'**area della superficie sferica** è uguale a quattro volte quella del suo cerchio massimo:

$$S_{\text{sfera}} = 4 \cdot \pi \cdot r^2.$$

DIMOSTRAZIONE

Data una sfera di raggio r, consideriamo una qualunque superficie poliedrica a essa circoscritta. Le facce di tale superficie poliedrica rappresentano le basi di tante piramidi con vertice nel centro della sfera. Queste facce sono tangenti alla sfera, quindi sono perpendicolari al raggio r nel punto di tangenza e perciò tutte queste piramidi hanno r come altezza.

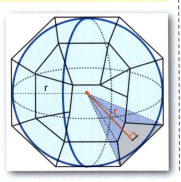

Capitolo 19. Geometria euclidea nello spazio

Deduciamo allora che il volume del poliedro è uguale alla somma di tutti quelli di queste piramidi di uguale altezza, cioè al volume di una piramide di altezza r che ha per base la superficie poliedrica.

Se si aumenta il numero delle facce del poliedro, la misura della superficie poliedrica si avvicina sempre più alla misura della superficie della sfera e il volume della piramide si avvicina sempre più a quello della sfera. Quindi

$$V_{\text{piramide}} = V_{\text{sfera}} \rightarrow \frac{1}{3} \cdot S_{\text{sfera}} \cdot r = \frac{4}{3} \cdot \pi \cdot r^3 \rightarrow S_{\text{sfera}} = 4 \cdot \pi \cdot r^2.$$

Parti della sfera

Ci limitiamo a enunciare i teoremi e le formule utili per calcolare i volumi delle parti della sfera.

- **Volume del segmento sferico a due basi**
  Il segmento sferico a due basi è equivalente alla somma fra una sfera di diametro congruente all'altezza del segmento e due cilindri con altezza congruente alla metà di quella del segmento e con basi congruenti a quelle del segmento:

  $$V = \frac{4}{3}\pi\left(\frac{h}{2}\right)^3 + \pi r_1^2 \cdot \frac{h}{2} + \pi r_2^2 \cdot \frac{h}{2}.$$

- **Volume del segmento sferico a una base**
  Il segmento sferico a una base è equivalente alla somma fra una sfera di diametro congruente all'altezza del segmento e un cilindro con altezza congruente alla metà di quella del segmento e con base uguale a quella del segmento:

  $$V = \frac{4}{3}\pi\left(\frac{h}{2}\right)^3 + \pi r^2 \cdot \frac{h}{2}.$$

Applicando il secondo teorema di Euclide al triangolo rettangolo VAB (figura a lato), scriviamo la relazione fra il raggio di base r, l'altezza h del segmento e il raggio della sfera R:

$$\overline{AC}^2 = \overline{CB} \cdot \overline{VC} \rightarrow r^2 = (2R - h) \cdot h.$$

Sostituendo nella formula precedente, deduciamo una formula più semplice:

$$V = \frac{1}{3}\pi h^2 (3R - h).$$

- **Volume dello spicchio sferico**
  Si può dimostrare che i volumi degli spicchi appartenenti a una stessa sfera, o a sfere di raggio congruente, sono proporzionali ai diedri corrispondenti. Indicato con V_s il volume dello spicchio, con R il raggio della sfera, α_{rad} e $\alpha°$ le ampiezze del diedro in radianti e in gradi, si ha:

  $$V_s : \frac{4}{3}\pi R^3 = \alpha_{\text{rad}} : 2\pi \rightarrow V_s = \frac{2}{3}\alpha_{\text{rad}} R^3;$$

  $$V_s : \frac{4}{3}\pi R^3 = \alpha° : 360° \rightarrow V_s = \frac{\alpha°}{270°}\pi R^3.$$

Paragrafo 9. Volumi dei solidi

- **Volume dell'anello sferico**
  In una sfera, facendo ruotare di 360° un segmento circolare attorno a un diametro del cerchio di appartenenza che non attraversi il segmento stesso, si ottiene un solido detto **anello sferico**. Possiamo ottenerlo anche considerando un segmento sferico a due basi e il tronco di cono inscritto le cui basi coincidono con quelle del segmento: la parte di sfera limitata dalla superficie laterale del tronco e dalla zona sferica corrispondente al segmento è un anello sferico.

  Indicato con a l'apotema del tronco e con h l'altezza, sottraendo il volume del tronco a quello del segmento, è possibile ricavare la formula del **volume dell'anello sferico**:

  $$V = \frac{1}{6}\pi a^2 h.$$

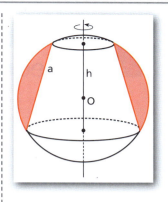

- **Volume del settore sferico**
  Il **settore sferico** è quel solido che si ottiene facendo ruotare di un angolo giro un settore circolare attorno a un diametro del cerchio a cui appartiene ma che non lo attraversa. Il volume di un settore si può ottenere come somma o differenza del volume di altri solidi. Possiamo distinguere tre casi.

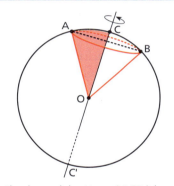

a. Il volume del settore $OACB$ è la somma dei volumi del segmento ACB e del cono AOB.

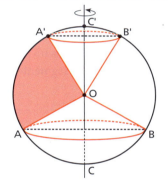

b. Il volume del settore $AOBB'A'$ è la differenza fra il volume del segmento $ABB'A'$ e i volumi dei due coni AOB e $A'OB'$.

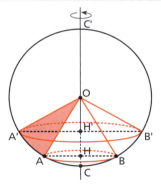

c. Il volume del settore $OBB'AA'$ è la differenza fra il volume del settore $OA'CB'$ e quello del settore $OACB$.

MATEMATICA E ARTE

Arte al cubo La **pittura cubista**, che si sviluppò in Europa tra il 1908 e il 1914, modificò la visione prospettica, sulla base delle indicazioni di Cézanne: «*trattare la natura secondo il cilindro, la sfera, il cono*».

▶ Da cosa deriva il nome «cubismo»?

La risposta

Capitolo 19. Geometria euclidea nello spazio

IN SINTESI
Geometria euclidea nello spazio

■ Punti, rette, piani nello spazio

- Due rette nello spazio sono **complanari** (**incidenti** o **parallele**) se appartengono allo stesso piano, altrimenti sono **sghembe**.
- Due piani nello spazio sono:
  - **incidenti** se hanno in comune solo una retta;
  - **paralleli** se non hanno alcun punto in comune oppure sono coincidenti.
- Una retta nello spazio può essere:
  - **incidente** al piano se ha un solo punto in comune con il piano;
  - **parallela** al piano se non ha alcun punto in comune con il piano o se giace sul piano.
- Una retta incidente a un piano in un punto P è **perpendicolare al piano** quando è perpendicolare a tutte le rette del piano passanti per P. In tal caso P è detto **piede della perpendicolare**.
- **Teorema delle tre perpendicolari**: se dal piede H di una perpendicolare r a un piano α si manda la perpendicolare s a una qualunque retta t del piano, quest'ultima risulta perpendicolare al piano β delle prime due.
- La **distanza di un punto da un piano** è la lunghezza del segmento che ha per estremi il punto stesso e il piede della perpendicolare al piano.
- La **distanza fra una retta e un piano paralleli** è la distanza tra uno qualunque dei punti della retta e il piano.
- La **distanza fra due piani paralleli** è la lunghezza del segmento intercettato dai due piani su una qualunque retta perpendicolare ai due piani stessi.

■ Diedri e angoli nello spazio

- Dati due semipiani dello spazio aventi la stessa origine, un **diedro** è ognuna delle due parti, compresi i semipiani, in cui essi dividono lo spazio.
  - La **sezione** di un diedro è *l'angolo ottenuto dall'intersezione del diedro con un piano che interseca il suo spigolo*. Sezioni parallele di uno stesso diedro sono congruenti. Una sezione è **normale** se ottenuta come intersezione tra il diedro e un piano perpendicolare al suo spigolo.
  - Un **diedro** è **retto** se la sua sezione normale è un angolo retto.
  - Due **piani** incidenti sono **perpendicolari** quando dividono lo spazio in quattro diedri retti.
  - Se una retta $r \in \alpha$ è perpendicolare al piano β, allora $\alpha \perp \beta$.
  - Esiste ed è unico il piano passante per una retta r e perpendicolare al piano α.
- L'**angolo** di una retta r con un piano α è l'angolo acuto formato da r e dalla sua proiezione r' su α.

■ Poliedri

- Un **prisma** è un poliedro delimitato da due **basi** che sono poligoni congruenti posti su piani paralleli e da **facce laterali** che sono parallelogrammi. La distanza fra i piani delle basi è l'**altezza** del prisma.
  - Un prisma è **retto** se gli spigoli laterali sono perpendicolari ai piani delle basi, è **regolare** quando è retto e le sue basi sono poligoni regolari.
  - Un prisma è un **parallelepipedo** se anche le basi sono parallelogrammi.
  - Un parallelepipedo retto in cui le basi sono rettangoli è un **parallelepipedo rettangolo**. Se le tre dimensioni sono congruenti, è un **cubo**.
- Una **piramide** è un poliedro delimitato da un poligono, la **base**, e da **facce laterali** triangolari che hanno in comune il **vertice della piramide** e hanno il lato opposto a tale vertice coincidente con un lato del poligono di base. La distanza fra il vertice e il piano della base è l'**altezza** della piramide.

In sintesi

- Una piramide è **retta** quando nella base si può inscrivere una circonferenza il cui centro è la proiezione ortogonale del vertice della piramide sul piano di base. L'altezza delle sue facce laterali è l'**apotema**.
- Una piramide è **regolare** quando è retta e la sua base è un poligono regolare.
- Un **tronco di piramide** è limitato da due poligoni simili fra loro e posti su piani paralleli (le **basi** del tronco) e da **facce laterali** che sono trapezi.

■ Solidi di rotazione

I solidi di rotazione sono generati dalla rotazione di una figura piana attorno a una retta.

- Un **cilindro** è generato dalla rotazione completa di un rettangolo attorno a uno dei suoi lati; è **equilatero** se la sua altezza è congruente al diametro di base.
- Un **cono** è generato dalla rotazione completa di un triangolo rettangolo attorno a uno dei suoi cateti; è **equilatero** se l'apotema è congruente al diametro di base.
- Una **sfera** è generata dalla rotazione completa di un semicerchio attorno al suo diametro.

■ Aree e volumi dei solidi

Principio di Cavalieri: due solidi che possono essere disposti in modo che ogni piano parallelo a un altro fissato, scelto come riferimento, li tagli secondo sezioni equivalenti, sono equivalenti.

Prisma retto	Parallelepipedo rettangolo	Cubo
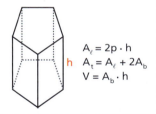 $A_\ell = 2p \cdot h$ $A_t = A_\ell + 2A_b$ $V = A_b \cdot h$	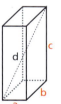 $A_t = 2(ac + ab + bc)$ $V = a \cdot b \cdot c$ $d = \sqrt{a^2 + b^2 + c^2}$	$A_t = 6s^2$ $V = s^3$ $d = s\sqrt{3}$

Piramide retta	Tronco di piramide retta	Cilindro
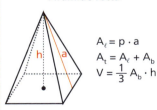 $A_\ell = p \cdot a$ $A_t = A_\ell + A_b$ $V = \frac{1}{3} A_b \cdot h$	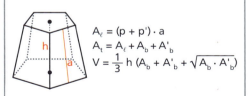 $A_\ell = (p + p') \cdot a$ $A_t = A_\ell + A_b + A'_b$ $V = \frac{1}{3} h (A_b + A'_b + \sqrt{A_b \cdot A'_b})$	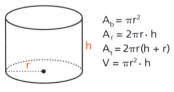 $A_b = \pi r^2$ $A_\ell = 2\pi r \cdot h$ $A_t = 2\pi r(h + r)$ $V = \pi r^2 \cdot h$

Cono	Tronco di cono	Sfera
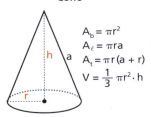 $A_b = \pi r^2$ $A_\ell = \pi r a$ $A_t = \pi r(a + r)$ $V = \frac{1}{3} \pi r^2 \cdot h$	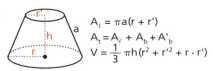 $A_\ell = \pi a(r + r')$ $A_t = A_\ell + A_b + A'_b$ $V = \frac{1}{3} \pi h(r^2 + r'^2 + r \cdot r')$	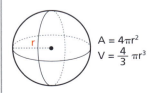 $A = 4\pi r^2$ $V = \frac{4}{3} \pi r^3$

Capitolo 19. Geometria euclidea nello spazio

CAPITOLO 19
ESERCIZI

1 Punti, rette, piani nello spazio

▶ Teoria a p. 1138

1 **VERO O FALSO?**

a. Dati due piani che si intersecano, per la loro intersezione passano infiniti piani. V F
b. Se due rette nello spazio non si intersecano, allora sono parallele. V F
c. Due rette parallele a uno stesso piano sono parallele. V F
d. Se due piani hanno in comune tre punti non allineati, allora coincidono. V F
e. Se due piani hanno in comune due punti, allora ne hanno infiniti. V F

TEST

2 Le rette r e s sono parallele, mentre le rette r e t sono incidenti. Allora s e t sono:

A parallele.
B incidenti.
C sghembe.
D parallele o incidenti.
E incidenti o sghembe.

3 Il piano α e i due piani distinti β e γ sono incidenti. Allora:

A β e γ sono paralleli.
B β e γ sono incidenti.
C $\alpha \cap \beta \cap \gamma$ è una retta.
D β e γ possono essere paralleli o incidenti.
E $\alpha \cap \beta \cap \gamma$ può essere una retta o l'insieme vuoto.

4 **VERO O FALSO?** Nello spazio:

a. due punti individuano sempre una retta. V F
b. tre punti individuano un piano o una retta. V F
c. una retta è parallela a un piano se non ha punti in comune con esso. V F

RIFLETTI SULLA TEORIA

5 Tre punti dello spazio appartengono contemporaneamente a due piani incidenti α e β. Cosa si può dire dei tre punti?

6 Considera due rette complanari a e b. Se una retta c è complanare ad a, è complanare anche a b? Esamina i casi possibili.

7 Considera due rette sghembe r e s. Se una retta t è sghemba con r, è sghemba anche con s? Illustra i casi possibili.

8 Sono dati tre piani distinti α, β e γ. Cosa rappresenta $\alpha \cap \beta \cap \gamma$? Illustra tutti i casi possibili.

9 Tre punti non allineati A, B e C appartengono a un piano α. Siano D un punto esterno ad α, E un punto appartenente al segmento AD e F un punto interno al segmento BC. Qual è l'intersezione dei piani ADF e BCE?

Dimostrazioni

10 Dati una retta r e un punto $P \notin r$, dimostra che esiste uno e un solo piano passante per r e P.

11 Dimostra che, se due rette si incontrano in un punto, allora sono complanari.

Paragrafo 2. Perpendicolarità e parallelismo

12 Dimostra che un semispazio è una figura convessa.

13 Due rette parallele *a* e *b* intersecano una terza retta *c*. Dimostra che *a*, *b* e *c* sono complanari.

14 **ESERCIZIO GUIDA** Siano α e β due piani incidenti e *r* la loro retta intersezione. Scelti sul piano α un punto *A* e sul piano β un punto *B*, non appartenenti a *r*, dimostriamo che la retta *AB* e la retta *r* sono sghembe.

Ragioniamo per assurdo. Se le due rette non fossero sghembe, allora sarebbero complanari.

Supponiamo che *AB* e *r* appartengano a uno stesso piano: questo dovrebbe contenere *r* e i due punti *A* e *B*.
Poiché $A \in \alpha$ e $B \in \beta$, i due piani α e β dovrebbero coincidere, contro l'ipotesi che α e β siano incidenti lungo una retta e quindi distinti. Pertanto la retta *AB* è sghemba rispetto a *r*.

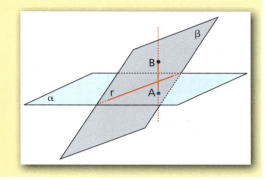

15 Dati due piani α e β incidenti nella retta *r*, da un punto *P* non appartenente ai piani conduci una retta parallela a *r*. Dimostra che tale retta è parallela sia ad α sia a β.

16 Sono dati quattro punti non complanari. Dimostra che tre qualunque di essi non possono essere allineati.

17 Due rette *r* e *s* appartenenti al piano α si intersecano nel punto *P*. Dimostra che, se una retta *t* che non giace su α interseca sia *r* sia *s*, allora *t* deve passare per *P*.

18 Sono dati due punti *P* e *Q* appartenenti al piano α e un punto *R* non appartenente ad α. Dimostra che esiste un unico piano β contenente *P*, *Q* e *R*.

2 Perpendicolarità e parallelismo

Perpendicolarità tra retta e piano
▶ Teoria a p. 1140

TEST

19 Siano dati nello spazio una retta *r* ed un suo punto *A*. Di rette passanti per *A* e perpendicolari alla retta *r* ne esistono:

- **A** una sola.
- **B** due sole.
- **C** tre sole.
- **D** infinite, tutte appartenenti ad uno stesso piano.
- **E** infinite, non tutte appartenenti ad uno stesso piano.

(*Università di Roma, Facoltà di Ingegneria, Corso propedeutico di Matematica*)

20 Se le rette *a* e *b* si incontrano in *P*, allora le rette perpendicolari ad *a* e *b* passanti per *P* sono:

- **A** nessuna.
- **B** una.
- **C** due.
- **D** infinite.
- **E** bisogna sapere se $a \perp b$ o no.

21 Se, nello spazio, le tre rette *r*, *s*, *t* sono tali che $r \perp s$ e $s \perp t$, allora:

- **A** $r \perp t$.
- **B** *s* è perpendicolare al piano formato dalle rette *r* e *t*.
- **C** *r* e *t* sono sghembe.
- **D** $r \parallel t$.
- **E** nessuna delle affermazioni precedenti è vera.

1181

Capitolo 19. Geometria euclidea nello spazio

22 Dati un punto P e una retta r nello spazio, stabilisci quante rette passanti per P e perpendicolari e incidenti a r esistono se:

a. $P \in r$; b. $P \notin r$.

23 Un rettangolo $ABCD$ giace sul piano α. Traccia la retta a perpendicolare ad α e passante per A e considera su di essa un punto P. Di che tipo sono i triangoli PBC e PDC?

24 Nella figura, la retta PA è perpendicolare al piano in cui giace il triangolo ABC. Di che tipo sono i triangoli APC e APB?

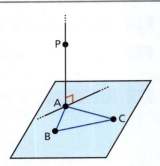

Dimostrazioni

25 **ESERCIZIO GUIDA** Su un piano α sono date una circonferenza di centro O e una retta t tangente in T alla circonferenza. Preso un punto A sulla retta perpendicolare ad α e passante per O, dimostriamo che $AT \perp t$.

Rappresentiamo la situazione nella figura e tracciamo il raggio OT.

Osserviamo che:

- $AO \perp OT$ perché AO è perpendicolare ad α;
- $OT \perp t$, essendo t la tangente in T alla circonferenza.

Allora, per il teorema delle tre perpendicolari, la retta t è perpendicolare al piano AOT; in particolare $AT \perp t$.

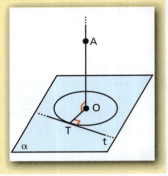

26 Considera una circonferenza di diametro AB su un piano α. Traccia per A la perpendicolare ad α e considera su di essa un punto P. Preso un punto C sulla circonferenza, dimostra che $PC \perp BC$.

27 Considera una circonferenza di centro O su un piano α e traccia la perpendicolare ad α passante per O. Presi due punti P e Q sulla circonferenza e un punto A sulla perpendicolare, dimostra che $AP \cong AQ$.

28 Due rette incidenti, a e b, sono perpendicolari a una retta c nel loro punto di intersezione P. Dimostra che, se una retta d passante per P non è complanare ad a e b, allora non può essere perpendicolare a c.

29 Considera due piani, α e β, incidenti in r e un punto $P \in r$. Detta t la perpendicolare ad α condotta da P, dimostra che t non può essere perpendicolare a β.

30 Considera due piani, α e β, incidenti in r e un punto P esterno ai due piani. Traccia da P le perpendicolari PH e PK ai due piani e da H e K le perpendicolari alla retta r. Dimostra che tali perpendicolari intersecano r in uno stesso punto A.

Con le misure

31 Nella figura, la retta PA è perpendicolare al piano in cui giace il triangolo rettangolo ABC. Calcola la lunghezza di PB e PC.   [5 cm; $4\sqrt{2}$ cm]

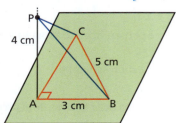

32 Il quadrato $ABCD$ di lato 6 cm giace sul piano α. Traccia la retta per A perpendicolare ad α e considera su di essa il punto P tale che $AP = 6$ cm. Determina la lunghezza del segmento PC.

[$6\sqrt{3}$ cm]

33 Il punto A appartiene alla perpendicolare al piano α condotta per il centro O di una circonferenza $\mathscr{C}$ giacente su α. Sapendo che $AO = 12$ cm e che la distanza di A da un punto $B \in \mathscr{C}$ è di 13 cm, calcola la lunghezza del raggio di $\mathscr{C}$.   [5 cm]

1182

Paragrafo 2. Perpendicolarità e parallelismo

Parallelismo tra retta e piano

▶ Teoria a p. 1142

TEST

34 Le rette r e s sono parallele al piano α, allora:

A $r \parallel s$.

B $r \perp s$.

C r e s sono parallele a tutte le rette di α.

D r e s sono complanari.

E nessuna delle affermazioni precedenti è corretta.

35 La retta r è parallela al piano α e la retta s è perpendicolare a r. Allora:

A $s \parallel \alpha$.

B $s \perp \alpha$.

C s interseca sicuramente α.

D s può essere incidente o parallela ad α.

E nessuna delle affermazioni precedenti è corretta.

36 **VERO O FALSO?**

a. Se $a \parallel b$ e $b \parallel c$, allora le rette a, b e c sono complanari. V F

b. Se due piani α e β sono paralleli, allora ogni retta di α è parallela a ogni retta di β. V F

c. Esistono infiniti piani paralleli a un dato piano α. V F

d. Due rette perpendicolari a una stessa retta sono parallele tra loro. V F

e. Due piani perpendicolari a una stessa retta sono paralleli tra loro. V F

Dimostrazioni

37 Due rette incidenti, r e s, sono rispettivamente parallele a due rette incidenti r' e s'. Dimostra che il piano individuato da r e s è parallelo al piano individuato da r' e s'.

38 Dimostra che, se un piano α e una retta t sono perpendicolari a una stessa retta s, allora $\alpha \parallel t$.

39 La retta a è parallela alla retta b e al piano α. Dimostra che anche b è parallela ad α.

40 Due rette incidenti intersecano due piani tra loro paralleli in quattro punti distinti. Dimostra che questi punti individuano un trapezio.

41 Dimostra che, se due piani distinti passanti rispettivamente per due rette parallele a e b sono incidenti, allora si intersecano in una retta c parallela sia ad a sia a b.

42 Disegna un piano α e una retta r parallela ad α. Considera su r due punti qualsiasi S e T. Conduci per S e per T due rette parallele s e t che intersechino il piano α nei punti S' e T'. Dimostra che i segmenti ST e $S'T'$ sono congruenti.

43 Sul piano α considera una circonferenza Γ. Da un punto P non appartenente ad α manda le rette $a, b, c, \ldots$ passanti per i punti di Γ. Dimostra che, se α' è un piano parallelo ad α, allora il luogo delle intersezioni delle rette $a, b, c, \ldots$ con α' è una circonferenza.

44 Osserva la figura e dimostra che $RS \cong PQ$.

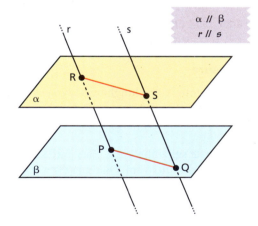

45 Sia α un piano e sia P un punto esterno a esso. Sui segmenti PA, PB, PC, ... che congiungono P con i punti A, B, C, ... del piano α considera i punti A', B', C', ... appartenenti rispettivamente ai segmenti PA, PB, PC, ... e tali che valgano le uguaglianze $\dfrac{\overline{PA'}}{\overline{PA}} = \dfrac{\overline{PB'}}{\overline{PB}} = \dfrac{\overline{PC'}}{\overline{PC}} = \ldots = \dfrac{1}{2}$.

Dimostra che i punti A', B', C', ... appartengono a un piano α' parallelo ad α.

Capitolo 19. Geometria euclidea nello spazio

3 Distanze e angoli nello spazio

Distanze nello spazio
▶ Teoria a p. 1144

Determina il luogo dei punti dello spazio che soddisfano le proprietà richieste.

46 Punti equidistanti:
a. da due punti A e B;
b. da tre punti non allineati A, B e C.

47 Punti equidistanti:
a. da un piano α;
b. da due piani paralleli α e β.

48 Punti equidistanti:
a. da una retta r;
b. da due rette parallele r e s.

49 Dati un piano α e due punti A e B non appartenenti ad α, determina il luogo dei punti di α che sono equidistanti da A e B. In quali casi è l'insieme vuoto?

Dimostrazioni

50 Da un punto P esterno a un piano α conduci la retta perpendicolare ad α nel punto H e una retta r obliqua che interseca α nel punto R. Dimostra che il segmento PR è maggiore del segmento PH qualunque sia la retta r obliqua.

51 Da un punto P esterno a un piano α conduci due rette r e s oblique ad α, che intersecano α rispettivamente in R e in S. Dimostra che se i segmenti PR e PS hanno proiezioni congruenti sul piano α, allora sono congruenti.

52 La retta r passante per i punti P e Q è parallela al piano α. Dimostra che P e Q sono equidistanti da α.

53 Tre rette non complanari a, b, c intersecano il piano α rispettivamente nei punti A, B, C, il piano α', parallelo ad α, nei punti A', B', C', e si intersecano nel punto P esterno a entrambi i piani. Dimostra che i triangoli ABC e $A'B'C'$ sono simili con rapporto di similitudine uguale al rapporto fra le distanze di P dai due piani.

Con le misure

54 Il segmento AB ha lunghezza 13 cm e la sua proiezione $A'B'$ sul piano β ha lunghezza 10 cm. Cosa puoi dire sul piano β e la retta AB?

55 Due rette sghembe, r e s, giacciono su due piani paralleli distanti 8 cm. Qual è la distanza tra r e s?

56 Il punto P dista 12 cm dal piano α e la sua proiezione ortogonale H su α è il centro di una circonferenza di raggio 9 cm giacente su α. Calcola la distanza tra P e un punto A della circonferenza. [15 cm]

57 La retta AB nella figura dista 6 cm dal piano α. A' e B' sono le proiezioni ortogonali su α rispettivamente di A e B. Calcola l'area del quadrilatero $ABB'A'$. [42 cm²]

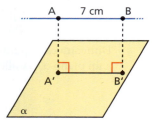

58 Disegna due piani paralleli α e β, un punto A su α e un punto B su β tali che $AB = 20$ cm e $BH = 10$ cm, dove H è la proiezione ortogonale di A su β. Quanto distano tra loro i piani α e β? [$10\sqrt{3}$ cm]

59 I piani α, β e γ sono fra loro paralleli. La distanza fra α e β è di 6 cm, fra β e γ di 9 cm. Quanto misura il segmento BC? [12 cm]

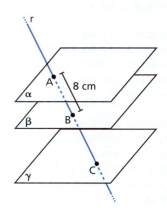

Paragrafo 3. Distanze e angoli nello spazio

■ Diedri e piani perpendicolari

▶ Teoria a p. 1145

60 **AL VOLO** Disegna un diedro piatto, cioè un diedro di ampiezza 180°. Cosa puoi dire sulle sue facce?

61 Disegna due semipiani con la stessa origine. Indica nella tua figura quale fra i due diedri che si formano è concavo e quale è convesso.

62 Disegna una circonferenza di diametro AB su un piano α e scegli su di essa un punto P. Qual è l'ampiezza del diedro formato dai due piani perpendicolari ad α passanti rispettivamente per AP e per PB?

Dimostrazioni

63 Dimostra che per un dato punto passano infiniti piani perpendicolari a un piano dato.

64 Dimostra che, se due piani α e β sono paralleli, ogni piano perpendicolare ad α è perpendicolare anche a β.

65 Due piani perpendicolari, α e β, si intersecano nella retta r. Dimostra che ogni retta di α perpendicolare a r è perpendicolare anche a β.

66 Due piani, α e β, incidenti in r sono entrambi perpendicolari al piano γ. Dimostra che la retta r è perpendicolare a γ.

67 I diedri αβ e βγ in figura sono congruenti e la retta r è perpendicolare al semipiano β nel punto B. Dimostra che $AB \cong BC$.

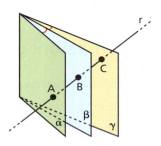

■ Angolo di una retta con un piano

▶ Teoria a p. 1147

Dimostrazioni

68 Da un punto P esterno al piano α conduci due segmenti congruenti PA e PB, con A e B appartenenti ad α. Dimostra che le rette PA e PB formano angoli congruenti con α.

69 Nella figura sono rappresentati una circonferenza di centro O giacente sul piano α e un punto P esterno ad α. Dimostra che gli angoli formati dalle rette AP e BP con α sono congruenti.

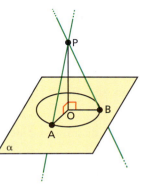

70 Due rette parallele, r e s, sono oblique rispetto al piano α. Dimostra che formano angoli congruenti con il piano α.

71 Dimostra che una retta che interseca due piani paralleli forma con i due piani angoli congruenti. (**SUGGERIMENTO** Dimostra che le proiezioni della retta sui due piani sono fra loro parallele.)

Con le misure

72 Un segmento AB è lungo 16 cm. Calcola l'ampiezza dell'angolo tra la retta AB e un piano α, sapendo che la proiezione ortogonale di AB su α è lunga:

a. 8 cm;

b. $8\sqrt{3}$ cm;

c. $8\sqrt{2}$ cm;

d. 0 cm.

[a) 60°; b) 30°; c) 45°; d) 90°]

73 Un segmento AB è lungo 20 cm. Calcola la lunghezza della sua proiezione su un piano α, sapendo che l'angolo tra la retta AB e α ha ampiezza:

a. 30°;

b. 45°;

c. 60°;

d. 80°.

[a) $10\sqrt{3}$ cm; b) $10\sqrt{2}$ cm; c) 10 cm; d) $\simeq 3,5$ cm]

Capitolo 19. Geometria euclidea nello spazio

74 Un punto P dista 7 cm da un piano α e 14 cm da un punto A di α. Determina l'ampiezza dell'angolo che la retta PA forma con α. [30°]

75 La retta r forma un angolo di 40° con il piano α. Un punto A di r dista 30 cm dal punto di intersezione tra r e α. Quanto dista A dal piano α? [$\simeq 19{,}3$ cm]

76 Da un punto P esterno al piano α traccia due semirette, a e b, fra loro perpendicolari, che intersecano α rispettivamente in A e B e che formano con α rispettivamente angoli di 30° e 45°. Determina la lunghezza del segmento AB, sapendo che P dista 12 cm da α. [$12\sqrt{6}$ cm]

77 La retta r è perpendicolare a una faccia di un diedro di ampiezza 65°. Determina l'ampiezza dell'angolo tra r e l'altra faccia del diedro. [25°]

78 Il triangolo equilatero ABC giace sul piano α. Determina la distanza di P da α in modo che l'angolo tra AP e α sia di 60°. [$5\sqrt{3}$ cm]

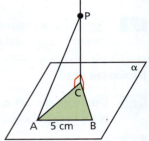

4 Trasformazioni geometriche

▶ Teoria a p. 1147

79 **TEST** Individua l'affermazione falsa. Tutte le isometrie conservano:

A il parallelismo.
B la perpendicolarità.
C l'ampiezza dei diedri.
D l'ampiezza degli angoli.
E le direzioni.

80 **VERO O FALSO?**

a. Tutti i piani perpendicolari a una retta sono di simmetria per quella retta. V F
b. Ogni retta passante per O è una retta di punti uniti nella simmetria centrale di centro O. V F
c. La simmetria centrale di centro O nello spazio è una particolare rotazione. V F
d. Ogni punto di un piano è centro di simmetria per quel piano. V F

FAI UN ESEMPIO

81 Disegna un solido unito nella rotazione di asse r e angolo 45°.

82 Disegna un solido unito nella simmetria rispetto al piano α.

83 Dati due punti nello spazio, disegna il piano rispetto al quale l'uno è il simmetrico dell'altro.

84 Che posizioni può avere una retta rispetto a un piano, se è figura unita nella simmetria rispetto a quel piano?

85 Dato un piano α, come deve essere posizionato un piano β, distinto da α, per essere figura unita rispetto alla simmetria rispetto ad α?

86 Disegna un orologio la cui faccia è parallela a uno specchio e vi si riflette. Le lancette dell'immagine dell'orologio ruotano in senso orario o antiorario? Che cosa puoi dedurre, dunque, riguardo alla simmetria rispetto a un piano?

87 Disegna due rette parallele nello spazio. Fai compiere alla prima una rotazione di asse la seconda e di ampiezza un angolo retto in senso antiorario. Com'è la retta che ottieni rispetto alle altre due?

88 Disegna su un piano un triangolo e una retta. Disegna l'immagine del triangolo in una rotazione nello spazio di un angolo piatto e di asse quella retta. Con quale trasformazione del piano potresti ottenere la stessa immagine?

Paragrafo 5. Poliedri

Dimostrazioni

89 **ESERCIZIO GUIDA** Dati due piani paralleli α e β, disegniamo su α un triangolo *ABC*, poi costruiamo il triangolo *A'B'C'* simmetrico di *ABC* rispetto al piano β. Dimostriamo che il piano del triangolo *A'B'C'* è parallelo al piano β.

Disegniamo i due piani paralleli α e β e, su α, il triangolo *ABC*. Tracciamo le perpendicolari al piano α passanti per i vertici *A*, *B* e *C*, e chiamiamo *M*, *N* e *O*, rispettivamente, le loro intersezioni con il piano β. Consideriamo infine i punti *A'*, *B'* e *C'*, tali che $AM \cong MA'$, $BN \cong NB'$ e $CO \cong OC'$. I tre punti non allineati *A'*, *B'* e *C'* individuano un piano γ, a cui appartiene il triangolo *A'B'C'*. Per costruzione, $AM \cong MA'$, $BN \cong NB'$, $CO \cong OC'$ e, poiché i due piani α e β sono paralleli, i segmenti di perpendicolare *AM*, *BN* e *CO* sono fra loro congruenti. Pertanto sono congruenti anche i segmenti di perpendicolare *MA'*, *NB'* e *OC'*. Poiché questa proprietà vale considerati *A*, *B* e *C* qualsiasi e quindi per qualsiasi *A'*, *B'*, *C'*, tutti i punti del piano γ risultano equidistanti da β, quindi γ è parallelo a β.

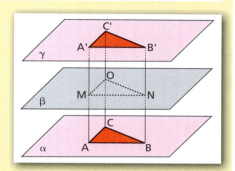

90 Dato un triangolo, determina la sua immagine in una traslazione nello spazio di vettore scelto a tuo piacimento. Dimostra che i piani del triangolo e della sua immagine sono paralleli tra loro.

91 Dimostra che l'immagine di una retta non passante per *P* rispetto alla simmetria centrale di centro *P* è una retta parallela a quella data.

92 Dati i piani α e β che si intersecano nella retta *r*, dimostra che il piano simmetrico di α rispetto a β passa per *r*.

5 Poliedri

▶ Teoria a p. 1151

93 **VERO O FALSO?** Un poliedro:

a. ha almeno quattro facce.   V F
b. può avere 6 facce, 15 spigoli e 12 vertici.   V F
c. è regolare se ha tutte le facce, gli angoloidi e i diedri congruenti.   V F
d. se è un prisma, è regolare.   V F
e. se è regolare, può avere un numero qualsiasi di facce.   V F

FAI UN ESEMPIO

94 Disegna un prisma e una piramide che non hanno diagonali.

95 Disegna una piramide a base quadrata che non sia retta.

96 Disegna una piramide a base quadrangolare che sia retta ma non regolare.

97 Disegna tre rette parallele nello spazio, non appartenenti allo stesso piano. Disegna un prisma che abbia come spigoli tre segmenti appartenenti alle tre rette.

1187

Capitolo 19. Geometria euclidea nello spazio

98 **VERO O FALSO?** *ABCDV* è una piramide a base quadrata.

a. La piramide è retta. V F
b. La piramide è regolare. V F
c. *VH* è l'apotema della piramide. V F
d. *VA* è l'altezza della piramide. V F
e. $ABV \cong ADV$. V F

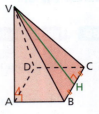

TEST

99 È un prisma regolare:

- A ogni parallelepipedo.
- B un prisma che ha per base un triangolo equilatero.
- C un prisma che ha gli spigoli laterali perpendicolari alla base.
- D un prisma retto che ha per base un pentagono regolare.
- E solo il cubo.

100 Una piramide può essere regolare se:

- A ha base rettangolare.
- B la proiezione del vertice sulla base cade fuori dalla base.
- C ha base quadrata.
- D ha come base un triangolo ottusangolo.
- E uno spigolo laterale è perpendicolare alla base.

RIFLETTI SULLA TEORIA

101 Una piramide a base romboidale può essere retta? Può essere regolare?

102 Una piramide avente come base un trapezio isoscele può essere retta? In quale caso?

103 Osserva il cubo nella figura.

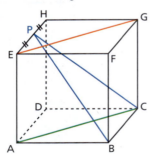

a. *AC* e *CG* sono perpendicolari?
b. Qual è l'angolo formato dai piani *ABC* e *PBC*?
c. Le rette *AC* e *PC* sono complanari?
d. Le rette *AC* ed *EG* sono sghembe?
e. Qual è l'intersezione tra il piano *ABP* e la faccia *ADHE*?

104 Osserva la piramide a base rettangolare nella figura.

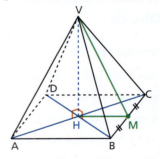

a. *VH* e *HM* sono perpendicolari? *HM* e *BC* sono perpendicolari? Cosa deduci su *VM* e *BC*?
b. Qual è l'angolo formato dal piano *VBD* con la base della piramide?
c. *VM* è l'apotema?
d. Cosa puoi dire dei piani *VBD* e *VAC*?
e. La retta *BC* è parallela al piano *ADV*?

105 Un piano interseca tutti gli spigoli laterali di una piramide quadrangolare regolare: descrivere le caratteristiche dei possibili quadrilateri sezione a seconda della posizione del piano rispetto alla piramide.

(*Esame di Stato, Liceo scientifico, Corso di ordinamento, Sessione ordinaria*, 2003, quesito 2)

1188

Paragrafo 5. Poliedri

Simmetrie

TEST

106 I solidi seguenti hanno tutti un centro di simmetria, tranne uno. Quale?

- A Cubo.
- B Ottaedro regolare.
- C Tetraedro regolare.
- D Parallelepipedo rettangolo.
- E Prisma esagonale regolare.

107 I solidi seguenti ammettono tutti almeno un piano di simmetria, tranne uno. Quale?

- A Cubo.
- B Parallelepipedo.
- C Prisma retto.
- D Piramide quadrangolare regolare.
- E Piramide pentagonale regolare.

108 Un cubo ammette 9 assi e 9 piani di simmetria. Individuali e rappresentali graficamente.

109 Individua i piani e gli assi di simmetria di un prisma regolare con n facce laterali quando n è pari e quando è dispari.

110 Quanti piani di simmetria ammette un parallelepipedo rettangolo?

111 In quali casi una piramide regolare con n facce laterali ammette un asse di simmetria?

Dimostrazioni

112 Dimostra che in un parallelepipedo retto le diagonali sono congruenti a due a due.

113 Disegna un parallelepipedo e un piano che incontra i quattro spigoli laterali del parallelepipedo. Dimostra che la sezione ottenuta (ossia la figura intersezione fra il solido e il piano) è un parallelogramma.

114 Dimostra che le facce laterali di una piramide regolare sono triangoli isosceli fra loro congruenti.

115 Dimostra che la somma delle facce di un triedro è minore di un angolo giro. Estendi la dimostrazione al caso di un angoloide.

116 Disegna una piramide $VABC$ a base triangolare ABC, in modo tale che VA sia l'altezza della piramide. Traccia l'altezza AH del triangolo. Dimostra che VH è l'altezza del triangolo BCV. (**SUGGERIMENTO** Utilizza il teorema delle tre perpendicolari.)

117 Dal vertice A del quadrato $ABCD$ traccia la retta perpendicolare al piano su cui giace il quadrato. Scegli un punto V su tale retta. Dimostra che le facce laterali della piramide $ABCDV$ sono triangoli rettangoli a due a due congruenti.

118 Dimostra che un parallelepipedo è rettangolo se e solo se le diagonali sono congruenti.

119 Dato un tetraedro regolare, si consideri il quadrilatero avente per vertici i punti medi degli spigoli di due facce. Dimostrare che si tratta di un quadrato.

(*Esame di Stato, Liceo scientifico, Corso di ordinamento, Sessione suppletiva*, 2002, *quesito* 9)

120 Dimostra che il solido ottenuto congiungendo i centri delle facce di un tetraedro è un tetraedro.

1189

Capitolo 19. Geometria euclidea nello spazio

MATEMATICA E STORIA

Un corpo a facce triangolari Nel suo *Euclide megarense*, Niccolò Tartaglia scrive:
«Dentro a un proposto cubo, possemo designare el corpo che ha quatro base triangole, de lati equali».

Il «corpo che ha quatro base triangole» costituisce un tetraedro; riportiamo nella figura a fianco la costruzione proposta dallo stesso Tartaglia.

a. Quanti e quali sono i vertici del tetraedro?
b. Quanti e quali sono gli spigoli del tetraedro? Perché possiamo affermare che il tetraedro ha i «lati equali»?
c. Quante e quali sono le facce del tetraedro? Sono congruenti?
d. Verifica la relazione di Eulero sia nel caso del cubo sia in quello del tetraedro.
e. A questo punto, un gioco facile: è possibile realizzare quattro triangoli equilateri con sei stuzzicadenti?

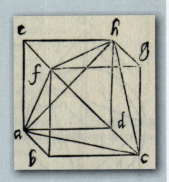

▫ Risoluzione – Esercizio in più

Con le misure

121

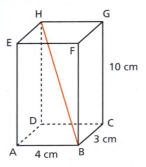

Trova la lunghezza della diagonale BH del parallelepipedo rettangolo in figura. [$5\sqrt{5}$ cm]

122

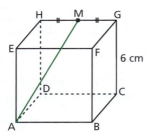

Dato il cubo nella figura, calcola la lunghezza del segmento AM. [9 cm]

123 Una piramide regolare a base quadrata ha lo spigolo laterale congruente allo spigolo di base lungo 18 cm. Calcola la lunghezza dell'apotema e dell'altezza della piramide.

[$9\sqrt{3}$ cm; $9\sqrt{2}$ cm]

124 Siano AB, AC, AD tre spigoli di un cubo. Sapendo che uno spigolo è lungo s, calcolare la distanza del vertice A dal piano dei punti B, C, D.

(*Esame di Stato, Liceo scientifico, Corso di ordinamento, Sessione suppletiva, 2005, quesito 2*)

$\left[\dfrac{s}{\sqrt{3}}\right]$

125 Il cubo nella figura ha lo spigolo lungo 8 cm. Trova il perimetro del triangolo HPM.

[$4(\sqrt{3} + \sqrt{6} + 3)$ cm]

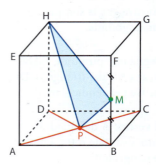

---

126 Una piramide retta a base quadrata ha altezza lunga 15 cm e spigolo di base lungo 5 cm. Viene tagliata con un piano parallelo alla base distante 3 cm dal vertice. Determina perimetro e area della sezione ottenuta.

[4 cm; 1 cm²]

127 In una piramide quadrangolare regolare con spigolo di base lungo 16 cm, le facce laterali formano con il piano della base diedri di ampiezza 60°. Trova la lunghezza dell'altezza e degli spigoli laterali della piramide.

[$8\sqrt{3}$ cm; $8\sqrt{5}$ cm]

Paragrafo 5. Poliedri

YOU & MATHS

128 Consider the cuboid *ABCDEFGH*.
   a. Calculate the length of *EC*.
   b. What angle does *EC* form with the base *ABCD*?

   [a) $\sqrt{38}$ cm; b) $\simeq 19°$]

129 Consider the prism *PQRSTU*.
   a. Calculate the length of *RT*.
   b. What angle does *RT* form with the base *PQRS*?

   [a) $\sqrt{67}$; b) $\simeq 22°$]

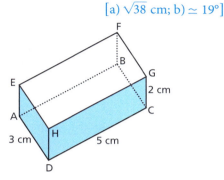
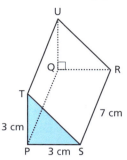

130 Si stabilisca per quali valori del parametro reale *k* esiste una piramide triangolare regolare tale che *k* sia il rapporto fra il suo apotema e lo spigolo di base.
(*Esame di Stato, Liceo scientifico, Corso di ordinamento, Sessione suppletiva, 2008, quesito 8*)

$$\left[k > \frac{\sqrt{3}}{6} \right]$$

131 Una piramide retta ha per base un triangolo equilatero di lato 6 cm e altezza congruente allo spigolo di base. Calcola la distanza del centro della base da uno degli spigoli laterali. [3 cm]

132 I lati di un parallelepipedo rettangolo misurano 8, 9 e 12 cm. Si calcoli, in gradi e primi sessagesimali, l'ampiezza dell'angolo che la diagonale mandata da un vertice fa con ciascuno dei tre spigoli concorrenti al vertice.
(*Esame di Stato, Liceo scientifico, Corso sperimentale, Sessione ordinaria, 2008, quesito 6*)

[61° 56'; 58° 2'; 45° 6']

133 Dato un cubo di spigolo 16 cm, calcola la lunghezza dello spigolo dell'ottaedro ottenuto congiungendo i centri delle facce consecutive del cubo.
[$8\sqrt{2}$ cm]

134 Calcola la lunghezza dell'altezza di un tetraedro regolare con spigolo lungo 11 cm. $\left[\frac{11}{3}\sqrt{6} \text{ cm} \right]$

135 Determina l'ampiezza (misurata in gradi) dell'angolo diedro formato da due facce di un tetraedro regolare. [$\simeq 71°$]

136 Dato il tetraedro regolare di spigolo 20 cm nella figura, calcola perimetro e area del triangolo *VMN*.

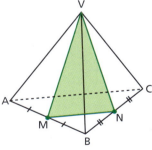

[$10(2\sqrt{3} + 1)$ cm; $25\sqrt{11}$ cm^2]

137 **REALTÀ E MODELLI** **Antico splendore** La piramide di Cheope, in Egitto, in origine era coperta da un rivestimento in pietra che rendeva liscia la sua superficie. Era alta circa 146 m e aveva il lato di base di circa 230 m.

   a. Determina la lunghezza dello spigolo e l'inclinazione della parete rispetto al suolo.
   b. Immagina di dover costruire una scalinata che sale lungo l'altezza di una faccia della piramide, con i gradini alti 25 cm. Quanti gradini servirebbero e di quale profondità?

[a) $\simeq 219$ m; $\simeq 52°$; b) 584; $\simeq 20$ cm]

Capitolo 19. Geometria euclidea nello spazio

6 Solidi di rotazione

▶ Teoria a p. 1158

VERO O FALSO?

138 Un cilindro equilatero:
a. è generato dalla rotazione di 180° di un quadrato intorno a un suo asse. V F
b. è generato dalla rotazione di 360° di un quadrato intorno a un suo lato. V F
c. sezionato con un piano perpendicolare alle sue basi, individua sempre un quadrato. V F
d. ha il raggio di base e l'altezza congruenti. V F

139 Un cono equilatero:
a. ha il diametro di base e l'altezza congruenti. V F
b. è generato dalla rotazione completa di un triangolo rettangolo isoscele intorno a un suo cateto. V F
c. sezionato con un piano parallelo alla sua base, individua un tronco di cono e un altro cono equilatero. V F
d. può essere inscritto in un cilindro equilatero. V F

Disegna e descrivi i solidi generati dalla rotazione completa dei seguenti poligoni intorno alla retta indicata.

140 Rotazione di un triangolo rettangolo intorno alla retta:
a. di uno dei cateti;
b. dell'ipotenusa.

141 Rotazione di un triangolo equilatero intorno alla retta di un'altezza.

142 Rotazione di un parallelogramma intorno alla retta di un lato.

143 Rotazione di un quadrato intorno alla retta:
a. passante per i punti medi di due lati opposti (rotazione di 180°);
b. passante per un vertice e parallela alla diagonale opposta a quel vertice.

144 Rotazione di un rettangolo intorno alla retta:
a. di un lato;
b. parallela a un lato e non intersecante il rettangolo.

Disegna e descrivi i solidi ottenuti dalla rotazione di 360° delle seguenti figure intorno all'asse r.

145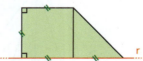

146

147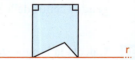

---

148 Determina quanti e quali sono gli assi di simmetria di cono, cilindro e sfera.

149 Un cono può avere centro di simmetria? E un cilindro?

150 Descrivi la figura che si ottiene intersecando un cilindro con un piano parallelo:
a. all'asse del cilindro;
b. alle basi del cilindro.

151 Descrivi la figura che si ottiene sezionando un cono con un piano passante per il vertice e che interseca la base del cono.

Dimostrazioni

152 Dimostra che un piano che interseca una sfera individua sulla superficie della sfera una circonferenza.

153 Dimostra che, sezionando una sfera con due piani equidistanti dal suo centro, si ottengono due cerchi congruenti.

154 Dimostra che ogni cono può essere inscritto e circoscritto a una sfera.

155 Dimostra che ogni cilindro può essere inscritto in una sfera. In quale caso può anche essere circoscritto a una sfera?

Paragrafo 7. Aree dei solidi

Con le misure

156 Un cono con raggio di base di 5 cm ha altezza doppia rispetto al diametro di base. Calcola la lunghezza del suo apotema.

$[5\sqrt{17} \text{ cm}]$

157 Determina la lunghezza dello spigolo di un cubo inscritto in una sfera con raggio lungo 7 cm.

$\left[14\dfrac{\sqrt{3}}{3} \text{ cm}\right]$

158 Un cilindro con raggio di base di 4 cm e altezza di 14 cm è inscritto in un parallelepipedo. Di che parallelepipedo si tratta? Calcola la lunghezza di una sua diagonale.

$[18 \text{ cm}]$

159 Calcola il rapporto tra l'apotema di una piramide regolare quadrangolare e l'apotema del cono equilatero circoscritto a essa.

$\left[\dfrac{\sqrt{14}}{4}\right]$

160 Sezionando un cilindro di raggio 3 cm con un piano perpendicolare alle basi e passante per i loro centri, si ottiene un rettangolo di area 36 cm². Calcola l'altezza del cilindro. Di che tipo di cilindro si tratta?

$[6 \text{ cm}]$

161 Una sfera di raggio 30 cm è tagliata da un piano che dista 5 cm dal centro della sfera. Trova la lunghezza della circonferenza e l'area del cerchio determinate dall'intersezione tra piano e sfera.

$[10\sqrt{35}\pi \text{ cm}; 875\pi \text{ cm}^2]$

 Allenati con **15 esercizi interattivi** con feedback "hai sbagliato, perché…"
☐ **su.zanichelli.it/tutor3** risorsa riservata a chi ha acquistato l'edizione con tutor

7 Aree dei solidi

Aree di prismi

▶ Teoria a p. 1161

Prisma retto

Determina l'area della superficie totale dei seguenti prismi retti.

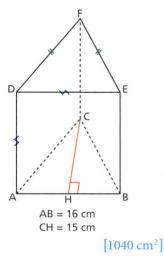

162
AB = 16 cm
CH = 15 cm

$[1040 \text{ cm}^2]$

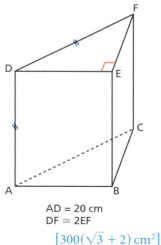

163
AD = 20 cm
DF ≅ 2EF

$[300(\sqrt{3}+2) \text{ cm}^2]$

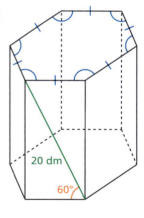

164

$[900\sqrt{3} \text{ dm}^2]$

165 **RIFLETTI SULLA TEORIA** Due prismi con area totale rispettivamente di 100 cm² e 400 cm² sono simili tra loro. Qual è il rapporto tra le loro altezze?

166 **ESERCIZIO GUIDA** Un prisma retto ha per base un triangolo isoscele che è inscritto in un cerchio di raggio 6 dm. Sapendo che l'altezza relativa alla base del triangolo è 8 dm e la superficie totale del prisma è $112\sqrt{2}$ dm², calcoliamo l'altezza del solido.

▶

1193

Capitolo 19. Geometria euclidea nello spazio

Consideriamo il triangolo isoscele, di altezza $AH = 8$ dm, che è la base del prisma ed è inscritto nel cerchio di raggio $CO = 6$ dm. Prolunghiamo l'altezza AH fino a incontrare in D la circonferenza (figura a). Il triangolo ACD è rettangolo in quanto inscritto in una semicirconferenza.
Applichiamo il primo teorema di Euclide (un cateto è medio proporzionale tra la sua proiezione sull'ipotenusa e l'ipotenusa stessa) al triangolo ACD, ponendo $\overline{AC} = x$:

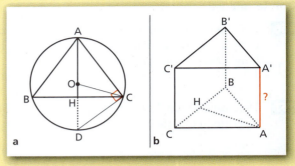

$$\overline{AH} : \overline{AC} = \overline{AC} : \overline{AD}$$

$$8 : x = x : 12$$

$$x^2 = 96 \quad \rightarrow \quad x = 4\sqrt{6}; \overline{AC} = 4\sqrt{6}.$$

Applichiamo ora il teorema di Pitagora al triangolo ACH:

$$\overline{CH}^2 = \overline{AC}^2 - \overline{AH}^2 = (4\sqrt{6})^2 - 8^2 = 96 - 64 = 32$$

$$\overline{CH} = \sqrt{32} = 4\sqrt{2} \quad \rightarrow \quad \overline{BC} = 8\sqrt{2}.$$

Per calcolare l'altezza del prisma dobbiamo conoscere la superficie laterale, che si calcola con la formula $A_l = A_t - 2A_b$:

$$A_b = 8\sqrt{2} \cdot 8 \cdot \frac{1}{2} = 32\sqrt{2}$$

$$A_l = 112\sqrt{2} - 64\sqrt{2} = 48\sqrt{2}$$

Calcoliamo l'altezza $\overline{AA'} = \dfrac{A_l}{2p}$:

$$\overline{AA'} = \frac{48\sqrt{2}}{8\sqrt{6} + 8\sqrt{2}} =$$

$$\frac{6\sqrt{2}}{(\sqrt{6} + \sqrt{2})} \cdot \frac{\sqrt{6} - \sqrt{2}}{\sqrt{6} - \sqrt{2}} =$$

$$\frac{6(\sqrt{12} - 2)}{4} = \frac{3(2\sqrt{3} - 2)}{2} =$$

$$3(\sqrt{3} - 1).$$

L'altezza del prisma è $3(\sqrt{3} - 1)$ dm.

167 Un prisma regolare ha per base un triangolo equilatero, il cui lato è i $\dfrac{2}{7}$ dell'altezza del solido. Sapendo che la superficie totale del prisma è $(168 + 8\sqrt{3})$ dm², determina la lunghezza degli spigoli del prisma.
[4 dm; 14 dm]

168 Un prisma esagonale regolare ha l'apotema della base di $10\sqrt{3}$ dm. Determina la superficie totale del solido, sapendo che la sua altezza è i $\dfrac{9}{5}$ dello spigolo di base.
$[240(5\sqrt{3} + 18)$ dm²$]$

169 Un prisma retto ha per base un trapezio isoscele le cui basi sono lunghe 18 dm e 12 dm, mentre i lati obliqui formano un angolo di 60° con la base maggiore. Determina l'altezza del solido, sapendo che la superficie totale è $370\sqrt{3}$ dm².
$\left[\dfrac{20\sqrt{3}}{3}\text{ dm}\right]$

170 Nel prisma regolare in figura, il rettangolo $ADLG$ ha area di 160 cm² e il rapporto tra AD e AG è $\dfrac{5}{8}$. Determina l'area della superficie totale del prisma.
$[(480 + 75\sqrt{3})$ cm²$]$

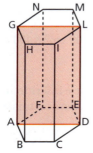

171 Un prisma retto ha per base un trapezio isoscele in cui la base minore sta alla maggiore come 1 sta a 8. L'altezza del solido è metà della base minore e $\dfrac{1}{8}$ dell'altezza del trapezio, e l'area della superficie laterale è $2(9 + \sqrt{113})$ cm². Determina la lunghezza della base maggiore del trapezio. [16 cm]

172 Un prisma retto ha per base un triangolo isoscele in cui i lati congruenti stanno alla base come 13 sta a 10. L'altezza del solido è 3 cm e l'area della superficie totale è 696 cm². Determina l'altezza relativa ai lati congruenti del triangolo di base.
$\left[\dfrac{240}{13}\text{ cm}\right]$

Paragrafo 7. Aree dei solidi

Parallelepipedo e cubo

173 **VERO O FALSO?**

a. Raddoppiando l'altezza di un parallelepipedo rettangolo, la superficie totale raddoppia. V F
b. Raddoppiando lo spigolo di un cubo, la superficie totale quadruplica. V F
c. Due cubi hanno superfici totali uguali se e solo se hanno lo spigolo congruente. V F
d. Due parallelepipedi con diagonali congruenti hanno la stessa superficie totale. V F

174 **REALTÀ E MODELLI** **A La Mecca** La *Kaaba*, che significa «cubo», è un edificio sacro dell'Islam che si trova a La Mecca. Ha i lati di circa 11,3 m e 12,9 m e un'altezza di 13,1 m. Le sue pareti laterali sono ricoperte da un tessuto pregiato detto *kiswa*. Determina la superficie della stoffa, supponendo che ricopra esattamente le pareti. [634 m²]

175 Un cubo di spigolo 1 m ha la superficie totale equivalente all'area di un quadrato di lato *l*. Quanto misura *l*? [$\sqrt{6}$ m]

176 **REALTÀ E MODELLI** **Una bella rinfrescata** Mario vuole ritinteggiare la cameretta di suo figlio, che ha i lati di 4 m e il soffitto a un'altezza di 2,7 m. Ha inoltre una porta di 80 cm per 2 m e una finestra quadrata di lato 1,5 m. Se l'imbianchino chiede 4 €/m², quanto spenderà Mario? [€ 221,40]

177 **ESERCIZIO GUIDA** Un parallelepipedo rettangolo ha la diagonale che forma un angolo di 45° con la diagonale di base. La base ha un lato lungo 20 dm e l'altro che è i $\frac{2}{3}$ dell'altezza del solido. Determiniamo l'area della superficie totale del parallelepipedo.

Scegliamo l'incognita. Poiché $\overline{BC}$ è i $\frac{2}{3}$ di $\overline{BB'}$, possiamo considerare un sottomultiplo comune *x* tale che:

$\overline{BC} = 2x$ e $\overline{BB'} = 3x$.

La diagonale DB' forma un angolo di 45° con la diagonale DB.
Ne deriva che il rettangolo $DBB'D'$ è un quadrato, quindi:

$\overline{DB} = \overline{BB'} = \overline{B'D'} = \overline{DD'} = 3x$.

Applichiamo il teorema di Pitagora al triangolo rettangolo ADB:

$20^2 + 4x^2 = 9x^2 \rightarrow 5x^2 = 400 \rightarrow x = \sqrt{80} \rightarrow x = 4\sqrt{5}$.

Pertanto: $\overline{BC} = 8\sqrt{5}$ e $\overline{BB'} = 12\sqrt{5}$.

Calcoliamo la superficie totale del parallelepipedo:

$A_b = (20 \cdot 8\sqrt{5}) = 160\sqrt{5}$; $A_l = 2p \cdot h = (40 + 16\sqrt{5}) \cdot 12\sqrt{5} = 480\sqrt{5} + 960$;

$A_t = 2A_b + A_l = 2 \cdot 160\sqrt{5} + 480\sqrt{5} + 960 = 800\sqrt{5} + 960$.

L'area della superficie totale del parallelepipedo rettangolo è $(800\sqrt{5} + 960)$ dm².

Capitolo 19. Geometria euclidea nello spazio

ESERCIZI

178 La base di un parallelepipedo è un parallelogramma con gli angoli acuti di 30°. La distanza tra due basi del parallelogramma è 10 dm e la sua superficie è 300 dm². Determina l'altezza del parallelepipedo, sapendo che la superficie totale è 3600 dm². [30 dm]

179 Calcola la superficie totale del parallelepipedo rettangolo nella figura. [4224 dm²]

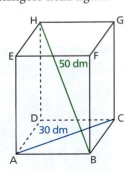

$BC \cong \frac{3}{4} AB$

180 Determina la superficie laterale del parallelepipedo retto nella figura. [1890 cm²]

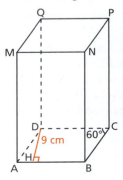

$BH \cong 2AH$

$\dfrac{\overline{BN}}{\overline{AB}} = \dfrac{7}{3}$

181 La diagonale di un parallelepipedo rettangolo forma un angolo di 60° con lo spigolo laterale del solido ed è lunga 20 dm. Sapendo che un lato di base è $8\sqrt{3}$ dm, calcola la superficie totale del parallelepipedo.
[$8 \cdot (35\sqrt{3} + 36)$ dm²]

182 Un parallelepipedo rettangolo ha la diagonale che forma un angolo di 30° con la diagonale di base. La base ha un lato lungo $10\sqrt{3}$ dm e l'altro è $\frac{3}{2}$ dell'altezza del solido. Determina l'area della superficie totale del parallelepipedo.
[$(1200 + 1000\sqrt{3})$ dm²]

183 Determina la misura della diagonale di un parallelepipedo rettangolo in cui la somma delle tre dimensioni è 15 cm, il rapporto fra le dimensioni di base è $\frac{2}{3}$ e l'area della superficie totale è 148 cm². [$\sqrt{77}$ cm]

184 Un parallelepipedo rettangolo ha l'area della superficie laterale di 140 cm². Gli spigoli di base hanno rapporto uguale a $\frac{3}{4}$. Sapendo che la diagonale del parallelepipedo è $5\sqrt{5}$ cm, determina l'area della superficie totale del solido.
[164 cm² oppure 236 cm²]

Aree di piramidi

▶ Teoria a p. 1162

185 Calcola l'area della superficie totale della piramide nella figura. [896 cm²]

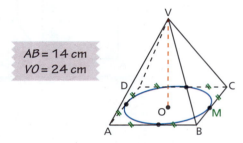

$AB = 14$ cm
$VO = 24$ cm

186 Trova l'altezza di un tetraedro regolare, sapendo che l'area della sua superficie è di $36\sqrt{3}$ cm².
[$2\sqrt{6}$ cm]

187 **TEST** Una piramide retta a base quadrata è divisa da un piano parallelo alla base in una piramide e un tronco di piramide. La distanza del piano dalla base è pari a $\frac{1}{3}$ dell'altezza. Indichiamo rispettivamente con A l'area laterale della piramide, con A_1 quella della piramide minore, con A_2 quella del tronco. Possiamo dire che:

A $A_1 = A_2$.

B $A_2 = \frac{5}{4} A_1$.

C $A_2 = \frac{1}{3} A$.

D $A_2 = \frac{1}{9} A$.

E nessuna delle uguaglianze precedenti è vera.

Paragrafo 7. Aree dei solidi

188 **REALTÀ E MODELLI** **La Ville Lumière** La grande piramide del Louvre a Parigi è una piramide retta a base quadrata, con spigolo di base lungo 35 m e altezza di 21,6 m. La struttura è di acciaio e vetro. Calcola l'area della superficie totale delle sue vetrate. [1946 m²]

189 Una piramide a base quadrata ha l'altezza lunga $15\sqrt{3}$ cm, che forma un angolo di 30° con l'apotema di ogni singola faccia. Determina la superficie totale del solido. [2700 cm²]

190 In una piramide retta la base è un trapezio isoscele che ha gli angoli alla base di 60°, mentre i lati obliqui sono il doppio della base minore e lunghi 16 cm. Calcola la superficie totale della piramide, sapendo che la sua altezza è lunga 10 cm. [$64 \cdot (2\sqrt{3} + \sqrt{37})$ cm²]

191 Trova l'altezza di una piramide regolare a base esagonale, il cui lato di base è 10 cm e la superficie totale è $1050\sqrt{3}$ cm². [$5\sqrt{105}$ cm]

192 **YOU & MATHS** Consider a pyramid of unknown height and a 12 × 12 meter square base. If the height is increased by 2 meters, the lateral surface area is increased by 24 square meters. How high is the original pyramid? (The lateral surface does not include the pyramid base.)

A 2.5 meters.
B 4.5 meters.
C $\dfrac{3\sqrt{5}}{4}$ meters.
D 5.625 meters.
E None of these.

(USA *North Carolina State High School, NCSHS, Mathematics Contest, Finals*)

193 Una piramide retta a base quadrata ha il perimetro di base di $192\sqrt{2}$ cm e l'altezza di $32\sqrt{2}$ cm. Viene tagliata da un piano parallelo al piano di base in modo che la somma delle aree laterali della piramide stessa e della piramide staccata risulti 7860 cm². Calcola a quale distanza dal vertice la piramide viene tagliata. [$4\sqrt{3}$ cm]

194 Una piramide retta ha per base un rombo circoscritto a una circonferenza il cui raggio è lungo 15 cm. Sapendo che il lato del rombo è lungo 40 cm e che l'altezza della piramide è lunga 20 cm, calcola la superficie totale del solido. A quale distanza dal vertice si deve trovare il piano che seca la piramide secondo un rombo di area 48 cm²? [3200 cm²; 4 cm]

195 Una piramide regolare a base quadrata ha l'area della superficie totale di 1440 cm² e l'altezza è $\dfrac{6}{5}$ dello spigolo di base. Stabilisci a quale distanza dal vertice si deve condurre un piano secante parallelo alla base, affinché il perimetro del poligono intersezione sia 20 cm. Determina inoltre l'area della superficie totale del tronco di piramide ottenuto. [6 cm; 1400 cm²]

196 In un tronco di piramide regolare a base quadrata la somma di uno spigolo della base minore con uno della base maggiore è 20 cm e la superficie laterale è equivalente al quadruplo della differenza fra le aree delle due basi. Sapendo che l'apotema del tronco di piramide è 8 cm, calcola l'area della superficie totale. [528 cm²]

197 In una piramide quadrangolare regolare la superficie laterale è equivalente ai $\dfrac{2}{3}$ di quella totale e la diagonale di base è $2\sqrt{2}$ cm. Determina l'area della sezione ottenuta tagliando la piramide con un piano parallelo alla base, che divide l'altezza in due parti tali che quella contenente il vertice è $\dfrac{2}{3}$ dell'altra. $\left[\dfrac{16}{25} \text{ cm}^2\right]$

Aree di solidi di rotazione
▶ Teoria a p. 1163

Cilindro, cono e sfera

198 **TEST** Il cilindro generato dalla rotazione di 180° di un quadrato di lato 8 cm intorno a un suo asse ha superficie totale di area:

A 64π cm².
B 80π cm².
C 96π cm².
D 128π cm².
E 256π cm².

1197

Capitolo 19. Geometria euclidea nello spazio

199 **TEST** Il cono generato dalla rotazione di 360° di un triangolo rettangolo con cateti di 5 cm e 12 cm intorno al cateto maggiore ha superficie laterale di area:

A 60π cm².   B 65π cm².   C 90π cm².   D 120π cm².   E 130π cm².

FAI UN ESEMPIO

200 Disegna due cilindri diversi che hanno superficie totale di area 12π cm².

201 Disegna un cono e una sfera che hanno superfici equivalenti.

202 **ESERCIZIO GUIDA** Un cilindro, la cui base ha raggio 6 cm, ha una superficie totale di 120π cm². Sulle due basi sono appoggiati rispettivamente un cono equilatero e una semisfera, le cui basi coincidono con quelle del cilindro. Calcoliamo l'area della superficie totale del solido.

Per calcolare l'area della superficie totale del solido dobbiamo conoscere la superficie laterale del cilindro e del cono e la superficie della semisfera.

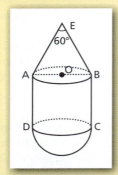

Calcoliamo l'area della superficie della base del cilindro:

$$A_b = \pi \cdot r^2 = 36\pi \rightarrow 2A_b = 72\pi.$$

Calcoliamo l'area della superficie laterale del cilindro:

$$A_{\text{lat. cilindro}} = 120\pi - 72\pi = 48\pi.$$

Calcoliamo l'area della superficie laterale del cono che, essendo equilatero, ha la misura a dell'apotema uguale a quella del diametro delle basi: $\overline{AB} = \overline{EB} = 12$.

$$A_{\text{lat. cono}} = \pi \cdot r \cdot a = \pi \cdot 6 \cdot 12 = 72\pi.$$

Calcoliamo la superficie della semisfera:

$$A_{\text{semisfera}} = 2\pi \cdot r^2 = 2\pi \cdot 36 = 72\pi.$$

La superficie totale è:

$$A_t = A_{\text{lat. cilindro}} + A_{\text{lat. cono}} + A_{\text{semisfera}} =$$
$$48\pi + 72\pi + 72\pi = 192\pi.$$

La superficie totale del solido è 192π cm².

203 Determina l'area della superficie laterale di un cilindro, sapendo che le sue sezioni, ottenute tagliandolo con un piano perpendicolare all'asse e con un piano passante per l'asse, hanno rispettivamente aree di 25π dm² e 60 dm².   [60π dm²]

204 **RIFLETTI SULLA TEORIA** Un cilindro equilatero e un cono equilatero hanno i raggi di base congruenti. Qual è il rapporto fra le aree delle loro superfici totali?

205 Trova la lunghezza dell'altezza di un cono equilatero con superficie totale di 300π cm².   [$10\sqrt{3}$ cm]

206 **REALTÀ E MODELLI** **Pianeti a confronto** Determina il rapporto fra il raggio della Terra e il raggio di Marte, sapendo che il rapporto fra le loro superfici è circa 3,5.   [$\simeq 1,9$]

Paragrafo 7. Aree dei solidi

207 Un cono con raggio 11 cm e altezza 22 cm viene tagliato con un piano parallelo alla base e distante 10 cm da essa. Calcola l'area della superficie del tronco di cono così formato.
$[(157 + 85\sqrt{5})\pi \text{ cm}^2]$

208 L'altezza di un cilindro è $\frac{23}{8}$ del diametro di base e la superficie totale è equivalente alla superficie di una sfera di raggio 6 cm. Determina il raggio e l'altezza del cilindro.
$\left[\frac{4}{3}\sqrt{6} \text{ cm}; \frac{23}{3}\sqrt{6} \text{ cm}\right]$

209 Un cubo ha la superficie totale di 216 cm². Determina la superficie della sfera inscritta e quella della sfera circoscritta al cubo.
$[36\pi \text{ cm}^2; 108\pi \text{ cm}^2]$

210 Il raggio e l'altezza di un cono sono rispettivamente 10 cm e 24 cm. Determina di quanto deve diminuire il raggio affinché l'area della superficie totale diventi $\frac{28}{45}$ di quella data. [3 cm]

211 Un fuso sferico di angolo $\alpha = \frac{\pi}{4}$ è equivalente a una calotta appartenente alla stessa sfera e con raggio di base $r = \sqrt{7}$ cm. Calcola il raggio R della sfera sapendo che è maggiore dell'altezza della calotta. [4 cm]

212 Una calotta sferica ha raggio di base $r = 8$ cm e altezza $h = 4$ cm. Calcola l'area. $[80\pi \text{ cm}^2]$

213 **REALTÀ E MODELLI** **Sotto il polo** La zona temperata dell'emisfero boreale si estende dal tropico del Cancro al circolo polare artico. Calcola la sua superficie sapendo che il raggio terrestre è di circa 6370 km. $[\simeq 133{,}3 \cdot 10^6 \text{ km}^2]$

214 Una sfera, la cui superficie è 100π cm², è tagliata da un piano distante dal centro i $\frac{3}{5}$ del suo raggio. Determina il rapporto tra le aree laterali dei due coni aventi come base comune il cerchio sezione e per vertici gli estremi del diametro perpendicolare al piano secante. [2]

215 In un tronco di cono l'apotema è la metà del raggio della base maggiore ed è i $\frac{5}{6}$ del raggio della base minore. La somma del raggio minore e dei $\frac{4}{5}$ dell'apotema è 20 cm. Determina l'area della superficie totale del cono che ha originato il tronco di cono. $[900\pi \text{ cm}^2]$

Altri solidi di rotazione

216 Un triangolo rettangolo ha i cateti lunghi rispettivamente 12 cm e 16 cm. Calcola l'area della superficie totale del solido ottenuto facendo ruotare di 360° il triangolo attorno all'ipotenusa. [844,46 cm²]

Calcola l'area della superficie totale dei solidi ottenuti dalla rotazione di 360° delle seguenti figure intorno alla retta evidenziata.

217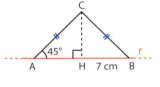
$[98\sqrt{2}\,\pi \text{ cm}^2]$

218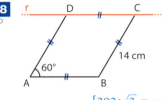
$[392\sqrt{3}\,\pi \text{ cm}^2]$

219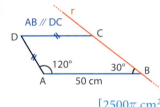
$[2500\pi \text{ cm}^2]$

---

220 In un triangolo rettangolo il rapporto fra l'ipotenusa e un cateto è $\frac{5}{3}$ e l'area della superficie del solido ottenuto da una rotazione completa del triangolo attorno all'ipotenusa è 420π m². Determina il perimetro del triangolo. [60 m]

Capitolo 19. Geometria euclidea nello spazio

221 In un trapezio rettangolo il lato obliquo è i $\frac{13}{12}$ dell'altezza e la base minore è lunga 10 cm. Ruotando di 360° il trapezio attorno alla base maggiore si ottiene un solido la cui area della superficie totale è 540π cm^2. Determina la lunghezza della base maggiore del trapezio. [15 cm]

222 Un triangolo rettangolo è simile a un triangolo i cui cateti sono lunghi 4 cm e 3 cm. Sapendo che l'area della superficie del solido ottenuto da una rotazione completa del triangolo attorno all'ipotenusa è $\frac{252}{5}\pi$ cm^2, calcola l'area della superficie del triangolo. [18 cm^2]

8 Estensione ed equivalenza dei solidi

▶ Teoria a p. 1165

223 **FAI UN ESEMPIO** Disegna due solidi equivalenti ma non congruenti.

224 **VERO O FALSO?**
a. Se due prismi sono equivalenti, hanno basi equivalenti. V F
b. Due solidi equivalenti sono necessariamente equicomposti. V F
c. Un prisma è equivalente a un cono con base equivalente e altezza di lunghezza tripla rispetto al prisma. V F
d. Se una piramide e un cono sono equivalenti, hanno altezze congruenti. V F
e. Due cilindri con altezze congruenti e raggi diversi non possono essere equivalenti. V F

225 **RIFLETTI SULLA TEORIA** Si può dimostrare l'equivalenza tra una piramide e un prisma con il principio di Cavalieri? Perché?

Dimostrazioni

226 **ESERCIZIO GUIDA** Un prisma retto a base triangolare è sezionato da un piano parallelo agli spigoli laterali e passante per una mediana delle basi. Dimostriamo che i due prismi che si vengono a formare sono equivalenti.

Consideriamo il triangolo ABC, base del prisma dato; esso è diviso dalla mediana AM in due triangoli equivalenti, poiché hanno basi congruenti ($BM \cong MC$) e uguale altezza AH, rappresentata dalla distanza del vertice A dalla retta di base BC.

Il prisma $ABMA'B'M'$ è equivalente al prisma $AMCA'M'C'$ poiché due prismi sono equivalenti se hanno basi equivalenti e altezze congruenti.

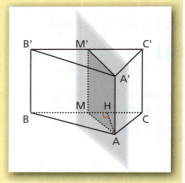

227 Dimostra che un parallelepipedo che viene tagliato da due piani paralleli agli spigoli secondo le diagonali delle basi risulta diviso in quattro prismi a base triangolare equivalenti a due a due.

228 Dimostra che un cubo di spigolo l è equivalente a un prisma retto di altezza l che ha per base un triangolo isoscele di base $2l$ e altezza l.

229 Dimostra che un cubo di spigolo a è equivalente a un parallelepipedo che ha per base un quadrato di lato metà dello spigolo del cubo e per altezza quattro volte lo spigolo del cubo stesso.

230 Dimostra che una sfera è equivalente ai $\frac{2}{3}$ del cilindro circoscritto.

Paragrafo 9. Volumi dei solidi

231 Il cubo nella figura è diviso in quattro parti dai piani $ACC'A'$ e $DMM'D'$. Dimostra che la parte più estesa è il quintuplo di quella meno estesa.

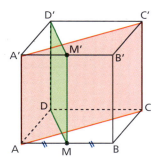

232 Dimostra che un solido formato da un cubo di spigolo l e sormontato da una piramide retta con base quadrata coincidente con una faccia del cubo e con altezza l è equivalente a un parallelepipedo rettangolo di base uguale a quella del cubo e altezza pari a $\frac{4}{3}l$.

233 Dimostra che il solido formato da un cilindro equilatero, il cui raggio di base è r e sulle cui basi sono appoggiate due semisfere anch'esse di raggio r, è equivalente a due sfere di raggio r e due coni di raggio di base e altezza uguali a r.

234 Nei *Discorsi e dimostrazioni matematiche intorno a due nuove scienze*, Galileo Galilei descrive la costruzione di un solido che si chiama *scodella* considerando una semisfera di raggio r e il cilindro ad essa circoscritto. La scodella si ottiene togliendo la semisfera dal cilindro. Si dimostri, utilizzando il principio di Cavalieri, che la scodella ha volume pari al cono di vertice V in figura.

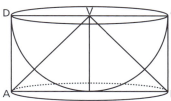

(*Esame di Stato, Liceo scientifico, Corso sperimentale, Sessione ordinaria,* 2009, *quesito* 9)

Con le misure

235 Un prisma retto ha per base un trapezio isoscele la cui superficie è 100 dm². Calcola quanto deve essere estesa la base di una piramide avente altezza uguale a quella del prisma per essere equivalente al prisma dato.
[300 dm²]

236 Un cono e una piramide a base quadrata, che hanno la stessa altezza, sono equivalenti. Se vengono sezionate con un piano parallelo alle basi a metà della loro altezza, le superfici di ogni sezione sono 200 m². Calcola l'area delle superfici delle basi.
[800 m²]

237 Una piramide a base quadrata di lato l è equivalente a una piramide di uguale altezza e che ha per base un triangolo equilatero. Calcola il lato del triangolo.
$\left[\dfrac{2l}{\sqrt[4]{3}}\right]$

238 Una piramide e un prisma retto hanno basi equivalenti e il volume della piramide è la metà del volume del prisma. Calcola il rapporto fra l'altezza della piramide e l'altezza del prisma.
$\left[\dfrac{3}{2}\right]$

9 Volumi dei solidi

Volumi di prismi

▶ Teoria a p. 1172

Parallelepipedo e cubo

AL VOLO

239 Un parallelepipedo rettangolo ha volume di 500 cm³. Se la sua altezza viene raddoppiata, quanto misurerà il volume?

240 Un cubo ha lo spigolo lungo il doppio dello spigolo di un altro cubo. Qual è il rapporto fra i loro volumi?

1201

Capitolo 19. Geometria euclidea nello spazio

Calcola il volume dei seguenti parallelepipedi retti.

241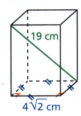

[$96\sqrt{33}$ cm³]

242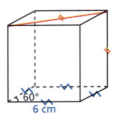

[324 cm³]

243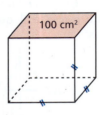

[1000 cm³]

---

244 **ESERCIZIO GUIDA** Un parallelepipedo rettangolo ha l'area laterale di 8400 cm². La base ha un lato di 32 cm e l'altro è $\frac{8}{25}$ dell'altezza del solido. Calcoliamo il volume e la lunghezza della diagonale.

Scegliamo l'incognita. Poiché BC e l'altezza sono una gli $\frac{8}{25}$ dell'altra, possiamo considerare un segmento sottomultiplo comune e indicare con x la sua misura. In tal modo risulta: $\overline{BC} = 8x$ e $\overline{CC'} = 25x$.

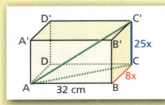

Calcoliamo il volume del solido.
Poiché $A_l = 8400$, determiniamo la misura A_l in funzione di x e poi uguagliamo a 8400:

$A_l = 2 \cdot (\overline{AB} + \overline{BC}) \cdot \overline{CC'}$

$A_l = 2 \cdot (32 + 8x) \cdot 25x = 1600x + 400x^2$

$1600x + 400x^2 = 8400$ ⟩ dividiamo per 400

$4x + x^2 = 21$

$x^2 + 4x - 21 = 0$

$x = -2 \pm \sqrt{4 + 21} =$ ⟨ −7 non accettabile; 3.

La misura cercata è $x = 3$. Allora:

$\overline{BC} = 8x = 8 \cdot 3 = 24$;

$\overline{CC'} = 25x = 25 \cdot 3 = 75$.

Poiché la formula per calcolare il volume è $V = A_b \cdot h$, il volume è:

$V = (32 \cdot 24) \cdot 75 = 57\,600$ cm³.

Calcoliamo la diagonale del parallelepipedo, utilizzando la formula $d = \sqrt{a^2 + b^2 + c^2}$:

$\overline{AC'} = \sqrt{32^2 + 24^2 + 75^2} = 85$.

Il volume del parallelepipedo dato è di 57 600 cm³ e la diagonale è lunga 85 cm.

---

245 Un parallelepipedo rettangolo ha la diagonale inclinata di 60° rispetto al piano di base e lunga 30 dm. Sapendo che i lati di base sono l'uno i $\frac{3}{4}$ dell'altro, calcola il volume del solido.

[$1620\sqrt{3}$ dm³]

246 Un parallelepipedo retto ha per base un rombo le cui diagonali stanno fra loro come 8 sta a 15. Sapendo che l'altezza del parallelepipedo è 10 cm e che l'area totale è 3280 cm², determina il volume del solido.

[9600 cm³]

247 Un parallelepipedo rettangolo ha gli spigoli di base il cui rapporto è $\frac{3}{4}$. Sapendo che la diagonale di base è 15 dm e che la diagonale del solido è 17 dm, determina il volume del solido.

[864 dm³]

248 **EUREKA!** Il volume di un cubo (in pollici cubi) più tre volte la lunghezza totale dei suoi spigoli (in pollici) è uguale al doppio della sua superficie (in pollici quadrati). Quanti pollici misura la sua diagonale?

(USA *Harvard-MIT Mathematics Tournament*)

[$6\sqrt{3}$]

Paragrafo 9. Volumi dei solidi

249 Osserva il parallelepipedo rettangolo nella figura. Determina per quale valore di x il piano PCG divide il parallelepipedo in due parti che sono una il quintuplo dell'altra. Quindi calcola la superficie laterale del prisma di base PBC sapendo che $PB \cong BC$. [4 cm; $6(2+\sqrt{2})$ cm²]

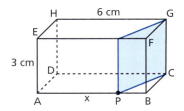

250 Un parallelepipedo rettangolo ha le dimensioni di 3 cm, 4 cm e 12 cm. Determina il volume del cubo che ha superficie totale equivalente alla superficie totale del parallelepipedo. Di quanto deve aumentare la misura dello spigolo minore del parallelepipedo affinché l'area della sua superficie totale raddoppi? [$128\sqrt{2}$ cm³; 6 cm]

251 In un parallelepipedo rettangolo, la diagonale di base forma con i lati angoli di 30° e 60°. Sapendo che l'altezza del solido è metà della diagonale di base e che l'area della superficie laterale è $32(1+\sqrt{3})$ cm², determina il volume del parallelepipedo. [$64\sqrt{3}$ cm³]

252 Un parallelepipedo rettangolo e un cubo sono equivalenti. Il cubo ha superficie totale pari a $384a^2$, mentre il parallelepipedo ha l'altezza $4a$. Sapendo che la superficie totale del parallelepipedo è $448a^2$, calcola gli spigoli dei due solidi. [$8a$; $16a$; $8a$]

253 Il cubo in figura è diviso dai piani DMH e NCG in quattro prismi retti. Calcola a quale frazione del cubo equivale ciascuno di essi.

$\left[\dfrac{1}{20}; \dfrac{1}{5}; \dfrac{1}{5}; \dfrac{11}{20}\right]$

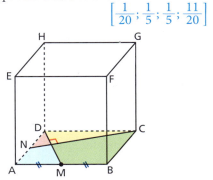

Prisma

254 In un prisma regolare a base esagonale il rapporto fra l'altezza e il lato di base è $2\sqrt{3}$ e l'area laterale è $192\sqrt{3}$. Calcola il rapporto fra il volume del prisma e il volume di un cubo di diagonale $2\sqrt{3}$. [72]

Osserva i seguenti prismi retti e calcola ciò che è richiesto.

255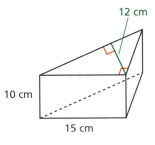

$A_t = ?$ $V = ?$

[900 cm²; 1500 cm³]

256

$A_\ell = 144$ cm² $V = ?$

[$144\sqrt{3}$ cm³ oppure $108\sqrt{3}$ cm³]

257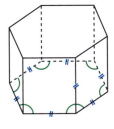

$A_\ell = 150$ cm² $V = ?$

$\left[\dfrac{375}{2}\sqrt{3}\ \text{cm}^3\right]$

---

258 Il volume di un prisma triangolare regolare è $108\sqrt{3}$ cm³. L'altezza del prisma è doppia dello spigolo di base. Determina l'area della superficie laterale del prisma. [216 cm²]

259 L'altezza di un prisma triangolare regolare è i $\dfrac{3}{4}$ dello spigolo di base. Si sa inoltre che l'area della superficie totale del prisma è $(144 + 32\sqrt{3})$ cm². Determina il volume del solido. [$96\sqrt{3}$ cm³]

260 Un prisma triangolare regolare ha lo spigolo AB della base ABC di 36 cm. Siano AD e BE le altezze del triangolo ABC relative ai lati BC e CA. Calcola il rapporto fra i volumi dei solidi in cui resta diviso il prisma mandando per i punti D ed E un piano perpendicolare al piano di base. $\left[\dfrac{1}{3}\ \text{oppure}\ 3\right]$

Capitolo 19. Geometria euclidea nello spazio

261 **YOU & MATHS** A piece of wax in the shape of a rectangular block (52 × 45 × 12) cm³ was melted and reshaped as two right prisms, each of base area 445 cm². One of the prisms was 34 cm high. Find the height of the other prism to one place of decimals. (IR *Leaving Certificate Examination, Ordinary Alternative Level*)
[29.1 cm]

262 In un prisma triangolare regolare il volume è $350\sqrt{3}$ cm³ e il rapporto fra altezza e spigolo di base è $\frac{7}{5}$. Determina l'area della superficie totale del prisma. $[10(5\sqrt{3}+42)\text{ cm}^2]$

263 Un prisma triangolare regolare ha l'altezza che è $\frac{5}{2}$ del raggio della circonferenza inscritta nella base. Sapendo che l'area della superficie totale è $336\sqrt{3}$ cm², calcola il volume del prisma. $[480\sqrt{3}\text{ cm}^3]$

264 Un prisma pentagonale regolare ha l'area della superficie totale di 204 cm². La somma delle basi è $\frac{5}{12}$ della superficie laterale e l'altezza è uguale al perimetro di una base. Determina il volume del prisma e lo spigolo di base. $\left[360\text{ cm}^3; \frac{12}{5}\text{ cm}\right]$

265 Un prisma triangolare regolare ha il raggio della circonferenza circoscritta alla base che è $\frac{8}{7}$ dell'altezza del prisma stesso. Sapendo che il volume del prisma è $336\sqrt{3}$ m³, calcola l'area della superficie laterale del prisma. $[168\sqrt{3}\text{ m}^2]$

266 Un prisma retto ha per base un trapezio isoscele. Tale trapezio ha il lato obliquo e la base minore che sono rispettivamente $\frac{17}{15}$ e $\frac{1}{3}$ dell'altezza. Sapendo che l'altezza del prisma è 3 cm e che l'area della superficie totale è 570 cm², calcola il volume del solido. $[585\text{ cm}^3]$

267 Un prisma retto ha per base un trapezio rettangolo. In tale trapezio la diagonale minore è perpendicolare al lato obliquo ed è congruente ai $\frac{3}{4}$ di questo. Si sa inoltre che la somma di $\frac{1}{4}$ del lato obliquo con $\frac{2}{3}$ della diagonale minore è 6 cm. Sapendo che l'altezza del prisma sta a quella del trapezio come 25 sta a 24, calcola il volume del solido. $\left[\frac{816}{5}\text{ cm}^3\right]$

268 **REALTÀ E MODELLI** **Immersione** Ad Aquileia si trova un antico fonte battesimale di forma esagonale regolare. Chi veniva battezzato qui doveva salire sul bordo della vasca e raggiungere il centro scendendo tre gradini, ciascuno alto circa 50 cm. Calcola quanti litri d'acqua poteva contenere questo fonte se riempito fino al bordo. $[\simeq 3390\text{ L}]$

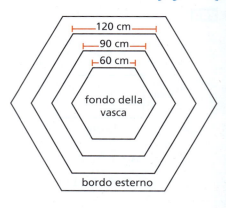

Volumi di piramidi

▶ Teoria a p. 1173

269 **VERO O FALSO?**
a. Raddoppiando l'altezza di una piramide, il suo volume raddoppia. V F
b. Le piramidi che hanno base coincidente con una base di un prisma e vertice sulla base opposta del prisma sono tutte equivalenti. V F
c. Dimezzando lo spigolo di base di una piramide quadrangolare regolare, il suo volume dimezza. V F
d. Due piramidi equivalenti con altezze congruenti hanno basi congruenti. V F

Paragrafo 9. Volumi dei solidi

270 Due piramidi quadrangolari rette equivalenti hanno rispettivamente spigolo di base l e l' e altezza h e h'. Se h' è il triplo di h, quanto vale il rapporto fra l e l'? $[\sqrt{3}]$

271 Una piramide retta a base quadrata ha lo spigolo che è lungo 12 cm ed è inclinato di 60° rispetto alla base. Calcola il volume della piramide. $[144\sqrt{3} \text{ cm}^3]$

272 Il volume di una piramide regolare a base quadrata è 256 cm³. Determina la lunghezza dello spigolo di base della piramide e dello spigolo laterale, sapendo che il raggio del cerchio circoscritto al quadrato di base è lungo $4\sqrt{2}$ cm. $[8 \text{ cm}; 4\sqrt{11} \text{ cm}]$

273 In una piramide regolare a base quadrata la differenza fra l'area della superficie laterale e quella di base è 640 cm²; l'altezza della piramide è $\frac{6}{5}$ del lato di base. Calcola l'apotema e il volume della piramide. $[26 \text{ cm}; 3200 \text{ cm}^3]$

274 Determina il rapporto fra il volume di un cubo e il volume della piramide che ha la base coincidente con una faccia del cubo e vertice sulla faccia opposta. $[3]$

275 Osserva il cubo a fianco e calcola il volume del poliedro di vertici *ABCGHEF*. $[1440 \text{ cm}^3]$

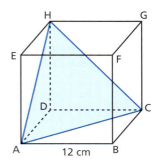

276 Una piramide quadrangolare regolare ha gli spigoli inclinati di 30° sul piano della base; la diagonale della base è $6\sqrt{3}$ cm. Calcola l'area della superficie totale e il volume della piramide. $[18(3+\sqrt{15}) \text{ cm}^2; 54 \text{ cm}^3]$

---

277 **REALTÀ E MODELLI** **Alle cinque** Un filtro di tè ha la forma di una piramide a base quadrata. Il filtro è impacchettato singolarmente in un contenitore di cartoncino della stessa forma che ha lato di base di 3 cm e altezza di 5 cm.

a. Calcola il volume massimo di tè che può contenere il filtro, sapendo che il suo lato di base e la sua altezza sono lunghi il 5% in meno rispetto al lato e all'altezza del contenitore.

b. Di quanto è più piccolo il volume del filtro rispetto a quello del contenitore di cartoncino? Calcola la percentuale e spiega perché essa non è uguale al 5%.

[a) 12,86 cm³; b) 14,3%]

278 **ESERCIZIO GUIDA** Una piramide regolare a base esagonale ha il perimetro di base di 72 dm e l'altezza di 10 dm. Viene tagliata da un piano parallelo alla base in modo che il volume della piramide staccata sia $\frac{1}{4}$ del volume della piramide data. Calcoliamo a quale distanza dal vertice la piramide viene tagliata.

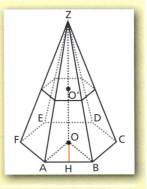

Calcoliamo il lato dell'esagono di base:
$$\overline{AB} = \frac{72}{6} = 12.$$

Calcoliamo $\overline{OH}$, essendo OH l'altezza del triangolo equilatero OAB. Ricordiamo che il triangolo OAH è rettangolo e ha gli angoli acuti di 30° e 60°:
$$\overline{OH} = \frac{l}{2}\sqrt{3} = \frac{12}{2}\sqrt{3} = 6\sqrt{3}.$$

Calcoliamo la superficie della base della piramide maggiore:
$$A_b = \frac{2p \cdot \overline{OH}}{2} = \frac{72 \cdot 6\sqrt{3}}{2} = 216\sqrt{3}.$$

Calcoliamo il volume V della piramide maggiore:
$$V = \frac{1}{3} A_b \cdot h = \frac{1}{3} \cdot 216\sqrt{3} \cdot 10 = 720\sqrt{3}.$$

1205

Capitolo 19. Geometria euclidea nello spazio

> Calcoliamo il volume V' della piramide minore:
>
> $$V' = \frac{720\sqrt{3}}{4} = 180\sqrt{3}.$$
>
> Chiamiamo $x = \overline{O'Z}$ e ricordiamo il teorema secondo il quale se si taglia una piramide con un piano parallelo alla base, la base e la sezione sono poligoni simili le cui aree sono proporzionali ai quadrati delle loro distanze dal vertice:
>
> $$A_b : A'_b = 10^2 : x^2 \rightarrow A'_b = \frac{216 \cdot \sqrt{3}\, x^2}{100} = 2,16 \cdot \sqrt{3} \cdot x^2.$$
>
> Poiché $V' = \frac{1}{3} A'_b \cdot \overline{O'Z}$, scriviamo l'equazione:
>
> $$\frac{1}{3} \cdot 2,16 \cdot \sqrt{3} \cdot x^2 \cdot x = 180 \cdot \sqrt{3}$$
>
> da cui otteniamo:
>
> $$x^3 = \frac{180}{0,72} = 250 \rightarrow x = \sqrt[3]{250} \simeq 6,30.$$
>
> Il piano parallelo alla base taglia la piramide a una distanza di 6,30 dm dal vertice.

279 Un prisma ha la superficie della base di 75 dm² e l'altezza di 10 dm. Una piramide di base equivalente e di uguale altezza viene tagliata da un piano parallelo alla base a una distanza di 4 dm dal vertice. Calcola il volume della piramide staccata. [16 dm³]

280 In un tronco di piramide regolare a basi quadrate, la somma dei perimetri delle basi è 64 m e la somma delle loro aree è 160 m². Il volume del solido è 416 m³. Calcola l'area della superficie totale.
$[(160 + 64\sqrt{13})\text{ m}^2]$

281 Una piramide retta a base quadrata ha lato di base di 5 cm e altezza di 10 cm. Calcola a che distanza dal vertice deve essere tagliata affinché il tronco di piramide e la piramide risultanti siano fra loro equivalenti.
$[5\sqrt[3]{4}\text{ cm}]$

282 Una piramide triangolare regolare ha per facce laterali tre triangoli rettangoli le cui ipotenuse sono lunghe $3\sqrt{2}$ cm. Un piano parallelo alla base taglia la piramide secondo una superficie di area $\frac{9}{8} \cdot \sqrt{3}$ cm². Calcola il volume della piramide data e della piramide che il piano predetto stacca da quella data.
$\left[\frac{9}{2}\text{ cm}^3; \frac{9}{16}\text{ cm}^3\right]$

Volumi di solidi di rotazione
▶ Teoria a p. 1174

Cilindro, cono e sfera

AL VOLO

283 Determina il volume di una sfera inscritta in un cilindro con raggio di base di 3 cm.

284 Calcola il volume di un cono che ha la base coincidente con una base di un cilindro e il vertice nel centro della base opposta, sapendo che il volume del cilindro è di 24 m³.

285 Una sfera di raggio r è equivalente a un cilindro con raggio di base r. Calcola l'altezza del cilindro. $\left[\frac{4}{3}r\right]$

286 Un cono equilatero è equivalente a una sfera con raggio di $\sqrt{3}$ cm. Determina la lunghezza dell'apotema del cono. $[2\sqrt[3]{12}\text{ cm}]$

287 Determina raggio di base e altezza di un cilindro e di un cono equilateri che hanno volume 24π cm³.

Paragrafo 9. Volumi dei solidi

TEST

288 Si considerino le due sfere S_1 e S_2, la prima inscritta e la seconda circoscritta al medesimo cubo. Allora tra i volumi V_1 e V_2 delle due sfere sussiste la seguente relazione:

  A $V_1 = \frac{\sqrt{2}}{4} V_2$.   **B** $V_1 > V_2$.   **C** $V_1 = \sqrt{2} \, V_2$.   **D** $V_1 = \frac{\sqrt{3}}{3} V_2$.   **E** $V_1 = \frac{\sqrt{3}}{9} V_2$.

(CISIA, *Facoltà di Ingegneria, Test di ingresso*)

289 Una sfera con raggio di 2 cm e un cilindro circolare retto con raggio di base di 2 cm hanno lo stesso volume. Allora l'altezza del cilindro è di:

  A $\frac{4}{3}$ cm.   **B** $\frac{8}{3}$ cm.   **C** $\frac{2}{3}$ cm.   **D** 4 cm.   **E** 6 cm.

(CISIA, *Facoltà di Ingegneria, Test di ingresso*)

290 Tre palline da tennis sono perfettamente contenute in una lattina cilindrica. Le palline toccano la parete laterale, il coperchio e il fondo della lattina. Qual è il rapporto tra il volume delle palline e il volume di spazio nella lattina che circonda le palline?

  A 1,414.   **B** 1,732.   **C** 2.   **D** $\frac{3}{2}$.   **E** Nessuno di questi.

(USA *Elon University High School Mathematics Contest*)

REALTÀ E MODELLI

291 Tutti al bowling! Una boccia da bowling è una sfera di massa 7 kg e con densità 1,75 kg/dm³. Ha tre fori per le dita che occupano un volume totale di circa 0,2 dm³. Calcola la lunghezza del diametro della boccia. [2 dm]

292 Geometria in cucina Per fare una torta Caterina deve usare 300 g di farina, ma la bilancia si è rotta. Per misurare la quantità giusta, ha a disposizione soltanto un contenitore trasparente di forma cilindrica. Allora misura il diametro, che è di 10 cm, e si documenta in Internet scoprendo che 1 dm³ di farina pesa circa 780 g. Fino a quale altezza deve riempire il contenitore per ottenere la giusta quantità di farina? [4,9 cm]

293 Riserva di grano Ciascuno dei silos nella foto è alto complessivamente 11,5 m. La parte cilindrica è alta 10 m e ha un diametro di base di 4,8 m, mentre la parte superiore è un tronco di cono con diametro della base minore di 0,8 m. Calcola la capacità complessiva dei quattro silos, espressa in metri cubi. [$\simeq 767$ m³]

294 Un cono e un cilindro hanno altezze congruenti e pari al doppio dei loro raggi di base. La somma delle loro aree totali è $12\pi(7 + \sqrt{5})$ cm². Calcola i loro volumi. [$16\pi\sqrt{3}$ cm³; $48\pi\sqrt{3}$ cm³]

295 Il raggio di base di un cilindro è 6 cm e l'altezza 9 cm. Determina sull'asse un punto V tale che il rapporto fra i volumi dei due coni aventi per basi le basi del cilindro e per vertice il punto V sia 4. $\left[\frac{36}{5} \text{ cm oppure } \frac{9}{5} \text{ cm}\right]$

296 **YOU & MATHS** If the diameter of a cylindrical can is increased by 20%, by approximately what percentage should the height be increased in order to double the volume of the can?

  A 80%   **B** 66.7%   **C** 50.0%   **D** 41.4%   **E** 38.9%

(USA *North Carolina State High School, NCSHS, Mathematics Contest, Finals*)

1207

297 L'apotema di un cono è lungo 26 cm e il raggio di base è $\frac{5}{12}$ dell'altezza. Determina la lunghezza del raggio di base di un cilindro equivalente al cono e di altezza congruente. $\left[10\frac{\sqrt{3}}{3} \text{ cm}\right]$

298 Calcola il volume del solido, costituito da un cilindro e due semisfere. $\left[\frac{128}{3}\pi \text{ cm}^3\right]$

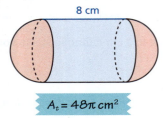

299 In un cilindro circolare retto la superficie laterale è equivalente a $\frac{4}{7}$ di quella totale. Sapendo che l'altezza del cilindro è 12 cm, determina il volume della sfera che ha raggio congruente alla metà del raggio di base del cilindro. $\left[\frac{243}{2}\pi \text{ cm}^3\right]$

300 Una sfera viene tagliata con un piano distante dal suo centro i $\frac{7}{25}$ del suo raggio. L'area della superficie del solido costituito dai due coni, aventi per base comune il cerchio sezione e per vertici gli estremi del diametro perpendicolare al piano considerato, è $\frac{189}{5}\pi$ cm². Calcola l'area della superficie della sfera. $\left[\frac{225}{4}\pi \text{ cm}^2\right]$

301 Il rapporto fra l'altezza e il raggio di base di un cono è $\frac{12}{5}$ e l'area della superficie della sezione determinata dall'intersezione del cono con un piano parallelo alla base e distante da essa $\frac{1}{4}$ dell'altezza è 45π cm². Determina l'area della superficie totale del cono dato e la misura del volume del cono staccato dal piano secante.
[288π cm²; 108√5 π cm³]

302 Un delfino si trova nel punto *A* del bordo ovest di una piscina circolare. Nuota in linea retta per 12 m e tocca con il naso il bordo della piscina nel punto *B*. Si gira e nuota in una direzione diversa in linea retta per 5 m, e arriva nel punto *C* situato sul bordo della piscina e diametralmente opposto al punto *A* dal quale era partito. Se la profondità dell'acqua è ovunque di 2,50 m, quanti litri d'acqua sono contenuti nella piscina?
(*Esame di Stato, Liceo scientifico, Corso di ordinamento, Sessione straordinaria, 2013, quesito 10*)

303 In una sfera di raggio 12 cm è inscritto un cilindro di altezza 6 cm. Calcola il volume del solido delimitato dalla superficie laterale del cilindro e dalla zona sferica che ha per basi le circonferenze di base del cilindro (anello sferico). [36π cm³]

304 Un cono circolare retto e un segmento sferico a una base hanno in comune la base e, rispetto a essa, giacciono su semipiani opposti. Il raggio della base misura 5 cm, l'altezza del cono 13 cm. Sapendo che il raggio della sfera a cui appartiene il segmento è uguale all'altezza del cono, calcola il volume del solido.
[2 sol.: 121π cm³, 3025π cm³]

Altri solidi di rotazione

305 **ESERCIZIO GUIDA** Un triangolo rettangolo ha le proiezioni dei cateti sull'ipotenusa di 9 cm e 16 cm. Ruotando di 360° il triangolo attorno a un cateto otteniamo il solido $\mathscr{S}$, ruotandolo attorno all'altro cateto otteniamo il solido $\mathscr{S}'$. Determiniamo il rapporto fra i volumi dei due solidi e verifichiamo che è uguale alla radice quadrata del rapporto fra le proiezioni date.

Paragrafo 9. Volumi dei solidi

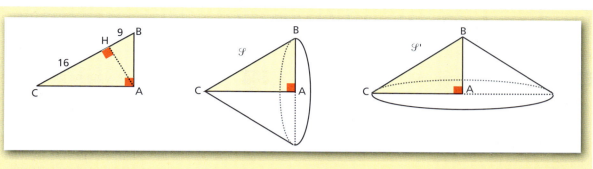

Calcoliamo gli elementi del triangolo ABC:

$\overline{BC} = \overline{BH} + \overline{HC} = 9 + 16 = 25$.

Con il secondo teorema di Euclide calcoliamo $\overline{AH}$:

$\overline{AH} = \sqrt{\overline{BH} \cdot \overline{HC}} = \sqrt{9 \cdot 16} = 3 \cdot 4 = 12$.

Calcoliamo $\overline{AB}$ e $\overline{AC}$ applicando il primo teorema di Euclide:

$\overline{AB} = \sqrt{\overline{BC} \cdot \overline{BH}} = \sqrt{25 \cdot 9} = 5 \cdot 3 = 15$.

$\overline{AC} = \sqrt{\overline{BC} \cdot \overline{CH}} = \sqrt{25 \cdot 16} = 5 \cdot 4 = 20$.

Calcoliamo il volume dei due solidi di rotazione:

$V_{\mathscr{S}} = \frac{1}{3} \cdot (\pi \cdot 15^2) \cdot 20$;

$V_{\mathscr{S}'} = \frac{1}{3} \cdot (\pi \cdot 20^2) \cdot 15$.

Verifichiamo che il rapporto fra i volumi è uguale a $\sqrt{\frac{9}{16}}$, ossia a $\frac{3}{4}$:

$\frac{V_{\mathscr{S}}}{V_{\mathscr{S}'}} = \frac{\frac{1}{3} \cdot (\pi \cdot 15^2) \cdot 20}{\frac{1}{3} \cdot (\pi \cdot 20^2) \cdot 15} = \frac{15^2 \cdot 20}{20^2 \cdot 15} =$

$\frac{15}{20} = \frac{3}{4}$.

Il rapporto fra i volumi dei due solidi è uguale alla radice quadrata del rapporto fra le proiezioni dei due cateti e vale $\frac{3}{4}$.

306 In un triangolo rettangolo un cateto è $\frac{4}{3}$ dell'altro e l'altezza relativa all'ipotenusa è lunga 4 cm. Ruota il triangolo di 360° intorno all'ipotenusa e calcola l'area della superficie e il volume del solido così ottenuto.
$\left[\frac{140}{3}\pi \text{ cm}^2; \frac{400}{9}\pi \text{ cm}^3\right]$

307 Un trapezio isoscele ha la base minore, di 6 cm, congruente ai lati obliqui e gli angoli alla base di 45°. Calcola il volume del solido ottenuto facendo ruotare il trapezio intorno alla base minore. $[36(2\sqrt{2}+3)\pi \text{ cm}^3]$

308 In un triangolo isoscele ABC l'altezza è i $\frac{6}{5}$ della base BC e il raggio del cerchio circoscritto è lungo $\frac{169}{12}$ cm. Determina il volume del solido ottenuto da una rotazione completa del triangolo dato attorno al lato AB.
$\left[\frac{38\,400}{13}\pi \text{ cm}^3\right]$

309 Un triangolo rettangolo ha un cateto di 9 cm. La somma dei volumi dei due solidi ottenuti dalla rotazione completa del triangolo attorno a ciascuno dei suoi cateti è 756π cm^3. Calcola l'area del triangolo dato.
$[54 \text{ cm}^2]$

310 Un trapezio rettangolo ha il lato obliquo di 2 m, la base minore metà della maggiore e l'angolo acuto adiacente a questa di 45°. Determina il rapporto fra i volumi dei solidi generati dal trapezio in rotazioni complete prima intorno al lato obliquo e poi intorno alla base maggiore.
$\left[\frac{7\sqrt{2}}{8}\right]$

311 In un triangolo rettangolo l'ipotenusa è lunga $\frac{5}{2}$ cm. Il rapporto fra i volumi dei due solidi ottenuti dalla rotazione completa del triangolo attorno prima all'uno e poi all'altro cateto è $\frac{3}{4}$. Calcola il perimetro del triangolo.
$[6 \text{ cm}]$

Capitolo 19. Geometria euclidea nello spazio

Riepilogo: Aree e volumi dei solidi

TEST

312 Un cubo è inscritto in una sfera di raggio 3. Una delle seguenti affermazioni è *falsa*. Quale?

- A Il centro del cubo coincide con quello della sfera.
- B Il volume del cubo è $24\sqrt{3}$.
- C La diagonale del cubo è congruente al diametro della sfera.
- D Lo spigolo del cubo è $3\sqrt{2}$.
- E I vertici del cubo appartengono alla superficie della sfera.

313 Una lampada, che si suppone puntiforme, è collocata in un punto V. Essa proietta su un piano a situato a 2 metri da V un fascio avente la forma di cono circolare con asse perpendicolare ad a, le cui generatrici formano un angolo di 30° con l'asse del cono. Sul piano a, al centro della base del cono, viene posto un cubo di cartone, con lo spigolo di 1 metro. Si chiede quale sia l'area complessivamente illuminata dalla lampada (sul piano a e sulla faccia superiore del cubo), espressa in m².

- A $\dfrac{2}{\sqrt{3}} - \dfrac{\pi}{9}$.
- B $4\dfrac{\pi}{3} - 3$.
- C $\dfrac{\pi}{9} - \dfrac{1}{\sqrt{3}}$.
- D $\pi - \sqrt{3}$.
- E $\dfrac{4\pi}{9} - \dfrac{1}{2\sqrt{3}}$.

(*Olimpiadi di Matematica, Gara di 2° livello*, 2004)

314 Un quadrato di lato 10 cm ruota di 180° intorno a una sua diagonale. Determina l'area della superficie totale e il volume del solido che genera.

$$\left[100\sqrt{2}\,\pi\text{ cm}^2;\ \dfrac{500}{3}\sqrt{2}\,\pi\text{ cm}^3\right]$$

315 Una piramide pentagonale ha base di area 84 cm² ed è equivalente a un cilindro con altezza doppia rispetto a quella della piramide. Calcola l'area di base del cilindro. [14 cm²]

316 Un cono equilatero ha volume di $243\sqrt{3}\,\pi$ cm³. Calcola il volume di un cubo avente spigolo di base congruente a un terzo del diametro di base del cono. [216 cm³]

317 In un cilindro equilatero l'area della superficie totale è di 24π cm². Calcola il volume di una piramide a base quadrata che ha la base inscritta in una base del cilindro e il vertice sull'altra base.

$$\left[\dfrac{32}{3}\text{ cm}^3\right]$$

318 In una piramide retta a base quadrata l'apotema misura $3\sqrt{13}$ cm e l'altezza è congruente ai $\dfrac{3}{4}$ dello spigolo di base. La piramide viene sezionata con un piano parallelo alla base e distante da essa 6 cm. Calcola perimetro e area del poligono individuato dalla sezione.

[16 cm; 16 cm²]

319 In un parallelepipedo rettangolo le dimensioni della base sono una i $\dfrac{3}{4}$ dell'altra, e quest'ultima è i $\dfrac{2}{3}$ dell'altezza del parallelepipedo. Calcola le lunghezze delle tre dimensioni, sapendo che la superficie totale del parallelepipedo è 1200 dm².

$$\left[20\text{ dm};\ 10\text{ dm};\ \dfrac{40}{3}\text{ dm}\right]$$

320 **YOU & MATHS** Consider a unit cube which measures one centimeter on each side. Let V_1 represent the volume of the largest cone which fits inside a unit cube, and let V_2 represent the volume of the largest sphere which fits inside a unit cube. Find the ratio $V_1 : V_2$.

- A 3 : 2
- B 1 : 12
- C 2 : 3
- D 1 : 4
- E 1 : 2

(USA *University of Houston, Math Contest*)

321 **EUREKA!** Sia dato un tetraedro regolare di volume 1. Si ottiene un secondo tetraedro regolare riflettendo quello assegnato attraverso il suo centro. Qual è il volume dell'intersezione dei due tetraedri?

(USA *Bay Area Math Meet, Bowl Sampler*)

$$\left[\dfrac{1}{2}\right]$$

1210

Riepilogo: Aree e volumi dei solidi

RISOLVIAMO UN PROBLEMA

La scala a chiocciola

Una scala a chiocciola collega due piani di un appartamento. La distanza tra i due piani è 2,9 m e il foro nel pavimento è largo 130 cm. La scala ha inoltre una ringhiera alta 80 cm dotata di un corrimano, che parte in corrispondenza del primo gradino e termina al pianerottolo del piano superiore dopo che la scala si è «avvolta» in tutto di 300°.

- Quanto è lungo il corrimano?

▶ **Schematizziamo la scala.**

Se la scala a chiocciola si «avvolgesse» di un giro completo, cioè descrivesse un arco di 360°, allora il suo ingombro corrisponderebbe a un cilindro di altezza 2,9 m e diametro 1,3 m.
Sviluppando in piano la superficie laterale di questo cilindro, si avrebbe un rettangolo di base $\pi \cdot 1,3 \simeq 4,08$ m e altezza 2,9 m e la scala a chiocciola si disporrebbe lungo una diagonale del rettangolo. In realtà la scala si «avvolge» di soli $300° = \frac{5}{6} \cdot 360°$, quindi nel corrispondente sviluppo in piano la scala si dispone lungo la diagonale del rettangolo di base $\frac{5}{6} \cdot \pi \cdot 1,3 \simeq 3,4$ m e altezza sempre 2,9 m.

▶ **Analizziamo lo sviluppo nel piano del corrimano.**

Il corrimano, che si appoggia alla superficie laterale del cilindro, è un'elica. Nello sviluppo in piano il corrimano corrisponde al segmento AB della figura. Traslando in basso il segmento AB di 0,80 m si ottiene la diagonale del rettangolo.

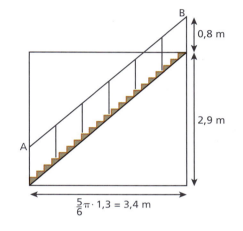

▶ **Calcoliamo la lunghezza del corrimano.**

La diagonale del rettangolo misura:
$$\sqrt{3,4^2 + 2,9^2} \simeq 4,5 \text{ m}.$$

La lunghezza del corrimano è quindi di 4,5 m.

---

322 **REALTÀ E MODELLI** **L'aperitivo perfetto** Un bicchiere viene riempito con un cocktail per un'altezza di 5 cm. La superficie della bevanda a contatto con l'aria è un cerchio con raggio 2 cm. Approssima la cavità del bicchiere a quella di un cono.

a. Calcola il volume del cocktail, espresso in millilitri.
b. Un'oliva con il nocciolo, approssimabile a una sfera di raggio 1 cm, viene aggiunta al cocktail e va a fondo. Di quanto si alza il livello del liquido?   [a) 21 mL; b) 0,3 cm]

323 Un solido è formato da un cubo e da un tronco di piramide regolare che ha per base maggiore una faccia del cubo. I lati delle basi del tronco di piramide misurano $3k$ e $2k$ e l'area della superficie totale del solido è $79k^2$. Determina la misura dell'apotema del tronco.   [$3k$]

324 In un tronco di cono, il rapporto fra i raggi delle basi è uguale a $\frac{3}{2}$ e l'altezza è i $\frac{6}{5}$ del raggio della base minore. Sapendo che l'apotema del tronco misura 13 cm, determina il volume del tronco di piramide esagonale regolare inscritto nel tronco di cono.   [$2850\sqrt{3}$ cm^3]

325 Un trapezio isoscele di perimetro 18 cm è circoscritto a un semicerchio il cui diametro è i $\frac{4}{5}$ della base maggiore del trapezio. Determina il rapporto fra i volumi dei solidi ottenuti facendo ruotare di 180° il trapezio e il semicerchio intorno alla retta congiungente i punti medi delle basi. $\left[\dfrac{39}{32}\right]$

326 Determina il volume di un tetraedro regolare, sapendo che l'area della sezione del solido con un piano perpendicolare alla base e passante per uno spigolo laterale è $4\sqrt{2}$ cm^2. $\left[\dfrac{16\sqrt{2}}{3}\ \text{cm}^3\right]$

1211

327 **EUREKA!** B è una sfera di raggio $2r$ dal cui interno è stata tolta una sfera di raggio r. C è una sfera piena di raggio 1. Supponi che B e C abbiano lo stesso volume. Trova r.

(USA *Bay Area Math Meet, Bowl Sampler*)

$$\left[\frac{1}{\sqrt[3]{7}}\right]$$

328 Il solido nella figura è formato da un parallelepipedo rettangolo e da due piramidi regolari. Calcola il suo volume. [240 cm³]

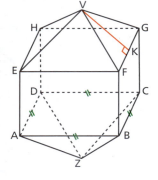

$VK = 5\ cm$
$A_t = 216\ cm^2$
$AE \cong \frac{2}{3} AB$

329 Un solido è costituito da un cilindro e da due coni congruenti aventi le basi coincidenti con quelle del cilindro. L'altezza del cilindro misura 5 cm e l'area della superficie totale del solido 620π cm². Sapendo che l'apotema del cono è i $\frac{13}{5}$ del raggio di base, calcola il volume del solido. [2100π cm³]

330 In un tronco di piramide quadrangolare regolare di apotema a, la somma di uno spigolo della base maggiore e di uno spigolo della base minore è $5a$ e il rapporto fra la superficie laterale e la differenza delle superfici delle due basi è 2. Determina il volume del tronco di cono circoscritto al tronco di piramide considerato. $\left[\frac{19\sqrt{3}\ \pi}{12}a^3\right]$

331 **EUREKA!** Una piramide a base quadrata ha il lato di base lungo $\sqrt{3}$ e tutti gli spigoli delle facce laterali sono lunghi $\sqrt{2}$. Quanti gradi misura l'angolo fra due spigoli non appartenenti alla stessa faccia laterale?

(*Olimpiadi di Matematica, Gara di 2° livello*, 2006)

[120°]

332 Un solido è formato da un prisma triangolare regolare e da un tetraedro regolare che ha per base una base del prisma. Sapendo che il volume del tetraedro è doppio di quello del prisma e che il volume del solido è 54 cm³, determina lo spigolo del tetraedro. [$6\sqrt[6]{2}$ cm]

333 Una piramide ha per base il triangolo isoscele AOB ($OA \cong OB$) e lo spigolo OV, congruente a OA, è perpendicolare alla base. Sulla sfera di centro O e raggio OV i semipiani contenenti le facce VOA e VOB individuano un fuso sferico di area $S = 54\pi$ cm². Sapendo che l'angolo $A\widehat{O}B = \frac{\pi}{3}$, calcola l'area totale della piramide.

$$\left[\frac{81}{4}(4 + \sqrt{3} + \sqrt{7})\ \text{cm}^2\right]$$

334 Una piramide esagonale regolare ha l'apotema congruente ai $\frac{5}{3}$ dell'apotema di base. Sapendo che la misura dell'area della sua superficie laterale è $90k^2\sqrt{3}$, calcola la misura del volume del cono circoscritto alla piramide e il rapporto fra questo volume e quello della piramide. Tale rapporto varia al variare dell'altezza e del lato di base della piramide?

$$\left[48\sqrt{3}\ \pi k^3;\ \frac{2\pi\sqrt{3}}{9};\ \text{no}\right]$$

335 Osserva il cubo rappresentato nella figura e determina quale deve essere la lunghezza di AM affinché il prisma $AMNN'M'A'$ abbia l'area della superficie totale di $(256 + 96\sqrt{2})$ cm².

[8 cm]

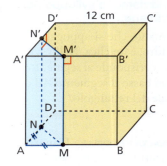

336 Il raggio di base di un cono di vertice V è lungo 10 cm e la superficie laterale è equivalente ai $\frac{13}{18}$ della superficie totale. Determina a quale distanza da V sull'asse del cono si deve prendere un punto P in modo che un altro cono di vertice P e base coincidente con quella del cono dato abbia superficie totale equivalente ai $\frac{10}{9}$ della superficie totale del cono dato. [$(20\sqrt{2} - 24)$ cm]

337 In un cono l'area della base è $400\pi k^2$ e l'altezza è i $\frac{3}{5}$ dell'apotema. Calcola il rapporto fra i volumi delle piramidi quadrangolari regolari circoscritta al cono e inscritta nel cono. Quanto deve valere k affinché la superficie laterale della piramide inscritta abbia area $20\sqrt{34}$ cm²? $\left[2;\ \frac{\sqrt{10}}{10}\ \text{cm}\right]$

338 In una piramide quadrangolare regolare l'altezza è $\frac{2}{3}$ del lato di base e il volume è 384 cm³. Determina lo spigolo del cubo inscritto nella piramide e avente una faccia che giace sulla base della piramide stessa.

$\left[\frac{24}{5} \text{ cm}\right]$

MATEMATICA AL COMPUTER
Geometria solida Il cono nella figura ha altezza 10 cm e raggio di base di 3 cm. È intersecato dal piano π parallelo alla sua base e distante x dal vertice. Proiettando l'intersezione tra piano e cono sulla base del cono si ottiene un cilindro.
Determiniamo x affinché il rapporto fra i volumi del solido colorato nella figura e del cono di partenza sia k. Rispondiamo ponendo $k = 0{,}40$.

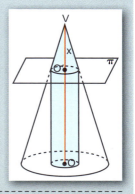

Risoluzione – 6 esercizi in più

---

339 Il cilindro nella figura ha superficie totale di area $16\pi(3 + 4\sqrt{3})$ cm². Determina il volume del solido risultante dalla differenza tra il cilindro e i due coni. $[128\sqrt{2}\,\pi \text{ cm}^3]$

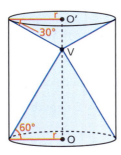

340 L'area della superficie laterale di un cilindro è 120π cm² e l'altezza è i $\frac{12}{5}$ del raggio. Prendi sull'asse OO' del cilindro un punto V tale che $\overline{OV} : \overline{O'V} = 5 : 7$. Determina la somma dei volumi delle due piramidi aventi per vertice V e per base i quadrati inscritti in ciascuna base del cilindro. Dimostra inoltre che tale somma non varia al variare di V su OO'. $[200 \text{ cm}^3]$

341 In una sfera un piano secante divide il diametro AB, a esso perpendicolare, in due parti che stanno fra loro come 16 sta a 9. Sapendo che la superficie del solido costituito dai due coni aventi per base comune il cerchio sezione e per vertici i punti A e B ha area $84\pi l^2$, calcola il volume della sfera. $\left[\frac{625\sqrt{5}}{6}\pi l^3\right]$

342 **REALTÀ E MODELLI** **Palazzo della Regione** Il grattacielo del nuovo Palazzo della Regione Lombardia ha la pianta che si può approssimare a una parte di corona circolare il cui raggio maggiore è circa 78 m e quello minore circa 60 m. Determina il volume del grattacielo, sapendo che la corda corrispondente all'arco di circonferenza maggiore misura circa 85 m e l'altezza dell'edificio è 161,3 m. $[\simeq 231 \cdot 10^3 \text{ m}^3]$

343 Una calotta e una zona sferica appartenenti alla stessa sfera giacciono su semispazi opposti rispetto alla base comune e sono equivalenti. Sapendo che l'altezza della calotta è 5 cm e l'area 80π cm², determina i raggi delle due basi della zona sferica e le distanze dei loro centri da quello della sfera.
$[r_1 = \sqrt{55} \text{ cm}; r_2 = 2\sqrt{15} \text{ cm};$
$d_1 = 3 \text{ cm}; d_2 = 2 \text{ cm}]$

344 Data una calotta avente altezza h e raggio di base r, esprimi in funzione di essi:
a. il raggio della sfera a cui appartiene;
b. l'area della calotta.

$\left[\text{a)} \frac{h^2 + r^2}{2h}; \text{b)} \pi(h^2 + r^2)\right]$

Capitolo 19. Geometria euclidea nello spazio

345 Un cono con apotema $a = 6$ cm e semiapertura $\alpha = 30°$ ha una cavità a forma di segmento sferico a una base. La base del segmento coincide con la base del cono e la calotta è tangente alla superficie laterale del cono. Calcola il volume della parte piena del cono. $\quad [4\sqrt{3}\,\pi \text{ cm}^3]$

346 Un settore sferico appartiene a una sfera di raggio 2 cm e la sua semiapertura è 60°. Calcola la superficie totale e il volume. $\quad \left[2(\sqrt{3}+2)\pi \text{ cm}^2;\ \dfrac{8\pi}{3} \text{ cm}^3\right]$

347 **YOU & MATHS** A ping-pong ball of radius 1 and a bowling ball are in an empty cubical room. The bowling ball is trying to crush the ping-pong ball so the ping-pong ball hides in the corner. If the bowling ball can not reach the ping-pong ball, the radius of the big bowling ball must be greater than:

A $\dfrac{\sqrt{2}+1}{\sqrt{2}-1}$ C $\dfrac{\sqrt{3}-1}{\sqrt{3}+1}$ E $3 + 2\sqrt{2}$

B $\dfrac{\sqrt{3}+1}{\sqrt{3}-1}$ D $\dfrac{\sqrt{3}}{2} + 1$

(USA *Indiana University of Pennsylvania, Mathematics Competition*)

348 Una piramide ha per base il triangolo ABC rettangolo in B tale che $\sin B\widehat{A}C = \dfrac{3}{5}$, e ha per altezza il segmento BV congruente a BC e di lunghezza 6. Determina un punto H sullo spigolo AB in modo che, detto D il punto di intersezione tra la perpendicolare al piano di base della piramide passante per H e lo spigolo AV, il volume della piramide di vertice H e base la sezione della piramide data con il piano parallelo al piano di base passante per D sia pari ai $\dfrac{3}{64}$ del volume di $ABCV$. $\quad [\overline{BH} = 2 \text{ oppure } \overline{BH} = 3 + \sqrt{21}]$

349 In una piramide $ABCDV$ la base $ABCD$ è un quadrato di lato 3, la faccia ABV è un triangolo equilatero, e il piede H dell'altezza HV si trova sul segmento che congiunge i punti medi M e N degli spigoli AB e CD. Detta K la proiezione di H sulla faccia ABV, determina la posizione di H in modo che $\overline{HK} = \dfrac{\sqrt{6}}{2}$.
Calcola poi il volume del tronco di piramide che si ottiene secando la piramide con il piano parallelo al piano di base passante per K. $\quad \left[\overline{HM} = \dfrac{3}{2} \text{ e } V = \dfrac{19}{6}\sqrt{2} \text{ oppure } \overline{HM} = \dfrac{3}{2}\sqrt{2} \text{ e } V = \dfrac{13}{3}\right]$

350 **REALTÀ E MODELLI** **Castel del Monte** L'ottagono è il motivo geometrico ricorrente di Castel del Monte, che si trova ad Andria in Puglia. La pianta dell'edificio è ottagonale, così come il cortile interno e le torri situate agli angoli.
Date le misure seguenti, calcola il volume complessivo occupato dal corpo centrale e dalle torri:

- lato esterno (distanza tra due torri successive) = 10,30 m;
- altezza = 20,50 m;
- lato medio del cortile interno = 7,40 m circa;
- lato torre = 2,70 m;
- altezza torre = 24 m.

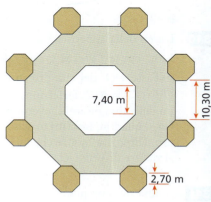

$[V_{\text{torre}} \simeq 845 \text{ m}^3;\ V_{\text{corpo}} \simeq 24\,398 \text{ m}^3]$

Allenati con **15 esercizi interattivi** con feedback "hai sbagliato, perché…"
su.zanichelli.it/tutor3   risorsa riservata a chi ha acquistato l'edizione con tutor

VERIFICA DELLE COMPETENZE ALLENAMENTO

CONFRONTARE E ANALIZZARE FIGURE GEOMETRICHE

1 **VERO O FALSO?**

a. Due rette perpendicolari a uno stesso piano sono fra loro parallele.   V F
b. Se due piani hanno tre punti in comune, allora sono coincidenti.   V F
c. Per un punto P di una retta r passano infinite rette perpendicolari a r.   V F
d. Tutte le sezioni di un diedro retto sono angoli retti.   V F

TEST

2 Una delle seguenti affermazioni relative al parallelepipedo rettangolo è *vera*. Quale?

A Si dice diagonale un segmento congiungente due vertici non appartenenti allo stesso spigolo.
B Le basi sono quadrati.
C Le diagonali sono congruenti.
D È un poliedro regolare.
E Le diagonali sono 16.

3 Nella piramide $ABCV$ la base ABC è un triangolo equilatero di lato l, lo spigolo AV è perpendicolare alla base e il volume misura $\frac{3}{4}l^3$. Allora possiamo dire che:

A $\overline{AV} = l\sqrt{3}$.
B le facce laterali hanno uguale altezza $h_1 = 3\sqrt{3} \cdot l$.
C la faccia BCV è un triangolo equilatero.
D $\overline{CV} = 2\sqrt{7} \cdot l$.
E l'area della faccia BCV è uguale a $\frac{\sqrt{3}}{4}l^2$.

4 Un quadrato $ABCD$ giace sul piano α. Traccia la retta per A perpendicolare ad α e considera su di essa un punto P tale che AP sia congruente al lato del quadrato. Congiungi P con B, C e D. Che solido ottieni? Cosa puoi dire delle sue facce?

5 Due punti A e B appartengono rispettivamente a due rette sghembe a e b. Sia α il piano individuato da A e b e β quello individuato da B e a. Qual è l'intersezione fra α e β?

6 Un quadrato è una figura unita rispetto a una rotazione di angolo α intorno a una retta r nello spazio. Cosa puoi dire su r e sul piano su cui giace il quadrato? Quanto può valere α? $\left[\alpha = k\frac{\pi}{2}, \text{con } k \in \mathbb{N}\right]$

7 Individua e disegna i piani di simmetria:
  a. di un cilindro;   b. di un cono;   c. di una sfera.

8 In quali casi un prisma con n facce laterali ammette un centro di simmetria?

Disegna e descrivi i solidi ottenuti dalla rotazione di 360° delle seguenti figure intorno all'asse r.

9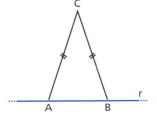

10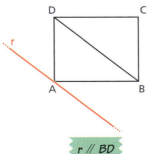

$r \parallel BD$

11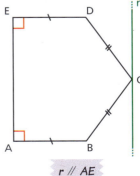

$r \parallel AE$

1215

Capitolo 19. Geometria euclidea nello spazio

12 Osserva il cilindro in figura.

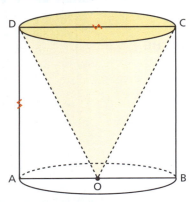

a. È un cilindro equilatero?
b. Il cono di vertice O è un cono equilatero?
c. Qual è il rapporto fra il volume del cilindro e quello del cono?
d. Quale angolo forma la retta BD con il piano su cui giace la base di centro O?

13 Osserva la piramide in figura.

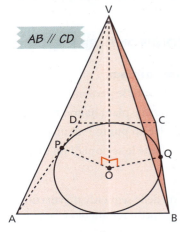

AB // CD

a. È una piramide retta? È regolare?
b. La retta AB è parallela al piano VDC?
c. Descrivi l'intersezione tra i piani ADV e BCV.
d. Qual è l'angolo formato dalle rette VQ e BC?

RISOLVERE PROBLEMI

14 Determina l'ampiezza del diedro formato da due facce laterali di un prisma pentagonale regolare. [108°]

15 Calcola la lunghezza della diagonale di un parallelepipedo rettangolo inscritto in un cilindro di altezza 15 cm e con raggio di base di 3 cm. [$3\sqrt{29}$ cm]

16 Osserva la piramide regolare sotto e calcola il perimetro del triangolo MVC, sapendo che l'altezza della piramide è di 30 cm.
[$6(2\sqrt{5} + \sqrt{29} + \sqrt{33})$ cm]

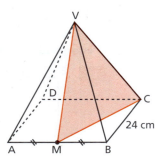

17 Un parallelepipedo rettangolo ha gli spigoli di lunghezza 4 cm, 8 cm e 10 cm. Calcola la lunghezza del raggio della sfera circoscritta al parallelepipedo. [$3\sqrt{5}$ cm]

18 Un cilindro ha volume di 81π cm^3 e area laterale di 54π cm^2. Determina l'altezza del cilindro. [9 cm]

19 Una piramide retta a base quadrata ha l'apotema lungo 12 cm e inclinato di 45° rispetto al piano della base. Calcola le misure dell'area laterale e del volume della piramide.
[$288\sqrt{2}$ cm^2; $576\sqrt{2}$ cm^3]

20 Determina i volumi dei solidi ottenuti facendo ruotare il triangolo ABC di 360° intorno alle rette AB e BC. [54π cm^3; $18\sqrt{3}\pi$ cm^3]

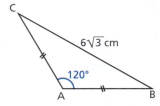

21 Sulle sei facce di un cubo con spigolo di 8 cm sono posizionate altrettante semisfere di diametro congruente allo spigolo del cubo. Calcola l'area della superficie totale. [$96(4 + \pi)$ cm^2]

22 Un prisma esagonale regolare ha l'altezza di $9\sqrt{3}$ cm. Quanto è lungo lo spigolo di base, sapendo che l'area della superficie totale è $840\sqrt{3}$ cm^2? [10 cm]

1216

23 Un parallelepipedo retto ha per base un rombo le cui diagonali hanno rapporto uguale a $\frac{3}{4}$. L'altezza è uguale alla semisomma delle diagonali di base e il volume è 168 dm³. Calcola l'area della superficie totale del parallelepipedo. [188 dm²]

24 Il lato AD perpendicolare alle basi di un trapezio rettangolo $ABCD$ è lungo 4 cm, la differenza fra le basi è 3 cm e la base minore CD è i $\frac{2}{3}$ della maggiore. Conduci per B la retta perpendicolare alle basi e ruota il trapezio attorno a questa retta di un angolo giro. Calcola l'area della superficie totale del solido ottenuto. Calcola inoltre il rapporto fra il volume di tale solido e il volume del solido ottenuto dalla rotazione completa del trapezio attorno alla base maggiore.
$\left[240\pi \text{ cm}^2; \frac{39}{14}\right]$

25 Una piramide regolare a base esagonale ha l'apotema di 30 dm e l'area della superficie totale di $1728\sqrt{3}$ dm². Calcola l'altezza della piramide. [24 dm]

26 In un cono la superficie laterale è equivalente a $\frac{13}{18}$ della superficie totale e il raggio di base è 3 cm. Sia P un punto dell'asse del cono; a che distanza dal vertice del cono deve essere preso P in modo che un altro cono di vertice P e base coincidente con quella del cono dato abbia superficie totale equivalente a $\frac{20}{27}$ della superficie totale del cono dato? $\left[\frac{16}{5} \text{ cm}\right]$

27 Un parallelepipedo rettangolo ha volume uguale al volume di un cubo la cui diagonale è $6\sqrt{3}$ cm e la sua altezza è 8 cm. Sapendo che uno spigolo di base è $\frac{1}{3}$ dell'altro, determina l'area della superficie totale del parallelepipedo. [246 cm²]

28 Una piramide regolare a base quadrata ha l'area della superficie totale di 384 cm² e l'altezza è $\frac{4}{5}$ dell'apotema. A quale distanza dal vertice si deve condurre un piano parallelo alla base affinché il rapporto fra il volume della piramide che quel piano stacca dalla piramide data e il volume del tronco rimanente sia $\frac{1}{63}$? [2 cm]

Allenati con **15 esercizi interattivi** con feedback "hai sbagliato, perché…"
su.zanichelli.it/tutor3 risorsa riservata a chi ha acquistato l'edizione con tutor

VERIFICA DELLE COMPETENZE VERSO L'ESAME

ARGOMENTARE E DIMOSTRARE

29 I prismi regolari sono anche poliedri regolari? Motiva la risposta e porta qualche esempio.

30 Date un esempio di solido la cui superficie laterale è 7π.
(*Esame di Stato, Liceo scientifico, Scuole italiane all'estero (Europa), Sessione ordinaria*, 2003, quesito 1)

31 Provate che la superficie totale di un cilindro equilatero sta alla superficie della sfera a esso circoscritta come 3 sta a 4.
(*Esame di Stato, Liceo scientifico, Corso di ordinamento, Sessione ordinaria*, 2004, quesito 2)

32 Sia AB un segmento di lunghezza 20 dm. Si determini il luogo dei punti C dello spazio tali che $A\hat{B}C$ sia retto e $B\hat{A}C$ misuri 60°.
(*Esame di Stato, Liceo scientifico, Scuole italiane all'estero (Europa), Sessione ordinaria*, 2012, quesito 7)

33 Quali sono i poliedri regolari? Perché sono detti anche solidi platonici?
(*Esame di Stato, Liceo scientifico, PNI, Sessione suppletiva*, 2013, quesito 2)

34 Si spieghi perché non esistono poliedri le cui facce sono esagoni.
(*Esame di Stato, Liceo scientifico, Corso di ordinamento, Sessione ordinaria*, 2014, quesito 2)

Capitolo 19. Geometria euclidea nello spazio

35 La capacità di un serbatoio è pari a quella del cubo inscritto in una sfera di un metro di diametro. Quanti sono, approssimativamente, i litri di liquido che può contenere il serbatoio?
(*Esame di Stato, Liceo scientifico, Corso di ordinamento, Sessione ordinaria*, 2006, quesito 4)
$$\left[V = \frac{1000}{3\sqrt{3}} \, dm^3 \simeq 192 \text{ litri} \right]$$

36 Si considerino un tronco di piramide quadrangolare regolare, la cui base maggiore abbia area quadrupla della minore, e un piano α equidistante dalle basi del tronco. Dire se i dati sono sufficienti per calcolare il rapporto fra i volumi dei due tronchi in cui il tronco dato è diviso dal piano α.
(*Esame di Stato, Liceo scientifico, Corso di ordinamento, Sessione straordinaria*, 2005, quesito 1)
[sì]

37 Di due rette a, b – assegnate nello spazio ordinario – si sa soltanto che entrambe sono perpendicolari a una stessa retta p.
 a. È possibile che le rette a, b siano parallele?
 b. È possibile che le rette a, b siano ortogonali?
 c. Le rette a, b sono comunque parallele?
 d. Le rette a, b sono comunque ortogonali?
Per ciascuna delle quattro domande motivare la relativa risposta.
(*Esame di Stato, Liceo scientifico, Corso di ordinamento, Sessione suppletiva*, 2002, quesito 10)
[a) sì; b) sì; c) no; d) no]

38 Un tetraedro regolare e un cubo hanno superfici equivalenti. Si determini il rapporto dei rispettivi spigoli.
(*Esame di Stato, Liceo scientifico, Scuole italiane all'estero (Europa)*, 2009, quesito 1)
$[\sqrt[4]{12}]$

39 Si dimostri che il volume del cilindro equilatero inscritto in una sfera di raggio r è medio proporzionale fra il volume del cono equilatero inscritto e il volume della sfera.
(*Esame di Stato, Liceo scientifico, Corso sperimentale, Sessione suppletiva*, 2008, quesito 6)

40 È dato un tetraedro regolare di spigolo l e altezza h. Si determini l'ampiezza dell'angolo α formato da l e h.
(*Esame di Stato, Liceo scientifico, Corso di ordinamento, Sessione ordinaria*, 2012, quesito 7)
$[\simeq 35°16']$

41 Il kilogrammo campione è un cilindro di platino-iridio, che ha un diametro di 39 mm ed è alto 39 mm. Qual è la densità in g/cm^3 della lega che è stata usata per costruirlo?
(*Esame di Stato, Liceo scientifico, Corso di ordinamento, Sessione straordinaria*, 2014, quesito 8)
[21,5 g/cm^3]

42 **EUREKA!** Un dodecaedro è un solido regolare con 12 facce pentagonali. Una diagonale di un solido è un segmento che ha per estremi due vertici del solido che non appartengono ad una stessa faccia. Quante sono le diagonali del dodecaedro?
(*Olimpiadi di Matematica, Gara di 2° livello*, 2003)
[100]

43 Una piramide quadrangolare regolare è tale che la sua altezza è il doppio dello spigolo di base. Calcolare il rapporto fra il volume del cubo inscritto nella piramide e il volume della piramide stessa.
(*Esame di Stato, Liceo scientifico, Corso di ordinamento, Sessione straordinaria*, 2006, quesito 2)
$$\left[\frac{V_c}{V_p} = \frac{4}{9} \right]$$

44 Il rapporto fra la base maggiore e la base minore di un trapezio isoscele è 4. Stabilire, fornendone ampia spiegazione, se si può determinare il valore del rapporto tra i volumi dei solidi ottenuti facendo ruotare il trapezio di un giro completo dapprima intorno alla base maggiore e poi intorno alla base minore o se i dati a disposizione sono insufficienti.
(*Esame di Stato, Liceo scientifico, Corso di ordinamento, Sessione ordinaria*, 2002, quesito 1)

45 Dimostrare che se tre rette distinte dello spazio passano per uno stesso punto O e ciascuna di esse interseca una quarta retta in un punto distinto da O, allora le quattro rette sono complanari.
(*Esame di Stato, Liceo scientifico, Scuole italiane all'estero (America Emisfero boreale), Sessione suppletiva*, 2003, quesito 3)

46 Si determini, se esiste, un cono circolare retto tale che il suo volume e la sua superficie totale abbiano lo stesso valore numerico.
(*Esame di Stato, Liceo scientifico, Scuole italiane all'estero (Europa), Sessione ordinaria*, 2014, quesito 1)
$$\left[a = \frac{r^3 + 9r}{r^2 - 9}, r > 3 \right]$$

47 Si trovi la capacità in litri della sfera inscritta in un cono di raggio di base 6 dm e altezza 9 dm.
(*Esame di Stato, Liceo scientifico, Scuole italiane all'estero (Americhe), Sessione ordinaria*, 2014, quesito 6)
$[\simeq 139 \text{ L}]$

Verso l'esame

48 Dimostrare che, se due piani sono perpendicolari, ogni retta perpendicolare a uno di essi è parallela all'altro o è contenuta in esso.
Si può concludere che ogni retta parallela ad uno dei due piani è perpendicolare all'altro? Fornire una esauriente spiegazione della risposta.
(Esame di Stato, Liceo scientifico, Corso di ordinamento, Sessione straordinaria, 2004, quesito 2)

49 Dopo aver fornito la definizione di «rette sghembe», si consideri la seguente proposizione: «Comunque si prendano nello spazio le tre rette x, y, z, due a due distinte, se x ed y sono sghembe e, così pure, se sono sghembe y e z allora anche x e z sono sghembe». Dire se è vera o falsa e fornire una esauriente spiegazione della risposta.
(Esame di Stato, Liceo scientifico, Corso di ordinamento, Sessione ordinaria, 2003, quesito 1)
[falsa]

50 Si consideri la seguente proposizione: «Se due solidi hanno uguale volume, allora, tagliati da un fascio di piani paralleli, intercettano su di essi sezioni di uguale area». Si dica se essa è vera o falsa e si motivi esaurientemente la risposta.
(Esame di Stato, Liceo scientifico, Corso di ordinamento, Sessione ordinaria, 2008, quesito 1)
[falsa]

51 Un cono rotondo ha altezza $h = 5$ dm e raggio $r = 3$ dm. Si vuole diminuire la prima di quanto si aumenta il secondo in modo che il volume del cono aumenti del 30%. Si dica se la questione ammette soluzioni e, in caso affermativo, si dica quali sono.
(Esame di Stato, Liceo scientifico, Scuole italiane all'estero (Europa), Sessione ordinaria, 2013, quesito 6)

52 Un ottaedro regolare di alluminio (densità $\rho = 2{,}7$ g/cm^3), avente lo spigolo $l = 5$ cm, presenta all'interno una cavità di forma cubica. Sapendo che la massa dell'ottaedro è $m = 155$ g, si calcoli la lunghezza dello spigolo della cavità.
(Esame di Stato, Liceo scientifico, Corso di ordinamento, Sessione suppletiva, 2012, quesito 7)
[$\simeq 1{,}15$ cm]

53 Un tetraedro regolare di rame (densità $\rho = 8{,}9$ g/cm^3), avente lo spigolo $l = 6$ cm, presenta all'interno una cavità di forma sferica. Sapendo che la massa del tetraedro è $m = 200$ g, si calcoli la lunghezza del raggio della cavità.
(Esame di Stato, Liceo scientifico, Corso di ordinamento, Sessione straordinaria, 2012, quesito 8)
[$\simeq 0{,}9$ cm]

54 Un cono di nichel (densità $\rho_1 = 8{,}91$ g/cm^3) ha il raggio di base di 15 cm e l'altezza di 20 cm. Da questo cono se ne taglia via un altro, avente l'altezza di 5 cm, che viene sostituito da un cilindro di alluminio (densità $\rho_2 = 2{,}70$ g/cm^3), che ha la stessa altezza del cono piccolo e la base uguale alla base minore del tronco di cono residuo. Si dica se la massa m_2 del solido così ottenuto è maggiore o minore di quella m_1 del cono di partenza.
(Esame di Stato, Liceo scientifico, Corso sperimentale, Sessione suppletiva, 2013, quesito 6)

55 Un cono equilatero di piombo (densità $\rho = 11{,}34$ g/cm^3), avente il raggio $r = 5$ cm, presenta all'interno una cavità di forma irregolare e ha la massa $m = 2$ kg. Si scelga a caso un punto all'interno del cono. Si determini la probabilità che tale punto risulti esterno alla cavità.
(Esame di Stato, Liceo scientifico, Corso sperimentale, Sessione straordinaria, 2013, quesito 9)
[78%]

COSTRUIRE E UTILIZZARE MODELLI

56 **Cono gelato** Stefano ha comprato un gelato composto da un cono di altezza 10 cm e diametro 4 cm totalmente riempito e da due palline di gelato alla frutta, che possiamo pensare come sfere di raggio 2,5 cm.

a. Quanto dovrebbe essere alta una coppetta cilindrica di diametro 6 cm se Stefano volesse trasferirvi tutto il gelato?
b. Quanta carta occorre per avvolgere il cono per evitare di sporcarsi? E per avvolgere la coppetta?
c. Se il gelato ha densità 2 g/cm^3 e viene venduto a 12 €/kg, quale sarà il prezzo finale?

[a) $\simeq 6{,}1$ cm; b) $\simeq 64{,}1$ cm^2, $\simeq 115$ cm^2; c) € 4,15]

Capitolo 19. Geometria euclidea nello spazio

RISOLVIAMO UN PROBLEMA

Una piscina affollata

In figura sono riportate la vista dall'alto e la sezione di una piscina. La zona semicircolare a sinistra presenta un gradone, sempre a semicerchio, che rimane sott'acqua.

- Quanta acqua serve per riempire la piscina?
- La normativa impone che nella piscina possano stare al massimo due persone ogni 2 m². Quante persone può contenere la piscina?

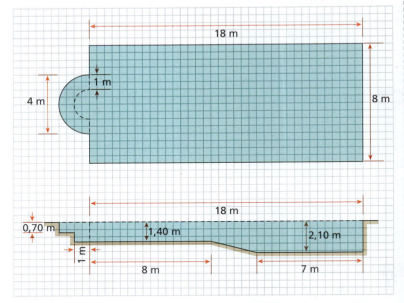

▶ **Calcoliamo il volume delle varie zone della piscina.**

Parte più profonda: parallelepipedo di dimensioni 8 m, 7 m, 2,10 m.

$$V_1 = 8 \cdot 7 \cdot 2{,}10 = 117{,}6 \text{ m}^3.$$

Parte inclinata: formata da un parallelepipedo di dimensioni 8 m, 3 m, 1,40 m e da metà di un parallelepipedo di dimensioni 8 m, 3 m, 0,70 m.

$$V_2 = 8 \cdot 3 \cdot 1{,}40 + \frac{8 \cdot 3 \cdot 0{,}70}{2} = 42 \text{ m}^3.$$

Parte meno profonda: parallelepipedo di dimensioni 8 m, 8 m, 1,40 m.

$$V_3 = 8 \cdot 8 \cdot 1{,}40 = 89{,}6 \text{ m}^3.$$

Parte semicircolare: formata da metà di un cilindro di altezza 0,70 m e raggio 2 m e metà di un cilindro di altezza 0,70 m e raggio 1 m.

$$V_4 = \frac{\pi \cdot 2^2 \cdot 0{,}70}{2} + \frac{\pi \cdot 1^2 \cdot 0{,}70}{2} \simeq 5{,}5 \text{ m}^3.$$

▶ **Calcoliamo la quantità d'acqua cercata.**

Il volume d'acqua corrisponde al volume totale della piscina:

$$V = V_1 + V_2 + V_3 + V_4 \simeq 254{,}7 \text{ m}^3.$$

Sono necessari 254,7 m³ d'acqua per riempire la piscina.

▶ **Calcoliamo l'area coperta dalla piscina.**

Osservando la vista dall'alto della piscina ricaviamo:

$$A = 8 \cdot 18 + \frac{\pi \cdot 2^2}{2} \simeq 150{,}3 \text{ m}^2.$$

▶ **Determiniamo la capienza massima della piscina.**

$$150{,}3 : 2 = 75{,}15$$

La piscina può contenere al massimo 75 persone contemporaneamente.

---

57 **Spremuta d'arancia** Un'arancia ha circa la forma di una sfera di raggio 4 cm.

a. Supponi che la buccia abbia uno spessore uniforme di 0,5 cm. Qual è il volume della polpa?

b. Inizi a sbucciare l'arancia asportando una parte corrispondente a un segmento sferico di altezza 0,5 cm. Che percentuale dell'intera buccia hai asportato?

c. Supponendo che una spremuta converta in succo l'80% della polpa interna, quanti millilitri di spremuta si ricavano spremendo due arance identiche a quella descritta? [a) $\simeq 180 \text{ cm}^3$; b) $3{,}4\%$; c) $\simeq 288 \text{ mL}$]

1220

Verso l'esame

INDIVIDUARE STRATEGIE E APPLICARE METODI PER RISOLVERE PROBLEMI

58 Considera il seguente cubo.

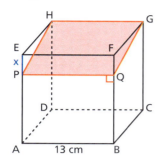

a. Dimostra che i punti P, Q, G e H sono complanari. Che tipo di quadrilatero è $PQGH$?
b. Determina per quale valore di x il rapporto fra i volumi dei prismi di basi PEH e $APHD$ che compongono il cubo è $\frac{2}{11}$.
c. Calcola l'area della superficie totale del prisma di base $APHD$ per il valore di x trovato.
$$[b) \ 4 \text{ cm; c) } 13(57+\sqrt{185}) \text{ cm}^2]$$

59 La diagonale maggiore di un prisma esagonale regolare è lunga $d = \sqrt{6}$ cm e forma un angolo di 45° con lo spigolo laterale.
a. Calcola il volume del prisma.
b. Determina l'angolo β che la diagonale forma con lo spigolo di base.
$$\left[a) \ \frac{27}{8} \text{ cm}^3; \text{ b) } \cos\beta = \frac{\sqrt{2}}{4}\right]$$

60 Una piramide ha per base un rettangolo le cui diagonali hanno misura 4 e si incontrano nella proiezione del vertice sul piano di base. L'angolo che le diagonali formano con il lato maggiore della base è α, l'angolo che lo spigolo laterale forma con la diagonale è β.
a. Calcola il volume della piramide.
b. Determina il raggio della sfera circoscritta alla piramide.
$$\left[a) \ \frac{16}{3}\sin 2\alpha \cdot \tan\beta; \text{ b) } \frac{2}{\sin 2\beta}\right]$$

61 Un quadrato di lato l è inscritto nella base di un cono. L'angolo al vertice del triangolo isoscele con base sul lato del quadrato e vertice coincidente con quello del cono ha ampiezza 60°. Esprimi il volume e l'area totale del cono in funzione di l.
$$\left[\frac{\sqrt{2}}{12}\pi l^3; \ \pi l^2 \frac{1+\sqrt{2}}{2}\right]$$

62 Nella piramide rappresentata nella figura, lo spigolo BV è l'altezza e la faccia ACV forma un diedro di 45° col piano della base ABC. Calcola la distanza del vertice B dal piano ACV. $[4\sqrt{2} \text{ cm}]$

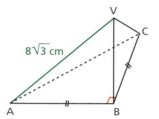

63 Una piramide di vertice V ha per base il triangolo ABC rettangolo in B. Lo spigolo VA è perpendicolare al piano della base e il piano della faccia VBC forma con lo stesso piano di base un angolo di 60°. Inoltre lo spigolo BC è lungo $\frac{5}{2}a$, dove a è una lunghezza data, e il volume della piramide è uguale a $\frac{5}{\sqrt{3}}a^3$.
a. Calcolare la lunghezza dello spigolo VA.
b. Controllato che essa è $2a\sqrt{3}$, calcolare la distanza del vertice B dal piano della faccia VAC.

(*Esame di Stato, Liceo scientifico, Scuole italiane all'estero (America Latina), Sessione ordinaria, 2001, dal problema 2*)

$$\left[b) \ \frac{10\sqrt{41}}{41}a\right]$$

64 Nella figura è rappresentato un parallelepipedo rettangolo che ha per basi dei quadrati di lato 4 cm e ha altezza di 6 cm.
a. Stabilisci di che natura sono i quadrilateri $DMPD'$ e $DMB'N$.
b. Il poliedro $DMPD'NB'$ è un prisma retto? Calcola il suo volume e verifica che è equivalente al prisma $AMDD'A'P$. $[b) \ 24 \text{ cm}^3]$

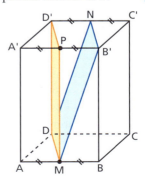

1221

Capitolo 19. Geometria euclidea nello spazio

65 Una piramide di vertice V, avente per base il trapezio rettangolo $ABCD$, è tale che:
- il trapezio di base è circoscritto a un semicerchio avente come diametro il lato AB perpendicolare alle basi del trapezio;
- lo spigolo VA è perpendicolare al piano di base della piramide;
- la faccia VBC della piramide forma un angolo di 45° col piano della base.

a. Indicato con E il punto medio del segmento AB, dimostrare che il triangolo CED è rettangolo.

b. Sapendo che l'altezza della piramide è lunga $2a$, dove a è una lunghezza assegnata, e che $BC = 2AD$, calcolare l'area e il perimetro del trapezio $ABCD$.

(*Esame di Stato, Liceo scientifico, Corso di ordinamento, Sessione suppletiva*, 2002, *dal problema* 2)

$$\left[\text{b)}\ \frac{3}{2}\sqrt{2}\,a^2,\ a(3\sqrt{2}+2)\right]$$

66 Una piramide retta, di vertice V, ha per base il triangolo ABC, rettangolo in A, la cui area è $24a^2$, dove a è una lunghezza assegnata. Si sa inoltre che $\dfrac{\overline{AB}}{\overline{BC}} = \dfrac{3}{5}$ e che il piano della faccia VAB della piramide forma col piano della base ABC un angolo φ tale che $\sin\varphi = \dfrac{12}{13}$.

a. Calcolare l'altezza della piramide.

b. Controllato che essa è $\dfrac{24}{5}a$, calcolare la distanza del vertice C dal piano della faccia VAB.

(*Esame di Stato, Liceo scientifico, Corso di ordinamento, Sessione suppletiva*, 2001, *dal problema* 2)

$$\left[\text{a)}\ \frac{24}{5}a;\ \text{b)}\ \frac{96}{13}a\right]$$

67 La piramide $ABCV$ ha altezza AV.

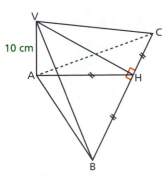

a. Sapendo che $VH \perp BC$, dimostra che anche $AH \perp BC$.

b. Dimostra che il triangolo ABC è rettangolo in A.

c. Sapendo che il piano BCV forma un diedro di 30° con il piano della base ABC, determina la distanza di A dal piano BCV.

$$[\text{c)}\ 5\sqrt{3}\ \text{cm}]$$

68 Un cilindro C è circoscritto a una sfera di raggio r.

a. Determina i due valori che può assumere l'altezza di un cono inscritto nella sfera e avente area di base pari alla metà di quella del cilindro circoscritto alla sfera.

b. Dimostra che il cilindro C', inscritto nella sfera e avente basi di area pari a quella del cono inscritto, è equilatero.

c. Determina il rapporto fra i volumi di C e C'.

$$\left[\text{a)}\ \frac{2\pm\sqrt{2}}{2}r;\ \text{b)}\ h' = 2r' = r\sqrt{2};\ \text{c)}\ 2\sqrt{2}\right]$$

---

69 Si consideri in un piano α un rettangolo $ABCD$ i cui lati BC ed AB misurano rispettivamente a e $2a$. Sia AEF, con $E \in AB$ ed $F \in CD$, un triangolo isoscele la cui base AE ha misura $2r$.
Il candidato:

a. dimostri che una retta s parallela ad AB, a distanza x da essa, interseca i triangoli AEF ed AEC secondo segmenti uguali;

b. detta C_1 la circonferenza di diametro AE e appartenente al piano γ passante per AB e perpendicolare ad α, e detti T_1 e T_2 i coni di base C_1 e vertici rispettivamente nei punti F e C, dimostri che le sezioni C'_1 e C'_2 di detti coni con il piano γ', passante per la retta s e parallelo al piano γ, sono circonferenze;

c. determini i volumi dei coni T_1 e T_2.

(*Esame di Stato, Liceo scientifico, Corso sperimentale, Sessione ordinaria*, 1997, *dal problema* 3)

$$\left[\text{c)}\ V_{T_1} = V_{T_2} = \frac{1}{3}\pi r^2 a\right]$$

Verso l'esame

70 Si consideri un tetraedro regolare T di vertici A, B, C, D.
 a. Indicati rispettivamente con V ed S il volume e l'area totale di T e con r il raggio della sfera inscritta in T, trovare una relazione che leghi V, S ed r.
 b. Considerato il tetraedro regolare T' avente per vertici i centri delle facce di T, calcolare il rapporto fra le lunghezze degli spigoli di T e T' e il rapporto fra i volumi di T e T'.

(*Esame di Stato, Liceo scientifico, Corso di ordinamento, Sessione ordinaria*, 2003, *dal problema* 1)

$$\left[\text{a) } V = \frac{1}{3}Sr;\ \text{b) } 3;\ 27\right]$$

71 Un cateto di un triangolo rettangolo è lungo $2a$, dove a è una lunghezza nota, e l'angolo acuto adiacente a esso ha coseno uguale a $\frac{4}{5}$.
 a. Condotta per il vertice dell'angolo retto una retta t che non attraversa il triangolo e indicata con x la misura dell'angolo che questa retta forma col cateto maggiore, esprimere in funzione di x il volume $V(x)$ del solido generato dal triangolo quando compie una rotazione completa intorno alla retta t.
 b. Studiare la funzione $V(x)$ nel suo dominio e disegnarne il grafico in un piano cartesiano.

(*Esame di Stato, Liceo scientifico, Corso di ordinamento, Sessione ordinaria*, 1998, *dal problema* 3)

$$\left[\text{a) } V(x) = \frac{1}{2}\pi a^3 (4\sin x + 3\cos x),\ \text{con } 0 \leq x \leq \frac{\pi}{2}\right]$$

72 Una piramide ha per base il quadrato $ABCD$ di lato lungo 7 cm. Anche l'altezza VH della piramide è lunga 7 cm e il suo piede H è il punto medio del lato AB. Condurre per la retta AB il piano α che formi con il piano della base della piramide un angolo φ tale che $\cos\varphi = \frac{3}{5}$ e indicare con EF la corda che il piano α intercetta sulla faccia VCD della piramide.
 a. Spiegare perché il quadrilatero convesso $ABEF$ è inscrivibile in una circonferenza γ.
 b. Tale quadrilatero è anche circoscrivibile ad una circonferenza?
 c. Calcolare i volumi delle due parti in cui la piramide data è divisa dal piano α.

(*Esame di Stato, Liceo scientifico, Corso di ordinamento, Sessione suppletiva*, 2004, *dal problema* 2)

$$\left[\text{b) no; c) } 35\ \text{cm}^3,\ \frac{238}{3}\ \text{cm}^3\right]$$

73 Il rettangolo $ABCD$ è tale che la retta che congiunge i punti medi dei suoi lati più lunghi, AB e CD, lo divide in due rettangoli simili a quello dato. Tali lati hanno la lunghezza assegnata a.
 a. Determinare la lunghezza dei lati minori del rettangolo.
 b. Sulla retta condotta perpendicolarmente al piano del rettangolo nel punto medio del lato AD prendere un punto V in modo che il piano dei punti V, B, C formi col piano del rettangolo dato un angolo di coseno $\frac{2}{\sqrt{13}}$. Calcolare il volume della piramide di vertice V e base $ABCD$.

(*Esame di Stato, Liceo scientifico, Corso di ordinamento, Sessione ordinaria*, 2000, *dal problema* 2)

$$\left[\text{a) } \frac{\sqrt{2}}{2}a;\ \text{b) } \frac{\sqrt{2}}{4}a^3\right]$$

74 In un piano α è assegnato il triangolo ABC, retto in B, i cui cateti AB e BC misurano rispettivamente 4 e 3. Si conduca per il punto A la perpendicolare al piano α e sia V un punto di questa per cui $VA = AB$.
Il candidato:
 a. dimostri che, come tutte le altre facce del tetraedro $VABC$, anche la faccia VBC è un triangolo rettangolo, il cui angolo retto è $V\widehat{B}C$;
 b. calcoli il volume e la superficie totale del tetraedro;
 c. detti M il punto medio di VA e P un punto dello stesso segmento a distanza x da V, esprima in funzione di x il volume v del tetraedro $MPQR$, essendo Q ed R le rispettive intersezioni degli spigoli VB e VC con il piano β parallelo ad α e passante per P.

(*Esame di Stato, Liceo scientifico, Corso sperimentale, Sessione ordinaria*, 1999, *dal problema* 2)

$$\left[\text{b) } V = 8,\ S_{tot} = 24 + 6\sqrt{2};\ \text{c) } v(x) = \frac{1}{8}x^2|x - 2|\right]$$

1223

Capitolo 19. Geometria euclidea nello spazio

VERIFICA DELLE COMPETENZE — PROVE   ⏱ 1 ora

PROVA A

1 **VERO O FALSO?**
   a. Due rette parallele non sempre sono complanari.   V F
   b. Esiste almeno un poliedro regolare con facce esagonali.   V F
   c. Ogni prisma retto ha un centro di simmetria.   V F
   d. Un cubo ha 12 diedri retti.   V F
   e. Raddoppiando l'altezza di un prisma, il suo volume raddoppia.   V F

2 Disegna e definisci il solido ottenuto dalla rotazione completa di un trapezio rettangolo intorno alla retta passante:
   a. per il lato perpendicolare alle basi;
   b. per la sua base maggiore.

3 Considera gli estremi non in comune dei tre spigoli uscenti da uno stesso vertice di un cubo con spigolo di lunghezza 7 cm. Calcola il perimetro del triangolo che definiscono.

4 Calcola l'area della superficie e il volume della sfera inscritta in un cubo con spigolo di 6 cm.

5 Una piramide retta ha per base un triangolo equilatero con lato di 10 cm. Sapendo che l'area della sua superficie totale è di $25(\sqrt{3}+12)$ cm^2, calcola la lunghezza del suo apotema e il suo volume.

6 Un prisma retto ha per base un rombo con le diagonali di 3 cm e 8 cm e l'altezza lunga il doppio della diagonale maggiore del rombo. Calcola l'area di base di un cilindro alto 12 cm ed equivalente al prisma dato.

PROVA B

1 Osserva il parallelepipedo rettangolo.

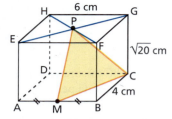

   a. Calcola il perimetro del triangolo PMC.
   b. I punti P, M, C e G sono complanari?

2 Un prisma esagonale retto ha la base di 50 cm^2. Calcola l'area di base di un cono equivalente al prisma e avente altezza doppia rispetto al prisma.

3 Una sfera e un cono equilatero sono equivalenti. Determina il rapporto fra i loro raggi.

4 Calcola il rapporto fra il volume di un cubo di spigolo l e il volume dell'ottaedro ottenuto unendo i centri delle facce del cubo.

5 In un cilindro l'altezza è $\frac{3}{2}$ del diametro di base e la superficie laterale è equivalente alla superficie di una sfera di raggio $\frac{5}{6}\sqrt{6}$ cm. Calcola il volume del cilindro.

6 In una piramide quadrangolare regolare gli spigoli laterali formano angoli di 60° con il piano della base. Il volume della piramide è di $18\sqrt{3}$ cm^3. Calcola l'area del triangolo ottenuto sezionando la piramide con un piano passante per il vertice della piramide e per due vertici opposti del poligono di base.

Prove

PROVA C

Un cuore di bontà Alcuni cioccolatini possono essere modellizzati mediante tronchi di cono con diametri di base di 2,4 cm e 1,8 cm, e altezza congruente al diametro della base minore. Al loro interno c'è una cavità ripiena di caffè a forma di cilindro con raggio di base di 0,6 cm e altezza congruente alla metà dell'altezza del cioccolatino.

a. Determina la massima quantità di caffè, in millilitri, che può essere contenuta in un cioccolatino.
b. La densità del cioccolato è 1,1 g/cm³. Quanti grammi di cioccolata contiene un cioccolatino?
c. Usando le stesse quantità di cioccolato e caffè, si vuole produrre un cioccolatino a forma di cilindro equilatero. Quale sarà l'altezza del nuovo prodotto?
d. Determina qual è la minima quantità di carta necessaria per incartare uno dei cioccolatini cilindrici del punto precedente.

PROVA D

1 Il trapezio in figura ruota di 180° intorno alla retta *MN*.
  a. Determina il rapporto fra i volumi dei solidi generati dalla rotazione dei triangoli *ABE* e *CDE*.
  b. Determina il rapporto fra i volumi dei solidi generati dalla rotazione del trapezio e dei triangoli *AED* e *BEC*.

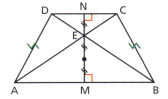

2 Il cubo a fianco ha lo spigolo di 6 cm. Considera la piramide *DMNV* di vertice *V*.
  a. Spiega perché non è retta.
  b. Verifica che tutte le sue facce sono triangoli isosceli.
  c. Calcola l'area della sua superficie totale e il suo volume.
  d. Calcola la distanza del punto *D* dal piano *MNV*.

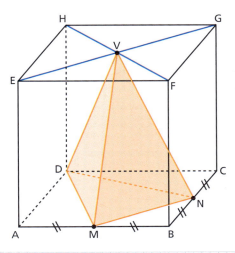

T

CAPITOLO

α1 CALCOLO COMBINATORIO

1 Che cos'è il calcolo combinatorio

▶ Esercizi a p. α19

Listen to it

Combinatorial analysis (or **combinatorics**) is the branch of mathematics which studies the number of different ways of arranging the elements of a given set.

«Quante sono tutte le colonne che si possono giocare al Superenalotto, cioè quanti sono tutti i modi possibili di scegliere 6 numeri tra i 90 a disposizione?»

«Quante sono le possibili classifiche di una gara a cui partecipano 10 concorrenti?»

Il **calcolo combinatorio** permette di rispondere a queste domande o ad altre simili, in quanto studia il numero di modi in cui è possibile raggruppare, disporre o ordinare gli elementi di un insieme finito di oggetti o persone.

■ Raggruppamenti

Esaminiamo il seguente problema. Un ragazzo ha a disposizione due paia di pantaloni e quattro magliette. Ci domandiamo in quanti modi diversi può vestirsi.

Fissato un paio di pantaloni, a questo può accostare, una alla volta, ognuna delle quattro magliette, e quindi abbiamo quattro possibilità. Ma a questo numero di possibilità dobbiamo aggiungere le possibilità che si ottengono con il secondo paio di pantaloni e, di nuovo, ognuna delle quattro magliette. Quindi le possibilità sono in totale otto.

Indichiamo le due paia di pantaloni con P_1 e P_2, le quattro magliette con M_1, M_2, M_3, M_4, e consideriamo gli insiemi $P = \{P_1, P_2\}$ e $M = \{M_1, M_2, M_3, M_4\}$.

Elenchiamo tutte le possibili coppie. Esse non sono altro che gli elementi del prodotto cartesiano fra l'insieme dei pantaloni P e l'insieme delle magliette M:

$$P \times M = \{(P_1; M_1), (P_1; M_2), (P_1; M_3), (P_1; M_4), (P_2; M_1), (P_2; M_2), (P_2; M_3), (P_2; M_4)\}.$$

Il diagramma ad albero della figura a fianco suggerisce un metodo per determinare il numero di tutti i gruppi che è possibile formare.

Le 2 possibilità corrispondenti ai rami dei pantaloni indicano quante volte vengono ripetute le 4 possibilità corrispondenti ai rami delle magliette.

Quindi in totale abbiamo $2 \cdot 4 = 8$ gruppi.

ESEMPIO

Elenchiamo tutte le sigle di tre elementi che possiamo scrivere utilizzando le cifre 1 e 2 per il primo posto, le lettere A, B, C per il secondo e le lettere greche α e β per l'ultimo posto. Calcoliamo poi quante sono.

α2

Paragrafo 2. Disposizioni

Disegniamo il diagramma ad albero. Percorrendo i diversi rami del diagramma possiamo costruire tutte le sigle possibili. Procedendo dall'alto verso il basso: $1A\alpha$, $1A\beta$, $1B\alpha$, …
Calcoliamo il numero delle sigle che possiamo scrivere: 2 sono le possibilità per la prima posizione, 3 per la seconda e 2 per la terza.
Complessivamente abbiamo $2 \cdot 3 \cdot 2 = 12$ gruppi.

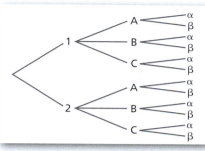

▶ Un fast food propone 4 tipi di panini, 3 tipi di bibite e 2 contorni. Quanti diversi tipi di menù «panino + contorno + bibita» offre? [24]

🇬🇧 **Listen to it**

The **rule of product** states that when a first task can be performed in n different ways, a second one in m different ways, a third one in k different ways and so on, the number of different ways to perform all the tasks one after another is $n \cdot m \cdot k \cdot …$

In generale, per determinare quanti gruppi si possono formare assegnando il primo posto a un elemento di un insieme A con n elementi, il secondo a uno di un insieme B con m elementi, il terzo a uno di un insieme C con k elementi, …, occorre calcolare il prodotto $n \cdot m \cdot k \cdot …$

2 Disposizioni

■ Disposizioni semplici

▶ Esercizi a p. α20

Pierre, Quentin, Roberto e Samuel si sfidano in una corsa campestre. Vengono premiati solo i primi tre arrivati.
Calcoliamo quante sono le possibili classifiche dei premiati.

Indichiamo i quattro atleti con le lettere P, Q, R, S e con A l'insieme costituito da questi quattro elementi, cioè:

$A = \{P, Q, R, S\}$.

Costruiamo con un diagramma ad albero tutte le possibili terne di premiati.

I classificato	II classificato	III classificato	TERNE
P	Q	R	PQR
		S	PQS
	R	Q	PRQ
		S	PRS
	S	Q	PSQ
		R	PSR
Q	P	R	QPR
		S	QPS
	R	P	QRP
		S	QRS
	S	P	QSP
		R	QSR
R	…		
S	…		

▶ Francesco mangia un frutto la mattina e uno a merenda. Ha una mela, una pera, una banana e un kiwi. Quante sono le possibili scelte dei frutti da mangiare al mattino e al pomeriggio? [12]

α3

Capitolo α1. Calcolo combinatorio

Notiamo che ogni terna si distingue dalle altre per
- la **diversità di almeno un elemento**,
- l'**ordine** degli elementi,

oppure per entrambi i motivi.

Chiamiamo i gruppi con le caratteristiche indicate con il termine di **disposizioni semplici**.

Per arrivare rapidamente al calcolo del numero di disposizioni, consideriamo che per il primo posto le possibilità sono 4. Dopo aver scelto il primo classificato, per il secondo classificato restano $4 - 1 = 3$ atleti che possono arrivare secondi, cioè 3 possibilità per il secondo posto. Per il terzo classificato, infine, restano $4 - 2 = 2$ atleti ancora in gara, cioè 2 possibilità per il terzo posto. Complessivamente i gruppi sono:

$$4 \cdot 3 \cdot 2 = 24.$$

Per indicare il valore trovato, usiamo la seguente notazione:

$$D_{4,3} = 24$$

(si legge: «disposizioni semplici di 4 elementi di classe 3»).

Generalizziamo il procedimento considerando n oggetti distinti e determiniamo la formula per i raggruppamenti di classe k, cioè con k oggetti.

🇬🇧 Listen to it

Given a set S of n distinct elements, the **simple k-permutations** are all the **ordered selections** of k elements chosen among the elements of the set S.

> **DEFINIZIONE**
>
> Le **disposizioni semplici** di n elementi distinti di classe k (con $0 < k \leq n$) sono tutti i gruppi di k elementi scelti fra gli n, che differiscono *per almeno un elemento o per l'ordine* con cui gli elementi sono collocati:
>
> $$D_{n,k} = \underbrace{n \cdot (n-1) \cdot (n-2) \cdot (n-3) \cdot \ldots \cdot (n-k+1)}_{\text{prodotto di } k \text{ fattori}}, \quad \text{con } n, k \in \mathbb{N} \text{ e } 0 < k \leq n.$$

Per esempio, calcoliamo:

$$D_{7,3} = \underbrace{\overbrace{7}^{\text{si parte da 7}} \cdot 6 \cdot 5}_{\text{3 fattori}}.$$

Qui e nel seguito, indicheremo con $D_{n,k}$ sia le disposizioni sia il loro numero.

> **ESEMPIO**
>
> 1. A un torneo di calcio regionale under 21 partecipano 15 squadre. Quante sono le possibili classifiche delle prime cinque squadre?
>
>   L'insieme di partenza contiene come elementi le 15 squadre, perciò $n = 15$; i raggruppamenti contengono 5 elementi, dunque $k = 5$.
>   Il numero delle possibili classifiche è:
>
> $$D_{15,5} = 15 \cdot 14 \cdot 13 \cdot 12 \cdot 11 = 360\,360.$$
>
> 2. Quante sigle di 5 elementi si possono formare in modo che i primi due posti siano occupati da 2 diverse cifre e gli altri tre posti da 3 lettere diverse dell'alfabeto italiano?
>
>   Primi due posti: $D_{10,2} = 10 \cdot 9 = 90$.
>   Ultimi tre posti: $D_{21,3} = 21 \cdot 20 \cdot 19 = 7980$.
>
>   A ogni disposizione di due cifre ne accompagniamo una di tre lettere:
>
> $$D_{10,2} \cdot D_{21,3} = 90 \cdot 7980 = 718\,200.$$

▶ In quanti modi si possono sistemare quattro fotografie in tre cornici?
[24]

Paragrafo 2. Disposizioni

3. Quanti numeri di 4 cifre, tutte diverse tra loro, si possono formare con le dieci cifre decimali?

   Se calcoliamo $D_{10,4} = 10 \cdot 9 \cdot 8 \cdot 7 = 5040$, nel risultato sono compresi anche quei numeri che iniziano con la cifra 0 e che, in realtà, non sono numeri di quattro cifre, ma di tre. Dobbiamo determinare quanti sono e sottrarre il loro numero da quello appena calcolato.

   Ragioniamo così: prendiamo le nove cifre diverse dallo zero e calcoliamo tutte le disposizioni di classe 3. Infatti, se a ognuno dei numeri che così si formano poniamo davanti lo zero, abbiamo tutti i numeri da eliminare.

   Poiché $D_{9,3} = 9 \cdot 8 \cdot 7 = 504$, i numeri con 4 cifre significative tutte diverse che si possono formare sono:

   $$D_{10,4} - D_{9,3} = 5040 - 504 = 4536.$$

   Possiamo giungere direttamente al risultato con il «metodo delle possibilità». Per il primo posto abbiamo 9 possibilità (le dieci cifre meno lo zero), per il secondo posto 9 possibilità (non utilizziamo la cifra collocata al primo posto, ma possiamo utilizzare ora la cifra zero), per il terzo posto 8 possibilità e infine per il quarto 7 possibilità. Quindi, appunto,

   $$9 \cdot 9 \cdot 8 \cdot 7 = 4536.$$

▶ In quanti modi si può costruire una password di 6 lettere usando le 21 lettere dell'alfabeto italiano se nessuna lettera viene ripetuta e se l'ultima lettera non può essere z?

▢ Animazione

■ Disposizioni con ripetizione ▶ Esercizi a p. α22

Lanciamo una moneta tre volte e cerchiamo di prevedere tutti i modi con cui si succedono le uscite delle due facce.

L'insieme A che contiene i due possibili risultati del lancio è: $A = \{T, C\}$, dove T indica il risultato «Testa» e C il risultato «Croce».

Costruiamo con un diagramma ad albero le terne di tutti i possibili risultati.

I lancio	II lancio	III lancio	Terne ottenute
T	T	T	TTT
		C	TTC
	C	T	TCT
		C	TCC
C	T	T	CTT
		C	CTC
	C	T	CCT
		C	CCC

I gruppi così ottenuti differiscono per l'**ordine** degli elementi contenuti, ma **un elemento può comparire più di una volta**.

I gruppi trovati si chiamano **disposizioni con ripetizione**.

A differenza delle disposizioni semplici, la classe k di un gruppo può essere maggiore del numero n di elementi a disposizione. Nell'esempio la classe di ogni gruppo è 3, mentre gli elementi sono 2.

Osserviamo che le terne ottenute corrispondono agli elementi del prodotto cartesiano $A \times A \times A$.

Per determinare il loro numero possiamo usare ciò che già sappiamo sui raggruppamenti. L'insieme A ha 2 elementi, quindi il numero dei possibili gruppi di tre elementi di A, cioè il numero di elementi dell'insieme $A \times A \times A$, è $2 \cdot 2 \cdot 2 = 2^3$.

α5

Capitolo α1. Calcolo combinatorio

In alternativa possiamo ricorrere al «metodo delle possibilità». Per il primo posto abbiamo 2 possibilità, che restano 2 anche per il secondo e per il terzo in quanto un elemento già utilizzato può ripresentarsi:

$$2 \cdot 2 \cdot 2 = 2^3 = 8.$$

In simboli, scriviamo: $D'_{2,3} = 8$.

Generalizziamo il procedimento considerando n oggetti distinti e determiniamo la formula per raggruppamenti di classe k.

 Listen to it

Given a set S of n distinct elements, the **k-permutations with repetition** are all the ordered selections of k elements of the set S, where every element can appear more than once.

> **DEFINIZIONE**
>
> Le **disposizioni con ripetizione** di n elementi distinti di classe k (con k numero naturale qualunque non nullo) sono tutti i gruppi di k elementi, anche ripetuti, scelti fra gli n, che differiscono *per almeno un elemento o per il loro ordine*:
>
> $$D'_{n,k} = n^k.$$

Anche in questo caso, con $D'_{n,k}$ indicheremo sia le disposizioni con ripetizione sia il loro numero.

▶ Sulla tastiera del PC ci sono 49 caratteri. Quante sequenze di caratteri, anche senza senso, si possono comporre digitando 10 caratteri?

ESEMPIO

1. Le targhe delle automobili italiane iniziano con una coppia di lettere (anche ripetute). Vengono utilizzate 22 lettere.
   Quante sono le sigle con cui può iniziare la targa?
   Le possibili sigle sono:
   $$D'_{22,2} = 22^2 = 484.$$

2. Vogliamo organizzare una vacanza in Scozia e dobbiamo prenotare sei pernottamenti, in luoghi diversi oppure fermandoci più di una notte nello stesso luogo. Abbiamo a disposizione una lista di nove Bed and Breakfast. In quanti modi possiamo fare la nostra scelta?
   Poiché possiamo fermarci anche tutte le notti nello stesso luogo, le nostre possibilità sono:
   $$D'_{9,6} = 9^6 = 531441.$$

3. Quante sigle di cinque elementi, anche non distinti, si possono formare, tali che i primi due posti siano indicati da due cifre e gli ultimi tre da lettere dell'alfabeto italiano?

   Primi due posti: $D'_{10,2} = 10^2 = 100$.
   Ultimi tre posti: $D'_{21,3} = 21^3 = 9261$.

   A ogni disposizione con ripetizione di due cifre ne accompagniamo una con ripetizione di tre lettere:
   $$D'_{10,2} \cdot D'_{21,3} = 100 \cdot 9261 = 926\,100.$$

   Utilizzando il «metodo delle possibilità», abbiamo per ciascuno dei primi due posti 10 possibilità e per ciascuno degli ultimi tre 21:
   $$10 \cdot 10 \cdot 21 \cdot 21 \cdot 21 = 926\,100.$$

   Ragionando con gli insiemi, se indichiamo con
   $$C = \{\text{le 10 cifre}\} \quad e \quad L = \{\text{le lettere dell'alfabeto italiano}\},$$
   dobbiamo determinare il numero di elementi di $C \times C \times L \times L \times L$, che è $10^2 \cdot 21^3$.

▶ Quante sigle di 8 elementi che hanno le prime quattro posizioni occupate da cifre e le rimanenti dalle vocali dell'alfabeto italiano puoi formare se le sigle devono contenere almeno una A e possono contenere ripetizioni?

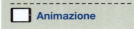

3 Permutazioni

■ Permutazioni semplici

▶ Esercizi a p. α24

Abbiamo quattro palline colorate, ognuna di un colore diverso (bianco, nero, rosso, verde). Calcoliamo in quanti modi diversi possiamo metterle in fila.
L'insieme dei colori è: $A = \{b, n, r, v\}$.
Costruiamo con un diagramma ad albero tutti i possibili raggruppamenti.

I pallina	II pallina	III pallina	IV pallina	Fila
b	n	r	v	bnrv
	n	v	r	bnvr
	r	n	v	brnv
	r	v	n	brvn
	v	n	r	bvnr
	v	r	n	bvrn

Se la prima pallina è bianca, si ottengono 6 raggruppamenti. Ma la prima pallina può essere bianca, rossa, nera o verde, quindi:

$6 \cdot 4 = 24$ raggruppamenti.

Notiamo che **ogni gruppo contiene tutti gli elementi** dell'insieme e **differisce dagli altri solo per l'ordine**. Stiamo quindi considerando le disposizioni semplici di 4 elementi di classe 4.

Chiamiamo i raggruppamenti che hanno queste caratteristiche **permutazioni semplici** o più brevemente **permutazioni**.

Nel nostro esempio parliamo di *permutazioni di 4 elementi* e scriviamo il numero delle permutazioni ottenute nel modo seguente:

$P_4 = 24$.

Nel caso generale, poiché le permutazioni di n elementi coincidono con le disposizioni semplici di classe n degli n elementi, per calcolare il numero delle permutazioni, poniamo nella formula delle disposizioni semplici $k = n$:

$P_n = D_{n,n} = n \cdot (n-1) \cdot (n-2) \cdot (n-3) \cdot \ldots \cdot (n-n+1) =$
$n \cdot (n-1) \cdot (n-2) \cdot (n-3) \cdot \ldots \cdot 2 \cdot 1$.

Il numero di permutazioni di n elementi, quindi, è il prodotto dei primi n numeri naturali (escluso lo 0). Tale prodotto si indica con il simbolo **$n!$** e si legge «n fattoriale».

Nel nostro esempio le permutazioni delle quattro palline colorate sono:

$P_4 = 4! = 4 \cdot 3 \cdot 2 \cdot 1 = 24$.

DEFINIZIONE

Le **permutazioni semplici** di n elementi distinti sono tutti i gruppi formati dagli n elementi, che differiscono per il loro *ordine*:

$P_n = n! = n \cdot (n-1) \cdot (n-2) \cdot \ldots \cdot 3 \cdot 2 \cdot 1$, con $n \geq 2$.

Listen to it

When all the n elements of a set are **distinct**, the ordered selections of all the n elements are called **n-permutations**.

Capitolo α1. Calcolo combinatorio

▶ Dario ha 5 caramelle gommose di 5 colori diversi e 2 cioccolatini, uno al latte e uno fondente. Quanti sono i modi in cui Dario può mangiare i 7 dolciumi senza mangiare per prime tutte le caramelle?

Animazione

Anche in questo caso, con P_n indicheremo sia le permutazioni sia quante sono.

ESEMPIO

1. Quanti numeri di sei cifre distinte possiamo scrivere utilizzando gli elementi dell'insieme $A = \{2, 3, 4, 7, 8, 9\}$?

   $P_6 = 6! = 6 \cdot 5 \cdot 4 \cdot 3 \cdot 2 \cdot 1 = 720$.

2. Calcoliamo il numero di anagrammi, anche senza significato, che si possono ottenere con le lettere della parola CANTO:

   $P_5 = 5! = 5 \cdot 4 \cdot 3 \cdot 2 \cdot 1 = 120$.

3. Cinque ragazzi hanno a disposizione cinque sedie. In quanti modi possono sedersi se le sedie sono disposte intorno a un tavolo rotondo?
   Se le sedie fossero in fila i modi sarebbero $P_5 = 5! = 120$.
   Essendo disposti su una circonferenza, occorre considerare che vi sono permutazioni che, poste in ordine circolare, coincidono.
   Chiamando i ragazzi con le prime cinque lettere dell'alfabeto, fissato un raggruppamento, per esempio

   $a\ b\ c\ d\ e$,

   sono a esso equivalenti i seguenti:

   $b\ c\ d\ e\ a$; $d\ e\ a\ b\ c$;
   $c\ d\ e\ a\ b$; $e\ a\ b\ c\ d$.

   I modi che coincidono sono tanti quanti i ragazzi. Quindi, se cinque ragazzi siedono intorno a un tavolo rotondo, tutti i modi possibili di sedersi sono:

   $$\frac{P_5}{5} = \frac{5!}{5} = 4! = P_4 = 24.$$

   Questo è un esempio di **permutazione circolare**, in quanto gli elementi non sono in fila, ma disposti intorno a una circonferenza.

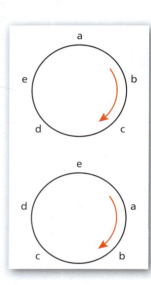

■ Funzione fattoriale

▶ Esercizi a p. α25

Abbiamo visto che il simbolo $n! = n(n-1)(n-2) \ldots \cdot 2 \cdot 1$ indica il prodotto dei primi n numeri naturali, escluso lo zero.
Questa scrittura non è valida per $n = 0$ ma nemmeno per $n = 1$, perché un prodotto si può eseguire solo se ci sono almeno due fattori. Per poter estendere il significato di fattoriale a tutti i numeri naturali abbiamo la seguente definizione.

DEFINIZIONE
Definiamo la **funzione fattoriale** come:

$n! = n(n-1)(n-2)(n-3) \ldots \cdot 2 \cdot 1$, con $n \geq 2$,

$0! = 1$,

$1! = 1$.

La funzione $n!$ è crescente, con crescita molto rapida.

$2! = 2$ $3! = 6$ $4! = 24$ $5! = 120$ $6! = 720$ $7! = 5040$ $8! = 40\,320$

$9! = 362\,880$ $10! = 3\,628\,800$ ...

Dalla definizione deduciamo la relazione: $\boxed{n! = n \cdot (n-1)!}$

Infatti: $n! = n \cdot (n-1) \cdot \ldots \cdot 2 \cdot 1 = n \cdot [(n-1) \cdot \ldots \cdot 2 \cdot 1] = n \cdot (n-1)!$.
Per esempio, $5! = 5 \cdot 4 \cdot 3 \cdot 2 \cdot 1 = 5 \cdot (4 \cdot 3 \cdot 2 \cdot 1) = 5 \cdot 4! = 5 \cdot (5-1)!$.

In particolare, questa relazione, applicata per $n = 2$, giustifica il fatto che abbiamo posto $1! = 1$. Infatti:

$$2! = 2 \cdot (2-1)! = 2 \cdot 1!,$$

ma poiché è anche vero che

$$2! = 2 \cdot 1 = 2,$$

allora deve essere $2 \cdot 1! = 2$ e quindi $1! = 1$.

La relazione $n! = n \cdot (n-1)!$ vale anche se consideriamo $(n+1)!$, cioè:

$$(n+1)! = (n+1) \cdot n!.$$

Questa uguaglianza suggerisce una **definizione ricorsiva di $n!$**:

$$\boxed{\begin{cases} 0! = 1 \\ (n+1)! = (n+1) \cdot n! \end{cases}}$$

▶ Ricava 1! con questa definizione.

Vale anche la seguente relazione: $\boxed{(n+1)! - n! = n \cdot n!}$.

Infatti: $(n+1)! - n! = (n+1) \cdot n! - n! = (n+1-1) \cdot n! = n \cdot n!$.
Per esempio, $6! - 5! = 6 \cdot 5! - 5! = (6-1) \cdot 5! = 5 \cdot 5!$.

$n!$ e le disposizioni

Utilizziamo la funzione fattoriale per esprimere le disposizioni. Per esempio:

$$D_{5,3} = 5 \cdot 4 \cdot 3 = \frac{5 \cdot 4 \cdot 3 \cdot (2 \cdot 1)}{(2 \cdot 1)} = \frac{5!}{2!}.$$

In generale: $\boxed{D_{n,k} = \frac{n!}{(n-k)!}}$.

Infatti:

$$D_{n,k} = n \cdot (n-1) \cdot \ldots \cdot (n-k+1) =$$

) moltiplichiamo numeratore e denominatore per $(n-k)!$

$$\frac{n \cdot (n-1) \cdot \ldots \cdot (n-k+1) \cdot (n-k)!}{(n-k)!} = \frac{n!}{(n-k)!}.$$

▶ Verifica che l'uguaglianza

$$\frac{D_{n+1,k} - D_{n,k-1}}{n^2} = D_{n-1,k-2}$$

è vera per ogni $n > 0$ e per ogni k tale che $0 < k \le n$.

◻ Animazione

Considerando poi che le permutazioni di n oggetti sono le disposizioni di classe n di n oggetti, possiamo giustificare anche l'aver posto $0! = 1$ nella definizione di fattoriale.
Infatti, sostituendo $k = n$ nella formula per le disposizioni,

$$D_{n,n} = \frac{n!}{(n-n)!} = \frac{n!}{0!},$$

ma, poiché è anche vero che

$$D_{n,n} = P_n = n!,$$

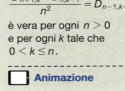

deve essere $\frac{n!}{0!} = n!$ e quindi dobbiamo porre $0! = 1$.

Capitolo α1. Calcolo combinatorio

TEORIA

Video

Gioco della zara

Nel gioco della zara si lanciano tre dadi e si scommette sulla somma che uscirà. Sia il numero 10 sia il numero 9 si ottengono con sei terne diverse di numeri.

▶ Hanno la stessa probabilità di uscita?

🇬🇧 Listen to it

When h elements of a set S of n elements are not distinct from one another, the ordered selections are called ***n*-permutations with *h* indistinguishable objects**.

▶ Quanti sono gli anagrammi, anche senza senso, della parola STRETTE?

Animazione

■ Permutazioni con ripetizione

▶ Esercizi a p. α27

Calcoliamo quanti anagrammi (anche privi di significato) si possono formare con le lettere della parola TETTO.
Pensiamo per il momento che le tre T non siano uguali e distinguiamole colorandole: TETTO.
Se calcoliamo la permutazione P_5 di 5 elementi, consideriamo come diverse anche le parole che differiscono soltanto per la posizione delle tre T colorate. Per esempio, mettendo la E e la O nelle prime due posizioni, con le permutazioni sono distinte le parole:

$$\text{EOTTT}, \quad \text{EOTTT}, \quad \text{EOTTT}, \quad \text{EOTTT}, \quad \text{EOTTT}, \quad \text{EOTTT}.$$

Abbiamo 6 casi diversi, corrispondenti alle permutazioni delle tre T colorate:

$$3! = 6.$$

Questi casi sono invece indistinguibili, e uguali a EOTTT, se consideriamo la T come lettera ripetuta più volte.
Se consideriamo le 120 permutazioni di 5 lettere, in questo caso troviamo ogni raggruppamento ripetuto 6 volte. Quindi per ottenere il numero degli anagrammi di TETTO dobbiamo dividere 120 per 6:

$$\frac{120}{6} = 20.$$

Per indicare che dei cinque elementi tre corrispondono a uno stesso elemento ripetuto usiamo il simbolo $P_5^{(3)}$, che si legge: «permutazioni di 5 elementi di cui 3 ripetuti». Abbiamo che:

$$P_5^{(3)} = \frac{P_5}{P_3} = \frac{5!}{3!} = 20.$$

Chiamiamo i raggruppamenti di questo tipo **permutazioni con ripetizione**.
In generale:

$$P_n^{(k)} = \frac{n!}{k!}.$$

La formula si generalizza ulteriormente quando nell'insieme di n elementi gli elementi ripetuti sono $k, h, \ldots, r$, dove $k + h + \ldots + r \leq n$.

> **DEFINIZIONE**
>
> Le **permutazioni con ripetizione** di n elementi, di cui $h, k, \ldots$ ripetuti, sono tutti i gruppi formati dagli n elementi, che differiscono per l'*ordine* in cui si presentano gli elementi distinti e la *posizione* che occupano gli elementi ripetuti:
>
> $$P_n^{(h,k,\ldots)} = \frac{n!}{h! \cdot k! \cdot \ldots}.$$

ESEMPIO

In quanti modi cinque sedie possono essere occupate da tre persone?

Dobbiamo calcolare il numero delle permutazioni di 5 elementi, con 3 distinti e 2 ripetuti (le due sedie vuote), quindi:

$$P_5^{(2)} = \frac{5!}{2!} = 5 \cdot 4 \cdot 3 = 60.$$

α10

4 Combinazioni

■ Combinazioni semplici

▶ Esercizi a p. α28

Consideriamo cinque punti nel piano, a tre a tre non allineati. Determiniamo quanti triangoli possiamo costruire congiungendo tre punti.

Indichiamo i punti con le lettere A, B, C, D, E. Consideriamo, per esempio, il triangolo ABC. Esso viene individuato da tutte queste terne:

ABC, ACB, BAC, BCA, CAB, CBA.

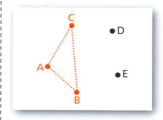

Nel contare i triangoli queste terne vanno prese una volta sola.
Quindi, tutte le terne di lettere che indicano i vertici dei triangoli costituiscono dei **gruppi** che **si differenziano** fra di loro **solo per gli elementi contenuti e non per il loro ordine**.

Chiamiamo questi gruppi **combinazioni (semplici) di 5 elementi di classe 3**. Per indicare il loro numero usiamo il simbolo $C_{5,3}$.

Per ricavare $C_{5,3}$, partiamo da tutte le terne possibili, ossia le disposizioni $D_{5,3}$. Per ogni scelta di 3 elementi ci sono $P_3 = 3!$ disposizioni di questi elementi che differiscono solo per l'ordine. Tutte queste vanno contate solo una volta.

Per esempio, abbiamo già visto che al triangolo ABC corrispondono le terne ABC, ACB, BCA, BAC, CBA e CAB.
Abbiamo perciò:

$$C_{5,3} = \frac{D_{5,3}}{P_3} = \frac{5 \cdot 4 \cdot 3}{3!} = \frac{60}{6} = 10.$$

In generale, con ragionamenti analoghi, si ottiene la formula generale:

$$C_{n,k} = \frac{D_{n,k}}{P_k} = \frac{n \cdot (n-1) \cdot (n-2) \cdot \ldots \cdot (n-k+1)}{k!}.$$

DEFINIZIONE

Le **combinazioni semplici** di n elementi distinti di classe k (con $0 < k \leq n$) sono tutti i gruppi di k elementi, scelti fra gli n, che differiscono per almeno un elemento (ma non per l'ordine):

$$C_{n,k} = \frac{D_{n,k}}{P_k} = \frac{n \cdot (n-1) \cdot (n-2) \cdot \ldots \cdot (n-k+1)}{k!}, \text{ con } k \leq n.$$

Ancora una volta, con il simbolo $C_{n,k}$ indicheremo sia le combinazioni sia il loro numero.

ESEMPIO

In un Gran Premio di F1 una casa automobilistica ha a disposizione cinque vetture da assegnare a due piloti. In quanti modi la scuderia può utilizzare le automobili?

L'insieme di partenza contiene le automobili che numeriamo da 1 a 5:

$A = \{1, 2, 3, 4, 5\}$.

Poiché i piloti sono due, i raggruppamenti sono tutte le coppie che si possono formare con due macchine, scelte tra le cinque disponibili. L'ordine non conta, quindi tali raggruppamenti sono combinazioni:

$$C_{5,2} = \frac{5 \cdot 4}{2!} = 10.$$

🇬🇧 Listen to it

Given a set S of n distinct elements, the **simple k-combinations** are all the **unordered selections** of k elements chosen among the elements of the set S.

▶ Bisogna sistemare 18 libri su 3 mensole mettendo 6 libri su ciascuna. In quanti modi possiamo farlo senza considerare l'ordine dei libri su ciascuna mensola?

Animazione

▶ Calcola il numero di terni che si possono fare al gioco del lotto.
[117 480]

Capitolo α1. Calcolo combinatorio

TEORIA

■ Coefficienti binomiali

▶ Esercizi a p. α29

Il numero delle combinazioni viene anche indicato con il simbolo $\binom{n}{k}$, che si chiama *coefficiente binomiale* e si legge «n su k».

> **DEFINIZIONE**
>
> Il **coefficiente binomiale** di due numeri naturali n e k, con $0 \le k \le n$, è il numero $\binom{n}{k} = \dfrac{n!}{k!(n-k)!}$.

Per esempio, $\binom{6}{2} = \dfrac{6!}{2!(6-2)!}$.

Se semplifichiamo, otteniamo:

$$\frac{6!}{2! \cdot 4!} = \frac{6 \cdot 5 \cdot 4 \cdot 3 \cdot 2 \cdot 1}{2 \cdot 1 \cdot 4 \cdot 3 \cdot 2 \cdot 1} = 15.$$

Dalla definizione e dalle proprietà del fattoriale, per $k = 0$ otteniamo:

$$\binom{n}{0} = \frac{n!}{0! \cdot n!} = 1,$$

$$\binom{0}{0} = \frac{0!}{0! \cdot 0!} = 1.$$

Si può anche calcolare $\binom{n}{n} = \dfrac{n!}{n! \cdot (n-n)!} = \dfrac{n!}{n! \cdot 0!}$, da cui:

$$\binom{n}{n} = 1.$$

Proprietà

● Dalla definizione possiamo dedurre la seguente proprietà, chiamata *delle classi complementari*:

$$\binom{n}{k} = \binom{n}{n-k} \qquad \text{legge delle classi complementari.}$$

Infatti $\binom{n}{k} = \dfrac{n!}{k!(n-k)!} = \dfrac{n!}{(n-k)!k!} = \dfrac{n!}{(n-k)![n-(n-k)]!} = \binom{n}{n-k}$.

● Vale anche la seguente proprietà:

$$\binom{n}{k+1} = \binom{n}{k} \cdot \frac{n-k}{k+1} \qquad \text{formula di ricorrenza.}$$

La formula di ricorrenza è utile quando conosciamo il valore del coefficiente binomiale per un certo valore di k e dobbiamo trovare i valori delle classi successive (o precedenti).

> **ESEMPIO**
>
> Se sappiamo che $\binom{14}{5} = 2002$, allora:
>
> $$\binom{14}{6} = \binom{14}{5} \frac{14-5}{5+1} = 2002 \cdot \frac{9}{6} = 3003.$$

Possiamo giustificare ora la definizione delle combinazioni semplici $C_{n,k} = \binom{n}{k}$.

Sidebar (margine sinistro):

▶ Calcola separatamente $\binom{18}{16}$ e $\binom{18}{2}$ verificando che sono uguali.

▶ Risolvi l'equazione $\binom{x}{2} = 8 + 2\binom{x-3}{2}$.

☐ **Animazione**

▶ Verifica la formula di ricorrenza applicando a entrambi i membri la definizione di coefficiente binomiale.

▶ Usa il valore noto di $\binom{32}{15} = 565\,722\,720$ per calcolare $\binom{32}{14}$ e $\binom{32}{18}$.

☐ **Animazione**

α12

Paragrafo 4. Combinazioni

Utilizzando la formula che esprime il numero delle disposizioni semplici come rapporto di due fattoriali, abbiamo:

$$C_{n,k} = \frac{D_{n,k}}{P_k} = \frac{n!}{(n-k)!} \cdot \frac{1}{k!} = \frac{n!}{(n-k)! \cdot k!} = \binom{n}{k}.$$

■ Combinazioni con ripetizione

▶ Esercizi a p. α33

Riprendiamo il problema affrontato nello studio delle disposizioni con ripetizione.

Lanciamo consecutivamente una moneta e segniamo la successione di uscita di testa (T) e di croce (C).
Questa volta non interessa l'ordine di uscita, ma solo la composizione di ogni possibile gruppo.

Se i lanci sono 2, il numero delle possibilità, rispetto alle disposizioni, si riduce a 3:

$TT \quad TC \quad CC \qquad\qquad k = 2.$

Se i lanci sono 3, il numero delle possibilità si riduce a 4:

$TTT \quad TTC \quad TCC \quad CCC \qquad k = 3.$

Se i lanci sono 4, il numero delle possibilità si riduce a 5:

$TTTT \quad TTTC \quad TTCC \quad TCCC \quad CCCC \qquad k = 4.$

Chiamiamo questi raggruppamenti **combinazioni con ripetizione**.
Utilizziamo le combinazioni con ripetizione in tutti i problemi di distribuzione nei quali occorre formare gruppi con oggetti *non distinguibili*.

Osserviamo che in ogni gruppo un elemento può ripetersi fino a k volte e, non interessando l'ordine, ogni gruppo contiene gli stessi elementi, ma con un numero di ripetizioni diverso in ciascun gruppo distinto.
Per indicare le combinazioni con ripetizione usiamo la seguente notazione:

$n = 2, \quad k = 2, \qquad C'_{2,2} = 3;$

$n = 2, \quad k = 3, \qquad C'_{2,3} = 4;$

$n = 2, \quad k = 4, \qquad C'_{2,4} = 5.$

> **DEFINIZIONE**
>
> Le **combinazioni con ripetizione** di n elementi distinti di classe k (con k numero naturale qualunque non nullo) sono tutti i gruppi di k elementi che si possono formare, nei quali:
> - ogni elemento può essere ripetuto al massimo fino a k volte;
> - non interessa l'ordine con cui gli elementi si presentano;
> - è diverso il numero di volte col quale un elemento compare:
>
> $$C'_{n,k} = C_{n+k-1,k} = \binom{n+k-1}{k} = \frac{(n+k-1) \cdot (n+k-2) \cdot \ldots \cdot (n+1) \cdot n}{k!}.$$

Puoi verificare con i valori ottenuti nell'esempio precedente che:

$C'_{2,2} = C_{2+2-1,2} = C_{3,2} = 3,$

$C'_{2,3} = C_{2+3-1,3} = C_{4,3} = 4,$

$C'_{2,4} = C_{2+4-1,4} = C_{5,4} = 5.$

MATEMATICA E LETTERATURA

Uno, cento, mille racconti Combinando diversamente alcune parole, si ottengono frasi diverse. Combinando diversamente le frasi, si ottengono tanti racconti. Da questa tecnica narrativa è nata la letteratura combinatoria, di cui Italo Calvino è uno degli esponenti più autorevoli.

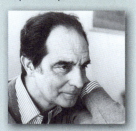

▶ Qual è l'opera in cui Calvino costruisce racconti combinatori?

 La risposta

🇬🇧 **Listen to it**

Given a set S of n distinct elements, the **k-combinations with repetition** are all the unordered selections of k elements, where every element can appear more than once.

▢ Video

Disposizioni, permutazioni, combinazioni
▶ Quanti sono gli anagrammi, anche senza significato, della parola TEMA? E della parola TATTICA?
▶ In un campionato di 12 squadre, come si possono classificare le prime 4 squadre?

Capitolo α1. Calcolo combinatorio

▶ In un'urna ci sono una pallina rossa, una blu e una verde. Si estraggono quattro palline rimettendo ogni volta la pallina estratta nell'urna. Quanti sono i possibili esiti in cui, tra le quattro palline estratte, compare almeno una pallina rossa?

▮ Animazione

ESEMPIO

In quanti modi diversi possiamo distribuire 6 oggetti in 4 scatole?
Se indichiamo con le lettere a, b, c, d le 4 scatole, alcune possibili distribuzioni sono le seguenti:

$a\,a\,a\,b\,c\,d$, $a\,a\,a\,a\,a\,a$, $a\,b\,b\,c\,d\,d$, $b\,b\,b\,c\,c\,d$.

Nella prima distribuzione 3 oggetti vanno nella scatola a, uno nella b, uno nella c, uno nella d; nella seconda distribuzione tutti gli oggetti vanno nella scatola a e le altre scatole restano vuote...
Osserviamo che tutti i modi sono le combinazioni con ripetizione di 4 elementi di classe 6:

$$C'_{4,6} = \binom{4+6-1}{6} = \binom{9}{6} = \binom{9}{3} = \frac{9 \cdot 8 \cdot 7}{3!} = 84.$$

Notiamo che alcune scatole possono rimanere vuote.

5 Binomio di Newton

▶ Esercizi a p. α41

Con il calcolo letterale possiamo scrivere le potenze di un binomio:

$n = 0$ $(A + B)^0 = 1$;

$n = 1$ $(A + B)^1 = A + B$;

$n = 2$ $(A + B)^2 = A^2 + 2AB + B^2$;

$n = 3$ $(A + B)^3 = A^3 + 3A^2B + 3AB^2 + B^3$.

Per potenze con esponente maggiore di 3 si ricorre al triangolo di Tartaglia, che fornisce i coefficienti dello sviluppo di $(A + B)^n$.

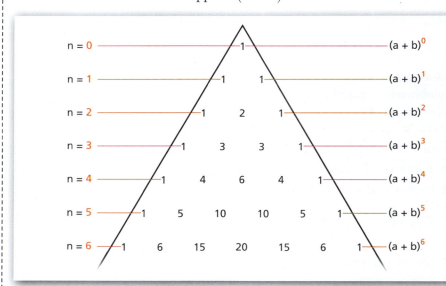

I lati obliqui del triangolo sono formati da tanti 1, mentre ogni coefficiente interno è la somma dei due coefficienti della riga precedente che sono alla sua destra e alla sua sinistra.

Per esempio:

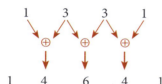

e continuando così si costruiscono tutte le righe successive del triangolo.

La potenza con esponente n ha il seguente sviluppo:

$$(A+B)^n = \underbrace{(\ldots)}_{\text{coefficienti dell'}n\text{-esima riga}} \underbrace{A^n B^0}_{\text{la somma degli esponenti è sempre }n} + (\ldots)A^{n-1}B^1 + \ldots + (\ldots)A^0 B^n.$$

Per esempio:

$$(A+B)^4 = 1A^4B^0 + 4A^3B^1 + 6A^2B^2 + 4AB^3 + B^4.$$

La costruzione del triangolo è scomoda al crescere di n perché occorre costruire tutte le righe precedenti alla riga n-esima.

Ordiniamo le righe utilizzando i valori di n: nella figura, la riga più in alto è la riga zero, quella più in basso è la sesta riga.
In ogni riga indichiamo con k la posizione di un numero, dove il primo 1 a sinistra corrisponde a $k = 0$. Con queste convenzioni, se osserviamo i numeri che compongono il triangolo di Tartaglia, ci accorgiamo per esempio che la posizione $k = 3$ della sesta riga è occupata dal numero 20, che corrisponde al coefficiente binomiale:

$$\underset{\text{posizione 3}}{\overset{\text{riga 6}}{\binom{6}{3}}} = \frac{6!}{3! \cdot 3!} = 20.$$

In generale la k-esima posizione dell'n-esima riga è occupata dal numero che corrisponde al coefficiente binomiale $\binom{n}{k}$.

Per lo sviluppo di $(A + B)^n$ possiamo perciò anche utilizzare i coefficienti binomiali ottenendo la **formula del binomio di Newton**:

$$(A+B)^n = \binom{n}{0}A^n B^0 + \binom{n}{1}A^{n-1}B^1 + \ldots + \binom{n}{n-1}A^1 B^{n-1} + \binom{n}{n}A^0 B^n.$$

Listen to it

The **binomial expansion**, proposed by Newton, is the formula which describes the expansion of **powers** of a **binomial**.

ESEMPIO

$(a+b)^6 =$

$\binom{6}{0}a^6 + \binom{6}{1}a^5 b + \binom{6}{2}a^4 b^2 + \binom{6}{3}a^3 b^3 + \binom{6}{4}a^2 b^4 + \binom{6}{5}ab^5 + \binom{6}{6}b^6 =$

$a^6 + 6a^5 b + 15a^4 b^2 + 20a^3 b^3 + 15a^2 b^4 + 6ab^5 + b^6.$

▶ Qual è il coefficiente di $a^8 b^2$ nello sviluppo di $(a+b)^{10}$? [45]

Capitolo α1. Calcolo combinatorio

Ricordando che $\sum_{k=0}^{n}$ significa «la somma dei termini che otteniamo quando k varia da 0 a n», possiamo riscrivere in modo sintetico la formula:

$$(A + B)^n = \sum_{k=0}^{n} \binom{n}{k} A^{n-k} B^k.$$

$\binom{n}{k}$ è chiamato coefficiente binomiale proprio perché si trova nella formula del binomio di Newton.

In particolare, se $A = 1$ e $B = 1$, dalla formula del binomio otteniamo

$$(1 + 1)^n = 2^n = \sum_{k=0}^{n} \binom{n}{k} \cdot 1 \cdot 1 = \binom{n}{0} + \binom{n}{1} + \ldots + \binom{n}{n},$$

cioè:

$$\binom{n}{0} + \binom{n}{1} + \ldots + \binom{n}{n} = 2^n.$$

Ciò dimostra che la somma dei termini sull'n-esima riga del triangolo di Tartaglia è 2^n.

La caratteristica del triangolo di Tartaglia, per cui ogni coefficiente è la somma dei due coefficienti della riga precedente a destra e sinistra, è una proprietà dei coefficienti binomiali espressa dalla **formula di Stifel**:

$$\binom{n}{k} = \binom{n-1}{k-1} + \binom{n-1}{k}.$$

▶ Applica la proprietà di Stifel a $\binom{5}{3}$ e verifica il risultato ottenuto.

ESEMPIO

$\binom{4}{2} = \binom{3}{1} + \binom{3}{2}$. Infatti, $\frac{4 \cdot 3}{2} = 3 + \frac{3 \cdot 2}{2}$.

MATEMATICA INTORNO A NOI

Sempre in giro Ogni giorno i rappresentanti commerciali viaggiano di casa in casa e di città in città per presentare i loro prodotti.

▶ Come fanno a sapere qual è il percorso più breve per raggiungere i loro clienti?

☐ La risposta

IN SINTESI
Calcolo combinatorio

■ Raggruppamenti

Dati gli insiemi A con n elementi, B con m elementi, C con k elementi, ... con $n, m, k, \in \mathbb{N} - \{0\}$, ..., il numero dei raggruppamenti che si possono formare prendendo il primo elemento in A, il secondo in B, il terzo in C, ... è:
$n \cdot m \cdot k \cdot ...$

■ Disposizioni

- **Disposizioni semplici di n elementi distinti di classe k** (con $n, k \in \mathbb{N} - \{0\}$ e $k \leq n$): sono tutti i gruppi che si possono formare con k elementi, presi fra gli n, tali che ogni gruppo è diverso dagli altri per gli elementi contenuti o per il loro ordine. $D_{n,k} = n \cdot (n-1) \cdot (n-2) \cdot ... \cdot (n-k+1) = \dfrac{n!}{(n-k)!}$.

  ESEMPIO: Modi di accostare 7 palline di colore diverso in gruppi da 4:
  $D_{7,4} = 7 \cdot 6 \cdot 5 \cdot 4 = 840.$

- **Disposizioni con ripetizione di n elementi distinti di classe k** (con $n, k \in \mathbb{N} - \{0\}$): sono tutti i gruppi che si possono formare con k elementi, anche ripetuti, presi fra gli n, tali che ogni gruppo è diverso dagli altri per gli elementi contenuti o per il loro ordine. $D'_{n,k} = n^k$.

  ESEMPIO: Colonne del totocalcio compilabili con i simboli 1, 2, X:
  $D'_{3,14} = 3^{14} = 4\,782\,969.$

■ Permutazioni

- **Permutazioni semplici di n elementi distinti**: sono tutti i gruppi formati dagli n elementi che differiscono per il loro ordine. $P_n = n \cdot (n-1) \cdot ... \cdot 2 \cdot 1 = n!$.

  ESEMPIO: In quanti modi si possono disporre 6 persone in fila? $P_6 = 6! = 720$.

- **Funzione fattoriale**
  Nei numeri naturali si definisce:
  $$n! = \begin{cases} n \cdot (n-1) \cdot (n-2) \cdot ... \cdot 2 \cdot 1 & \text{se } n \geq 2 \\ 1 & \text{se } n = 0 \text{ o } n = 1. \end{cases}$$

  - Proprietà: $n! = n \cdot (n-1)!$; $(n+1)! - n! = n \cdot n!$.
  - Definizione ricorsiva:
  $$\begin{cases} 0! = 1 \\ (n+1)! = (n+1)\,n! \end{cases}$$

- **Permutazioni di n elementi di cui $h, k, ...$ ripetuti**: sono i gruppi formati dagli n elementi che differiscono per l'ordine degli elementi distinti e il posto occupato dagli elementi ripetuti.
  $P_n^{(h,k,...)} = \dfrac{n!}{h! \cdot k! \cdot ...}$.

  ESEMPIO: In quanti modi, lanciando una moneta per 6 volte, possono uscire 2 teste e 4 croci?
  $P_6^{(2,4)} = \dfrac{6!}{2! \cdot 4!} = \dfrac{720}{2 \cdot 24} = 15.$

α17

Capitolo α1. Calcolo combinatorio

■ Combinazioni

- **Combinazioni semplici di n elementi distinti di classe k** (con $0 < k \leq n$): sono tutti i gruppi che si possono formare con k elementi, presi fra gli n, e tali che ogni gruppo è diverso dagli altri per almeno un elemento contenuto.

$$C_{n,k} = \frac{D_{n,k}}{P_k} = \frac{n \cdot (n-1) \cdot (n-2) \cdot \ldots \cdot (n-k+1)}{k!} = \binom{n}{k} = \frac{n!}{k!(n-k)!}, \text{ con } k \leq n.$$

ESEMPIO: In quanti modi possiamo scegliere 3 aperitivi, da offrire a una festa, fra 7 a disposizione?

$$C_{7,3} = \binom{7}{3} = \frac{7 \cdot 6 \cdot 5}{3!} = 35.$$

- **Coefficienti binomiali**
Si definisce **coefficiente binomiale**:

$$\binom{n}{k} = \frac{n!}{k!(n-k)!}, \text{ con } n \text{ e } k \text{ numeri naturali}, 0 \leq k \leq n.$$

In particolare: $\binom{n}{n} = 1$, $\binom{n}{0} = 1$, $\binom{0}{0} = 1$.

- **Legge delle classi complementari**

$$\binom{n}{k} = \binom{n}{n-k} \qquad \text{ESEMPIO: } \binom{9}{7} = \binom{9}{2}$$

- **Formula di ricorrenza**

$$\binom{n}{k+1} = \binom{n}{k} \cdot \frac{n-k}{k+1} \qquad \text{ESEMPIO: Sapendo che } \binom{12}{5} = 792, \text{ calcoliamo } \binom{12}{6} = 792 \cdot \frac{12-5}{5+1} = 924.$$

- **Combinazioni con ripetizione di n elementi distinti di classe k**: sono tutti i gruppi che si possono formare con k elementi, presi fra gli n; ogni elemento di un gruppo può essere ripetuto fino a k volte, non interessa l'ordine in cui gli elementi si presentano e in ciascun gruppo è diverso il numero delle volte in cui un elemento compare.

$$C'_{n,k} = C_{n+k-1,k} = \binom{n+k-1}{k} = \frac{(n+k-1) \cdot (n+k-2) \cdot \ldots \cdot (n+1) \cdot n}{k!}.$$

ESEMPIO: In quanti modi diversi possiamo distribuire 3 penne in 4 scatole?

$$C'_{4,3} = C_{4+3-1,3} = C_{6,3} = \binom{6}{3} = \frac{6 \cdot 5 \cdot 4}{3!} = 20.$$

■ Binomio di Newton

- $(A+B)^n = \binom{n}{0}A^n B^0 + \binom{n}{1}A^{n-1}B^1 + \ldots + \binom{n}{n}A^0 B^n = \sum_{k=0}^{n} \binom{n}{k} A^{n-k} B^k$

ESEMPIO: $(x-1)^4 = \binom{4}{0}x^4 + \binom{4}{1}x^3(-1) + \binom{4}{2}x^2(-1)^2 + \binom{4}{3}x(-1)^3 + \binom{4}{4}(-1)^4 = x^4 - 4x^3 + 6x^2 - 4x + 1$

- **Formula di Stifel**

$$\binom{n}{k} = \binom{n-1}{k-1} + \binom{n-1}{k} \qquad \text{ESEMPIO: } \binom{5}{3} = \binom{4}{2} + \binom{4}{3}$$

α18

Paragrafo 1. Che cos'è il calcolo combinatorio

CAPITOLO α1
ESERCIZI

1 Che cos'è il calcolo combinatorio
▶ Teoria a p. α2

Raggruppamenti

1 **ESERCIZIO GUIDA** Una mensa aziendale offre ai suoi dipendenti ogni giorno la possibilità di scegliere fra due primi, tre secondi e due dessert. Quanti sono i tipi di pasto che si possono costruire con i piatti offerti? Forniamo una rappresentazione della soluzione con un diagramma ad albero.

Abbiamo nell'ordine le seguenti possibilità:

2 primi piatti,

3 secondi piatti,

2 dessert.

In totale abbiamo $2 \cdot 3 \cdot 2 = 12$ possibilità.
Il diagramma ad albero corrispondente è quello a fianco.

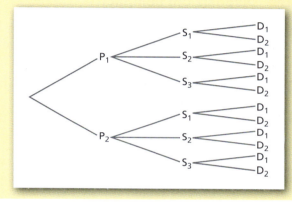

2 Abbiamo cinque palline nere numerate da 1 a 5 e tre bianche numerate da 1 a 3. Quante coppie di palline possiamo ottenere con una pallina nera e una bianca? Fornisci una rappresentazione della soluzione con un diagramma ad albero. [15]

3 Prese le palline dell'esercizio precedente, quante coppie di palline una nera e una bianca, entrambe dispari, possiamo formare? Fornisci una rappresentazione della soluzione con un diagramma ad albero. [6]

4 **LEGGI IL GRAFICO** Osserva il seguente diagramma ad albero.

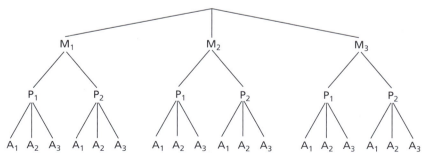

Scrivi gli insiemi con i quali formare i raggruppamenti e quanti sono i raggruppamenti possibili.

5 In una scuola di ballo sono iscritte dodici donne e sette uomini. Quante sono le possibili coppie che si possono formare? [84]

6 In una classe vi sono otto ragazze e undici ragazzi. Quante sono le coppie formate da una ragazza e un ragazzo che si possono formare? [88]

α19

Capitolo α1. Calcolo combinatorio

ESERCIZI

7 In tre classi quinte di una scuola ci sono rispettivamente 22, 18 e 23 alunni. Occorre mandare una rappresentanza formata da un alunno di ciascuna quinta. Quante sono le terne di studenti che è possibile formare?
[9108]

8 Calcola quante sigle di tre elementi si possono formare ponendo al primo posto una delle cinque vocali, al secondo posto una delle sedici consonanti e al terzo posto una delle dieci cifre. [800]

9 Calcola quante sigle di tre elementi si possono formare ponendo al primo posto una delle cinque vocali, al secondo posto una delle sedici consonanti e al terzo posto ancora una consonante non necessariamente diversa da quella precedentemente collocata al secondo posto. [1280]

2 Disposizioni

Disposizioni semplici
▶ Teoria a p. α3

10 Costruisci con i diagrammi ad albero tutte le terne che si possono formare con gli elementi non ripetuti dell'insieme $\{a, b, c, d\}$, in modo che le terne differiscano o per almeno un elemento o per l'ordine. Quante sono? [24]

11 **AL VOLO** Calcola, se possibile, $D_{1,1}, D_{4,1}, D_{4,4}, D_{4,0}, D_{4,2}$.

12 Se $D_{n,2} = 42$, quanto vale n? [7]

Calcola.

13 $D_{11,4}$; $D_{6,2}$; $D_{10,5}$.

14 $D_{x-1,2}$; $D_{x+1,3}$; $D_{x,3}$.

15 $2 - \dfrac{D_{7,3}}{D_{7,2}} + \dfrac{D_{5,2}}{D_{5,1}}$ [1]

16 $\dfrac{D_{8,4} - D_{7,3}}{7 \cdot D_{7,2}}$ [5]

17 $\dfrac{D_{6,3}}{D_{5,4}} : \dfrac{D_{5,2}}{D_{6,4}} - \dfrac{D_{11,3}}{D_{10,2}}$ [7]

18 $\dfrac{D_{8,3} - D_{4,2}}{D_{9,3}}$ $\left[\dfrac{9}{14}\right]$

19 **TEST** Un codice di accesso a un sistema di sicurezza è formato da 6 cifre tutte diverse ed è escluso lo zero. Il numero totale dei possibili codici è:

| A | 15 120. | B | 120 960. | C | 151 200. | D | 60 480. | E | 50 400. |

20 **ESERCIZIO GUIDA** Quanti numeri di tre cifre tutte diverse si possono costruire con gli elementi dell'insieme $A = \{4, 5, 6, 7, 8\}$? Quanti sono i numeri che cominciano con la cifra 8?

I gruppi che si possono formare sono:

$D_{5,3} = 5 \cdot 4 \cdot 3 = 60$.

$D_{n,k} = n \cdot (n-1) \cdot \ldots \cdot (n-k+1), \quad \text{con } 1 \leq k \leq n$

Otteniamo i numeri di tre cifre tutte diverse che cominciano con la cifra 8 formando tutti i gruppi di classe 2 senza utilizzare questa cifra, e poi ponendo la cifra 8 davanti a ognuno di essi:

$D_{4,2} = 4 \cdot 3 = 12$.

Oppure applichiamo il «metodo delle possibilità», tenendo conto che al primo posto abbiamo una sola possibilità data dalla cifra 8: $1 \cdot 4 \cdot 3 = 12$.

21 Calcola quanti numeri di quattro cifre diverse si possono formare con le nove cifre dell'insieme $A = \{1, 2, 3, 4, 5, 6, 7, 8, 9\}$. [3024]

Paragrafo 2. Disposizioni

22 Quante parole, anche prive di significato, si possono formare con tre lettere diverse scelte fra le seguenti?

[60]

23 Un'azienda deve assumere tre diplomati da collocare in tre diversi uffici: amministrazione, contabilità, commerciale. Ha a disposizione venti curriculum di persone aventi i requisiti necessari. In quanti modi può essere fatta la scelta? [6840]

24 REALTÀ E MODELLI **Più persone che sedie** In quanti modi diversi cinque persone, su un gruppo di otto, possono sedersi sulle cinque sedie in figura? [6720]

25 Calcola quante sigle di cinque elementi, tutti diversi, si possono formare con le ventuno lettere dell'alfabeto italiano e le dieci cifre decimali, sapendo che i primi tre posti devono essere occupati dalle lettere e gli ultimi due dalle cifre. [718 200]

26 In quanti modi un'associazione di 40 soci può costituire un comitato direttivo composto da presidente, vicepresidente, segretario? [59 280]

27 Avendo a disposizione sei atleti per la gara di staffetta 4 × 100, in quanti modi possiamo stabilire la successione ordinata degli atleti che correranno durante la gara? [360]

28 Una polisportiva ha organizzato una lotteria benefica con cinque premi diversi in valore. Ha venduto ottanta biglietti. In quanti modi si possono avere i vincitori? [2 884 801 920]

29 Calcola quante parole, anche prive di significato, si possono scrivere con quattro lettere diverse dell'insieme $A = \{a, e, i, o, m, r, t\}$, in modo che le parole comincino tutte con **me** . [20]

30 A un torneo di calcio partecipano sedici squadre. Quante partite si devono effettuare fra girone di andata e di ritorno, sapendo che tutte le squadre si devono incontrare? [240]

31 Quanti numeri di cinque cifre diverse si possono formare con le dieci cifre decimali? [27 216]

32 Calcola quanti numeri diversi di tre cifre distinte si possono scrivere con le cifre 0, 2, 4, 6, 7, 8, 9. [180]

33 REALTÀ E MODELLI **Titolari in campo** Un allenatore di calcio ha a disposizione quattro attaccanti, sei centrocampisti e cinque difensori. Ha scelto di giocare con il modulo 4-3-3, che prevede quattro difensori, tre centrocampisti e tre attaccanti, ma non ha ancora scelto i giocatori titolari. Quante formazioni potrebbe schierare, sapendo che ha a disposizione anche tre portieri? [1 036 800]

Equazioni con le disposizioni

34 ESERCIZIO GUIDA Risolviamo l'equazione $3 \cdot D_{x,2} = 2 \cdot D_{x+1,2}$.

x deve essere un numero naturale e:

$\begin{cases} x \geq 2 \\ x + 1 \geq 2 \end{cases} \rightarrow x \geq 2.$ condizione di esistenza

$\underbrace{3x(x-1)}_{D_{x,2}} = \underbrace{2(x+1)x}_{D_{x+1,2}}$ svolgiamo i calcoli

$x[3(x-1) - 2(x+1)] = 0 \rightarrow x(x-5) = 0 \rightarrow x = 0 \vee x = 5$

Tenuto conto della condizione iniziale ($x \geq 2$), l'equazione ha per soluzione $x = 5$.

Capitolo α1. Calcolo combinatorio

ESERCIZI

Risolvi le seguenti equazioni.

35 $D_{x,3} - x^3 = D_{x,2} - 1$ [$\nexists x \in \mathbb{N}$]

36 $2 \cdot D_{x-1,3} - D_{x+1,3} = 2 \cdot D_{x,2}$ [12]

37 $6 \cdot D_{x,2} + D_{x-1,3} = 2 \cdot D_{x,3}$ [6]

38 $x^3 - 2x \cdot D_{x-1,2} = 2(24 - x) - D_{x,3}$ [4]

---

39 Sul tavolo ci sono alcune carte coperte. Se il numero di modi in cui se ne possono scoprire tre una dopo l'altra è uguale alla metà del numero di modi in cui se ne possono scoprire tre una dopo l'altra dopo aver aggiunto sul tavolo un'altra carta coperta, quante sono all'inizio le carte sul tavolo? [5]

40 **REALTÀ E MODELLI** **Colorare il mondo** Un bambino vuole colorare i cinque continenti di un planisfero, ognuno con un colore diverso, e per fare questo ha a disposizione 10 colori.

a. In quanti modi può colorare i continenti?

b. Se pittura subito l'Europa di verde, in quanti modi può poi colorare gli altri continenti? Qual è la relazione con il caso precedente?

c. Quanti colori basterebbe avere per poter colorare Asia e Africa in più di dieci modi diversi?

[a) 30 240; b) 3024; c) 4]

Disposizioni con ripetizione
▶ Teoria a p. α5

Calcola.

41 **AL VOLO** $D'_{3,1}$, $D'_{2,6}$, $D'_{5,2}$, $D'_{10,3}$.

42 $D'_{6,2} - D_{6,2} + D'_{7,2}$ [55]

43 $12\left(D'_{3,3} - \frac{1}{4}D'_{4,3}\right) : D_{3,2}$ [22]

44 $\frac{1}{2}D_{4,2} - D'_{2,3} + \frac{1}{3}D'_{3,3}$ [7]

---

45 **TEST** Un'impresa codifica le proprie merci utilizzando tre cifre diverse da 0, non necessariamente diverse tra loro. Il numero di merci che è possibile codificare è:

A 729. B 6561. C 1000. D 720. E 504.

46 **ESERCIZIO GUIDA** Si lanciano due dadi, uno dopo l'altro. Quanti sono i casi possibili? Quanti sono i casi in cui entrambe le facce presentano numeri pari?

Rispondiamo alla prima domanda. Ogni dado ha 6 numeri e in un lancio lo stesso numero si può presentare in entrambi i dadi. Abbiamo quindi delle disposizioni con ripetizione. Tutti i casi che si possono presentare sono:

$D'_{6,2} = 6^2 = 36$. $D'_{n,k} = n^k$

Per la seconda domanda, abbiamo $n = 3$ e $k = 2$. I casi in cui le due facce sono entrambe pari sono:

$D'_{3,2} = 3^2 = 9$.

47 Indica quanti numeri di tre cifre, anche ripetute, si possono formare con gli elementi del seguente insieme.

$A = \{3, 5, 6, 7, 8\}$ [125]

48 In un'urna ci sono dieci palline numerate da 1 a 10. Per tre volte si estrae una pallina, rimettendola ogni volta dentro l'urna. Calcola le possibili terne ordinate che si possono ottenere. [1000]

Paragrafo 2. Disposizioni

49 Quanti codici a cinque cifre si possono formare con le cifre decimali da 1 a 9? [59 049]

50 Trova quanti codici a cinque cifre si possono formare con le cifre decimali da 0 a 9, sapendo che la prima cifra non può essere 0. [90 000]

51 Indica quanti numeri di tre cifre, anche ripetute, si possono formare con gli elementi del seguente insieme.
$A = \{0, 3, 5, 6, 7, 8\}$ [180]

52 Determina quante sigle di quattro elementi si possono formare con le 21 lettere dell'alfabeto italiano e le cifre decimali da 1 a 9, sapendo che i primi due posti devono essere occupati dalle lettere e gli ultimi due dalle cifre. [35 721]

53 Quanti numeri pari di 3 cifre si possono scrivere utilizzando le cifre dell'insieme $A = \{1, 2, 3, 5, 7\}$? [25]

54 Calcola quante sigle di cinque elementi che cominciano con la lettera A si possono formare con le ventuno lettere dell'alfabeto italiano e le dieci cifre decimali, sapendo che i primi tre posti devono essere occupati dalle lettere e gli ultimi due dalle cifre. [44 100]

55  **REALTÀ E MODELLI** **Playlist** Si memorizzano 12 canzoni su un dispositivo. Se ne vogliono ascoltare tre, scegliendone a caso una alla volta. Quante sono le possibili terne di canzoni? Quante sono le terne sfortunate, cioè quelle in cui almeno una canzone si ripete? [1728; 408]

56 Quanti numeri dispari di 3 cifre si possono scrivere utilizzando le cifre dell'insieme $B = \{1, 2, 3, 4, 5, 7\}$? [144]

57 In un'urna abbiamo dieci palline numerate da 1 a 10. Calcola quante terne ordinate si possono ottenere, estraendo una pallina per tre volte consecutive e rimettendola ogni volta nell'urna dopo l'estrazione, tali che il primo numero sia divisibile per tre. [300]

58 **REALTÀ E MODELLI** **Sigle aeree** Le compagnie aeree sono identificate da una sigla formata da due lettere, anche uguali, oppure da una lettera e una cifra. Le lettere sono scelte tra le 26 dell'alfabeto inglese e la cifra, da 1 a 9, può essere messa in prima o in seconda posizione (es. AC, WW, L6, 2P). Gli aeroporti sono invece identificati da codici di tre lettere dell'alfabeto inglese di cui al massimo due si possono ripetere.

a. Attualmente le sigle delle compagnie aeree sono 856. Quante sigle sono ancora disponibili per nuove compagnie?

b. Calcola in quanti modi si può associare una sigla di una compagnia a un codice di un aeroporto (considera le sigle e i codici possibili, non quelli effettivamente esistenti). [a) 288; b) 20 077 200]

Equazioni con le disposizioni con ripetizione

Risolvi le seguenti equazioni.

59 $D'_{x,3} = D_{x+1,3} + 4 - x$ [2]

60 $D'_{x+1,2} = 2D_{x,2} - 2(x^2 - 3)$ [$\nexists x \in \mathbb{N}$]

61 $D_{x,3} = D'_{x,3} - 19x$ [7]

62 $\dfrac{D'_{x,2} + 8x}{D_{x,2}} = 4$ [4]

Capitolo α1. Calcolo combinatorio

63 **REALTÀ E MODELLI** **Chiudere con le lettere** Lucia ha pensato a una combinazione per il lucchetto della sua bici, che è come quello in figura. In questi tipi di lucchetto non vengono usate tutte le lettere dell'alfabeto, ma solo alcune. Quante sono le lettere se le possibili terne che ammettono le ripetizioni sono 40 in più rispetto alle possibili terne senza ripetizioni? [4]

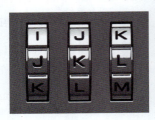

3 Permutazioni

Permutazioni semplici

▶ Teoria a p. α7

Calcola le seguenti espressioni.

AL VOLO

64 P_5; P_2; $5P_4$.

65 $\dfrac{P_4}{3!} - \dfrac{P_3}{2!}$

66 $\dfrac{P_3}{P_2}$; $P_4 - 4P_3$.

67 $\dfrac{P_6 - P_5}{5P_4} + \dfrac{P_5 - P_4}{16}$ [11]

68 $6\dfrac{P_6}{6!} + 2P_3 - P_2$ [16]

69 **ESERCIZIO GUIDA** Calcoliamo in quanti modi si possono mettere in fila tre bambini e quattro bambine, prima nel caso in cui non importi l'ordine col quale si dispongono maschi e femmine, e poi nel caso in cui prima vi siano tutte le femmine e poi tutti i maschi.

Se non importa l'ordine, non c'è distinzione fra bambini e bambine: dobbiamo considerare le permutazioni di 7 elementi:

$P_7 = 7! = 5040$.

$P_n = n! = n \cdot (n-1) \cdot (n-2) \cdot \ldots \cdot 1$

Nel caso in cui il gruppo delle femmine preceda quello dei maschi dobbiamo considerare che a ogni permutazione semplice del primo gruppo si associa una permutazione semplice del secondo gruppo. Il numero delle possibilità è:

$P_4 \cdot P_3 = 4! \cdot 3! = 24 \cdot 6 = 144$.

70 A una gara partecipano otto concorrenti. In quanti modi può presentarsi la classifica finale? [40 320]

71 In quanti modi si possono distribuire nove premi a nove bambini? [362 880]

72 Quanti numeri di dieci cifre diverse si possono scrivere con le dieci cifre decimali? [3 265 920]

73 Calcola quante sigle, di sette elementi tutti diversi, si possono scrivere con le cifre dell'insieme $A = \{1, 2, 3\}$ e le lettere dell'insieme $B = \{a, b, c, d\}$, sapendo che le cifre precedono le lettere. [144]

74 **REALTÀ E MODELLI** **Facile!** Il numero di telefono di Gianni è 0538 691742. La sua amica Anna nota che il numero di telefono è formato da tutte e sole le dieci cifre, quindi pensa che sia facile da ricordare. Dopo qualche tempo Anna vuole chiamare Gianni. Sa che Gianni vive a Villa Bò, quindi risale al prefisso 0538 dopo una ricerca sul Web, ma non riesce assolutamente a ricordare il resto del numero. Quanti tentativi, al massimo, dovrà fare Anna per riuscire a telefonare? [720]

75 Calcola quanti anagrammi, anche senza significato, si possono fare con le parole:

MONTE , STORIA e RESIDUO . [120; 720; 5040]

α24

Paragrafo 3. Permutazioni

76 Calcola in quanti modi diversi 6 amiche e 4 amici possono sedersi in fila a teatro se:
a. non interessa l'ordine;
b. tutte le amiche vogliono stare vicine tra loro e anche gli amici vogliono fare la stessa cosa.
[a) 3 628 800; b) 34 560]

77 **YOU & MATHS** In how many ways can five keys be placed on a circular key ring?
A 12   B 24   C 5   D 18   E None of these.
(USA *Marywood University Mathematics Contest*)

78 A un congresso nove persone devono sedere intorno a un tavolo rotondo. Calcola in quanti modi le persone possono prendere posto. Se le stesse persone attendono in fila davanti all'ingresso della sala, in quanti modi si possono disporre? [40 320; 362 880]

Funzione fattoriale
▶ Teoria a p. α8

VERO O FALSO?

79
a. $10! = 10 \cdot 9 \cdot 8!$ V F
b. $\frac{10!}{5!} = 2!$ V F
c. $\frac{7!}{7} = 6!$ V F
d. $\frac{6!}{2!3!} = 1$ V F
e. $\frac{290!}{289!} = 290$ V F

80
a. $9! - 8! = 1!$ V F
b. $8! - 7! = 7 \cdot 7!$ V F
c. $\frac{9!}{9} - 8! = 1$ V F
d. $4 \cdot 4! + 4! = 5!$ V F
e. $10! = 5!2!$ V F

81 **AL VOLO** Calcola il MCD tra 7!, 8! e 11!.

Identità con *n*!

82 **RIFLETTI SULLA TEORIA** Spiega perché *n*! è un numero sempre positivo al variare di *n* in $\mathbb{N}$.

83 **ESERCIZIO GUIDA** Verifichiamo l'identità $2n! + (n+1)! = (n+3) \cdot n!$.

Primo membro: utilizzando la relazione $n! = n \cdot (n-1)!$ e raccogliendo poi *n*!, otteniamo
$$2n! + (n+1)! = 2n! + (n+1) \cdot n! = (2 + n + 1) \cdot n! = (n+3) \cdot n!.$$
Essendo il primo membro uguale al secondo, l'identità è verificata.

Verifica le seguenti identità.

84 $n \cdot n! - (n+1)! = -n!$

85 $(n+1)^2 \cdot n! + (n+1)! = (n+2)!$

86 $\frac{n!}{(n-2)!} = n \cdot (n-1)$

87 $n! + (n+1)! + (n+2)! = n! \cdot (n+2)^2$

Equazioni e disequazioni con *n*!

88 **ESERCIZIO GUIDA** Risolviamo l'equazione $10(x-1)! = 5x!$.

α25

Capitolo α1. Calcolo combinatorio

$x - 1 \geq 0 \quad \rightarrow \quad x \geq 1, \text{ con } x \in \mathbb{N}.$ condizione di esistenza

$10(x-1)! = 5x!$ poiché $n! = n \cdot (n-1)!$

$10(x-1)! = 5x(x-1)! \quad \rightarrow \quad 10(x-1)! - 5x(x-1)! = 0$ raccogliamo $(x-1)!$

$(x-1)! \cdot (10 - 5x) = 0$ poiché $(x-1)! \neq 0$

$10 - 5x = 0 \quad \rightarrow \quad x = 2$

La soluzione è accettabile perché verifica la condizione di esistenza iniziale.

Risolvi le seguenti equazioni.

89 $2(x+1)! = 4x!$ [1]

90 $x! = 6(x-2)!$ [3]

91 $x! + 7(x-2)! = 0$ $[\nexists x \in \mathbb{N}]$

92 $(x+1)! - x! = 2x!$ [2]

Risolvi le seguenti disequazioni.

93 $2(x+1)! > x!$ $[\forall x \in \mathbb{N}]$

94 $\dfrac{1}{2} x! > (x-1)!$ $[x \in \mathbb{N}, x > 2]$

95 $(x+1)! + 5x! < 3x!$ $[\nexists x \in \mathbb{N}]$

96 $x! \leq 6(x-2)!$ $[x = 2, x = 3]$

97 $(x-1)! \geq 20(x-3)!$ $[x \in \mathbb{N}, x \geq 6]$

98 $\dfrac{x!}{(x-2)!} > \dfrac{x!}{(x-1)!}$ $[x \in \mathbb{N}, x > 2]$

Identità con le permutazioni semplici e le disposizioni

99 **ESERCIZIO GUIDA** Verifichiamo l'identità $P_n = n \cdot D_{n-1, n-2}$, con $n \geq 3$.

Primo membro: $P_n = n!$.

Secondo membro: $n \cdot D_{n-1, n-2} = n \cdot \dfrac{(n-1)!}{(n-1-n+2)!} = \dfrac{n(n-1)!}{1!} = n!$.

$D_{n,k} = \dfrac{n!}{(n-k)!}$

Entrambi i membri sono uguali a $n!$, quindi l'identità è verificata.

Verifica le seguenti identità.

100 $D_{n+1, 3} = P_{n+1} : P_{n-2}$

101 $P_n + P_{n-1} + P_{n-2} = n^2 \cdot P_{n-2}$

102 $n \cdot P_n = P_{n+1} - P_n$

103 $P_n = D_{n,k} \cdot P_{n-k}$

104 $(n-k) \cdot D_{n,k} = D_{n, k+1}$

105 $n \cdot D_{n-1, k} = (n-k) \cdot D_{n,k}$

106 $(n-k) \cdot D_{n, k-1} = D_{n,k} - D_{n, k-1}$

107 $D_{n+1, 3} - 3 D_{n, 2} = D_{n, 3}$.

108 $D_{n+1, k} - D_{n, k} = k \cdot D_{n, k-1}$

109 $\dfrac{D_{n+1, k} - D_{n, k-1}}{n^2} = D_{n-1, k-2}$

Equazioni con le permutazioni semplici

110 **ESERCIZIO GUIDA** Risolviamo l'equazione $P_{x+1} = 6 \cdot P_{x-1}$.

Riscriviamo l'equazione di partenza usando i fattoriali: $(x+1)! = 6 \cdot (x-1)!$.

$x - 1 \geq 0 \rightarrow x \geq 1$, con $x \in \mathbb{N}$.   condizione di esistenza

$P_n = n!$

Risolviamo l'equazione.

$(x+1)! = 6 \cdot (x-1)! \rightarrow (x+1)\,x(x-1)! = 6 \cdot (x-1)! \rightarrow$ ⟩ trasportiamo tutto al primo membro

$x(x+1)(x-1)! - 6 \cdot (x-1)! = 0$ ⟩ raccogliamo a fattor comune

$(x-1)! \cdot [x(x+1) - 6] = 0 \rightarrow (x-1)! \cdot (x^2 + x - 6) = 0$ ⟩ per la legge di annullamento del prodotto

$(x-1)! = 0 \rightarrow$ impossibile;

$x^2 + x - 6 = 0 \rightarrow x = -3 \vee x = 2$.

$x = -3$ non è accettabile perché -3 non è un numero naturale, quindi solo $x = 2$ è accettabile, poiché verifica la condizione di esistenza iniziale.

Risolvi le seguenti equazioni.

111 $P_x = 30 \cdot P_{x-2}$ [6]   **113** $P_{x+1} - P_x = 0$ [$\nexists x \in \mathbb{N}$]

112 $P_x - 20 \cdot P_{x-2} = 0$ [5]   **114** $P_{x-1} = 6 \cdot P_{x-3}$ [4]

Permutazioni con ripetizione
▶ Teoria a p. α10

115 **ESERCIZIO GUIDA** Abbiamo dieci palline di cui cinque nere, tre rosse, due gialle. Calcoliamo:

a. in quanti modi si possono disporre in fila;
b. quante sono le sequenze nelle quali le palline gialle occupano i primi due posti;
c. in quanti modi si possono disporre in maniera che le palline di uno stesso colore siano tutte vicine.

a. Sono le permutazioni di 10 oggetti con 5, 3 e 2 oggetti ripetuti:

$$P_{10}^{(5,3,2)} = \frac{10!}{5! \cdot 3! \cdot 2!} = \frac{3\,628\,800}{120 \cdot 6 \cdot 2} = 2520.$$

$P_n^{(h,k,\ldots)} = \dfrac{n!}{h! \cdot k! \ldots}$

b. Sono tutte le permutazioni di 8 oggetti con 5 e 3 oggetti ripetuti, che si accodano alle due palline gialle che occupano i primi due posti:

$$P_8^{(5,3)} = \frac{8!}{5! \cdot 3!} = \frac{40\,320}{120 \cdot 6} = 56.$$

c. Sono tutte le permutazioni semplici che possiamo fare con i gruppi dei tre colori:

$P_3 = 3! = 6.$

116 Calcola quanti anagrammi, anche senza significato, si possono fare con le parole:

MENTE, STESSA e TRATTATIVA. [60; 120; 25 200]

117 Una moneta viene lanciata otto volte. In quanti modi si può presentare una sequenza che contiene sei teste e due croci? [28]

118 In una corsa dei 100 metri piani 6 velocisti sono distribuiti su 8 corsie. Quanti sono i possibili schieramenti? [20 160]

Capitolo α1. Calcolo combinatorio

119 In uno spettacolo, sul palcoscenico si devono disporre in fila sei ballerine e quattro ballerini. In quanti modi si possono disporre gli artisti, dovendo solo distinguere le posizioni di maschi e femmine? [210]

120 **YOU & MATHS** What is the number of different 7-digit numbers that can be made by rearranging the digits of 3053354? (Note that this includes the given number, and that the first digit of a number is never 0.)
(USA *Lehigh University: High School Math Contest*)
[360]

121 **REALTÀ E MODELLI** **Scalata alpina** A una cordata partecipano otto alpinisti, di cui cinque sono uomini e tre sono donne. In quanti modi si possono disporre gli alpinisti, dovendo solo distinguere le posizioni di maschi e femmine e sapendo che il capo della cordata è un uomo? [35]

122 Quanti anagrammi, anche senza significato, si possono formare con le lettere di CARTELLA? Quanti di essi iniziano e finiscono per A? Quanti iniziano per CE? [10080; 360; 180]

123 Quanti sono gli anagrammi, anche privi di significato, di CIOCCOLATA? Quanti finiscono per ATA? Quanti iniziano con una consonante? [151 200; 420; 75 600]

124 **YOU & MATHS** In how many ways can the letters of the word METCALF be arranged if M is always at the beginning and A and E are always side by side? (IR *Leaving Certificate Examination*, Higher Level) [240]

TUTOR matematica Allenati con **15 esercizi interattivi** con feedback "hai sbagliato, perché..." su.zanichelli.it/tutor3 risorsa riservata a chi ha acquistato l'edizione con tutor

---

4 Combinazioni

Combinazioni semplici
▶ Teoria a p. α11

125 Calcola, se possibile, $C_{5,2}$, $C_{6,3}$, $C_{3,1}$, $C_{4,4}$, $C_{1,4}$.

126 **VERO O FALSO?**

a. $C_{10,4} = \dfrac{D_{10,4}}{P_4}$ V F

b. $D_{7,3} = C_{7,3} \cdot P_7$ V F

c. $C_{8,5} = \dfrac{8 \cdot 7 \cdot 6 \cdot 5}{5!}$ V F

d. $C_{4,2} = \dfrac{4 \cdot 3 \cdot 2 \cdot 1}{2 \cdot 1}$ V F

Calcola il valore delle seguenti espressioni.

127 $4D'_{3,2} - C_{5,3} + P_3$ [32]

128 $\dfrac{C_{6,4}}{D_{6,3}} + \dfrac{P_4}{2} : C_{3,2}$ $\left[\dfrac{33}{8}\right]$

129 $C_{9,2} - P_3 + 2 \cdot \dfrac{D_{5,3}}{P_4}$ [35]

130 **AL VOLO** Calcola le seguenti espressioni usando le informazioni a fianco.

$C_{15,6}$ sapendo che $D_{15,6} = 3\,603\,600$.

$D_{12,4}$ sapendo che $C_{12,4} = 495$.

131 **RIFLETTI SULLA TEORIA** Se conosci il numero delle k-ple ordinate di n oggetti, puoi sapere il numero di sottoinsiemi di k elementi di un insieme di n elementi? Come?

132 **TEST** In una stazione autostradale ci sono 12 uscite abilitate per il pagamento. 8 sono aperte e 4 chiuse. Il numero di tutti i modi in cui si possono presentare le uscite è:

A 495.   B 11 880.   C 336.   D 1320.   E 8640.

Paragrafo 4. Combinazioni

Coefficienti binomiali

▶ Teoria a p. α12

133 Calcola $\binom{4}{2}$, $\binom{7}{4}$, $\binom{7}{0}$, $\binom{10}{10}$.

134 **VERO O FALSO?**

a. $\binom{4}{0} = 4$ V F   c. $\binom{6}{6} = \binom{6}{0}$ V F

b. $\binom{30}{1} = 1$ V F   d. $\binom{20}{16} = \binom{20}{15} \cdot \frac{5}{16}$ V F

135 Se $\binom{9}{k} = 9$, quali valori può assumere k?   [1; 8]

AL VOLO

136 Calcola $\binom{16}{5}$, sapendo che $\binom{16}{4} = 1820$.

137 Calcola $\binom{n+1}{n}$ e $\binom{n}{n-2}$.

Calcola le seguenti espressioni.

138 $\dfrac{\binom{10}{7} + \binom{9}{0} + \binom{9}{1}}{\binom{0}{0}}$ [130]

139 $\dfrac{\binom{8}{8} + \binom{8}{0} + \binom{8}{1}}{\binom{9}{1} + 1}$ [1]

140 **TEST** La somma $\binom{n}{k} + \binom{n}{n-k}$ è uguale a:

A $\binom{2n}{n}$.   B $2\binom{n}{k}$.   C $\binom{n}{n}$.   D $2\binom{n}{k}$.   E $\binom{n-1}{k-1} + \binom{n-1}{n-k+1}$.

Identità con i coefficienti binomiali

141 **ESERCIZIO GUIDA** Verifichiamo l'identità $\dfrac{n+1}{k} \cdot \binom{n}{k-1} = \binom{n+1}{k}$.

Utilizziamo la definizione $\binom{n}{k} = \dfrac{n!}{k!(n-k)!}$.

Primo membro: $\dfrac{n+1}{k} \cdot \dfrac{n!}{(k-1)! \cdot (n-k+1)!}$ → $\dfrac{(n+1)!}{k! \cdot (n-k+1)!}$.

$(n+1)n! = (n+1)!$ e $k(k-1)! = k!$

Secondo membro: $\dfrac{(n+1)!}{k! \cdot (n-k+1)!}$.

Poiché per entrambi i membri abbiamo ottenuto la stessa espressione, l'identità è verificata.

Verifica le seguenti identità.

142 $\binom{n+1}{k} = \dfrac{k+1}{n+2} \cdot \binom{n+2}{k+1}$

144 $\binom{n+1}{2} = n^2 - \binom{n}{2}$

143 $k \cdot \binom{n-1}{k} = (n-1) \cdot \binom{n-2}{k-1}$

145 $\binom{n}{k+1} = \dfrac{n}{k+1} \cdot \binom{n-1}{k}$

α29

Capitolo α1. Calcolo combinatorio

ESERCIZI

146 $\binom{n}{k} = \frac{k+1}{n+1} \cdot \binom{n+1}{k+1}$

147 $k \cdot \binom{n}{k} + (k-1) \cdot \binom{n}{k-1} = n \cdot \binom{n}{k-1}$

148 $\binom{n}{k} + \binom{n}{k-1} = \frac{n+1}{n-k+1} \cdot \binom{n}{k}$

149 $\frac{1}{n!} \cdot \binom{n+1}{k+1} - \frac{1}{k!(n-k)!} = \binom{n-1}{k} \cdot \frac{1}{(n-1)!(k+1)}$

150 $\binom{k}{k} + \binom{k+1}{k} + \binom{k+2}{k} = \frac{(k+2)(k+3)}{2}$

151 $\frac{1}{k+1}\binom{n}{k} + \binom{n+1}{k+1} = \frac{n-k+1}{n+1}\binom{n+2}{k+1}$

152 $\binom{n+1}{k} \cdot \frac{k}{n-k+2} = \binom{n+1}{k-1}$

153 $\binom{n}{k} = \binom{n-1}{k-1} + \binom{n-1}{k}$ (formula di Stifel)

Equazioni con i coefficienti binomiali

154 **ESERCIZIO GUIDA** Risolviamo l'equazione $4\binom{x}{x-2} + 2\binom{x-1}{2} = 3x^2 - 18$.

Poniamo le condizioni di esistenza.

Per $\binom{x}{x-2}$: $\begin{cases} x \geq 0 \\ x-2 \geq 0 \\ x \geq x-2 \end{cases} \rightarrow x \geq 2$.

Per $\binom{x-1}{2}$: $\begin{cases} x-1 \geq 0 \\ x-1 \geq 2 \end{cases} \rightarrow x \geq 3$.

Quindi deve essere $x \geq 3$.

Sostituiamo $\binom{x}{x-2}$ con $\binom{x}{2}$.

) per la legge delle classi complementari $\binom{n}{k} = \binom{n}{n-k}$

L'equazione diventa:

$4\binom{x}{2} + 2\binom{x-1}{2} = 3x^2 - 18$

) per la definizione $\binom{n}{k} = C_{n,k} = \frac{D_{n,k}}{k!}$

$4\frac{x(x-1)}{2} + 2\frac{(x-1)(x-2)}{2} = 3x^2 - 18 \rightarrow$) svolgiamo i calcoli

$2x^2 - 2x + x^2 - 3x + 2 - 3x^2 + 18 = 0 \rightarrow$

$-5x + 20 = 0 \rightarrow x = 4$.

La soluzione è accettabile.

Risolvi le seguenti equazioni.

155 $3 \cdot \binom{x}{3} = x \cdot \binom{x-1}{4}$ [7]

156 $\binom{x+1}{3} = \binom{x}{2}$ [2]

157 $\binom{x-1}{2} = 2 \cdot \binom{x-2}{2}$ [5]

158 $6 \cdot \binom{x}{x-2} - \binom{x+1}{x-2} = 2 \cdot \binom{x}{x-4}$ [7]

159 $\binom{x}{x-2} = 2x$ [5]

160 $\binom{x}{x-3} = \frac{10}{3} \cdot \binom{x}{5}$ [6]

161 $\binom{x+1}{x-2} = \frac{5}{2}x$ [4]

162 $3 \cdot \binom{x-3}{3} + 2\binom{x}{2} = x^2 - \frac{x}{2}$ [6]

α30

Paragrafo 4. Combinazioni

163 $\binom{x+2}{3} + 12\binom{x+2}{x} = 2\binom{x+3}{3}$ [30]

164 $\binom{x-2}{2} = 3(2-x) + 2\binom{x-1}{2}$ [5]

165 $\frac{7}{3!} \cdot (x^2 + x) = \binom{x+2}{3} + \frac{1}{3} \cdot \binom{x+1}{2}$ [4]

166 $3 \cdot \binom{x}{2} - \binom{x}{x-3} = \binom{x+1}{3}$ [5]

167 $\binom{x+1}{4} - \frac{3}{2} \cdot \binom{x-1}{3} = \binom{x}{3}$ [6]

168 $2 \cdot \binom{x+1}{3} - 12 \cdot \binom{x}{x-2} = \binom{x}{3}$ [32]

Risolvi le seguenti disequazioni.

169 $C_{x,2} \geq \frac{x}{2}$ [$x \geq 2$]

170 $\binom{x}{2} + \binom{x-1}{2} < 2x^2$ [$x \geq 3$]

171 $\binom{x+2}{x-1} < \binom{x+1}{2}$ [$\nexists x \in \mathbb{N}$]

172 $\frac{1}{3}\binom{x}{3} \geq \frac{1}{2}\binom{x}{2}$ [$x \geq 7$]

Problemi con le combinazioni semplici

173 **ESERCIZIO GUIDA** Un'urna contiene nove palline numerate di cui sei rosse e tre bianche. Si estraggono contemporaneamente cinque palline. Calcoliamo:
  a. quanti gruppi diversi di cinque palline si possono avere;
  b. quanti di cinque palline tutte rosse;
  c. quanti di quattro rosse e una bianca;
  d. quanti di tre rosse e due bianche;
  e. quanti di due rosse e tre bianche.

  a. Poiché non interessa l'ordine, dobbiamo calcolare le combinazioni semplici che si possono fare con le nove palline prese cinque alla volta:

  $$C_{9,5} = \binom{9}{5} = \binom{9}{4} = \frac{9 \cdot 8 \cdot 7 \cdot 6}{4!} = 126. \qquad C_{n,k} = \binom{n}{k} = \frac{n!}{k! \cdot (n-k)!}$$

  b. Dobbiamo calcolare le combinazioni semplici che si possono fare con le sei palline rosse prese cinque alla volta:

  $$C_{6,5} = \binom{6}{5} = \binom{6}{1} = 6.$$

  c., d., e. Otteniamo il numero di tutti i gruppi di $k = 4, 3, 2$ palline rosse e $(5 - k) = 1, 2, 3$ palline bianche con il prodotto delle singole combinazioni relative a ciascun colore:

  c. $C_{6,4} \cdot C_{3,1} = \binom{6}{4} \cdot \binom{3}{1} = \binom{6}{2}\binom{3}{1} = \frac{6 \cdot 5}{2!} \cdot 3 = 45;$

  d. $C_{6,3} \cdot C_{3,2} = \binom{6}{3} \cdot \binom{3}{2} = \frac{6 \cdot 5 \cdot 4}{3!} \cdot 3 = 60;$

  e. $C_{6,2} \cdot C_{3,3} = \binom{6}{2} \cdot \binom{3}{3} = \frac{6 \cdot 5}{2!} \cdot 1 = 15.$

  Osservazione. Il numero totale dei raggruppamenti di tipo **b**, **c**, **d** ed **e** è 126, ossia è uguale al numero delle combinazioni di nove palline prese cinque alla volta, tipo **a**. Questo perché non ci sono ulteriori possibilità per le combinazioni dei colori.

174 Quante cinquine si possono fare con i novanta numeri del lotto? [43 949 268]

175 Quanti terni e quanti ambi si possono fare con i novanta numeri del lotto? [117 480; 4005]

Capitolo α1. Calcolo combinatorio

176 Calcola quante sono le cinquine che contengono due numeri prefissati. [109 736]

177 Calcola in quanti modi si possono estrarre quattro carte da un mazzo da quaranta. [91 390]

178 In quanti modi si possono estrarre cinque carte di fiori da un mazzo di cinquantadue carte? [1287]

179 In quanti modi si possono estrarre cinque carte nere da un mazzo di cinquantadue carte? [65 780]

180 Calcola in quanti modi si possono estrarre cinque carte di fiori o cinque carte di picche da un mazzo di cinquantadue carte. [2574]

181 **TEST** Un bambino colora di bianco o rosso o verde 5 quadratini che ha disegnato. I possibili modi con i quali il bambino può colorare i quadratini indipendentemente dall'ordine sono:

A 42.   B 60.   C 10.   D 125.   E 21.

182 Calcola quanti sono i sottoinsiemi di quattro elementi di un insieme costituito da sei. [15]

183 In quanti modi posso formare un campione di dieci persone da intervistare in un gruppo di trenta? [30 045 015]

184 In quanti modi diversi può essere formata una rappresentanza di tre alunni di una classe di venti studenti? [1140]

185 Calcola quante sono le diagonali di:
  a. un quadrilatero;   b. un pentagono.
  [a) 2; b) 5]

186 Calcola in quanti modi diversi si possono collocare quattro maglioni in sei cassetti affinché in ogni cassetto ci sia al massimo un maglione. [15]

187 Tutte le persone che partecipano a una riunione si stringono la mano reciprocamente. Se le strette di mano che le persone si scambiano sono in tutto 15, quanti sono i partecipanti alla riunione? [6]

188 **EUREKA!** Caterina ha una somma tale da acquistare cinque libri da leggere in vacanza. Ne ha già scelti alcuni, ma è indecisa sugli altri da scegliere fra otto titoli diversi. Se ha 56 modi diversi per effettuare la scelta, quanti sono i libri che ha già scelto? [2]

189 **REALTÀ E MODELLI** **Maglioni in mostra** Per allestire una vetrina una commessa ha a disposizione 7 nuovi tipi di maglioni e 3 manichini. A rotazione vuole esporre in vetrina tutti i capi, senza mai riproporre lo stesso abbinamento.
  a. Quante vetrine diverse potrà allestire la commessa?
  b. Per quante settimane si potranno osservare vetrine diverse supponendo che ogni lunedì e giovedì si rinnovino gli abbinamenti?
  c. Quanti tipi di maglioni dovrebbe avere a disposizione la commessa, supponendo che un manichino non possa essere utilizzato, per esaurire tutte le combinazioni in 10 settimane?
  [a) 35; b) 18; c) 7]

190 **TEST** Si vogliono appendere 9 fotografie in 3 bacheche di diversa forma in modo che una ne contenga 2, una 3, una 4. Non importa l'ordine delle foto all'interno delle bacheche, ma importa invece la disposizione delle bacheche. Il numero delle possibili distribuzioni è:

A 1260.   C 7560.   E 228 644.
B 1728.   D 381 024.

Paragrafo 4. Combinazioni

191 **REALTÀ E MODELLI** **Sul podio** A una gara podistica partecipano 7 ragazzi, ma solo i primi 3 classificati, indipendentemente dal posto occupato sul podio, passano alla fase successiva. Quante sono le possibili terne di ragazzi che vanno alla fase successiva? E quante sarebbero se passassero alla fase successiva i primi quattro classificati, sempre indipendentemente dalla posizione occupata? Verifica che la somma dei due risultati ottenuti precedentemente è pari al numero di quaterne formate dai primi quattro classificati in una gara a cui partecipano 8 ragazzi.
Puoi generalizzare il risultato ottenuto?

$[35; 35; C_{n,k} + C_{n,k+1} = C_{n+1,k+1}]$

192 Isaac affronta, in ordine, le sei domande di una gara di matematica, ognuna delle quali riceve un punteggio da 0 a 10. In ogni domanda Isaac ottiene un punteggio più basso rispetto alle precedenti. Quante sono le sequenze di punteggi che Isaac può aver ottenuto?

(GB *British Mathematical Olympiads*)
$[462]$

Equazioni con le combinazioni semplici

Risolvi le seguenti equazioni.

193 $C_{x,3} = C_{x-1,2}$ $\qquad [3]$

194 $C_{x+2,3} = 3C_{x+1,2}$ $\qquad [7]$

195 $C_{x-1,2} = 1$ $\qquad [3]$

196 $P_3 \cdot C_{x-1,3} = D_{x-2,4}$ $\qquad [7]$

197 $C_{x+1,3} = \dfrac{x^3}{6} - 2$ $\qquad [12]$

198 $3C_{x+1,2} = 4C_{x,2}$ $\qquad [7]$

199 $\dfrac{1}{3} \cdot C_{x,4} = 5 \cdot \dfrac{C_{x-1,3}}{P_3}$ $\qquad [10]$

200 $C_{x,2} - C_{x-1,2} = D_{x-1,2}$ $\qquad [3]$

Combinazioni con ripetizione

▶ Teoria a p. α13

201 Calcola, se possibile, $C'_{4,2}, C'_{2,4}, C'_{7,3}, C'_{6,4}, \dfrac{C'_{7,2}}{C_{8,2}}$.

202 **VERO O FALSO?**

a. $C'_{5,3} = \dbinom{7}{3}$ $\qquad$ V F

b. $C'_{8,4} = C_{11,4}$ $\qquad$ V F

c. $C'_{5,2} = \dfrac{6!}{2!4!}$ $\qquad$ V F

d. $C'_{3,6} = \dbinom{8}{6}$ $\qquad$ V F

203 **ESERCIZIO GUIDA** Lanciando contemporaneamente quattro dadi uguali, quante sono le combinazioni con cui si possono presentare le sei facce?

In ogni lancio un numero può comparire più volte, al massimo quattro, quindi ogni gruppo si distingue dagli altri per i numeri contenuti e per il diverso numero di volte col quale compare lo stesso numero, ma non interessa l'ordine. Si tratta allora di combinazioni con ripetizione:

$\qquad C'_{n,k} = C_{n+k-1,k} = \dbinom{n+k-1}{k}$

$C'_{6,4} = \dbinom{6+4-1}{4} = \dbinom{9}{4} = \dfrac{9 \cdot 8 \cdot 7 \cdot 6}{4!} = 126$.

204 In quanti modi diversi possiamo distribuire otto tavolette di cioccolato a cinque bambini, sapendo che possiamo assegnare a qualche bambino più di una tavoletta?
$[495]$

α33

Capitolo α1. Calcolo combinatorio

ESERCIZI

205 Calcola in quanti modi diversi possiamo distribuire quattro tavolette di cioccolato a sei bambini, tenendo presente la possibilità di assegnare a qualche bambino più di una tavoletta. [126]

206 In quanti modi possiamo collocare sei palline uguali in quattro urne? [84]

207 In quanti modi possiamo mettere sei palline uguali in quattro urne in modo che nessuna risulti vuota? [10]

208 In quanti modi possono essere assegnate dieci copie di un libro a sei biblioteche? [3003]

209 Lanciamo contemporaneamente 5 dadi. Quante possibili combinazioni di numeri si possono ottenere? E quante contengono il numero 1 almeno una volta? [252; 126]

Riepilogo: Calcolo combinatorio

VERO O FALSO?

210
a. Nelle disposizioni due raggruppamenti differiscono per la natura degli elementi. V F
b. Le permutazioni contengono tutti gli elementi dell'insieme di partenza. V F
c. Nelle combinazioni due raggruppamenti differiscono per la natura o per l'ordine degli elementi. V F

211
a. Se un insieme contiene cinque elementi, le permutazioni che si possono fare su di esso sono 5! V F
b. Se un insieme A contiene quattro elementi, le disposizioni di classe due sono $4 \cdot 3 \cdot 2$. V F
c. Se un insieme A contiene n elementi ($n \geq 3$), le combinazioni di classe tre sono

$$\frac{n(n-1)(n-2)}{3!}.$$
V F

TEST

212 Utilizziamo 7 lampadine colorate per creare un festone luminoso da stendere fra due pali. Le lampadine hanno tutte colore diverso tranne 3 che sono rosse. I possibili modi con cui i colori si possono susseguire sono:

A 5040. B 840. C 35. D 343. E 210.

213 Si collocano 8 statuette raffiguranti Biancaneve e i sette nani su un muretto di un giardino. I possibili modi con cui possono essere collocate sono:

A 5040. B 8. C 56. D 40 320. E 20 160.

214 Il numero di parole di tre lettere, anche prive di senso, che si possono ottenere usando 10 lettere, non necessariamente tutte distinte, è uguale a:

A 1000. B $10 \cdot 9 \cdot 8$. C 999. D 100. E nessuna delle altre risposte è esatta.

(Università di Roma, Facoltà di ingegneria, Test corso propedeutico di Matematica)

215 La polisportiva «I tropici» ha organizzato un torneo di calcio a cui partecipano 3 squadre ciascuna composta da 15 giocatori (riserve comprese) con maglie numerate da 1 a 15. La notte prima delle partite ha nevicato e per poter giocare è necessario spalare la neve dal campo. Viene deciso allora di nominare un gruppo di 3 spalatori scegliendo un giocatore per squadra in modo che non ci siano due giocatori con lo stesso numero di maglia. In quanti modi diversi può essere formato il gruppo degli spalatori?

A 48 B 455 C 1125 D 2730 E 3375

(Olimpiadi di Matematica, Giochi di Archimede, 2008)

α34

Riepilogo: Calcolo combinatorio

216 Si organizza un torneo di calcetto (5 contro 5) con undici giocatori. Due partite si dicono diverse tra loro se la composizione di almeno una delle due squadre è diversa. Quante partite diverse si possono fare?

A 11   B 332 640   C 11!   D 110   E 1386

(*Università di Firenze, Corso di laurea in Fisica*)

217 Una banda di ladri vuole aprire la cassaforte di una banca. Un basista ha fatto ubriacare il direttore della banca ed è riuscito a sapere che:

a. la combinazione è formata da 5 cifre da 0 a 9;
b. la combinazione è un numero pari;
c. esattamente una delle 5 cifre della combinazione è dispari;
d. nella combinazione compaiono quattro cifre diverse, la cifra ripetuta è pari e compare in due posizioni non consecutive.

Quante sono le combinazioni possibili in base a tali informazioni?

A 3150   B 4500   C 5400   D 7200   E 9000

(*Olimpiadi di Matematica, Gara di 2° livello, 2008*)

218 **YOU & MATHS** Josh and nine of his friends volunteered to help clean Mr. Cramp's vacant lot. Mr. Cramp needed 2 mowers, 5 twig collectors, and 3 to rake.
In how many ways can these jobs be assigned to Josh and his friends?

A 5040   B 50,400   C 15,210   D 25,200   E 2520

(*USA North Carolina State High School Mathematics Contest*)

219 Due classi terze hanno rispettivamente 24 e 16 alunni. Vogliamo formare una rappresentanza con tre alunni, di cui due dalla terza più numerosa. Quante sono le terne che si possono formare? [4416]

220 Calcola quante sigle di tre elementi si possono formare ponendo al primo posto una delle cinque vocali, al secondo posto una delle sedici consonanti e al terzo posto ancora una consonante diversa da quella precedentemente collocata al secondo posto. [1200]

221 Quanti numeri pari di tre cifre diverse si possono scrivere utilizzando le cifre dell'insieme $A = \{1, 2, 3, 4, 5, 7\}$? [40]

222 Un sacchetto contiene dodici palline numerate. Calcola in quanti modi, tenendo conto dell'ordine, si possono estrarre tre palline ordinate non rimettendo la pallina estratta nel sacchetto. [1320]

223 In quanti modi quattro persone possono sedersi su una fila di dieci sedie? [5040]

224 In quanti modi si possono collocare cinque oggetti diversi in tre cassetti? [243]

225 Calcola quante sigle si possono costruire se per i primi cinque posti utilizziamo tre lettere A e due lettere B e per gli altri cinque posti tre cifre 1 e due cifre 0. [100]

226 In una scuola vi sono quattro classi quinte aventi ciascuna rispettivamente 19, 22, 18 e 25 alunni. Occorre mandare una rappresentanza formata da un alunno di ciascuna quinta. Quante sono le quaterne di studenti che è possibile formare? [188 100]

227 Calcola in quanti modi si possono disporre cinque oggetti distinti in sette scatole diverse sapendo che vi possono essere scatole vuote. [16 807]

228 Calcola in quanti modi si possono sistemare in fila cinque bambine e quattro bambini se tutte le bambine vogliono stare vicine tra loro e lo stesso vale per tutti i bambini. [5760]

α35

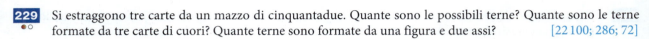

Capitolo α1. Calcolo combinatorio

229 Si estraggono tre carte da un mazzo di cinquantadue. Quante sono le possibili terne? Quante sono le terne formate da tre carte di cuori? Quante terne sono formate da una figura e due assi? [22 100; 286; 72]

230 Ho quattro libri di informatica, sei di fumetti e tre di musica. In quanti modi li posso riporre nella libreria, tenendo presente che voglio lasciare vicini tutti i libri riguardanti lo stesso argomento? [622 080]

231 In un distributore di benzina ci sono 8 pompe. Se arrivano contemporaneamente 4 automobili, in quanti modi può avvenire il rifornimento? [1680]

232 Quanti sono i numeri di cinque cifre anche ripetute che si possono formare utilizzando solo numeri dispari? Quanti iniziano per 7? [3125; 625]

233 Calcola in quanti modi Alberto, Bianca, Carla, Davide, Enrico e Fabio possono sedersi attorno a un tavolo circolare. [120]

234 Calcola quanti numeri di sette cifre tutte diverse tra loro si possono scrivere a partire dall'insieme $A = \{0, 1, 2, 3, 4, 5, 6\}$. [4320]

235 Si lancia una moneta per 4 volte consecutive. Calcola quante sono le possibili sequenze:
 a. di testa e croce;
 b. di testa e croce che iniziano con testa;
 c. nelle quali testa compare una volta;
 d. nelle quali compare sempre la stessa faccia.

[a) 16; b) 8; c) 4; d) 2]

236 **Riporre matrioske** Osserva la fotografia. In quanti modi si possono mettere le matrioske nei cassetti della cassettiera, in modo che in ogni cassetto al massimo ve ne sia una? [2520]

237 Calcola, fra tutte le cinquine che possono essere formate con i novanta numeri del gioco del lotto, quante sono quelle formate da due numeri inferiori a 20 e da tre numeri superiori a 60. [694 260]

238 Per formare le targhe automobilistiche si utilizzano ventidue lettere (quelle dell'alfabeto inglese, escluse I, O, Q e U) e le dieci cifre decimali; le targhe sono formate da due lettere seguite da tre cifre e di nuovo da due lettere. Calcola quante sono le targhe che:
 a. si possono formare;
 b. hanno uguali le prime due lettere e uguali le ultime due;
 c. hanno le tre cifre tutte pari.

[a) 234 256 000; b) 484 000; c) 29 282 000]

239 Quanti numeri di cinque cifre puoi formare con quelle del numero 83 368 in modo che le cifre 8 e 3 siano ripetute due volte? Quanti iniziano con 8? Quanti sono maggiori di 60 000? [30; 12; 18]

240 Si vuole creare un gruppo di 3 statistici e 2 informatici scegliendoli tra 5 statistici e 6 informatici. Quanti gruppi diversi possiamo creare se:
 a. non imponiamo alcuna condizione aggiuntiva;
 b. due particolari statistici devono appartenere al gruppo;
 c. un certo informatico non può essere incluso nel gruppo.

(*Università di Torino, Corso di laurea in Informatica*)
[a) 150; b) 45; c) 100]

Riepilogo: Calcolo combinatorio

241 Una squadra di calcio schiera 1 portiere, 5 difensori e 5 attaccanti, da scegliere tra 2 portieri, 8 difensori e 12 attaccanti.

a. Quante sono le squadre possibili?

b. Se Luca e Alex sono due attaccanti, quante sono le formazioni che contengono entrambi?

(*Università di Torino, Corso di laurea in Informatica*)

[a) 88 704; b) 13 440]

242 Dati i numeri 2, 3, 4, 5, 6, 7, calcola quanti prodotti con 4 fattori diversi si possono fare che siano:

a. divisibili per 7;   c. divisibili per 8;   e. dispari.

b. divisibili per 6;   d. pari;

[a) 10; b) 14; c) 9; d) 15; e) 0]

243 **PIN** Devi costruire il codice PIN del tuo cellulare nuovo; vuoi scegliere quattro delle dieci cifre, senza ripeterne nessuna. Quanti possibili codici puoi inventare? [5040]

244 In partenza per le vacanze, devi inserire la combinazione per chiudere e aprire la tua valigia. Il numero deve contenere sei cifre, anche ripetute. Quante sono le possibili combinazioni? Se le cifre non possono essere ripetute, le combinazioni aumentano o diminuiscono? [1 000 000]

245 **YOU & MATHS** A mathematics contest consists of four problems. Each of the six team members from Central High School is assigned to work on exactly one of the four problems. If each of the four problems is worked on by at least one member of the team, in how many different ways can the assignment of team members to problems be accomplished? (*USA North Carolina State High School Mathematics Contest*)

[1560]

246 Tre amici si recano in un negozio per acquistare una T-shirt ciascuno. Sono disponibili 25 magliette diverse. Quante sono le possibili terne di T-shirt acquistabili dai tre ragazzi? [15 625]

247 A una festa cui partecipano quindici ragazzi si fa un brindisi. Se ciascuna persona fa incontrare il suo bicchiere con quello di tutte le altre, quanti «cin-cin» si fanno? [105]

248 **REALTÀ E MODELLI** **Panini & Co.** Il cestino da viaggio fornito da un hotel ai suoi ospiti durante un'escursione contiene due panini, tre frutti e due bibite. Se i panini possono essere imbottiti con cinque tipi diversi di salumi, i frutti a disposizione sono di sei tipi e le bibite di sette tipi, in quanti modi può essere preparato il cestino? [4200]

249 Quanti numeri diversi si possono scrivere mescolando le cinque cifre dispari? Quanti terminano con 1?

[120; 24]

250 Calcola in quanti modi si possono disporre in fila tre gettoni rossi e quattro gialli se il primo gettone deve essere rosso. [15]

MATEMATICA E STORIA

Trigrammi ed esagrammi Il libro mistico cinese *I Ching* (databile a un periodo precedente il 2200 a.C., ma di cui conosciamo solo la versione di Confucio) comprende le possibili permutazioni su insiemi di linee di due tipi: «linee intere» ▬▬ e «linee spezzate» ▬ ▬. Esse formano dei *trigrammi* se sono riunite in gruppi di tre e degli *esagrammi* se sono riunite in gruppi di sei; a ciascun simbolo corrisponde un significato, come esemplificato a fianco.

Considerando che ogni simbolo può essere formato da sole linee intere, sole linee spezzate o entrambe, determina quanti *trigrammi* e quanti *esagrammi* è possibile realizzare.

trigramma «fuoco»

trigramma «lago»

esagramma «rivoluzione»

esagramma «contrapposizione»

Risoluzione – Esercizio in più

Capitolo α1. Calcolo combinatorio

> **RISOLVIAMO UN PROBLEMA**

■ Aree di parcheggio

Perché un'area di parcheggio sia a norma di legge è necessario che ci sia almeno un posto riservato ai disabili ogni 50 posti disponibili o frazione di 50.
Ciò vuol dire che in un'area di sosta con 49 posti ci deve essere almeno un posto riservato ai disabili; in un'area di sosta con 51 posti ce ne devono essere almeno 2.
Un'area di sosta ha 200 posti auto disposti come in figura e si è deciso di rispettare la normativa riservando il numero minimo di posti ai disabili.

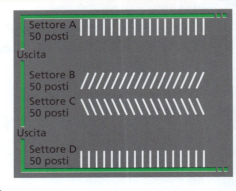

- In quanti modi si possono scegliere i posti riservati per i disabili?
- Se il progettista vuole che in ogni settore ci sia esattamente un posto per disabili, in quanti modi si possono scegliere i posti riservati?
- Per migliorare il servizio, oltre al vincolo precedente, si decide anche di collocare almeno due posti riservati in due dei quattro parcheggi più vicini all'uscita. Quante sono, in questo caso, le possibili collocazioni dei quattro posti per disabili?
- A un certo punto della giornata il parcheggio è vuoto e vi entrano 3 auto con il contrassegno per disabili e 2 auto senza contrassegno. Quante sono le disposizioni possibili di tutte queste auto all'interno del parcheggio?

▶ **Calcoliamo in quanti modi si possono scegliere le posizioni per i parcheggi dei disabili.**

Poiché i posti auto sono 200, il numero minimo di posti riservati previsto dalla legge è 4. I parcheggi sono indistinguibili, quindi non importa l'ordine, ma solo la posizione. Dobbiamo perciò calcolare:

$$C_{200,4} = \binom{200}{4} = \frac{200!}{4!(200-4)!} =$$

$$\frac{200 \cdot 199 \cdot 198 \cdot 197}{4 \cdot 3 \cdot 2} = 64\,684\,950.$$

▶ **Determiniamo il numero di posizioni possibili tenendo conto del vincolo del progettista.**

Poiché i settori del parcheggio sono 4, tanti quanti i posti riservati previsti, e ogni settore è formato da 50 posti auto, il vincolo del progettista si traduce in un posto per disabili ogni 50 parcheggi. Anche in questo caso non interessa l'ordine. I possibili modi per mettere in un settore un posto riservato tra i 50 a disposizione sono:

$$C_{50,1} = \binom{50}{1} = 50.$$

Per ogni possibile scelta in un settore ce n'è una anche in ciascuno degli altri tre settori, quindi in tutto ci sono $50^4 = 6\,250\,000$ scelte possibili per i quattro posti per disabili.

▶ **Calcoliamo le possibilità sistemando almeno due dei posti riservati vicino alle uscite.**

I parcheggi vicini alle uscite sono 4. Troviamo innanzitutto in quanti modi possiamo scegliere due di que-

sti posti da riservare ai disabili. Saranno:

$$C_{4,2} = \binom{4}{2} = \frac{4!}{2!2!} = 6.$$

Dopodiché restano solo due settori in cui sistemare i due posti riservati rimanenti, uno per settore. Per ognuno di questi le scelte possibili sono 50, quindi in tutto avremo $6 \cdot 50^2 = 15\,000$ possibilità di scelta con il vincolo imposto al progettista.

▶ **Determiniamo le possibili posizioni delle auto con il contrassegno per disabili.**

Le tre auto con il contrassegno per disabili occuperanno tre dei quattro posti a esse riservati. Poiché le auto sono di tipo diverso, questa volta non interessa solo la posizione occupata, ma anche quale auto occupa quella posizione. Dobbiamo cioè calcolare le disposizioni delle tre auto nei quattro posti:

$$D_{4,3} = 4 \cdot 3 \cdot 2 = 24.$$

▶ **Determiniamo le possibili posizioni delle auto senza il contrassegno.**

I posti non riservati sono 196. Le 2 auto si possono disporre in questi posti in tanti modi quante sono le disposizioni di classe 2:

$$D_{196,2} = \frac{196!}{(196-2)!} = 196 \cdot 195 = 38\,220.$$

▶ **Calcoliamo il numero delle possibili disposizioni delle cinque auto nel parcheggio.**

$$D_{4,3} \cdot D_{196,2} = 24 \cdot 38\,220 = 917\,280$$

Riepilogo: Calcolo combinatorio

251 Calcola quante sigle di 10 elementi si possono costruire se per i primi cinque posti utilizziamo tre lettere A e due lettere B e per gli altri cinque posti tre cifre 1 e due cifre 0. [100]

252 In un piano sono dati nove punti a tre a tre non allineati. Quanti triangoli si possono disegnare con i vertici in quei punti? [84]

253 Si ritaglia un esagono di cartoncino e si vogliono colorare gli angoli relativi ai vertici con sei colori diversi (rosso, giallo, verde, blu, marrone, viola). Quanti sono i modi possibili? [120]

254 Quante cinquine, nel gioco del lotto, contengono una prefissata quaterna? [86]

255 **REALTÀ E MODELLI** **Password** Per l'accesso a un sito internet è necessario fornire una sequenza di 5 caratteri.

a. Qual è il numero totale dei codici possibili se i caratteri utilizzabili sono le cifre da 0 a 9, ipotizzando sia che le cifre possano ripetersi, sia che debbano essere tutte diverse?

b. Qual è il numero totale dei codici se i caratteri utilizzabili sono le cifre da 1 a 5, senza ripetizioni?

c. Qual è il numero totale dei codici possibili se nella combinazione possono essere utilizzate sia le cifre da 0 a 5 che le 26 lettere dell'alfabeto inglese, senza ripetizioni?

[a) 100 000, 30 240; b) 120; c) 24 165 120]

256 Un test è formato da 8 quesiti a risposta multipla con cinque possibilità. In quanti modi puoi rispondere alle otto domande del test? [390 625]

257 Determina quante sigle di 7 elementi è possibile scrivere, formate da 4 lettere distinte, fra le 21 lettere dell'alfabeto italiano, seguite da 3 cifre anche ripetute. [143 640 000]

258 **REALTÀ E MODELLI** **6 e 5 + 1** Nel gioco del Superenalotto si vince se si indovinano i 6 numeri naturali estratti, compresi tra 1 e 90.

a. Quante sono tutte le possibili sestine di numeri estratti?

b. Quante delle possibili sestine contengono almeno un multiplo di 6?

È possibile vincere anche con il cosiddetto 5+1. In questa variante vengono estratti 7 numeri tutti diversi, di cui uno è il numero jolly. Giocando 6 numeri, si vince quando se ne indovinano 5 più il numero jolly.

c. Supponiamo che siano stati estratti i sei numeri più il numero jolly; quante sono le sestine di numeri che realizzano il 5+1? Quante sono quelle che realizzano il 5?

[a) 622 614 630; b) 421 255 080; c) 6; 498]

259 Un'urna contiene 3 palline nere e 4 palline rosse. Calcola quanti sono i gruppi da 5 palline che si possono ottenere se vengono estratte consecutivamente una dopo l'altra senza rimettere le palline estratte nell'urna. Calcola inoltre quanti di questi gruppi sono formati da 2 palline nere e 3 rosse. [25; 10]

260 **YOU & MATHS** Six people – Bob, Bobbie, Rob, Robbie, Robert, and Roberta – are to be divided into two study groups. The groups cannot have any person in common, and each group must contain at least one person. In how many ways can this be done?

(USA *Bay Area Math Meet, BAMM, Bowl Sampler*)

[31]

α39

Capitolo α1. Calcolo combinatorio

261 YOU & MATHS A sequence of letters rolls off the tongue if the following two conditions are met.
1. The sequence does not begin or end with two consecutive consonants.
2. No three consecutive letters are all consonants.

How many permutations of MATHEMATICS roll off the tongue?

(USA *Rice University Mathematics Tournament*)
$[15 \cdot 7! = 75{,}600]$

262 Quante distinte stringhe di 5 lettere dell'alfabeto inglese (con possibile ripetizione) contengono esattamente tre lettere distinte?
[Nota: l'alfabeto inglese è composto da 26 lettere.]

(USA *North Carolina State High School Mathematics Contest*)
$[390\,000]$

263 Un comitato di 5 persone deve essere scelto da un gruppo di 9. In quanti modi può essere scelto, se Biff e Jacob devono esservi compresi entrambi o essere entrambi esclusi, e Alice e Jane rifiutano di farne parte insieme?

(USA *Harvard-MIT Mathematics Tournament*)
$[41]$

264 Otto celebrità si incontrano a un party. Succede così che ciascuna celebrità stringe la mano esattamente ad altre due. Un ammiratore tiene una lista di tutte le coppie (non ordinate) di celebrità che si sono strette la mano. Se l'ordine non conta, quante diverse liste sono possibili?

(USA *Harvard-MIT Mathematics Tournament*)
$[3507]$

265 Adrian insegna in una classe di sei coppie di gemelli. Vuole formare delle squadre per una gara, ma vuole evitare che ci sia una coppia di gemelli nella stessa squadra. Stando a queste condizioni:
a. In quanti modi Adrian può dividerli in due squadre da sei?
b. In quanti modi Adrian può dividerli in tre squadre da quattro?

(GB *British Mathematical Olympiads*)
[a) 32; b) 960]

266 Da ciascuna delle due urne in figura si estraggono contemporaneamente 2 palline.
Calcola quanti sono i gruppi costituiti da:
a. due palline rosse estratte dalla prima urna e due palline blu estratte dalla seconda;
b. una pallina rossa e una blu estratte da ciascuna urna;
c. tutte palline blu.

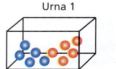
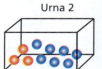

Urna 1   Urna 2

[a) 210; b) 525; c) 210]

MATEMATICA AL COMPUTER

Il calcolo combinatorio Una scatola contiene g gettoni gialli (numerati da 1 a g) e b gettoni blu (numerati da 1 a b). Consideriamo l'estrazione di un gruppo di e gettoni.
Costruiamo un foglio elettronico che, ricevuti i numeri g, b ed e, determini quanti gruppi differenti possiamo estrarre. Deve poi essere calcolato il numero di gruppi in relazione al numero k dei gettoni gialli in essi contenuti. Per dimensionare il foglio poniamo come limite $g \leq 10$.
Proviamo il foglio nei casi $g = 2$, $b = 3$ ed $e = 2$; $g = 5$, $b = 3$ ed $e = 6$; $g = 10$, $b = 12$ ed $e = 10$.
Per verifica, scriviamo i gruppi del primo caso.

Risoluzione – 8 esercizi in più

Paragrafo 5. Binomio di Newton

5 Binomio di Newton

▶ Teoria a p. α14

267 ESERCIZIO GUIDA Calcoliamo lo sviluppo della potenza: $(x^2 - 2y)^4$.

$$(x^2 - 2y)^4 = \binom{4}{0}(x^2)^4(-2y)^0 + \binom{4}{1}(x^2)^3(-2y)^1 + \binom{4}{2}(x^2)^2(-2y)^2 +$$

$$+\binom{4}{3}(x^2)^1(-2y)^3 + \binom{4}{4}(x^2)^0(-2y)^4 = x^8 - 8x^6y + 24x^4y^2 - 32x^2y^3 + 16y^4.$$

$$(A+B)^n = \sum_{k=0}^{n} \binom{n}{k} A^{n-k} B^k$$

Calcola lo sviluppo delle seguenti potenze di binomi.

268 $(2a + 3y)^3$; $(a - 2b)^8$.

269 $(x^3 - y^2)^5$; $\left(x + \dfrac{1}{x}\right)^6$.

270 $(2a^2 + 3a^3)^4$; $\left(\dfrac{a}{2} + x\right)^8$.

271 $(\sqrt{2} + 2)^4$; $\left(\dfrac{1}{2}x^2 - 2y\right)^6$.

272 ESERCIZIO GUIDA Calcoliamo il quarto termine dello sviluppo di $(x + 2)^{10}$.

Data la formula $(A+B)^n = \sum_{k=0}^{n} \binom{n}{k} A^{n-k} B^k$, consideriamo soltanto il termine generale $\binom{n}{k} A^{n-k} B^k$; poiché per $k = 0$ si ha il primo termine, il quarto termine si ha per $k = 3$. Essendo $n = 10$, otteniamo:

$$\binom{10}{3} \cdot x^7 \cdot 2^3 = \dfrac{10 \cdot 9 \cdot 8}{3 \cdot 2} x^7 \cdot 8 = 120 x^7 \cdot 8 = 960 x^7.$$

273 Calcola il quarto termine dello sviluppo di $\left(2x - \dfrac{1}{2}y\right)^7$. $[-70x^4y^3]$

274 Determina il terzo, il quinto e l'ottavo termine dello sviluppo di $(x - 1)^9$. $[36x^7; 126x^5; -36x^2]$

275 Calcola il sesto termine dello sviluppo di $(a^2 + b)^8$. $[56a^6b^5]$

276 Determina n, sapendo che il coefficiente del terzo termine dello sviluppo di $(x + 2y)^n$ è 60. $[6]$

277 Dato lo sviluppo della potenza $(a + b)^n$, determina il coefficiente del termine con parte letterale ab^8 e determina l'esponente n. $[9; 9]$

278 Come nell'esercizio precedente, ma considerando il termine con parte letterale a^2b^5. $[21; 7]$

279 Calcola per quale valore di n si ha: $\binom{n}{0} + \binom{n}{1} + \binom{n}{2} + \ldots + \binom{n}{n} = 512$.

280 Calcola se esiste un numero naturale n per il quale risulti $\sum_{k=0}^{n} \binom{n}{k} = 2048$. $[11]$

281 Calcola per quale valore di n si ha $\sum_{k=0}^{n} \binom{n}{k} = 32768$. $[15]$

Allenati con **15 esercizi interattivi** con feedback "hai sbagliato, perché..."
☐ **su.zanichelli.it/tutor3**   risorsa riservata a chi ha acquistato l'edizione con tutor

α41

Capitolo α1. Calcolo combinatorio

VERIFICA DELLE COMPETENZE   ALLENAMENTO

UTILIZZARE TECNICHE E PROCEDURE DI CALCOLO

TEST

1 Gli anagrammi della parola ARDIMENTO che terminano in MARE sono:

A 362 880.   B 5760.   C 2880.   D 24.   E 120.

2 I numeri che iniziano con 5 costituiti da due, tre e quattro cifre sono:

A 375.   B 175.   C 820.   D 5850.   E 1110.

3 VERO O FALSO?

a. Con le cifre dell'insieme {1, 3, 5, 7, 9} si possono formare almeno 600 numeri di 4 cifre. V F

b. Gli anagrammi, anche privi di senso, della parola MAMMA sono tanti quanti i sottoinsiemi di 2 elementi che si possono ottenere da un insieme di 5. V F

c. Un'urna contiene n palline bianche e $2n$ palline nere, tutte distinguibili tra loro (con $n > 1$); se ne estraggono due simultaneamente. Il numero di estrazioni di una coppia di palline bianche è la metà di quello di una coppia di palline nere. V F

Risolvi le seguenti equazioni.

4 $(x+1)! - 4(x-1)! = x!$ $\quad$ [2]

5 $(D_{x,3} + 2 \cdot D_{x-1,3}) \cdot D'_{x,2} = 0$ $\quad$ [$\nexists x \in \mathbb{N}$]

6 $D_{x,3} - D_{x-1,3} = 18$ $\quad$ [4]

7 $C_{x+1,2} + C_{x,2} = x^2 - x$ $\quad$ [$\nexists x \in \mathbb{N}$]

8 $P_{x+2} - 3 \cdot P_x = 3 \cdot P_{x+1}$ $\quad$ [2]

9 $3C_{x-3,3} = \dfrac{x}{2}$ $\quad$ [6]

10 $3 \cdot \dbinom{x+1}{x-1} = 9 \cdot \dbinom{x}{x-2}$ $\quad$ [2]

11 $P_x - 8P_{x-2} = 3(x-1)!$ $\quad$ [5]

12 $2 \cdot \dbinom{x+1}{3} - 12 \cdot \dbinom{x}{x-2} = \dbinom{x}{3}$ $\quad$ [32]

13 $D'_{x,3} - 2x \cdot D'_{x,2} + 16x = 0$ $\quad$ [4]

14 $\dbinom{x-1}{2} = 2 \cdot \dbinom{x-2}{2}$ $\quad$ [5]

15 $\dbinom{x}{0} + \dbinom{x}{1} + \dbinom{x}{2} + \dbinom{x}{x} = \dfrac{x^2}{2}$ $\quad$ [$\nexists x \in \mathbb{N}$]

16 $P_x = 6 \cdot D_{x-2, x-3}$ $\quad$ [3]

17 $\dfrac{(x+1)!}{x!} + x^2 = 3x$ $\quad$ [1]

Risolvi le seguenti disequazioni.

18 $\dbinom{x}{x-3} \geq 3 \dbinom{x-1}{2}$ $\quad$ [$x \geq 9, x \in \mathbb{N}$]

19 $5\dbinom{x+1}{x-2} - 4\dbinom{x+1}{4} \leq 0$ $\quad$ [$x \geq 7, x \in \mathbb{N}$]

20 $\dfrac{x^2}{2}(6-x) \leq 4\dbinom{x}{x-2} - 3\dbinom{x}{3}$ $\quad$ [$x \geq 6$]

21 $\dfrac{5}{2}\dbinom{x}{2} \geq \dbinom{x}{4}$ $\quad$ [$4 \leq x \leq 8$]

22 $\dbinom{n}{2} \leq 10n$ $\quad$ [$2 \leq n \leq 21$]

23 $\dbinom{n}{n} + \dbinom{n}{1} + \dbinom{n}{2} \geq \dfrac{n^2 + 12}{3}$ $\quad$ [$n \geq 3$]

Verifica le seguenti identità.

24 $n(D_{n-1,k} - D_{n,k+1}) = (1-n)D_{n,k+1}$

25 $nP_n + P_{n+1} = n(P_{n-1} + 2P_n)$

α42

Allenamento

VERIFICA DELLE COMPETENZE

TEST

26 Dobbiamo intervistare 5 persone diverse fra 12 che hanno partecipato a una vacanza all'estero organizzata da una determinata agenzia di viaggi. Tutti i possibili modi con cui possiamo scegliere gli intervistati sono:

- **A** 95 040.
- **D** 120.
- **B** 3 991 680.
- **E** 5544.
- **C** 792.

27 Si usano gli elementi dell'insieme $M = \{x, y, t, z\}$ e le dieci cifre per formare sigle da 6 elementi. Sapendo che i primi due posti sono formati da lettere anche ripetute e gli altri quattro posti da cifre diverse, le sigle che si possono ottenere sono:

- **A** 160 000.
- **C** 120 000.
- **E** 3360.
- **B** 80 640.
- **D** 60 480.

Sviluppa le seguenti potenze di binomi.

28 $(2x + 1)^5$

29 $(a^2 - 1)^4$

30 $\left(\dfrac{1}{2}x + 2y\right)^6$

31 $(x^2 - 2y^2)^5$

---

32 Determina l'ottavo termine dello sviluppo di $(x - 2y^2)^9$. $\qquad$ $[4608x^2y^{14}]$

33 Calcola il coefficiente di x nello sviluppo di $\left(2\sqrt{x} + \dfrac{1}{3x}\right)^8$. $\qquad$ $\left[\dfrac{1792}{9}\right]$

34 Trova n sapendo che il coefficiente del 3° termine dello sviluppo $(x - 2a)^n$ è 112. Per il valore di n trovato calcola poi il coefficiente del 7° termine. $\qquad$ $[n = 8; 1792]$

35 Quanti sono tutti i sottoinsiemi, propri e impropri, di un insieme che contiene n elementi? $\qquad$ $[2^n]$

RISOLVERE PROBLEMI

36 In un'urna ci sono dieci palline numerate da 1 a 10. Tre sono bianche e le altre nere. Calcola quante sono le cinquine che contengono esattamente una pallina bianca. $\qquad$ $[105]$

37 Per aprire una cassaforte occorre formare un numero di quattro cifre diverse (scelte fra le dieci decimali). Quanti tentativi si possono fare? $\qquad$ $[5040]$

38 Un'urna contiene tre palline di colori diversi: bianco, rosso, nero. Si estrae consecutivamente per quattro volte una pallina rimettendola nell'urna prima dell'estrazione successiva. Quante sono le possibili sequenze di colori? $\qquad$ $[81]$

39 Calcola quanti numeri di tre cifre diverse si possono formare con le cifre 0, 1, …, 9. $\qquad$ $[648]$

40 A una offerta di lavoro per 3 posti di magazziniere si presentano 32 candidati. In quanti modi si possono fare le 3 assunzioni? $\qquad$ $[4960]$

41 In una banca ci sono sei sportelli. In quanti modi diversi si possono disporre le prime sei persone che entrano nella banca? $\qquad$ $[720]$

42 Trova in quanti modi si possono riporre quattro oggetti distinti in sei scatole diverse sapendo che è possibile riporre in una scatola più oggetti. $\qquad$ $[1296]$

43 Determina il numero degli anagrammi delle parole ANTENNA e RADIO . $\qquad$ $[420; 120]$

44 In quanti modi si possono scegliere i due rappresentanti di classe, se nella classe ci sono venticinque studenti? $\qquad$ $[300]$

45 In una classe di ventotto alunni, di cui quindici maschi, devono essere scelti due ragazzi e due ragazze per un'assemblea di delegati. Quante sono le scelte possibili? $\qquad$ $[8190]$

α43

Capitolo α1. Calcolo combinatorio

46 Calcola quante sono le diagonali di un esagono. Quindi generalizza al caso di un poligono convesso di n lati. $\left[9; \dfrac{n^2 - 3n}{2}\right]$

47 Quanti numeri di quattro cifre distinte, scelte fra 1, 2, 3, 4, 5, 6, 7, si possono formare? Quanti di questi sono pari? Quanti dispari? Quanti terminano con 2? Quanti sono maggiori di 6000? [840; 360; 480; 120; 240]

48 Calcola in quanti modi si possono disporre sei oggetti distinti in quattro scatole diverse sapendo che vi possono essere scatole vuote. [4096]

49 Calcola quanti prodotti diversi con tre fattori distinti si possono scrivere con i numeri 2, 3, 4, 5, 6, 7. [20]

50 In quanti modi possono disporsi quattro uomini e sette donne su una fila di quattordici sedie? [120 120]

51 In una famiglia i figli sono tre. Calcola quante diverse possibilità ci sono fra maschi e femmine. [4]

52 **Laura… sei tu?** Marco deve chiamare Laura sul cellulare, ma non ricorda bene le dieci cifre che compongono il numero. Le prime tre sono 3, 2, 8 e le ultime sono 3, 9, 4. Quanti tentativi può fare, sapendo che le rimanenti cifre sono tutte dispari? E se ricorda anche che la quarta cifra è 7? [625; 125]

53 **Quattro in storia** L'insegnante di storia oggi vuole interrogare quattro studenti, tra cui Paolo e Andreina. Se le possibili quaterne di interrogati sono 276, quanti sono gli alunni della classe? [26]

54 In una scatola ci sono trenta gettoni numerati da 1 a 30. Dieci sono rossi, gli altri sono di colore diverso. Calcola quante terne distinte si possono estrarre in modo che ognuna di esse contenga:
   a. solo un gettone rosso;
   b. almeno un gettone rosso;
   c. nessun gettone rosso;
   d. soltanto gettoni rossi. [a) 1900; b) 2920; c) 1140; d) 120]

55 Una popolazione è formata da 20 persone: 7 hanno età inferiore a 18 anni, 3 età superiore a 60 anni e 10 hanno un'età intermedia. Si devono formare dei gruppi di 6 persone.
Calcola quanti sono i gruppi:
   a. nei quali le persone hanno tutte la stessa età;
   b. nei quali sono presenti due persone per ogni fascia di età;
   c. nei quali sono presenti tutte e 3 le persone con età superiore a 60 anni;
   d. che non contengono persone con età inferiore a 18 anni. [a) 217; b) 2835; c) 680; d) 1716]

56 Quanti sono gli anagrammi, anche senza significato, della parola CALCOLATRICE? Quanti cominciano per C? Quanti finiscono per TRICE? [19 958 400; 4 989 600; 630]

57 Cinque giocatori partecipano a un concorso a premi (nel quale lo stesso giocatore può vincere anche tutti i premi). In quanti modi possono essere assegnati i primi tre premi? [125]

58 Possiedo dieci DVD tra cui due copie di un primo film, tre copie di un secondo e due copie di un terzo. In quanti modi li posso sistemare nel mio scaffale? [151 200]

59 Trova in quanti modi è possibile estrarre 2 carte da un mazzo di 52 in modo che:
   a. almeno una sia di cuori;
   b. siano entrambe di quadri;
   c. una sia di fiori e l'altra di picche. [a) 585; b) 78; c) 169]

Allenati con **15 esercizi interattivi** con feedback "hai sbagliato, perché…"
su.zanichelli.it/tutor3 risorsa riservata a chi ha acquistato l'edizione con tutor

VERIFICA DELLE COMPETENZE VERSO L'ESAME

ARGOMENTARE E DIMOSTRARE

60 Scrivi e giustifica la legge delle classi complementari e spiega perché, in una classe di 24 alunni, stabilire in quanti modi possiamo scegliere i 20 non interrogati in un giorno equivale a stabilire in quanti modi possiamo scegliere i 4 interrogati nello stesso giorno.

61 Descrivi le combinazioni con ripetizione di n elementi di classe k. Considera poi la seguente situazione. Si pesca cinque volte una pallina da un'urna che contiene una pallina blu e una rossa. Ogni volta si rimette la pallina all'interno. Indica tutti i possibili esiti delle cinque estrazioni, considerando uguali gli esiti che differiscono solo per l'ordine di uscita. Verifica che il loro numero è quello che avresti ottenuto applicando opportunamente la formula.

62 Dimostra, per induzione, che:
$$\binom{2}{0}+\binom{3}{1}+\binom{4}{2}+\ldots+\binom{n}{n-2}=\frac{n^3-n}{6}.$$

63 Considera un insieme con n elementi. Descrivi le differenze tra le disposizioni semplici, le disposizioni con ripetizione e le combinazioni di classe k degli elementi dell'insieme. Confronta il numero di ciascun tipo di raggruppamento e verifica le disuguaglianze nel caso in cui $n = 8$ e $k = 3$.

---

64 Un professore interroga i suoi alunni a due alla volta. Stabilire quante possibili coppie diverse può interrogare, sapendo che la classe è di 20 studenti.

(*Esame di Stato, Liceo scientifico, Scuole italiane all'estero (Americhe), Sessione ordinaria*, 2004, *quesito* 8)
[190]

65 Quanti sono i numeri di quattro cifre (distinte tra loro) che è possibile scrivere utilizzando le cifre pari, diverse da zero?

(*Esame di Stato, Liceo scientifico, Scuole italiane all'estero (Americhe), Sessione ordinaria*, 2009, *quesito* 6)
[24]

66 Quale significato attribuisci al simbolo $\binom{n}{k}$? Esiste un k tale che $\binom{10}{k}=\binom{10}{k-2}$?

(*Esame di Stato, Liceo scientifico, Scuole italiane all'estero (Europa), Sessione ordinaria*, 2008, *quesito* 7)
[$k = 6$]

67 Si risolva la disequazione $\binom{x}{3} > \frac{15}{2}\binom{x}{2}$.

(*Esame di Stato, Liceo scientifico, Corso di ordinamento, Sessione suppletiva*, 2007, *quesito* 10)
[$x \geq 25, x \in \mathbb{N}$]

68 In una fabbrica lavorano 35 operai e 25 operaie. Si deve formare una delegazione comprendente 3 operai e 2 operaie. Quante sono le possibili delegazioni?

(*Esame di Stato, Liceo scientifico, Scuole italiane all'estero (Americhe), Sessione ordinaria*, 2005, *quesito* 5)
[1 963 500]

69 Calcolare quante sono le possibili «cinquine» che si possono estrarre da un'urna contenente i numeri naturali da 1 a 90, ognuna delle quali comprenda però i tre numeri 1, 2 e 3.

(*Esame di Stato, Liceo scientifico, Corso di ordinamento, Sessione straordinaria*, 2005, *quesito* 10)
[3741]

70 Quante diagonali ha un poligono di 2008 lati?

(*Esame di Stato, Liceo scientifico, Scuole italiane all'estero (Americhe), Sessione ordinaria*, 2005, *quesito* 6)
[2 013 020]

Capitolo α1. Calcolo combinatorio

71 In quanti modi 10 persone possono disporsi su dieci sedili allineati? E attorno a un tavolo circolare?

(*Esame di Stato, Liceo scientifico, Corso di ordinamento, Sessione straordinaria*, 2010, *quesito* 3)

[10!; 9!]

72 Alla finale dei 200 m piani partecipano 8 atleti, fra i quali figurano i nostri amici Antonio e Pietro. Calcolare il numero dei possibili ordini di arrivo che registrino i nostri due amici fra i primi tre classificati.

(*Esame di Stato, Liceo scientifico, Corso di ordinamento, Sessione straordinaria*, 2004, *quesito* 10)

[36]

73 Cinque ragazzi sono contrassegnati con i numeri da 1 a 5. Altrettante sedie, disposte attorno a un tavolo, sono contrassegnate con gli stessi numeri. La sedia «1», posta a capotavola, è riservata al ragazzo «1», che è il caposquadra, mentre gli altri ragazzi si dispongono sulle sedie rimanenti in maniera del tutto casuale. Calcolare in quanti modi i ragazzi si possono mettere seduti attorno al tavolo.

(*Esame di Stato, Liceo scientifico, Corso di ordinamento, Sessione suppletiva*, 2006, *quesito* 10)

[24]

74 Si dimostri l'identità $\binom{n}{k+1} = \binom{n}{k} \frac{n-k}{k+1}$ con n e k naturali e $n > k$.

(*Esame di Stato, Liceo scientifico, Corso di ordinamento, Sessione ordinaria*, 2009, *quesito* 7)

75 Una classe è formata da 28 alunni, di cui 16 femmine e 12 maschi. Fra le femmine c'è una sola «Maria» e fra i maschi un solo «Antonio». Si deve formare una delegazione formata da due femmine e due maschi. Quante sono le possibili delegazioni comprendenti «Maria» e «Antonio»?

(*Esame di Stato, Liceo scientifico, Corso di ordinamento, Sessione straordinaria*, 2006, *quesito* 10)

[165]

76 Risolvere l'equazione: $5\binom{n+1}{5} = 21\binom{n-1}{4}$.

(*Esame di Stato, Liceo scientifico, Comunicazione, opzione sportiva, Sessione ordinaria*, 2015, *quesito* 3)

$[n = 6 \vee n = 14]$

77 Dato l'insieme $A = \{1, 2, 5, 8\}$: determinare quanti numeri a due cifre si possono scrivere con gli elementi di A, considerando che sono ammesse le ripetizioni.

(*Esame di Stato, Liceo scientifico, Scuole italiane all'estero (Americhe), Sessione ordinaria*, 2012, *quesito* 6)

[16]

78 Quanti sono i numeri di 6 cifre che contengono: 2 volte esatte la cifra 1, 2 volte esatte la cifra 2 e non contengono la cifra 0?

(*Esame di Stato, Liceo scientifico, Scuole italiane all'estero (Europa), Sessione ordinaria*, 2012, *quesito* 8)

[4410]

79 Tommaso ha costruito un modello di tetraedro regolare e vuole colorare le 4 facce, ognuna con un colore diverso. In quanti modi può farlo se ha a disposizione 10 colori? E se invece si fosse trattato di un cubo?

(*Esame di Stato, Liceo scientifico, Corso di ordinamento, Sessione suppletiva*, 2013, *quesito* 8)

[210; 210]

80 Quanti colori si possono formare mediante le combinazioni dei sette colori fondamentali dello spettro? (contando, cioè, i colori presi separatamente e a 2 a 2, a 3 a 3, …, a 7 a 7).

(*Esame di Stato, Liceo scientifico, Scuole italiane all'estero (Americhe), Sessione ordinaria*, 2014, *quesito* 8)

[120]

81 Dopo aver indicato come calcolare il numero di gruppi che si possono formare assegnando il primo posto all'insieme A che ha n elementi e il secondo all'insieme B che ha m elementi, considera la seguente situazione. Il ristorante «Buon appetito» propone 3 antipasti, 4 primi e 5 secondi. Il ristorante «Assaggiami» propone 4 antipasti e 5 primi. Stabilisci quanti secondi deve proporre il ristorante «Assaggiami» per avere lo stesso numero di menù completi del ristorante «Buon appetito».

[3]

Verso l'esame

82 Se $n > 3$ e $\binom{n}{n-1}, \binom{n}{n-2}, \binom{n}{n-3}$ sono in progressione aritmetica, qual è il valore di n?

(*Esame di Stato, Liceo scientifico, Corso di ordinamento, Sessione ordinaria, 2010, quesito 8*)

$[n = 7]$

83 Il numero delle combinazioni di n oggetti a 4 a 4 è uguale al numero delle combinazioni degli stessi oggetti a 3 a 3. Si trovi n.

(*Esame di Stato, Liceo scientifico, Corso di ordinamento, Sessione ordinaria, 2011, quesito 4*)

$[n = 7]$

84 Con le cifre da 1 a 7 è possibile formare $7! = 5040$ numeri corrispondenti alle permutazioni delle 7 cifre. Ad esempio i numeri 1 234 567 e 3 546 712 corrispondono a due di queste permutazioni. Se i 5040 numeri ottenuti dalle permutazioni si dispongono in ordine crescente, qual è il numero che occupa la settima posizione e quale quello che occupa la 5036-esima posizione e quale quello che occupa la 1441-esima posizione?

(*Esame di Stato, Liceo scientifico, Corso sperimentale, Sessione ordinaria, 2013, quesito 6*)

$[1\,235\,467,\ 7\,654\,132,\ 3\,124\,567]$

COSTRUIRE E UTILIZZARE MODELLI

RISOLVIAMO UN PROBLEMA

■ L'indecisione del collezionista

Francesco colleziona modellini di aeroplani. Ha comprato un espositore con tre spazi in cui mettere i modellini e ha calcolato in quanti modi diversi può sistemare tre dei suoi modellini nell'espositore senza considerare l'ordine. Avendo scartato subito due modellini un po' rovinati, ora ha 64 possibilità in meno.

- Quanti modellini ha in tutto Francesco?
- Con un espositore da cinque posti, in quanti diversi modi Francesco può sistemare i suoi modellini non rovinati, se è interessato anche all'ordine in cui sono disposti?

▶ **Scriviamo l'espressione che rappresenta il numero delle possibili disposizioni dei modellini scelti nei tre spazi dell'espositore.**

Indichiamo con x il numero dei modellini di Francesco. L'espressione cercata è la seguente:

$$\binom{x}{3} = \frac{x!}{3!(x-3)!}.$$

▶ **Scriviamo l'espressione che rappresenta il numero delle possibili disposizioni dei modellini dopo averne tolti 2.**

Ora il numero di modellini è $x - 2$, quindi le possibili disposizioni nei tre spazi sono:

$$\binom{x-2}{3} = \frac{(x-2)!}{3!(x-5)!}.$$

▶ **Determiniamo il numero di modellini di Francesco.**

In base alle informazioni sappiamo che

$$\frac{(x-2)!}{3!(x-5)!} = \frac{x!}{3!(x-3)!} - 64$$

$$\frac{(x-2)(x-3)(x-4)}{3!} = \frac{x(x-1)(x-2)}{3!} - 64$$

$$(x^2 - 5x + 6)(x - 4) = (x^2 - x)(x - 2) - 384$$

$$x^3 - 9x^2 + 26x - 24 = x^3 - 3x^2 + 2x - 384$$

$$6x^2 - 24x - 360 = 0 \quad \rightarrow \quad x^2 - 4x - 60 = 0,$$

da cui $x = 10$ o $x = -6$.

Solo la prima soluzione è accettabile, quindi Francesco ha 10 modellini, di cui 8 non rovinati.

▶ **Determiniamo le possibili disposizioni di 8 modellini in un espositore con 5 posti.**

Poiché conta l'ordine, vogliamo sapere in quanti modi può disporre 5 degli 8 modellini non rovinati. Cerchiamo, cioè:

$$D_{8,5} = \frac{8!}{3!} = 6720.$$

Capitolo α1. Calcolo combinatorio

VERIFICA DELLE COMPETENZE

85 **Rappresentanze studentesche** Un liceo ha quattro indirizzi diversi. In base ai dati sulle iscrizioni per l'anno scolastico 2015-2016, gli studenti sono suddivisi come nella tabella seguente.

		Linguistico	Classico	Scientifico	Scienze umane	Totale
Biennio	Maschi	34	14	66	23	137
Biennio	Femmine	165	26	74	98	363
Triennio	Maschi	25	22	123	0	170
Triennio	Femmine	199	47	127	0	373
	Totale	423	109	390	121	1043

(Indirizzo)

a. Per i rappresentanti di istituto viene votato uno studente per ciascun indirizzo. Quanti sono i possibili gruppi di rappresentanti?

b. Dovendo scegliere una delegazione di studenti del triennio per il gemellaggio con una scuola viennese, si decide di inviare due maschi e due femmine. Quante sono le delegazioni possibili?

c. Al torneo di calcio a 5 del biennio partecipano 4 squadre miste di 6 elementi ciascuna (di cui 3 femmine), in rappresentanza dei vari indirizzi. Quante squadre diverse si possono ottenere con gli studenti dell'indirizzo scientifico?

d. Per l'organizzazione del Social Day 2016, il comitato studentesco elegge al suo interno una commissione di 9 studenti di cui fanno parte, di diritto, i 4 rappresentanti e altri 5 membri, scelti tra i due rappresentanti di classe, evitando di scegliere due rappresentanti di una stessa classe. Sapendo che il liceo ha 46 classi, quante commissioni possono essere elette? Una volta formata la commissione, in quanti modi si potranno eleggere il presidente, il segretario e il tesoriere?

[a) 2 175 789 330; b) 996 614 970; c) 2 966 346 240; d) 43 864 128; 504]

86 **A Monza** Per il GP d'Italia di Formula 1 si qualificano venti piloti con le rispettive vetture. In quanti modi può essere formata la griglia di partenza? Se la pole position e la seconda posizione sono occupate rispettivamente da una Mercedes e da una Ferrari, quante sono le possibili griglie di partenza? (Considera che ogni scuderia schiera due autovetture.) [20!; 4 · 18!]

87 **Biglietti in regalo** A un gruppo di dieci amici, fra i quali ci sono anche Marta e Luca, vengono regalati quattro biglietti per un concerto. In quanti modi possono essere scelti i quattro amici che andranno allo spettacolo, se Marta non vuole andare senza Luca, mentre Luca è disposto ad andare anche senza Marta? [154]

88 **Doppie per otto** Otto amici devono occupare otto camere singole a loro riservate nell'hotel in cui sono arrivati per trascorrere le vacanze. In quanti modi si possono disporre nelle camere? Arrivati in hotel, però, si accorgono che sono state riservate loro quattro camere doppie. In quanti modi possono formare le coppie? In quanti modi possono occupare le quattro camere? [40 320; 105; 2520]

89 **Macedonia** Alessia ha a disposizione 20 tipi di frutta (fragole, pesche, limoni, kiwi, ...). Vuole preparare due macedonie usando per la prima quattro frutti diversi ma senza il limone e per la seconda cinque frutti diversi, evitando quelli usati nella prima macedonia e senza kiwi. Quante coppie di macedonie può preparare? [12 753 468]

90 **Intorno a un tavolo** Le delegazioni di quattro società, Alfa, Beta, Gamma e Delta, si incontrano per concludere un accordo commerciale. Ogni delegazione è formata da tre membri: l'amministratore delegato, un consulente tecnico, un segretario. Le delegazioni si siederanno due per parte ai lati maggiori di un tavolo rettangolare; in ogni delegazione il segretario e il consulente staranno ai lati dell'amministratore. Se Alfa e Beta non possono sedere l'una a fianco dell'altra, in quanti modi si possono disporre le delegazioni sui due lati del tavolo? Se i componenti di ciascuna delegazione si sedessero sempre affiancati ma in ordine casuale, quante sarebbero le possibili disposizioni? [256; 20 736]

Verso l'esame

INDIVIDUARE STRATEGIE E APPLICARE METODI PER RISOLVERE PROBLEMI

91 Il computer sceglie a caso tra le due cifre 0 e 1 per quattro volte. Calcola quante sono le possibili successioni:
  a. di 0 e 1;
  b. di 0 e 1 che iniziano con 0;
  c. nelle quali la cifra 0 compare una volta;
  d. nelle quali compare sempre la stessa cifra.
  [a) 16; b) 8; c) 4; d) 2]

92 A una festa partecipano 8 uomini e 6 donne. Determina il numero di strette di mano:
  a. se ciascun uomo stringe la mano a tutti i partecipanti, mentre le donne stringono la mano solo agli uomini;
  b. senza alcuna restrizione;
  c. generalizza il problema con n uomini e m donne. $\left[a) \ 76; \ b) \ 91; \ c) \ nm + \binom{n}{2}, \binom{n+m}{2} \right]$

93 Si consideri l'insieme $D = \{1, 2, 3, 4, 5, 6\}$, contenente i possibili risultati del lancio di un dado. Determina, utilizzando gli elementi di D, quanti numeri si possono ottenere:
  a. di al più 4 cifre;
  b. di al più 4 cifre distinte;
  c. multipli di 5 di al più 4 cifre distinte.
  [a) 1554; b) 516; c) 86]

94 Angela, Beatrice, Carlo, Diego, Elena e Fabrizio siedono a un tavolo circolare di un ristorante per la cena. Calcola il numero dei modi distinti in cui i sei amici possono sedersi al tavolo:
  a. se si siedono casualmente;
  b. se Beatrice e Diego vogliono stare vicini;
  c. se non solo Beatrice e Diego, ma anche Angela e Carlo vogliono stare vicini;
  d. se Carlo ed Elena non vogliono stare vicini.
  [a) 120; b) 48; c) 24; d) 72]

95 Matteo e Giorgio hanno in tutto sei palline diverse; calcola in quanti modi distinti possono dividerle tra loro:
  a. se devono averne almeno una ciascuno;
  b. se alla fine Matteo ne ha più di Giovanni;
  c. se alla fine Giovanni ne ha il doppio di Matteo.
  [a) 62; b) 21; c) 15]

96 Considerate le cifre 2, 3, 4 e 5, determina quanti numeri:
  a. formati da una a quattro cifre diverse si possono formare;
  b. formati da una a quattro cifre anche ripetute si possono formare;
  c. dispari di tre cifre diverse si possono formare;
  d. maggiori di 40 e minori di 10 000 si possono formare.
  [a) 64; b) 340; c) 12; d) 328]

97 Un'urna contiene 5 palline rosse e 85 nere. Calcola quanti sono i gruppi di 5 palline che contengono:
  a. una rossa e quattro nere;
  b. due rosse e tre nere;
  c. tre rosse e due nere;
  d. quattro rosse e una nera;
  e. tutte rosse.
  [a) 10 123 925; b) 987 700; c) 35 700; d) 425; e) 1]

98 Dato l'insieme $A = \{a, e, l, o, m, r, t\}$, calcola quante parole, anche prive di significato, si possono scrivere:
  a. con quattro lettere diverse;
  b. con quattro lettere diverse nelle quali la prima sia r e l'ultima a;
  c. con sette lettere diverse;
  d. con otto lettere supponendo che la lettera m si possa ripetere due volte.
  [a) 840; b) 20; c) 5 040; d) 20 160]

Capitolo α1. Calcolo combinatorio

VERIFICA DELLE COMPETENZE   PROVE

⏱ 1 ora

PROVA A

1 Verifica l'identità $D_{n,k} - k \cdot D_{n-1,k-1} = D_{n-1,k}$.

2 In una classe di 28 alunni, l'insegnante di educazione fisica deve scegliere 6 ragazzi che partecipino alla corsa campestre. In quanti modi può effettuare la scelta?

3 Con le 5 vocali, le 16 consonanti e le 10 cifre decimali, quante sigle di 6 elementi puoi costruire se i primi 2 posti devono essere occupati da vocali diverse seguite da 2 consonanti diverse e infine da un numero di due cifre?

4 Con le prime cinque cifre (da 0 a 4) quanti numeri puoi formare:
  a. di tre cifre tutte diverse;
  b. di quattro cifre anche ripetute;
  c. di cinque cifre diverse che iniziano con 4;
  d. di due cifre pari diverse.

5 Sviluppa $(a - 2)^5$.

6 Allo slalom speciale del campionato del mondo di sci partecipano quaranta atleti. In quanti modi si può formare la classifica dei primi cinque?

7 Abbiamo cinque palline nere numerate da 1 a 5 e tre palline bianche numerate da 1 a 3. Determina quanti sono i gruppi ordinati di tre palline diverse che si possono formare avendo:
  a. due nere seguite da una bianca;
  b. due nere seguite da una bianca, usando i numeri dispari;
  c. tutte dispari.

8 Dovendo collocare 5 oggetti diversi, calcola il numero delle possibilità:
  a. mettendone 3 in una scatola e 2 in un'altra;
  b. mettendoli in 3 scatole senza lasciarne alcuna vuota;
  c. mettendoli in tre scatole, anche lasciandone una o due vuote.

PROVA B

1 Verifica l'identità:
$$\binom{n}{k+1} = \frac{n+1}{n-k}\binom{n}{k+1} - \binom{n}{k}.$$

2 Risolvi:
  a. $\binom{x}{2} + \frac{1}{2}\binom{x-1}{x-2} = 4\binom{x+1}{4}$;
  b. $2\binom{x-1}{4} \leq 5\binom{x-1}{x-3}$.

3 Calcola quanti sono gli anagrammi, anche privi di significato, delle parole CAMPING e FOTOGRAFO.

4 Una classe è composta da 17 maschi e 11 femmine. L'insegnante di storia deve interrogare e sorteggia tre studenti a caso. Calcola in quanti modi può avvenire l'estrazione per avere:
  a. tutte femmine;
  b. tutti maschi;
  c. almeno uno dei tre maschio.

5 Quanti numeri di quattro cifre distinte si possono formare con le cifre 0, 1, 2, 3, 4, 5, 6? Quanti di essi sono pari? Quanti sono maggiori di 5000?

6 Determina il sesto termine dello sviluppo di $(x^2 - y)^{10}$.

7 Calcola in quanti modi diversi 5 ragazzi e 3 ragazze possono occupare una fila di 8 posti al cinema se:
  a. le ragazze vogliono stare sempre vicine;
  b. anche i maschi vogliono stare vicini tra loro.

8 Calcola in quanti modi diversi puoi estrarre da un'urna, contenente i 90 numeri del lotto, 3 numeri se l'estrazione è:
  a. consecutiva senza reinserimento del numero estratto;
  b. consecutiva con reinserimento del numero estratto;
  c. contemporanea.

Prove

PROVA C

Ginnastica ritmica La World Cup di ginnastica ritmica è una competizione internazionale di esercizi, sia a squadre sia individuali, da eseguire con uno o più dei seguenti attrezzi: nastro, clavette, palla, fune e cerchio. La gara a squadre prevede che ogni squadra, composta da cinque ginnaste, presenti due esercizi: uno con un solo attrezzo e uno con due attrezzi.

a. Quante sono le possibili scelte degli attrezzi per i due esercizi a squadre?

La scelta degli attrezzi da usare nei due esercizi della gara a squadre avviene ogni quattro anni. Contestualmente vengono scelti anche quattro dei cinque attrezzi da impiegare nelle gare individuali.

b. Quante sono le scelte possibili per entrambe le tipologie di gara?

Alla competizione con le clavette hanno partecipato 20 ginnaste, di cui tre russe, due italiane e due ucraine. Le altre nazioni hanno partecipato con al più due ginnaste. Da regolamento, dopo la prima giornata, in base ai punteggi ottenuti, vanno in finale solo le prime 8 ginnaste, ma non più di due per nazione.

c. Quante sono le classifiche possibili delle prime 8 ginnaste che passano alla fase successiva?
d. Quante sono le classifiche possibili se sai che vanno in finale due russe, un'ucraina e un'italiana?

PROVA D

1 La griglia in figura è costituita da punti rossi e neri. Determina in quanti modi distinti si possono scegliere:
  a. tre punti a caso nella griglia;
  b. tre punti rossi a caso;
  c. tre punti rossi allineati;
  d. tre punti rossi in modo che siano i vertici di un triangolo non degenere.

2 Si utilizzano le vocali e le cifre decimali per costruire sigle formate all'inizio da 2 vocali seguite da 5 cifre decimali. Determina quante sono le sigle nel caso in cui:
  a. le vocali e le cifre sono tutte diverse;
  b. le vocali sono diverse, ma le cifre possono ripetersi;
  c. sia le vocali che le cifre possono ripetersi;
  d. le vocali e anche le cifre sono tutte diverse, ma vengono escluse quelle sigle che nella parte numerica iniziano con 5.

3 **Difetta di memoria** Lucia ha una nuova tessera del Bancomat, con un codice di cinque cifre. Non ha ancora ben memorizzato il numero e ricorda solo che le cifre sono tutte diverse: la prima è 0, l'ultima è 5 e solo la seconda è pari. Quanti tentativi al massimo deve fare per individuare il codice?

CAPITOLO α2 — PROBABILITÀ

1 Eventi

▶ Esercizi a p. α77

Se lasci cadere un oggetto in una stanza, puoi prevedere che raggiungerà il pavimento. Se invece lanci un dado, non puoi prevedere quale fra i possibili risultati otterrai.
Sono analoghi al lancio di un dado tutti gli esperimenti di cui non è prevedibile il risultato, e per questo vengono chiamati *aleatori*, perché in latino *alea* significa «dado».
Esempi di esperimenti aleatori sono: un incontro di calcio, la puntualità di un treno, l'estrazione di un numero al lotto, la produzione di un pezzo difettoso da parte di una macchina, il contrarre una malattia.
Per descrivere e studiare matematicamente gli esperimenti aleatori, diamo le seguenti definizioni.

 Listen to it

A **random experiment** is an experiment which admits more than one possible **outcome**. The set of all possible outcomes of a random experiment is called the **sample space** and every subset of the sample space is called an **event**. An event is **elementary** if it contains only a single outcome of the experiment.

> **DEFINIZIONE**
> - Un **esperimento aleatorio** è un fenomeno di cui non riusciamo a prevedere il risultato con certezza.
> - L'insieme U di tutti i possibili risultati di un esperimento si chiama **spazio campionario** o **universo**.
> - Un **evento** è un qualunque sottoinsieme dello spazio campionario; un evento formato da un singolo risultato dell'esperimento è detto **evento elementare**.

ESEMPIO

Nel lancio di un dado possiamo rappresentare l'insieme universo U come:

$U = \{1, 2, 3, 4, 5, 6\}$,

e graficamente con un diagramma di Venn come nella figura.

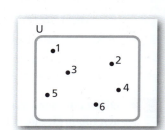

Gli eventi elementari sono:

E_1 = «esce il numero 1», …,

E_6 = «esce il numero 6».

Un possibile evento è $E = \{2, 4, 6\}$, cioè «esce un numero pari».

Paragrafo 2. Concezione classica della probabilità

Chiamiamo **spazio degli eventi** l'insieme di tutti gli eventi che si possono associare a un esperimento, cioè l'insieme delle parti di U.

ESEMPIO

Lanciamo consecutivamente una moneta due volte. Se indichiamo «testa» con T e «croce» con C, con l'aiuto di un diagramma ad albero possiamo determinare l'insieme universo U:

$U = \{TT, TC, CT, CC\}$.

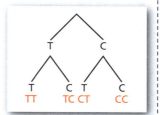

Lo spazio degli eventi è:

$\mathcal{P}(U) = \{\{TT\}, \{CC\}, \{TC\}, \{CT\}, \{TT, CC\}, \{TT, TC\}, \{TT, CT\},$
$\{CC, TC\}, \{CC, CT\}, \{TC, CT\}, \{TT, CC, TC\},$
$\{TT, CC, CT\}, \{CC, TC, CT\}, \{TT, TC, CT\},$
$\{TT, CC, TC, CT\}, \varnothing\}$.

> **Animazione**
>
> Nell'animazione determiniamo lo spazio campionario relativo a tre lanci consecutivi di una moneta e tre eventi aleatori di cui uno elementare.

2. Concezione classica della probabilità

▶ Esercizi a p. α77

Nel lancio di un dado consideriamo l'evento:

E = «esce un numero dispari».

L'insieme universo $U = \{1, 2, 3, 4, 5, 6\}$ è l'insieme dei **casi possibili**, mentre il sottoinsieme $E = \{1, 3, 5\}$ rappresenta l'insieme dei **casi favorevoli**, ossia di quelli in cui l'evento E è verificato.
Se il dado non è truccato, tutti i casi sono *ugualmente possibili*, e il rapporto

$$\frac{\text{numero dei casi favorevoli}}{\text{numero dei casi possibili}} = \frac{3}{6} = \frac{1}{2}$$

fornisce una stima sulla possibilità che l'evento E si verifichi.

> **Listen to it**
>
> The **probability** of an event E is given by the ratio of the number of **favourable outcomes** to the number of all possible outcomes.

> **DEFINIZIONE**
>
> La **probabilità** di un evento E è il rapporto fra il numero dei casi favorevoli f e quello dei casi possibili u quando sono tutti ugualmente possibili.

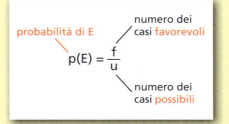

> ▶ In un gioco da tavola ci sono 120 pedine, ognuna delle quali riporta una lettera dell'alfabeto italiano. 57 pedine hanno una vocale, 14 la lettera A, 11 la E e 12 la I. Le pedine con la O sono il triplo di quelle con la U. Calcola la probabilità che, prendendo una pedina a caso:
>
> **a.** sia una vocale;
> **b.** sia una O.
>
> **Animazione**

ESEMPIO

Estraiamo una carta da un mazzo di 52 carte. I casi possibili sono $u = 52$, cioè tutti i possibili esiti dell'estrazione.
Consideriamo gli eventi:

E_1 = «estrazione di una figura rossa»;
E_2 = «estrazione di una carta di picche».

Capitolo α2. Probabilità

▶ In un libro di 60 pagine ci sono 5 pagine dedicate all'introduzione, che non contengono illustrazioni. Delle rimanenti, 12 pagine hanno illustrazioni. Calcola la probabilità che, prendendo una pagina a caso:
a. sia nell'introduzione;
b. non abbia illustrazioni.

$$\left[a)\ \frac{1}{12};\ b)\ \frac{4}{5}\right]$$

Per E_1 i casi favorevoli sono $f = 6$, cioè il numero delle figure rosse; per E_2 i casi favorevoli sono $f = 13$, cioè il numero delle carte di picche. Quindi:

$$p(E_1) = \frac{6}{52} = \frac{3}{26} \simeq 0,12; \qquad p(E_2) = \frac{13}{52} = \frac{1}{4} = 0,25.$$

Possiamo esprimere questi valori anche mediante percentuali.

Per esempio, il valore percentuale della probabilità di E_2 è 25%.

Possiamo fare le seguenti osservazioni.

- Poiché il numero f dei casi favorevoli è sempre minore o uguale al numero dei casi possibili,

$$0 \leq p(E) \leq 1,$$

cioè, la probabilità di un evento è sempre compresa tra 0 e 1.

- Se $f = u$, poiché il numero dei casi favorevoli è uguale al numero dei casi possibili:

$$p(E) = 1$$

e l'evento è **certo**.

- Se $f = 0$, poiché il numero dei casi favorevoli è nullo:

$$p(E) = 0$$

e l'evento è **impossibile**.

Evento contrario

Consideriamo un evento E. Il suo **evento contrario** $\overline{E}$ è l'evento che si verifica se e solo se non si verifica E.

Per esempio, nel lancio di un dado l'evento contrario di E = «esce un numero pari» è $\overline{E}$ = «non esce un numero pari», ossia «esce un numero dispari».

È vero che:

$$p(\overline{E}) = 1 - p(E).$$

Infatti, essendo u = numero dei casi possibili e f = numero dei casi favorevoli a E:

$$p(\overline{E}) = \frac{u - f}{u} = 1 - \frac{f}{u} = 1 - p(E).$$

ESEMPIO

Nel lancio di un dado l'evento $\overline{E}$ = «non esce il numero 6» è l'evento contrario dell'evento E = «esce il numero 6», quindi

$$p(\overline{E}) = 1 - p(E) = 1 - \frac{1}{6} = \frac{5}{6}.$$

Dal punto di vista degli insiemi, dato l'insieme corrispondente a un evento E, al suo evento contrario $\overline{E}$ corrisponde l'*insieme complementare* di E rispetto a U. Nell'esempio precedente, $U = \{1, 2, 3, 4, 5, 6\}$, $E = \{6\}$, $\overline{E} = \{1, 2, 3, 4, 5\}$.

Per quanto abbiamo detto, la somma della probabilità di un evento e di quella del suo evento contrario è 1:

$$p(E) + p(\overline{E}) = 1.$$

▶ In un'urna ci sono tre palline gialle, una bianca e due verdi. Calcola la probabilità dell'evento contrario di B = «esce una pallina bianca»:
a. direttamente;
b. usando le proprietà della probabilità.

▶ Animazione

Paragrafo 2. Concezione classica della probabilità

■ Probabilità e calcolo combinatorio

Nel calcolare la probabilità di un evento con la definizione data, per contare il numero di casi favorevoli e quello di casi possibili, può essere utile il calcolo combinatorio.

ESEMPIO

Da un'urna contenente 4 palline bianche e 6 nere estraiamo *consecutivamente* 5 palline, senza rimettere ogni volta la pallina estratta nell'urna.

a. Consideriamo l'evento:

E_1 = «escono consecutivamente, nell'ordine, 2 palline bianche e 3 nere».

Dobbiamo supporre di *distinguere per l'ordine* di uscita ogni possibile raggruppamento, anche se identico ad altri per composizione.
I casi possibili si possono quindi calcolare con le *disposizioni semplici*:

$$D_{10,5} = 10 \cdot 9 \cdot 8 \cdot 7 \cdot 6 = 30\,240.$$

I casi favorevoli sono tutti i gruppi formati da 2 palline bianche delle quattro contenute nell'urna e dai gruppi formati da 3 palline nere delle sei contenute nell'urna:

$$D_{4,2} \cdot D_{6,3} = (4 \cdot 3) \cdot (6 \cdot 5 \cdot 4) = 1440.$$

Si ha che $p(E_1) = \dfrac{D_{4,2} \cdot D_{6,3}}{D_{10,5}} = \dfrac{1440}{30\,240} = \dfrac{1}{21}$.

b. Consideriamo ora l'evento:

E_2 = «escono 2 palline bianche e 3 nere».

Questa volta *non interessa l'ordine*: indicando con b una pallina bianca e con n una nera, l'evento è verificato non solo quando la successione è

$b, b, n, n, n,$

ma anche quando è

$b, n, b, n, n;$ $n, b, b, n, n;$ ...

I casi favorevoli sono quindi quelli calcolati nel caso **a** moltiplicati per le permutazioni di 5 elementi, di cui 2 e 3 ripetuti:

$$(D_{4,2} \cdot D_{6,3}) \cdot P_5^{(2,3)} = 1440 \cdot \frac{5!}{2! \cdot 3!} = 14\,400.$$

Pertanto $p(E_2) = \dfrac{14\,400}{30\,240} = \dfrac{10}{21}$.

Osserviamo che la probabilità dell'evento E_2 può essere scritta anche nel seguente modo:

$$p(E_2) = \frac{D_{4,2} \cdot D_{6,3} \cdot \dfrac{5!}{2! \cdot 3!}}{D_{10,5}} = \frac{\dfrac{D_{4,2}}{2!} \cdot \dfrac{D_{6,3}}{3!}}{\dfrac{D_{10,5}}{5!}} = \frac{C_{4,2} \cdot C_{6,3}}{C_{10,5}}.$$

Confrontando i risultati ottenuti per E_1 ed E_2, possiamo quindi concludere che nelle estrazioni consecutive senza reinserimento si utilizzano le disposizioni semplici se è essenziale l'ordine di uscita, le combinazioni semplici se l'ordine non interessa.

Video

Roulette e probabilità
Facciamo 10 puntate alla roulette.

▶ Qual è la probabilità che esca un numero nero?

▶ In una classe con 16 femmine e 9 maschi si formano dei gruppi di studio composti da 5 persone. Formando un gruppo a caso, qual è la probabilità che sia composto da almeno 4 femmine?

Animazione

Capitolo α2. Probabilità

3 Somma logica di eventi

▶ Esercizi a p. α83

Eventi unione e intersezione

Ogni evento è un sottoinsieme dello spazio campionario, quindi possiamo utilizzare gli insiemi per definire eventi unione e intersezione di eventi.

DEFINIZIONE
Dati due eventi E_1 ed E_2 di uno stesso spazio campionario:
- l'**evento unione** o **somma logica** è l'evento $E_1 \cup E_2$ che si verifica quando è verificato *almeno* uno degli eventi E_1 **o** E_2;
- l'**evento intersezione** o **prodotto logico** è l'evento $E_1 \cap E_2$ che si verifica quando sono verificati *entrambi* gli eventi E_1 **ed** E_2.

La **o** e la **e** che abbiamo utilizzato nella definizione corrispondono alle *operazioni logiche* tra le proposizioni che descrivono gli eventi. Infatti, date due proposizioni logiche p e q:
- la loro disgiunzione $p \vee q$, cioè p **o** q, è falsa quando entrambe p e q sono false, è vera negli altri casi;
- la loro congiunzione $p \wedge q$, cioè p **e** q, è vera quando entrambe p e q sono vere, è falsa negli altri casi.

L'evento unione viene anche detto **evento totale**, mentre l'evento intersezione è anche detto **evento composto**.

ESEMPIO
Estraiamo una pallina da un'urna che ne contiene 6, numerate da 1 a 6, e consideriamo:

E_1 = «esce un numero minore di 4»,

E_2 = «esce un multiplo di 2».

Abbiamo che:

$E_1 \cup E_2$ = «esce un numero minore di 4 **o** multiplo di 2» = $\{1, 2, 3, 4, 6\}$;

$E_1 \cap E_2$ = «esce un numero minore di 4 **e** multiplo di 2» = $\{2\}$.

Eventi compatibili ed eventi incompatibili

Estraiamo una pallina da un'urna contenente 12 palline numerate da 1 a 12 e consideriamo gli eventi:

E_1 = «esce un numero pari»;

E_2 = «esce un numero maggiore di 7».

Osserviamo che gli eventi E_1 ed E_2 possono verificarsi *contemporaneamente*, per ognuno dei risultati dati da un elemento di $E_1 \cap E_2 = \{8, 10, 12\}$. In casi come questo si dice che gli eventi sono *compatibili*.

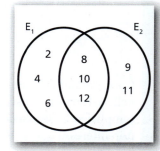

▶ Si lanciano tre monete con le facce contrassegnate da T e C. Considera gli eventi
- E_1 = «esce solo una T»,
- E_2 = «esce almeno una T»,
- E_3 = «escono almeno due T».

Stabilisci quali sono le coppie di eventi compatibili e le coppie di eventi incompatibili.

Paragrafo 3. Somma logica di eventi

Consideriamo ora gli eventi:

E_3 = «esce il numero 2»;

E_4 = «esce il numero 10».

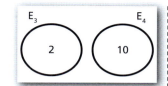

$E_3 \cap E_4 = \varnothing$: questi due eventi, invece, *non* possono verificarsi *contemporaneamente*. Eventi di questo tipo sono *incompatibili*.

DEFINIZIONE
Due eventi E_1 ed E_2, relativi allo stesso spazio campionario, sono **incompatibili** se il verificarsi di uno esclude il verificarsi contemporaneo dell'altro, cioè $E_1 \cap E_2 = \varnothing$. In caso contrario sono **compatibili**.

🇬🇧 **Listen to it**

Two events E_1 and E_2 are said to be **mutually exclusive** (or **disjoint**) if they cannot both occur in a single trial of the experiment. Therefore, the intersection of mutually exclusive events is empty.

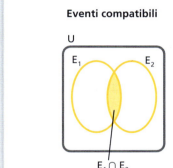
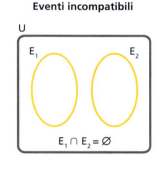

Probabilità della somma logica o unione di due eventi

Vale il seguente teorema.

TEOREMA
La **probabilità della somma logica di due eventi** E_1 ed E_2 è uguale alla somma delle loro probabilità diminuita della probabilità del loro evento intersezione:

$$p(E_1 \cup E_2) = p(E_1) + p(E_2) - p(E_1 \cap E_2).$$

In particolare, se gli eventi sono *incompatibili*:

$$p(E_1 \cup E_2) = p(E_1) + p(E_2).$$

Infatti, se gli eventi sono compatibili, per calcolare gli elementi di $E_1 \cup E_2$ occorre sottrarre alla somma degli elementi di E_1 ed E_2 quelli in comune, altrimenti verrebbero contati due volte. Se invece gli eventi sono incompatibili, poiché $E_1 \cap E_2 = \varnothing$ e $p(E_1 \cap E_2) = 0$, la sottrazione non è necessaria.

Il teorema si estende al caso di tre o più eventi. Per esempio, nel caso di tre eventi la relazione del teorema diventa:

$$p(E_1 \cup E_2 \cup E_3) = p(E_1) + p(E_2) + p(E_3) - p(E_1 \cap E_2) + \\ - p(E_1 \cap E_3) - p(E_2 \cap E_3) + p(E_1 \cap E_2 \cap E_3).$$

In ogni caso è sempre opportuno effettuare la rappresentazione con i diagrammi di Venn e ricavare, osservando la figura, le probabilità da sommare o da sottrarre.

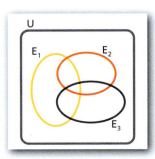

Capitolo α2. Probabilità

ESEMPIO

Un'urna contiene 15 palline numerate da 1 a 15. Calcoliamo la probabilità che, estraendo una pallina, essa rechi:

a. un numero dispari o maggiore di 10;

b. un numero minore di 6 o maggiore di 10.

Rappresentiamo gli eventi:

E_1 = «esce un numero dispari»;

E_2 = «esce un numero maggiore di 10»;

E_3 = «esce un numero minore di 6».

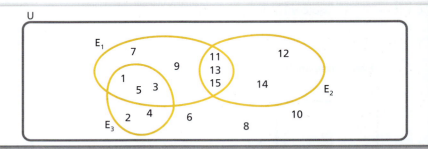

Utilizzando il diagramma di Venn, calcoliamo:

a. $p(E_1 \cup E_2) = p(E_1) + p(E_2) - p(E_1 \cap E_2) = \frac{8}{15} + \frac{5}{15} - \frac{3}{15} = \frac{10}{15} = \frac{2}{3}$;

b. $p(E_3 \cup E_2) = p(E_3) + p(E_2) = \frac{5}{15} + \frac{5}{15} = \frac{10}{15} = \frac{2}{3}$.

Possiamo generalizzare il teorema precedente al caso di n eventi a due a due incompatibili, $E_1, E_2, ..., E_n$, ottenendo la formula

$$p(E_1 \cup E_2 \cup ... \cup E_n) = p(E_1) + p(E_2) + ... + p(E_n).$$

Questo risultato è anche chiamato **teorema della probabilità totale**.

▶ Un sacchetto contiene trenta gettoni numerati da 1 a 30. Si estraggono consecutivamente due gettoni, senza rimettere il primo nel sacchetto. Calcola la probabilità che:

a. vengano estratti due multipli di 3 oppure due multipli di 5;

b. la somma dei numeri estratti sia un numero pari.

▢ **Animazione**

4 Probabilità condizionata

▶ Esercizi a p. α86

Eventi dipendenti ed eventi indipendenti

Consideriamo un'urna contenente 12 palline identiche numerate da 1 a 12. Lo spazio campionario è

$U = \{1, 2, 3, 4, 5, 6, 7, 8, 9, 10, 11, 12\}$

e l'evento E = «estrazione di una pallina con un numero divisibile per 3» ha probabilità $p(E) = \frac{4}{12} = \frac{1}{3}$.

1. Consideriamo l'evento

E_1 = «estrazione di una pallina con un numero maggiore di 7»,

per il quale $p(E_1) = \frac{5}{12}$.

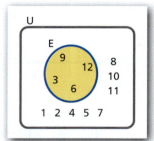

Paragrafo 4. Probabilità condizionata

Valutiamo ora la probabilità di E quando sappiamo che E_1 si è verificato. Indichiamo questa probabilità con il simbolo $p(E|E_1)$ che leggiamo *probabilità di E condizionata a E_1*.

In questa situazione gli esiti possibili non sono più 12, ma 5 (figura **a**), in quanto l'insieme universo si è ridotto a:

$$U' = E_1 = \{8, 9, 10, 11, 12\}.$$

I casi favorevoli sono i 2 elementi dell'insieme $E \cap E_1 = \{9, 12\}$.

La probabilità è $p(E|E_1) = \dfrac{2}{5}$, che è un valore maggiore di $p(E) = \dfrac{1}{3}$.

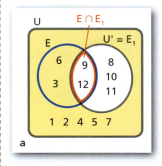

a

Sapere che E_1 si è verificato ha aumentato la probabilità di E. Gli eventi E ed E_1 si dicono *correlati positivamente*.

2. Consideriamo l'evento E_2 = «estrazione di una pallina con un numero pari», per il quale $p(E_2) = \dfrac{6}{12} = \dfrac{1}{2}$.

Valutiamo la probabilità di E, supponendo che si sia verificato E_2, cioè la probabilità $p(E|E_2)$ di E condizionata a E_2. Gli esiti possibili diventano 6 (figura **b**), in quanto l'insieme universo si è ridotto a $U' = E_2 = \{2, 4, 6, 8, 10, 12\}$; i casi favorevoli sono i 2 elementi dell'insieme $E \cap E_2 = \{6, 12\}$.

$p(E|E_2) = \dfrac{2}{6} = \dfrac{1}{3}$, che è un valore uguale a $p(E) = \dfrac{1}{3}$.

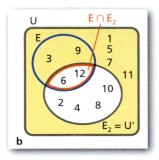

b

In questo caso, sapere che E_2 si è verificato non ha mutato il valore della probabilità di E. Gli eventi E ed E_2 sono *indipendenti*.

3. Consideriamo l'evento

E_3 = «estrazione di una pallina con un numero minore di 8»,

per il quale $p(E_3) = \dfrac{7}{12}$.

Valutiamo la probabilità di E supponendo che sia verificato l'evento E_3, cioè $p(E|E_3)$. Gli esiti possibili ora sono 7 (figura **c**), perché l'insieme universo si è ridotto a $U' = E_3 = \{1, 2, 3, 4, 5, 6, 7\}$; i casi favorevoli sono i 2 elementi dell'insieme $E \cap E_3 = \{3, 6\}$.

$p(E|E_3) = \dfrac{2}{7}$, che è un valore minore di $p(E) = \dfrac{1}{3}$.

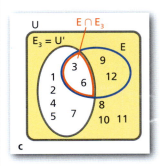

c

Sapere che si è verificato E_3 ha diminuito la probabilità di E. Gli eventi E ed E_3 sono *correlati negativamente*.

In generale, diamo la seguente definizione.

DEFINIZIONE

Dati due eventi E_1 ed E_2, con $p(E_2) \neq 0$, si chiama **probabilità condizionata** di E_1 rispetto a E_2, e si indica con $p(E_1|E_2)$, la probabilità che si verifichi E_1 nell'ipotesi che E_2 sia verificato.

 Listen to it

The **conditional probability** of E_1 given E_2 is the probability that the event E_1 will occur given that the event E_2 has occurred.

Se $p(E_1|E_2) = p(E_1)$, cioè le conoscenze ulteriori sul verificarsi di E_2 non modificano la probabilità di E_1, si dice che gli eventi sono **indipendenti**.
Se invece $p(E_1|E_2) \neq p(E_1)$, cioè le conoscenze ulteriori sul verificarsi di E_2 modificano la probabilità di E_1, si dice che gli eventi sono **dipendenti**.

Capitolo α2. Probabilità

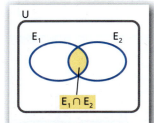

► Da un mazzo di 40 carte ne estraiamo una. Stabilisci se sono indipendenti gli eventi:
- E = «pesco una carta maggiore o uguale al quattro»;
- F = «pesco una carta di denari».

Animazione

Dati due eventi dipendenti E_1 ed E_2:
- se $p(E_1 | E_2) > p(E_1)$, i due eventi sono **correlati positivamente**;
- se $p(E_1 | E_2) < p(E_1)$, i due eventi sono **correlati negativamente**.

Osserviamo che, mentre per calcolare $p(E_1)$ consideriamo l'insieme universo U, nel calcolare $p(E_1 | E_2)$ l'insieme universo si riduce al sottoinsieme E_2.

Calcolo della probabilità condizionata

Chiamiamo k il numero degli esiti favorevoli al verificarsi di E_2 e r quello degli esiti favorevoli al verificarsi di E_1 nell'ipotesi che E_2 si sia verificato, ossia il numero di elementi di $E_1 \cap E_2$. Per definizione, abbiamo:

$$p(E_1 | E_2) = \frac{r}{k}.$$

Dividendo numeratore e denominatore per n, numero degli elementi di U, otteniamo:

$$p(E_1 | E_2) = \frac{r}{k} = \frac{\frac{r}{n}}{\frac{k}{n}} = \frac{p(E_1 \cap E_2)}{p(E_2)}.$$

Per la probabilità condizionata vale quindi il seguente teorema.

> **TEOREMA**
>
> La probabilità condizionata di un evento E_1 rispetto a un evento E_2, non impossibile, è:
>
> $$p(E_1 | E_2) = \frac{p(E_1 \cap E_2)}{p(E_2)},$$
>
> con $p(E_2) \neq 0$.

Analogamente:

$$p(E_2 | E_1) = \frac{p(E_2 \cap E_1)}{p(E_1)},$$

con $p(E_1) \neq 0$.

> **ESEMPIO**
>
> In un istituto ci sono 650 alunni, di cui 425 femmine e 225 maschi. Nella classe 5ª B ci sono 24 alunni, di cui 11 femmine e 13 maschi. Si estraggono a sorte due alunni che partecipino a un sondaggio nazionale. Calcoliamo la probabilità che gli alunni della scuola estratti siano entrambi maschi, sapendo che sono stati estratti due alunni della 5ª B.
> Chiamiamo:
>
> E_1 = «sono stati estratti due maschi»;
>
> E_2 = «sono stati estratti due alunni della 5ª B».
>
> Calcoliamo $p(E_1 | E_2)$ applicando il teorema della probabilità condizionata.
>
> $E_1 \cap E_2$ = «sono stati estratti due maschi della 5ª B».

Paragrafo 5. Prodotto logico di eventi

Casi favorevoli:

$$C_{13,2} = \frac{13 \cdot 12}{2} = 78.$$

Casi possibili:

$$C_{650,2} = \frac{650 \cdot 649}{2!} = 210\,925.$$

Quindi: $p(E_1 \cap E_2) = \dfrac{C_{13,2}}{C_{650,2}} = \dfrac{78}{210\,925} = \dfrac{6}{16\,225}.$

La probabilità di estrarre due alunni della 5ª B è:

$$p(E_2) = \frac{C_{24,2}}{C_{650,2}} = \frac{\dfrac{24 \cdot 23}{2}}{210\,925} = \frac{276}{210\,925}.$$

La probabilità di estrarre due alunni maschi, sapendo che sono stati estratti due alunni della 5ª B è:

$$p(E_1 \mid E_2) = \frac{p(E_1 \cap E_2)}{p(E_2)} = \frac{6}{16\,225} \cdot \frac{210\,925}{276} = \frac{13}{46}.$$

> ▶ Calcola $p(E_1 \mid E_2)$ dell'esempio a fianco usando la definizione di probabilità condizionata.

5 Prodotto logico di eventi

|▶ **Esercizi a p. α89**

Estraiamo una carta da un mazzo di 52 carte. L'evento

E = «esce un re nero»

è l'intersezione di:

E_1 = «esce una carta con seme nero»; E_2 = «esce un re».

Essendo E = {re di picche, re di fiori}, i casi favorevoli sono 2, quindi la probabilità del prodotto logico di E_1 ed E_2 è:

$$p(E) = p(E_1 \cap E_2) = \frac{2}{52} = \frac{1}{26}.$$

Questo risultato si può ottenere anche in un altro modo.
Dalla relazione della probabilità condizionata abbiamo:

$$p(E_2 \mid E_1) = \frac{p(E_1 \cap E_2)}{p(E_1)} \;\rightarrow\; p(E_1 \cap E_2) = p(E_1) \cdot p(E_2 \mid E_1).$$

Applichiamo la relazione ottenuta nel nostro esempio:

$$p(E_1) = \frac{26}{52} = \frac{1}{2}.$$

Per l'evento E_2 condizionato a E_1, essendo uscita una carta nera, i casi possibili sono 26, mentre i casi favorevoli sono 2:

$$p(E_2 \mid E_1) = \frac{2}{26} = \frac{1}{13}.$$

α61

Capitolo α2. Probabilità

Pertanto,
$$p(E_1 \cap E_2) = p(E_1) \cdot p(E_2 \mid E_1) = \frac{1}{2} \cdot \frac{1}{13} = \frac{1}{26}.$$

Abbiamo riottenuto il valore calcolato precedentemente in modo diretto.
Vale il seguente teorema.

🇬🇧 Listen to it

The **multiplication rule** states that the probability of the intersection of the events E_1 and E_2 is equal to the probability of E_1 times the conditional probability of E_2 given E_1.

> **TEOREMA**
> La **probabilità del prodotto logico di due eventi** E_1 ed E_2 è uguale al prodotto della probabilità dell'evento E_1 per la probabilità dell'evento E_2 nell'ipotesi che E_1 si sia verificato:
> $$p(E_1 \cap E_2) = p(E_1) \cdot p(E_2 \mid E_1).$$
> In particolare, nel caso di eventi *indipendenti*:
> $$p(E_1 \cap E_2) = p(E_1) \cdot p(E_2).$$

▶ In un'urna ci sono 12 palline, di cui 8 bianche e 4 nere. Si effettuano due estrazioni, con reimmissione. Calcola la probabilità di estrarre, in successione, una pallina bianca e una nera. Determina la stessa probabilità nel caso in cui la prima pallina estratta non venga rimessa nell'urna.

La seconda formula è conseguenza della prima perché, se gli eventi sono indipendenti, $p(E_2 \mid E_1) = p(E_2)$.

Animazione

ESEMPIO
Sapendo che, al primo controllo dopo 2000 km percorsi, la probabilità che un'automobile abbia difetti all'alimentazione è dell'8% e che abbia difetti ai freni è del 3%, e sapendo che i difetti sono indipendenti, calcoliamo la probabilità che una macchina li presenti entrambi.

$E_1 =$ «avere difettosa l'alimentazione», $\qquad p(E_1) = \dfrac{8}{100} = 8\%$;

$E_2 =$ «avere difettosi i freni», $\qquad p(E_2) = \dfrac{3}{100} = 3\%$;

$p(E_1 \cap E_2) = p(E_1) \cdot p(E_2) = \dfrac{8}{100} \cdot \dfrac{3}{100} = \dfrac{24}{10\,000} = \dfrac{0{,}24}{100} = 0{,}24\%.$

 perché E_1 ed E_2 sono indipendenti

▶ Due componenti elettronici indipendenti hanno probabilità di guastarsi rispettivamente di 0,1 e 0,2. Qual è la probabilità che entrambi si guastino? Come cambia la risposta se i componenti non sono indipendenti e sapendo che quando si guasta il primo la probabilità che si guasti il secondo è 0,3?
[0,02; 0,03]

Il teorema della probabilità del prodotto logico si può estendere a più eventi che si devono verificare uno dopo l'altro, considerando quello precedente come verificato.
Nel caso di tre eventi la formulazione è
$$p(E) = p(E_1 \cap E_2 \cap E_3) = p(E_1) \cdot p(E_2 \mid E_1) \cdot p(E_3 \mid (E_1 \cap E_2)),$$
che per eventi indipendenti si semplifica:
$$p(E) = p(E_1 \cap E_2 \cap E_3) = p(E_1) \cdot p(E_2) \cdot p(E_3).$$

Problemi con somma e prodotto logico insieme

Consideriamo un esempio di problema che si risolve utilizzando congiuntamente la somma logica e il prodotto logico.

ESEMPIO
Da un'urna che contiene 4 palline nere e 6 bianche estraiamo consecutivamente 3 palline. Calcoliamo la probabilità che le palline siano 2 nere e 1 bianca, con estrazioni senza reimmissione.

Consideriamo:

E_1 = «alla prima estrazione esce una pallina nera»;

E_2 = «alla seconda estrazione esce una pallina nera»;

E_3 = «alla terza estrazione esce una pallina nera».

L'evento E si verifica se si ottiene una delle seguenti sequenze:

(n, n, b) o (n, b, n) o (b, n, n).

Quindi:

$E = (E_1 \cap E_2 \cap \overline{E}_3) \cup (E_1 \cap \overline{E}_2 \cap E_3) \cup (\overline{E}_1 \cap E_2 \cap E_3)$.

L'evento E è l'unione di tre eventi incompatibili, dunque

$p(E) = p(E_1 \cap E_2 \cap \overline{E}_3) + p(E_1 \cap \overline{E}_2 \cap E_3) + p(\overline{E}_1 \cap E_2 \cap E_3)$.

Se non c'è reimmissione, gli eventi E_1, E_2, E_3 e anche i loro complementari sono dipendenti; quindi, per esempio, per il primo addendo abbiamo:

$p(E_1 \cap E_2 \cap \overline{E}_3) = p(E_1) \cdot p(E_2 | E_1) \cdot p(\overline{E}_3 | E_2 \cap E_1) = \frac{4}{10} \cdot \frac{3}{9} \cdot \frac{6}{8}$.

▶ Risolvi il problema dell'esempio supponendo che le estrazioni avvengano con reimmissione. $\left[\frac{36}{125}\right]$

Ripetiamo il procedimento con gli altri addendi:

$p(E) = \frac{4}{10} \cdot \frac{3}{9} \cdot \frac{6}{8} + \frac{4}{10} \cdot \frac{6}{9} \cdot \frac{3}{8} + \frac{6}{10} \cdot \frac{4}{9} \cdot \frac{3}{8} = 3 \cdot \frac{6 \cdot 4 \cdot 3}{10 \cdot 9 \cdot 8} = \frac{3}{10}$.

■ Problema delle prove ripetute

Lanciamo un dado regolare e calcoliamo la probabilità che in cinque lanci consecutivi la faccia 3 si presenti soltanto la prima volta e poi non si presenti più nei lanci successivi. Chiamiamo E_1 questo evento.

Siamo di fronte a un *evento prodotto logico* di una sequenza di cinque *eventi indipendenti*.

La probabilità dell'evento E = «esce la faccia 3» è $p(E) = \frac{1}{6}$, mentre la probabilità dell'evento $\overline{E}$ = «non esce la faccia 3» è $1 - p(E) = 1 - \frac{1}{6} = \frac{5}{6}$.

La probabilità richiesta è: $p(E_1) = \frac{1}{6} \cdot \frac{5}{6} \cdot \frac{5}{6} \cdot \frac{5}{6} \cdot \frac{5}{6} = \frac{1}{6} \cdot \left(\frac{5}{6}\right)^4 = \frac{5^4}{6^5}$.

MATEMATICA E SCIENZA

Siamo soli nell'Universo? A tutti è capitato di chiedersi almeno una volta se nel resto dell'Universo esiste qualche forma di vita intelligente.

▶ Possiamo calcolare la probabilità di vita extraterrestre?

☐ **La risposta**

Abbandoniamo ora la richiesta che la faccia 3 esca la prima volta e consideriamo il caso in cui essa esca una volta sola, non importa in quale posizione della sequenza.

L'evento $F_{1,5}$ = «esce 3 solo una volta su cinque lanci» è la somma logica degli eventi E_i = «esce 3 solo all'i-esimo lancio», con i che va da 1 a 5; tali eventi sono tutti incompatibili fra loro e ognuno ha probabilità uguale a $p(E_1)$. Quindi

$p(F_{1,5}) = p(E_1) + p(E_2) + \ldots + p(E_5) = 5 \cdot p(E_1) = 5 \cdot \frac{5^4}{6^5} = \frac{5^5}{6^5}$.

Il numero di sequenze che contengono solo un 3 può essere visto come il numero dei modi in cui un elemento può occupare cinque posti a disposizione:

$\binom{5}{1}$.

Capitolo α2. Probabilità

Se l'evento «esce la faccia 3» si deve presentare due volte, abbiamo:

$$p(F_{2,5}) = \binom{5}{2} \cdot \frac{1}{6} \cdot \frac{1}{6} \cdot \frac{5}{6} \cdot \frac{5}{6} \cdot \frac{5}{6} = \binom{5}{2} \cdot \left(\frac{1}{6}\right)^2 \cdot \left(\frac{5}{6}\right)^3 = \frac{10 \cdot 5^3}{6^5}.$$

Se le volte sono tre:

$$p(F_{3,5}) = \binom{5}{3} \cdot \frac{1}{6} \cdot \frac{1}{6} \cdot \frac{1}{6} \cdot \frac{5}{6} \cdot \frac{5}{6} = \binom{5}{3} \cdot \left(\frac{1}{6}\right)^3 \cdot \left(\frac{5}{6}\right)^2 = \frac{10 \cdot 5^2}{6^5}.$$

E così via.

Generalizziamo il problema.

Abbiamo un evento E con probabilità costante p di verificarsi.
L'evento contrario $\overline{E}$ ha probabilità di verificarsi $q = 1 - p$.

Effettuiamo n prove e vogliamo calcolare la probabilità che l'evento E si verifichi k volte e $(n - k)$ volte non si verifichi.
Supponendo che l'evento accada nelle prime k prove e non accada nelle $(n - k)$ successive, dobbiamo applicare il *teorema della probabilità del prodotto logico* e abbiamo:

$$\underbrace{p \cdot p \cdot p \cdot \ldots \cdot p}_{k \text{ volte}} \cdot \underbrace{q \cdot q \cdot q \cdot \ldots \cdot q}_{(n-k) \text{ volte}} = p^k \cdot q^{n-k}.$$

Poiché le k prove in cui l'evento si verifica si possono presentare con ordine diverso, dobbiamo applicare il teorema della *somma logica di eventi* e quindi moltiplicare il valore precedente per il numero delle possibilità che ci sono.
Indichiamo il valore della probabilità con il simbolo $p_{(k,n)}$. Abbiamo:

$$p_{(k,n)} = \binom{n}{k} p^k \cdot q^{n-k}.$$

Vale quindi il seguente teorema.

> **TEOREMA**
> **Schema delle prove ripetute (o di Bernoulli)**
> Dato un esperimento aleatorio ripetuto nelle stesse condizioni n volte e indicato con E un evento che rappresenta il successo dell'esperimento e ha probabilità costante p di verificarsi e probabilità $q = 1 - p$ di non verificarsi, la probabilità di ottenere k successi su n prove è:
>
> $$p_{(k,n)} = \binom{n}{k} p^k \cdot q^{n-k}.$$

> **ESEMPIO**
> Una macchina produce pezzi che risultano difettosi con una probabilità del 3%. Prendiamo 8 pezzi e calcoliamo la probabilità che:
>
> a. nessuno sia difettoso;   c. tutti siano difettosi;
> b. 3 siano difettosi;   d. almeno 2 siano difettosi.
>
> Essendo $p = 0{,}03$ e $q = 0{,}97$:
>
> a. $p_{(0,8)} = \binom{8}{0}(0{,}03)^0 \cdot (0{,}97)^8 \simeq 78{,}37\%$.

b. $p_{(3,8)} = \binom{8}{3}(0{,}03)^3 \cdot (0{,}97)^5 \simeq 12{,}98 \cdot 10^{-2}\%$.

c. $p_{(8,8)} = \binom{8}{8}(0{,}03)^8 \cdot (0{,}97)^0 \simeq 6{,}56 \cdot 10^{-11}\%$.

d. Per questo quesito utilizziamo l'evento contrario di «almeno due pezzi difettosi» che è: «nessun pezzo difettoso o uno solo difettoso»:

$$p = 1 - p_{(0,8)} - p_{(1,8)} \simeq 1 - 0{,}7837 - \binom{8}{1}(0{,}03)^1 \cdot (0{,}97)^7 \simeq 2{,}24\%.$$

▶ Un test è composto da 10 domande, ciascuna con quattro opzioni di risposta, di cui una sola corretta. Alberto risponde a caso a tutte le 10 domande.
Qual è la probabilità che risponda correttamente ad almeno 7 domande?

[$\simeq 0{,}0035$]

6 Teorema di Bayes

■ Se l'evento deve accadere: la disintegrazione

▶ Esercizi a p. α96

Abbiamo due urne:

- urna 1: 3 palline bianche e 2 nere;
- urna 2: 4 palline bianche e 5 nere.

Calcoliamo la probabilità che, scegliendo a caso un'urna ed effettuando l'estrazione di una pallina, questa sia bianca.
Per la scelta dell'urna ci affidiamo al lancio di un dado: se viene un numero minore di tre, effettueremo l'estrazione dalla prima urna, altrimenti dalla seconda.

Gli esiti dell'esperimento possono essere descritti da coppie il cui primo elemento indica il numero del dado uscito e il secondo se la pallina estratta è bianca (*b*) oppure nera (*n*). Per esempio, la coppia (4, *b*) indica che nel lancio del dado esce 4 e nell'estrazione dall'urna (la seconda) la pallina è bianca.
Consideriamo i due eventi, riferiti al lancio del dado:

E_1 = «numero minore di tre»;

E_2 = «numero maggiore o uguale a tre».

Questi due eventi sono incompatibili ed esauriscono tutte le possibilità di lancio.

Essi hanno probabilità: $p(E_1) = \dfrac{2}{6} = \dfrac{1}{3}$, $p(E_2) = \dfrac{4}{6} = \dfrac{2}{3}$.

L'evento

E = «pallina bianca»,

formato dalle coppie che hanno come secondo elemento *b*, è un sottoinsieme di $U = E_1 \cup E_2$ ed è l'unione di due eventi incompatibili:

$E \cap E_1$ = «numero minore di tre e pallina bianca dalla prima urna»;

$E \cap E_2$ = «numero maggiore o uguale a tre e pallina bianca dalla seconda urna».

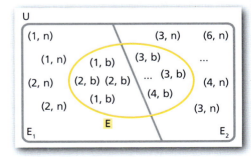

Gli eventi E ed E_1 sono dipendenti, così come gli eventi E ed E_2, quindi per calcolare la probabilità delle intersezioni dobbiamo usare la probabilità condizionata.

$$p(E\mid E_1) = \frac{3}{5} \quad \text{e} \quad p(E\mid E_2) = \frac{4}{9},$$

quindi, applicando il teorema della probabilità del prodotto logico, abbiamo:

$$p(E \cap E_1) = p(E_1) \cdot p(E\mid E_1) = \underbrace{\frac{1}{3}}_{\text{numero minore di tre}} \cdot \underbrace{\frac{3}{5}}_{\text{bianca dalla prima urna}} = \frac{1}{5};$$

$$p(E \cap E_2) = p(E_2) \cdot p(E\mid E_2) = \underbrace{\frac{2}{3}}_{\text{numero maggiore o uguale a tre}} \cdot \underbrace{\frac{4}{9}}_{\text{bianca dalla seconda urna}} = \frac{8}{27}.$$

Possiamo ora calcolare la probabilità dell'evento E:

$$p(E) = p(E \cap E_1) + p(E \cap E_2) = p(E_1) \cdot p(E\mid E_1) + p(E_2) \cdot p(E\mid E_2) =$$
$$\frac{1}{5} + \frac{8}{27} = \frac{67}{135}.$$

Visualizziamo tutto il procedimento utilizzando un diagramma ad albero, dove i rami uscenti da un nodo rappresentano eventi incompatibili e, sommando le probabilità segnate su di essi, otteniamo il valore uno.

▶ In un'indagine condotta su 120 persone, di cui 70 uomini e 50 donne, è risultato che hanno la patente il 90% degli uomini e l'87% delle donne. Prendendo una persona a caso, qual è la probabilità che questa abbia la patente?
[0,89]

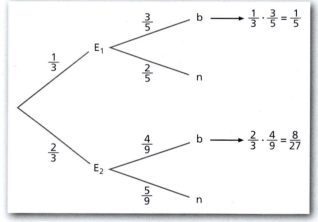

Partendo da sinistra, percorrendo i rami del diagramma, leggiamo la successione degli eventi che formano l'evento composto ed effettuiamo il prodotto delle probabilità.

Addizionando le probabilità degli eventi prodotto dei percorsi, otteniamo la probabilità dell'evento considerato: $p(E) = \dfrac{1}{5} + \dfrac{8}{27} = \dfrac{67}{135}$.

In generale, un evento E si può esprimere come unione di eventi composti a due a due incompatibili nel seguente modo:

$$E = (E \cap E_1) \cup (E \cap E_2) \cup \ldots \cup (E \cap E_n),$$

dove $E_1, E_2, \ldots, E_n$ costituiscono una *partizione* dello spazio campionario U, cioè sono eventi:

- non vuoti;
- incompatibili a due a due;
- tali che la loro unione è uguale a U.

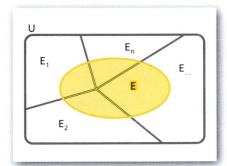

Applicando il teorema della probabilità totale, si ha

$$p(E) = p(E \cap E_1) + p(E \cap E_2) + \ldots + p(E \cap E_n),$$

e applicando il teorema del prodotto logico di eventi, si ha la formula

$$p(E) = p(E_1) \cdot p(E | E_1) + p(E_2) \cdot p(E | E_2) + \ldots + p(E_n) \cdot p(E | E_n),$$

la cui applicazione risulta facilitata utilizzando i diagrammi ad albero.
Questa formula è anche detta **formula di disintegrazione**.

■ Se l'evento è accaduto: teorema di Bayes

▶ Esercizi a p. α97

Consideriamo ancora l'esperimento relativo all'estrazione di una pallina bianca da due urne, la cui scelta è stabilita dal lancio di un dado.

Supponiamo che *si sia verificato* l'evento:

E = «estrazione di una pallina bianca».

Ci chiediamo: «qual è la probabilità che la pallina bianca estratta provenga dalla prima urna?».

Siamo in una situazione completamente diversa da quella precedente.
Infatti abbiamo sempre calcolato la probabilità di un evento che potrebbe accadere conoscendo le cause che stanno alla base del suo verificarsi.
Ora invece l'evento si è verificato e vogliamo conoscere la probabilità che sia stata una certa *causa* a produrlo.

Usiamo ancora le notazioni:

E_1 = «numero minore di tre»;

$E_1 \cap E$ = «numero minore di tre e pallina bianca dalla prima urna».

Dobbiamo calcolare la probabilità che, verificatosi E, si sia verificato anche E_1, cioè $p(E_1 | E)$.

$$p(E_1 | E) = \frac{p(E_1 \cap E)}{p(E)}$$

Capitolo α2. Probabilità

Essendo $E_1 \cap E = E \cap E_1$ e utilizzando i valori di probabilità che abbiamo già calcolato,

$$p(E_1 \cap E) = p(E \cap E_1) = p(E_1) \cdot p(E \mid E_1) = \frac{1}{5} \quad \text{e} \quad p(E) = \frac{67}{135},$$

otteniamo:

$$p(E_1 \mid E) = \frac{p(E_1 \cap E)}{p(E)} = \frac{p(E_1) \cdot p(E \mid E_1)}{p(E)} = \frac{\frac{1}{5}}{\frac{67}{135}} = \frac{27}{67}.$$

Pertanto, la probabilità della causa dell'evento che si è verificato si ottiene calcolando il rapporto tra la probabilità dell'evento, verificata la causa, e la probabilità totale dell'evento.

Generalizziamo il problema.

Sia U uno spazio campionario ed $E \subset U$ un evento che supponiamo si sia verificato. Consideriamo una partizione di U in n eventi $E_1, E_2, \ldots, E_n$; allora

$$E = (E \cap E_1) \cup (E \cap E_2) \cup \ldots \cup (E \cap E_n).$$

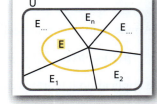

> La probabilità che l'evento E_i sia stato la **causa** di E si ottiene come rapporto fra la probabilità di $E_i \cap E$ e la probabilità dell'evento totale E.

Ciò conduce alla seguente formula, nota come **teorema di Bayes** o **teorema della probabilità delle cause**.

🇬🇧 Listen to it

Bayes' theorem allows us to compute the probability that an event E_i is the **cause** of a given **effect** E that has already occurred.

TEOREMA

Teorema di Bayes
La probabilità che, essendosi verificato un evento E, la causa che sta alla sua origine sia l'evento E_i, con $i = 1, 2, \ldots, n$, è

$$p(E_i \mid E) = \frac{p(E_i) \cdot p(E \mid E_i)}{p(E)},$$

dove $p(E)$ è la probabilità dell'evento totale:

$$p(E) = p(E_1) \cdot p(E \mid E_1) + p(E_2) \cdot p(E \mid E_2) + \ldots + p(E_n) \cdot p(E \mid E_n)$$

e gli eventi $E_1, E_2, \ldots, E_n$ sono una partizione dello spazio campionario U.

Il teorema di Bayes trova applicazioni nel campo del controllo della qualità, in medicina, in farmacia e ogniqualvolta è necessario valutare il «peso» di una causa di fronte al verificarsi di un evento.

> **ESEMPIO**
>
> Un'industria utilizza tre macchinari: il primo produce 500 pezzi, il secondo 1250 e il terzo 750. I pezzi difettosi prodotti dai tre macchinari sono rispettivamente il 5%, l'8% e il 6%.
> Avendo prelevato un pezzo difettoso, qual è la probabilità che provenga dal primo macchinario? E qual è la probabilità che provenga dal secondo o dal terzo macchinario?

Paragrafo 6. Teorema di Bayes

M_1 = «produzione primo macchinario»,
M_2 = «produzione secondo macchinario»,
M_3 = «produzione terzo macchinario»,
D = «pezzo difettoso».

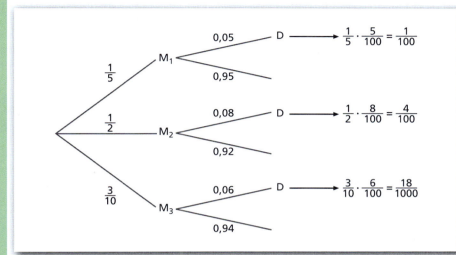

MATEMATICA INTORNO A NOI

I filtri antispam Le e-mail indesiderate, o spam, sono una seccatura. Oltre a intasare le caselle di posta elettronica, causano un notevole dispendio di tempo e di energie.

▶ Come funzionano i filtri antispam?

🔲 **La risposta**

Calcoliamo la probabilità che, prendendo a caso un pezzo, esso sia difettoso:

$p(D) = 0{,}01 + 0{,}04 + 0{,}018 = 0{,}068.$ ——— **formula di disintegrazione**

Rispondiamo al primo quesito.
La probabilità che esca un pezzo difettoso dalla prima macchina è:

$p(D \cap M_1) = p(M_1) \cdot p(D \mid M_1) = 0{,}01.$

Calcoliamo la probabilità che, avendo preso un pezzo difettoso, esso provenga dalla prima macchina:

$$p(M_1 \mid D) = \frac{p(M_1) \cdot p(D \mid M_1)}{p(D)} = \frac{0{,}01}{0{,}068} = \frac{10}{68} = \frac{5}{34}.$$

Rispondiamo al secondo quesito.
La probabilità che esca un pezzo difettoso dalla seconda o dalla terza macchina è:

$p(M_2) \cdot p(D \mid M_2) + p(M_3) \cdot p(D \mid M_3) = 0{,}04 + 0{,}018 = 0{,}058.$

Quindi, la probabilità che, avendo preso un pezzo difettoso, esso provenga dalla seconda o dalla terza macchina è:

$$\frac{0{,}058}{0{,}068} = \frac{58}{68} = \frac{29}{34}.$$

🔲 **Video**

Teorema di Bayes
Sei l'avvocato di un giovane accusato.

▶ Qual è la probabilità che il tuo cliente sia colpevole?

▶ Una ditta produce bicchieri da vino, da acqua e da amaro in queste proporzioni: 30%, 45%, 25%. I processi produttivi sono diversi e risultano difettosi il 2% dei bicchieri da vino, il 3% di quelli da acqua e il 5% di quelli da amaro.
a. Prendendo un bicchiere a caso, qual è la probabilità che sia difettoso?
b. Se si è preso un bicchiere difettoso, qual è la probabilità che sia da vino?

🔲 **Animazione**

7 Concezione statistica della probabilità

▶ Esercizi a p. α99

Abbiamo un'urna che contiene palline colorate, ma non sappiamo né quali sono i colori, né quante sono le palline e, inoltre, non possiamo aprire l'urna per esaminarne il contenuto.

L'unico procedimento che ci rimane per acquisire conoscenze è quello di *estrarre a sorte un gran numero di volte delle palline, rimettendo ogni volta la pallina estratta nell'urna*, in modo che ogni estrazione sia effettuata nelle stesse condizioni.

Effettuiamo consecutivamente 80 estrazioni e ogni volta prendiamo nota del colore uscito, e lo riportiamo nella seconda colonna della tabella a lato.

Utilizzando i valori ottenuti, calcoliamo il rapporto fra il numero delle volte in cui è uscito un determinato colore e il numero delle prove effettuate tutte nelle stesse condizioni, cioè la sua *frequenza relativa*, e lo riportiamo nella terza colonna della tabella.

Colore	Numero palline	Frequenza relativa
rosso	5	$\frac{1}{16}$
giallo	18	$\frac{9}{40}$
nero	22	$\frac{11}{40}$
verde	35	$\frac{7}{16}$
Totale	80	1

DEFINIZIONE

La **frequenza relativa** $f(E)$ di un evento sottoposto a n esperimenti, effettuati tutti nelle stesse condizioni, è il rapporto fra il numero delle volte m in cui E si è verificato e il numero n delle prove effettuate.

$$f(E) = \frac{m}{n}$$

frequenza relativa di E
numero di prove che verificano E
numero di prove effettuate

I valori della frequenza relativa di un evento sono compresi tra 0 e 1:

$0 \leq f(E) \leq 1$.

Frequenza 0 non significa che l'evento è impossibile, ma soltanto che non si è mai verificato. Per esempio, se nelle prove effettuate non è mai uscita una pallina blu, questo non significa che nell'urna non ve ne siano.
Analogamente, frequenza 1 non significa che l'evento è certo, ma soltanto che in quella serie di esperimenti è stato sempre osservato.

Se ripetiamo l'esperimento, senz'altro otterremo valori diversi. Il valore m dipende infatti dal numero di prove n che effettuiamo. Ma se abbiamo la pazienza di aumentare il numero delle prove, rileviamo un fatto interessante: il valore della frequenza $f(E) = \frac{m}{n}$ tende a un valore costante che si può ritenere come la probabilità dell'evento.

Per esempio, sappiamo che la probabilità di ottenere testa lanciando una moneta, secondo l'impostazione classica, è $\frac{1}{2}$. Allo stesso valore tende la frequenza se sperimentalmente lanciamo una moneta un numero elevatissimo di volte.

Paragrafo 7. Concezione statistica della probabilità

In generale, vale la seguente proprietà.

> **Legge empirica del caso**
> Dato un evento E, sottoposto a n prove tutte nelle stesse condizioni, il valore della frequenza relativa $f(E) = \dfrac{m}{n}$ tende al valore della probabilità $p(E)$, all'aumentare del numero n di prove effettuate.

La *legge empirica del caso* è alla base della **definizione statistica** o **frequentistica della probabilità**.

> **DEFINIZIONE**
> La **probabilità statistica** di un evento E è la frequenza relativa del suo verificarsi quando il numero di prove effettuato è da ritenersi «sufficientemente alto».

 Listen to it

The **probability** of an event E is equal to its **relative frequency** computed over a sufficiently large number of trials.

Nell'impostazione classica il valore della probabilità è calcolato **a priori**, ossia prima che l'esperimento avvenga, mentre il valore della frequenza è un valore **a posteriori**.

Ci sono moltissimi eventi per i quali è difficile o impossibile calcolare la probabilità applicando l'impostazione classica. Per eventi di questo tipo possiamo applicare l'impostazione frequentistica.

Esempi di eventi di questo tipo sono:
- produzione di un pezzo difettoso con un macchinario;
- trovare un posto di lavoro;
- contrarre una determinata malattia;
- incidente automobilistico;
- efficacia di un farmaco.

Per questi eventi occorre fondare il calcolo su quanto è avvenuto in passato e cercare statisticamente le relative frequenze, accettandole come probabilità degli eventi.

> **ESEMPIO**
> Una ditta farmaceutica vuole sperimentare un nuovo vaccino antinfluenzale. Si sottopongono volontariamente al vaccino 10000 persone e, di queste, nell'inverno successivo, 6750 non contraggono l'influenza. Qual è la probabilità di non contrarre il virus con questo tipo di vaccino?
> Poiché il numero di prove effettuate è 10000 e il numero di prove che si verificano è 6750:
> $$f = \dfrac{6750}{10\,000} = 0{,}675.$$
> La probabilità di non ammalarsi è del 67,5%.

▶ Durante l'ultima stagione, Gianmarco ha realizzato 41 canestri su 68 tiri liberi effettuati. Calcola la probabilità che Gianmarco fallisca consecutivamente due tiri liberi.

□ **Animazione**

▶ In un'indagine per scoprire il gradimento di un certo film sono stati intervistati 50 bambini, 50 donne e 50 uomini, ed è risultato che il film è piaciuto a 30 bambini, 20 donne e 25 uomini. Scegliendo a caso un bambino, una donna e un uomo, qual è la probabilità che il film sia piaciuto solo a uno di loro?

□ **Animazione**

α71

Capitolo α2. Probabilità

8 Concezione soggettiva della probabilità

▶ Esercizi a p. α100

Una persona sta valutando se partecipare o non partecipare a un gioco d'azzardo nel quale si vince se, lanciando contemporaneamente due dadi, escono due numeri pari. Secondo l'impostazione classica, egli sa che la probabilità di vittoria è $\frac{9}{36} = \frac{1}{4} = 25\%$, ma ha osservato che su 21 lanci le due facce pari sono uscite 7 volte, cioè con una frequenza di $\frac{1}{3}$, vale a dire del 33,3% circa.

Decide allora di proporre a chi tiene il banco di giocare una posta di 10 euro per ricevere, in caso di vittoria, 34 euro.

La valutazione che ha fatto è del tutto personale. Ha determinato il valore della probabilità secondo una valutazione **soggettiva**.

Possiamo determinare il valore che ha attribuito alla probabilità dell'evento «uscita di due facce pari» mediante il rapporto tra la posta che è disposto a pagare e la somma che dovrebbe ricevere in caso di vincita:

$$p(E) = \frac{10}{34} = \frac{5}{17} \simeq 29{,}4\%.$$

Il giocatore valuta la probabilità di vincita in misura maggiore di quella che il calcolo secondo l'impostazione classica («a priori») gli fornisce (cioè $\frac{1}{4}$), in quanto avrebbe dovuto, in questo caso, pretendere un pagamento dal banco di 40 euro, cioè 4 volte la posta. Ma valuta anche la probabilità di vincita in misura minore di quella che sperimentalmente («a posteriori») si verifica (cioè $\frac{1}{3}$), in quanto in questo caso avrebbe potuto pretendere solo 30 euro, cioè 3 volte la posta.

Il modo di procedere soggettivo è l'unico utilizzabile per quegli eventi per i quali non è possibile calcolare teoricamente il numero dei casi favorevoli e possibili e non si può sottoporre l'evento a prove sperimentali ripetute nelle stesse condizioni. Siamo in questa situazione, per esempio, se vogliamo stimare la probabilità di vittoria di una squadra di calcio in un torneo.

Listen to it

The **subjective probability** of an event *E* is a measure of the **degree of belief** that a person assigns to the event. It reflects the individual's personal opinion about whether the event is likely to occur.

DEFINIZIONE

La **probabilità soggettiva** di un evento è la *misura del grado di fiducia* che una persona attribuisce al verificarsi dell'evento, secondo la sua opinione. Il valore si ottiene effettuando il rapporto fra la somma *P* che si è disposti a pagare, in una scommessa, e la somma *V* che si riceverà nel caso l'evento si verifichi.

prezzo da pagare
$$p(E) = \frac{P}{V}$$
somma ricevuta al verificarsi di E

Deve sussistere la **condizione di coerenza**: la persona che accetta di pagare *P* per ottenere *V* deve anche essere disposta a ricevere *P* per pagare *V* nel caso l'evento si verifichi.

Il valore della probabilità, utilizzando la concezione soggettiva, varia da individuo a individuo, ma in ogni caso esso è compreso fra 0 e 1, in quanto si suppone che la somma che si è disposti a pagare sia minore o uguale a quella della vincita.

Paragrafo 9. Impostazione assiomatica della probabilità

ESEMPIO

A una corsa di cavalli una persona è disposta a pagare 90 euro per ricevere 120 euro in caso di vittoria di un determinato cavallo.

Calcoliamo la probabilità di vittoria che attribuisce al cavallo:

$$p(E) = \frac{90}{120} = \frac{3}{4}.$$

Per la condizione di coerenza, deve essere disposto, scambiando i ruoli, a ricevere 90 euro e pagare 120 euro in caso di vittoria del cavallo.
Si dice anche che la vittoria del cavallo è pagata 4 a 3.

In conclusione, la valutazione *soggettiva della probabilità* porta a considerare il calcolo delle probabilità come una scommessa.

▶ Un tifoso è disposto a scommettere 10 euro per riceverne 25 sulla vittoria della sua squadra di pallavolo nella prossima partita.
a. Quale probabilità attribuisce il tifoso alla vittoria della squadra?
b. Quanto ha pagato il tifoso, in caso di vittoria della squadra, se riceve una somma di 40 euro?
c. Quale somma dovebbe essere disposto a pagare per poter ricevere 30 euro in caso di sconfitta della squadra?

☐ Animazione

9 Impostazione assiomatica della probabilità

▶ Esercizi a p. α101

Abbiamo visto che le definizioni di probabilità date finora (classica, statistica e soggettiva) sono legate al tipo di esperimento considerato e al metodo che vogliamo utilizzare per il calcolo.

L'impostazione assiomatica nasce con lo scopo di superare questi aspetti particolari, per giungere a una formulazione rigorosa, utilizzando la teoria degli insiemi. Basandosi su di essa vengono fornite le definizioni fondamentali di *spazio campionario*, *evento*, *evento elementare*, *spazio degli eventi*, *evento contrario*, *evento unione* ed *evento intersezione* che abbiamo già esaminato, oltre a definire l'*evento impossibile* come quello corrispondente all'insieme vuoto e l'*evento certo* come quello relativo all'insieme U dello spazio campionario.

Avendo fissato tutti questi elementi, viene data la seguente definizione assiomatica di probabilità.

DEFINIZIONE

Definizione assiomatica di probabilità
Dato uno spazio campionario U, una funzione p che associa a ogni evento E dello spazio degli eventi un numero reale viene detta probabilità se soddisfa i seguenti assiomi:
1. $p(E) \geq 0$;
2. $p(U) = 1$;
3. se $E_1 \cap E_2 = \emptyset$, allora $p(E_1 \cup E_2) = p(E_1) + p(E_2)$.

$E_1 \cap E_2 = \emptyset$

🇬🇧 **Listen to it**

The probability p of an event E can be defined by the following **axioms**:
1. $p(E)$ is a non-negative number;
2. if U is the **certain event**, then $p(U)$ is equal to 1;
3. if the intersection of two events is empty, then the probability of their union is equal to the sum of their probabilities.

L'impostazione assiomatica non fornisce alcun procedimento per determinare la probabilità di un evento, ma i valori che vengono assegnati agli eventi devono rispettare gli assiomi.

Capitolo α2. Probabilità

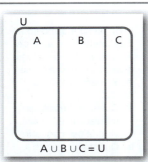

ESEMPIO

L'insieme U è costituito da tre eventi elementari A, B, C, i quali hanno le seguenti probabilità:

$$p(A) = \frac{3}{8}, \qquad p(B) = \frac{2}{5}, \qquad p(C) = \frac{9}{40}.$$

Tali valori soddisfano gli assiomi della probabilità. In particolare, essendo:

$$A \cup B \cup C = U \text{ e } A \cap B = A \cap C = B \cap C = \emptyset,$$

$$p(A) + p(B) + p(C) = \frac{3}{8} + \frac{2}{5} + \frac{9}{40} = 1 = p(U).$$

Dalla definizione assiomatica si deducono le seguenti *proprietà*.

a. $p(\emptyset) = 0$;
b. $0 \leq p(E) \leq 1$;
c. $p(\overline{E}) = 1 - p(E)$;
d. se gli eventi $E_1, E_2, \ldots, E_n$ sono una partizione di U, allora

$$p(E_1) + p(E_2) + \ldots + p(E_n) = 1.$$

e. $p(E_2 - E_1) = p(E_2) - p(E_1 \cap E_2)$; in particolare, se $E_1 \subseteq E_2$, allora

$$p(E_2 - E_1) = p(E_2) - p(E_1).$$

▶ Una macedonia è composta per il 60% da mele, per il 10% da kiwi, per un altro 10% da ananas, per il 5% da lamponi e per il resto da fragole. Prendendo un pezzo di frutta a caso, calcola la probabilità di:
a. prendere un pezzo di fragola;
b. prendere un pezzo di mela o kiwi;
c. non prendere né un lampone né un pezzo di fragola.

ESEMPIO

Da un'indagine è risultato che, preso come campione un certo numero di italiani, la probabilità che essi trascorrano le prossime vacanze al mare è del 45%, in montagna è del 27%, sia al mare che in montagna è del 5%. Calcoliamo la probabilità che gli italiani:
a. vadano solo al mare;
b. non vadano in montagna;
c. non vadano al mare né in montagna.

Consideriamo gli eventi: A = «andare al mare»; B = «andare in montagna». Conosciamo le probabilità:

$$p(A) = \frac{45}{100} = 0{,}45; \qquad p(B) = \frac{27}{100} = 0{,}27; \qquad p(A \cap B) = \frac{5}{100} = 0{,}05.$$

a. L'evento considerato è $A - B$:

$$p(A - B) = p(A) - p(A \cap B) = 0{,}45 - 0{,}05 = 0{,}40 = 40\%.$$

b. L'evento considerato è $\overline{B}$:

$$p(\overline{B}) = 1 - p(B) = 1 - 0{,}27 = 0{,}73 = 73\%.$$

c. L'evento considerato è $\overline{A \cup B}$, per cui, dato che $A \cup B = (A - B) \cup B$:

$$p(\overline{A \cup B}) = 1 - [p(A - B) + p(B)] = 1 - [0{,}40 + 0{,}27] = 0{,}33 = 33\%.$$

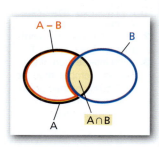

IN SINTESI
Probabilità

■ Eventi
- **Esperimento aleatorio**: fenomeno di cui non riusciamo a prevedere il risultato con certezza.
- **Universo** o **spazio campionario**: l'insieme di tutti i possibili risultati di un esperimento aleatorio.
- **Evento**: sottoinsieme dello spazio campionario.
- **Evento elementare**: evento formato da un singolo risultato dell'esperimento.
- **Spazio degli eventi**: l'insieme di tutti i possibili eventi.
- L'**evento contrario** $\overline{E}$ di un evento E si verifica se e solo se non si verifica E.

■ Concezione classica della probabilità
Probabilità di un evento E se tutti i casi sono ugualmente possibili:

$$p(E) = \frac{f}{u}.$$

- f — numero dei casi favorevoli
- u — numero dei casi possibili

- $0 \leq p(E) \leq 1$.
- Se $f = 0$, l'evento è **impossibile** e $p(E) = 0$; se $f = u$, l'evento è **certo** e $p(E) = 1$.
- $p(\overline{E}) = 1 - p(E)$.

■ Somma logica di eventi
- La **somma logica** $E_1 \cup E_2$ di due eventi E_1 ed E_2 si verifica quando almeno uno dei due si verifica.
- Il **prodotto logico** $E_1 \cap E_2$ di due eventi E_1 ed E_2 si verifica quando si verificano entrambi gli eventi.
- Due eventi E_1 ed E_2 sono **incompatibili** se $E_1 \cap E_2 = \emptyset$ e sono **compatibili** se $E_1 \cap E_2 \neq \emptyset$.
- $p(E_1 \cup E_2) = p(E_1) + p(E_2) - p(E_1 \cap E_2)$. Se gli eventi sono incompatibili: $p(E_1 \cup E_2) = p(E_1) + p(E_2)$.
- **Teorema della probabilità totale**
  Dati n eventi $E_1, E_2, \ldots, E_n$ a due a due incompatibili: $p(E_1 \cup E_2 \cup \ldots \cup E_n) = p(E_1) + p(E_2) + \ldots + p(E_n)$.

■ Probabilità condizionata
- La **probabilità condizionata di un evento E_1 rispetto a un evento E_2**, non impossibile, è la probabilità di verificarsi di E_1 nell'ipotesi che E_2 si sia già verificato e si indica con $p(E_1 | E_2)$. Gli eventi si dicono:
  - **indipendenti** se $p(E_1 | E_2) = p(E_1)$;
  - **correlati positivamente** se $p(E_1 | E_2) > p(E_1)$; **correlati negativamente** se $p(E_1 | E_2) < p(E_1)$.
- Vale il teorema: $p(E_1 | E_2) = \dfrac{p(E_1 \cap E_2)}{p(E_2)}$, con $p(E_2) \neq 0$.

Capitolo α2. Probabilità

■ Prodotto logico di eventi

- $p(E_1 \cap E_2) = p(E_1) \cdot p(E_2 | E_1)$. Se E_1 ed E_2 sono eventi indipendenti: $p(E_1 \cap E_2) = p(E_1) \cdot p(E_2)$.

- **Prove ripetute**
  Probabilità che in n ripetizioni un evento si verifichi k volte:

  $$p_{(k,n)} = \binom{n}{k} p^k q^{n-k}.$$

  q: probabilità dell'evento contrario
  p: probabilità dell'evento

■ Teorema di Bayes

- Se gli eventi $E_1, E_2, \ldots, E_n$ sono una partizione dell'insieme universo U, cioè
  - sono non vuoti, • sono a due a due incompatibili, • la loro unione è U,

  allora vale la **formula di disintegrazione**:

  $$p(E) = p(E_1) \cdot p(E | E_1) + p(E_2) \cdot p(E | E_2) + \ldots + p(E_n) \cdot p(E | E_n).$$

- Il **teorema di Bayes** permette di calcolare la probabilità che la **causa** E_i abbia preceduto l'evento E che si è verificato.

  $$p(E_i | E) = \frac{p(E_i) \cdot p(E | E_i)}{p(E)}$$

  numeratore: $p(E_i \cap E)$
  probabilità che E_i sia la causa di E

■ Concezione statistica della probabilità

- $f(E) = \dfrac{m}{n}$

  m: numero di prove che verificano E
  n: numero di prove effettuate nelle stesse condizioni
  $f(E)$: frequenza relativa di E

- **Legge empirica del caso**: all'aumentare del numero n delle prove effettuate, la frequenza relativa di un evento E tende alla probabilità dell'evento E.

- La **probabilità statistica** di un evento E è uguale alla frequenza relativa, se il numero di prove effettuate è sufficientemente alto.

■ Concezione soggettiva della probabilità

- $p(E) = \dfrac{P}{V}$

  P: prezzo che una persona ritiene equo pagare per una scommessa
  V: somma ricevuta al verificarsi di E
  $p(E)$: probabilità soggettiva di E

■ Impostazione assiomatica della probabilità

Dato uno spazio campionario U, viene detta probabilità una funzione p che associa a ogni evento E dello spazio degli eventi un numero reale, in modo da soddisfare questi assiomi:

1. $p(E) \geq 0$;
2. $p(U) = 1$;
3. se $E_1 \cap E_2 = \varnothing$, allora $p(E_1 \cup E_2) = p(E_1) + p(E_2)$.

Paragrafo 2. Concezione classica della probabilità

CAPITOLO α2
ESERCIZI

1 Eventi
▶ Teoria a p. α52

1. Stabilisci quali dei seguenti eventi sono elementari e quali composti da più eventi elementari. Si estrae da un mazzo di 52 carte:

a. una carta di cuori;
b. il due di picche;
c. una figura;
d. la regina di fiori;
e. un cinque;
f. una figura nera.

2. Si lanciano due monete contemporaneamente. Scrivi gli eventi elementari.

3. Un'urna contiene cinque palline con i primi cinque numeri dispari. Si estrae una pallina. Scrivi gli eventi elementari e altri eventi formati da più eventi elementari.

4. **FAI UN ESEMPIO** di esperimento aleatorio e indica il suo spazio campionario.

5. **TEST** In un'urna ci sono due palline bianche e una nera. Se ne estrae una. Detti U e $\mathcal{P}(U)$ rispettivamente lo spazio campionario e lo spazio degli eventi, si ha:

- A $U = \{b, n\}$, $\mathcal{P}(U) = \{\{b\}, \{n\}, \{b, n\}\}$.
- B $U = \{\varnothing, b, n\}$, $\mathcal{P}(U) = \{\varnothing, \{b\}, \{n\}, \{b, n\}\}$.
- C $U = \{b, n\}$, $\mathcal{P}(U) = \{\varnothing, \{b\}, \{n\}, \{b, n\}\}$.
- D $U = \{b, n\}$, $\mathcal{P}(U) = \{\{b, b\}, \{b\}, \{n\}, \{b, n\}\}$.
- E $U = \{b, n, bn\}$, $\mathcal{P}(U) = \{\{b\}, \{n\}, \{b, n\}, \varnothing\}$.

2 Concezione classica della probabilità
▶ Teoria a p. α53

6. Quali dei seguenti numeri non rappresentano la probabilità di un evento?

0;   0,23;   100%; $\frac{7}{6}$; $\frac{1}{100}$;   1,3.

Quale di essi rappresenta la probabilità dell'evento certo e quale quella dell'evento impossibile?

7. Si estrae una carta da un mazzo di 52 carte. Trova il numero dei casi favorevoli ai seguenti eventi.

a. Esce una carta di fiori.
b. Esce un tre.
c. Esce una figura rossa.
d. Esce un asso nero.
e. Esce il re di cuori.

[a) 13; b) 4; c) 6; d) 2; e) 1]

Evento contrario

8. Nel lancio di un dado indica l'evento contrario per ciascuno dei seguenti eventi:

a. esce un numero minore di 3;
b. esce il numero 4.

9. Da un'urna che contiene 5 palline rosse, 7 nere e 8 bianche si estraggono 3 palline. Indica l'evento contrario di ciascuno dei seguenti eventi:

a. **nessuna** pallina è rossa;
b. **tutte** le palline sono nere;
c. **almeno una** pallina è bianca;
d. **una sola** pallina è rossa.

Capitolo α2. Probabilità

ESERCIZI

10 Nel lancio per tre volte di una moneta indica l'evento contrario di:
  a. non esce mai «croce»;
  b. esce «croce» al più una volta;
  c. esce «testa» almeno una volta.

11 Si estraggono contemporaneamente due palline da un'urna contenente venti palline numerate da 1 a 20. Calcola il numero di casi favorevoli ai seguenti eventi.
  a. Escono due numeri minori di 6.
  b. Escono due numeri pari.
  c. Escono il 3 e un numero maggiore di 15.
  [a) 10; b) 45; c) 5]

12 **ESERCIZIO GUIDA** Un'urna contiene dieci palline numerate da 1 a 10. Estraiamo una pallina e calcoliamo la probabilità che questa:
  a. abbia il numero 5;
  b. abbia un numero divisibile per 4;
  c. non abbia un numero divisibile per 4.

Poiché l'urna contiene 10 palline e ne viene estratta una sola, il numero dei casi possibili è 10.

  a. Nell'urna vi è una sola pallina con il numero 5. La probabilità è: $p = \frac{1}{10}$.
  b. Nell'urna vi sono due numeri divisibili per 4: {4, 8}. La probabilità è: $p = \frac{2}{10} = \frac{1}{5}$.
  c. L'evento è quello contrario del punto precedente: $p = 1 - \frac{1}{5} = \frac{4}{5}$.

13 Si lancia un dado a sei facce. Calcola la probabilità che esca:
  a. il numero 2;
  b. un numero multiplo di 3;
  c. un numero multiplo di 5;
  d. un numero multiplo di 8;
  e. un numero inferiore a 6.
  $\left[a) \frac{1}{6}; b) \frac{1}{3}; c) \frac{1}{6}; d) 0; e) \frac{5}{6} \right]$

14 In un cassetto ci sono 15 magliette: 2 bianche, 5 rosse, 3 azzurre e le restanti di altri colori. Se si sceglie a caso una maglietta, calcola la probabilità che:
  a. non sia bianca;
  b. sia rossa o azzurra.
  $\left[a) \frac{13}{15}; b) \frac{8}{15} \right]$

15 Il sacchetto della tombola contiene 90 numeri. Viene estratto un numero.
Calcola la probabilità che esca:
  a. un numero maggiore di 50;
  b. un numero con due cifre uguali;
  c. un numero con due cifre diverse;
  d. un numero multiplo di 4;
  e. un numero primo inferiore a 20.
  $\left[a) \frac{4}{9}; b) \frac{4}{45}; c) \frac{73}{90}; d) \frac{11}{45}; e) \frac{4}{45} \right]$

16 Abbiamo un mazzo di 52 carte. Viene estratta una carta.
Calcola la probabilità che esca:
  a. una carta di picche;
  b. una figura;
  c. una carta rossa.
  $\left[a) \frac{1}{4}; b) \frac{3}{13}; c) \frac{1}{2} \right]$

17 Calcola la probabilità che, nel lancio di un dado, non esca:
  a. il numero 5;
  b. un numero maggiore di 5;
  c. un numero minore di 5.
  $\left[a) \frac{5}{6}; b) \frac{5}{6}; c) \frac{1}{3} \right]$

18 Un'urna contiene 4 palline rosse, 3 nere e 13 verdi. Viene estratta una pallina.
Calcola la probabilità che:
  a. esca una pallina nera;
  b. esca una pallina rossa;
  c. esca una pallina verde;
  d. non esca una pallina rossa;
  e. esca una pallina gialla.
  $\left[a) \frac{3}{20}; b) \frac{1}{5}; c) \frac{13}{20}; d) \frac{4}{5}; e) 0 \right]$

19 In una scatola di biscotti ce ne sono 10 alla cannella, 8 al cacao, 12 con le mandorle e 4 con le nocciole. Se Giulia è allergica alla frutta a guscio, qual è la probabilità che, scegliendo a caso un biscotto dalla scatola, ne prenda uno a cui non è allergica? $\left[\frac{9}{17} \right]$

Paragrafo 2. Concezione classica della probabilità

20 Nella rubrica di un cellulare ci sono 20 nomi; di questi 8 iniziano con la lettera A, 5 con la C, 4 con la M e 3 con la N. Si sceglie un nome a caso a cui mandare un SMS. Calcola la probabilità che:
a. esca un nome che inizia per C;
b. esca un nome che inizia per N;
c. esca un nome che inizia con una vocale;
d. esca un nome che inizia con una consonante.

$$\left[a)\ \frac{1}{4};\ b)\ \frac{3}{20};\ c)\ \frac{2}{5};\ d)\ \frac{3}{5} \right]$$

21 In una classe di 24 alunni ci sono 14 maschi e 10 femmine. L'insegnante di matematica estrae a sorte un nome per l'interrogazione. Calcola la probabilità che:
a. ciascun alunno ha di essere estratto;
b. l'alunno estratto sia femmina;
c. l'alunno estratto sia maschio;
d. ciascun alunno ha di non essere estratto.

$$\left[a)\ \frac{1}{24};\ b)\ \frac{5}{12};\ c)\ \frac{7}{12};\ d)\ \frac{23}{24} \right]$$

22 Si estrae una pallina da un'urna che contiene 8 palline bianche, 10 verdi, 12 rosse. Indica gli eventi contrari dei seguenti eventi e determina le relative probabilità.

E_1 = «esce una pallina verde o rossa»

E_2 = «esce una pallina rossa»

$$\left[\frac{4}{15};\ \frac{3}{5} \right]$$

23 Anna vuole regalare a Serena un libro di uno scrittore che ha pubblicato 5 romanzi. Anna sa che Serena ne possiede già 2, ma non si ricorda quali. Se Anna sceglie a caso uno dei 5 libri, qual è la probabilità che Serena non lo possieda già?

$$\left[\frac{3}{5} \right]$$

24 **TEST** Abbiamo un dado a 4 facce, recanti i numeri 1, 3, 5, 7, e un dado a 8 facce, recanti i numeri 2, 4, 6, 8, 10, 12, 14, 16 (per ciascun dado tutte le facce hanno la stessa probabilità di uscire). Qual è la probabilità che, lanciandoli contemporaneamente entrambi una sola volta, si ottenga come somma 11?

A $\frac{1}{16}$ C $\frac{1}{4}$ E 1

B $\frac{1}{8}$ D $\frac{1}{2}$

(Giochi di Archimede, 2012)

25 Determina la probabilità che, estraendo una carta da un mazzo di 40 carte, essa sia un tre oppure una carta di spade.

$$\left[\frac{13}{40} \right]$$

26 Calcola la probabilità che lanciando un dado non escano il 5 e il 6.

$$\left[\frac{2}{3} \right]$$

27 Una roulette ha i numeri da 1 a 18 rossi, da 19 a 36 neri e lo 0 verde. Viene fatta girare la ruota e lanciata la pallina. Calcola la probabilità che la pallina si fermi su:
a. un numero pari nero;
b. un numero dispari;
c. un numero primo rosso.

$$\left[a)\ \frac{9}{37};\ b)\ \frac{18}{37};\ c)\ \frac{7}{37} \right]$$

28 In una scatola ci sono 20 palline di colore bianco o verde. Se la probabilità di estrarre una pallina bianca è 0,6, calcola:
a. il numero di palline bianche;
b. la probabilità di estrarre una pallina verde.

[a) 12; b) 0,4]

29 **LEGGI IL GRAFICO** La professoressa di italiano consegna alla classe una lista di libri che consiglia di leggere durante l'estate. Il diagramma a barre mostra il numero di libri raggruppati in base al loro numero di pagine.

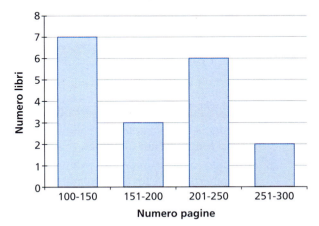

Arianna sceglie a caso uno dei libri dalla lista. Calcola la probabilità che il libro scelto:
a. abbia un numero di pagine compreso tra 201 e 250;
b. abbia meno di 151 pagine;
c. abbia più di 200 pagine.

$$\left[a)\ \frac{1}{3};\ b)\ \frac{7}{18};\ c)\ \frac{4}{9} \right]$$

Capitolo α2. Probabilità

30 Antonella, Barbara, Carlo e Duilio hanno prenotato quattro posti affiancati per lo spettacolo di stasera a teatro. Rappresenta, con un diagramma ad albero, tutti i diversi modi in cui i quattro amici possono disporsi sulle quattro poltrone. Se si dispongono a caso, calcola la probabilità che:

a. Barbara sia seduta tra Antonella e Carlo;
b. Barbara e Duilio siano seduti vicini;
c. i due ragazzi non siano vicini.

$\left[\text{a)}\ \dfrac{1}{6};\ \text{b)}\ \dfrac{1}{2};\ \text{c)}\ \dfrac{1}{2}\right]$

31 **REALTÀ E MODELLI** **Soddisfazione per il lavoro** La tabella seguente, tratta dal rapporto Istat «Aspetti della vita quotidiana», riporta il grado di soddisfazione per il lavoro nella popolazione italiana occupata di età compresa tra i 25 e i 44 anni (i valori sono in migliaia).

Soddisfazione per il lavoro / Titolo di studio	Molta	Sufficiente	Poca	Nessuna
Nessun titolo di studio o licenza di scuola elementare	22	115	40	7
Licenza di scuola media	334	1434	544	99
Diploma di scuola superiore	766	3079	774	161
Laurea	473	1573	438	91

Scelto a caso un lavoratore in questa fascia di età, determina con quale probabilità:

a. ha un diploma di scuola superiore e non è laureato;
b. è molto soddisfatto del lavoro che svolge;
c. è un laureato per nulla soddisfatto della propria occupazione.

[a) 48,04%; b) 16,03%; c) 0,91%]

Probabilità e calcolo combinatorio

32 **TEST** Un'urna contiene 5 palline bianche e 3 nere non distinguibili al tatto. La probabilità che, estraendo contemporaneamente 3 palline, esse siano una bianca e due nere è:

A $\dfrac{15}{32}$.   B $\dfrac{15}{28}$.   C $\dfrac{15}{56}$.   D $\dfrac{17}{32}$.   E $\dfrac{5}{56}$.

33 **ESERCIZIO GUIDA** Un'urna contiene dieci palline numerate da 1 a 10. Calcoliamo la probabilità che:

a. estraendo *consecutivamente* 2 palline, *rimettendo* ogni volta la pallina estratta nell'urna, si abbiano due numeri primi (evento E);
b. estraendo *consecutivamente* 3 palline, *non rimettendo* ogni volta la pallina estratta nell'urna, si abbiano due numeri primi e un numero non primo (evento F);
c. estraendo *contemporaneamente* 3 palline, esse siano 2 palline con un numero inferiore a 5 e una con un numero maggiore o uguale a 5 (evento H).

a. I casi possibili sono tutti i modi in cui possono presentarsi due dei dieci numeri, anche ripetuti, in quanto dopo ogni estrazione la pallina viene rimessa nell'urna e quindi può essere estratta di nuovo.
Pertanto si ha: $D'_{10,2} = 10^2 = 100$.
I casi favorevoli sono tutti i modi in cui possono presentarsi, anche con ripetizione, due dei quattro numeri primi {2, 3, 5, 7}. Pertanto $D'_{4,2} = 4^2 = 16$.

$p(E) = \dfrac{16}{100} = \dfrac{4}{25}$.

Paragrafo 2. Concezione classica della probabilità

b. I casi possibili sono tutti i modi in cui possono presentarsi tre dei dieci numeri, ma ogni numero può presentarsi una sola volta in quanto non viene rimesso nell'urna. Pertanto $D_{10,3} = 10 \cdot 9 \cdot 8 = 720$.
I casi favorevoli sono tutti i gruppi formati da due numeri primi e un numero non primo e occorre tenere conto di tutti i possibili modi in cui si possono presentare. Perciò $D_{4,2} \cdot D_{6,1} \cdot P_3^{(2)} = (4 \cdot 3) \cdot 6 \cdot 3 = 216$.

$$p(F) = \frac{216}{720} = \frac{3}{10}$$

c. I casi possibili sono tutti i modi in cui si possono estrarre tre palline, e, essendo l'estrazione contemporanea, non ha alcuna rilevanza l'ordine dell'estrazione. Pertanto:

$$\binom{10}{3} = \frac{10 \cdot 9 \cdot 8}{3!} = 120.$$

I casi favorevoli sono tutti i gruppi formati da due delle quattro palline aventi un numero inferiore a 5 e da una con un valore maggiore. Pertanto:

$$\binom{4}{2} \cdot 6 = \frac{4 \cdot 3}{2!} \cdot 6 = 36;$$

$$p(H) = \frac{36}{120} = \frac{3}{10}.$$

34 In una scatola di cioccolatini ne sono rimasti 4 al latte, 10 fondenti e 2 al liquore. Si prendono consecutivamente due cioccolatini a caso. Calcola la probabilità che:
a. siano entrambi fondenti;
b. non siano al liquore;
c. siano entrambi al latte.
$$\left[a) \frac{3}{8} ; b) \frac{91}{120} ; c) \frac{1}{20} \right]$$

35 Un'urna contiene cinque palline numerate da 1 a 5. Si estraggono consecutivamente due palline, rimettendo la prima pallina estratta nell'urna. Calcola la probabilità che:
a. escano due 5;
b. escano due numeri pari;
c. esca prima un numero pari e poi uno dispari;
d. escano un numero pari e uno dispari.
$$\left[a) \frac{1}{25} ; b) \frac{4}{25} ; c) \frac{6}{25} ; d) \frac{12}{25} \right]$$

36 In un gruppo di 5 amici ci sono 2 maschi e 3 femmine. Per farsi una foto di gruppo, si dispongono casualmente uno di fianco all'altro, su un'unica fila. Qual è la probabilità che i due ragazzi siano alle estremità della fila? $\left[\frac{1}{10} \right]$

37 Si gettano contemporaneamente due dadi. Calcola la probabilità che le due facce:
a. siano due numeri uguali;
b. siano due numeri dispari;
c. siano due numeri primi;
d. siano un numero pari e l'altro dispari.
$$\left[a) \frac{1}{6} ; b) \frac{1}{4} ; c) \frac{1}{4} ; d) \frac{1}{2} \right]$$

38 Giacomo prenota un viaggio in treno in uno scompartimento a sei posti, dei quali due sono vicini al finestrino. Sapendo che tre posti sono già occupati, qual è la probabilità che sia libero un posto vicino al finestrino? $\left[\frac{4}{5} \right]$

39 Un'urna U_1 contiene 25 palline bianche e 15 palline rosse, mentre un'urna U_2 ne contiene 20 bianche e 20 rosse.
È più facile che estraendo tre palline contemporaneamente da U_1 siano tutte bianche o che estraendone due da U_2 siano tutte e due rosse?
[entrambe rosse da U_2]

40 Calcola la probabilità di fare 14 al totocalcio giocando una colonna. [0,00000020908]

41 Una folata di vento ha sparso a terra dieci fogli degli appunti di Carlotta; raccogliendoli come capita, qual è la probabilità che siano in ordine? $\left[\frac{1}{3628800} \right]$

42 Una scatola contiene 12 palline bianche, 13 rosse, 5 verdi.
Si estraggono contemporaneamente due palline. Calcola la probabilità che siano:
a. entrambe rosse;   **c.** una sola bianca;
b. almeno una bianca;   **d.** nessuna verde.
$$\left[a) \frac{26}{145} ; b) \frac{94}{145} ; c) \frac{72}{145} ; d) \frac{20}{29} \right]$$

Capitolo α2. Probabilità

43 Lanciando 4 dadi, calcola la probabilità che:
a. abbiano tutte le facce uguali;
b. abbiano 4 facce con il numero 2.
$$\left[a)\ \frac{1}{216};\ b)\ \frac{1}{1296}\right]$$

44 Si lancia consecutivamente un dado due volte. Calcola la probabilità che le due facce:
a. abbiano la somma dei punteggi uguale a 9;
b. abbiano la somma dei punteggi maggiore di 9;
c. abbiano due numeri che siano divisori di 6.
$$\left[a)\ \frac{1}{9};\ b)\ \frac{1}{6};\ c)\ \frac{4}{9}\right]$$

45 Giovanni ha 12 libri di scuola. Una mattina si sveglia tardi e, nella fretta, prende i primi 3 libri che gli capitano sotto mano. Qual è la probabilità che tra questi ci sia il libro di matematica?
$$\left[\frac{1}{4}\right]$$

46 **REALTÀ E MODELLI** **Gare d'istituto** In una scuola 120 alunni partecipano alla «giornata dell'arte», preparando lavori di vari generi artistici.
a. Calcola la probabilità che i primi tre classificati siano tutti alunni della 4ª C, che partecipa con 20 ragazzi.
b. Se la probabilità che uno dei tre classificati sia della 4ª C e gli altri due della 4ª A è $\frac{9}{826}$, quanti sono gli alunni della 4ª A che partecipano al concorso?
$$\left[a)\ \frac{57}{14\,042};\ b)\ 18\right]$$

47 Nel laboratorio di scienze ci sono 25 microscopi, di cui 2 difettosi. Ognuno dei 21 studenti della 4ª A sceglie un microscopio. Qual è la probabilità che nessuno scelga un microscopio difettoso?
$$\left[\frac{1}{50}\right]$$

48 **REALTÀ E MODELLI** **Giochiamo al lotto** Carlo si trova in una ricevitoria del lotto. Può decidere di giocare:
a. un terno secco sulla ruota di Bari (cioè gioca 3 numeri e vince se sono 3 dei 5 numeri estratti su quella ruota);
b. il numero 8 sulla ruota di Bari come primo estratto;
c. il numero 8 e il numero 10 sulla ruota di Bari scommettendo che almeno uno tra l'8 e il 10 sia tra i 5 numeri estratti.

Indipendentemente dalla cifra che vincerà, Carlo vuole scegliere il gioco che gli dà maggiore probabilità di vittoria. Come deve giocare? Motiva la risposta. [gioca i numeri 8 e 10]

49 Un'urna contiene nove palline numerate da 1 a 9. Si estraggono consecutivamente due palline, senza rimettere la prima pallina estratta nell'urna. Calcola la probabilità che:
a. prima esca una pallina con un numero pari e poi una con un numero dispari;
b. le palline abbiano un numero pari e un numero dispari;
c. entrambe le palline abbiano un numero dispari.
$$\left[a)\ \frac{5}{18};\ b)\ \frac{5}{9};\ c)\ \frac{5}{18}\right]$$

50 Nelle stesse ipotesi dell'esercizio precedente, calcola la probabilità che:
a. entrambe le palline abbiano un numero primo;
b. entrambe le palline abbiano un numero non primo;
c. una pallina abbia un numero primo e l'altra un numero non primo.
$$\left[a)\ \frac{1}{6};\ b)\ \frac{5}{18};\ c)\ \frac{5}{9}\right]$$

51 **YOU & MATHS** An ordinary pack of 52 playing cards consists of 13 clubs, 13 diamonds, 13 hearts and 13 spades. The pack is shuffled and a card is drawn up and returned to the pack. This procedure is repeated twice. Find the probability that the three cards drawn up are:
a. all hearts;
b. two clubs and a spade (in any order);
c. of three different suits.

(UK *University of Essex*, First Year Examination)

52 Voglio prenotare due posti nella decima fila del cinema. Se la fila ha 20 posti numerati dall'81 al 100, calcola la probabilità che:

a. i due posti si trovino tra il numero 91 e il numero 100;
b. i due posti siano vicini.
$$\left[a)\ \frac{9}{38};\ b)\ \frac{1}{10}\right]$$

53 Un'urna contiene 13 palline numerate da 1 a 13. Si estraggono contemporaneamente due palline. Calcola la probabilità che:
a. escano due numeri pari;
b. escano due numeri maggiori di 9;
c. escano un numero pari e uno dispari;
d. escano il numero 5 e uno qualunque degli altri numeri.
$$\left[a)\ \frac{5}{26};\ b)\ \frac{1}{13};\ c)\ \frac{7}{13};\ d)\ \frac{2}{13}\right]$$

Paragrafo 3. Somma logica di eventi

3 Somma logica di eventi

▶ Teoria a p. α56

Eventi compatibili ed eventi incompatibili

Indica fra i seguenti eventi quali sono compatibili e quali incompatibili.

54 Nell'estrazione di un numero del lotto esce un numero:
a. E_1 = «divisibile per 8», E_2 = «dispari»;
b. E_1 = «minore di 20», E_2 = «multiplo di 12».

55 Nell'estrazione di una carta da un mazzo di 40 esce:
a. E_1 = «un asso», E_2 = «una figura»;
b. E_1 = «una carta di spade», E_2 = «un re».

56 Nel lancio di due dadi escono due numeri:
a. E_1 = «multipli di 3», E_2 = «uguali»;
b. E_1 = «con somma minore di 5», E_2 = «entrambi pari».

Probabilità della somma logica o unione di due eventi

57 **ESERCIZIO GUIDA** In un sacchetto ci sono 16 gettoni: 7 di forma quadrata (3 rossi e 4 verdi) e 9 di forma circolare (4 rossi e 5 verdi). Indica qual è la probabilità di estrarre a caso un gettone: a. verde oppure quadrato rosso; b. rosso oppure tondo.

a. Gli eventi E_1 = «estrazione di un gettone verde» ed E_2 = «estrazione di un gettone quadrato rosso» sono *incompatibili*, perché un gettone non può essere contemporaneamente verde e quadrato rosso.

$$p(E_1) = \frac{9}{16}; \quad p(E_2) = \frac{3}{16}.$$

Allora $p(E_1 \cup E_2) = p(E_1) + p(E_2) = \frac{9}{16} + \frac{3}{16} = \frac{12}{16} = \frac{3}{4}$.

b. Gli eventi E_1 = «estrazione di un gettone rosso» ed E_2 = «estrazione di un gettone tondo» sono *compatibili*, perché un gettone può essere contemporaneamente rosso e tondo.
I casi possibili sono 16, quindi:

$$p(E_1) = \frac{7}{16}; \quad p(E_2) = \frac{9}{16}.$$

Calcoliamo $p(E_1 \cap E_2)$, dove i casi favorevoli sono i gettoni rossi e tondi:

$$p(E_1 \cap E_2) = \frac{4}{16}.$$

La probabilità che si estragga un gettone rosso oppure tondo è:

$$p(E_1 \cup E_2) = p(E_1) + p(E_2) - p(E_1 \cap E_2) = \frac{7}{16} + \frac{9}{16} - \frac{4}{16} = \frac{3}{4}.$$

58 Un cassetto contiene 18 calzini verdi, 6 azzurri e 4 fucsia. Calcola la probabilità che, estraendone uno a caso, esso sia verde o fucsia. $\left[\frac{11}{14}\right]$

59 Calcola la probabilità che lanciando un dado esca un numero minore di 5 o dispari. $\left[\frac{5}{6}\right]$

60 Un'urna contiene 20 palline numerate da 1 a 20. Calcola la probabilità che, estraendo una pallina, esca un numero:
a. pari;
b. multiplo di 8 o maggiore di 17;
c. dispari o minore di 7.

$\left[\text{a) } \frac{1}{2}; \text{ b) } \frac{1}{4}; \text{ c) } \frac{13}{20}\right]$

α83

Capitolo α2. Probabilità

ESERCIZI

61 In una busta ci sono 28 figurine numerate da 1 a 28. Calcola la probabilità di estrarre a caso una figurina con numero dispari o multiplo di 4. $\left[\dfrac{3}{4}\right]$

62 Una scatola contiene cioccolatini, caramelle e liquirizie. Sapendo che i cioccolatini sono il doppio delle liquirizie e le caramelle sono i $\dfrac{3}{2}$ delle liquirizie, calcola la probabilità di prendere a caso un cioccolatino o una caramella. $\left[\dfrac{7}{9}\right]$

63 **REALTÀ E MODELLI** **Il numero di maglia** L'allenatore di una squadra di pallavolo sta consegnando le maglie ai convocati per la partita scegliendole casualmente. Nella cesta ci sono le maglie numerate da 1 a 10. Federico è il primo a ricevere la maglia.
Qual è la probabilità che il suo numero sia un numero dispari o maggiore di 5? $\left[\dfrac{4}{5}\right]$

64 Si estrae una carta da un mazzo di 52 carte. Calcola la probabilità che la carta:
a. sia un re o un sette;
b. sia un re o una carta di picche;
c. sia un asso o una carta di picche o una figura.
$\left[\text{a) } \dfrac{2}{13}; \text{ b) } \dfrac{4}{13}; \text{ c) } \dfrac{25}{52}\right]$

65 Calcola la probabilità che, lanciando un dado, si verifichi almeno uno dei due eventi:
E_1 = «numero dispari»;
E_2 = «numero minore di 4». $\left[\dfrac{2}{3}\right]$

66 In uno scaffale ci sono 12 DVD, 20 CD e 14 libri. Prendendo un oggetto a caso, qual è la probabilità di prendere un CD o un libro? $\left[\dfrac{17}{23}\right]$

REALTÀ E MODELLI

67 **Colazione fuori** Nella pasticceria «Frutti di bosco», Javier prepara i biscotti alle mandorle tre giorni alla settimana e le brioche al miele due giorni alla settimana. Solo un giorno alla settimana prepara entrambi i dolci. Una mattina Veronica va a fare colazione alla pasticceria, sperando di trovare i biscotti alle mandorle o le brioche al miele: qual è la probabilità che accada? $\left[\dfrac{4}{7}\right]$

68 **I più bravi della scuola** Alla fine dell'anno scolastico, in una scuola di 648 studenti, 1 su 6 ha ottenuto una media superiore all'8 e 1 su 9 ha 10 in almeno una materia, mentre solo 12 studenti hanno raggiunto entrambi i risultati. Scegliendo a caso uno studente, qual è la probabilità che abbia la media maggiore di 8 oppure 10 in qualche materia? $\left[\dfrac{7}{27}\right]$

69 12 ragazzi vogliono dividersi in 3 squadre. Mettono in un sacchetto dei bigliettini numerati da 1 a 12, e ciascuno ne estrae uno a caso. I biglietti dall'1 al 4 rappresentano la squadra A, quelli dal 5 all'8 la squadra B, quelli dal 9 al 12 la squadra C. I ragazzi che estrarranno i numeri 1, 5 e 9 diventeranno i capitani delle relative squadre. Qual è la probabilità di capitare nella squadra A o di essere capitano di una delle tre squadre? $\left[\dfrac{1}{2}\right]$

70 **EUREKA!** Sofia e Francesco osservano i parenti che iniziano a giocare a tombola. Sofia dice: «Scommetto che il primo numero estratto è un numero pari o un multiplo di 4».
Francesco ribatte: «Va bene, allora io scommetto che il primo numero estratto è un numero dispari o un multiplo di 5».
Determina, senza calcolare le due probabilità, chi dei due ha maggiore probabilità di vincere la scommessa. Poi conferma il tuo ragionamento calcolando le due probabilità.

Con il calcolo combinatorio

71 **ESERCIZIO GUIDA** Un'urna contiene 4 palline rosse numerate da 1 a 4 e 6 palline nere numerate da 1 a 6. Si estraggono consecutivamente due palline, senza rimettere la pallina estratta nell'urna. Calcoliamo la probabilità:
a. che le palline estratte siano di colore uguale;
b. che le palline estratte siano rosse o presentino due numeri pari;
c. che almeno una pallina estratta sia rossa.

α84

Paragrafo 3. Somma logica di eventi

a. Gli eventi E_{RR} = «escono due palline rosse» ed E_{NN} = «escono due palline nere» sono incompatibili, quindi

$$p(E_{RR} \cup E_{NN}) = p(E_{RR}) + p(E_{NN}) = \frac{D_{4,2}}{D_{10,2}} + \frac{D_{6,2}}{D_{10,2}} = \frac{12}{90} + \frac{30}{90} = \frac{42}{90} = \frac{7}{15}.$$

b. Gli eventi E_{RR} ed E_{PP} = «escono due palline con un numero pari» sono eventi compatibili quindi

$$p(E_{RR} \cup E_{PP}) = p(E_{RR}) + p(E_{PP}) - p(E_{RR} \cap E_{PP}) = \frac{12}{90} + \frac{20}{90} - \frac{2}{90} = \frac{30}{90} = \frac{1}{3}.$$

c. L'evento si realizza se si realizza E_{RR} oppure E_{RN} = «escono una pallina rossa e una nera», che sono eventi incompatibili, quindi

$$p(E_{RR} \cup E_{RN}) = p(E_{RR}) + p(E_{RN}) = \frac{D_{4,2}}{D_{10,2}} + \frac{4 \cdot 6 \cdot 2}{D_{10,2}} = \frac{48}{90} + \frac{12}{90} = \frac{60}{90} = \frac{2}{3}.$$

Possiamo usare in questo caso anche la probabilità dell'evento contrario che è «non esce alcuna pallina rossa» = «escono due palline nere» di cui abbiamo già calcolato la probabilità.

$$p(E_{RR} \cup E_{RN}) = p(\overline{E}_{NN}) = 1 - p(E_{NN}) = 1 - \frac{30}{90} = \frac{60}{90} = \frac{2}{3}$$

72 Un'urna contiene 4 palline bianche e 8 nere. Calcola la probabilità che, estraendo consecutivamente tre palline, senza rimettere la pallina estratta nell'urna:
  a. siano dello stesso colore;
  b. siano due bianche e una nera o due nere e una bianca. $\left[a) \frac{3}{11}; b) \frac{8}{11}\right]$

73 Un'urna contiene 4 palline gialle, 2 verdi e 7 bianche. Si estraggono consecutivamente 2 palline, senza rimettere la pallina estratta nell'urna. Calcola la probabilità che:
  a. siano dello stesso colore;
  b. nessuna sia bianca;
  c. almeno una sia verde;
  d. la prima sia gialla e l'altra o verde o bianca. $\left[a) \frac{14}{39}; b) \frac{5}{26}; c) \frac{23}{78}; d) \frac{3}{13}\right]$

74 Si estraggono contemporaneamente tre carte da un mazzo da 40 carte. Calcola la probabilità che si presentino:
  a. tre figure o tre carte di due semi fissati;
  b. tre figure o tre re;
  c. tre carte di due semi fissati o tre sette;
  d. almeno due figure;
  e. almeno una figura. $\left[a) \frac{67}{494}; b) \frac{11}{494}; c) \frac{11}{95}; d) \frac{517}{2470}; e) \frac{127}{190}\right]$

REALTÀ E MODELLI

75 Parchi in premio Abbiamo 9 biglietti per un parco divertimenti, 5 biglietti per un parco acquatico e 6 biglietti per un parco termale. Estraiamo consecutivamente due biglietti da assegnare come primo e secondo premio per un gioco. Calcola la probabilità che:
  a. siano biglietti per lo stesso parco;
  b. nessun biglietto sia per il parco acquatico;
  c. almeno un biglietto sia per il parco divertimenti;
  d. il primo biglietto sia per il parco termale e l'altro per il parco divertimenti o il parco acquatico. $\left[a) \frac{61}{190}; b) \frac{21}{38}; c) \frac{27}{38}; d) \frac{21}{95}\right]$

76 Bellezze premiate Alle tre vincitrici di un concorso di bellezza spettano tre premi da scegliere estraendoli consecutivamente da una scatola contenente 6 braccialetti e 10 collane. Calcola la probabilità che i premi siano:
  a. tre braccialetti o tre collane;
  b. due braccialetti e una collana o un braccialetto e due collane. $\left[a) \frac{1}{4}; b) \frac{3}{4}\right]$

α85

Capitolo α2. Probabilità

4 Probabilità condizionata

▶ Teoria a p. α58

Eventi dipendenti ed eventi indipendenti

77 **RIFLETTI SULLA TEORIA**
   a. Due eventi dipendenti sono sempre compatibili?
   b. Due eventi indipendenti sono sempre incompatibili?

78 **FAI UN ESEMPIO** di eventi indipendenti estraendo due carte da un mazzo di 40.

Indica se i seguenti eventi sono dipendenti o indipendenti.

79 In due lanci di una moneta:
   E_1 = «esce "croce" al primo lancio», E_2 = «esce "croce" al secondo lancio».

80 In due lanci di un dado:
   E_1 = «esce un numero pari al primo lancio», E_2 = «esce il numero 2 al secondo lancio».

81 Nell'estrazione da un'urna, contenente 4 palline bianche e 6 nere, di due palline senza rimettere la prima nell'urna:
   E_1 = «esce una pallina nera alla prima estrazione», E_2 = «esce una pallina nera alla seconda estrazione».

82 **VERO O FALSO?**
   a. Se B è l'evento certo, $p(A|B) = p(A)$. ⬜V ⬜F
   b. Se gli eventi A e B sono incompatibili, $p(A|B) = 0$. ⬜V ⬜F
   c. Se A è l'evento certo, $p(A|B) = p(B)$. ⬜V ⬜F
   d. $p(A \cup B | B) = p(A)$. ⬜V ⬜F

83 **ESERCIZIO GUIDA** Nel frigorifero di un bar ci sono 10 bottiglie di acqua minerale naturale, 15 di acqua minerale frizzante, 12 aranciate e 7 tè freddi, non deteinati. Prendiamo una bottiglia a caso dal frigorifero. Consideriamo gli eventi:

   A = «prendere un'acqua minerale»; C = «prendere un'aranciata»;
   B = «prendere una bevanda senza teina»; D = «prendere un tè freddo».

   a. Calcoliamo la probabilità di prendere un tè freddo, sapendo che non si è presa un'aranciata.
   b. Stabiliamo la correlazione tra D e $\overline{C}$.
   c. Stabiliamo la correlazione tra A e B.

---

   a. Dobbiamo calcolare $p(D|\overline{C})$.
   Se non abbiamo preso un'aranciata, l'insieme degli esiti è dato dalle 25 bottiglie d'acqua minerale e dalle 7 di tè freddo. I casi possibili sono 32.
   I casi favorevoli sono 7, quindi $p(D|\overline{C}) = \dfrac{7}{32}$.

   $\boxed{p(A|B) = \dfrac{p(A \cap B)}{p(B)}}$

   Usando il teorema della probabilità condizionata:

   $p(D \cap \overline{C}) = \dfrac{7}{44}$, $p(\overline{C}) = \dfrac{32}{44}$ → $p(D|\overline{C}) = \dfrac{p(D \cap \overline{C})}{p(\overline{C})} = \dfrac{7}{44} \cdot \dfrac{44}{32} = \dfrac{7}{32}$.

   b. Poiché $p(D) = \dfrac{7}{44}$, $p(D|\overline{C}) > p(D)$, quindi D e $\overline{C}$ sono dipendenti e correlati positivamente.

   c. Osserviamo che $p(B|A) = 1$ perché, se sappiamo che abbiamo preso un'acqua minerale, è certo che abbiamo preso una bevanda senza teina. Poiché $p(B|A) = 1 > p(B)$, gli eventi A e B sono dipendenti e correlati positivamente.

Paragrafo 4. Probabilità condizionata

84 Calcola la probabilità che, lanciando un dado, esca un numero maggiore di 3, sapendo che è uscito un numero pari. $\left[\dfrac{2}{3}\right]$

85 Calcola la probabilità che, estraendo una carta da un mazzo di 40, essa sia un re, sapendo che è uscita una figura. $\left[\dfrac{1}{3}\right]$

86 Un sacchetto contiene 22 palline numerate da 1 a 22. Calcola la probabilità che, estraendo una pallina, essa rechi un numero multiplo di 3, sapendo che è uscito un numero dispari. $\left[\dfrac{4}{11}\right]$

87 Si hanno due mazzi di carte da 40. Si estrae da ciascun mazzo una carta. Calcola la probabilità che esse siano due re, sapendo che sono uscite due figure, e la probabilità che siano due figure, sapendo che sono usciti due re. $\left[\dfrac{1}{9};1\right]$

88 Si estraggono consecutivamente tre palline da un'urna contenente 20 palline numerate da 1 a 20, rimettendo ogni volta la pallina estratta nell'urna. Calcola la probabilità che le tre palline abbiano un numero dispari, sapendo che le prime due palline hanno un numero dispari. $\left[\dfrac{1}{2}\right]$

89 Da un mazzo da 52 carte si estraggono consecutivamente due carte senza rimettere la carta estratta nel mazzo. Calcola la probabilità che esse siano di cuori, sapendo che sono entrambe rosse. $\left[\dfrac{6}{25}\right]$

90 **Calcio, football americano, basket** In una classe 8 alunni giocano a calcio, 6 a football americano e 7 a basket. Calcola la probabilità che, prendendo a caso tre alunni, essi giochino a football americano, sapendo che non praticano il calcio e che ognuno pratica un solo sport. $\left[\dfrac{10}{143}\right]$

91 Una macchina produce pezzi meccanici e, su una produzione di 400 pezzi, 20 sono difettosi per peso, 30 per lunghezza e 360 sono perfetti. Calcola la probabilità che, prendendo a caso un pezzo:

a. sia difettoso;
b. abbia entrambi i difetti;
c. sia difettoso per peso, sapendo che anche la lunghezza non è corretta.

$\left[\text{a) }\dfrac{1}{10}\text{; b) }\dfrac{1}{40}\text{; c) }\dfrac{1}{3}\right]$

RISOLVIAMO UN PROBLEMA

■ Sedie a dondolo

La ditta «La tua sedia» vuole introdurre, fra i vari tipi di sedia che fabbrica, anche sedie a dondolo. Avendo in produzione modelli con paglia di Vienna, considera l'opportunità di sedie a dondolo con seduta e schienale con questo materiale.
In base alle richieste del mercato, valuta la probabilità di vendere una sedia a dondolo senza la paglia di Vienna al 30% e la probabilità di vendere una sedia non a dondolo al 55%.
Determina:

- se gli eventi «vendere una sedia a dondolo» e «vendere una sedia con paglia di Vienna» sono compatibili o incompatibili;
- la probabilità di vendere una sedia a dondolo o una sedia con paglia di Vienna supponendo gli eventi indipendenti;
- la probabilità di vendere una sedia con paglia di Vienna supponendo che la probabilità di vendere una sedia a dondolo condizionata all'evento vendita di una sedia con paglia di Vienna sia di $\dfrac{5}{7}$.

▶ **Calcoliamo la probabilità di vendere una sedia a dondolo senza paglia di Vienna e la probabilità di vendere una sedia non a dondolo.**

Indichiamo con A l'evento «vendere una sedia a dondolo» e con B l'evento «vendere una sedia con paglia di Vienna». Se gli eventi A e B sono incompatibili, deve essere $p(A \cap B) = 0$.
In base ai dati, la probabilità di vendere una sedia a dondolo senza paglia di Vienna è $p(A - B) = p(A \cap \overline{B}) = 0,30$.

Capitolo α2. Probabilità

Sempre in base ai dati, la probabilità di vendere una sedia non a dondolo è $p(\overline{A}) = 0,55$, e quindi $p(A) = 1 - 0,55 = 0,45$.

▶ **Verifichiamo che gli eventi A e B sono compatibili.**
Otteniamo $p(A \cap B) = p(A) - p(A \cap \overline{B}) = 0,45 - 0,30 = 0,15 \neq 0$. Dunque, gli eventi A e B sono compatibili.

▶ **Calcoliamo la probabilità di vendere una sedia a dondolo o una sedia con paglia di Vienna supponendo gli eventi indipendenti.**
Vogliamo calcolare $p(A \cup B) = p(A) + p(B) - p(A \cap B)$. Dobbiamo quindi innanzitutto determinare $p(B)$.
Se gli eventi A e B sono indipendenti deve essere $p(A \cap B) = p(A) \cdot p(B)$, e quindi

$$p(B) = \frac{p(A \cap B)}{p(A)} = \frac{0,15}{0,45} = \frac{1}{3} = 0,\overline{3}, \text{ da cui otteniamo } p(A \cup B) = 0,45 + 0,\overline{3} - 0,15 = 0,6\overline{3}.$$

▶ **Calcoliamo la probabilità condizionata richiesta.**
Dobbiamo calcolare la probabilità dell'evento B considerando che $p(A \mid B) = \frac{5}{7}$:

$$p(A \mid B) = \frac{p(A \cap B)}{p(B)} \qquad \frac{5}{7} = \frac{0,15}{p(B)} \qquad p(B) = 0,15 \cdot \frac{7}{5} = 0,21.$$

92 **REALTÀ E MODELLI** **Età e ipertensione** Sai che il 21,7% della popolazione italiana ha almeno 65 anni e che il 17,1% della popolazione totale è ipertesa, cioè soffre di ipertensione arteriosa. Inoltre, il 28% della popolazione ha almeno 65 anni o soffre di ipertensione arteriosa.

a. Scegliendo a caso un individuo tra la popolazione italiana, calcola la probabilità che abbia almeno 65 anni e sia iperteso.
b. Se un individuo ha almeno 65 anni, qual è la probabilità che soffra di ipertensione arteriosa? E se ha meno di 65 anni?
c. Se un individuo è iperteso, qual è la probabilità che abbia meno di 65 anni?

[a) 10,8%; b) 49,8%; 8%; c) 36,8%]

93 In un'urna abbiamo 5 palline, ciascuna con un colore diverso e con probabilità di estrazione diversa. L'insieme dei possibili esiti è U = {rossa, gialla, nera, verde, bianca} e le probabilità di estrazione sono $\frac{1}{7}$ per ciascuna delle palline rossa, gialla e nera e $\frac{2}{7}$ per ciascuna delle palline verde e bianca.
Dati gli eventi A = {rossa, nera, bianca}, B = {nera, verde, bianca} e C = {gialla, nera}, calcola le seguenti probabilità.

$p(A \mid B)$ $\qquad$ $p(B \mid C)$ $\qquad$ $p(C \mid \overline{A})$ $\qquad$ $p(\overline{A} \mid C)$

$\left[\frac{3}{5}; \frac{1}{2}; \frac{1}{3}; \frac{1}{2} \right]$

94 Calcola la probabilità che, lanciando quattro monete, la faccia testa esca due volte, sapendo che è uscita almeno una volta.

$\left[\frac{2}{5} \right]$

95 **Ex alunni** In un istituto tecnico si svolge un'indagine statistica su 575 alunni diplomati negli ultimi cinque anni. Di essi 305 sono femmine e 270 maschi. 215, di cui 140 femmine e 75 maschi, hanno proseguito gli studi; 234, di cui 94 femmine e 140 maschi, hanno trovato impiego presso aziende private; 126, di cui 71 femmine e 55 maschi, lavorano presso enti pubblici. Intervistando a caso due persone, calcola la probabilità che:

a. abbiano proseguito gli studi;
b. abbiano trovato un impiego, sapendo che sono maschi;
c. non lavorino presso un ente pubblico, sapendo che sono femmine.

Gli eventi «aver trovato un impiego» ed «essere maschi» sono dipendenti o indipendenti?

[a) 14%; b) 52%; c) 59%; dipendenti]

α88

Paragrafo 5. Prodotto logico di eventi

5 Prodotto logico di eventi

▶ Teoria a p. α61

96 **TEST** Due macchine indipendenti compiono lo stesso lavoro. La probabilità che si guasti la macchina A è del 30%, mentre la probabilità che si guasti la macchina B è del 20%. La probabilità che si guasti la macchina B e non la macchina A è:

A 0,14.   B 0,24.   C 0,44.   D 0,5.   E 0,56.

97 **ESERCIZIO GUIDA** Da un'urna che contiene 6 palline rosse, 3 bianche e 5 nere estraiamo consecutivamente due palline, senza rimettere la prima estratta nell'urna. Calcoliamo la probabilità che:

a. le palline siano entrambe rosse;
b. la prima pallina sia bianca e la seconda nera;
c. almeno una pallina sia rossa.

In ognuno dei tre casi gli eventi sono dipendenti perché la prima pallina estratta non viene rimessa nell'urna.
Indichiamo con R, B e N le estrazioni di palline rosse, bianche e nere, con il pedice 1 la prima estrazione e con il pedice 2 la seconda.

a. $R_1 \cap R_2 =$ «la prima pallina estratta è rossa e la seconda è rossa».

$$p(R_1 \cap R_2) = p(R_1) \cdot p(R_2 | R_1) = \frac{6}{14} \cdot \frac{5}{13} = \frac{15}{91}$$

(palline rosse / palline rosse rimaste / palline rimaste nell'urna)

b. $B_1 \cap N_2 =$ «la prima pallina estratta è bianca e la seconda è nera».

$$p(B_1 \cap N_2) = p(B_1) \cdot p(N_2 | B_1) = \frac{3}{14} \cdot \frac{5}{13} = \frac{15}{182}$$

(palline bianche / palline nere / palline rimaste nell'urna)

c. «Almeno una» è l'evento contrario di «nessuna».
$\overline{R}_1 \cap \overline{R}_2 =$ «la prima pallina estratta non è rossa e la seconda non è rossa».

$$p(\overline{R}_1 \cap \overline{R}_2) = p(\overline{R}_1) \cdot p(\overline{R}_2 | \overline{R}_1) = \frac{8}{14} \cdot \frac{7}{13} = \frac{4}{13}$$

(palline non rosse / palline non rosse rimaste / palline rimaste nell'urna)

La probabilità che almeno una pallina sia rossa è:

$$p = 1 - p(\overline{R}_1 \cap \overline{R}_2) = 1 - \frac{4}{13} = \frac{9}{13}.$$

---

98 Antonio pesca tre carte da un mazzo di 40. Qual è la probabilità che abbia in mano tre re?
$$\left[\frac{1}{2470}\right]$$

99 **Vigilia di Natale** Roberta prepara i pacchetti dei regali per quattro suoi amici, ma una volta incartati non riesce più a distinguerli. Se fossero consegnati a caso, qual è la probabilità che ognuno di loro riceva proprio il suo?
$$\left[\frac{1}{24}\right]$$

100 Due impianti nuovi, che funzionano in modo separato uno dall'altro, hanno la probabilità di guastarsi, nel periodo della garanzia, rispettivamente del 5% e del 4%. Calcola la probabilità che in un certo momento:

a. uno solo sia guasto;
b. siano guasti entrambi;
c. nessuno sia guasto;
d. almeno uno sia guasto.

[a) 8,6%; b) 0,2%; c) 91,2%; d) 8,8%]

Capitolo α2. Probabilità

ESERCIZI

101 In una classe di 25 studenti, i $\frac{3}{5}$ sono maggiorenni. I maschi sono 10, di cui 7 maggiorenni. Scegliendo a caso uno studente, qual è la probabilità che sia una ragazza maggiorenne?

$$\left[\frac{8}{25}\right]$$

102 La probabilità che un tiratore colpisca un bersaglio è del 20% e la probabilità che lo colpisca un altro tiratore è del 60%. I due tiratori sparano contemporaneamente. Calcola la probabilità che:
a. il bersaglio venga colpito da entrambi;
b. almeno uno colpisca il bersaglio.

[a) 12%; b) 68%]

103 Un'urna contiene 20 palline numerate da 1 a 20. Calcola la probabilità che, estraendo consecutivamente due palline, senza rimettere quella estratta nell'urna, esse siano:
a. due palline con un numero pari;
b. una con un numero pari e l'altra con un numero dispari;
c. due palline con un numero primo.

$$\left[a) \frac{9}{38}; b) \frac{10}{19}; c) \frac{14}{95}\right]$$

REALTÀ E MODELLI

104 **Domenica al parco** La domenica Susanna va al parco solo se non piove e la sua amica Cristina è libera. Per la prossima domenica sono previste piogge con una probabilità del 20%. Cristina va a trovare i suoi nonni una domenica su due, indipendentemente dal tempo. Qual è la probabilità che la prossima domenica Susanna vada al parco? [40%]

105 **Di domenica** Il negozio di vestiti sotto casa di Ilaria è aperto una domenica su 4. Nelle domeniche in cui il negozio è aperto, le due titolari, Costanza e Francesca, si alternano: a turno una resta a casa e sostituirà la collega nella domenica di apertura successiva. Con che probabilità Ilaria troverà Francesca in negozio la prossima domenica?

$$\left[\frac{1}{8}\right]$$

106 **TEST** Agata, Nina e Leo decidono che al «Via!» ciascuno di loro dirà (a caso) «Bim», oppure «Bum», oppure «Bam». Qual è la probabilità che dicano tutti e tre la stessa cosa?

A Meno di $\frac{1}{12}$.
B Tra $\frac{1}{12}$ e $\frac{1}{10}$.
C Tra $\frac{1}{10}$ e $\frac{1}{8}$.
D Tra $\frac{1}{8}$ e $\frac{1}{6}$.
E Più di $\frac{1}{6}$.

(*Giochi di Archimede*, 2014)

107 **ESERCIZIO GUIDA** Devono essere interrogati 3 studenti, 2 maschi e una femmina. Calcola la probabilità che, scegliendo a caso gli interrogati, la femmina sia interrogata per seconda.

Chiamiamo M_1 = «il primo interrogato è un maschio», M_2 = «il terzo interrogato è un maschio» e F = «il secondo interrogato è una femmina».
I tre eventi sono dipendenti, quindi:

$$p(M_1 \cap F \cap M_2) = p(M_1) \cdot p(F|M_1) \cdot p(M_2|M_1 \cap F) = \frac{2}{3} \cdot \frac{1}{2} \cdot \frac{1}{1} = \frac{1}{3}.$$

108 In una delegazione di 4 studenti devono essere presenti 2 maschi e 2 femmine. Calcola la probabilità che, scegliendo a caso, vi sia alternanza tra maschi e femmine.

$$\left[\frac{1}{3}\right]$$

109 Uno scaffale contiene 8 CD di musica classica, 9 CD di musica rock e 7 CD di musica leggera. Si prendono consecutivamente e a caso due CD. Calcola la probabilità che siano:
a. entrambi di musica rock;
b. uno di musica classica e uno di musica leggera.

$$\left[a) \frac{3}{23}; b) \frac{14}{69}\right]$$

110 Nel portamonete di Luca ci sono

6 monete da 1 euro,
4 monete da 50 centesimi,
5 monete da 20 centesimi.

Prendendo a caso tre monete, una dopo l'altra, calcola la probabilità che siano:
a. tre monete da 50 centesimi;
b. la prima moneta da 1 euro e la seconda e la terza da 20 centesimi;
c. la prima moneta da 1 euro, la seconda da 50 centesimi, la terza da 20 centesimi.

$$\left[a) \frac{4}{455}; b) \frac{4}{91}; c) \frac{4}{91}\right]$$

Riepilogo: Problemi con somma e prodotto logico

EUREKA!

111 Matteo deve fare un test a crocette con 11 domande. Ciascuna domanda ha una sola risposta giusta. La prima domanda ha 2 possibili risposte (A e B), la seconda domanda ha 3 possibili risposte (A, B, C) e così via, fino all'undicesima domanda che ha 12 possibili risposte. Qual è la probabilità che facendo a caso il test Matteo dia almeno una risposta giusta?

- **A** $\dfrac{1}{12!}$
- **B** $\dfrac{1}{144}$
- **C** $\dfrac{1}{2}$
- **D** $\dfrac{11}{12}$
- **E** $\dfrac{121}{144}$

(*Olimpiadi di matematica, Gara di febbraio, 2013*)

112 Al porto sono arrivate 5 casse contenenti ciascuna 72 banane e in una di esse vi è un certo numero di banane radioattive. Si sa che scegliendo a caso due delle 5 casse e scegliendo a caso da ciascuna di esse una banana, la probabilità che una delle due banane scelte sia radioattiva è del 5%.
Quante sono le banane radioattive?

- **A** 6
- **B** 9
- **C** 10
- **D** 12
- **E** Nessuna delle precedenti.

(*Giochi di Archimede, 2013*)

113 In una tribù di canguri ci sono 9 individui speciali, chiamati Supercanguri, che sono gli unici con il pelo color oro o color argento. A ogni incontro casuale di 3 Supercanguri, la probabilità che nessuno di loro sia color argento è $\dfrac{2}{3}$. Quanti sono i Supercanguri color oro?

- **A** 1
- **B** 3
- **C** 5
- **D** 6
- **E** 8

(*Kangourou Italia, livello Student, 2014*)

Riepilogo: Problemi con somma e prodotto logico

114 **ESERCIZIO GUIDA** Un'urna contiene 5 palline bianche e 4 nere. Si effettuano estrazioni consecutive nelle due situazioni:

1. reimmissione ogni volta della pallina estratta, 2. non reimmissione della pallina estratta.

Calcoliamo la probabilità che, estraendo consecutivamente tre palline:

a. esse siano prima due bianche e poi una nera;

b. esse siano due bianche e una nera;

c. almeno una sia bianca.

Se c'è reimmissione gli eventi sono indipendenti, se non c'è reimmissione sono dipendenti. Indichiamo con B l'evento «esce una pallina bianca» e con N l'evento «esce una pallina nera», con i pedici 1, 2 e 3 le tre estrazioni.

a. L'evento da considerare è $B_1 \cap B_2 \cap N_3$, quindi:

1. $p(B_1 \cap B_2 \cap N_3) = p(B_1) \cdot p(B_2) \cdot p(N_3) = \dfrac{5}{9} \cdot \dfrac{5}{9} \cdot \dfrac{4}{9} = \dfrac{100}{729}$;

2. $p(B_1 \cap B_2 \cap N_3) = p(B_1 \cap B_2) \cdot p(N_3 | B_1 \cap B_2) = p(B_1) \cdot p(B_2 | B_1) \cdot p(N_3 | B_1 \cap B_2) = \dfrac{5}{9} \cdot \dfrac{4}{8} \cdot \dfrac{4}{7} = \dfrac{80}{504} = \dfrac{10}{63}$.

b. L'evento E può verificarsi con tre modalità diverse incompatibili fra loro:

$$E = (B_1 \cap B_2 \cap N_3) \cup (B_1 \cap N_2 \cap B_3) \cup (N_1 \cap B_2 \cap B_3).$$

1. $p(E) = \dfrac{5}{9} \cdot \dfrac{5}{9} \cdot \dfrac{4}{9} + \dfrac{5}{9} \cdot \dfrac{4}{9} \cdot \dfrac{5}{9} + \dfrac{4}{9} \cdot \dfrac{5}{9} \cdot \dfrac{5}{9} = \dfrac{100}{729} \cdot 3 = \dfrac{100}{243}$;

2. $p(E) = \dfrac{5}{9} \cdot \dfrac{4}{8} \cdot \dfrac{4}{7} + \dfrac{5}{9} \cdot \dfrac{4}{8} \cdot \dfrac{4}{7} + \dfrac{4}{9} \cdot \dfrac{5}{8} \cdot \dfrac{4}{7} = \dfrac{10}{21}$.

Capitolo α2. Probabilità

Nel caso in cui l'ordine non è stabilito si può moltiplicare la probabilità di una sequenza «base» per il numero di volte col quale gli eventi componenti l'evento si possono presentare.

c. Abbiamo varie possibilità per il numero di volte con cui la pallina bianca può uscire.
L'evento C si verifica quando la pallina bianca:

esce una volta:	b n n	n b n	n n b
o due volte:	b b n	n b b	b n b
o tre volte:	b b b		

In questo caso è più semplice calcolare la probabilità dell'evento contrario «non esce nessuna pallina bianca», che è come calcolare la probabilità dell'evento «escono tre palline nere»:

1. $p(E) = 1 - p(N_1 \cap N_2 \cap N_3) = 1 - \frac{4}{9} \cdot \frac{4}{9} \cdot \frac{4}{9} = 1 - \frac{64}{729} = \frac{665}{729}$;

2. $p(E) = 1 - p(N_1 \cap N_2 \cap N_3) = 1 - \frac{4}{9} \cdot \frac{3}{8} \cdot \frac{2}{7} = 1 - \frac{24}{504} = \frac{480}{504} = \frac{20}{21}$.

115 In una scatola ci sono 8 palline rosse e 4 gialle. Calcola la probabilità che, estraendo consecutivamente due palline senza rimettere la pallina estratta nella scatola, esse siano:

a. due palline rosse;
b. due palline gialle;
c. la prima rossa e la seconda gialla;
d. una pallina rossa e l'altra gialla.

$\left[a) \frac{14}{33}; b) \frac{1}{11}; c) \frac{8}{33}; d) \frac{16}{33} \right]$

MATEMATICA AL COMPUTER

Calcolo della probabilità Un sacchetto contiene t gettoni, di cui r rossi, g gialli, b blu. Costruiamo un foglio elettronico che riceva i numeri r, g, b e che mostri le probabilità delle possibili estrazioni di due gettoni, sia che il primo gettone estratto venga reimmesso nel sacchetto, sia che non venga reimmesso. Proviamo il foglio con $r = 4$, $g = 2$ e $b = 3$.

Risoluzione – 2 esercizi in più

---

116 Calcola la probabilità che, estraendo consecutivamente due carte da un mazzo di quaranta, senza rimettere quella estratta per prima nel mazzo, esse siano:

a. la prima una figura e la seconda non una figura;
b. una figura e un sette.

$\left[a) \frac{14}{65}; b) \frac{4}{65} \right]$

117 Si estrae una carta da ciascuno di due mazzi di quaranta carte. Calcola la probabilità che:

a. le due carte siano due re;
b. le due carte siano due figure;
c. almeno una delle due carte sia un asso.

$\left[a) \frac{1}{100}; b) \frac{9}{100}; c) \frac{19}{100} \right]$

118 Ogni mattina Gianluca, per andare a scuola, deve prendere l'autobus delle 7.20. Una mattina su 5, Gianluca arriva alla fermata in ritardo, tra le 7.21 e le 7.25. Quando piove (una mattina su 6) l'autobus passa dopo le 7.25, mentre gli altri giorni è puntuale. Qual è la probabilità che Gianluca non perda l'autobus?

$\left[\frac{5}{6} \right]$

119 La mensa è aperta dal lunedì al venerdì. Ogni giorno, tra i primi piatti, c'è almeno uno tra pasta e riso. Se la pasta c'è 4 giorni alla settimana e il riso 3, qual è la probabilità che, in un giorno qualsiasi, ci siano entrambi i piatti?

$\left[\frac{2}{5} \right]$

120 Si hanno due sacchetti. Il primo contiene 4 palline bianche e 6 rosse, il secondo ne contiene 3 bianche e 5 rosse. Calcola la probabilità che, estraendo una pallina da ciascun sacchetto, esse siano:

a. entrambe bianche;
b. bianca dal primo sacchetto e rossa dal secondo;
c. una bianca e una rossa.

$\left[a) \frac{3}{20}; b) \frac{1}{4}; c) \frac{19}{40} \right]$

α92

Riepilogo: Problemi con somma e prodotto logico

121 Si hanno due urne. La prima contiene 4 palline bianche e 6 rosse, la seconda ne contiene 3 bianche e 5 rosse. Si estrae una pallina dalla prima urna e la si inserisce nella seconda, e poi si estrae una pallina dalla seconda urna. Calcola la probabilità che le palline estratte siano:
a. entrambe bianche;
b. bianca dalla prima urna e rossa dalla seconda;
c. una bianca e una rossa.

$$\left[\text{a) } \frac{8}{45}; \text{ b) } \frac{2}{9}; \text{ c) } \frac{19}{45}\right]$$

122 TEST In questa stagione accade spesso che quando Luca esce da scuola piova: ciò accade con probabilità uguale a $\frac{2}{5}$. Per questo motivo Luca ritiene opportuno prendere con sé un ombrello, ma a volte se ne dimentica; la probabilità che in un singolo giorno Luca dimentichi l'ombrello è $\frac{1}{2}$. Qual è la probabilità che per tre giorni consecutivi Luca non si bagni mai, durante il ritorno da scuola?

A Minore di $\frac{1}{6}$.
C Compresa tra $\frac{1}{3}$ e $\frac{1}{2}$.
E Maggiore di $\frac{5}{6}$.

B Compresa tra $\frac{1}{6}$ e $\frac{1}{3}$.
D Compresa tra $\frac{1}{2}$ e $\frac{2}{3}$.

(*Giochi di Archimede*, 2014)

Problemi REALTÀ E MODELLI

123 **Legumi** Un commesso ha messo alla rinfusa i barattoli di legumi sullo scaffale di un supermercato. Sappiamo che ci sono 7 barattoli di piselli, 9 barattoli di fagioli e 6 barattoli di fagiolini. Si prendono consecutivamente 3 barattoli. Calcola la probabilità che:
a. siano tutti barattoli di piselli;
b. uno sia di piselli e due di fagioli;
c. ce ne sia uno per tipo;
d. non ci sia alcun barattolo di fagiolini.

$$\left[\text{a) } \frac{1}{44}; \text{ b) } \frac{9}{55}; \text{ c) } \frac{27}{110}; \text{ d) } \frac{4}{11}\right]$$

124 **Strike!** Tre amici giocano a bowling. In base ai risultati delle partite precedenti, si stabilisce che il primo ha probabilità 0,6 di fare strike, il secondo ha probabilità 0,45, il terzo ha probabilità 0,5. Calcola la probabilità che:
a. tutti e tre i giocatori facciano strike;
b. nessun giocatore faccia strike;
c. almeno un giocatore faccia strike.

[a) 0,135; b) 0,11; c) 0,89]

125 **Pennarello o pastello?** Da ciascuno dei due astucci in figura viene preso un pastello o un pennarello a caso. Calcola la probabilità che
a. entrambi siano pastelli;
b. siano un pennarello dal primo astuccio e un pastello dal secondo;
c. siano entrambi pennarelli, o un pastello e un pennarello.

$$\left[\text{a) } \frac{7}{26}; \text{ b) } \frac{3}{13}; \text{ c) } \frac{19}{26}\right]$$

Capitolo α2. Probabilità

126 **Non tutte sane** Dall'analisi di un campione di un raccolto di noci, si stima che circa il 5% sia marcio. Prendendo due noci a caso, calcola la probabilità che:

a. una sola sia sana;
b. almeno una non sia marcia.

[a) 9,5%; b) 99,75%]

127 **Germogli** Alessia ha tre vasetti di terra, in ognuno dei quali mette due semi di pomodoro. Se ogni seme ha una probabilità di germogliare dell'80%, calcola la probabilità che:

a. nasca almeno una pianta in uno solo dei vasetti;
b. nasca almeno una pianta in tutti e tre i vasetti.

[a) ≃ 0,46%; b) ≃ 88,5%]

128 **Alcol e adolescenti** Da un rapporto Istat è emerso che il 14,3% della popolazione maschile di età compresa tra i 16 e i 17 anni manifesta almeno un comportamento a rischio per quanto riguarda il consumo di alcol. Più precisamente, dei maschi tra i 16 e i 17 anni, il 6,5% ha un consumo giornaliero non moderato e il 10,5% beve fino a ubriacarsi durante i fine settimana. Calcola la probabilità che un ragazzo di età compresa tra i 16 e i 17 anni manifesti entrambi i comportamenti a rischio. [2,7%]

129 **Tiro al piattello** Durante una gara di tiro al piattello, tre concorrenti hanno rispettivamente la probabilità di $\frac{1}{6}$, $\frac{1}{4}$ e $\frac{1}{3}$ di colpire il bersaglio. Ciascuno spara una sola volta. Trova la probabilità che uno e uno soltanto di essi colpisca il piattello. In tal caso qual è la probabilità che sia stato il primo atleta? $\left[\frac{31}{72}; \frac{6}{31}\right]$

130 **EUREKA!** In una scatola sono state inserite alcune palline rosse e alcune palline verdi. Se estraiamo a caso 2 palline dalla scatola, la probabilità che esse siano dello stesso colore è $\frac{1}{2}$. Quale dei seguenti può essere il numero complessivo delle palline inserite nella scatola?

A 81   B 101   C 1000   D 2011   E 10001

(*Kangourou Italia, livello Student,* 2011)

Problema delle prove ripetute

131 **ESERCIZIO GUIDA** Un'urna contiene 15 palline numerate. Si estrae per 8 volte consecutive una pallina, rimettendola ogni volta nell'urna. Calcoliamo la probabilità che:

a. per 5 volte esca un numero minore di 6;
b. per 3 o 4 volte esca un numero pari;
c. almeno una volta esca un numero pari.

a. L'evento «esce un numero minore di 6» ha probabilità $p = \frac{5}{15} = \frac{1}{3}$, mentre l'evento contrario ha probabilità $q = 1 - \frac{1}{3} = \frac{2}{3}$. Abbiamo:

$$p_{(5,8)} = \binom{8}{5}\left(\frac{1}{3}\right)^5\left(\frac{2}{3}\right)^3 = \frac{56 \cdot 2^3}{3^8}.$$

$p_{(k,n)} = \binom{n}{k} p^k q^{n-k}$
con n = numero delle prove,
k = numero dei successi

b. L'evento «esce un numero pari» ha probabilità $p = \frac{7}{15}$, mentre l'evento contrario ha probabilità $q = 1 - \frac{7}{15} = \frac{8}{15}$.

Dobbiamo applicare la relazione sia per il caso in cui l'evento si verifichi 3 volte, sia per il caso in cui si verifichi 4 volte e quindi applicare il teorema della somma logica:

$$p_{(3,8)} + p_{(4,8)} = \binom{8}{3}\left(\frac{7}{15}\right)^3\left(\frac{8}{15}\right)^5 + \binom{8}{4}\left(\frac{7}{15}\right)^4\left(\frac{8}{15}\right)^4 = \frac{56 \cdot 7^3 \cdot 8^5}{15^8} + \frac{70 \cdot 7^4 \cdot 8^4}{15^8} = \frac{938 \cdot 7^3 \cdot 8^4}{15^8}.$$

c. Calcoliamo la probabilità dell'evento $\overline{H}_{8,8}$ = «un numero pari non esce mai» (o «esce sempre un numero dispari»), evento contrario dell'evento $H_{8,8}$ di cui si chiede la probabilità. Essendo la probabilità di uscita di un numero dispari $\frac{8}{15}$, la probabilità che in 8 estrazioni nelle stesse condizioni un numero pari esca almeno una volta è $p(H_{8,8}) = 1 - p(\overline{H}_{8,8}) = 1 - \binom{8}{8}\left(\frac{8}{15}\right)^8 = 1 - \frac{8^8}{15^8} = \frac{15^8 - 8^8}{15^8}.$

132 Si lancia 10 volte una moneta. Calcola la probabilità che:
  a. la faccia testa esca 4 volte;
  b. la faccia croce esca 6 volte;
  c. esca sempre croce;
  d. almeno una volta esca testa.

$$\left[\text{a)}\ \frac{210}{2^{10}}; \text{b)}\ \frac{210}{2^{10}}; \text{c)}\ \frac{1}{2^{10}}; \text{d)}\ \frac{2^{10}-1}{2^{10}}\right]$$

133 Si lancia per 5 volte un dado. Calcola la probabilità che:
  a. per 2 volte esca un numero maggiore di 4;
  b. per 4 volte esca un numero pari.

$$\left[\text{a)}\ \frac{80}{243}; \text{b)}\ \frac{5}{32}\right]$$

134 Si effettuano 4 estrazioni con reimmissione da un mazzo di 52 carte.
Calcola la probabilità di estrarre:
  a. 4 assi;
  b. almeno 2 assi.

$$\left[\text{a)}\ \frac{1}{13^4}; \text{b)}\ \frac{913}{13^4}\right]$$

135 Un'urna contiene 2 palline bianche e 3 nere. Calcola la probabilità che, estraendo per 7 volte consecutive una pallina, rimettendo quella estratta nell'urna, la pallina bianca si presenti:
  a. solo la prima volta;
  b. una volta;
  c. 5 volte;
  d. sempre;
  e. mai;
  f. almeno una volta.

$$\left[\text{a)}\ \frac{2 \cdot 3^6}{5^7}; \text{b)}\ \frac{14 \cdot 3^6}{5^7}; \text{c)}\ \frac{6048}{5^7}; \text{d)}\ \frac{2^7}{5^7};\ \text{e)}\ \frac{3^7}{5^7}; \text{f)}\ \frac{5^7-3^7}{5^7}\right]$$

136 Una rilevazione statistica ha messo in evidenza che 7 persone su 10 utilizzano in un mese surgelati di pesce. Calcola la probabilità che, scegliendo a caso 4 persone, almeno una abbia nel corso del mese consumato questo tipo di prodotto.

[0,9919]

Problemi — REALTÀ E MODELLI

137 Speranza di vita! La probabilità che un uomo di 70 anni sia in vita dopo un anno, secondo la tavola demografica relativa al censimento del 1960, è del 95,7%. Calcola la probabilità che hanno tre uomini di quella età di essere tutti ancora in vita l'anno seguente.
[87,65% circa]

138 Basta la fortuna? Alice e Sara stanno affrontando lo stesso test composto da 6 domande a risposta chiusa. Ogni domanda ha 5 possibili risposte. Alice risponde a caso a tutte le domande. Sara, invece, conosce le risposte di tre domande e risponde alle altre a caso. Ottengono la sufficienza se rispondono correttamente a 4 domande.
  a. Qual è la probabilità che entrambe ottengano esattamente la sufficienza?
  b. Qual è la probabilità che Alice ottenga esattamente la sufficienza e Sara non superi la prova?

[a) 0,006; b) 0,008]

Capitolo α2. Probabilità

139 **Bianco bucato** L'impresa Bucato Spa ha effettuato una promozione in un supermercato per il suo nuovo detersivo Bianco. Su 200 clienti, 120 hanno aderito alla promozione. Qual è la probabilità che, intervistando in seguito 5 clienti, 3 dichiarino di aver aderito alla promozione? [0,3456]

140 **Non sempre efficace** Un farmaco ha la probabilità dell'85% di essere efficace. Viene somministrato a 12 ammalati. Calcola la probabilità:
 a. che tutti gli ammalati guariscano; b. che ne guariscano 10. [a) 14,22% circa; b) 29,24% circa]

Allenati con **15 esercizi interattivi** con feedback "hai sbagliato, perché…"
□ su.zanichelli.it/tutor3   risorsa riservata a chi ha acquistato l'edizione con tutor

6 Teorema di Bayes

Se l'evento deve accadere: la disintegrazione ▶ Teoria a p. α65

141 **ESERCIZIO GUIDA** Un'urna contiene 6 palline bianche e 10 nere e una seconda urna 8 bianche e 2 nere. Si sceglie a caso un'urna e si estrae una pallina. Calcoliamo la probabilità che essa sia bianca.

Le probabilità relative alla scelta dell'urna sono:

$$p(E_1) = p(E_2) = \frac{1}{2}.$$

Indichiamo con B l'evento «estrazione pallina bianca». Le probabilità di estrarre una pallina bianca avendo fissato l'urna sono:

$$p(B|E_1) = \frac{6}{16} = \frac{3}{8}, \quad p(B|E_2) = \frac{8}{10} = \frac{4}{5}.$$

La probabilità di estrarre una pallina bianca scegliendo a caso un'urna è:

$$p(B) = \frac{1}{2} \cdot \frac{3}{8} + \frac{1}{2} \cdot \frac{4}{5} = \frac{3}{16} + \frac{2}{5} = \frac{47}{80}.$$

Possiamo rappresentare la situazione con il diagramma ad albero della figura.

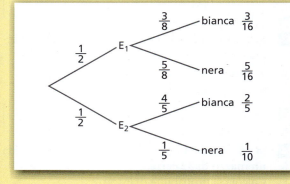

142 Abbiamo due urne. La prima contiene 4 palline bianche e 2 nere e la seconda 6 bianche e 4 nere. Si sceglie a caso un'urna estraendo una carta da un mazzo di 40. Se la carta estratta è una figura, si sceglie la prima urna, altrimenti la seconda. Dopo aver scelto l'urna si estrae una pallina. Calcola la probabilità di estrarre una pallina nera. $\left[\frac{19}{50}\right]$

143 **TEST** In un sacchetto ci sono 7 gettoni numerati da uno a sette. Si estrae un gettone e se reca un numero dispari viene lasciato fuori dal sacchetto, altrimenti viene reinserito. La probabilità che, effettuando l'estrazione successiva, esca un numero pari è:

Ⓐ $\frac{25}{49}$.   Ⓑ $\frac{23}{49}$.   Ⓒ $\frac{1}{2}$.   Ⓓ $\frac{2}{7}$.   Ⓔ $\frac{3}{7}$.

144 Due macchine producono lo stesso pezzo meccanico. La prima produce il 40% di tutto il quantitativo e il 98% della sua produzione è senza difetti. La seconda macchina ha un tasso di difettosità del 5%. Calcola la probabilità che, estraendo a caso un pezzo, questo sia difettoso. [3,8%]

145 **Qual è la strada?** Un automobilista arriva a un bivio. Sa che una strada è esatta e l'altra è sbagliata. Vi sono due persone A e B al bivio. A dice la verità quattro volte su dieci e B invece sette volte su dieci. L'automobilista chiede informazioni a caso a una di esse e ne segue l'indicazione. Calcola la probabilità che ha l'automobilista di percorrere la strada esatta. $\left[\frac{11}{20}\right]$

Paragrafo 6. Teorema di Bayes

REALTÀ E MODELLI

146 **Efficacia del farmaco** Il 60% di un gruppo di persone sofferenti di una malattia alla tiroide è stato sottoposto alla cura di un nuovo farmaco che ha sostituito il precedente, e il 30% ha ottenuto un miglioramento. Delle persone non sottoposte al trattamento del nuovo farmaco, e che hanno continuato la cura con quello precedente, ha ottenuto un miglioramento il 20%. Calcola la probabilità che, scegliendo una persona a caso, questa abbia avuto un miglioramento. [0,26]

147 **Stampanti difettose** Un'azienda ha prodotto una certa quantità di stampanti, di cui il 15% presenta un difetto di fabbricazione. Le stampanti non difettose hanno una probabilità del 20% di rompersi entro i primi tre anni, mentre quelle difettose dell'80%. Comprando una stampante (senza sapere se è difettosa o meno), qual è la probabilità che si rompa entro tre anni? [29%]

148 In una classe il 40% dei ragazzi è figlio unico. Possiede lo scooter il 20% dei ragazzi che sono figli unici e il 50% dei ragazzi che non sono figli unici. Scelto a caso un ragazzo, calcola la probabilità che abbia lo scooter. [0,38]

149 Due dispositivi hanno la probabilità di funzionare del 90% e del 70%. Se ne sceglie uno a caso. Calcola la probabilità che vi sia un mancato funzionamento. [20%]

150 Abbiamo due urne. La prima contiene 4 palline rosse e 6 bianche e la seconda 3 palline rosse e 2 bianche. Si lancia un dado e, se esce un numero minore di tre, si sceglie la prima urna, altrimenti la seconda. Calcola la probabilità che, estraendo contemporaneamente due palline, esse siano:

a. due rosse;   c. una rossa e una bianca.
b. due bianche;

$$\left[a) \frac{11}{45}; b) \frac{8}{45}; c) \frac{26}{45} \right]$$

151 **YOU & MATHS** A ball is removed at random from an urn which has 10 white and 10 black balls, and *not* replaced in the urn. This process is repeated 4 times. What is the probability that the third ball was white?

(USA *Bay Area Math Meet*, Bowl Sampler)

$$\left[\frac{1}{2} \right]$$

152 **REALTÀ E MODELLI** **Probabile qualità** Tre reparti di un'impresa alimentare producono succhi di frutta. Le percentuali della produzione totale sono il 30% per il primo reparto, il 50% per il secondo reparto e il 20% per il terzo. Il livello qualitativo è del 99% per il primo reparto, del 95% per il secondo e del 96% per il terzo. Calcola il livello qualitativo di tutta la produzione.

[0,964]

153 **EUREKA!** In una squadra ci sono 11 giocatori e 11 maglie numerate da 1 a 11. I giocatori entrano nello spogliatoio uno alla volta, in ordine casuale. Ciascuno, appena arriva, sceglie una maglia a caso, tranne Danilo, che preferisce la maglia numero 8 e, se è disponibile, sceglie quella. Qual è la probabilità che Danilo riesca a ottenere il suo numero di maglia preferito?

A $\frac{4}{9}$ D $\frac{6}{11}$

B $\frac{5}{11}$ E $\frac{5}{9}$

C $\frac{1}{2}$

(*Giochi di Archimede*, 2010)

Se l'evento è accaduto: teorema di Bayes
▶ Teoria a p. α67

154 **ESERCIZIO GUIDA** Abbiamo due urne. La prima contiene 4 palline bianche e 6 nere e la seconda 5 bianche e 4 nere. Si sceglie a caso un'urna estraendo una carta da un mazzo di 40. Se la carta è una figura viene scelta la prima urna, altrimenti la seconda. Sapendo che la pallina estratta è nera, calcola la probabilità che essa provenga dalla seconda urna.

Definiamo E_i = «pesco dall'i-esima urna»: $p(E_1) = \frac{12}{40} = \frac{3}{10}$, $p(E_2) = \frac{7}{10}$.

Se E = «esce una pallina nera»: $p(E|E_1) = \frac{6}{10} = \frac{3}{5}$, $p(E|E_2) = \frac{4}{9}$.

Poiché $p(E) = p(E_1) \cdot p(E|E_1) + p(E_2) \cdot p(E|E_2) \rightarrow p(E) = \frac{3}{10} \cdot \frac{3}{5} + \frac{7}{10} \cdot \frac{4}{9} = \frac{9}{50} + \frac{14}{45} = \frac{221}{450}$, la probabilità che, avendo estratto una pallina nera, essa provenga dalla seconda urna è data da:

$$p(E_2|E) = \frac{p(E_2) \cdot p(E|E_2)}{p(E)} =$$

$$\frac{\frac{7}{10} \cdot \frac{4}{9}}{\frac{221}{450}} = \frac{14}{45} \cdot \frac{450}{221} = \frac{140}{221}.$$

Possiamo rappresentare la situazione con il diagramma ad albero a fianco.

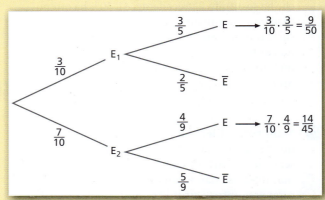

155 Si hanno due urne. La prima contiene 5 palline bianche, 2 nere e 3 rosse e la seconda 4 bianche, 2 nere e 4 rosse. Si sceglie a caso un'urna lanciando un dado e quindi si estrae una pallina. Se viene una faccia con il numero minore di 3, si sceglie la prima urna, altrimenti la seconda. Viene estratta una pallina rossa. Calcola la probabilità che essa provenga dalla seconda urna.

$\left[\dfrac{8}{11}\right]$

156 **TEST** Una classe quinta è formata da 15 maschi e 10 femmine. Il 70% dei maschi e l'80% delle femmine hanno la patente. La probabilità che, prendendo a caso un individuo con la patente, questo sia una ragazza è:

A $\dfrac{16}{37}$.

B $\dfrac{37}{50}$.

C $\dfrac{8}{25}$.

D $\dfrac{21}{50}$.

E $\dfrac{21}{37}$.

157 In un gruppo di 30 persone 20 sono donne. Sono 15 le donne che conoscono la lingua inglese, mentre solo 4 degli uomini conoscono la lingua inglese. Calcola la probabilità che, scelta a caso una persona che conosca la lingua inglese, essa sia uomo.

$\left[\dfrac{4}{19}\right]$

158 Abbiamo tre urne. La prima contiene 2 palline bianche e 3 rosse, la seconda 5 bianche e 3 rosse e la terza 4 bianche e 2 rosse. Scegliamo a caso un'urna ed estraiamo una pallina. Viene estratta una pallina bianca. Calcola la probabilità che la pallina estratta provenga dalla seconda urna.

$\left[\dfrac{75}{203}\right]$

159 Due macchine producono lo stesso pezzo meccanico. La prima produce il 40% di tutto il quantitativo e il 98% della sua produzione è senza difetti. La seconda macchina ha un tasso di difettosità del 7%. Avendo preso a caso un pezzo e avendo accertato che è difettoso, calcola la probabilità che esso provenga dalla seconda macchina.

[84%]

160 Due processi produttivi A e B producono rispettivamente il 40% e il 60% della produzione totale. Durante un controllo si rileva che i pezzi difettosi di A sono il 5% e quelli di B sono il 3%. Calcola la probabilità che un pezzo non difettoso immesso sul mercato provenga dal primo processo produttivo.

$\left[\dfrac{190}{481}\right]$

161 Abbiamo due mazzi di carte, uno da 40 e l'altro da 52. Se lanciando due dadi si ottengono due valori uguali, si procede a estrarre consecutivamente due carte senza reimmissione dal primo mazzo, altrimenti dal secondo. Sono stati estratti una figura e un asso. Calcola la probabilità che siano stati estratti dal mazzo di 40 carte.

$\left[\dfrac{17}{67}\right]$

Paragrafo 7. Concezione statistica della probabilità

162 Abbiamo tre urne uguali che contengono ciascuna 7 palline numerate da 1 a 7. Si estraggono consecutivamente tre palline, rimettendo ogni volta la pallina estratta nell'urna, scegliendo un'urna a caso con il lancio di un dado: se esce un numero pari si sceglie la prima urna, se esce il numero 1 la seconda, altrimenti la terza.
Sapendo che i tre numeri estratti sono tutti dispari, calcola la probabilità che provengano dalla prima urna. Puoi verificare che, essendo i contenuti delle urne uguali, la probabilità cercata è quella relativa alla scelta dell'urna lanciando il dado.
$$\left[\frac{1}{2}\right]$$

REALTÀ E MODELLI

163 Via la gastrite Il 70% di un gruppo di ammalati di gastrite è stato sottoposto alla cura di un nuovo farmaco che ha sostituito il precedente: di questi, il 60% ha ottenuto un miglioramento. Fra le persone non sottoposte al trattamento del nuovo farmaco ha ottenuto un miglioramento il 30%. Calcola la probabilità che un paziente abbia preso il farmaco, sapendo che ha avuto un miglioramento.
$$\left[\frac{14}{17}\right]$$

164 Abbinamenti Giada sta cercando una maglietta da abbinare alla sua gonna bianca. Nel suo cassetto ha tre magliette nere, due bianche e una rossa. Non ha molto tempo, perciò si concede al massimo due tentativi, ma vorrebbe non indossare una maglietta bianca. Prende una maglietta dal cassetto: se è bianca la rimette nel cassetto, altrimenti la mette sul letto. Poi prende un'altra maglietta. Se la seconda maglietta è rossa, qual è la probabilità che la prima maglietta che ha afferrato sia bianca?
$$\left[\frac{5}{14}\right]$$

165 Alcol test La prova del palloncino, che indica la presenza di alcol, ha esito positivo per il 4% delle persone controllate. L'esperienza ha mostrato che, con questa prova, il 98% delle persone con risultato positivo era effettivamente in stato di ebbrezza e che il 98% delle persone con esito negativo non lo era.
Luca e Giovanni, al ritorno da una serata in birreria, vengono fermati per la prova del palloncino. Luca non ha bevuto e infatti è alla guida, Giovanni ha bevuto due birre.

a. Qual è la probabilità che Luca risulti positivo all'alcol test sapendo che non ha bevuto?
b. Qual è la probabilità che Giovanni risulti negativo all'alcol test sapendo che ha bevuto?

[a) 0,0008; b) 0,33]

166 Borgo Allegro Nel paese di montagna Borgo Allegro l'approvvigionamento di acqua potabile è garantito da differenti sorgenti naturali, a seconda delle diverse zone del paese (centro *C*, zona a monte *M*, zona a valle *V*, frazioni *F*). La tabella mostra la concentrazione delle abitazioni nelle diverse zone del paese e la percentuale di acqua incanalata in ogni zona con residuo fisso inferiore ai 24 mg/L.

Zona	Abitazioni	Acqua con residuo fisso inferiore a 24 mg/L
C	30%	70%
M	25%	60%
V	22%	55%
F	23%	45%

Se dal rubinetto di un'abitazione di Borgo Allegro esce acqua con un residuo fisso superiore a 24 mg/L, qual è la probabilità che l'abitazione si trovi nella parte a valle del paese?

7 Concezione statistica della probabilità
▶ Teoria a p. α70

167 Una medaglia commemorativa reca da una parte una effigie e dall'altra un motto. Viene lanciata per 60 volte e la parte con il motto si è presentata 22 volte. Calcola il valore della probabilità dell'evento «uscita della faccia con il motto».
$$\left[\frac{11}{30}\right]$$

α99

Capitolo α2. Probabilità

168 Un dado non è regolare. Vengono effettuati 700 lanci ottenendo i seguenti risultati:
- la faccia 1 si è presentata 104 volte;
- la faccia 2 si è presentata 130 volte;
- la faccia 3 si è presentata 92 volte;
- la faccia 4 si è presentata 148 volte;
- la faccia 5 si è presentata 115 volte;
- la faccia 6 si è presentata 111 volte.

Calcola le probabilità da attribuire all'uscita delle facce. $\left[\dfrac{26}{175}; \dfrac{13}{70}; \dfrac{23}{175}; \dfrac{37}{175}; \dfrac{23}{140}; \dfrac{111}{700}\right]$

169 **TEST** È stato lanciato un dado, che non si sa se è equilibrato, per 60 volte e la faccia contrassegnata con il numero tre è uscita 16 volte e quella col numero sei 8 volte. Valuta la probabilità che, lanciando quel dado, si ottenga un numero divisibile per 3:

A $\dfrac{2}{5}$. B $\dfrac{3}{5}$. C $\dfrac{1}{3}$. D $\dfrac{8}{15}$. E $\dfrac{4}{15}$.

170 **FAI UN ESEMPIO** di evento in cui è opportuno utilizzare la concezione statistica di probabilità.

171 **REALTÀ E MODELLI** **Prevedere gli indennizzi** Una compagnia di assicurazioni ha rilevato che su 17 220 polizze di assicurazione contro i furti di auto sono stati richiesti 1230 indennizzi. Calcola la probabilità di furto. Se le polizze diventano 22 400, calcola il numero di richieste di indennizzo che si può prevedere. $\left[\dfrac{1}{14}; 1600\right]$

172 Un'urna contiene 20 palline. Si effettuano 60 estrazioni, rimettendo ogni volta la pallina estratta nell'urna. Per 45 volte è uscita una pallina bianca e per 15 volte una pallina nera. In base alle frequenze ottenute, valuta la composizione dell'urna. [15 bianche e 5 nere]

173 Un'urna contiene 8 palline gialle, 7 rosse e 5 verdi. Si effettuano 400 estrazioni, rimettendo ogni volta la pallina estratta nell'urna. Calcola quante volte in media possono presentarsi la pallina gialla, quella rossa e la verde. [160; 140; 100]

174 **REALTÀ E MODELLI** **Arrivare a 80 anni** Dalla tavola demografica fornita dall'ISTAT per l'anno 2004, risulta che su 100 000 maschi nati vivi, 96 639 hanno raggiunto i 45 anni e 52 680 gli 80 anni. Calcola la probabilità che ha un uomo di 45 anni di raggiungere gli 80 anni e quella di non raggiungerli. [0,545; 0,455]

MATEMATICA E STORIA

Galileo e il lancio di tre dadi Lanciamo tre dadi e sommiamo i punteggi ottenuti, analizzando quanti e quali sono i possibili risultati. Galileo affronta questo problema (*Opere*, t. XIV), e compila la seguente tabella.

Essa mostra, fra l'altro, «il punto 10 e sotto di esso sei triplicità di numeri con i quali egli si può comporre». Inoltre, dato che la «triplicità 6. 3. 1 è composta di tre numeri diversi», essa dà luogo a «sei scoperte di dadi differenti», come segnala il valore «6» riportato accanto.
a. Considera la «triplicità 6. 3. 1» e, permutando, ricava l'elenco delle altre cinque «scoperte» differenti.
b. Considera le «triplicità» composte «di due numeri uguali e di un altro diverso»: a quante «scoperte di dadi differenti» dà luogo ciascuna di esse? E quelle composte di tre numeri uguali?
c. Quanti sono i casi possibili nel lancio di tre dadi?
d. Quanti sono i casi favorevoli, rispettivamente, ai punteggi 3, 4, 5, 6, 7, 8, 9, 10?

☐ Risoluzione – Esercizio in più

---

8 Concezione soggettiva della probabilità

▶ Teoria a p. α72

175 **TEST** Una persona è disposta a scommettere 34 euro per ottenere, in caso di vittoria della squadra di calcio per cui fa il tifo, 50 euro. Ha valutato la probabilità di vittoria:

A $\dfrac{8}{25}$. B $\dfrac{17}{25}$. C $\dfrac{17}{42}$. D $\dfrac{8}{17}$. E $\dfrac{25}{42}$.

α100

Paragrafo 9. Impostazione assiomatica della probabilità

176 **ESERCIZIO GUIDA** Prima dell'inizio di una partita di calcio, un tifoso sarebbe disposto a scommettere 14 euro per ricevere 20 euro sulla vittoria della squadra per cui tifa, 2 euro per riceverne 10 in caso di pareggio e infine 0,5 euro per ricevere 5 euro in caso di sconfitta.
Calcoliamo le probabilità che attribuisce ai tre eventi: vittoria, pareggio e sconfitta.

Per la vittoria: $p_1 = \frac{14}{20} = 0,7$; per il pareggio: $p_2 = \frac{2}{10} = 0,2$; per la sconfitta: $p_3 = \frac{0,5}{5} = 0,1$.

177 **REALTÀ E MODELLI** **Cavalli e scommesse** Irene e Silvia sono alle corse dei cavalli. Vogliono scommettere, ma non è loro abitudine, quindi decidono di essere prudenti e rischiare poco. Irene vuole scommettere 8 euro su Atrix. In caso di vittoria riceverà 12 euro. Silvia vuole scommettere su Festa, la cui vittoria è data 6 contro 10, cioè se Silvia scommette 6 euro e Festa vince, Silvia riceve 10 euro.
  a. Tra Irene e Silvia, chi ha attribuito la probabilità di vittoria maggiore al proprio cavallo?
  b. Se Silvia decide di scommettere 18 euro, quanto riceverà se Festa vince?   [a) Irene; b) 30 euro]

178 In un certo momento della campagna elettorale negli USA, un sondaggio fra gli elettori aveva rilevato che su 3000 persone 1800 avrebbero votato per il partito democratico. Contemporaneamente, gli scommettitori davano la vittoria del partito democratico 6 a 9 (cioè, scommettendo 6 dollari, se ne sarebbero ricevuti 9 in caso di vittoria). Calcola la probabilità di vittoria secondo il sondaggio e secondo gli scommettitori. $\left[\frac{3}{5}; \frac{2}{3}\right]$

179 A e B fanno una scommessa sull'esito di una partita di calcio. A scommette sulla vittoria e la sua posta è di 5 euro, mentre la posta di B è di 2 euro. Calcola la probabilità che A attribuisce alla vittoria. $\left[\frac{5}{7}\right]$

180 Due tifosi A e B fanno una scommessa di 10 euro sull'esito di una partita di basket. B scommette sulla vittoria e la sua posta è di 7 euro, mentre A scommette sulla sconfitta e la sua posta è di 3 euro. Calcola la probabilità che B attribuisce alla sconfitta. $\left[\frac{3}{10}\right]$

181 **REALTÀ E MODELLI** **Qualifica a Monza** Dopo le prove di qualifica dei piloti di F1 per il GP di Monza, un tifoso scommette 15 euro per riceverne 25 in caso di vincita al GP del team per il quale tifa, 3 euro per riceverne 10 in caso che si classifichi al secondo posto e infine 0,6 euro per riceverne 6 in caso che non si verifichino i due eventi precedenti.
Calcola la probabilità dei tre eventi. $\left[\frac{3}{5}; \frac{3}{10}; \frac{1}{10}\right]$

9 Impostazione assiomatica della probabilità   ▶ Teoria a p. α73

182 **VERO O FALSO?**
  a. La probabilità è una particolare funzione che associa a ogni evento E dello spazio degli eventi un solo numero reale.   V F
  b. Un evento E si indica con un qualunque sottoinsieme di $\mathcal{P}(U)$.   V F
  c. L'evento certo si rappresenta con l'insieme vuoto.   V F
  d. L'evento impossibile si rappresenta con l'insieme universo U.   V F

α101

Capitolo α2. Probabilità

183 In un portapenne ci sono una penna blu (*b*), una rossa (*r*) e una nera (*n*), una matita (*m*), un evidenziatore (*e*) e un pennarello (*p*). Si prende un oggetto a caso. Il diagramma a fianco rappresenta lo spazio campionario e alcuni eventi. Descrivi gli eventi corrispondenti agli insiemi indicati.

E $\overline{G}$ $\overline{E} \cap \overline{G}$ $E \cup G$

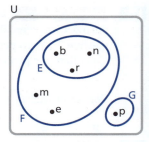

184 **COMPLETA** Scegliamo una parola a caso da un dizionario. Considera gli eventi:

E_1 = «la parola inizia con una vocale»;

E_2 = «la parola inizia con la lettera A»;

E_3 = «la parola ha più di 4 lettere».

Completa utilizzando i simboli ∪ e ∩.

$E_2 \;\square\; E_3$ = «la parola inizia con la A e ha più di 4 lettere».

$E_1 \;\square\; \overline{E}_2$ = «la parola inizia con una vocale diversa da A».

$\overline{E}_1 \;\square\; E_3$ = «la parola inizia con una consonante oppure ha più di 4 lettere».

185 **TEST** L'insieme degli esiti U di un esperimento è costituito da quattro eventi A, B, C, D, cioè

$A \cup B \cup C \cup D = U$

e gli eventi sono disgiunti. Se $p(A) = p(C) = \frac{1}{5}$ e $p(B) = \frac{3}{10}$, allora

A $p(D) = \frac{2}{5}$.   **C** $p(D) = \frac{3}{10}$.   **E** Non si può calcolare $p(D)$.

B $p(D) = \frac{1}{10}$.   **D** $p(D) = \frac{1}{2}$.

186 **VERO O FALSO?**

a. La probabilità di un evento è sempre minore di 1.   V F

b. Se la probabilità di un evento è $\frac{1}{4}$, la probabilità dell'evento contrario è $\frac{3}{4}$.   V F

c. Se si è verificato l'evento E_1, allora si è verificato anche l'evento $E_1 \cup E_2$.   V F

d. La probabilità dell'evento certo è 1.   V F

187 In un esperimento aleatorio, l'insieme universo è costituito dagli eventi elementari A, B, C, D, E. Calcola:

a. $p(E)$,   se $p(A) = \frac{2}{7}$, $p(B) = p(D) = \frac{1}{5}$, $p(C) = \frac{1}{7}$;

b. $p(B)$,   se $p(A) = p(E) = \frac{1}{3}$, $p(C) = p(D) = \frac{1}{4}$.

$\left[a) \; \frac{6}{35}; \; b) \text{ situazione impossibile} \right]$

188 **RIFLETTI SULLA TEORIA**

a. Qual è l'evento contrario dell'evento impossibile?

b. Utilizzando gli assiomi della probabilità, verifica la proprietà $p(\emptyset) = 0$.

189 Una moneta viene truccata in modo tale che la probabilità che si presenti croce sia un terzo di quella che si presenti testa. Determina il valore delle due probabilità.

$\left[\frac{1}{4}; \frac{3}{4} \right]$

190 Tre persone A, B e C partecipano a un gioco nel quale uno dei tre giocatori deve vincere. La probabilità di vincita di A è doppia di quella di B e la probabilità di perdere di B è i $\frac{5}{6}$ della probabilità di perdere di C. Determina le probabilità di vincita dei tre giocatori. $\left[\frac{4}{7}; \frac{2}{7}; \frac{1}{7}\right]$

Allenati con **15 esercizi interattivi** con feedback "hai sbagliato, perché..."
☐ **su.zanichelli.it/tutor3**   risorsa riservata a chi ha acquistato l'edizione con tutor

Riepilogo: Probabilità

191 Da un mazzo di 52 carte se ne estrae una. Calcola la probabilità che sia:
a. un due;
b. un due nero;
c. il due di cuori.

$\left[\text{a)} \frac{1}{13}; \text{b)} \frac{1}{26}; \text{c)} \frac{1}{52}\right]$

192 Nel lancio di una moneta per tre volte, calcola la probabilità che:
a. esca «croce» almeno una volta;
b. esca «testa» al più una volta.

$\left[\text{a)} \frac{7}{8}; \text{b)} \frac{1}{2}\right]$

193 Da una scatola che contiene 20 palline, di cui 4 sono nere, 6 rosse e 10 verdi, se ne estraggono contemporaneamente due. Calcola la probabilità che:
a. nessuna pallina sia verde;
b. le palline siano tutte di colore diverso;
c. almeno una pallina sia rossa;
d. al massimo una pallina sia nera.

$\left[\text{a)} \frac{9}{38}; \text{b)} \frac{62}{95}; \text{c)} \frac{99}{190}; \text{d)} \frac{92}{95}\right]$

194 **YOU & MATHS** Two points are picked at random on the unit circle $x^2 + y^2 = 1$. What is the probability that the chord joining the two points has length at least 1?

A $\frac{1}{4}$ B $\frac{1}{3}$ C $\frac{1}{2}$ D $\frac{2}{3}$ E $\frac{3}{4}$

(USA *North Carolina State High School Mathematics Contest*)

TEST

195 Da un mazzo di 40 carte se ne estrae una, che subito viene reinserita nel mazzo; il mazzo viene mescolato e poi si estrae una nuova carta. Qual è la probabilità che la nuova carta sia la stessa estratta in precedenza?

A $\frac{1}{1600}$ B $\frac{1}{40}$ C $\frac{1}{80}$ D $\frac{1}{20}$ E $\frac{1}{40 \cdot 39}$

(*Giochi di Archimede*, 2012)

196 Un'urna contiene 5 palline rosse e 3 verdi. Si estraggono consecutivamente 4 palline senza rimettere quella estratta nell'urna. La probabilità che le prime due siano rosse e le altre due verdi è:

A $\frac{1}{14}$.
B $\frac{1}{28}$.
C $\frac{15}{28}$.
D $\frac{15}{112}$.
E $\frac{75}{128}$.

197 In un elaborato di matematica il 6% degli studenti ha sbagliato la determinazione del dominio di una funzione, il 12% il calcolo delle derivate e il 3% entrambi. La probabilità che, scegliendo a caso uno studente, questo abbia sbagliato solo uno dei due calcoli è:

A 15%.
B 12%.
C 18%.
D 21%.
E 50%.

Capitolo α2. Probabilità

198 **REALTÀ E MODELLI** **Libri, fotografie, fumetti** Dall'inventario dei volumi di una piccola libreria risulta che il 15% è costituito da libri per bambini, il 7% da fumetti, il 20% da libri fantasy, il 30% da romanzi di fantascienza e il resto da libri di fotografia. Un cliente entra nella libreria e acquista un libro.

a. Qual è la probabilità che abbia acquistato un libro di fotografia?

b. Qual è la probabilità che non abbia acquistato né un fumetto né un libro per bambini?

[a) 0,28; b) 0,78]

199 Un'urna contiene 5 palline numerate da 1 a 5. Calcola la probabilità dei seguenti eventi:

A = «estrarre una pallina con un numero primo»;

B = «estrarre un multiplo di 2»;

C = «estrarre un numero primo diverso da 2».

$\left[\dfrac{3}{5}; \dfrac{2}{5}; \dfrac{2}{5}\right]$

200 Un'urna contiene 4 palline gialle e 6 rosse. Si estraggono contemporaneamente 5 palline. Calcola la probabilità che:

a. due siano gialle e tre rosse;
b. siano tutte rosse;
c. non siano tutte gialle;
d. non siano tutte rosse.

$\left[\text{a) } \dfrac{10}{21}; \text{b) } \dfrac{1}{42}; \text{c) } 1; \text{d) } \dfrac{41}{42}\right]$

201 Da un'indagine di mercato si è rilevato che il 24% usa l'ammorbidente «Stella» e il 40% l'ammorbidente «Morby». Si è anche rilevato che il 54% usa il primo o il secondo. Calcola la probabilità che, prendendo una persona a caso, questa usi:

a. il primo e il secondo prodotto;
b. il prodotto «Stella» sapendo che usa anche «Morby»;
c. il prodotto «Stella» e non usi il prodotto «Morby».

[a) 10%; b) 25%; c) 14%]

202 **EUREKA!** Una pedina si trova inizialmente sulla casella centrale di una scacchiera 5 × 5. Un passo della pedina consiste nello spostarsi in una casella scelta a caso fra quelle che hanno *esattamente un vertice* in comune con la casella su cui si trova. Qual è la probabilità che dopo 12 passi la pedina si trovi in uno qualunque degli angoli della scacchiera?

A $\dfrac{1}{3}$ **B** $\dfrac{4}{25}$ **C** $\dfrac{1}{6}$ **D** $\dfrac{4}{13}$ **E** $\dfrac{1}{4}$

(*Olimpiadi di matematica, Gara di febbraio*, 2015)

203 In un negozio di strumenti musicali ci sono 10 chitarre elettriche, 8 bassi, 6 sassofoni. Calcola la probabilità che, scegliendo a caso uno strumento, esso sia:

a. una chitarra elettrica;
b. un sassofono;
c. uno strumento a corde;
d. non un basso.

$\left[\text{a) } \dfrac{5}{12}; \text{b) } \dfrac{1}{4}; \text{c) } \dfrac{3}{4}; \text{d) } \dfrac{2}{3}\right]$

Riepilogo: Probabilità

204 Si lanciano contemporaneamente tre dadi.
Calcola la probabilità che i numeri usciti:
   a. siano tutti e tre uguali o almeno due dei tre siano il 4;
   b. siano tutti e tre uguali o almeno uno dei tre sia il 4;
   c. siano tutti e tre uguali o tutti e tre dispari.

$$\left[\text{a)}\ \frac{7}{72};\ \text{b)}\ \frac{4}{9};\ \text{c)}\ \frac{5}{36}\right]$$

205 **YOU & MATHS** A bag contains 10 nuts and 5 bolts. Four items are taken at random (without replacement) from the bag. Find the probability that the selection contains:
   a. exactly 3 bolts;
   b. at least one bolt.

(UK *University of Essex*, First Year Examination)

$$\left[\text{a)}\ \frac{20}{273};\ \text{b)}\ \frac{11}{13}\right]$$

206 Damiano è indeciso sull'acquisto di un detersivo. La probabilità che compri il detersivo del tipo A è del 12%, del tipo B è del 15% e del tipo C del 73%. Entrato in un supermercato e avendo accertato che il detersivo C non era in vendita, qual è la probabilità che abbia acquistato il detersivo A?

$$\left[\frac{4}{9}\right]$$

207 Il proprietario di un ristorante self-service deve acquistare il pane da due fornitori diversi per poter avere la quantità necessaria. Il fornitore Galli fornisce il 30% del fabbisogno e il fornitore Filippi la parte restante. Il pane fornito dalla ditta Galli risulta ben cotto 9 volte su 10, mentre quello della ditta Filippi lo è 4 volte su 5. Calcola la probabilità che:
   a. prendendo un panino, questo sia ben cotto;
   b. scegliendo un panino poco cotto, questo sia stato fornito dal forno Galli.

[a) 0,83; b) 0,176]

208 Nel corso di un'indagine, a 40 persone che hanno problemi di salute a causa del colesterolo che supera i 200 mg/dl è stato chiesto se utilizzano medicinali o prodotti omeopatici. Le persone che assumono i farmaci sono 25 e di queste 20 dichiarano di avere il livello del colesterolo sotto il livello massimo. Delle altre, solo 6 dichiarano di essere soddisfatte del prodotto omeopatico che assumono. Scelta a caso una persona che risulti insoddisfatta della propria cura, calcola la probabilità che utilizzi il farmaco prescritto dal proprio medico.

209 **REALTÀ E MODELLI** **Il sondaggio** In previsione di un'elezione amministrativa comunale viene posta a un campione di 100 persone la seguente domanda: «È favorevole, contrario o senza opinione riguardo al cambiamento della linea politica nelle prossime elezioni?». Le risposte sono raccolte nella tabella.

	Uomini	Donne	Totale
Favorevoli	22	29	51
Contrari	8	7	15
Non sa	20	14	34
Totale	50	50	100

   a. Calcola la probabilità che, scegliendo a caso una risposta, essa appartenga al gruppo dei contrari o a quello di coloro che non hanno espresso un'opinione.
   b. Calcola la probabilità che, scegliendo a caso una risposta, essa appartenga al gruppo di quelle date dagli uomini o a quello di chi è contrario al cambiamento.
   c. Calcola la probabilità che, dopo aver estratto una risposta «favorevole al cambiamento», essa sia stata data da una donna.

[a) 0,49; b) 0,57; c) $\simeq$ 0,57]

210 Un'urna contiene 10 palline numerate da 1 a 10. Si estraggono contemporaneamente 5 palline.
Calcola la probabilità che:
   a. due palline abbiano un numero maggiore di 6;
   b. le cinque palline abbiano tutte un numero maggiore di 4;
   c. quattro palline abbiano un numero minore di 5.

$$\left[\text{a)}\ \frac{10}{21};\ \text{b)}\ \frac{1}{42};\ \text{c)}\ \frac{1}{42}\right]$$

α105

Capitolo α2. Probabilità

211 Un candidato deve sostenere un esame di ammissione a un corso universitario. Vi sono due commissioni che esaminano i candidati. Si è rilevato che la prima commissione boccia con una percentuale del 30% e la seconda del 40%. Calcola la probabilità che ha un candidato, esaminato da una commissione scelta casualmente, di essere ammesso al corso universitario. [65%]

212 Una maestra ha rilevato che il 20% dei suoi alunni non sa riconoscere le parole accentate e il 25% non usa correttamente la lettera h. Ritenendo i due tipi di errori indipendenti, calcola la probabilità che ha un alunno di commettere entrambi gli errori e quella di commettere il primo o il secondo. [0,05; 0,4]

213 In un gruppo di persone il 40% è andato in vacanza al mare, il 25% in montagna e il 7% sia al mare che in montagna. Scelto a caso un individuo, calcola la probabilità che:
 a. sia stato in vacanza;   b. sia stato in vacanza solo al mare;   c. non sia stato in vacanza.
[a) 58%; b) 33%; c) 42%]

214 Tre lotti di merce presentano pezzi difettosi. La percentuale di difettosità del primo lotto è del 5%, quella del secondo lotto del 9% e quella del terzo lotto del 10%. Calcola la probabilità che, prendendo un pezzo da un lotto scelto a caso, questo risulti difettoso. [0,08]

EUREKA!

215 Per decidere chi si tufferà per primo in un lago gelato, Massimo e Ugo vogliono lanciare dei dadi e basarsi sul risultato dei lanci secondo la seguente regola: se non escono 6 si tufferà Massimo, se c'è un solo 6 si tufferà Ugo, mentre se escono più 6 rinunceranno entrambi a fare il bagno. Quanti dadi devono lanciare se vogliono che il rischio di tuffarsi per primo sia equamente ripartito tra loro due?

 A 3   B 5   C 6   D 9   E Non è possibile che il rischio sia lo stesso.

(Kangourou Italia, livello Student, 2011)

216 Agnese e Bruno sfidano Viviana e Zenone a biliardino; le squadre sono molto equilibrate, per cui per ogni pallina giocata entrambe le squadre hanno probabilità $\frac{1}{2}$ di segnare un gol. Qual è la probabilità che si arrivi a 5 pari?

 A $\frac{1}{512}$ B $\frac{252}{1024}$ C $\frac{252}{512}$ D $\frac{169}{512}$ E $\frac{169}{1024}$

(Olimpiadi di matematica, Gara di febbraio, 2013)

217 Una compagnia di assicurazioni ha classificato gli automobilisti da essa assicurati in tre categorie. La categoria A comprende il 30% degli assicurati, la categoria B il 50%, la categoria C il 20%. Le rispettive probabilità di commettere incidenti nel corso dell'anno sono dell'1%, del 3% e del 10%. Calcola la probabilità che un automobilista commetta un incidente nel corso dell'anno. Calcola inoltre la probabilità che, avendo un automobilista commesso un incidente, l'automobilista appartenga alla categoria C. $\left[3,8\%; \frac{10}{19}\right]$

218 Nel supermercato Super la probabilità che una persona acquisti il detersivo Super Lava è del 30% e la probabilità che acquisti la spugna Super Soft è del 25%. Sapendo che la probabilità che un cliente acquisti il detersivo o la spugna è del 49% e che gli acquisti dei due prodotti sono eventi dipendenti, determina la probabilità che un cliente acquisti:
 a. il detersivo avendo acquistato la spugna e viceversa;
 b. solo la spugna;
 c. il detersivo non avendo acquistato la spugna Super Soft.   [a) 0,24; 0,20; b) 0,19; c) 0,32]

219 Un atleta fa uso di integratori per migliorare le sue prestazioni. Dopo ogni gara, la probabilità di essere scelto per un controllo, e quindi scoperto, è del 20%. Calcola la probabilità che
 a. sia scoperto alla terza gara;   b. sia scoperto entro la terza gara.

Determina qual è il numero naturale n tale che la probabilità di non venire scoperto entro n gare è circa uguale alla probabilità di essere scoperto alla prima gara.   [a) 0,128; b) 0,488; 8]

Riepilogo: Probabilità

220 **REALTÀ E MODELLI** **I Babbi Natale** In vicinanza del Natale, Andrea, Luca, Matteo e Stefano decidono di vestirsi da Babbo Natale e di consegnare doni ai 28 bambini di un asilo nido. I regali sono tutti confezionati e quindi non è possibile scegliere tra giochi per bambina o bambino; si sa solo, però, quanti di questi sono contenuti nella sacca di ognuno (i dati sono riportati in tabella).

	Andrea	Luca	Matteo	Stefano
Giochi bimbo	12	10	13	8
Giochi bimba	16	18	15	20

Calcola la probabilità che:

a. scelti a caso due doni dalla sacca di Andrea, questi siano: entrambi per bambino; entrambi per bambina; misti;

b. scelta a caso una sacca e in essa due doni, questi siano uno per bimbo e uno per bimba;

c. scelto a caso un dono e verificato che sia per bimbo, esso appartenga alla sacca di Stefano.

$$\left[a) \frac{11}{63}; \frac{20}{63}; \frac{32}{63}; b) \frac{727}{1512}; c) \frac{8}{43} \right]$$

221 **YOU & MATHS** There are ten prizes, five A's, three B's, and two C's, placed in identical sealed envelopes for the top ten contestants in a mathematics contest. The prizes are awarded by allowing winners to select an envelope at random from those remaining. When the eighth contestant goes to select a prize, what is the probability that the remaining three prizes are one A, one B, and one C? *(CAN Canadian Open Mathematics Challenge)*

$$\left[\frac{1}{4} \right]$$

222 Nell'impresa Tessile Italiana due reparti A e B producono rispettivamente il 40% e il 60% di camicie jeans. Le percentuali di camicie difettose sono rispettivamente del 3% e del 5%. Calcola la probabilità che:

a. una camicia sia difettosa;

b. avendo scelto a caso dalla produzione una camicia difettosa, questa sia stata prodotta dal reparto B;

c. avendo scelto dalla produzione a caso una camicia perfetta, questa sia stata prodotta dal reparto A.

[a) 4,2%; b) 71,43% c) 40,5%]

223 Nella classe II D della scuola primaria di Lassi l'insegnante di italiano ha rilevato due tipi di difficoltà da parte degli alunni: scrivere le parole con le doppie consonanti e scrivere correttamente dopo alcune consonanti la lettera h o la lettera i quando il suono è duro o dolce. In media, in due settimane ha rilevato che su 120 parole con le doppie gli errori sono stati 40 e che su 90 parole gli errori relativi al suono delle consonanti sono stati 27. Sapendo che i due tipi di errori sono considerati indipendenti, determina:

a. se sono compatibili;

b. la probabilità che gli alunni ne commettano almeno uno;

c. la probabilità che venga commesso solo l'errore relativo alle doppie e non quello relativo al suono;

d. la probabilità che venga commesso solo l'errore relativo al suono delle consonanti, sapendo che non si è commesso nessun errore relativo alle doppie.

[a) sì; b) $0,5\overline{3}$; c) $0,2\overline{3}$; d) 0,3]

224 Il dottor Merone, medico di base, ha vaccinato contro l'influenza 180 pazienti aventi più di 65 anni e 70 con patologie varie. In base ai risultati degli anni precedenti il dottor Merone sa che la probabilità che un paziente vaccinato si ammali è del 10% se ha più di 65 anni e del 20% se soffre di qualche patologia. Calcola la probabilità che:

a. un suo paziente vaccinato si ammali;

b. un suo paziente vaccinato con più di 65 anni non si ammali;

c. un paziente vaccinato ammalato abbia più di 65 anni.

[a) 12,8%; b) 64,8%; c) 56,25%]

Capitolo α2. Probabilità

VERIFICA DELLE COMPETENZE — ALLENAMENTO

RISOLVERE PROBLEMI

1 Un dado non è regolare e le facce 1 e 6 hanno la stessa probabilità di verificarsi, ma doppia di quella di ciascuno degli altri numeri. Calcola la probabilità che nel lancio del dado si presenti:
- una faccia con un numero pari;
- un numero multiplo di 3;
- un numero primo.

$$\left[\frac{1}{2};\frac{3}{8};\frac{3}{8}\right]$$

2 Da un mazzo di 40 carte si estrae una carta. Sapendo che i possibili esiti sono equiprobabili, calcola la probabilità che esca:
- una figura;
- una figura o un asso;
- un asso;
- una figura o una carta di coppe;
- una carta di bastoni.

$$\left[\frac{3}{10};\frac{2}{5};\frac{1}{10};\frac{19}{40};\frac{1}{4}\right]$$

TEST

3 Si estrae una carta da un mazzo di 52 carte. La probabilità che essa sia una figura o una carta nera è:

A $\frac{11}{13}$.   C $\frac{1}{2}$.   E $\frac{8}{13}$.

B $\frac{19}{26}$.   D $\frac{7}{26}$.

4 Un'impresa sottopone a due controlli consecutivi i propri prodotti. La probabilità che un difetto sia rilevato al primo controllo è del 90% e che sia rilevato solo al secondo controllo è del 99%. La probabilità che un pezzo difettoso sfugga a entrambi i controlli è:

A 10,9%.   C 1%.   E 0,01%.

B 9,9%.   D 0,1%.

5 Eleonora gioca con un dado e un orologio (fermo) che all'inizio segna le 12. Per 2008 volte tira il dado e porta le lancette avanti di tante ore quanto è il risultato. Qual è alla fine la probabilità che la lancetta delle ore sia orizzontale?

A 0

B $\frac{1}{2008}$

C $\frac{1}{1004}$

D $\frac{1}{12}$

E $\frac{1}{6}$

(*Olimpiadi di matematica, Gara di febbraio*, 2008)

6 Un'impresa che produce giocattoli ha riscontrato che i trenini che riproducono in miniatura il modello Zug hanno la probabilità del 4% di essere difettosi. Sapendo che il sistema di controllo della produzione è efficiente al 99%, determina la probabilità che:
a. un trenino guasto possa essere acquistato presso un rivenditore;
b. un trenino sia guasto e sia individuato al controllo;
c. su 5 trenini almeno uno sia guasto e non riconosciuto come tale al controllo.

[a) 0,04%; b) 3,96%; c) 0,1998%]

7 Un negozio di abbigliamento femminile, prima dei saldi stagionali, invita con una comunicazione le clienti affezionate a effettuare acquisti al prezzo di saldo prima dell'apertura ufficiale, potendo così avere più scelta. Si stima che il 60% delle clienti leggerà la comunicazione e che il 35% di chi l'ha letta effettuerà poi un acquisto. Calcola la probabilità che una cliente:
a. legga la comunicazione e faccia un acquisto;
b. legga la comunicazione e non faccia un acquisto.

[a) 0,21; b) 0,39]

Allenamento

8 Si deve inserire nel sistema antifurto di una casa un codice formato da quattro lettere, scelte in un insieme che contiene le cinque vocali e cinque consonanti. Si estraggono le quattro lettere consecutivamente, senza reimmissione delle lettere estratte. Calcola la probabilità che il codice:
a. contenga almeno una vocale;
b. contenga vocali e consonanti alternate tra loro. $\left[a) \frac{41}{42}; b) \frac{10}{63}\right]$

9 Su un vassoio di un bar ci sono 12 brioche, di cui 7 con la crema e 5 con la marmellata, e 8 krapfen, di cui 5 con la crema e 3 con la marmellata. Si sceglie a caso un dolce. Calcola la probabilità di prendere una brioche oppure un dolce con la marmellata. $\left[\frac{3}{4}\right]$

10 Calcola la probabilità che lanciando un dado due volte la somma delle facce sia:
a. maggiore di 8 o minore di 10;
b. maggiore di 8 e minore di 10;
c. maggiore di 8 sapendo che è minore di 10.
$\left[a) 1; b) \frac{1}{9}; c) \frac{2}{15}\right]$

11 Un grande negozio di abbigliamento per giovani ha venduto negli ultimi tre mesi 1500 capi, di cui 825 paia di jeans, 375 T-shirt e 300 felpe. Calcola la probabilità di vendita di ciascun tipo di capo e fai una previsione sul numero di jeans, T-shirt e felpe che si venderanno se, nei prossimi mesi, si vogliono vendere 1700 capi.

12 Calcola la probabilità che una carta estratta da un mazzo di 52 carte sia un cinque, sapendo che è uscita una carta che non è una figura. $\left[\frac{1}{10}\right]$

13 **Linee di produzione e qualità** Il reparto A di una fabbrica di ceramiche produce il 60% di piastrelle, il reparto B il 40%. La qualità della produzione del reparto A è: il 60% di prima, il 35% di seconda, il 5% da scartare. La qualità della produzione del reparto B è: il 66% di prima, il 30% di seconda, il 4% da scartare.
Qual è la percentuale di produzione di piastrelle, rispettivamente di prima, di seconda qualità e da scartare, della fabbrica? Se prendiamo una piastrella a caso di prima qualità, qual è la probabilità che essa sia stata prodotta dal reparto A?
$\left[62,40\%; 33,00\%; 4,60\%; \frac{15}{26}\right]$

14 **Mazzi di fiori aleatori** Un fiorista ha tre vasi che contengono rispettivamente 14 rose, 10 gerbere e 12 tulipani. Prendendo due fiori a caso, calcola la probabilità che siano:
a. due rose;
b. una gerbera e un tulipano. $\left[a) \frac{13}{90}; b) \frac{4}{21}\right]$

15 **In ritardo?** Un pullman di linea arriva in ritardo 4 volte su 10. Calcola la probabilità che in una settimana (6 giorni) sia:
a. sempre puntuale;
b. sempre in ritardo;
c. almeno una volta in ritardo;
d. almeno 5 volte in ritardo.
$\left[a) \frac{729}{15\,625}; b) \frac{64}{15\,625}; c) \frac{14\,896}{15\,625}; d) \frac{128}{3125}\right]$

16 **Automobiline difettose** Una fabbrica di giocattoli ha rilevato che il 9% delle automobiline prodotte di un certo tipo ha il contatto delle pile difettoso e il 4% ha le ruote poco scorrevoli.

Sapendo che le automobiline che hanno entrambi i difetti sono il 2%, calcola la probabilità che un'automobilina:
a. abbia un difetto o l'altro;
b. sia difettosa nel contatto con le pile sapendo che è poco scorrevole;
c. abbia solo il difetto del contatto elettrico;
d. non abbia difetti.
[a) 0,11; b) 0,5; c) 0,07; d) 0,89]

Capitolo α2. Probabilità

17 **Inglesi, italiani, cinesi** Su un aereo viaggiano 130 passeggeri italiani, 45 inglesi, 25 cinesi. Si estraggono a sorte tre nomi per assegnare tre buoni premio. Calcola la probabilità che siano:
a. due italiani e un cinese o un italiano e due cinesi;
b. un italiano, un inglese e un cinese.

[a) 19% ; b) 11%]

18 **Classi a confronto** Sono state messe a confronto due classi con uguale numero di alunni e lo stesso problema di matematica nella prima classe è stato risolto dall'80%, mentre nella seconda classe dal 60%. Scelto a caso un alunno che ha risolto il problema, calcola qual è la probabilità che sia un alunno della seconda classe.

$\left[\dfrac{3}{7}\right]$

19 **Se non è buono...** I pacchetti di caffè da 500 grammi di marca Kappa confezionati da una macchina vengono controllati automaticamente da un'altra macchina che scarta il 96% di quelli difettosi. Sapendo che il numero dei pacchetti confezionati in modo perfetto è il 90% della produzione, determina la probabilità che:
a. un pacchetto, avendo superato il controllo, sia immesso nel mercato;
b. un pacchetto sia perfetto avendo superato il controllo;
c. un pacchetto sia difettoso pur avendo superato il controllo.

[a) 0,904; b) 0,9955; c) 0,0044]

20 **Tiro al bersaglio** Due giocatori tirano a un bersaglio. Per il primo giocatore la probabilità che ha di fare centro è 0,7, mentre per il secondo è 0,5. Calcola la probabilità che:
a. entrambi colpiscano il bersaglio;
b. nessuno colpisca il bersaglio;
c. solo uno colpisca il bersaglio.

[a) 0,35; b) 0,15; c) 0,5]

21 **Vendita all'ingrosso e difetti** Un'impresa costruisce frullatori che possono presentare difetti nel circuito elettrico con probabilità del 5%, nella parte meccanica con probabilità del 7% ed entrambi i difetti con probabilità del 2%. I frullatori vengono venduti all'ingrosso in lotti da 10. Come garanzia l'impresa assicura il ritiro di tutto il lotto in caso vi siano più di due frullatori con almeno un difetto. Un commerciante acquista tre lotti. Qual è la probabilità che debba restituirli tutti e tre? [0,000 346]

22 **Mazzini o Garibaldi?** Giorgio durante la settimana si reca al lavoro 3 volte su 5 in automobile e parcheggia indifferentemente in via Mazzini o in via Garibaldi. Quando Giorgio non va in automobile, usa la moto e parcheggia sempre in via Galilei. Il suo collega Mario si reca al lavoro tutti i giorni in bicicletta, legandola 8 volte su 10 alle rastrelliere di via Garibaldi e le altre 2 volte in via Mazzini. Se Giorgio e Mario scelgono il parcheggio indipendentemente l'uno dall'altro, qual è la probabilità che oggi parcheggino entrambi in via Mazzini?

[0,06]

Allenati con **15 esercizi interattivi** con feedback "hai sbagliato, perché..."
su.zanichelli.it/tutor3 risorsa riservata a chi ha acquistato l'edizione con tutor

VERIFICA DELLE COMPETENZE VERSO L'ESAME

ARGOMENTARE E DIMOSTRARE

23 Una pedina è collocata nella casella in basso a sinistra di una scacchiera, come in figura. A ogni mossa, la pedina può essere spostata o nella casella alla sua destra o nella casella sopra di essa. Scelto casualmente un percorso di 14 mosse che porti la pedina nella casella d'angolo opposta A, qual è la probabilità che essa passi per la casella indicata come B?

(*Esame di Stato, Liceo scientifico, Corso di ordinamento, Sessione ordinaria*, 2016, quesito 7)

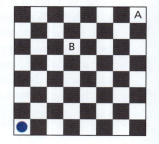

$\left[\dfrac{35}{143}\right]$

Verso l'esame

24 In un'urna ci sono 20 biglie, ognuna delle quali è rossa o nera. Stabilire quante sono quelle nere, sapendo che estraendo 2 biglie senza riporre la prima estratta, la probabilità di estrarre almeno una biglia nera è $\frac{27}{38}$.

(*Esame di Stato, Liceo scientifico, Scuole italiane all'estero (Americhe), Sessione ordinaria,* 2016, *quesito* 2)

$[9]$

25 Un mazzo di «tarocchi» è costituito da 78 carte: 22 carte figurate, dette «Arcani maggiori», 14 carte di bastoni, 14 di coppe, 14 di spade e 14 di denari. Estraendo a caso da tale mazzo, l'una dopo l'altra con reinserimento, 4 carte, qual è la probabilità che almeno una di esse sia un «Arcano maggiore»?

(*Esame di Stato, Liceo scientifico, Corso sperimentale, Sessione suppletiva,* 2014, *quesito* 9)

$[\simeq 73,4\%]$

26 I lati di un triangolo ABC misurano: $AB = 5$ cm, $BC = 6$ cm, $CA = 5$ cm. Preso a caso un punto P all'interno del triangolo, qual è la probabilità che P sia più vicino al vertice B che al vertice A?

(*Esame di Stato, Liceo scientifico, Corso di ordinamento, Sessione suppletiva,* 2016, *quesito* 5)

$\left[\frac{25}{72}\right]$

27 Dati un cilindro equilatero e la sfera a esso circoscritta, qual è la probabilità che un punto interno alla sfera cada all'interno del cilindro?

(*Esame di Stato, Liceo scientifico, Scuole italiane all'estero (Americhe), Sessione ordinaria,* 2016, *quesito* 3)

$[\simeq 53\%]$

28 Una moneta da 1 euro (il suo diametro è 23,25 mm) viene lanciata su un pavimento ricoperto con mattonelle esagonali (regolari) di lato 10 cm. Quale è la probabilità che la moneta vada a finire internamente a una mattonella (cioè non tagli i lati degli esagoni)?

(*Esame di Stato, Liceo scientifico, Corso sperimentale, Sessione ordinaria,* 2012, *quesito* 2)

$[\simeq 75\%]$

29 Un test è costituito da 10 domande a risposta multipla, con 4 possibili risposte di cui solo una è esatta. Per superare il test occorre rispondere esattamente almeno a 8 domande. Qual è la probabilità di superare il test rispondendo a caso alle domande?

(*Esame di Stato, Liceo scientifico, Corso di ordinamento, Sessione ordinaria,* 2016, *quesito* 4)

$[\simeq 0,042\%]$

30 In media, il 4% dei passeggeri dei tram di una città non paga il biglietto. Qual è la probabilità che ci sia almeno un passeggero senza biglietto in un tram con 40 persone? Se il numero di persone raddoppia, la probabilità raddoppia? (*Esame di Stato, Liceo scientifico, Corso di ordinamento, Sessione straordinaria,* 2016, *quesito* 2)

$[\simeq 80,5\%]$

31 Un giocatore di basket si esercita ai tiri liberi. Normalmente ha una quota di canestri dell'80%. Con quale probabilità va a canestro esattamente due volte su tre tiri? Individua un evento E per il quale valga:

$$p(E) = \binom{50}{40} \cdot 0,8^{40} \cdot 0,2^{10}.$$

(*Esame di Stato, Liceo scientifico, Scuole italiane all'estero (Americhe), Sessione ordinaria,* 2016, *quesito* 9)

$[38,4\%]$

32 Lanciando una moneta sei volte, qual è la probabilità che si ottenga testa «al più» due volte? Qual è la probabilità che si ottenga testa «almeno» due volte?

$\left[\frac{11}{32}; \frac{57}{64}\right]$

Capitolo α2. Probabilità

VERIFICA DELLE COMPETENZE

33 Durante il picco massimo di un'epidemia di influenza il 15% della popolazione è a casa ammalato:
   a. qual è la probabilità che in una classe di 20 alunni ce ne siano più di due assenti per l'influenza?
   b. Descrivere le operazioni da compiere per verificare che, se l'intera scuola ha 500 alunni, la probabilità che ce ne siano più di 50 influenzati è maggiore del 99%.
   (*Esame di Stato, Liceo scientifico, Corso di ordinamento, Sessione straordinaria, 2015, quesito 3*)

$[a] \simeq 59,5\%$

34 Usando le definizioni di eventi incompatibili e di eventi indipendenti, spiega perché due eventi non impossibili non possono essere contemporaneamente incompatibili e indipendenti.

35 Un'azienda produce, in due capannoni vicini, scatole da imballaggio. Nel primo capannone si producono 600 scatole al giorno delle quali il 3% è difettoso, mentre nel secondo capannone se ne producono 400 con il 2% di pezzi difettosi. La produzione viene immagazzinata in un unico capannone dove, nel corso di un controllo casuale sulla produzione di una giornata, si trova una scatola difettosa. Qual è la probabilità che la scatola provenga dal secondo capannone?
(*Esame di Stato, Liceo scientifico, Corso di ordinamento, Sessione straordinaria, 2016, quesito 5*)

$[\simeq 30,77\%]$

36 Un'azienda industriale possiede tre stabilimenti (A, B e C). Nello stabilimento A si produce la metà dei pezzi, e di questi il 10% è difettoso. Nello stabilimento B si produce un terzo dei pezzi, e il 7% è difettoso. Nello stabilimento C si producono i pezzi rimanenti, e il 5% è difettoso. Sapendo che un pezzo è difettoso, con quale probabilità esso proviene dallo stabilimento A?
(*Esame di Stato, Liceo scientifico, Corso sperimentale, Sessione straordinaria, 2012, quesito 8*)

$[\simeq 61,22\%]$

COSTRUIRE E UTILIZZARE MODELLI

RISOLVIAMO UN PROBLEMA

■ Farmaco o placebo?

Un farmaco già in uso viene leggermente modificato. Poiché bisogna testarne l'efficacia, al 40% della popolazione test viene somministrato il nuovo farmaco, a un altro 40% viene somministrato il vecchio farmaco e al 20% viene dato un placebo, cioè una soluzione che non contiene principi attivi.
Si osserva che sul 70% di coloro che hanno assunto il nuovo farmaco il risultato del test è stato positivo. Lo stesso risultato si osserva sul 65% di coloro che hanno assunto il vecchio farmaco e sul 10% di coloro a cui è stato somministrato il placebo.
Si scelgono 10 persone dalla popolazione test.

- Qual è la probabilità che su almeno 8 di loro il test sia risultato positivo?

- Si osserva purtroppo che su nessuno il test è risultato positivo. Qual è la probabilità che a tutte le dieci persone selezionate sia stato somministrato il placebo?

▶ **Modellizziamo il problema.**

Definiamo gli eventi A = «somministrazione vecchio farmaco», B = «somministrazione nuovo farmaco», C = «somministrazione placebo» e M = «risultato positivo del test».
Dai dati, quindi abbiamo:
$p(A) = 0,4$; $p(B) = 0,4$; $p(C) = 0,2$;
$p(M|A) = 0,7$; $p(M|B) = 0,65$; $p(M|C) = 0,1$.

▶ **Determiniamo la probabilità di un risultato positivo del test su una persona scelta a caso.**

Poiché non sappiamo che cosa è stato somministrato alla persona scelta, dobbiamo usare la formula di disintegrazione. Abbiamo perciò:
$p = p(M) =$
$p(A) \cdot p(M|A) + p(B) \cdot p(M|B) + p(C) \cdot p(M|C) =$
$0,4 \cdot 0,7 + 0,4 \cdot 0,65 + 0,2 \cdot 0,1 = 0,56$.

▶ **Troviamo la probabilità che su almeno 8 persone il test sia risultato positivo.**

Utilizziamo lo schema delle prove ripetute. Il successo è rappresentato dal risultato positivo del test e quindi ha probabilità $p = 0,56$ di verificarsi. L'evento contrario, cioè il risultato negativo del test, ha probabilità $q = 1 - p = 0,44$. Definiti gli eventi incompatibili $E_{i,10}$ = «i persone su 10 con risultato positivo», l'evento E = «almeno 8 persone su 10 con risultato positivo» è l'unione di $E_{8,10}$, $E_{9,10}$ ed $E_{10,10}$, quindi:

$p(E) = p(E_{8,10} \cup E_{9,10} \cup E_{10,10}) =$
$p(E_{8,10}) + p(E_{9,10}) + p(E_{10,10}) =$
$\binom{10}{8} 0,56^8 \cdot 0,44^2 + \binom{10}{9} 0,56^9 \cdot 0,44 +$
$+ \binom{10}{10} 0,56^{10} \simeq 0,11$.

▶ **Analizziamo la seconda richiesta.**

Definiamo gli eventi $C_{i,10}$ = «i persone su 10 hanno assunto placebo».

La richiesta è il calcolo di $p(C_{10,10}|E_{0,10})$, cioè la probabilità che tutti abbiano assunto il placebo, sapendo che, su 10 persone, per nessuna il test è risultato positivo. Per il teorema di Bayes:

$$p(C_{10,10}|E_{0,10}) = \frac{p(C_{10,10}) \cdot p(E_{0,10}|C_{10,10})}{p(E_{0,10})}$$

▶ **Calcoliamo la probabilità che su nessuna delle 10 persone il risultato del test sia stato positivo.**

Come per la risposta precedente:
$$p(E_{0,10}) = \binom{10}{0} p^0 q^{10} = 0,44^{10} \simeq 0,27 \cdot 10^{-3}.$$

▶ **Calcoliamo la probabilità che tutte le 10 persone abbiano assunto placebo.**

Anche in questo caso usiamo lo schema delle prove ripetute, considerando come successo l'aver assunto il placebo, che ha probabilità $p_c = 0,2$. Quindi:
$$p(C_{10,10}) = \binom{10}{10} p_c^{10} = 0,2^{10} = 0,1024 \cdot 10^{-6}.$$

▶ **Calcoliamo la probabilità che su nessuno il risultato del test sia stato positivo, sapendo che tutti hanno assunto placebo.**

Se tutti hanno assunto placebo, la probabilità che su una persona il risultato del test sia stato positivo è 0,1 e la probabilità che non lo sia stato è 0,9, quindi:
$$p(E_{0,10}|C_{10,10}) = \binom{10}{0} 0,9^{10} \simeq 0,35.$$

▶ **Troviamo la probabilità che tutti abbiano assunto placebo, sapendo che nessuno ha avuto miglioramenti.**

Usando la formula di Bayes e i risultati precedenti, abbiamo:
$$p(C_{10,10}|E_{0,10}) = \frac{p(C_{10,10}) \cdot p(E_{0,10}|C_{10,10})}{p(E_{0,10})} =$$
$$\frac{0,1024 \cdot 10^{-6} \cdot 0,35}{0,27 \cdot 10^{-3}} = 0,133 \cdot 10^{-3}.$$

---

37 **Università o lavoro?** Samira deve decidere se iscriversi all'università o se cominciare a lavorare. Sa che tra i giovani che lavorano il 30% è laureato, mentre tra i disoccupati è il 20% a essere laureato. Secondo le statistiche nazionali, inoltre, la probabilità che un giovane trovi lavoro entro un breve periodo è pari all'80%. Quale scelta conviene a Samira su basi puramente statistiche?

[laurearsi]

38 Calcola la probabilità che in una famiglia con tre figli, supponendo equiprobabile la nascita di un maschio o di una femmina, i figli:
  a. siano tutte femmine;
  b. siano tutti maschi, sapendo che il primo è un maschio;
  c. siano tutti maschi, sapendo che almeno uno è maschio.

$\left[a) \frac{1}{8}; b) \frac{1}{4}; c) \frac{1}{7} \right]$

Capitolo α2. Probabilità

39 **Trofeo Città di Schio** Al Trofeo di nuoto Città di Schio 2016 hanno partecipato atleti di età compresa fra i 13 e i 26 anni. La seguente tabella riporta la sintesi dei tempi stabiliti dagli atleti nei 50 stile libero.

	22″00 - 27″00	27″01 - 32″00	32″01 - 37″00
Maschi	80	84	1
Femmine	4	136	20

Si sceglie un atleta a caso.

a. Calcola la probabilità degli eventi:

  A = «l'atleta ha nuotato in un tempo tra 22″00 e 27″00»;
  M = «l'atleta è un maschio».

  Si tratta di eventi indipendenti? Motiva la tua affermazione.

b. Calcola la probabilità che l'atleta abbia nuotato in un tempo tra 27″01 e 32″00, sapendo che è una ragazza; calcola inoltre la probabilità che l'atleta abbia nuotato in più di 32″, sapendo che è un ragazzo.

c. Calcola la probabilità che l'atleta sia una ragazza, sapendo che ha nuotato in un tempo compreso tra 22″00 e 27″00.

[a) 0,2585; 0,5077; no; b) 0,85; 0,0061; c) 0,0476]

40 **Quale porta aprire?** In un gioco televisivo americano al concorrente vengono mostrate tre porte chiuse. Dietro a una c'è un'automobile, dietro alle altre una capra: il giocatore vincerà il contenuto della porta prescelta. Dopo che il giocatore ha fatto la sua scelta, il presentatore, che sa dove si trova l'automobile, apre una delle altre porte e mostra una capra; a questo punto chiede al concorrente se vuole cambiare la sua scelta. Se il concorrente decide di cambiare la scelta, migliora la probabilità di vincere l'automobile? [sì]

41 **Chi vincerà?** Carlo, Michael e Feng estraggono a turno una pallina, senza reimmissione, da un'urna che ne contiene 3 bianche e 4 rosse. Vince colui che per primo estrae una pallina bianca e il gioco continua finché uno vince. Calcola le probabilità di vittoria di ciascuno. $\left[\dfrac{18}{35}; \dfrac{11}{35}; \dfrac{6}{35}\right]$

42 **Previsioni meteo e vacanze** Per decidere la meta del fine settimana, Mario lancia un dado regolare a sei facce: se esce 1 o 3, sceglierà la località A, altrimenti la località B. Le previsioni meteo per il fine settimana indicano cielo nuvoloso con probabilità 30% nella località A e 40% nella località B. Al suo ritorno, Mario incontra Lucia e le dice di aver trascorso un bel weekend di sole. Qual è la probabilità che Mario abbia trascorso il fine settimana nella località A? [36,84%]

43 **Scaligera basket** Giorgio e Marco giocano a pallacanestro in A2. Le loro statistiche al tiro nel 2015 sono riportate nella tabella.

	Tiri da 2 punti		Tiri da 3 punti		Tiri liberi (1 punto)	
	Realizzazioni	Tiri	Realizzazioni	Tiri	Realizzazioni	Tiri
Giorgio	47	121	22	66	57	63
Marco	24	65	29	93	20	21

a. Per ciascuno dei due giocatori, calcola la probabilità di realizzazione per ognuna delle tre tipologie di tiri.

b. È più probabile che Marco segni tre canestri consecutivi da 3 punti o che Giorgio ne segni quattro consecutivi da 2 punti?

c. Nel primo minuto di gioco, Marco effettua un tiro da 2 punti, uno da 3 e un tiro libero. Qual è la probabilità che abbia realizzato 3 punti in totale?

[a) Giorgio: 38,84%, 33,33%, 90,48%; Marco: 36,92%, 31,18%, 95,24%; b) il primo evento; c) 25,14%]

PROVA C

1 I maglioni confezionati dalla ditta Monti Sport sono tutti sottoposti a due controlli indipendenti; vengono messi in vendita solo quelli che li superano entrambi. I maglioni difettosi superano il primo e il secondo controllo rispettivamente nel 5% e nel 4% dei casi. I maglioni che superano solo un controllo sono posti in vendita come fallati a un prezzo scontato. Gli altri vengono scartati. Calcola la probabilità che un maglione difettoso:

a. superi entrambi i controlli;
b. venga posto in vendita come fallato;
c. venga scartato.

Se il 6% della produzione è difettoso e un maglione supera i due controlli, qual è la probabilità che sia comunque difettoso?

2 La ditta di serramenti Security ha a disposizione dei suoi clienti due tipi di serrature di sicurezza. Ogni cliente può acquistare una serratura del primo tipo, una del secondo tipo, entrambe o nessuna. La probabilità di venderne almeno un tipo è del 55%. La ditta vende anche ganci di sicurezza: il gancio è venduto con una probabilità del 32%. La probabilità che un cliente acquisti il primo tipo di serratura e il gancio è del 15%, mentre l'acquisto del gancio e l'acquisto del secondo tipo di serratura sono due eventi indipendenti. Sapendo che fra le due serrature la più richiesta è la prima, venduta con una probabilità del 40%, determina la probabilità:

a. di vendere la seconda serratura;
b. di vendere la seconda serratura o il gancio;
c. di vendere il gancio sapendo che è stata venduta la prima serratura;
d. di non vendere né la prima serratura né il gancio.

PROVA D

1 Nella produzione di rubinetti per lavatrici della ditta Golex si è rilevato che la probabilità che un pezzo sia difettoso è del 5%. Presi a caso 6 rubinetti insieme, calcola la probabilità che:

a. tutti siano perfetti;
b. uno solo sia difettoso;
c. almeno uno sia difettoso;
d. al massimo due siano difettosi.

Esaminando i rubinetti uno dopo l'altro, qual è la probabilità che il primo a risultare difettoso sia il terzo o il quinto?

2 Si lanciano contemporaneamente due dadi. Calcola la probabilità che i numeri usciti:

a. diano per somma 7 o per prodotto 12;
b. diano per somma 6 o che la loro somma sia divisibile per 2;
c. diano per somma 8 o siano uguali;
d. diano per somma un numero dispari o il loro prodotto sia divisibile per 3.

SIMBOLI MATEMATICI

■ Gli insiemi numerici

$\mathbb{N}$	Numeri naturali	
$\mathbb{Z}$	Numeri interi	
$\mathbb{Q}$	Numeri razionali	
$\mathbb{R}$	Numeri reali	

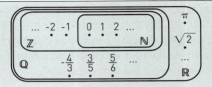

■ Gli insiemi

$\in$	Appartiene	$\sqrt{2} \in \mathbb{R}$	$\sqrt{2}$ appartiene a $\mathbb{R}$
$\notin$	Non appartiene	$\sqrt{2} \notin \mathbb{Q}$	$\sqrt{2}$ non appartiene a $\mathbb{Q}$
$\mid$	Tale che	$\{x \in \mathbb{Z} \mid x \geq 0\}$	L'insieme degli x appartenenti a $\mathbb{Z}$ tali che $x \geq 0$
$\varnothing$	Insieme vuoto	$\{x \in \mathbb{N} \mid x < 0\} = \varnothing$	
$\subseteq$	Contenuto o uguale a...	$\mathbb{N} \subseteq \mathbb{N}$	
$\subset$	Contenuto strettamente in...	$\mathbb{N} \subset \mathbb{Z}$	
$\cup$	Unione	$\{1, 2, 3, 4\} \cup \{3, 4, 5\} = \{1, 2, 3, 4, 5\}$	
$\cap$	Intersezione	$\{1, 2, 3, 4\} \cap \{3, 4, 5\} = \{3, 4\}$	
$\times$	Prodotto cartesiano	$\{1, 2\} \times \{3, 4\} = \{(1; 3), (1; 4), (2; 3), (2; 4)\}$	
$\overline{B}_A$	Complementare di B rispetto ad A	$\overline{\mathbb{N}}_{\mathbb{Z}} = \{-1, -2, -3 ...\}$	
$\mathcal{P}(A)$	Insieme delle parti di A	Se $A = \{a, b\}$, $\mathcal{P}(A) = \{A, \{a\}, \{b\}, \varnothing\}$	

■ I connettivi logici

A, B ...	Proposizione logica	A: «Bevo una spremuta.» B: «Bevo un caffè.»
$\overline{A}$	Negazione	$\overline{A}$: «Non bevo una spremuta.»
$A \land B$	Congiunzione	$A \land B$: «Bevo sia una spremuta, sia un caffè.»
$A \lor B$	Disgiunzione inclusiva	$A \lor B$: «Bevo una spremuta o un caffè (o tutti e due).»
$A \underline{\lor} B$	Disgiunzione esclusiva	$A \underline{\lor} B$: «Bevo una spremuta o un caffè (solo uno dei due).»
$A \to B$	Implicazione	«Se bevo una spremuta, allora bevo anche un caffè.»
$A \leftrightarrow B$	Doppia implicazione	«Se bevo una spremuta, allora bevo anche un caffè. Se bevo un caffè, allora bevo anche una spremuta.»

■ I quantificatori logici

$\forall$	Quantificatore universale («per ogni»)	$\forall x \in \mathbb{N}, x \geq 0$	Per ogni x appartenente a $\mathbb{N}, x \geq 0$
$\exists$	Quantificatore esistenziale («esiste»)	$\exists x \in \mathbb{R} \mid x^2 = 2$	Esiste x appartenente a $\mathbb{R}$ tale che $x^2 = 2$

■ Geometria

$//$	Parallelo	$AB // CD$
$\perp$	Perpendicolare	$AD \perp DB$
$\cong$	Congruente	$ADB \cong DBC$

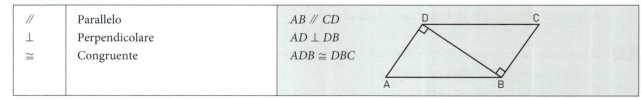

ALFABETO GRECO

Alfa	A	α	Epsilon	E	ε	Iota	I	ι	Ni	N	ν	Rho	P	ρ, ϱ	Phi	Φ	φ, ϕ
Beta	B	β	Zeta	Z	ζ	Kappa	K	κ	Xi	Ξ	ξ	Sigma	Σ	σ	Chi	X	χ
Gamma	Γ	γ	Eta	H	η	Lambda	Λ	λ	Omicron	O	o	Tau	T	τ	Psi	Ψ	ψ
Delta	Δ	δ	Theta	Θ	ϑ, θ	Mi	M	μ	Pi	Π	π	Ypsilon	Υ	υ	Omega	Ω	ω